工业和信息化部"十二五"规划教材

弹箭非线性
运动理论

韩子鹏　常思江　史金光　编著

NONLINEAR MOTION THEORY OF
PROJECTILE AND ROCKET

北京理工大学出版社
BEIJING INSTITUTE OF TECHNOLOGY PRESS

内 容 简 介

本书建立了包含几何非线性和气动力非线性的弹箭非线性运动动力学模型，简单总结了弹箭线性角运动形态及飞行稳定性若干问题；运用拟线性法和振幅平面法分析了非旋转弹和旋转弹在不同非线性气动力和气动力矩作用下的运动特征、极限运动存在的条件以及非线性动态稳定性、非线性强迫运动次谐波响应及跳跃现象；应用摄动法和广义振幅平面法更精确地分析了弹箭非线性运动特性及运动稳定性判据。

应用这些理论解释了一些用弹箭线性运动理论解释不了的飞行现象，例如在行进的舰船上发射弹箭，向左发射飞行稳定，向右发射却飞行不稳定；发射条件正常，飞行中结构正常的弹箭，一般情况下飞行正常，但偶尔发生飞行不稳甚至坠落，弹箭出现不衰减的锥摆运动，等等。并且讨论了避免这些现象发生，减小其影响的措施。

为了让从事弹箭设计、研究的工程技术人员和研究生顺利地阅读本书，在第一章预备知识中简单介绍了非线性振动的基本理论。

本书可作为外弹道学、弹箭飞行动力学、弹箭设计专业研究生的教材，也可供从事弹箭设计、靶场试验等方面的工程技术人员参考。

版权专有　侵权必究

图书在版编目（CIP）数据

弹箭非线性运动理论／韩子鹏，常思江，史金光编著．—北京：北京理工大学出版社，2016.12

ISBN 978-7-5682-1722-4

Ⅰ.①弹…　Ⅱ.①韩…　②常…　③史…　Ⅲ.①炮弹–外弹道–非线性力学–飞行力学　②火箭–外弹道–非线性力学–飞行力学　Ⅳ.①TJ012.3　②V412.1

中国版本图书馆 CIP 数据核字（2016）第 010037 号

出版发行／北京理工大学出版社有限责任公司
社　　址／北京市海淀区中关村南大街 5 号
邮　　编／100081
电　　话／（010）68914775（总编室）
　　　　　（010）82562903（教材售后服务热线）
　　　　　（010）68948351（其他图书服务热线）
网　　址／http://www.bitpress.com.cn
经　　销／全国各地新华书店
印　　刷／保定市中画美凯印刷有限公司
开　　本／787 毫米×1092 毫米　1/16
印　　张／22.75
字　　数／525 千字
版　　次／2016 年 12 月第 1 版　　2016 年 12 月第 1 次印刷
定　　价／52.00 元

责任编辑／封　雪
文案编辑／封　雪
责任校对／周瑞红
责任印制／王美丽

图书出现印装质量问题，请拨打售后服务热线，本社负责调换

前言

弹箭非线性运动理论的研究是从20世纪50年代中期开始的,它的出现并非因为理论上的兴趣,而是实际的需要。在以往分析弹箭运动时,不管在什么情况下,都是应用线性化角运动理论,这种理论曾经在很大范围内成功地预示了弹箭的运动,促进了弹箭飞行性能设计的发展。但随着弹箭作战要求的改变,其飞行马赫数范围增大,飞行空域环境扩展,并且许多新型弹箭的外形与经典尾翼弹、旋转弹的外形大不相同,因此弹箭的飞行产生了许多奇怪现象,而这些现象用弹箭线性运动理论无法解释,因此出现了弹箭非线性运动理论。

弹箭作为刚体在空中运动,作用于其上的有重力、空气动力和力矩以及发动机的推力。在弹箭的线性运动理论中,假设弹轴与速度线之间的夹角即攻角δ较小,故认为空气动力和力矩为攻角的线性函数,同时可取近似三角函数关系$\sin\delta \approx \delta$, $\cos\delta \approx 1$。这样弹箭的角运动方程即为线性微分方程,对此方程求解,得到弹箭的角运动规律,并由此可分析弹箭的飞行稳定性。这种分析方法在攻角较小的情况下一般是正确的,但对于大攻角条件下弹箭的飞行,如果还把空气动力和力矩视为攻角的线性函数、还采用上面的三角函数近似关系,用线性理论分析此时弹箭的运动,就可能导致本质上的错误。

众所周知,在大攻角情况下,空气动力和力矩一般为攻角的非线性函数,这称为气动非线性;同时还不能采用$\sin\delta \approx \delta$, $\cos\delta \approx 1$的线性化假设,这称为几何非线性,从而弹箭的角运动方程为非线性微分方程,而非线性微分方程与线性微分方程无论从求解方法,分析方法,还是从解的特性上都有本质差别。例如线性微分方程有一套成熟的求解方法,其特征值和特征向量决定了解的性质;线性微分方程确定的系统稳定性与初始条件无关、其运动频率与运动幅值无关,它们只与系统参数有关;动态稳定的系统其运动幅值衰减到零,动态不稳的系统其运动幅值发散到无穷,也就是说,线性系统只有一种幅值为零的极限运动状态。

而非线性微分方程的求解没有一套通用、成熟、准确的求解方法,往往是针对具体的非线性微分方程研究具体的求解方法;非线性系统的运动稳定性不仅与系统参数有关,而且与初始条件有密切相关,同一个非线性系统,在有些初始条件下运动稳定,在另一些初始条件下运动不稳;而且运动的周期和频率与运动的幅值有关;运动稳定的非线性系统除了能形成运动幅值为零的极限运动,还可以形成运动幅值不为零的极限运动,例如弹箭能产生极限圆运动、极限平面运动、极限椭圆运动等,而这种极限运动的幅值却与初始运动幅值无关,仅由系统参数确定。因此,将一个非线性系统用线性系统代替就有可能出现错误的论断,也就是说,线性化的处理方法是有条件的,并非任何非线性系统都可以线性化处理。

对弹箭非线性运动理论的研究,经历了实践—认识—再实践—再认识,逐步发展提高的过程。例如迫击炮弹的偶然掉弹;尾翼弹和尾翼式火箭的锥摆运动;

一些弹箭在平原地区射击飞行稳定而在高原地区射击偶然出现飞行不稳，而且多出现在跨声速飞行阶段；某些弹箭在同样射角同样初速条件下高原（空气密度低）的射程反而比平原（空气密度高）射程小；更为奇特是在行进的军舰上发射某尾翼式低速旋转火箭，当向左发射时火箭飞行稳定，而向右发射时火箭飞行不稳定，等等。如果通过仔细检查，确认不是由弹箭和发射装置的机械、电器故障所引起，那就只可能是由弹箭的运动规律和飞行稳定性所引起的，如果进一步用弹箭飞行的线性理论解释不了这种现象，那就只能从弹箭非线性运动理论上寻找原因，以便克服非线性运动造成的不利影响，或者反过来，利用非线性运动理论形成我们所需要的弹箭运动，例如无伞末敏弹的稳态扫描运动、控制弹箭自激振动只形成小振幅的极限圆运动以避免随机干扰等，这就促进了弹箭非线性运动理论的产生和发展。

由于影响弹箭运动的主要气动力矩是作用在弹箭上的静力矩，因此对弹箭非线性运动理论的研究，最先也是从仅考虑非线性静力矩开始。弹箭仅在非线性静力矩作用下是一个保守系统，通过能量积分和动量矩积分可以得到用椭圆函数表示的精确解。随着研究的进一步深入，又把赤道阻尼力矩、马格努斯力矩以及升力等也考虑为攻角的非线性函数。从风洞和自由飞行靶道的测试数据中看出，一般马格努斯力矩的非线性是比较大的。

在考虑了这些力和力矩的非线性后，发展了拟线性法和摄动法，可求出弹箭角运动方程的近似解析解，应用了相轨线、奇点、极限环理论，在振幅平面和广义振幅平面上讨论弹箭运动的动态稳定性。与线性化方法相比，这种方法更符合实际情况，它成功地解释了试验中观察到的一些奇异现象、预示了弹箭飞行特性。

随着现代非线性振动理论的发展，弹箭非线性运动分析中又引进了分岔理论和混沌运动理论。分岔理论的研究有利于寻找引起弹箭飞行特性突变的弹箭气动力参数和结构参数分岔点，为进行参数设计、避免非线性飞行突变不稳提供依据；而混沌运动理论的研究，有利于设法产生幅值不大、运动实际上稳定的混沌运动，它比线性飞行理论中要么稳定得攻角衰减到零、要么不稳定发散到无穷的僵硬判据要切合实际得多。

本书是外弹道专业高年级学生及研究生的教学用书，也可用作弹箭专业的研究生以及从事弹箭设计、靶场试验等工作的工程技术人员的参考书。全书共分7章。

第一章是预备知识，介绍了运动稳定性定义及判定稳定性的方法，求解非线性微分方程的几种方法，奇点、相轨线、极限环、极限运动的概念，奇点类型判别准则，跳跃现象，超谐波与亚谐波振动，自激振动和参数振动，分岔和混沌振动。

第二章是弹箭角运动方程的建立和线性运动简述，建立运动方程时考虑了气动力和力矩的非线性和几何非线性，为进行非线性运动分析做好准备；同时简单总结了弹箭线性角运动的主要特点，特别是二圆运动和动态稳定性问题，以便与下面的非线性角运动方程的求解方法以及非线性运动特点进行对比。

第三章讲述了弹箭非线性角运动方程的系数可变情况下的解法，研究了由于弹箭飞行高度变化引起空气密度变化、弹箭转速变化，以及由滚转方位角变化产生周期性诱导滚转力矩等变系数因素对弹箭角运动性态的影响，并从中导出了分析弹箭角运动方程的拟线性求解方法。

第四章讲述了非旋转尾翼弹的平面非线性运动的极限环，分析了尾翼弹偶然掉弹的原因；采用拟线性解法获得弹箭非线性角运动方程的近似解析解；应用振幅平面法研究了尾翼弹形成极限圆运动、极限平面运动和产生自激振动、锥摆运动、参数振动和分岔的机理；得出了在一般非线性空气动力矩作用下非旋转弹箭的运动形态及其动态稳定性判据。

第五章通过引入能量积分和动量矩积分，详细讲述了在几种类型三次方静力矩作用下，弹箭角运动方程的精确解析解，以及精确解与拟线性解的比较，导出了极限圆运动、广义极限平面运动存在的条件；特别分析了在非线性马格努斯力矩作用下使弹箭极限圆运动稳定的初始条件域，解释了某尾翼式低速旋转火箭在行进舰船上向左发射飞行稳定，向右发射飞行不稳定的原因。利用旋转弹箭在非线性静力矩作用下的拟线性解，分析了非线性强迫运动的稳态谐波运动和稳态非谐波运动，揭示了非线性强迫运动的跳跃现象。研究了在非线性赤道阻尼力矩作用下弹箭的强迫极限运动，得到一圆运动、二圆运动、三圆运动稳定的条件。最后探讨了弹箭在一般非线性气动力作用下的非线性运动动态稳定性判据。

第六章讲述了弹箭非线性运动分析的摄动法，其基本思想是以第五章求得的、在仅有三次方静力矩作用下以椭圆函数表示的角运动精确解为基础，将其他非线性力矩的影响作为椭圆函数基础解的摄动，并引入广义振幅和广义振幅面、变系数情况下的振幅方程，利用奇点理论分析扰动运动的性态和稳定性，除了得到形成极限圆运动和对称极限平面运动的条件，还得出形成绕平衡角平面极限运动和椭圆极限运动的条件。将摄动法与拟线性法得到的结果与角运动方程数值积分的结果相比较表明，摄动法的结果更接近数值积分的结果。

第七章专门讲述非线性气动系数的获取方法，介绍了从靶道试验或攻角纸靶试验测试结果获取非线性气动系数的数学方法——微分修正法和参数微分法。同时也介绍了气动系数的工程计算法及获得的非线性气动系数的例子。

本书由韩子鹏主编，常思江博士、史金光副教授参加了第二章和第七章的编写，杨绍卿院士、李鸿志院士、郭锡福教授、余军教授对全书进行了审查，在编写过程中还参阅了国内外许多专家、学者、研究生的论文、著作，在此向这些同志、同行表示衷心的感谢。

限于水平，书中的错误和不足之处敬请读者指正。

作　者

目 录

第1章 预备知识 ··001
1.1 非线性运动理论和运动稳定性的基本概念 ··001
1.1.1 概述 ···001
1.1.2 稳态运动和扰动运动方程 ··002
1.1.3 稳定性概念和李雅普诺夫稳定性定义 ···003
1.1.4 李雅普诺夫直接法 ··005
1.1.5 线性系统的稳定性准则 ···008
1.1.6 按第一次近似决定稳定性 ··009
1.2 相平面、相轨线、奇点 ··011
1.2.1 相平面和相轨线的概念 ···011
1.2.2 相轨线的奇点 ··012
1.2.3 相轨线的绘制与几何作图法 ···015
1.3 奇点的分类 ···017
1.3.1 一次线性奇点的类型和稳定性 ··018
1.3.2 一次线性奇点分类的准则 ··020
1.3.3 附加非线性项时的情形 ···021
1.4 闭轨线、极限环、极限运动 ··023
1.4.1 瑞利方程和范德坡方程的极限环 ···023
1.4.2 闭轨线的稳定性 ···024
1.4.3 极限运动 ··026
1.5 求解非线性振动的谐波平衡法、摄动法、平均法、渐近法 ·······························026
1.5.1 谐波平衡法 ···026
1.5.2 摄动法 ···030
1.5.3 平均法 ···034
1.5.4 渐近法 ···036
1.6 非线性受迫振动、亚谐波共振、超谐波共振 ··040
1.7 自激振动和参数振动 ··042
1.7.1 自激振动 ··042
1.7.2 参数振动 ··046

弹箭非线性运动理论

1.8 静态分岔、动态分岔、霍普夫分岔 ·················· 049
　1.8.1 分岔的基本概念 ·························· 049
　1.8.2 静态分岔 ······························ 050
　1.8.3 动态分岔 ······························ 054
　1.8.4 霍普夫分岔 ···························· 054
　1.8.5 闭轨线分岔 ···························· 055
　1.8.6 全局分岔 ····························· 056
　1.8.7 霍普夫分岔的控制 ······················ 056
1.9 非线性系统的混沌振动 ························ 056
　1.9.1 混沌振动的概念 ························· 056
　1.9.2 混沌振动的几何特征 ····················· 057
　1.9.3 产生混沌振动的途径 ····················· 058

第2章 弹箭运动方程的建立和线性运动简述 ············ 060
2.1 坐标系和坐标变换 ··························· 060
2.2 弹箭质心运动方程组和绕心运动方程组 ············· 065
　2.2.1 弹箭质心运动方程组 ····················· 065
　2.2.2 弹箭绕质心的转动方程 ···················· 066
　2.2.3 弹箭横向运动方程的复数形式 ················ 067
2.3 作用在弹箭的力和力矩 ························ 069
　2.3.1 作用在弹箭上的空气动力 ·················· 070
　2.3.2 作用在弹箭上的空气动力矩 ················· 075
2.4 速度方程和转速方程 ························· 080
　2.4.1 速度方程 ···························· 080
　2.4.2 转速方程 ···························· 081
2.5 弹箭的角运动方程 ·························· 082
2.6 弹箭的线化角运动方程 ······················ 086
2.7 攻角方程的齐次解——初始扰动产生的角运动 ········· 087
　2.7.1 角运动方程解的一般形式 ·················· 087
　2.7.2 静稳定非旋转弹的角运动 ·················· 088
　2.7.3 静稳定尾翼旋转弹的角运动 ················· 091
　2.7.4 静不稳定旋转弹的角运动 ·················· 092
　2.7.5 一些重要的关系式 ······················ 095
2.8 动态稳定性判据 ··························· 096
　2.8.1 动态稳定性判据 ······················· 096
　2.8.2 关于动态稳定条件的讨论 ·················· 098
　2.8.3 动态稳定域 ·························· 099
2.9 角运动方程的非齐次解——重力产生的动力平衡角 ······ 101
2.10 弹箭的强迫运动和共振 ······················ 104

第3章 非线性诱导滚转力矩以及变系数的影响 ... 109
3.1 尾翼式低速旋转弹箭的转速闭锁与灾变性偏航 ... 109
3.1.1 诱导滚转力矩和诱导侧向力矩 ... 110
3.1.2 转速闭锁问题 ... 112
3.1.3 转速闭锁情况下的稳定性问题 ... 115
3.2 变系数角运动方程的近似解析解 ... 116
3.2.1 标准二阶齐次变系数微分方程近似解的求法 ... 116
3.2.2 变系数角运动微分方程的近似解 ... 118
3.2.3 角运动稳定性分析 ... 119
3.3 用平均法分析缓变系数对角运动的影响 ... 123

第4章 非旋转弹箭的非线性运动 ... 127
4.1 尾翼弹平面非线性运动的极限环 ... 127
4.1.1 运动方程 ... 127
4.1.2 非线性角运动方程的第一次近似解 ... 128
4.1.3 相平面分析 ... 130
4.1.4 极限运动的能量解释 ... 133
4.2 强非线性静力矩作用下的椭圆函数精确解 ... 134
4.2.1 椭圆积分和椭圆函数 ... 135
4.2.2 在三次方静力矩作用下的精确解 ... 136
4.3 弹箭非线性角运动分析方法——振幅平面法 ... 145
4.3.1 在非线性静力矩和赤道阻尼力矩作用下运动方程的近似求解 ... 145
4.3.2 应用振幅平面分析法讨论弹箭的线性运动稳定性 ... 148
4.3.3 在非线性静力矩和赤道阻尼力矩作用下非旋转弹箭的动态稳定性 ... 150
4.4 非旋转弹箭的极限圆运动 ... 156
4.4.1 运动方程的近似求解 ... 157
4.4.2 极限圆运动 ... 159
4.4.3 非旋转弹箭极限圆运动数值计算 ... 161
4.5 非旋转弹箭的极限平面运动 ... 167
4.5.1 极限平面运动 ... 167
4.5.2 非旋转弹箭极限平面运动数值计算 ... 178
4.6 在一般非线性空气动力矩作用下非旋转弹箭的运动 ... 179
4.6.1 运动方程的近似求解 ... 179
4.6.2 动态稳定性分析 ... 181

第5章 旋转弹箭的非线性运动 ... 190
5.1 正弦静力矩并考虑几何非线性时弹箭的非线性运动 ... 190
5.1.1 坐标系和运动方程的建立 ... 190
5.1.2 运动方程的求解 ... 192

5.1.3　弹轴运动的几何描述 ································· 195

5.1.4　正弦静力矩作用下的圆运动和广义平面运动 ········· 196

5.2　三次方静力矩作用下旋转弹角运动方程的精确解 ············· 197

5.2.1　运动方程的变换 ································· 197

5.2.2　能量方程和动量矩分量方程 ······················· 199

5.2.3　攻角方程的精确解 ······························· 201

5.2.4　三次方静力矩情况下的圆运动、广义平面运动和极限运动 ··· 204

5.2.5　非线性运动攻角的拟线性处理 ····················· 205

5.3　准确解与拟线性解的比较 ································· 206

5.4　在非线性马氏力矩作用下旋转弹箭的运动 ················· 211

5.4.1　运动方程的近似求解 ····························· 212

5.4.2　动态稳定性分析 ································· 213

5.5　旋转弹箭的极限圆运动 ································· 223

5.5.1　运动方程的近似求解 ····························· 223

5.5.2　极限圆运动的稳定性 ····························· 225

5.5.3　旋转弹箭极限圆运动计算 ························· 228

5.6　旋转弹箭的非线性强迫运动 ····························· 231

5.6.1　在非线性静力矩作用下旋转弹箭强迫运动的近似解析解 ··· 231

5.6.2　在非线性静力矩作用下的谐波运动 ················· 237

5.6.3　在非线性静力矩作用下的稳态非谐波运动 ············· 240

5.7　在非线性赤道阻尼力矩作用下弹箭的强迫极限运动 ········· 244

5.7.1　运动方程的变换及近似解 ························· 244

5.7.2　一圆运动 ····································· 245

5.7.3　二圆运动 ····································· 247

5.7.4　三圆运动 ····································· 249

5.8　弹箭非线性运动的动态稳定性判据 ····················· 250

第6章　弹箭非线性运动分析的摄动法 ····················· 264

6.1　摄动法基本方程 ····································· 264

6.1.1　摄动法的基本思想 ······························· 264

6.1.2　方程的变换和处理 ······························· 265

6.1.3　广义振幅和广义振幅平面 ························· 267

6.1.4　圆运动和平面运动 ······························· 268

6.1.5　摄动法基本方程 ································· 269

6.2　准圆运动的广义振幅方程计算 ························· 271

6.3　弹箭的极限圆运动 ································· 278

6.3.1　旋转弹在马氏力矩作用下的极限圆运动 ············· 278

6.3.2　非旋转弹在非线性阻尼力矩作用下的极限圆运动 ······· 281

6.3.3　非旋转弹由于侧向力矩产生的极限圆运动 ············· 283

- 6.4 平面奇点的分类 ……………………………………………………………… 285
- 6.5 对称极限平面运动 ……………………………………………………………… 288
- 6.6 绕平衡角的极限平面运动($-2 < m_p < 0$) ………………………………… 300
- 6.7 一般极限运动 …………………………………………………………………… 306
- 6.8 变系数情况下的广义振幅方程 ………………………………………………… 310

第7章 非线性气动系数的获取 ……………………………………………………… 318
- 7.1 概述 ……………………………………………………………………………… 318
- 7.2 线性气动系数的测量（微分修正法）………………………………………… 320
  - 7.2.1 微分修正方法 …………………………………………………………… 322
  - 7.2.2 参数初始估值的选取 …………………………………………………… 326
  - 7.2.3 动态稳定性计算 ………………………………………………………… 327
  - 7.2.4 气动系数的计算 ………………………………………………………… 327
- 7.3 非线性气动系数的测量（Chapman-Kirk 方法或参数微分法）……………… 329
  - 7.3.1 参数微分法（C-K 法）………………………………………………… 329
  - 7.3.2 C-K 法的改进 …………………………………………………………… 334
- 7.4 非线性气动力数据的靶道测试与工程计算 …………………………………… 334
  - 7.4.1 美国 105 mm HE M1 弹气动力系数 …………………………………… 334
  - 7.4.2 美国 120 mm 迫击炮弹气动力系数 …………………………………… 337
  - 7.4.3 非线性气动力计算数据 ………………………………………………… 339
  - 7.4.4 算例数据 ………………………………………………………………… 341
  - 7.4.5 大长径比弹箭非线性气动数据实例 …………………………………… 344

参考文献 ……………………………………………………………………………… 350

第1章
预 备 知 识

1.1 非线性运动理论和运动稳定性的基本概念

1.1.1 概述

本书所研究的非线性运动主要指的是非线性振动。在自然界、工程技术和日常生活与社会生活中普遍存在物体或系统的往复运动或状态的循环变化，这类现象称为振荡，如大海的波涛起伏、心脏的跳动、机器的运转、经济发展的起伏等。而振动指的是一种特殊的振荡，即在平衡位置附近的微小或有限的振荡，从最小的粒子到巨大的天体，从简单的单摆到复杂的生物体无处不存在振动现象。尽管振动现象的形式多种多样，但有着共同的客观规律和统一的数学表达式，因此有可能建立统一的理论来进行研究。

振动现象在数学中可以用微分方程的形式（包括常微分方程和偏微分方程）来描述，本书只涉及有一个自变量的常微分方程系统。根据描述振动的数学模型的不同，振动理论可分为线性振动理论和非线性振动理论。线性振动理论适用于线性系统，即作用于系统的弹性力和阻尼力与运动参数呈线性关系的系统，其数学描述为常系数常微分方程。不属于线性系统的系统为非线性系统。

线性振动理论是对振动现象的近似描述，在振幅足够小的大多数情况下，线性振动理论可以足够准确地反映振动的客观规律。但实际力学系统中广泛存在着各种非线性因素，如电场力、磁场力、万有引力、弹性力、气动力矩等作用力的非线性，法向加速度、科氏加速度等运动学非线性，弹性大变形、大攻角飞行的气动力非线性和几何非线性等，因此严格说起来，实际中的振动系统绝大多数是非线性系统。

非线性系统的运动特性与线性系统有本质的不同，例如：

（1）非线性运动不具有叠加性，即不同初始条件或不同强迫干扰所造成的运动不等于各个因素初始扰动或各个强迫干扰单独作用造成的运动之和。

（2）弹箭线性运动的稳定性只与弹箭的结构参数和气动参数有关，而与运动的初始条件无关，但非线性运动的稳定性却与运动的初始条件密切相关。线性运动中，弹箭自由振动的固有频率 ω_0 与初始条件、振幅大小无关，是系统本身的特性，而在非线性运动中自由振动频率 ω 随振幅大小改变，不同于线性系统固有频率。而且除基频 ω 外还有频率为 $3\omega, 5\omega, \cdots$ 的高次谐波存在，在声学中这些高次谐波称为泛音，各种不同声音结构的泛音决定了它们的音色。

（3）弹箭线性运动只有唯一的一种极限运动，即攻角为零的极限运动，但在非线性运动中却可以出现非零的极限运动。例如，弹箭非线性运动可出现极限圆运动、极限平面运动、极限外摆线运动等。

（4）在非线性运动中可以出现自激振动，而线性系统不可能产生自激振动。

（5）线性运动中，在周期性强迫干扰作用下（例如对于弹箭，不对称因素产生干扰的频率就是自转角速度），最后剩下的强迫运动的频率与外激励频率 ω 相同。非线性系统在频率为 ω 的外力激励作用下，所产生的响应中不仅包含频率为 ω 的受迫振动，而且有 $3\omega, 5\omega, \cdots$ 等高次谐波存在，称为倍频响应。

（6）线性系统在频率为 ω 的周期外力激励作用下的强迫运动，只有当其固有频率 ω_0 接近激励频率 ω 时才产生共振，但在非线性强迫运动中，除了有与激励频率相同的主共振（即谐波响应）外还有与激励频率成整数倍或真分数倍的超谐波共振和亚谐波共振。亚谐波共振的出现将剧烈地破坏弹箭的飞行稳定性。

（7）线性系统在周期激励强迫作用下，强迫运动的振幅随激励频率的变化（即幅频特性曲线）是单值而连续的变化，而非线性系统强迫运动的幅频特性曲线可以出现多值段，从而产生跳跃现象。

（8）非线性系统的运动状态随系统中的参数变化而可能出现突变，即可能出现分岔现象。

（9）线性系统可以存在周期运动和非周期运动，但在无限长时间历程中，非周期运动都不是往复的稳定运动，如强阻尼线性振动趋于静止、不稳定的自由振动和无阻尼线性受迫振子共振时的运动都发散到无穷。而非线性系统则不同，它可以存在往复但非周期性的运动，既不收敛到零也不无穷发散，这种运动叫混沌振动。在实际工程中，如果混沌运动的范围不超出一定的限度，则可以认为运动是稳定的。

以下将逐渐对这些问题展开讲述，但只针对弹箭运动研究的需要，而略去一些数学上深入的理论和概念的讨论分析。

1.1.2 稳态运动和扰动运动方程

对于某个力学系统，假设它的运动状态可用下面的微分方法组来描述：

$$\frac{\mathrm{d}y_j}{\mathrm{d}t} = Y_j(t, y_1, y_2, \cdots, y_n) \quad (j = 1, 2, \cdots, n) \tag{1-1-1}$$

式中，y_j 是表征运动状态的变量，称为状态变量，如坐标、速度等。这组方程称为状态方程，以状态变量为基，建立抽象的 n 维空间，称为**状态空间或相空间**。相空间内的每个点与状态变量的每一组值相对应，称为**相点**。随着时间的推移，相点在相空间移动所描绘出的超曲线称为**相轨线**，它由状态方程的解确定。

引入 n 维列阵 $\boldsymbol{y} = (y_j)$ 和 $\boldsymbol{Y} = (Y_j)$，则方程（1-1-1）可写为矩阵形式

$$\dot{\boldsymbol{y}} = \boldsymbol{Y}(\boldsymbol{y}, t) \tag{1-1-2}$$

此方程满足解的存在与唯一性条件。设方程（1-1-2）存在特解 $\boldsymbol{y} = \boldsymbol{y}_s(t)$，满足

$$\dot{\boldsymbol{y}}_s = \boldsymbol{Y}(\boldsymbol{y}_s, t) \tag{1-1-3}$$

此特解所描述的是系统的某种特定运动，在实践中对应于某种正常工作状态、平衡状态或周期运动状态。将此特定的运动状态称为系统未受干扰的运动，简称**未扰动运动或稳态运动**。只要状态变量的初始值满足稳态运动的要求，$\boldsymbol{y}(t_0) = \boldsymbol{y}_s(t_0)$，则此稳态运动能实现成为系统的

实际运动。若状态变量的初始值 $y_0(t_0)$ 偏离 $y_s(t_0)$，则系统的运动将偏离稳态运动，称该运动为受扰运动。受扰运动 $y(t)$ 与未扰运动 $y_s(t)$ 是同一动力学方程（1-1-2）但不同初速条件的解。引入受扰运动与未扰运动的差值作新的变量 $x(t)$：

$$x(t) = y(t) - y_s(t) \tag{1-1-4}$$

$x(t)$ 称为扰动，其初始值 $x(0)$ 为初扰动。将方程（1-1-2）与方程（1-1-3）相减，得到确定扰动量变化规律的微分方程，即扰动方程

$$\dot{x} = X(x, t) \tag{1-1-5}$$

式中

$$X(x, t) = Y(y_s + x, t) - Y(y_s, t) \tag{1-1-6}$$

于是系统的未扰动运动与扰动方程的零解 $x(t) \equiv 0$ 完全等价。相空间中与零解对应的点称为**平衡点**。

1.1.3 稳定性概念和李雅普诺夫稳定性定义

一般来说，任何一个力学系统都有运动稳定性问题。运动稳定性理论的任务是研究某些干扰因素（瞬时干扰、长期干扰）、系统结构参数对系统运动状态的影响，建立判别运动是否稳定的准则，讨论系统的动态性质。

微小的干扰因素对系统运动的影响随不同的运动而不同。对一些运动，这种影响并不显著，受干扰的运动与未受干扰的运动相差很小；而对某些运动，干扰因素的影响可能就很显著，以至于无论干扰因素多么小，随着时间的增长，受干扰的运动与未受干扰的运动的差别都很大，甚至越来越大。称第一类未受干扰的运动是稳定的，称第二类未受干扰的运动是不稳定的。

运动稳定性理论在自然科学和工程技术的许多领域有着广泛的应用，尤其在力学系统、自动控制系统、弹箭飞行理论中是重要研究内容。对于一般的线性和非线性系统的运动稳定性问题，李雅普诺夫在他的著名论文《运动稳定性一般问题》中提出了两种解决问题的方法。

第一种方法是级数展开法，在《运动稳定性的一般问题讲义》一书中已做了详细论述。本书着重叙述第二种方法的基本内容，因为它已经发展成为今天解决运动稳定性问题的基本方法。第二种方法就是李雅普诺夫第二方法，有时又称李雅普诺夫直接法，该方法无须求出系统运动微分方程的解，当把未受干扰的运动的稳定性归结为平衡位置的稳定性时，李雅普诺夫把构造具有特殊性质的函数（通常称为李雅普诺夫函数）V 与系统的稳定性联系起来，通过利用系统运动微分方程，求出函数 V 的变化率 dV/dt，就可以判别系统的运动稳定性。

下面介绍李雅普诺夫意义下的运动稳定性定义。

定义 1 若给定任意小的正数 ε，存在正数 δ，对于一切受扰运动，只要其初始扰动满足 $\|x(t_0)\| = \sqrt{\sum x_j^2(t_0)} \leqslant \delta$，就能在所有 $t > t_0$ 时均有 $\|x(t)\| = \sqrt{\sum x_j^2} < \varepsilon$，则称未扰运动 $y_s(t)$ 是稳定的。

此稳定性定义的几何解释是，在相空间以零点为中心作 $\|x\| = \varepsilon$ 的球面 S_ε 和 $\|x\| = \delta$ 的球面 S_δ，从 S_δ 内出发的每一条相轨迹将永远限制在 S_ε 以内（图 1-1-1 曲线 a）。

定义 2 如果未扰运动是稳定的，并且当 $t \to \infty$ 时 $\|x\| \to 0$，则称未扰运动 $y_s(t)$ 是渐近稳

定的。

渐近稳定性的几何解释是相空间内从 S_δ 内出发的每一条相轨迹都渐近地向原点趋近（图 1-1-1 曲线 b）。

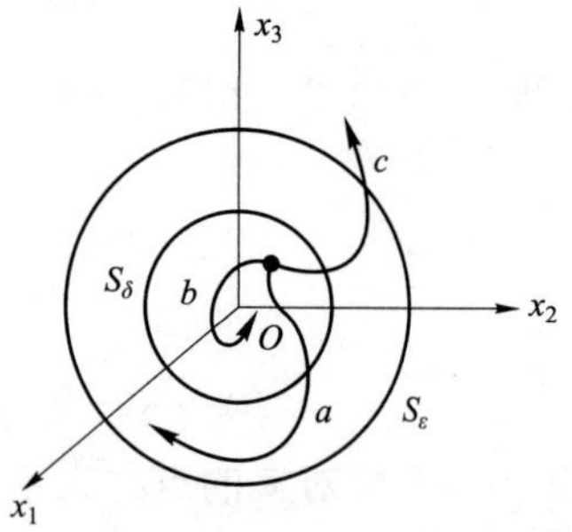

图 1-1-1　稳定性的几何解释

定义 3　若存在正数 ε_0，对任意 δ，存在受扰运动 $y(t)$，当其初扰动满足 $\| x(t_0) \| \leqslant \delta$ 时，存在时刻 $t_1 > t_0$ 满足 $\| x(t) \| = \varepsilon_0$，则称未扰运动 $y_s(t)$ 是不稳定的。

不稳定的几何解释是不论相空间 S_δ 选择如何小，总有一条从 S_δ 内出发的相轨迹最终到达 S_ε 的边界（图 1-1-1 曲线 c）。

从上面所叙述的李雅普诺夫意义下的稳定性定义中，可看出以下几个特点：

（1）李雅普诺夫的稳定性概念是一个局部概念，它涉及在被考虑的状态下附近的特性。因此，初始扰动的范围较小，也就是 δ 值较小，特别是对渐近稳定性而言，要求的 δ 值就更小。

（2）时间 t 是无限长的。

（3）初始扰动的大小与初始时刻 t_0 的选取无关。

（4）初始扰动之后无其他外界干扰。

（5）未扰动运动与扰动运动服从于同一方程，而且二者在同一时刻进行比较。

上面所介绍的李雅普诺夫意义下的稳定性概念，是考虑未被干扰的运动对于干扰的初始条件（即初始扰动之后无其他外界干扰）的稳定性。但随着科技和工程的发展，又出现了许多不符合李雅普诺夫稳定性定义的问题，推动了数学的发展，出现了有限时间稳定性理论、极限环的轨道稳定性概念及在经常受干扰作用下系统的稳定性等。例如，真正的动力系统常常是受到不大的干扰因素作用，而在建立运动方程时，要考虑它们实际上又是不可能的。因此，研究在扰动因素经常作用下的运动稳定性问题就具有特别的意义。从数学的观点来看，这就意味着不但要考虑初始条件的扰动，而且要考虑运动方程本身的扰动。下面介绍在扰动因素经常作用下的运动稳定性定义，它是李雅普诺夫意义下的运动稳定性定义的推广。

用下面的微分方程组代替运动方程组（1-1-1）：

$$\frac{\mathrm{d} y_j}{\mathrm{d} t} = Y_j(t, y_1, y_2, \cdots, y_n) + R_j(t, y_1, y_2, \cdots, y_n) \ (j = 1, 2, \cdots, n) \qquad (1-1-7)$$

式中，$R_j(t, y_1, y_2, \cdots, y_n)$ 是取决于干扰因素的已知函数，假定它足够小，并且满足某些一般的条件，使得方程（1-1-7）在所考察的未扰运动附近有解存在。

定义　如果对于任何正数 ε，无论它多么小，都存在两个其他的正数 δ_1 和 δ_2，使方程（1-1-7）的任何解 $y(t)$，当在 $t = t_0$ 时满足不等式

$$|y(t_0) - f_s(t_0)| < \delta_1$$

而在 $t > t_0$ 时满足不等式

$$|y(t) - f_s(t)| < \varepsilon$$

并不论 $R_j(t, y_1, y_2, \cdots, y_n)$ 是怎样的函数，只要它在区域 $t > t_0$，$|y(t) - f_s(t)| < \varepsilon$ 内满足不等式

$$|R_j(t, y_1, y_2, \cdots, y_n)| < \delta_2$$

则称未扰运动 $\boldsymbol{y}_s = \boldsymbol{f}_s(t)$［方程（1-1-1）的特解］在扰动因素经常作用下是稳定的。反之，则称未扰运动是不稳定的。

1.1.4 李雅普诺夫直接法

李雅普诺夫直接法是研究运动稳定性的重要方法。它不对扰动运动方程求解，而是构造具有某种性质的函数，即李雅普诺夫函数，使该函数与扰动运动方程相联系以估计受扰运动的趋向，从而判断扰动运动的稳定性。以下只研究扰动方程（1-1-5）的右端不显含时间的自治系统（显含时间的系统称为非自治系统）。设受扰运动微分方程具有下面的形式：

$$\frac{dx_j}{dt} = X_j(x_1, x_2, \cdots, x_n) \quad (j = 1, 2, \cdots, n) \tag{1-1-8}$$

函数 X_j 在区域

$$|x_j| \leqslant h \quad (j = 1, 2, \cdots, n) \tag{1-1-9}$$

内是连续的，并且使方程（1-1-8）对于在区域（$|x_j| \leqslant h$）内的初始值有唯一的解。

1. 基本定义

假定函数 $V(x_1, x_2, \cdots, x_n)$ 定义在坐标原点的某个区域内，是单值的，当 $x_1 = x_2 = \cdots = x_n = 0$ 时，$V = 0$，并且对每个坐标具有连续的偏导数。

定义 1 函数 V 称为定号的（正定或负定的），当 $|x_j| \leqslant h$ 时（h 是足够小的正数），它只能是具有一定符号的值，而且仅在 $x_1 = x_2 = \cdots = x_n = 0$ 时，它才等于零。

定义 2 函数 V 称为常号的（如果 $V \geqslant 0$，称 V 为常正的；$V \leqslant 0$ 时称 V 为常负的），如果它在区域（$|x_j| \leqslant h$）内只能是具有一定符号的值，但它可以在 $x_1^2 + x_2^2 + \cdots + x_n^2 \neq 0$ 时等于零。

定义 3 函数 V 称为变号的，如果它既不是定号的，也不是常号的，也就是说，无论 h 多么小，它在区域（$|x_j| \leqslant h$）内，既可以具有正的值，也可以具有负的值。

例如：

$V(x_1, x_2) = x_1^2 + x_2^2$ 是正定的；$V(x_1, x_2) = x_1^2$ 是常正的；$V(x_1, x_2) = x_1$ 是变号的。

在实际应用李雅普诺夫直接法时，要求知道 V 函数的定号性及变号性。但是，对于一般的 V 函数，判别它的定号性和变号性是比较困难的，只是对于某些简单的情况可以判别其定号性与变号性。

例如二次型

$$2V = \sum_{\alpha, \beta=1}^{n} C_{\alpha\beta} x_\alpha x_\beta \tag{1-1-10}$$

由线性代数的知识可知，用线性变换

$$y_j = \alpha_{j1} x_1 + \alpha_{j2} x_2 + \cdots + \alpha_{jn} x_n \quad (j = 1, 2, \cdots, n) \tag{1-1-11}$$

可将函数 V 变换成

$$V = \lambda_1 y_1^2 + \lambda_2 y_2^2 + \cdots + \lambda_n y_n^2 \tag{1-1-12}$$

式中，$\lambda_j (j = 1, 2, \cdots, n)$ 为二次型（1-1-10）系数矩阵（$C_{\alpha\beta}$）的特征根。

如果所有的特征根 λ_s 都不等于零且具有相同的符号，则由式（1-1-12）知，函数 V 是

弹箭非线性运动理论

定号的；如果一部分特征根 λ_s 等于零，而其余的具有相同的符号，则函数 V 是常号的；如果在特征根 λ_s 中，既有正的也有负的，则函数 V 是变号的。

另外，根据线性代数二次型的判别法则，有下面的定理：

定理 二次型（1−1−10）为正定的充分必要条件是它的系数行列式的主子式

$$C_{11}, \begin{vmatrix} C_{11} & C_{12} \\ C_{21} & C_{22} \end{vmatrix}, \cdots, \begin{vmatrix} C_{11} & C_{12} & \cdots & C_{1n} \\ C_{21} & C_{22} & \cdots & C_{2n} \\ \vdots & \vdots & & \vdots \\ C_{n1} & C_{n2} & \cdots & C_{nn} \end{vmatrix}$$

都是正的。

2. 李雅普诺夫直接法基本定理

现在讨论李雅普诺夫直接法的基本定理。在考虑函数 V 的同时，考虑它对于时间的导数，并假定 $x_1, x_2, \cdots, x_n$ 满足受扰运动微分方程（1−1−8），这样有

$$\frac{dV}{dt} = \sum_{j=1}^{n} \frac{\partial V}{\partial x_j} \cdot \frac{dx_j}{dt} = \sum_{j=1}^{n} \frac{\partial V}{\partial x_j} X_j \qquad (1-1-13)$$

式中，$X_j(x_1, x_2, \cdots, x_n)$ 为受扰运动方程右端函数。当 $x_j = 0$ 时 $X_j = 0 (j = 1, 2, \cdots, n)$。

定理 1 如果对于受扰运动微分方程，可以找到一个定号的函数 $V(x_1, x_2, \cdots, x_n)$，它对于时间的由这些方程构成的全导数是常号的函数，并且其符号与 V 相反，或者恒等于零，则未扰运动是稳定的。

定理 2 如果对于受扰运动微分方程，可以找到定号函数 $V(x_1, x_2, \cdots, x_n)$，它对于时间的由这些方程构成的全导数也是定号函数，但符号与 V 相反，则未扰运动是渐近稳定的。

定理 3 如果对于受扰运动微分方程，可以找到函数 $V(x_1, x_2, \cdots, x_n)$，它对时间的由这些方程构成的全导数 dV / dt 是定号函数，而函数 V 不是具有与 dV / dt 的符号相反的常号函数，则未扰运动是不稳定的。

定理 4 如果存在函数 $V(x_1, x_2, \cdots, x_n)$，它对于 t 的依受扰运动方程构成的全导数在区域（$|x_j| \leqslant h$）内具有形式

$$\frac{dV}{dt} = \lambda V + W(x_1, x_2, \cdots, x_n)$$

式中，λ 是正的常数，而 W 或者恒等于零，或者是常号函数，并且在后一种情形，V 不是与 W 符号相反的常号函数，那么未扰运动是不稳定的。

定理 5 如果对于受扰运动微分方程，可以找到正定函数 $V(x_1, x_2, \cdots, x_n)$，它对于时间的由这些方程构成的全导数 $dV / dt \leqslant 0$，并且 $dV / dt = 0$ 除零点外不包含受扰运动方程的整条轨线，则未扰运动是渐近稳定的。

例 1−1−1 用李雅普诺夫直接法判断以下系统未扰运动的零解稳定性：

$$\begin{aligned} \dot{x}_1 &= x_2 - x_1(x_1^2 + x_2^2) \\ \dot{x}_2 &= -x_1 - x_2(x_1^2 + x_2^2) \end{aligned} \qquad (a)$$

解：选定正定的李雅普诺夫函数

$$V(x_1, x_2) = x_1^2 + x_2^2 \qquad (b)$$

计算沿方程（a）解曲线的全导数，得到

$$\dot{V} = \frac{\partial V}{\partial x_1}\dot{x}_1 + \frac{\partial V}{\partial x_2}\dot{x}_2$$
$$= 2x_1[x_2 - x_1(x_1^2 + x_2^2)] + 2x_2[-x_1 - x_2(x_1^2 + x_2^2)] \quad (c)$$
$$= -2(x_1^2 + x_2^2)^2$$

由于 $\dot{V}$ 为负定，系统的未扰运动为渐近稳定。

3. 构造李雅普诺夫函数 V 的微分矩法

从上面叙述的运动稳定性基本定理看出，要判断未扰运动的稳定性，关键是能够作出符合定理要求的李雅普诺夫函数 V。一般来说，对于某个具体受扰运动微分方程，找出李雅普诺夫函数 V 是比较困难的，这里介绍一种构造李雅普诺夫函数 V 的方法——微分矩法。

考虑受扰运动微分方程

$$\dot{x}_j = X_j(x_1, x_2, \cdots, x_n) \quad (j = 1, 2, \cdots, n) \tag{1-1-14}$$

式中，$\dot{x}_j = \mathrm{d}x_j/\mathrm{d}t$，再令

$$l_j = \dot{x}_j - X_j(x_1, x_2, \cdots, x_n) = 0 \tag{1-1-15}$$

定义微分矩为

$$m_{ij} = \int_0^t \dot{x}_i l_j \mathrm{d}t = 0 \quad (i = 1, 2, \cdots, n; j = 1, 2, \cdots, n) \tag{1-1-16}$$

如果受扰运动微分方程是 n 阶的，则有 n^2 个微分矩 m_{ij}，由方程（1-1-16），通过积分得到下面形式的方程：

$$m_{ij} = p_{ij} - \int_0^t q_{ij}\mathrm{d}t = 0 \tag{1-1-17}$$

式中，p_{ij} 为变量 $x_1, x_2, \cdots, x_n$ 的函数；q_{ij} 为变量 $x_1, x_2, \cdots, x_n$ 及其一阶导数 $\dot{x}_1, \dot{x}_2, \cdots, \dot{x}_n$ 的二次函数。

从方程（1-1-17）得到

$$p_{ij} = \int_0^t q_{ij}\mathrm{d}t \tag{1-1-18}$$

通过方程（1-1-18）的线性组合，可得函数

$$V = \sum_{i,j=1}^n K_{ij} p_{ij} \tag{1-1-19}$$

及其对 t 的导数

$$\dot{V} = \sum_{i,j=1}^n K_{ij} q_{ij} \tag{1-1-20}$$

如果这样构造出来的函数 V 满足运动稳定性基本定理的要求，就可以判断未扰运动的稳定性。非但如此，还可以决定未扰运动的稳定区域。下面举例说明如何应用微分矩法构成李雅普诺夫函数 V。

考虑二阶受扰运动微分方程

$$\begin{cases} \dot{x}_1 = x_2 \\ \dot{x}_2 = -2bx_1 - ax_2 - 3x_1^2 \end{cases} \quad (a > 0, b > 0) \tag{1-1-21}$$

得到

$$l_1 = \dot{x}_1 - x_2 = 0 \tag{1-1-22}$$

$$l_2 = \dot{x}_2 + 2bx_1 + ax_2 + 3x_1^2 = 0 \tag{1-1-23}$$

在这种情况下，有 4 个微分矩，通过积分得到 4 个表达式：

$$-x_1 x_2 = -\int_0^t \dot{x}_1^2 \mathrm{d}t - \int_0^t x_1 \dot{x}_2 \mathrm{d}t \tag{1-1-24}$$

$$bx_1^2 + x_1^3 + ax_1 x_2 = -\int_0^t \dot{x}_1 \dot{x}_2 \mathrm{d}t + \int_0^t a x_1 \dot{x}_2 \mathrm{d}t \tag{1-1-25}$$

$$\frac{x_2^2}{2} = \int_0^t \dot{x}_1 \dot{x}_2 \mathrm{d}t \tag{1-1-26}$$

$$\frac{ax_2^2}{2} + 3\int_0^{x_2} x_1^2 \mathrm{d}x_2 = -\int_0^t \dot{x}_2^2 \mathrm{d}t - \int_0^t 2b x_1 \dot{x}_2 \mathrm{d}t \tag{1-1-27}$$

对上面 4 个表达式，由组合

$$a\{式(1-1-24) + 式(1-1-25) + 式(1-1-26)\}$$

可得

$$\dot{V} = -a\dot{x}_1^2 \tag{1-1-28}$$

其中函数 V 为

$$V = bx_1^2 + x_1^3 + \frac{x_2^2}{2} = (b + x_1)x_1^2 + \frac{x_2^2}{2} \tag{1-1-29}$$

所以，只要保证 $x_1 > -b$，函数 V 就是正定的，而函数 $\dot{V}$ 是常负的。同时集合

$$\{(x_1, x_2) \quad \dot{V} = 0\} = \{(x_1, x_2) \quad x_2 = 0\}$$

不可能包含式（1-1-21）除零解以外的整条轨线，这样根据定理 5，式（1-1-21）的零解即未扰运动，是渐近稳定的。

1.1.5 线性系统的稳定性准则

由于线性微分方程的理论发展比较完善，判别由线性微分方程描述的动力系统的稳定性也简单明了，故下面首先介绍线性系统稳定性准则。包含 n 个状态变量的线性自治系统的动力学方程有以下普遍形式：

$$\dot{x} = Ax \tag{1-1-30}$$

式中，$x = (x_j)$ 为 n 维函数列阵，$A(a_{ij})$ 为 $n \times n$ 阶系数方阵。设方程（1-1-30）的解为

$$x = Be^{\lambda t} \tag{1-1-31}$$

式中，$B = (B_j)$ 为 n 维常值列阵，代入方程（1-1-30）中，记 E 为单位矩阵，得到

$$(A - \lambda E)B = 0 \tag{1-1-32}$$

展开后得到 λ 的 n 次代数方程，即矩阵 A 的本征方程。λ 为本征方程的根，即矩阵 A 的本征值。设共有 m 个不同的本征值，$\lambda_1, \lambda_2, \cdots, \lambda_m$，每个根的重数分别为 $n_1, n_2, \cdots, n_m$，显然有 $n_1 + n_2 + \cdots + n_m = n$。这些本征值有以下几种情况：

（1）设 A 有 n 个不同的单根，方程（1-1-30）有基本解

$$x_j = e^{\lambda_j t} \quad (j = 1, 2, \cdots, n) \tag{1-1-33}$$

方程（1-1-30）的通解可由基本解（1-1-33）的线性组合构成。

（2）设 A 有重本征值 λ_k，重数为 n_k，则方程（1-1-30）的基本解有以下成分：

$$x_k = f_k(t)\mathrm{e}^{\lambda_k t} \tag{1-1-34}$$

式中，$f_k(t)$ 为 t 的 n_k-1 次代数多项式。

线性方程组（1-1-30）的零解稳定性取决于本征值的实部符号。根据以上分析结果，可归纳成以下定理：

定理 1：若所有本征值的实部均为负，则线性方程的零解渐近稳定。

定理 2：若至少有一个本征值的实部为正，则线性方程的零解不稳定。

定理 3：若存在零实部的本征值，其余的根实部为负，且零实部根为单根，则线性方程的零解稳定，但非渐近稳定。若为重根，则零解不稳定。

1.1.6 按第一次近似决定稳定性

对所研究的受扰运动微分方程，如果能把它的解求出来，那么对稳定性的研究也就不难了。但是，实际上大量工程和物理系统中所出现的微分方程多数是非线性方程，除极个别的情况可积外，大部分是不可积的。由于线性微分方程的理论发展比较完善，判别由线性微分方程描述的动力系统的稳定性也简单明了。因此，人们自然想到，能否应用线性化的方法，将非线性微分方程化成线性微分方程，用线性微分方程的稳定性代替非线性微分方程的稳定性，这就是所谓的按第一次近似决定稳定性。下面就具体介绍这一方法。

将受扰运动方程（1-1-8）的右端按 x 的幂展开为级数，因为 $X(0,0,\cdots,0)=0$，所以展开式中不包含自由项，这样方程（1-1-8）可以写成

$$\frac{\mathrm{d}x_i}{\mathrm{d}t} = a_{i1}x_1 + a_{i2}x_2 + \cdots + a_{in}x_n + X_i^*(t,x_1,x_2,\cdots,x_n) \quad (i=1,2,\cdots,n) \tag{1-1-35}$$

式中，X_i^* 为 x_i 的所有高于一次项的总和。由稳定性概念知，x_i 是很小的，因此可以略去高次项 X_i^*，只研究线性微分方程组

$$\frac{\mathrm{d}x_j}{\mathrm{d}t} = a_{j1}x_1 + a_{j2}x_2 + \cdots + a_{jn}x_n \tag{1-1-36}$$

得到线性方程组

$$\dot{x}_j = X_j(x_1,x_2,\cdots,x_n) \quad (j=1,2,\cdots,n) \tag{1-1-37}$$

如果用矩阵表示，则方程组（1-1-35）写为

$$\dot{\boldsymbol{x}} = \boldsymbol{X}(\boldsymbol{x}) \tag{1-1-38}$$

式中，n 维列阵 $\boldsymbol{x}=(x_j)$ 为稳态运动的扰动，函数列阵 $\boldsymbol{X}=(x_j)$ 不显含时间 t，系统为自治系统。当扰动足够微小时，将扰动方程（1-1-38）的右边展成泰勒级数，略去二次以上小量项，得到线性方程组，即原系统的一次方程

$$\dot{\boldsymbol{x}} = \boldsymbol{A}\boldsymbol{x} \tag{1-1-39}$$

式中，$n\times n$ 系数矩阵 $\boldsymbol{A}=(a_{ij})$ 为在 $\boldsymbol{x}=0$ 处函数 X_i 相对变量 x_j 的雅可比矩阵

$$a_{ij} = \left.\frac{\partial X_i}{\partial x_j}\right|_{x=0} \quad (i,j=1,2,\cdots,n) \tag{1-1-40}$$

这样就可用前述的方法和稳定性准则分析非线性系统方程（1－1－8）的稳定性。

但是，用线性方程（1－1－39）代替非线性方程方程（1－1－8）是有条件的，在有些情况下这种代替甚至是错误的。就是说，如果在方程（1－1－8）中，无根据地略去非线性项 X_j^*，所得到的结果不仅会引起数量上的误差，而且会导致性质上的错误。不妨用下面的例子来说明这个问题。

假设受扰运动微分方程为

$$\frac{\mathrm{d}x}{\mathrm{d}t} = -y + ax^3, \ \frac{\mathrm{d}y}{\mathrm{d}t} = x + ay^3 \qquad (1-1-41)$$

式中，a 为常数。

设这个方程组的任何一组解为 $x = x(t)$，$y = y(t)$，做函数 $V(x,y) = x^2(t) + y^2(t)$。因为 $x(t)$ 和 $y(t)$ 是方程组的解，故有

$$\begin{aligned}\frac{\mathrm{d}V}{\mathrm{d}t} &= \frac{\mathrm{d}}{\mathrm{d}t}[x^2(t) + y^2(t)] = 2x(t)[-y(t) + ax^3(t)] + 2y(t)[x(t) + ay^3(t)] \\ &= 2a[x^4(t) + y^4(t)]\end{aligned}$$

如果 $a > 0$，则函数 $V(x,y) = x^2(t) + y^2(t)$ 的导数在任何时候都是正的。因此，无论初始值 $x(t_0)$ 和 $y(t_0)$ 多么小，函数 $x^2(t) + y^2(t)$ 随着 t 的无限增加而无限增大，因而未扰运动是不稳定的。当 $a < 0$ 时，由于

$$\frac{\mathrm{d}}{\mathrm{d}t}[x^2(t) + y^2(t)] < 0$$

有

$$\lim_{t \to \infty}[x^2(t) + y^2(t)] = 0$$

从而

$$\lim_{t \to \infty}x(t) = \lim_{t \to \infty}y(t) = 0$$

所以未扰运动是渐近稳定的。

如果在方程（1－1－41）中略去高次项，得到线性方程

$$\frac{\mathrm{d}x}{\mathrm{d}t} = -y, \ \frac{\mathrm{d}y}{\mathrm{d}t} = x \qquad (1-1-42)$$

其解为

$$\begin{cases} x = x_0\cos t - y_0\sin t \\ y = x_0\sin t + y_0\cos t \end{cases} \qquad (1-1-43)$$

式中，x_0 和 y_0 是 x 和 y 的初始值，按照稳定性的定义，对于任给的正数 ε，只要

$$x_0 \leqslant \delta, y_0 \leqslant \delta, \delta < \frac{1}{\sqrt{2}}\varepsilon$$

由解（1－1－43）知

$$x^2 + y^2 = x_0^2 + y_0^2 < \varepsilon^2$$

因此有

$$|x| < \varepsilon, |y| < \varepsilon$$

所以，对于线性方程（1－1－42），未扰运动是稳定的。

但是，这与非线性方程（1－1－41）所得到的稳定性结论是不同的。由非线性方程（1－1－41）得出的结论是：未扰运动或者是渐近稳定的（$\alpha < 0$），或者是不稳定的（$\alpha > 0$）。这就是说，对于系统的稳定性，用线性化的方程代替原来的非线性方程，即按第一次近似决

定稳定性,并非在任何情况下都是合理的,它是有条件的。

为此,李雅普诺夫证明了以下几条定理,下面不加证明地列出。

定理 1:若第一次近似方程的所有本征值实部均为负,则原方程的零解渐近稳定。

定理 2:若第一次近似方程至少有一个本征值实部为正,则原方程的零解不稳定。

定理 3:若第一次近似方程存在零实部的本征值,其余根的实部为负,则不能判断原方程的稳定性。

例 1-1-2 试分析带阻尼单摆平衡位置的稳定性。

解:设单摆质量为 m,摆长为 l,黏性阻尼系数为 c,相对铅垂轴的偏角为 φ(图 1-1-2),动力学方程为

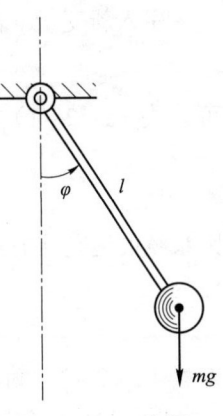

$$ml^2\ddot{\varphi}+c\dot{\varphi}+mgl\sin\varphi=0 \quad \text{或} \quad \ddot{\varphi}+2\varsigma\omega_0\dot{\varphi}+\omega_0^2\sin\varphi=0 \tag{a}$$

图 1-1-2 单摆

式中,$2\varsigma\omega_0=c/(ml^2)$,$\omega_0^2=g/l$。由于有三角函数 $\sin\varphi$,方程是非线性的,将此正弦函数按泰勒级数展开,只保留一次项,得到一次近似方程为

$$\ddot{\varphi}+2\varsigma\omega_0\dot{\varphi}+\omega_0^2\varphi=0 \tag{b}$$

此线性系统的本征方程和本征值为

$$\lambda^2+2\varsigma\omega_0+\omega_0^2=0, \quad \lambda_{1,2}=\omega_0(-\varsigma\pm\sqrt{\varsigma^2-1}) \tag{c}$$

在任何情况下,本征值的实部均为负,因此线性方程(b)的零解渐近稳定,根据李雅普诺夫第一次近似理论的定理 1,原非线性系统方程(a)的零解也渐近稳定,即带阻尼单摆的平衡为渐近稳定。

若单摆无阻尼,令 $\varsigma=0$,则本征值为纯虚根。

线性方程(b)的零解稳定,但根据李雅普诺夫第一次近似理论的定理 3,不能据此判断非线性方程的零解稳定性。

1.2 相平面、相轨线、奇点

在实际中所遇到的非线性微分方程,除极少数外,一般都难以把解用已知函数精确地表示出来,所以人们研究了微分方程的定性分析方法。在相平面上,通过确定奇点和相轨线的分布,获得关于解的若干性质。这种方法的优点是直接从微分方程本身入手,无须求解非线性微分方程就可以得到解的性质和运动状态。

1.2.1 相平面和相轨线的概念

现讨论一单自由度机械系统的自由振动,其动力学方程可用一个二阶微分方程描述:

$$\ddot{x}+f(x,\dot{x})=0 \tag{1-2-1}$$

式中,x 为状态变量(如机械系统的位置);$\dot{x}$ 为状态变化率(如速度);函数 $f(x,\dot{x})$ 表示系统所受的外作用力(如与位置 x 有关的恢复力、与速度 $\dot{x}$ 有关的阻尼力)。由于不显含时间,故是一个自治系统。

引入新变量 y 表示速度 $\dot{x}$：

$$y = \dot{x} \tag{1-2-2}$$

可将式（1-2-1）写成两个一阶方程

$$\frac{\mathrm{d}x}{\mathrm{d}t} = y, \quad \frac{\mathrm{d}y}{\mathrm{d}t} = -f(x,y) \tag{1-2-3}$$

则系统的运动状态由位置 x 及速度 y 体现，x 和 y 构成系统的状态变量。设状态的初始条件为

$$t = 0: \ x(0) = x_0, \ y(0) = y_0 \tag{1-2-4}$$

方程（1-2-3）满足初始条件（1-2-4）的解 $x(t)$ 和 $y(t)$ 完全确定系统的运动过程。以 x 和 y 为直角坐标系建立 (x,y) 平面，称为系统的相平面。与系统的运动状态一一对应的相平面上的点称为系统的相点。系统的运动过程可以用相点在相平面上的移动过程来描述。相点移动的轨迹称为相轨线。不同初始条件的相轨线组成相轨线族。如果不需要确切地了解每个指定时刻的相点位置，而只要求定性地了解系统在不同初始条件下的运动全貌，则了解相轨线族的几何特征就已足够了。

将方程（1-2-3）的第一个方程除第二个方程得到一个以 x 为自变量，以 y 为因变量的一阶微分方程：

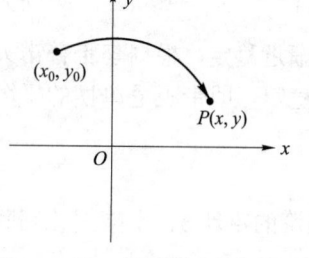

$$\frac{\mathrm{d}y}{\mathrm{d}x} = -\frac{f(x,y)}{y} \tag{1-2-5}$$

给定系统的作用力 $f(x,\dot{x})$ 后，方程（1-2-5）就确定了相平面 (x,y) 内各点的向量场，积分后构成相轨线族，如图 1-2-1 所示。在上半平面内 $y > 0$，即 $\dot{x} > 0$，随着时间推移，相点从左向右移动；在下半平面内 $y < 0$，即 $\dot{x} < 0$，相点从右向左移动。在横坐标轴上各点处有 $y = 0$，则 $(\mathrm{d}y/\mathrm{d}x)_{y=0} \to \infty$，相轨线与横坐标轴正交。有了相轨线，就可知道系统的状态是如何变化的，

图 1-2-1　相平面内的相轨迹

即可知方程（1-2-1）的解的性质。

1.2.2　相轨线的奇点

相平面内能使方程（1-2-5）右边分子分母同时为零的点称为相轨线的奇点。在奇点处 $\mathrm{d}y/\mathrm{d}x$ 不存在或为不定值。奇点的坐标 (x_s, y_s) 满足方程

$$y_s = 0, \ f(x_s, y_s) = 0 \tag{1-2-6}$$

因此，此系统的奇点都分布在横坐标轴上。

根据微分方程解的存在唯一性定理，若方程（1-2-5）的右端连续，且满足李普希茨条件，则过 (x,y) 平面上除奇点以外的任何点都通过也只能通过一条积分曲线。奇点处或者无积分曲线通过，或者有无数条积分曲线通过。由于奇点处 $\dot{x} = \dot{y} = 0$，因此在奇点处相点的移动速度为零。若相点沿通往奇点的相轨线运动，则必须经过无限长时间之后才可能达到奇点。$\dot{x} = \dot{y} = 0$ 表明系统的速度和加速度均等于零，奇点的物理意义即系统的平衡状态，因此也可将奇点称为平衡点。

奇点可以是稳定的也可以是不稳定的，奇点的稳定性也就是系统平衡的稳定性。根据李

雅普诺夫稳定性定义，若对于任意的 $\varepsilon>0$，能够找到确定的 $\delta(\varepsilon)>0$，使得在 $t=t_0$ 时从以奇点为中心、半径为 δ 的圆内任意出发的相轨线在 $t>t_0$ 时保持在以该奇点为中心、半径为 ε 的圆内，则该奇点为稳定的。反之，为不稳定的。

例 1-2-1 下面以线性方程为例，说明如何应用相轨线研究解的性质。

考虑由微分方程

$$\frac{d^2 x}{dt^2}+\omega_0^2 x=0 \tag{1-2-7}$$

描述的简谐振动系统。令 $y=\dot{x}$，得到一阶方程

$$\frac{dy}{dx}=\frac{-\omega_0^2 x}{y} \tag{1-2-8}$$

对方程（1-2-8）积分，得到相轨线方程

$$x^2+(y/\omega)^2=K^2 \tag{1-2-9}$$

式中，$K^2=y_0^2/\omega_0^2+x_0^2$，是由初始条件 x_0 和 $y_0=\dot{x}_0$ 决定的常数。当 x_0 和 y_0 取不同的值时，式(1-2-9)表示一族同心椭圆，如图 1-2-2 所示。图中每一个椭圆代表一个简谐振动，表示相点的运动轨迹，图中还标出了相点移动方向。相点沿相轨线移动的速度称为相速度，其大小为

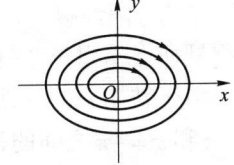

图 1-2-2 简谐振动的相轨线

$$V=\sqrt{\dot{x}^2+\dot{y}^2} \tag{1-2-10}$$

使相速度等于零的状态称为平衡状态，所对应的点称为奇点或平衡点。

根据简谐振动的相轨线分布图 1-2-2 可以看出，所有相轨线（除原点外）都是封闭的，相点沿相轨线从某一状态开始运动，经过一段时间后，又回到了这一状态。因此可知，简谐振动的运动是周期运动，这是其一。

其二，简谐振动的周期是有限的。因为除原点外，相点沿相轨线运动的速度在任何时刻都不为零，而相轨线——封闭曲线的周长是有限的，所以相点绕封闭曲线一周所用的时间是有限的，故振动的周期是有限的。

其三，退化的轨线 $x=0, y=0$，即原点对应的平衡状态。因为 $x=0, y=0$，从而有 $\dot{x}=\dot{y}=0$，所以相速度等于零。若相点在初始时刻处于原点，则它将一直停留在原点。

由以上三点，可以得出下面的结论：

对于简谐振动，除去当初始条件对应于平衡状态的情况，在其他任何初始条件下，都做绕平衡状态（$x=y=0$）的周期运动。

由此例看出，对于系统的微分方程，不直接求解，而通过定性分析的方法，可以获得解的定性特性。这样对于难以求解的非线性微分方程，给出了一种解决问题的方法。

例 1-2-2 再讨论单摆大幅度运动的相轨线。

忽略例 1-1-2 中单摆动力学方程中的阻尼项，其非线性恢复力为 $f(x)=(g/l)\sin\varphi$，动力学方程为 $ml^2\ddot{\varphi}+mgl\sin\varphi=0$。其中系统的动能和位能为

$$\bar{U}(\varphi)=\int ml^2\ddot{\varphi}\,d\varphi=\frac{1}{2}ml^2\dot{\varphi}^2,\ \bar{V}(\varphi)=\int_0^\varphi mgl\sin\varphi\,d\varphi=mgl(1-\cos\varphi) \tag{1-2-11}$$

令 $y = \dot{\varphi}$，相轨线方程为

$$\frac{\mathrm{d}y}{\mathrm{d}\varphi} = -\frac{(g/l)\sin\varphi}{y} \tag{1-2-12}$$

积分后得相平面 (φ, y) 上相轨线曲线

$$y^2 + 2g(1-\cos\varphi)/l = 2E \tag{1-2-13}$$

式中，$E = [\dot{\varphi}_0^2 + 2g(1-\cos\varphi_0)/l]/2$，正比于总能量 $\bar{U} + \bar{V}$，是由初始条件决定的。

单摆的相轨线如图 1-2-3 所示。由相轨线方程知，相轨线的奇点在 $(y=0, \varphi=\pm2k\pi)$ 处。由图 1-2-3 可见，在原点 $(y=0, \varphi=0)$ 附近，势能 $\bar{V}$ 较小时相轨线为封闭的椭圆，奇点为中心，相点沿椭圆做周期运动，对应于单摆绕平衡位置的往复摆动。单摆摆动到最大偏转角时势能 $\bar{V}$ 达最大，动能 $y^2 = \dot{\varphi}^2 = 0$，此后单摆向相反方向摆动。在离开原点较远处，表示总能量 E 较大，椭圆演变成在奇点 $(y=0, \varphi=\pm\pi)$ 处交叉的两条曲线，这种类型的奇点是不稳定的，称为鞍点。过鞍点的相轨线称为**分隔线**，它将相平面分成具有不同类型相轨线的两个区域，在此分隔线以外，相轨线不再通过横轴，不再有 $\dot{\varphi}=0$，相点将向同一方向运动，表示单摆绕悬挂点朝同一方向的旋转。

由于转角 φ 的周期性，$\varphi\pm2k\pi$ 代表空间中的同一位置。因此可以只取相平面上两直线 $\varphi=\pi$ 和 $\varphi=-\pi$ 之间的带域，使两条边线互相黏合卷成一个柱面，称为相柱面。在此柱面上，中心和鞍点各只有一个。过鞍点的分隔线分隔出两类拓扑性质不同的封闭曲线：一类可在柱面上缩成一点，另一类则不能，如图 1-2-4 所示。它们对应于两类性质不同的周期运动：前者对应于单摆在平衡位置附近的摆动，后者对应于单摆绕悬挂点朝同一方向的旋转。

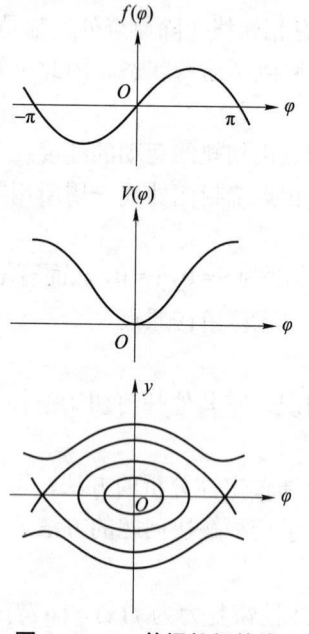

图 1-2-3　单摆的相轨线

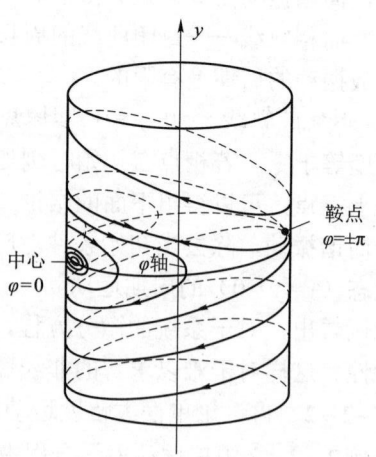

图 1-2-4　相柱面上的相轨线

由方程（1-2-13）得

$$y = \dot{\varphi} = \sqrt{2\left[E - g(1-\cos\varphi)/l\right]} \tag{1-2-14}$$

分离变量后沿相平面上封闭轨迹积分，即得到相点运动一周所需时间 T。为此，设 $y=\dot{\varphi}=0$ 处的最大振幅为 A，由式（1-2-13）可得总能量 $E=g(1-\cos A)/l$，故 A 随初始条件而变。周期 T 即 1/4 轨线上从 $\varphi=0$ 到 $\varphi=A$ 积分的 4 倍，即

$$T=4\int_0^A \frac{\mathrm{d}\varphi}{\sqrt{2[E-g(1-\cos\varphi)/l]}}=4\sqrt{\frac{l}{2g}}\int_0^A \frac{\mathrm{d}\varphi}{\sqrt{\cos\varphi-\cos A}} \qquad (1-2-15)$$

可见实际单摆不具有等时性，它的周期随振幅 A 或随初始条件而改变，只是在小振幅、线性化条件下近似具有等时性。这是非线性系统不同于线性系统的一大特点。

如果将作用力函数线性化，即令 $f(x)=(g/l)\sin\varphi\approx(g/l)\varphi$，相轨线方程（1-2-12）变成线性方程 $\mathrm{d}y/\mathrm{d}\varphi=-(g/l)\varphi/y$，相轨线曲线变成 $y^2+(g/l)\varphi^2=2E$，设在 $y=\dot{\varphi}=0$ 处的最大振幅为 A，则有 $2E=(g/l)A^2$，周期 T 的计算式变成

$$T=4\int_0^A \frac{\mathrm{d}\varphi}{\sqrt{2E-(g/l)\varphi^2}}=4\sqrt{\frac{l}{g}}\int_0^A \frac{\mathrm{d}\varphi}{\sqrt{A^2-\varphi^2}}=4\sqrt{\frac{l}{g}}\arcsin\left(\frac{\varphi}{A}\right)\Big|_0^A=2\pi\sqrt{\frac{l}{g}} \qquad (1-2-16)$$

显然，此时周期 T 与振幅 A 无关，而是只与系统参数 g,l 有关的常量，即系统具有等时性。

1.2.3 相轨线的绘制与几何作图法

要定性地分析受扰运动微分方程解的性质，必须首先在相平面上（对于三阶的系统，则要在相空间内）作出相轨线。当然，如果能够根据受扰运动微分方程求出相轨线方程的解析表达式，再由相轨线方程来绘制相轨线，这是最好的。但是，对于一般的非线性微分方程，求出相轨线方程的解析表达式也是很困难的。因此，用解析方法来绘制相轨线的局限性很大。现在一般用计算机数值解法直接求解相轨线方程并绘制曲线。

此外，也可用几何作图法绘制相轨线，下面介绍两种常用的几何作图法。

1. 等倾线法

研究具有方程（1-2-5）形式的二阶系统，令 $y=\dot{x}$，得到一阶方程

$$\frac{\mathrm{d}y}{\mathrm{d}x}=\frac{f(x,y)}{y}=\Phi(x,y) \qquad (1-2-17)$$

令 $\mathrm{d}y/\mathrm{d}x$ 等于某一常数 a，则

$$\Phi(x,y)=a \qquad (1-2-18)$$

这是关于 x 和 y 的方程，将它画在相平面上，可得一条曲线，这条曲线上的点具有一个共同的性质，即相轨线通过这条曲线上的点所取的斜率都等于 a，这条曲线就称为等倾线。当 a 取不同的值时，由方程（1-2-18）可以在相平面上绘制出若干不同的等倾线，在每条等倾线上画出表示该等倾线斜率值的小线段，这些小线段表示相轨线通过等倾线时的方向。任意给定一个初始条件 $x=x_0,y=\dot{x}_0$，就相当于给定了相平面上一个起始点，由该点出发的相轨线可以这样作出来：从该点出发，按照它所在的等倾线上的方向作一小线段，这条小线段和第二条等倾线交于一点，再由这个交点出发，按照第二条等倾线上的方向再作一小线段，这条小线段交于第三条等倾线，这样依次连续作下去，就可以得到一条从给定初始条件出发的由各方向小线段组成的折线，经光滑处理后就得到所要求的相轨线。

作为例子，研究微分方程

弹箭非线性运动理论

$$\ddot{x} + \dot{x} + x = 0 \qquad (1-2-19)$$

相轨线的作法。

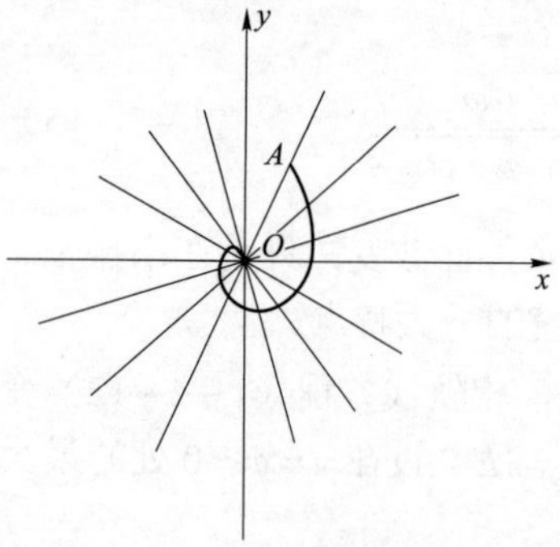

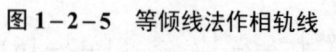

令 $y = \dot{x}$，得一阶方程

$$\frac{\mathrm{d}y}{\mathrm{d}x} = -\frac{x+y}{y} \qquad (1-2-20)$$

等倾线方程为

$$y = -\frac{x}{1+a} \qquad (1-2-21)$$

由方程（1-2-21）看出，等倾线为直线。

若给定初始状态为 A 点，从 A 点起顺时针把各小线段光滑地连接起来，就得到一条从 A 点出发的相轨线，如图 1-2-5 所示。

图 1-2-5 等倾线法作相轨线

范德坡（van der pol）用等倾线法研究了微分方程

$$\ddot{x} - \varepsilon(1-x^2)\dot{x} + x = 0 \qquad (1-2-22)$$

当 $\varepsilon = 0.2, 1, 5$ 时，得到的相轨线如图 1-2-6 所示。

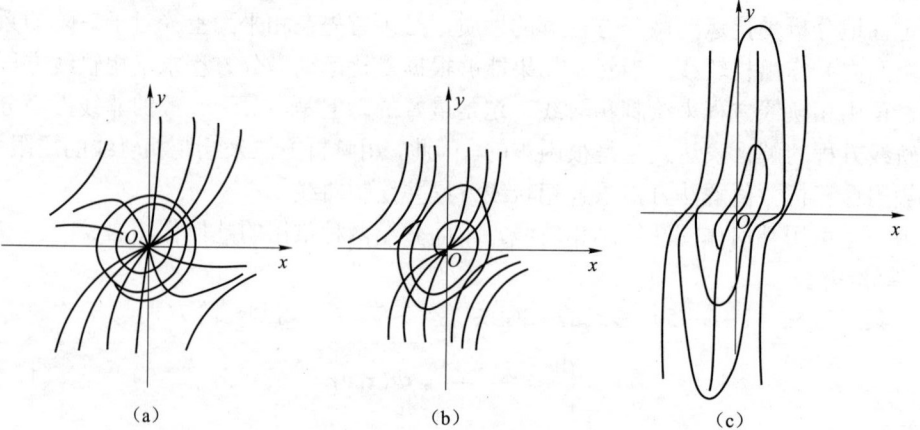

图 1-2-6 范德坡方程的相轨线

（a）$\varepsilon = 0.2$；（b）$\varepsilon = 1$；（c）$\varepsilon = 5$

在图 1-2-6 的（a）、（b）、（c）中，都出现了一种孤立的封闭相轨线，它附近的相轨线随着 t 值的增大都趋向于这条封闭相轨线，这种相轨线称为稳定的极限环。

等倾线法是一种最直观的方法，虽然它比较粗略和不够严格，但它是一种快速有效的方法，也是工程技术中常用的方法。为了提高等倾线法作图的精度，可以把等倾线作得密一些，特别是在相轨线的斜率变化比较大的地方更应该如此。

2. 列纳法

研究下面形式的微分方程，它表示具有线性恢复力项 $(-x)$ 的系统。

$$\ddot{x} + \varphi(\dot{x}) + x = 0 \qquad (1-2-23)$$

对这一类特殊的微分方程，列纳（Liénard）提出了一种十分简单的作图方法。

令 $y=\dot{x}$，则方程（1-2-23）可化为一阶方程

$$\frac{dy}{dx}=-\frac{\varphi(y)+x}{y} \qquad (1-2-24)$$

由方程（1-2-24）可知，$(dy/dx)\{y/[x+\varphi(y)]\}=-1$，故斜率为 dy/dx 的直线与斜率为 $y/[x+\varphi(y)]$ 的直线是互相垂直的。

首先在相平面上画出曲线（图 1-2-7）

$$x=-\varphi(y) \qquad (1-2-25)$$

此辅助曲线即零斜率等倾斜线。过相点 $P(x,y)$ 作 x 轴的平行线，与辅助线交于 R 点，R 点的横坐标为 $-\varphi(y)$，故

$$PR=x-[-\varphi(y)]=x+\varphi(y)$$

再过 R 作 y 轴的平行线交 x 轴于 S 点，则 $RS=y$。将向量 **PS** 绕 P 点逆时针转 90°以后的方向就是方程（1-2-24）确定的相轨线的方向（图 1-2-7）。

要证明此点结论只要引入 $\theta=\angle PSR$，则在 P 点处有

$$\frac{dy}{dx}=\tan(-\theta)=-\tan(\theta)=-\frac{PR}{RS}=-\frac{x+\varphi(y)}{y} \qquad (1-2-26)$$

此式与方程（1-2-24）相同。

下面作出从初始点 $A_1(x_0,y_0)$ 出发的相轨线。从 A_1 点引平行于 x 轴的直线交曲线 $x=-\varphi(y)$ 于 R_1 点，从 R_1 点作垂线交 x 轴于 s_1 点，连接 s_1A_1，从 A_1 点作一小线段 A_1A_2 垂直于 s_1A_1；然后再从 A_2 点作平行于 x 轴的直线交曲线 $x=-\varphi(y)$ 于 R_2 点，从 R_2 点作垂线交 x 轴于 s_2 点，连接 s_2A_2，从 A_2 点作一小线段 A_2A_3 垂直于 s_2A_2。这样依次作下去，平滑后得到从初始点 $A_1(x_0,y_0)$ 出发的相轨线，如图 1-2-8 所示。

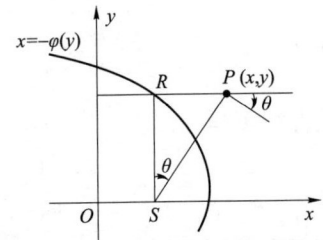

图 1-2-7 相轨线的列纳作图法

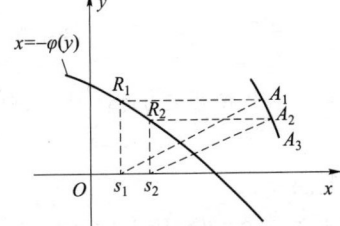

图 1-2-8 列纳法作相轨线的步骤

1.3 奇点的分类

在上一节中，利用相轨线的奇点表示系统的平衡状态，根据奇点的不同类型可以定性地描述平衡状态附近的运动性态。本节讨论一般情形下奇点的分类问题。

设动力学系统状态方程的普遍形式为

$$\dot{x}_1=P(x_1,x_2),\quad \dot{x}_2=Q(x_1,x_2) \qquad (1-3-1)$$

含两个变量的动力学系统称为平面动力学系统，或简称平面系统。方程右端不显含时间 t 而称为平面自治系统。将式（1-3-1）中两式相除，得到与时间无关的一阶微分方程

弹箭非线性运动理论

$$\frac{\mathrm{d}x_2}{\mathrm{d}x_1} = \frac{Q(x_1, x_2)}{P(x_1, x_2)} \qquad (1-3-2)$$

相轨线上奇点或平衡点 x_{1s}, x_{2s} 是以下方程的解：

$$P(x_{1s}, x_{2s}) = 0, \ Q(x_{1s}, x_{2s}) = 0 \qquad (1-3-3)$$

在奇点处，相速度 $v = \sqrt{\dot{x}_1^2 + \dot{x}_2^2} = 0$，当 $t \to \infty$ 时，如果相轨线不断逼近奇点，或环绕奇点在有限范围内变化，则该奇点是稳定的；反之，是不稳定的。而研究方程组（1-3-1）的运动特性和解的稳定性，就转化为讨论它所对应的所有奇点类型及其稳定性。为此，下面介绍奇点的分类和稳定性判别准则。

不失一般性，将坐标原点移至奇点处，则 $x_{1s} = x_{2s} = 0$。将函数 $Q(x_1, x_2)$ 和 $P(x_1, x_2)$ 在奇点 $(0,0)$ 附近展开为泰勒级数，得

$$P(x_1, x_2) = a_{11}x_1 + a_{12}x_2 + \varepsilon_1(x_1, x_2)$$
$$Q(x_1, x_2) = a_{21}x_1 + a_{22}x_2 + \varepsilon_2(x_1, x_2) \qquad (1-3-4)$$

式中，ε_1 和 ε_2 为 x_1, x_2 的二次以上的项。

1.3.1 一次线性奇点的类型和稳定性

在讨论一次奇点的类型和稳定性时，暂时忽略二次以上的项 ε_1 和 ε_2。

式（1-3-4）中的 $a_{ij}(i, j = 1, 2)$ 为函数 P 和 Q 关于变量 x_1, x_2 的雅可比矩阵 $\boldsymbol{A}$ 的元素

$$\boldsymbol{A} = \frac{\partial(P, Q)}{\partial(x_1, x_2)} = \begin{bmatrix} a_{11} & a_{12} \\ a_{21} & a_{22} \end{bmatrix} = \begin{bmatrix} a & b \\ c & d \end{bmatrix} \qquad (1-3-5)$$

式中

$$a_{11} = \left(\frac{\partial P}{\partial x_1}\right)_s = a, \ a_{12} = \left(\frac{\partial P}{\partial x_2}\right)_s = b, \qquad (1-3-6)$$

$$a_{21} = \left(\frac{\partial Q}{\partial x_1}\right)_s = c, \ a_{22} = \left(\frac{\partial Q}{\partial x_2}\right)_s = d$$

下角标 s 表示在奇点处的值。引入列阵 $\boldsymbol{x} = (x_1, x_2)^{\mathrm{T}}$，此线化方程可写为

$$\dot{\boldsymbol{x}} = \boldsymbol{A}\boldsymbol{x} \qquad (1-3-7)$$

作线性变换

$$\boldsymbol{x} = \boldsymbol{T}\boldsymbol{u} \qquad (1-3-8)$$

将式（1-3-8）代入式（1-3-7）并左乘 $\boldsymbol{T}^{-1}$，化为柯西型正则方程

$$\dot{\boldsymbol{u}} = \boldsymbol{J}\boldsymbol{u}, \ \boldsymbol{J} = \boldsymbol{T}^{-1}\boldsymbol{A}\boldsymbol{T} \qquad (1-3-9)$$

式中，$\boldsymbol{u} = (u_1, u_2)^{\mathrm{T}}$ 为变换后的状态变量。适当选择 $\boldsymbol{T}$，可使变换后的 $\boldsymbol{J}$ 成若当标准型，矩阵 $\boldsymbol{J}$ 与 $\boldsymbol{A}$ 有相同的本征值。

以下针对不同情形讨论矩阵 $\boldsymbol{J}$ 的本征值与奇点的关系。

1. $\boldsymbol{J}$ 有不等实本征值 λ_1, λ_2，这时 $\boldsymbol{J}$ 为对角矩阵

$$\boldsymbol{J} = \begin{vmatrix} \lambda_1 & 0 \\ 0 & \lambda_2 \end{vmatrix} \qquad (1-3-10)$$

方程（1-3-9）的投影式

$$\dot{u}_1 = \lambda_1 u_1, \ \dot{u}_2 = \lambda_2 u_2 \qquad (1-3-11)$$

此两方程的通解为

$$u_1 = u_{10}e^{\lambda_1 t}, \quad u_2 = u_{20}e^{\lambda_2 t} \qquad (1-3-12)$$

将两式相除得

$$\frac{du_2}{du_1} = \alpha \frac{u_2}{u_1} \qquad (1-3-13)$$

式中，参数 $\alpha = \lambda_2 / \lambda_1$。方程（1-3-13）可分离变量积分得到相轨线方程

$$u_2 = Cu_1^{\alpha} \qquad (1-3-14)$$

相轨线为指数曲线。$\alpha<0$ 即 λ_1, λ_2 异号时奇点为**鞍点**[图 1-3-1（a）]，因为 λ_1, λ_2 中总有一个为正，故由式（1-3-11）知，鞍点总是不稳定的。$\alpha>0$ 即 λ_1, λ_2 同号时奇点为**结点**。结点的稳定性可利用式（1-3-12）判断，λ_1, λ_2 同为负号时为稳定结点[图 1-3-1（b）和（c）]，同为正号时为不稳定结点。

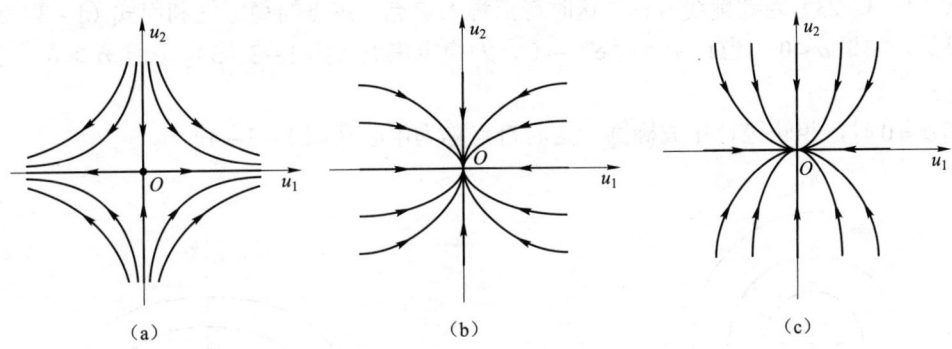

图 1-3-1 鞍点与稳定结点
(a) $\alpha<0$；(b) $0<\alpha<1$；(c) $\alpha>1$

2. J 有二相等实特征根 $\lambda_1 = \lambda_2$

J 为非对角阵

$$J = \begin{vmatrix} \lambda_1 & 0 \\ 1 & \lambda_2 \end{vmatrix} \qquad (1-3-15)$$

方程（1-3-9）的投影式为

$$\dot{u}_1 = \lambda_1 u_1, \quad \dot{u}_2 = u_1 + \lambda_1 u_2 \qquad (1-3-16)$$

此方程的通解为

$$u_1 = u_{10}e^{\lambda_1 t}, \quad u_2 = (u_{20} + u_{10}t)e^{\lambda_1 t} \qquad (1-3-17)$$

将式（1-3-16）中两式相除得

$$\frac{du_2}{du_1} = \frac{u_1 + \lambda_1 u_2}{\lambda_1 u_1} \qquad (1-3-18)$$

若 $\lambda_1 = 0$，相轨线与 u_2 轴重合。若 $\lambda_1 \neq 0$，当 $t \to \infty$ 时 u_2/u_1 无限增大，$du_2/du_1 \to \infty$，即所有的相轨线都趋向与 u_2 轴相切，奇点为**结点**。结点的稳定性用式（1-3-17）判断，$\lambda_1 < 0$ 时稳定（图 1-3-2），$\lambda_1 > 0$ 时不稳定。

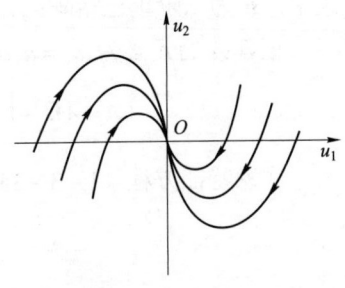

图 1-3-2 稳定结点

3. J 有共轭复特征根 $\lambda_{1,2} = \alpha + i\beta$

矩阵 J 为

$$J = \begin{vmatrix} \alpha + \mathrm{i}\beta & 0 \\ 0 & \alpha - \mathrm{i}\beta \end{vmatrix} \qquad (1-3-19)$$

将 u_1, u_2 变换为

$$u_1 = r\mathrm{e}^{\mathrm{i}\varphi}, \ u_2 = r\mathrm{e}^{-\mathrm{i}\varphi} \qquad (1-3-20)$$

得

$$\dot{u}_1 = (\dot{r} + \mathrm{i}r\dot{\varphi})\mathrm{e}^{\mathrm{i}\varphi} = \lambda_1 u_1 = (\alpha + \mathrm{i}\beta)r\mathrm{e}^{\mathrm{i}\varphi}$$
$$\dot{u}_2 = (\dot{r} - \mathrm{i}r\dot{\varphi})\mathrm{e}^{-\mathrm{i}\varphi} = \lambda_2 u_2 = (\alpha - \mathrm{i}\beta)r\mathrm{e}^{-\mathrm{i}\varphi} \qquad (1-3-21)$$

从式（1-3-21）导出 r, φ 的微分方程

$$\dot{r} = \alpha r, \ \dot{\varphi} = \beta \qquad (1-3-22)$$

此两方程的通解为

$$r = r_0\mathrm{e}^{\alpha t}, \ \varphi = \varphi_0 + \beta t \qquad (1-3-23)$$

式（1-3-23）为螺旋线方程，这时奇点称为**焦点**。焦点的稳定性利用式（1-3-22）判断，显然，如果 $\alpha < 0$，当 $t \to \infty$ 时 $\mathrm{e}^{\alpha t} \to 0$，为稳定焦点（图1-3-3）。如果 $\alpha > 0$，则为不稳定焦点。

当 $\alpha = 0$ 时，相轨迹转化成椭圆，这时奇点称为**中心**（图1-3-4）。

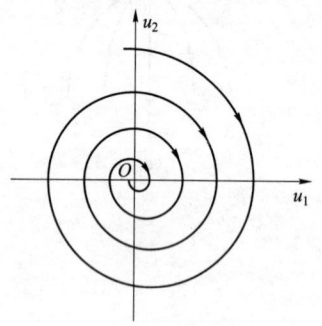

图1-3-3　稳定焦点

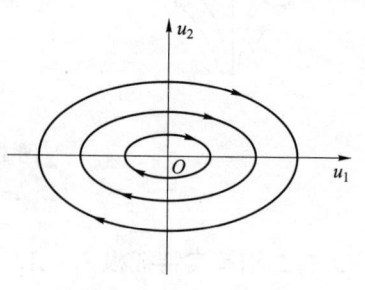

图1-3-4　中心

1.3.2　一次线性奇点分类的准则

二阶线性系统（1-3-7）$\dot{x} = Ax$ 的特征方程为

$$|A - \lambda E| = 0 \qquad (1-3-24)$$

式中，E 为二阶单位矩阵；λ 为线化方程的特征根，它决定了一次奇点的类型和稳定性。

矩阵 A 的元素为 $a_{11} = a, a_{12} = b, a_{21} = c, a_{22} = d$，将 A 的特征方程展开，得到

$$|A - \lambda E| = \begin{vmatrix} a_{11} - \lambda & a_{12} \\ a_{21} & a_{22} - \lambda \end{vmatrix} = \begin{vmatrix} a - \lambda & b \\ c & d - \lambda \end{vmatrix} = \lambda^2 - p\lambda + q = 0 \qquad (1-3-25)$$

注意特征方程（1-3-25）右端一次项 $-p\lambda$ 的系数符号是 "$-$"，其中

$$p = \mathrm{tr}A = a_{11} + a_{22} = (a + d)$$
$$q = \det A = a_{11}a_{22} - a_{12}a_{21} = ad - bc \qquad (1-3-26)$$

p 是矩阵行列式 A 的迹，q 为行列式 A 的值。方程（1-3-9）的特征值为

$$\lambda_{1,2} = \left(p \pm \sqrt{p^2 - 4q} \right) / 2$$

并记

$$\Delta = p^2 - 4q \qquad (1-3-27)$$

定理：

（1）若 $q<0$，则 λ_1 和 λ_2 异号，总有一个根为正，故奇点为鞍点，鞍点总是不稳定的。

（2）若 $q>0$，$\Delta>0$，则两根 λ_1 和 λ_2 同号，奇点为结点，并且 $p<0$ 时为稳定结点，$p>0$ 时为不稳定结点。

（3）若 $q>0$，$\Delta<0$，则 λ_1 和 λ_2 为共轭复根，奇点为焦点，并且 $p<0$ 时为稳定焦点，$p>0$ 时为不稳定焦点。

（4）若 $q>0$，$p=0$，则 λ_1 和 λ_2 为共轭纯虚数，奇点为中心，中心总是稳定的。

（5）若 $q>0$，$p^2-4q=0$，则奇点是临界结点 ($b^2+c^2=0$) 或退化结点 ($b^2+c^2\neq 0$)，并且 $p<0$ 时为稳定结点，$p>0$ 时为不稳定结点。

（6）若 $q=0$，

① 当 $a=b=c=d=0$ 时，则 (x_1,x_2) 平面上的点是奇点；

② 当 $a=b=0$（或 $c=d=0$），但 $c^2+d^2\neq 0$，可分为两种情况：

当 $d=0$ 时，则方程（1-3-7）化为 $\mathrm{d}x_1/\mathrm{d}t=0, \mathrm{d}x_2/\mathrm{d}t=cx_1$，此时 x_2 轴上的点都是奇点，其积分曲线都是直线 $x=$ 常数，又当 $c>0$ 时，则当 $x>0$，$t\to\infty$ 时，x_2 单调增加到 $+\infty$；当 $x<0$，$t\to\infty$ 时，x_2 单调减小到 $-\infty$。

当 $d\neq 0$ 时，则方程（1-3-7）化为 $\mathrm{d}x_1/\mathrm{d}t=0, \mathrm{d}x_2/\mathrm{d}t=cx_1+dx_2$，此时 $x_2=-(c/d)x_1$ 直线上的点都是奇点，其他积分曲线均为直线 $x_1=$ 常数，又当 $t\to\infty$ 时，则直线 $x_2=-(c/d)x_1$ 两侧的积分曲线或同时趋于直线上的奇点，或同时远离到无限，这按 $d<0$ 及 $d>0$ 而定。

对 $c=d=0$ 可同样进行讨论。

③ $a^2+b^2\neq 0$，$c^2+d^2\neq 0$，这时两直线 $ax_1+bx_2=0$，$cx_1+dx_2=0$ 重合，因此这条直线上的点都是奇点，积分曲线族是：

$ax_2=cx_1+c_1$（当 $a^2+c^2\neq 0$ 时）；$bx_2=dx_1+c_2$（当 $b^2+d^2\neq 0$ 时）。当 t 变化时，x_1 和 x_2 均为单调变化。

对于上面的定理（1）～（4）可归纳出以下结论和奇点分类（见图 1-3-5，图中 $\Delta=p^2-4q$）：

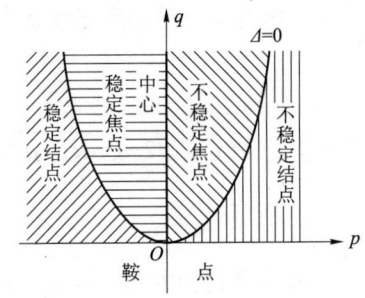

图 1-3-5 奇点分类

$$\begin{cases} \Delta\geqslant 0 \begin{cases} q>0 & 结点 \begin{cases} p\leqslant 0 & 稳定 \\ p>0 & 不稳定 \end{cases} \\ q<0 & 鞍点 \end{cases} \\ \Delta<0 \begin{cases} p=0 & 中心 \\ p\neq 0 & 焦点 \begin{cases} p\leqslant 0 & 稳定 \\ p>0 & 不稳定 \end{cases} \end{cases} \end{cases}$$

A 的特征值实部不为零时，称相应的奇点为双曲奇点；特征值实部为零时，称相应的奇点为非双曲奇点。线性系统的双曲奇点只能是非中心型奇点。

以上对线性系统奇点类型的讨论有助于分析非线性系统（1-3-1）的奇点类型。

1.3.3 附加非线性项时的情形

将函数 P,Q 的表达式（1-3-4）代入方程（1-3-1）中，得非线性微分方程组：

$$\dot{x}_1 = a_{11}x_1 + a_{12}x_2 + \varepsilon_1(x_1, x_2)$$
$$\dot{x}_2 = a_{21}x_1 + a_{22}x_2 + \varepsilon_2(x_1, x_2) \qquad (1-3-28)$$

如果能用忽略二阶以上小项 ε_1、ε_2 的线性方程组（1-3-7）代替非线性方程组（1-3-28），那么研究在原点附近的定性特性就简单多了。在什么情况下，这种代替是可以的？在什么情况下，这种代替是不可以的呢？

庞卡莱证明，当雅可比矩阵 A 为非奇异，即行列式 $\det A \neq 0$ 时，将方程（1-3-28）中的二阶以上小量略去后的线性化方程与原方程有相同类型的奇点。唯一的例外是当 $\Delta < 0$ 时，$p = 0$ 条件对区别中心和焦点不够充分。当 $\det A = 0$，线性系统的奇点为退化情形时，关于原系统的奇点类型必须考察 ε_1 和 ε_2 的高阶项才能判断，可能有新的奇点类型出现。

对于方程（1-3-28），定理中的（4）和（6）两种情形是不成立的，此时必须考虑附加非线性项的影响，情况比较复杂，这里不再叙述。

例 1-3-1 分析飞机型滑翔弹的运动，如图 1-3-6 所示。为简化计算，假设滑翔弹翼面很大，因而升力很大，阻力相对较小而可略去；又设滑翔弹稳定力矩较大，在滑翔段飞行中基本保持零攻角飞行，仅靠翼面安装角提供升力，$F_L = \rho v^2 S c_L / 2$，其中，v 为质心速度，ρ 为空气密度，c_L 为升力系数。设滑翔弹质量为 m，弹轴与水平面的倾角为 θ，列出其质心运动方程为

$$m\dot{v} = -mg\sin\theta, \quad mv\dot{\theta} = -mg\cos\theta + \rho v^2 S c_L / 2 \qquad (1-3-29)$$

将 θ, v 作为决定滑翔弹运动状态的状态变量，则 (θ, v) 平面内的相轨线微分方程为

$$\frac{dv}{d\theta} = \frac{v\sin\theta}{\cos\theta - (v/v_0)^2} \qquad (1-3-30)$$

式中，常数 $v_0 = \sqrt{2mg/(c_L S \rho)}$。令 $y = v/v_0$，则此方程化为

$$\frac{dy}{d\theta} = \frac{-y\sin\theta}{y^2 - \cos\theta} = \frac{Q(\theta, y)}{P(\theta, y)} \qquad (1-3-31)$$

有 3 个奇点 $S_1(\theta_s = 0, y_s = 1)$，$S_2(\theta_s = \pi/2, y_s = 0)$，$S_3(\theta_s = -\pi/2, y_s = 0)$。

奇点 S_1 对应于滑翔弹做速度为 v_0 的水平飞行运动，奇点 S_2 和 S_3 对应于滑翔弹直立且速度 $v = 0$ 的瞬时失速状态。列出方程（1-3-31）的雅可比矩阵：

$$A = \begin{bmatrix} \dfrac{\partial P}{\partial \theta} & \dfrac{\partial P}{\partial y} \\ \dfrac{\partial Q}{\partial \theta} & \dfrac{\partial Q}{\partial y} \end{bmatrix} = \begin{bmatrix} \sin\theta_a & 2y_s \\ -y_s\cos\theta_a & -\sin\theta_a \end{bmatrix} = \begin{bmatrix} a & b \\ c & d \end{bmatrix} \qquad (1-3-32)$$

得
$$p = a + d = 0, \quad q = ad - bc = 2y_s^2\cos\theta_a - \sin^2\theta_a,$$
$$\Delta = p^2 - 4q = 4(\sin^2\theta_a - 2y_s^2\cos\theta_a)$$

对于奇点 $S_1(\theta_s = 0, y_s = 1)$，$P = 0, q > 0, \Delta < 0$，奇点为中心；
对于奇点 $S_2(\theta_s = \pi/2, y_s = 0)$，$P = 0, q < 0, \Delta > 0$，奇点为鞍点；
对于奇点 $S_3(\theta_s = -\pi/2, y_s = 0)$，$P = 0, q < 0, \Delta > 0$，奇点为鞍点。

实际上方程（1-3-31）为全微分方程，可积分得到相轨线方程

$$\frac{1}{3}y^3 - y\cos\theta = \text{const} \qquad (1-3-33)$$

滑翔弹运动的相轨线如图 1-3-7 所示。可以看出，过鞍点的分隔线将相平面划分成两个不同区域，其内部靠近中心奇点的相轨线是环绕中心奇点的闭轨线，因此初始扰动很小时，滑翔弹的水平匀速飞行为稳定的稳态运动，但对于太大的初始扰动，若相点越出分隔线划分的粗实线所围成的区域，则 θ 单调增加，水平飞行转变成不稳定的翻筋斗运动，故当滑翔弹或滑翔机拉升太猛，弹道倾角 θ 过大，升力抵消不了重力时容易失速。

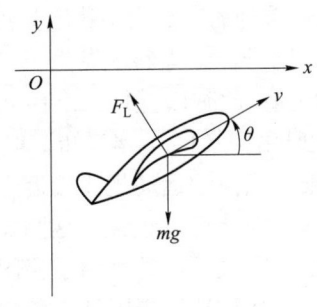

图 1-3-6 滑翔弹

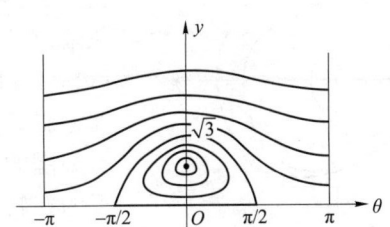

图 1-3-7 滑翔弹运动的相轨线

1.4 闭轨线、极限环、极限运动

在例 1-2-1、例 1-2-2 和例 1-3-1 的相轨迹分布图中都出现了环绕中心奇点的**闭轨线**，它的大小取决于初始条件，各条闭轨线互不相交，由以上分析表明，相平面内的封闭相轨线是对系统的周期运动的定性描述，在无数封闭相轨线曲线中，实际运动所对应的相轨线由初始状态确定。但在实践中也存在一类特殊的振动系统，其运动微分方程在相平面上所确定的相轨线是一条孤立的封闭曲线（不是无数条），它所对应的周期运动由系统的物理参数唯一确定，与初始运动状态无关。这种孤立的封闭轨线称为**极限环**。**自激振动**就是一种与极限环相对应的周期运动，这将在下面讨论。

1.4.1 瑞利方程和范德坡方程的极限环

作为能导致极限环出现的典型例子，讨论以下类型的微分方程：

$$\ddot{x} - \varepsilon \dot{x}(1 - \delta \dot{x}^2) + \omega_0^2 x = 0 \qquad (1-4-1)$$

这是瑞利进行声学研究时分析过的方程，故称为瑞利方程。将方程（1-4-1）的各项对时间 t 求导，将 $\dot{x}$ 作为新变量仍记为 x，参数 3δ 以 δ 代替，化为

$$\ddot{x} - \varepsilon \dot{x}(1 - \delta x^2) + \omega_0^2 x = 0 \qquad (1-4-2)$$

这种与瑞利方程等价的方程是范德坡在研究电子管振荡器电路时导出的，故称为范德坡方程。关于瑞利方程或范德坡方程能导致极限环出现的原因，可以作一些定性的解释。

方程（1-4-1）或方程（1-4-2）的第二项相当于耗散系统的阻尼项，当 x 或 $\dot{x}$ 足够小时，此阻尼项系数为负值，但对于 x 或 $\dot{x}$ 足够大时，此阻尼项系数变为正值。因此范德坡方程相对于小幅度运动为负阻尼，对于大幅度振动运动为正阻尼。利用变量 $y = \dot{x}$，瑞利方程（1-4-1）可化为一阶自治的微分方程。不失一般性，令 $\omega_0^2 = 1$，得到

$$\frac{dy}{dx} = \frac{\varepsilon y(1-\delta x^2) - x}{y} \tag{1-4-3}$$

利用等倾斜线作图法，先作出零斜率等倾斜线，即图1-4-1中的虚线

$$x = \varepsilon y(1-\delta x^2) \tag{1-4-4}$$

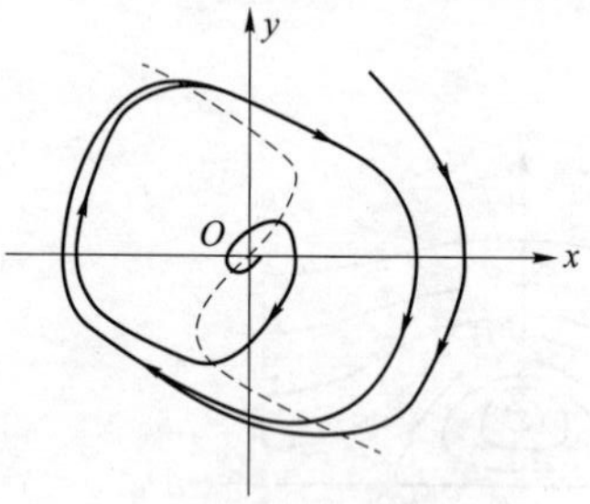

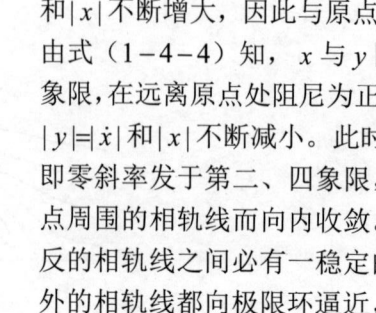

**图1-4-1　瑞利方程的
极限环和相轨线的分布**

对于 $\varepsilon > 0$，可以看出在原点附近，因 $|x|$ 较小，$1-\delta x^2 > 0$，阻尼项系数为负值，$|y| = |\dot{x}|$ 和 $|x|$ 不断增大，因此与原点重合的奇点为不稳定焦点。此时由式（1-4-4）知，x 与 y 同号，即零斜率发生于第一、三象限，在远离原点处阻尼为正值，此时 $|x|$ 很大，使 $1-\delta x^2 < 0$，$|y| = |\dot{x}|$ 和 $|x|$ 不断减小。此时由式（1-4-4）知 x 与 y 异号，即零斜率发于第二、四象限，相点的运动规律接近于稳定焦点周围的相轨线而向内收敛。因此可以预计，这两类方向相反的相轨线之间必有一稳定的极限环，并且由于极限环内、外的相轨线都向极限环逼近，故称这种极限环为稳定的极限环。这种极限环和相轨线的分布如图1-4-1所示。

而范德坡方程（1-4-2）的相轨线和极限环如1.2节图1-2-6所示。

对于 $\varepsilon < 0$，以上分析全反过来，此时极限环内部零点为稳定的焦点，相轨迹不断向原点螺旋逼近，极限环外部的相轨迹不断离开极限环向外螺旋发散。这种极限环称为不稳定极限环。

1.4.2　闭轨线的稳定性

关于闭轨线的稳定性可给出一些定义。

定义： 若给定任意小的正数 ε，存在正数 δ，使得在初始时刻 $t = t_0$ 时，从闭轨迹 $\varGamma$ 的任一侧 δ 处出现的受扰运动相轨线上的点，在 $t > t_0$ 时总留在闭轨迹 $\varGamma$ 的 ε 距离以内，则称受扰运动为稳定；反之不稳定。若未扰运动稳定，且受扰轨线与未扰闭轨线的距离当 $t \to \infty$ 时趋于零，则称未扰闭轨线为渐近稳定（图1-4-2）。此外还可能出现一侧稳定，另一侧不稳定的情况，称为半稳定闭轨线。

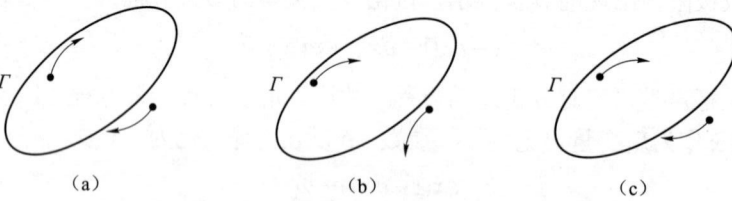

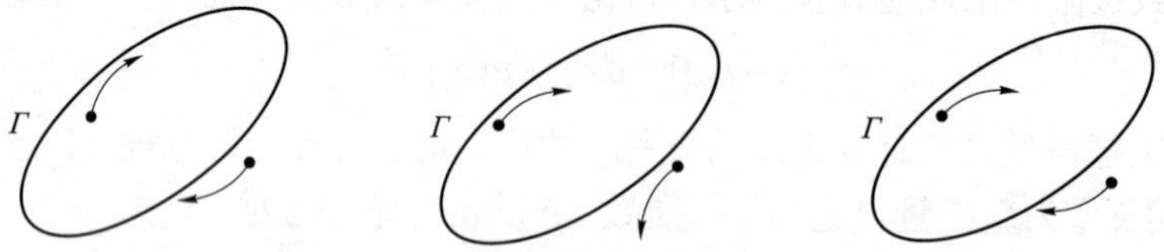

图1-4-2　闭轨线稳定性的几何解释

（a）稳定或（$\varepsilon = 0$）渐近稳定；（b）不稳定；（c）半稳定

上述定义只要求未扰的闭轨线与受扰后的相轨线之间充分接近，而不要求每个瞬时未扰的相点与受扰相点位置接近。因此，不同于前面所述的李雅普诺夫意义下的稳定性，称为轨道稳定性。由于轨道稳定性是庞卡莱首先提出的，也称为庞卡莱意义下的稳定性。

极限环属于一种孤立闭轨线，在它的邻域里不存在闭轨线，其对应的周期运动由系统参

数唯一确定，与初始条件无关，因此它不同于环绕中心奇点连续分布的闭轨线，后者的周期运动由初始条件决定。极限环也有稳定的、不稳定的、渐近稳定的、半稳定的之分。

例 1−4−1 确定下列动力学方程描述的系统的极限环并讨论稳定性。

(1) $$\dot{x} = y + \frac{x}{\sqrt{x^2+y^2}}(1-x^2-y^2), \quad \dot{y} = -x + \frac{y}{\sqrt{x^2+y^2}}(1-x^2-y^2) \tag{a}$$

(2) $$\dot{x} = -y + x(x^2+y^2-1), \quad \dot{y} = x + y(x^2+y^2-1) \tag{b}$$

(3) $$\dot{x} = y + \frac{x}{\sqrt{x^2+y^2}}(x^2+y^2-1), \quad \dot{y} = -x + \frac{y}{\sqrt{x^2+y^2}}(x^2+y^2-1) \tag{c}$$

解：（1）作变换
$$x = \rho\cos\varphi, \quad y = \rho\sin\varphi \tag{d}$$

或
$$\rho^2 = x^2 + y^2, \quad \tan\varphi = y/x \tag{e}$$

导出
$$x\dot{x} + y\dot{y} = \rho\dot{\rho}, \quad x\dot{y} - y\dot{x} = \rho^2\dot{\varphi} \tag{f}$$

将式（d）代入式（a）并利用式（e），导出
$$\dot{\rho} = 1 - \rho^2, \quad \dot{\varphi} = -1 \tag{g}$$

积分得到
$$\rho = \frac{C - \mathrm{e}^{-2t}}{C + \mathrm{e}^{-2t}}, \quad \varphi = \varphi_0 - t \tag{h}$$

式中，$C = (1+\rho_0)/(1-\rho_0)$。由于 $\lim_{t\to\infty}\rho = 1$，因此 $\rho = 1$，即 $x^2 + y^2 = 1$ 为稳定极限环。

（2）将式（d）代入式（b）并利用式（e），可以导出
$$\dot{\rho} = \rho(\rho^2 - 1), \quad \dot{\varphi} = 1 \tag{i}$$

积分得到
$$\rho = \frac{1}{\sqrt{1 - C\mathrm{e}^{2t}}}, \quad \varphi = \varphi_0 + t \tag{j}$$

式中，$C = (\rho_0^2 - 1)/\rho_0^2$。当 $\rho_0 < 1$ 时，$C < 0$，由于 $t \to -\infty$ 时 $\rho \to 1$，相轨线从 $\rho = 1$ 的圆内当 $t \to \infty$ 时远离该圆；当 $\rho_0 > 1$ 时，$C > 0$，也有 $t \to -\infty$ 时 $\rho \to 1$，相轨线从 $\rho = 1$ 的圆外当 $t \to \infty$ 时远离该圆。因此 $\rho = 1$，即 $x^2 + y^2 = 1$ 为不稳定极限环。

（3）将式（d）代入式（c）并利用式（e），可以导出
$$\dot{\rho} = \rho(\rho^2 - 1)^2, \quad \dot{\varphi} = -1 \tag{k}$$

积分得到
$$\frac{\rho^2}{\rho^2 - 1}\mathrm{e}^{-1/(\rho_0^2-1)} = C\mathrm{e}^{2t}, \quad \varphi = \varphi_0 - t \tag{l}$$

式中
$$C = \frac{\rho_0^2}{\rho_0^2 - 1}\mathrm{e}^{-1/(\rho_0^2-1)} \tag{m}$$

当 $\rho_0 < 1$ 时，$C < 0$，由于 $t \to \infty$ 时 $\rho \to 1$，相轨线从 $\rho = 1$ 的圆内趋近于该圆；

当 $\rho_0 > 0$ 时，$C > 0$，由于 $t \to -\infty$ 时 $\rho \to 1$，相轨线从 $\rho = 1$ 的圆外远离该圆。因此，$\rho = 1$，即 $x^2 + y^2 = 1$ 为半稳定极限环。

关于闭轨线存在的必要条件、充分条件、不存在条件，闭轨线稳定性等都有相应的研究和结论，在此不一一介绍。

1.4.3　极限运动

对于复杂动力系统，相平面上除了闭轨线、极限环外，还可以存在多个不位于原点的奇点（只是为便于分析，可以经过坐标变换一一转换到原点），以及与它们相关的相轨线分布，它们构成系统的相平面全局分布，常称为拓扑结构。

由上述分析可见，动力学系统如果存在极限环，就存在周期运动，运动状态参量（如坐标 x、角度 φ、速度 v 等）会周期性变化。对于稳定的极限环，当 $t \to \infty$ 时，相轨线都会从 $t = 0$ 时相点的位置无限逼近极限环，因此稳定极限环所代表的周期运动状态是要经过无穷长时间才能达到的状态，故可称为极限运动状态。

此外，对于稳定的结点或焦点，当 $t \to \infty$ 时，相轨线都会从 $t = 0$ 时相点的初始位置无限逼近此结点或焦点，也即表示稳定结点或焦点所代表的运动状态是一种极限运动状态。

因为 $t \to \infty$ 才能达到极限运动状态只是理论上的要求，对于实际的工程物理系统，其实并不需要多长时间就能非常接近极限运动状态。例如，考虑有阻尼的单摆（例 $1-1-2$）在以 φ 和 $y = \dot{\varphi}$ 为状态参数的相平面 $(0,0)$ 处有一个奇点为稳定焦点，它代表系统的静止状态，理论上相轨线要经过无穷长时间才能达到这种运动状态（平衡状态），然而实际上有阻尼单摆经过短时间的摆动就能衰减停止下来。所以稳定结点、焦点和极限环所描述的极限运动状态具有很强的实际意义。

1.5　求解非线性振动的谐波平衡法、摄动法、平均法、渐近法

前面所述的非线性微分方程的定性分析方法在讨论振动系统的运动特性时，可避免对动力学微分方程求解。但定性分析方法的主要研究对象为自治系统，而且不能定量计算运动的实际历程以及频率、振幅等表示振动特性的参数。本节对非线性系统作定量研究。因为可求出精确解析解的非线性系统极少，因此除采用数值计算方法以外，只能采用近似解析方法。近似解析方法的研究对象为弱非线性系统，因此可将这类非线性系统的非线性因素作为对线性系统的一种摄动，从而在线性解的基础上寻求非线性系统的近似解。通常是寻求非线性系统可能存在的周期解（当然，在引入了相对于定相平面以角速度 ω_0 旋转的动相平面以后，相平面分析法也可扩大到非自治系统）。

求解非线性振动的解析法有多种，本节以典型非线性系统为例，介绍几种常用的方法，也通过分析展示出非线性系统特有的运动性态。

1.5.1　谐波平衡法

1. 谐波平衡法概述

在各种近似解析方法中，谐波平衡法是概念最明了、使用最简便的近似方法，而且使用范围不限于弱非线性系统。其基本思想是将振动系统的激励项和方程的解都展成傅里叶级数。

从物理意义出发，为保证系统的作用力与惯性力的各阶谐波分量自相平衡，必须令动力学方程两端的同阶谐波的系数相等，从而得到包含未知系数的一系列代数方程，以确定待定的傅里叶级数的系数。

讨论以下普遍形式的非线性系统的受迫振动：

$$\ddot{x} + f(x,\dot{x}) = F(t) \tag{1-5-1}$$

不失一般性，设 $F(t)$ 为偶函数。当实验观察到系统做周期为 $T = 2\pi/\omega$ 的运动时，可将 $F(t)$ 展成周期为 T 的傅里叶级数，因为已设 $F(t)$ 为偶函数，故展开式中只列出余弦项，得

$$F(t) = \sum_{n=1}^{\infty} f_n \cos(n\omega t) \tag{1-5-2}$$

式中

$$f_n = \frac{1}{T}\int_{-T/2}^{T/2} F(t)\cos(n\omega t)\mathrm{d}t \quad (n=1,2,\cdots) \tag{1-5-3}$$

代入动力学方程（1-5-1）中，得

$$\ddot{x} + f(x,\dot{x}) = \sum_{n=1}^{\infty} f_n \cos(n\omega t) \tag{1-5-4}$$

又预计方程（1-5-1）的解也是以频率 ω 周期变化的，也可展成傅里叶级数

$$x(t) = A_0 + \sum_{n=1}^{\infty}[A_n \cos(n\omega t) + B_n \sin(n\omega t)] \tag{1-5-5}$$

将方程（1-5-5）代入方程（1-5-4），其中函数 $f(x,\dot{x})$ 中包含非线性恢复力和阻尼力，通常是 $x,\dot{x}$ 的多项式，代入后总能利用三角函数化为各阶谐波的线性式。令左右两边各阶谐波系数相等，可得到包含已知和未知系数的无穷个代数方程。当级数收敛时，谐波频率越高，振幅越小，因此实际计算时可近似取级数的前几项代替无穷级数，而从有限个方程解出待定系数，以确定各阶振幅 A_n, B_n 与频率之间的对应关系。

2. 弱非线性系统

下面是单自由度弱非线性系统的动力学方程：

$$\ddot{x} + \omega_0^2 x = F(t) + \varepsilon f(x,\dot{x},t) \tag{1-5-6}$$

式中，$\varepsilon f(x,\dot{x},t)$ 为非线性项，ε 为足够小的、与 $x,\dot{x},t$ 无关的独立参数，称为小参数。当 $\varepsilon = 0$ 时，方程（1-5-6）化为

$$\ddot{x} + \omega_0^2 x = F(t) \tag{1-5-7}$$

方程（1-5-7）所表示的线性系统称为原非线性系统的派生系统，ω_0 为派生系统的固有频率。派生系统的解称为**派生解**。根据线性振动理论，派生系统的自由振动是频率为 ω_0 的简谐运动。若 $F(t)$ 为周期函数，则派生系统的受迫振动是与激励频率相同的周期运动。原方程（1-5-6）的解称为**基本解**。若实验观测到原方程代表的实际系统存在频率为 ω 的周期运动，则可将基本解展成 ω 频率的傅里叶级数，利用谐波平衡法求解。下面以达芬系统的自由振动和受迫振动为例，说明具体的解题步骤。

3. 达芬系统的自由振动

对于弱非线性系统，以三次项系数 ε 为小参数，达芬方程为

$$\ddot{x} + \omega_0^2(x + \varepsilon x^3) = 0 \tag{1-5-8}$$

实验观察到原系统的自由振动仍为周期运动，但频率 ω 不同于派生系统的自由振动频率 ω_0。将基本解展成频率 ω 的傅里叶级数，作为初步近似估计，只保留一次谐波，写为

$$x = A\cos\omega t \qquad (1-5-9)$$

将式（1-5-9）代入方程（1-5-8），利用三角公式 $\cos^3\alpha = (3\cos\alpha + \cos3\alpha)/4$ 化成

$$\left(\omega_0^2 - \omega^2 + \frac{3}{4}\varepsilon\omega_0^2 A^2\right)A\cos\omega t + \frac{1}{4}A^3\varepsilon\omega_0^2\cos3\omega t = 0 \qquad (1-5-10)$$

令式（1-5-10）中一次谐波的系数为零，导出

$$\omega^2 = \omega_0^2(1 + 3\varepsilon A^2/4) \qquad (1-5-11)$$

由此可见，达芬系统的自由振动频率 ω 是振幅 A 的函数。方程（1-5-8）可作为例 1-1-2 单摆运动的简化模型。可见在考虑了非线性项 εx^3 后，单摆摆动不具有等时性，摆动频率 ω 随振幅 A 而变。

4. 达芬系统的受迫振动

讨论带阻尼的达芬系统，设系统受频率为 ω 的简谐激励，动力学方程为

$$\ddot{x} + 2\varsigma\omega_0\dot{x} + \omega_0^2(x + \varepsilon x^3) = B\omega_0^2\cos(\omega t + \theta) \qquad (1-5-12)$$

当 $\varepsilon = 0$ 时，此方程的派生系统存在与激励频率 ω 相同的简谐变化的稳态响应。由于存在阻尼，此稳态响应与激励之间有相位差。若激励中待定的相位差 θ 恰能使响应的相位为 ωt，则可将派生解写为

$$x = A\cos(\omega t) \qquad (1-5-13)$$

对于 $\varepsilon \neq 0$ 的情形，若实验观测到原非线性系统也存在频率为 ω 的周期稳态响应，则可认为基本解也是周期函数，形式上与式（1-5-13）相同。将式（1-5-13）代入式（1-5-12）的左边，利用与上节类似的三角变换，化为

$$[A(1-s^2) + 3\varepsilon A^3/4]\cos\omega t - (2\varsigma sA)\sin\omega t + \cdots = B(\cos\theta\cos\omega t - \sin\theta\sin\omega t) \qquad (1-5-14)$$

式中，省略号表示超过一次的高次谐波，$s = \omega/\omega_0$ 称为频率比。令式（1-5-14）两边一次项的系数相等，得到

$$A(1-s^2) + 3\varepsilon A^3/4 = B\cos\theta, \quad 2\varsigma sA = B\sin\theta \qquad (1-5-15)$$

从式（1-5-15）中消去参数 θ，导出达芬系统受迫振动的振幅与频率之间的关系式，即幅频特性为

$$(1 - s^2 + 3\varepsilon A^2/4)^2 + (2\varsigma s)^2 = (B/A)^2 \qquad (1-5-16)$$

将式（1-5-16）写为

$$\frac{A}{B} = \frac{1}{\sqrt{(1 - s^2 + 3\varepsilon A^2/4)^2 + (2\varsigma s)^2}} \qquad (1-5-17)$$

从式（1-5-15）中消去 B，导出相位差与频率的关系式，即相频特性为

$$\theta = \arctan\frac{2\varsigma s}{1 - s^2 + 3\varepsilon A^2/4} \qquad (1-5-18)$$

5. 幅频和相频特性曲线

与达芬系统（1-5-1）相应的线性系统受迫振动方程为

$$\ddot{x} + 2\varsigma\omega_0\dot{x} + \omega_0^2 x = B\omega_0^2 \cos\omega t \tag{1-5-19}$$

在线性常微分方程里已讲过，在 $\omega \neq \omega_0$ 的情况下，其稳态响应是与激励频率相同的简谐振动。

$$x = A\sin(\omega t - \theta) \tag{1-5-20}$$

稳态响应的振值 A 与激励幅值 B 的比值随频率比 $s = \omega/\omega_0$ 的变化规律，也即幅频特性为

$$\frac{A}{B} = \frac{1}{\sqrt{(1-s^2)^2 + (2\varsigma s)^2}} \tag{1-5-21}$$

稳态响应的相位差取决于频率比 $s = \omega/\omega_0$，即相频特性为

$$\theta = \arctan\frac{2\varsigma s}{1-\varsigma^2} \tag{1-5-22}$$

图 1-5-1 和图 1-5-2 所示分别为线性系统受迫振动的幅频特性曲线和相频特性曲线。

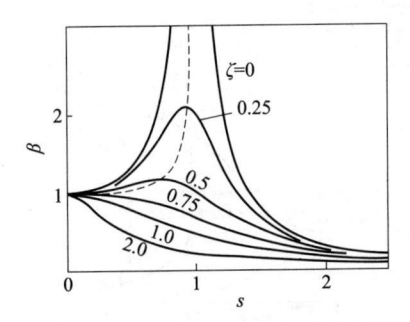

图 1-5-1 线性系统受迫振动的幅频特性曲线 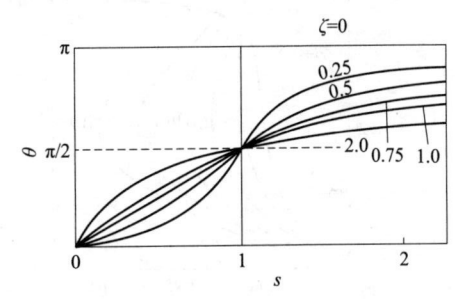　　**图 1-5-2 线性系统受迫振动的相频特性曲线**

可以看出，线性系统的幅频特性式（1-5-21）只是非线性系统受迫振动幅频特性式（1-5-17） $\varepsilon = 0$ 时的特例；线性系统的相频特性式（1-5-18）也只是非线性系统受迫振动相频特性式（1-5-22） $\varepsilon = 0$ 时的特例。

达芬系统受迫振动幅频特性曲线如图 1-5-3 所示，相频特性曲线如图 1-5-4 所示。

图 1-5-3 中已设 $B = 1$，其中图（a）所示为 $\varepsilon = 0.04$，相当于硬弹簧系统；图（b）所示为 $\varepsilon = -0.04$，相当于软弹簧系统。图中各条曲线以阻尼系数 ς 为参数。

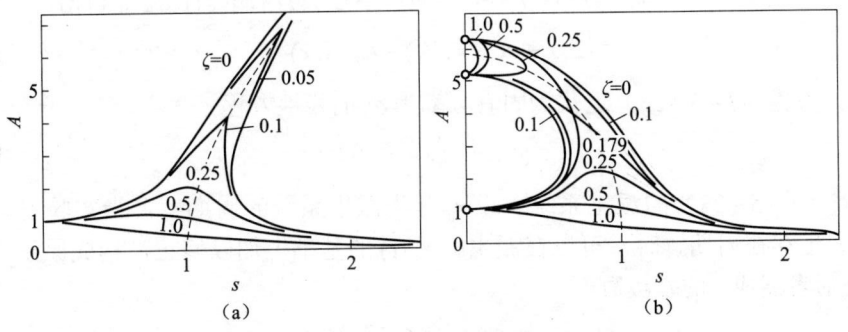

图 1-5-3 达芬系统的幅频特性曲线
(a) $\varepsilon = 0.04$；(b) $\varepsilon = -0.04$

6. 跳跃现象

从图 1-5-3 与图 1-5-1 的对比中可以看出，非线性系统的幅频特性曲线并非单值。在

激励频率的某些区间，同一频率对应于振幅的 3 个不同值。实验表明，当激励频率从零开始缓慢增大时，受迫振动的振幅从图 1-5-5 的 A 点处沿幅频特性曲线连续变化至 B 点处，再增大频率，则振幅从 B 点突降至 C 点。频率继续增大，则振幅从 C 点沿曲线的下半分支向点 D 方向移动。若激励频率从较大值开始缓慢地减小，受迫振动振幅从 D 点开始沿曲线的下半分支连续变化至 E 点，再减小频率，则振幅从 E 点突跃至 F 点，频率继续减小，则振幅从 F 点沿曲线的上半分支向 A 点方向移动。因此，幅频特性曲线的 BE 段对应的受迫振动不稳定。在 1-5-7 节中还将从理论上证明此不稳定性。类似现象也发生于相位差随频率的变化中。这种振幅突然变化的现象称为跳跃现象，这是非线性系统特有的现象之一。系统的运动状态随着参数变化而发生突然变化的现象称为动态分岔，跳跃现象是一种特殊的动态分岔现象。

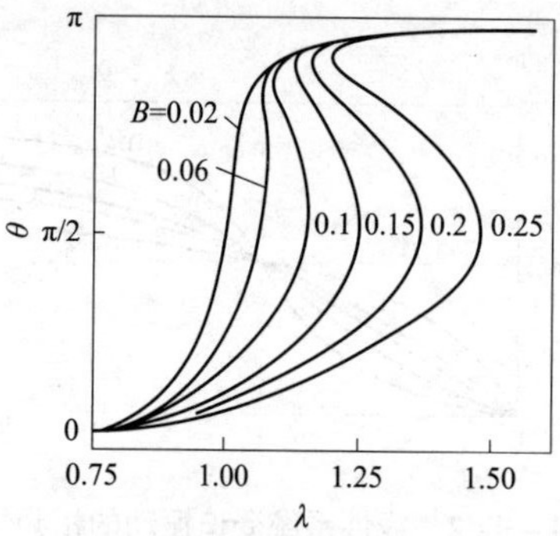

图 1-5-4 达芬系统的相频特性曲线

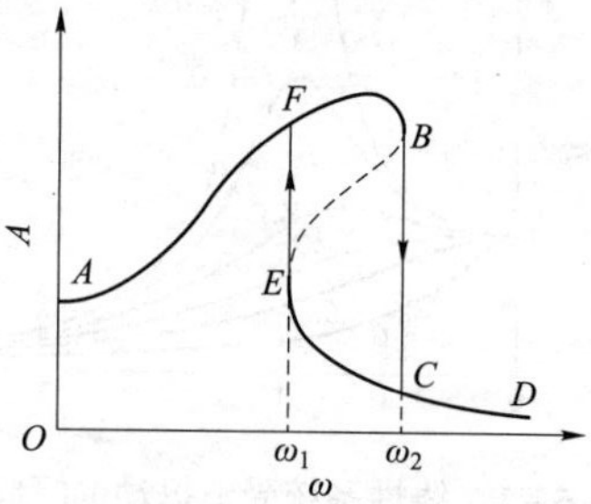

图 1-5-5 跳跃现象

1.5.2 摄动法

1. 正规摄动法

1）摄动法概述

将非线性系统的解按小参数 ε 的幂次展开的近似计算方法称为摄动法或小参数法。仍讨论由方程（1-5-6）和方程（1-5-7）描述的带小参数 ε 的单自由度非自治动力学系统。

$$\ddot{x} + \omega_0^2 x = F(t) + \varepsilon f(x, \dot{x}) \tag{1-5-23}$$

当 $\varepsilon = 0$ 时，方程（1-5-23）退化为固有频率为 ω_0 的线性方程

$$\ddot{x} + \omega_0^2 x = F(t) \tag{1-5-24}$$

即原系统式（1-5-23）的派生系统。设 $x_0(t)$ 为派生系统的周期解，当实验观测到原系统（1-5-15）也存在周期解时，可以在派生解 $x_0(t)$ 的基础上加以修正，构成原系统的周期解 $x(t, \varepsilon)$。将后者展成 ε 的幂级数

$$x(t, \varepsilon) = x_0(t) + \varepsilon x_1(t) + \varepsilon^2 x_2(t) + \cdots \tag{1-5-25}$$

将式（1-5-25）代入方程（1-5-23）的两边，设 $f(x, \dot{x})$ 为 x 和 $\dot{x}$ 的解析函数，可展成 x 和 $\dot{x}$ 的泰勒级数，得到

$$\ddot{x}_0 + \varepsilon \ddot{x}_1 + \varepsilon^2 \ddot{x}_2 + \cdots + \omega_0^2(x_0 + \varepsilon x_1 + \varepsilon^2 x_2 + \cdots)$$

$$\begin{aligned}
&= \varepsilon \Bigg[f(x_0, \dot{x}_0) + \frac{\partial f(x_0, \dot{x}_0)}{\partial x}(\varepsilon x_1 + \varepsilon^2 x_2 + \cdots) + \\
&\quad \frac{\partial f(x_0, \dot{x}_0)}{\partial \dot{x}}(\varepsilon \dot{x}_1 + \varepsilon^2 \dot{x}_2 + \cdots) + \cdots + \\
&\quad \frac{1}{2!}\frac{\partial^2 f(x_0, \dot{x}_0)}{\partial x^2}(\varepsilon x_1 + \varepsilon^2 x_2 + \cdots)^2 + \\
&\quad \frac{2}{2!}\frac{\partial^2 f(x_0, \dot{x}_0)}{\partial x \partial \dot{x}}(\varepsilon x_1 + \varepsilon^2 x_2 + \cdots)(\varepsilon \dot{x}_1 + \varepsilon^2 \dot{x}_2 + \cdots) + \\
&\quad \frac{1}{2!}\frac{\partial^2 f(x_0, \dot{x}_0)}{\partial \dot{x}^2}(\varepsilon \dot{x}_1 + \varepsilon^2 \dot{x}_2 + \cdots)^2 + \cdots \Bigg] + F(t)
\end{aligned} \quad (1-5-26)$$

此方程对 ε 的任意值均成立，要求两边 ε 的同次幂的系数相等，由此导出各阶近似解的线性微分方程组

$$\ddot{x}_0 + \omega_0^2 x_0 = F(t) \quad (1-5-27\text{a})$$

$$\ddot{x}_1 + \omega_0^2 x_1 = f(x_0, \dot{x}_0) \quad (1-5-27\text{b})$$

$$\ddot{x}_2 + \omega_0^2 x_2 = x_1 \frac{\partial f(x_0, \dot{x})}{\partial x} + \dot{x}_1 \frac{\partial f(x_0, \dot{x}_0)}{\partial \dot{x}} \quad (1-5-27\text{c})$$

由以上方程组的第一式解出派生系统的解，依次代入下一式求出各阶近似解，代回式（1-5-25）后即得到原系统的解。这种将弱非线性系统的解按小参数 ε 的幂次展开，以求得渐近解的方法称为正规摄动法或直接展开法。实际使用小参数法时，工作量随幂次的增高而迅速增加，因此往往只取级数的前几项，于是级数的收敛性显得并不重要，只需估计所截断 ε 高阶项的误差。但是，近似解的正确性最终只能由实验观察来检测。

2）远离共振的受迫振动

下面讨论达芬系统受简谐激励的受迫振动，动力学方程为

$$\ddot{x} + \omega_0^2 (x + \varepsilon x^3) = F_0 \cos \omega t \quad (1-5-28)$$

式中，激励频率 ω 远离派生系统的固有频率 ω_0。将级数形式的解（1-5-25）代入方程（1-5-28），导出以下线性微分方程组：

$$\ddot{x}_0 + \omega_0^2 x_0 = F_0 \cos \omega t \quad (1-5-29\text{a})$$

$$\ddot{x}_1 + \omega_0^2 x_1 = -\omega_0^2 x_0^3 \quad (1-5-29\text{b})$$

$$\ddot{x}_2 + \omega_0^2 x_2 = -3\omega_0^2 x_0^2 x_1 \quad (1-5-29\text{c})$$

$$\cdots$$

零次近似方程（1-5-29a）为线性系统的受迫振动方程，有以下一般解：

$$x_0 = A_0 \cos(\omega_0 t + \theta_0) + A \cos \omega t \quad (1-5-30)$$

式中，右边第一项为自由振动，A_0 和 θ_0 为积分常数，由初始条件确定；第二项为受迫振动，振幅 A 为

$$A = F_0 / (\omega_0^2 - \omega^2) \quad (1-5-31)$$

由于系统中不可避免地存在阻尼，自由振动趋于衰减可以略去，只保留受迫振动

$$x_0 = A\cos\omega t \qquad (1-5-32)$$

代入一次方程右边，利用三角函数公式化为

$$\ddot{x}_1 + \omega_0^2 x_1 = -\omega_0^2 A^3 \left(\frac{3}{4}\cos\omega t + \frac{1}{4}\cos 3\omega t \right) \qquad (1-5-33)$$

其受迫振动特解为

$$x_1 = B_1\cos\omega t + B_2\cos 3\omega t \qquad (1-5-34)$$

式中

$$B_1 = -\frac{3\omega_0^2 A^3}{4(\omega_0^2 - \omega^2)}, \quad B_2 = -\frac{\omega_0^2 A^3}{4(\omega_0^2 - 9\omega^2)} \qquad (1-5-35)$$

将式（1-5-32）和式（1-5-34）代入二次近似方程（1-5-29 c）的右边，进行必要的三角变换得到

$$\ddot{x}_2 + \omega_0^2 x_2 = -(3/4)\omega_0^2 A^2 \left[(3B_1 + B_2)\cos\omega t + B_1\cos 3\omega t + B_2\cos 5\omega t \right] \qquad (1-5-36)$$

其受迫振动特解为

$$x_2 = C_1\cos\omega t + C_2\cos 3\omega t + C_3\cos 5\omega t \qquad (1-5-37)$$

式中

$$C_1 = -3\omega_0^2 A^2 \left(\frac{3}{4}B_1 - \frac{1}{4}B_2 \right), \quad C_2 = -\frac{3\omega_0^2 A^2(B_1 - 2B_2)}{4(\omega_0^2 - 9\omega^2)}, \quad C_3 = -\frac{3\omega_0^2 A^2 B_2}{4(\omega_0^2 - 25\omega^2)} \qquad (1-5-38)$$

继续运算可求得更高阶的近似解。将各阶近似解代入式（1-5-25），最终得基本系统受迫振动解为

$$x = (A + B_1\varepsilon + C_1\varepsilon^2 + \cdots)\cos\omega t + (B_2\varepsilon + C_2\varepsilon^2 + \cdots)\cos 3\omega t + (C_3\varepsilon^2 + \cdots)\cos 5\omega t + \cdots \qquad (1-5-39)$$

与线性系统受迫振动相比，非线性系统在频率 ω 的激励作用下，所产生的响应中不仅包含频率为 ω 的受迫振动，而且有频率为 $3\omega, 5\omega, \cdots$ 的高次谐波同时发生，称为倍频响应，这是非线性系统的又一特有现象。

3）久期项问题

以上用正规摄动法成功地讨论了非线性系统的受迫振动，但在处理自由振动时却遇到了困难。仍以达芬系统为例，其自由振动方程为保守系统自由振动：

$$\ddot{x} + \omega_0^2(x + \varepsilon x^3) = 0 \qquad (1-5-40)$$

将级数形式的解（1-5-25）代入方程（1-5-40）中，导出以下线性方程组：

$$\ddot{x}_0 + \omega_0^2 x_0 = 0 \qquad (1-5-41\text{ a})$$

$$\ddot{x}_1 + \omega_0^2 x_1 = -\omega_0^2 x_0^3 \qquad (1-5-41\text{ b})$$

$$\cdots$$

零次近似方程（1-5-41 a）的自由振动解为

$$x_0 = A\cos\omega_0 t \qquad (1-5-42)$$

将此零次近似解代入一次近似方程（1-5-41 b），利用三角关系式整理后得

$$\ddot{x}_1 + \omega_0^2 x_1 = -\omega_0^2 A^3 (3\cos\omega_0 t + \cos 3\omega_0 t)/4 \qquad (1-5-43)$$

于是出现了激励频率 ω_0 与固有频率 ω_0 相同的共振情况。根据线性系统强迫振动理论，线性系

统在零阻尼共振情况下的响应中可出现振幅随时间无限增加的项

$$x_1 = -0.5B\omega_0 t\cos\omega_0 t \tag{1-5-44}$$

从而与解的周期性产生矛盾，也违背了保守系统机械能守恒的物理定律。这种随时间不断增长的项称为**久期项**（或称**常年项**）。久期项的出现反映出正规摄动法的缺陷。为消除久期项，提出了各种改进方法，统称为奇异摄动法。下面的林淄泰德–庞卡莱法就是奇异摄动法中的一种。

2. 奇异摄动法——林淄泰德–庞卡莱法

1883年，林淄泰德为消除天文学中的久期项提出了对正规摄动法的改进，1892年庞卡莱对改进的摄动法的合理性进行了数学证明，因此称为**林淄泰德–庞卡莱法**。该方法的基本思想是：认为非线性系统的固有频率 ω 并不等于派生系统的固有频率 ω_0，而也应该是小参数 ε 的未知函数。因此在将基本解展成 ε 的幂级数的同时，应将频率 ω 也写成 ε 的幂级数，幂级数的待定系数根据周期运动的要求依次确定。

以达芬系统的自由振动为例，动力学方程为

$$\ddot{x} + \omega_0^2(x + \varepsilon x^3) = 0 \tag{1-5-45}$$

规定初始条件为

$$x(0) = A, \quad \dot{x}(0) = 0 \tag{1-5-46}$$

将原系统的解展成幂级数

$$x = x_0 + \varepsilon x_1 + \varepsilon^2 x_2 + \cdots \tag{1-5-47}$$

同时将原系统的自由振动频率 ω 也展成 ε 的幂级数

$$\omega = \omega_0 + \varepsilon\omega_1 + \varepsilon^2\omega_2 + \cdots \tag{1-5-48}$$

也可将式（1-5-48）两边平方，写成幂级数的另一种形式

$$\omega^2 = \omega_0^2(1 + \varepsilon\sigma_1 + \varepsilon^2\sigma_2 + \cdots) \tag{1-5-49}$$

将式（1-5-47）和式（1-5-48）代入原方程（1-5-45），引入新变量 $\psi = \omega t$，将原方程的微分符号改定义为对 ψ 的微分，令 ε 的同次幂的各项系数为零，导出以下各阶近似的线性方程组：

$$\ddot{x}_0 + x_0 = 0 \tag{1-5-50 a}$$

$$\ddot{x}_1 + x_1 = -(\sigma_1\ddot{x}_0 + x_0^3) \tag{1-5-50 b}$$

$$\ddot{x}_2 + x_2 = -(\sigma_2\ddot{x}_0 + \sigma_1\ddot{x}_1 + 3x_0^2 x_1) \tag{1-5-50 c}$$

$$\cdots$$

各方程的初始条件为

$$\begin{aligned}&x_0(0) = A, \dot{x}_0(0) = 0;\ x_1(0) = 0, \dot{x}_1(0) = 0;\\ &x_2(0) = 0, \dot{x}_2(0) = 0;\ \cdots\end{aligned} \tag{1-5-51}$$

从零次近似方程（1-5-50 a）和初速条件（1-5-51）解出

$$x_0 = A\cos\psi \tag{1-5-52}$$

将此零次近似解代入一次近似方程（1-5-50 b）的右边，整理得到

$$\ddot{x}_1 + x_1 = A(\sigma_1 - 3A^2/4)\cos\psi - A^3\cos 3\psi/4 \tag{1-5-53}$$

为避免此方程的解中出现久期项，以保证 $x_1(t)$ 的周期性，需令方程右边 $\cos\psi$ 项的系数等于零，由此导出

$$\sigma_1 = 3A^2/4 \tag{1-5-54}$$

满足此条件时，一次近似方程（1-5-53）满足初始条件（1-5-51）的解为

$$x_1 = -A^3(\cos\psi - \cos 3\psi)/32 \tag{1-5-55}$$

将式（1-5-55）和式（1-5-52）代入方程（1-5-50c），经三角函数运算后，得到

$$\ddot{x}_2 + x_2 = A(\sigma_2 + 3A^4/128)\cos\psi + 24(A^5/128)\cos 3\psi - 3(A^5/128)\cos 5\psi \tag{1-5-56}$$

为避免久期项，保证 $x_2(t)$ 的周期性，仍令方程右边 $\cos\psi$ 项的系数为零，得到

$$\sigma_2 = -3A^4/128 \tag{1-5-57}$$

则二次近似方程（1-5-56）有以下满足初始条件（1-5-51）的解：

$$x_2 = A^5(23\cos\psi - 24\cos 3\psi + \cos 5\psi)/1\,024 \tag{1-5-58}$$

重复同样的步骤计算下去，最终求出能满足所需精度的周期解为

$$x = A\cos\psi - \varepsilon A^3(\cos\psi - \cos 3\psi)/32 + \varepsilon^2 A^5(23\cos\psi - 24\cos 3\psi + \cos 5\psi)/1\,024 + \cdots$$

$$= \left(A - \frac{\varepsilon A^3}{32} + \frac{23\varepsilon A^5}{1\,024} + \cdots\right)\cos\psi + \left(\frac{\varepsilon A^3}{32} - \frac{3\varepsilon^2 A^5}{128} + \cdots\right)\cos 3\psi + \left(\frac{\varepsilon^2 A^5}{1\,024} + \cdots\right)\cos 5\psi \tag{1-5-59}$$

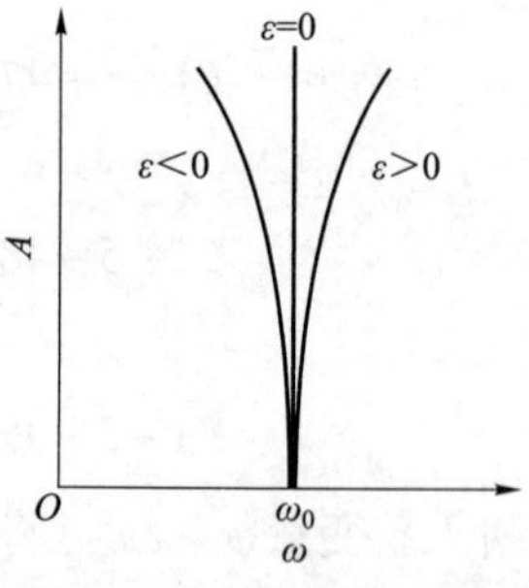

图 1-5-6　达芬系统自由振动频率与振幅的关系曲线

以及自由振动频率与振幅的关系式

$$\omega^2 = \omega_0^2(1 + 3\varepsilon A^2/4 - 3\varepsilon^2 A^4/128 + \cdots) \tag{1-5-60}$$

不考虑二阶小量，式（1-5-60）与 1.5.1 节中式（1-5-11）一致。

以上分析表明达芬系统的自由振动为周期振动。自由振动的频率随振幅改变（图 1-5-6），而不同于线性系统的固有频率。还可以看出，周期解中除基频 ω 的谐波解以外，还有频率为 3ω，5ω 的高次谐波存在，是非线性系统区别于线性系统的又一本质特点。在声学中这些高次谐波称为泛音，各种声音的不同泛音结构决定了它们固有的音色。

1.5.3　平均法

前面叙述的摄动法，对于弱非线性系统原则上可求出满足任意精度要求的周期解，但在具体计算时，ε 的次数越高，计算工作越烦琐。如果所要求的精度值限于 ε 的一次项，则可采用更为有效的方法直接求出一次近似解，这就是非线性振动解析方法的一次近似理论，其中最主要的方法为平均法。

1. 讨论弱非线性系统的自由振动

动力学方程为

$$\ddot{x} + \omega_0^2 x = \varepsilon f(x, \dot{x}) \tag{1-5-61}$$

当 $\varepsilon = 0$ 时，方程（1-5-52）的派生系统为线性保守系统

$$\ddot{x} + \omega_0^2 x = 0 \tag{1-5-62}$$

此派生系统的自由振动解为

$$x = a\cos(\omega_0 t - \theta) \tag{1-5-63}$$

其中任意常数 a 和 θ 取决于初始条件，将式（1-5-63）对 t 微分一次，得到

$$\dot{x} = -a\omega_0 \sin(\omega_0 t - \theta) \tag{1-5-64}$$

当 $\varepsilon \neq 0$ 时，原系统（1-5-61）的解不同于式（1-5-63），甚至不一定是周期函数。但当 ε 充分小时，实践观测到原系统的运动与周期运动十分接近，只是振幅和初相位随时间 t 缓慢变化，则可将方程（1-5-61）的解 $x(t)$ 和 $\dot{x}(t)$ 在形式上仍写作式（1-5-63）和式（1-5-64），只是其中的 a 和 θ 视为时间的函数。考虑 a 和 θ 的变化，将式（1-5-63）对时间微分，消去式（1-5-64）后导出

$$\dot{a}\cos\psi + a\dot{\theta}\sin\psi = 0 \tag{1-5-65}$$

式中，$\psi = \omega_0 t - \theta$。将式（1-5-64）对 t 微分，代入方程（1-5-61）中，得到

$$-\dot{a}\sin\psi + a\dot{\theta}\cos\psi = \varepsilon f(x, \dot{x})/\omega_0 \tag{1-5-66}$$

从式（1-5-65）和式（1-5-66）导出 a 和 θ 的微分方程

$$\begin{aligned}\dot{a} &= -\varepsilon f(a\cos\psi, -a\omega_0\sin\psi)\sin\psi/\omega_0 \\ \dot{\theta} &= \varepsilon f(a\cos\psi, -a\omega_0\sin\psi)\cos\psi/(\omega_0 a)\end{aligned} \tag{1-5-67}$$

当参数 ε 充分小时，a 和 θ 是在常数附近缓慢变化的函数。将方程组（1-5-67）的右端以 ψ 的一个周期中的平均值近似地代替，并认为 a 和 θ 在 ψ 的一个周期内保持不变，这样得到的方程称为原方程的平均化方程。

$$\dot{a} = -\frac{\varepsilon}{2\omega_0}Q(a, \theta) \tag{1-5-68 a}$$

$$\dot{\theta} = \frac{\varepsilon}{2\omega_0 a}P(a, \theta) \tag{1-5-68 b}$$

式中，函数 P 和 Q 的定义为

$$\begin{aligned}P(a, \theta) &= \frac{1}{\pi}\int_0^{2\pi} f(a\cos\psi, -a\omega_0\sin\psi)\cos\psi \, d\psi \\ Q(a, \theta) &= \frac{1}{\pi}\int_0^{2\pi} f(a\cos\psi, -a\omega_0\sin\psi)\sin\psi \, d\psi\end{aligned} \tag{1-5-69}$$

上述简化方法即平均法。它的物理本质是：在每一个运动周期中认为运动是简谐振动，但第二个周期的振幅和初相位与第一个周期相比已经发生了微小的改变。平均化方程（1-5-68）就是描述振幅和初相位变化规律的微分方程。也可形象地认为，简化方程是计算振动过程的包络线方程（图1-5-7）。因此平均法也可称为常数变易法或慢变振幅法。

2. 动相平面

将方程（1-5-68 a）和方程（1-5-68 b）相除，得到 a 和 θ 的自治形式的一阶微分方程

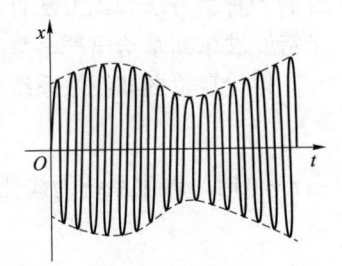

图 1-5-7　振动过程的平均化

$$\frac{\mathrm{d}a}{a\mathrm{d}\theta} = -\frac{Q(a,\theta)}{P(a,\theta)} \tag{1-5-70}$$

令

$$x_1 = a\cos\theta, \quad y_1 = a\sin\theta \tag{1-5-71a}$$

则方程（1-5-71a）确定(x_1, y_1)平面内极坐标形式的积分曲线。又按式（1-5-54）和式（1-5-55），改令

$$x = a\cos(\omega_0 t - \theta) = a\cos(\theta - \omega_0 t)$$

$$y = \dot{x}/\omega_0 = -a\sin(\omega_0 t - \theta) = a\sin(\theta - \omega_0 t) \tag{1-5-71b}$$

为坐标建立相平面(x, y)，则由式（1-5-71b）与式（1-5-71a）的比较中可以看出(x, y)平面相对于(x_1, y_1)平面以角速度ω_0反向旋转改变相位$-\omega_0 t$。反之，如果认定(x, y)平面为定相平面，则(x_1, y_1)是动相平面，它以角速度ω_0相对于定相平面正向旋转改变相位角$\omega_0 t$，其相互关系如图1-5-8所示。将(x_1, y_1)平面称为动相平面，则方程（1-5-70）为动相平面内极坐标形式的相轨线微分方程。将动相平面内的相轨线投影到定相平面，就得到描述运动过程的实际相轨线。动相平面内除原点以外的奇点(a_s, θ_s)在定相平面(x, y)上以角速度ω_0正向旋转，画出圆心在坐标原点的一个圆，如果在动相平面上是稳定的结点或焦点，则对应在定相平面上是稳定的近似极限环，对应于系统的近似简谐运动。当ε充分小时，动相平面的相点在奇点附近做缓慢的运动，与动相平面的迅速转动相比较，是尺度完全不同的两种运动。系统的实际运动为不同尺度的两种运动的综合。

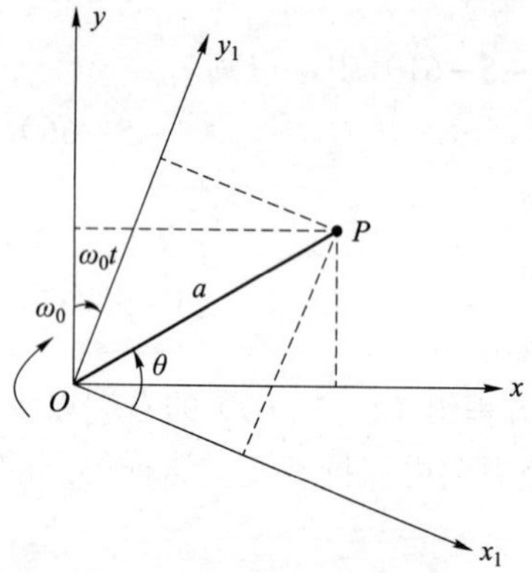

图1-5-8 定相平面和动相平面

动相平面概念的建立扩大了前几节叙述的定性理论的应用范围，使以相平面法为主的几何方法不仅适用于自治系统，而且可以扩大到非自治系统。

1.5.4 渐近法

1. 渐近法方程组

平均法的突出优点是可以避免摄动法的许多烦琐中间计算，而直接迅速地获得结果，缺点是精度仅限于与ε同阶的一次近似，因此只限于定性研究，不能满足高精度定量计算的要求，而摄动法的特点是能满足任意精度要求。本节所讲的渐近法则是将平均法与摄动法相结合的一种新方法。此方法首先由俄国数学家克雷诺夫和波哥留波夫提出，后由波哥留波夫和米特罗波尔斯基给出严格数学证明并加以推广，故称为**KBM方法**。

讨论自治弱非线性系统

$$\ddot{x} + \omega_0^2 x = \varepsilon f(x, \dot{x}) \tag{1-5-72}$$

当$\varepsilon = 0$时，派生系统为线性系统。它的解是简谐函数表示的自由振动，可写为

$$x = a\cos\psi \tag{1-5-73}$$

式中，振幅a为常数，相角ψ匀速变化。

$$\dot{a} = 0, \quad \dot{\psi} = \omega_0 \tag{1-5-74}$$

当 $\varepsilon \neq 0$ 但充分小时，方程（1-5-72）右边摄动项的存在使原系统的解中除频率为 ω_0 的主谐波之外，还含有高次谐波，且振幅与频率均与小参数 ε 有关而缓慢变化。因此可以对弱非线性系统构造出以下形式的解：

$$x = a\cos\psi + \varepsilon x_1(a,\psi) + \varepsilon^2 x_2(a,\psi) + \cdots \tag{1-5-75}$$

式中，$x_1(a,\psi), x_2(a,\psi), \cdots$ 均为 ψ 的以 2π 为周期的函数，而 a 和 ψ 实际的慢变函数由以下微分方程确定：

$$\dot{a} = \varepsilon A_1(a) + \varepsilon^2 A_2(a) + \cdots, \quad \dot{\psi} = \omega_0 + \varepsilon B_1(a) + \varepsilon^2 B_2(a) + \cdots \tag{1-5-76}$$

由式（1-5-75）和式（1-5-76）可见，这里把方程（1-5-72）的解设成三个级数。因此，渐近法又称为三级数法。现在的问题是，函数 $x_1, x_2, \cdots; A_1, A_2, \cdots; B_1, B_2, \cdots$ 具有何种形式时，式（1-5-75）才是方程（1-5-72）的解。

如果这些函数已经确定，则方程（1-5-72）的求解问题就变成对已分离变量方程（1-5-75）和方程（1-5-76）的简单积分问题。这些函数的确定，一般说来没有原则上的困难，但随着精度的提高，复杂程度增加很快。因此，实际中只确定这些函数的前两到三项。

不难看出，此方程的一次近似正是平均法基本方程（1-5-68），而渐近法在平均法的基础上增加了 ε 的高次项部分。根据庞卡莱理论，若弱非线性系统的周期解对 ε 是解析的，则幂级数式（1-5-75）和式（1-5-76）必收敛。但实际计算时幂级数的收敛性并不重要，我们所关心的只是当 ε 充分小时，取级数解的前 m 项为近似解能否在足够长时间范围内与精确解相接近。而近似解和精确解的偏差为 $\varepsilon^{m+1}t$。因此，不管 t 多大，只要 ε 足够小，则近似解与精确解之间的偏差就可以任意小，随着 m 的增大，近似解更加接近于精确解，故称此法为渐近法。

将式（1-5-75）对 t 微分，整理后得到

$$\frac{dx}{dt} = \dot{a}\left(\cos\psi + \varepsilon\frac{\partial x_1}{\partial a} + \varepsilon^2\frac{\partial x_2}{\partial a} + \cdots\right) + \dot{\psi}\left(-a\sin\psi + \varepsilon\frac{\partial x_1}{\partial \psi} + \varepsilon^2\frac{\partial x_2}{\partial \psi} + \cdots\right) \tag{1-5-77}$$

再微分一次，得到

$$\begin{aligned}\frac{d^2x}{dt^2} = & \ddot{a}\left(\cos\psi + \varepsilon\frac{\partial x_1}{\partial a} + \varepsilon^2\frac{\partial x_2}{\partial a} + \cdots\right) + \ddot{\psi}\left(-a\sin\psi + \varepsilon\frac{\partial x_1}{\partial \psi} + \varepsilon^2\frac{\partial x_2}{\partial \psi} + \cdots\right) + \\ & \dot{a}^2\left(\varepsilon\frac{\partial^2 x_1}{\partial a^2} + \varepsilon^2\frac{\partial^2 x_2}{\partial a^2} + \cdots\right) + 2\dot{a}\dot{\psi}\left(-\sin\psi + \varepsilon\frac{\partial^2 x_1}{\partial a\partial\psi} + \varepsilon^2\frac{\partial^2 x_2}{\partial a\partial\psi} + \cdots\right) + \\ & \dot{\psi}^2\left(-a\cos\psi + \varepsilon\frac{\partial^2 x_1}{\partial \psi^2} + \varepsilon^2\frac{\partial^2 x_2}{\partial \psi^2} + \cdots\right)\end{aligned} \tag{1-5-78}$$

式中

$$\dot{a}\dot{\psi} = (\varepsilon A_1 + \varepsilon^2 A_2 + \cdots)(\omega_0 + \varepsilon B_1 + \varepsilon^2 B_2 + \cdots) = \varepsilon A_1\omega_0 + \varepsilon^2(A_2\omega_0 + A_1 B_1) \tag{1-5-79}$$

$$\dot{\psi}^2 = (\omega + \varepsilon B_1 + \varepsilon^2 B_2 + \cdots)^2 = \omega_0^2 + \varepsilon(2\omega B) + \varepsilon^2(B_1^2 + 2\omega B_2) + \cdots \tag{1-5-80}$$

将方程（1-5-76）再对 t 微分一次，得到

$$\ddot{a} = \varepsilon^2 A_1\frac{dA_1}{da} + \cdots, \quad \ddot{\psi} = \varepsilon^2 A_1\frac{dB_1}{da} + \cdots \tag{1-5-81}$$

弹箭非线性运动理论

将方程（1-5-76）和方程（1-5-79）～方程（1-5-81）代入式（1-5-77）和式（1-5-78）中，整理得到

$$\frac{\mathrm{d}x}{\mathrm{d}t} = -a\omega_0\sin\psi + \varepsilon\left(A_1\cos\psi - aB_1\sin\psi + \omega_0\frac{\partial x_1}{\partial\psi}\right) +$$

$$\varepsilon^2\left(A_2\cos\psi - aB_2\sin\psi + A_1\frac{\partial x_1}{\partial a} + B_1\frac{\partial x_1}{\partial\psi} + \omega_0\frac{\partial x_2}{\partial\psi}\right) + \cdots \qquad (1-5-82)$$

$$\frac{\mathrm{d}^2x}{\mathrm{d}t^2} = -a\omega_0{}^2\cos\psi + \varepsilon\left(-2\omega_0 A_1\sin\psi - 2\omega_0 aB_1\cos\psi + \omega_0^2\frac{\partial^2 x_1}{\partial\psi^2}\right) +$$

$$\varepsilon^2\left[\left(A_1\frac{\mathrm{d}A_1}{\mathrm{d}a} - aB_1^2 - 2\omega_0 aB_2\right)\cos\psi - \left(2\omega_0 A_2 + 2A_1 B_1 + A_1\frac{\mathrm{d}B_1}{\mathrm{d}a}a\right)\sin\psi + \qquad (1-5-83)\right.$$

$$\left.2\omega_0 A_1\frac{\partial^2 x_1}{\partial a\partial\psi} + 2\omega_0 B_1\frac{\partial^2 x_1}{\partial\psi^2} + \omega_0^2\frac{\partial^2 x_2}{\partial\psi^2}\right] + \cdots$$

将式（1-5-75）和式（1-5-83）代入原系统方程（1-5-72）左边，整理后得

$$\frac{\mathrm{d}^2x}{\mathrm{d}t^2} + \omega_0{}^2 x = \varepsilon\left(-2\omega_0 A_1\sin\psi - 2\omega_0 aB_1\cos\psi + \omega_0^2\frac{\partial^2 x_1}{\partial\psi^2} + \omega_0^2 x_1\right) +$$

$$\varepsilon^2\left[\left(A_1\frac{\mathrm{d}A_1}{\mathrm{d}a} - aB_1^2 - 2\omega_0 aB_2\right)\cos\psi - \left(2\omega_0 A_2 + 2A_1 B_1 + A_1 a\frac{\mathrm{d}B_1}{\mathrm{d}a}\right)\sin\psi + \qquad (1-5-84)\right.$$

$$\left.2\omega_0 A_1\frac{\partial^2 x_1}{\partial a\partial\psi} + 2\omega_0 B_1\frac{\partial^2 x_1}{\partial\psi^2} + \omega_0^2\frac{\partial^2 x_2}{\partial\psi^2} + \omega_0^2 x_2\right] + \cdots$$

将方程（1-5-72）的右边在 $x_0 = a\cos\psi, \dot{x}_0 = -a\omega_0\sin\psi$ 附近展成泰勒级数，并利用式（1-5-75）和式（1-5-82），整理后得

$$\varepsilon f(x,\dot{x}) = \varepsilon f(x_0,\dot{x}_0) +$$

$$\varepsilon^2\left[x_1\frac{\partial f(x_0,\dot{x}_0)}{\partial x} + \left(A_1\cos\psi - aB_1\sin\psi + \omega_0\frac{\partial x_1}{\partial\psi}\right)\frac{\partial f(x_0,\dot{x}_0)}{\partial\dot{x}}\right] + \cdots \qquad (1-5-85)$$

令式（1-5-84）与式（1-5-85）相等，并令 ε 的同次幂的系数相等，得到以下渐近方程组：

$$\omega_0^2\left(\frac{\partial^2 x_1}{\partial\psi^2} + x_1\right) = f_0(a,\psi) + 2\omega_0 A_1\sin\psi + 2\omega_0 aB_1\cos\psi \qquad (1-5-86\,\mathrm{a})$$

$$\omega_0^2\left(\frac{\partial^2 x_2}{\partial\psi^2} + x_2\right) = f_1(a,\psi) + 2\omega_0 A_2\sin\psi + 2\omega_0 aB_2\cos\psi \qquad (1-5-86\,\mathrm{b})$$

$$\omega_0^2\left(\frac{\partial^2 x_m}{\partial\psi^2} + x_m\right) = f_{m-1}(a,\psi) + 2\omega_0 A_m\sin\psi + 2\omega_0 aB_m\cos\psi \qquad (1-5-86\,\mathrm{c})$$

式中

$$f_0(a,\psi) = f(a\cos\psi, -a\omega\sin\psi) \qquad (1-5-87\,\mathrm{a})$$

$$f_1(a,\psi) = x_1\frac{\partial f(x_0,\dot{x}_0)}{\partial x} + \left(A_1\cos\psi - aB_1\sin\psi + \omega_0\frac{\partial x_1}{\partial\psi}\right)\frac{\partial f(x_0,\dot{x}_0)}{\partial\dot{x}} +$$

$$\left(aB_1^2 - A_1\frac{dA_1}{da}\right)\cos\psi + \left(2A_1B_1 + A_1a\frac{dB_1}{da}\right)\sin\psi -$$

$$2\omega_0 A_1\frac{\partial^2 x_1}{\partial a\partial\psi} - 2\omega_0 B_1\frac{\partial^2 x_1}{\partial\psi^2} \qquad (1-5-87\text{ b})$$

2. 渐近解

在一次近似方程（1-5-86 a）中，$f_0(a,\psi)$ 是 ψ 的周期为 2π 的函数，可展成傅里叶级数

$$f_0(a,\psi) = \sum_{n=1}^{\infty}(f_{0n}\cos n\psi + g_{0n}\sin n\psi) \qquad (1-5-88)$$

为使 $a\cos\psi$ 包含周期解的全部一次谐波，$x_1(a,\psi)$ 的傅里叶级数展开式内不得含有一次谐波分量成分，以避免出现久期项，即

$$x_1(a,\psi) = \sum_{n=2}^{\infty}(a_{1n}\cos n\psi + b_{1n}\sin n\psi) \qquad (1-5-89)$$

将式（1-5-88）和式（1-5-89）代入方程（1-5-86 a），令两边同次谐波的系数相等，可求出

$$\left.\begin{array}{l} a_{1n} = \dfrac{f_{0n}}{\omega_0^2(1-n^2)},\ b_{1n} = \dfrac{g_{0n}}{\omega_0^2(1-n^2)} \\[2mm] A_1 = -\dfrac{g_{01}}{2\omega_0},\ B_1 = -\dfrac{f_{01}}{2\omega_0 a} \end{array}\right\} n=2,3,\cdots \qquad (1-5-90)$$

从而完全确定一次近似解 $A_1(a),B_1(a)$ 和 $x_1(a,\psi)$。将所导出的 A_1 和 B_1 代入方程（1-5-76），与平均法的简化方程（1-5-68）对照，令 $g_{01}=Q,f_{01}=-P$，结果是完全一样。这表明平均法是渐近法的一次近似特例。

将导出的 A_1,B_1 和 x_1 代入式（1-5-86 b），则 $f_1(a,\psi)$ 也可展成周期为 2π 的傅里叶级数

$$f_1(a,\psi) = \sum_{n=1}^{\infty}(f_{1n}\cos n\psi + g_{0n}\sin n\psi) \qquad (1-5-91)$$

将 $x_2(a,\psi)$ 展成不含一次谐波的傅里叶级数

$$x_2(a,\psi) = \sum_{n=2}^{\infty}(a_{2n}\cos n\psi + b_{2n}\sin n\psi) \qquad (1-5-92)$$

将式（1-5-91）和式（1-5-92）代入方程（1-5-86 b），令两边同次谐波的系数相等，可求出

$$\left.\begin{array}{l} a_{2n} = \dfrac{f_{1n}}{\omega_0^2(1-n^2)},\ b_{2n} = \dfrac{g_{1n}}{\omega_0^2(1-n^2)} \\[2mm] A_2 = -\dfrac{g_{11}}{2\omega_0},\ B_2 = -\dfrac{f_{11}}{2\omega_0 a} \end{array}\right\} n=2,3,\cdots \qquad (1-5-93)$$

则二次近似解 $A_2(a),B_2(a)$ 和 $x_2(a,\psi),x_1(a,\psi)$ 完全确定。用同样的方法继续计算，可渐近地求出满足所需精度的解。

1.6 非线性受迫振动、亚谐波共振、超谐波共振

讨论受周期激励的弱非线性系统远离共振的受迫振动。系统方程为:

$$\ddot{x} + \omega_0^2 x = \varepsilon f(x, \dot{x}, \omega t) \qquad (1-6-1)$$

激励项 $f(x, \dot{x}, \omega t)$ 是 ωt 的周期为 2π 的函数,可对 ωt 展成傅里叶级数

$$f(x, \dot{x}, \omega t) = \sum_{n=-\infty}^{\infty} f_n(x, \dot{x}) \mathrm{e}^{i n \omega t} \qquad (1-6-2)$$

当 $\varepsilon = 0$ 时,派生系统的振动是以 ω_0 为频率的自由振动,其零次近似解如式(1-5-63)和式(1-5-64)

$$x = a \cos\psi, \ \dot{x} = -a\omega_0 \sin\psi, \ \psi = \omega_0 t - \theta \qquad (1-6-3)$$

若将零次近似解(1-6-3)代入式(1-6-2)中,则 $f(x, \dot{x})$ 的傅里叶级数必有 $\mathrm{e}^{i m \omega t}$ 项。因此方程(1-6-1)右边的展开式中必含有组合频率为 $(m\omega_0 + n\omega)$ 的简谐分量,其中 n 和 m 为任意整数。当组合频率中的任何一个接近派生系统的固有频率 ω_0 时,$(m\omega_0 + n\omega) \approx \omega_0$,即使振幅很小,也可激起显著的振动。因此弱非线性系统可在满足下列条件时发生共振:

$$\omega_0 \approx \frac{k}{l} \omega \qquad (1-6-4)$$

式中,k, l 为互质的整数。因此弱非线性系统的共振通常有以下三种类型:

(1) $k = l = 1, \omega = \omega_0$:固有频率 ω_0 接近激励频率 ω,称为**主共振**;

(2) $k = 1, \omega_0 \approx \omega / l$:固有频率 ω_0 接近激励频率 ω 的分数倍,称为**亚谐波共振**;

(3) $l = 1, \omega_0 \approx k\omega$:固有频率 ω_0 接近激励频率 ω 的整数倍,称为**超谐波共振**。

作为例子,这里只用渐近法讨论达芬方程亚谐波共振情况。

实践中观察到,当达芬系统的派生系统固有频率 ω_0 接近激励频率的 1/3 时,也可发生强烈的共振现象,称 1/3 次亚谐波响应或 1/3 次亚谐波共振。由于亚谐波响应通常由较强的激励引起,因此激励力 F_0 是较大的。设无阻尼达芬系统受到简谐力激励,系统的固有频率接近激励频率的 1/3,动力学方程为

$$\ddot{x} + \omega_0^2 x + \varepsilon x^3 = F_0 \cos\omega t \qquad (\text{a})$$

令

$$\omega_0^2 = (\omega / 3)^2 - \varepsilon\sigma, \ \psi = (\omega / 3)t + \theta \qquad (\text{b})$$

将方程(a)改写为

$$\ddot{y} + (\omega / 3)^2 y = F_0 \cos\omega t + \varepsilon(\sigma y - y^3) \qquad (\text{c})$$

由于激励力不是小量,作以下坐标变换:

$$y = x - A\cos\omega t, \ A = -\frac{9F_0}{8\omega^2} \qquad (\text{d})$$

将式(d)代入方程(c),化为 x 的微分方程

$$\left. \begin{aligned} &\ddot{x} + (\omega / 3)^2 x = \varepsilon f(x, \dot{x}, \omega t) \\ &f(x, \dot{x}, \omega t) = \sigma(x - A\cos\omega t) - (x - A\cos\omega t)^3 \end{aligned} \right\} \qquad (\text{e})$$

设此方程的渐近解为

$$x = a\cos\psi + \varepsilon x_1(a,\psi,\omega t) + \varepsilon^2 x_2(a,\psi,\omega t) + \cdots \tag{f}$$

式中的 a 和 θ 满足微分方程

$$\dot{a} = \varepsilon A_1(a,\theta) + \varepsilon^2 A_2(a,\theta) + \cdots, \quad \dot{\theta} = \varepsilon B_1(a,\theta) + \varepsilon^2 B_2(a,\theta) + \cdots \tag{f'}$$

将式（f）代入方程（e），导出新的渐近方程组

$$\frac{\partial^2 x_1}{\partial t^2} + \left(\frac{\omega}{3}\right)^2 x_1 = f_0(a,\psi,\omega t) + \frac{2}{3}\omega A_1 \sin\psi + \frac{2}{3}a\omega B_1 \cos\psi \tag{g}$$

式中，$f_0(a,\psi,\omega t)$ 利用式（b）化简为

$$\begin{aligned}f_0(a,\psi,\omega t) &= f\left(a\cos\psi, -\frac{a\omega}{3}\sin\psi, \omega t\right) \\ &= \left(\sigma - \frac{3}{4}a^2 + \frac{3}{4}aA\cos 3\theta - \frac{27}{16\omega^2}A\right)a\cos\left(\frac{\omega}{3}t + \theta\right) + \\ &\quad \frac{3}{4}a^2 A\sin 3\theta \sin\left(\frac{\omega}{3}t + \theta\right) + \cdots\end{aligned} \tag{h}$$

将式（h）代入方程（g），为避免久期项，必须令

$$\left.\begin{aligned}\frac{2}{3}\omega A_1 + \frac{3}{4}a^2 A\sin 3\theta &= 0 \\ \frac{2}{3}\omega B_1 + \sigma - \frac{3}{4}a^2 + \frac{3}{4}aA\cos 3\theta - \frac{27}{16\omega^2}A &= 0\end{aligned}\right\} \tag{i}$$

由此解出

$$\left.\begin{aligned}A_1 &= -\frac{9}{8\omega}a^2 A\sin 3\theta \\ B_1 &= \frac{3}{2\omega}\left(\frac{3}{4}a^2 - \frac{3}{4}aA\cos 3\theta + \frac{27}{16\omega^2}A - \sigma\right)\end{aligned}\right\} \tag{j}$$

代入方程（f'），并利用式（b）和式（d）消去 σ 和 A，得到

$$\left.\begin{aligned}\dot{a} &= -\frac{81\varepsilon a^2 F_0}{64\omega^2}\sin 3\theta \\ \dot{\theta} &= \frac{3}{2\omega}\left\{\frac{3}{4}\varepsilon\left[a^2 - \left(\frac{9F_0}{8\omega^2}\right)a\cos 3\theta + 2\left(\frac{9F_0}{8\omega^2}\right)^2\right] + \omega_0^2 - \left(\frac{\omega}{3}\right)^2\right\}\end{aligned}\right\} \tag{k}$$

此方程对应于稳态周期运动的常值解 a_s, θ_s 应满足

$$\left.\begin{aligned}\theta_s &= 0 \\ a_s^2 - \left(\frac{9F_0}{8\omega^2}\right)a_s + 2\left(\frac{9F_0}{8\omega^2}\right)^2 + \frac{4}{3\varepsilon}\left[\omega_0^2 - \left(\frac{\omega}{3}\right)^2\right] &= 0\end{aligned}\right\} \tag{l}$$

由此解出常值

$$A_{1/3} = a_s = \frac{9F_0}{16\omega^2} \pm \sqrt{\frac{4}{3\varepsilon}\left(\frac{\omega^2}{9} - \omega_0^2\right) - \frac{567F_0^2}{256\omega^4}} \tag{m}$$

为保证有实数解，要求

弹箭非线性运动理论

$$-\frac{7}{4}\left(\frac{9F_0}{8\omega^2}\right)^2+\frac{4}{3\varepsilon}\left[\omega_0^2-\left(\frac{\omega}{3}\right)^2\right]\geqslant0 \qquad (\text{n})$$

由此解出产生亚谐波共振的条件

$$\left.\begin{aligned}\omega_0^2\leqslant\left(\frac{\omega}{3}\right)^2\left(1-\frac{15\,309\varepsilon F_0^2}{1\,024\omega^6}\right) \qquad (\varepsilon>0)\\[2mm]\omega_0^2\geqslant\left(\frac{\omega}{3}\right)^2\left(1+\frac{15\,309\,|\,\varepsilon\,|\,F_0^2}{1\,024\omega^6}\right) \qquad (\varepsilon<0)\end{aligned}\right\} \qquad (\text{o})$$

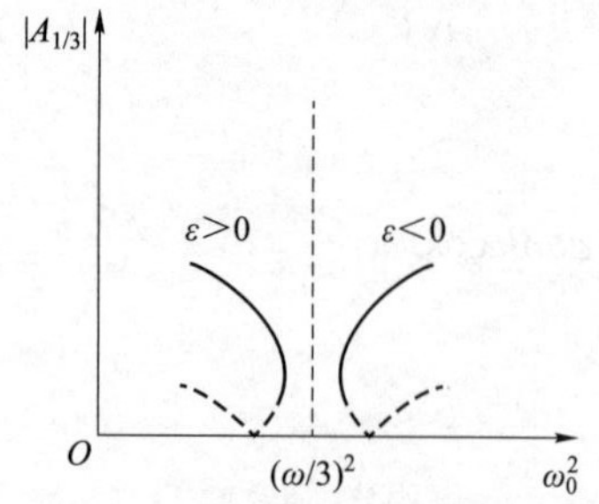

图 1-6-1 亚谐波响应的
幅频特性曲线

可见，从数学理论上讲，当派生系统的固有频率 ω_0 准确地等于 $\omega/3$ 时，亚谐波响应反而不可能发生。但实际上只要 ω_0 接近 $\omega/3$，亚谐波共振就有可能发生。式（m）即亚谐波响应的幅频特性。以 ω_0 为横坐标作出 $A_{1/3}$ 的幅频特性曲线，如图 1-6-1 所示。图中每条曲线均有两个分支，因此同一频率对应于振幅的两个不同值，但其中只有振幅较大的分支是稳定的。

1.7　自激振动和参数振动

1.7.1　自激振动

1. 自激振动的产生

在线性系统的讨论中，无外界能量补充，只有机械能守恒的保守系统才能维持等幅的自由振动。对于有耗散因素存在的耗散系统，其机械能在振动过程中不断消耗，如不补充外界能量，等幅振动必不可能维持。系统在周期变化的外力激励下可以维持等幅振动，这种靠交变的外界能量维持的等幅振动称为受迫振动。自然界和工程中还存在另一种类型的振动系统，称为自振系统，它接收外界的能量补充，但能源是恒定的，而不是周期变化的。系统以自身的运动状态作为调节器，以控制能量的交变输入。当输入的能量与耗散的能量达到平衡时，系统即可维持等幅振动，称为自激振动。因此自激系统由三部分组成：

① 耗散的振动系统；

② 恒定的能源；

③ 受系统运动状态反馈的调节器。

自激系统有以下特征：

（1）振动过程中存在能量的输入和耗散，因此自振系统为非保守系统；

（2）能源恒定，能量的输入仅受运动状态，即位移和速度的调节，因此自振系统不显含时间，为自治系统；

（3）振动特征，如频率和振幅由系统的物理参数确定，与初始条件无关；

（4）自治的线性系统只能产生衰减的自由振动（极限运动为零），无耗散时也只能产生振幅由初始条件确定的等幅振动（非极限运动），因此自振系统必为非线性系统；

（5）自振系统的稳定性取决于能量的输入与耗散的相互关系。当振幅偏离稳态值时，能量的增减能促使振幅回到稳态值，则自激振动是稳定的，即非零的极限运动（图 1-7-1（a））。

反之，自激振动不稳定（图 1-7-1（b））。

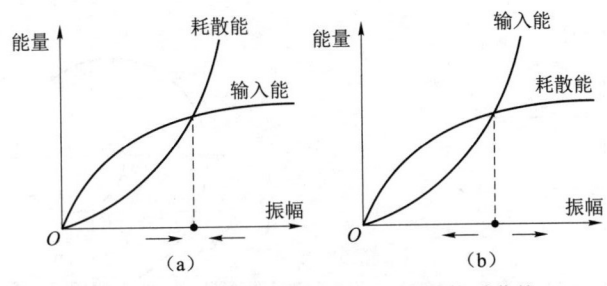

图 1-7-1　自振系统的能量—振幅关系曲线
(a) 稳定；(b) 不稳定

2. 自激振动的例子——时钟原理

首先看一下只受干摩擦力作用的单摆的自由振动，然后再研究加上能量补充的单摆的自激振动。

1) 带干摩擦的质量—弹簧系统的衰减振动

为便于理解，先研究一个单位质量物体—弹簧系统在粗糙平面上的滑动，用 x 表示物体的位置以及弹簧的伸长，用 $y=\dot{x}$ 表示物体的滑动速度。物体上作用的摩擦力为 $-\varphi(y)$，故其方向与滑动速度 y 方向相反，而 $\varphi(y)$ 的变化规律为

$$\varphi(y) = F \operatorname{sgn} y \tag{1-7-1}$$

如图 1-7-2 所示，其中动摩擦力为常值 F。作为简化，F 等于最大静摩擦力，是常数，即 $F=fF_N$，这里 F_N 为接触面处物体间的正压力，f 为摩擦系数。

设弹簧为线性，且弹簧刚度系数为 1，受干摩擦力作用的单位质量物体的运动方程可写为

$$\ddot{x} + \varphi(y) + x = 0 \tag{1-7-2}$$

利用列纳作图法，先作出相轨线的等零斜率线

$$x = -F \operatorname{sgn} y \tag{1-7-3}$$

在图 1-7-3 的相平面中，上半平面 $y>0$，零斜率线在 $x=-F$ 处；下半平面 $y<0$，零斜率线在 $x=F$ 处。若相点起点位置为 $(a_0, 0)$，此后向下运动，按列纳作图法，作与 x 轴平行的线交零倾斜线 $x=F$ 于 $(F,0)$ 点，再连接 F, a_0，相点以 (a_0-F) 为半径，以 $(F,0)$ 为圆心转到 a_{01} 点；以下再自 a_{01} 点作 x 轴的平行线交 $x=F$ 线于 R 点，由于零倾斜线 $x=F$ 是一条与 x 轴相垂直的直线，故过其上的 R 点作与 x 轴的垂直线，与 x 轴的相交点始终为 $(F,0)$，这样，在 $y<0$ 的半平面上，相轨线是以 $(F,0)$ 为圆心的半圆，下一次与 x 相交的位置是 $(-a_1, 0)$ 点；同理在 $y>0$ 的上半个平面内的相轨线是以 $(-F,0)$ 为圆心的圆，再下一次与 x 轴的交点为 $(a_2, 0)$。则从图 1-7-3 可以看出振幅递减规律为

$$a_1 = a_0 - 2F, \quad a_2 = a_1 - 2F, \cdots, a_n = a_{n-1} - 2F \tag{1-7-4}$$

相轨线为由半径递减的半圆组成的螺线，向原点方向逼近，直到 $a_n < F$ 时相点停止运动。这时弹簧恢复力小于最大静摩擦力而保持平衡。因此 x 轴上区间 $(-F, F)$ 内的每个点都是奇点而构成干摩擦死区。相点在死区的终止位置与随机的相点初始位置有关，完全是随机的。因此

弹箭非线性运动理论

在测量仪表中加入润滑油，将干摩擦转换成黏性阻尼，即可消除零点不准现象。

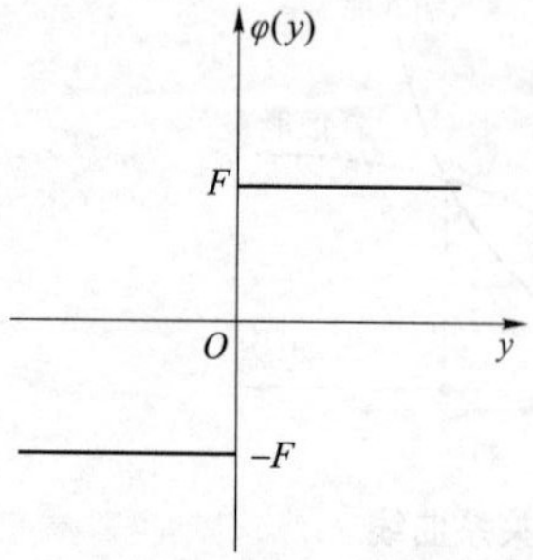

图 1-7-2　干摩擦力与相对速度的关系

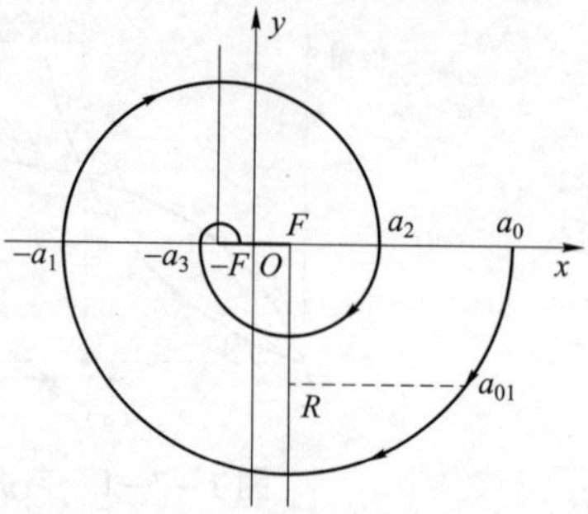

图 1-7-3　有干摩擦质量—弹簧系统的相轨线

2）带干摩擦的钟摆的衰减振动

带干摩擦的时钟的小幅度自由摆动的简化模型如图 1-7-4 所示，图中的摆角 x 相当于上面讲的位移，这里定义 $y=\dot{x}$ 为摆动角速度，相当于上面讲的移动速度 y。干摩擦力形成的对悬挂点的力矩这里以 $-\varphi(y)$ 记之，而 $\varphi(y)=F\,\mathrm{sgn}\,y$，并且 $F=\tilde{F}l$，$\tilde{F}$ 是干摩擦力，l 为干摩擦力矩折合的力臂，于是干摩擦力矩 $\varphi(y)$ 与角速度 $y=\dot{x}$ 的关系曲线与图 1-7-2 完全相同。故带有干摩擦的单摆的相轨迹也与图 1-7-3 完全相同，只是要将图中的 x 定义为摆动角，y 定义为摆动角速度。于是带干摩擦的单摆自由摆动的摆动角 x 也将逐渐衰减，每半个周期减小 $2F$，与式（1-7-4）相同。

3）带干摩擦的钟摆的自激振动

普通的机械钟的运动是典型的自激振动。振动系统是带干摩擦的重力摆，恒定的能源是发条机构，调节器是特殊设计的擒纵机构。这种机构能保证在指定位置受到由发条带动的齿轮的冲击。例如，当钟摆向左运动经过图 1-7-4 所示的虚线位置 $x=a$ 时，受到来自发条能源的与钟摆方向一致的冲击，冲击的结果是钟摆获得能量增量 ΔE。同样，当钟摆向右经过位置 $x=-a$ 时，也受到与运动方向一致的同样大小的冲击。发条能源以这种方式不断向钟摆补充摩擦损耗的机械能。

受干摩擦作用的单摆微幅振动的相轨线与图 1-7-3 中所示的受干摩擦作用的质量-弹簧系统相同。当 $y>0$ 时，是以 $(-F,0)$ 为圆心的圆；$y<0$ 时，是以 $(F,0)$ 为圆心的圆。设相点从初始位置 $(\xi,0)$ 开始向下运动（图 1-7-5），相轨线方程为

$$y^2+(x-F)^2=(\xi-F)^2 \tag{1-7-5}$$

在 $x=a$ 处，钟摆受冲击前的速度为

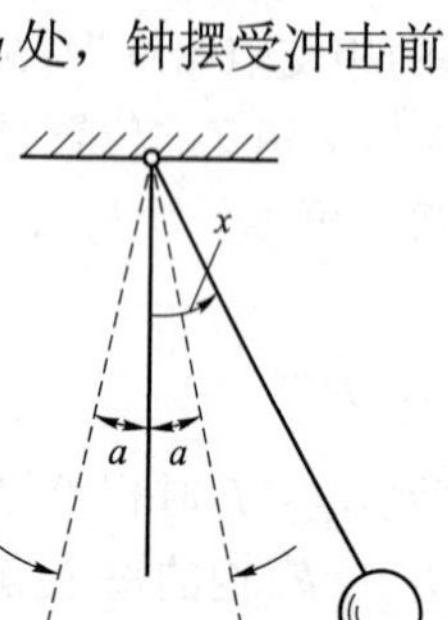

图 1-7-4　时钟的简化模型

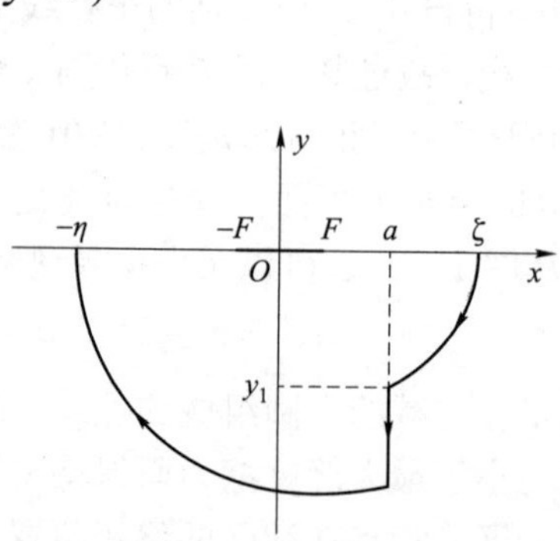

图 1-7-5　钟摆运动的相轨线

044

$$y_1 = -\sqrt{(\xi-F)^2-(a-F)^2} \qquad (1-7-6)$$

受冲击后，钟摆有能量增量 ΔE，即

$$\frac{y_1^2}{2}+\frac{a^2}{2}+\Delta E = \frac{y_2^2}{2}+\frac{a^2}{2} \qquad (1-7-7)$$

式中，$y_1^2/2$ 为冲击前系统具有的动能；$y_2^2/2$ 为冲击后系统具有的动能；$a^2/2$ 为系统在 $x=a$ 处具有的位能。由此导出受冲击后钟摆的速度

$$y_2^2 = y_1^2 + 2\Delta E \qquad (1-7-8)$$

受冲击后，相点从 $(a,-y_2)$ 沿半径增大了的圆继续运动，相轨线方程为

$$y^2+(x-F)^2 = y_2^2+(a-F)^2 \qquad (1-7-9)$$

将式（1-7-6）和式（1-7-8）代入式（1-7-9），整理为

$$y^2+(x-F)^2 = (\xi-F)^2+2\Delta E \qquad (1-7-10)$$

相点到达 x 轴时的坐标为 $(-\eta,0)$。令式（1-7-10）中的 $x=-\eta$，$y=0$，求出 η 为

$$\eta = \sqrt{(\xi-F)^2+2\Delta E}-F \qquad (1-7-11)$$

如果相点从左半平面 x 轴上起点 $(-\xi,0)$ 开始向上运动，圆心则在 $(-F,0)$ 处，相轨线方程为

$$y^2+(x+F)^2 = (-\xi+F)^2+\Delta E \qquad (1-7-12)$$

钟摆接收冲击点则在 $x=-a$ 处，重复式（1-7-6）～式（1-7-10）的推导，则得相点绕过半周后与 x 轴交点的坐标为

$$\eta = \sqrt{(-\xi+F)^2+2\Delta E}-F \qquad (1-7-13)$$

在平面 (ξ,η) 上作曲线（1-7-11）及直线 $\eta=\xi$（图 1-7-6），则无论是曲线（1-7-11）还是曲线（1-7-13），它们与 $\eta=\xi$ 直线的交点 P 的坐标均为

$$\xi_P = \eta_P = \Delta E/(2F) \qquad (1-7-14)$$

这说明若相点从点 $(\xi_P=\eta_P,0)$ 出发运动，则绕原点 $(0,0)$ 一周后必将又回到 $(\xi_P=\eta_P,0)$ 处，即又回到出发点，形成封闭的相轨线，即极限环，如图 1-7-7 所示。

从图 1-7-6 可以看出，如果相点初始坐标 $\xi_0 > \xi_P$，则相点在 $y<0$ 下半平面绕半周后与 x 轴的交点坐标按式（1-7-11）计算，有 $\eta_1 > \eta_P$，再令 $\xi_1=\eta_1$（图 1-7-6 中的水平短横线与 $\xi=\eta$ 直线的交点），从起点为 $(-\xi_1,0)$ 开始在 $y>0$ 上半个相平面绕半周后与 x 轴的交点坐标 $\eta_2 < \eta_1$，依次类推，以后相点沿相轨线每绕半周与 x 轴的交点都逐渐减小，即 $\eta_3 < \eta_2, \eta_4 < \eta_3, \cdots$，即表明极限环外的相轨线不断向内贴近极限环；同样的分析用于相点初始坐标 $\xi_0 < \xi_P$，这时有 $\eta_1 < \eta_P$，而相轨线每绕过半周与 x 轴的交点坐标有 $\eta_1 < \eta_2, \eta_4 < \eta_3, \cdots$，即表明极限环内的相轨线不断地向外贴近极限环，从而证明极限环是稳定的。这种构造的时钟只要受到微小的冲击使摆幅到达 $\pm a$ 处接受擒纵机构的冲击，就能自动产生并维持稳定的周期运动。

上述自激振动的成因还可从能量观点解释。设每次冲击输入的能量 ΔE 为常值。由于干摩擦为常数，每个往复耗散的能量必与摆动幅度成正比。在图 1-7-8 中作出输入能量和耗

散能量随运动幅度变化的曲线，二曲线的交点即与稳定的自激振动相对应。

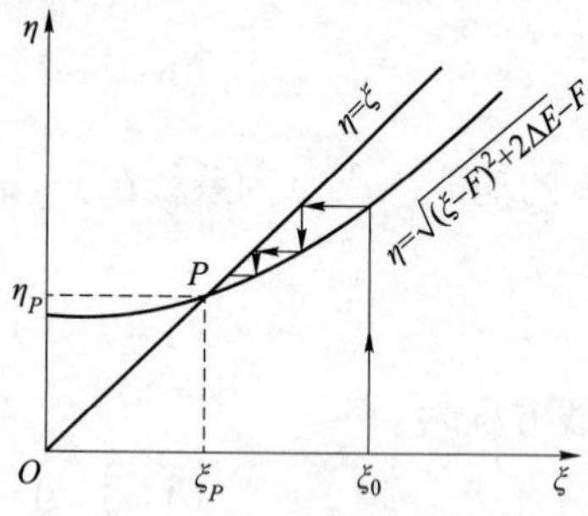

图 1-7-6 稳定极限环的存在

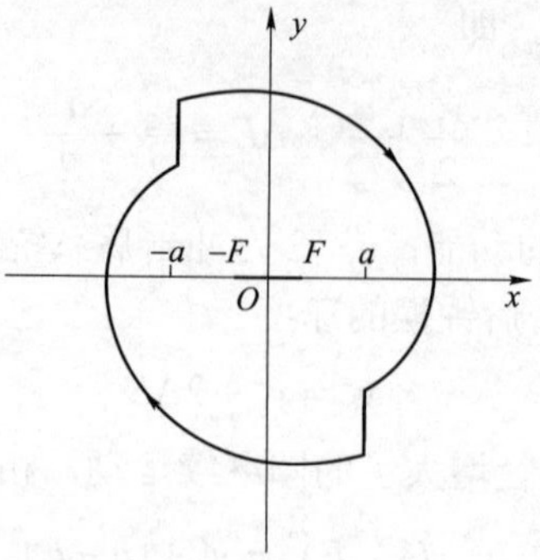

图 1-7-7 时钟的极限环

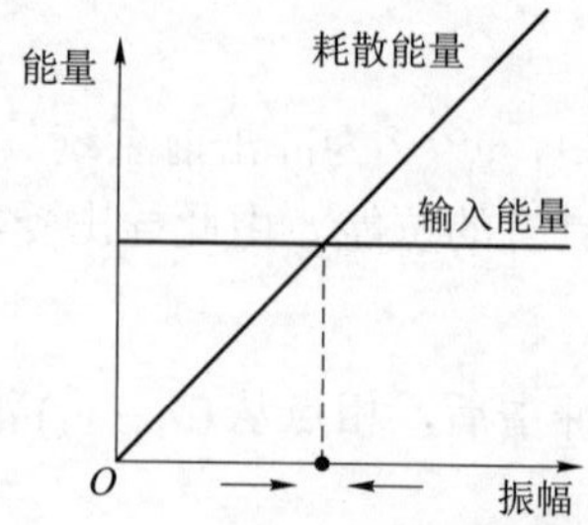

图 1-7-8 时钟的能量-振幅关系

1.7.2 参数振动

1. 参数振动的一般概念

参数振动是除自由振动、受迫振动和自激振动以外的又一种振动形式，产生参数振动的系统称为参变系统。参数振动由外界的激励产生，但能量不是以外力的形式施加于系统，而是通过系统内参数的周期性改变间接地实现。以下以变长度摆为例说明参数振动产生的原因。

设单摆用手控制，使摆长随时间周期性变化（图 1-7-9），变化的规律为：在绳的拉力最小的 A 和 B 点处放长，在拉力最大的 C 处收缩（图 1-7-10），则输入的正功必大于负功。设摆的最大长度为 l，振幅为 x，在摆动一周内，净输入能量与摆的最大垂直位移 $l(1-\cos x)$ 成正比。轴承内存在干摩擦，耗散能量与最大偏角成正比。图 1-7-11 中输入能量与耗散能量曲线的交点对应于周期运动，但此周期运动为不稳定状态。初始偏角小于周期运动振幅时，振动趋于衰减；初始偏角大于周期运动振幅时，则振幅不断增大而出现参数共振。因此周期运动是不稳定运动与渐近稳定运动的分界线。

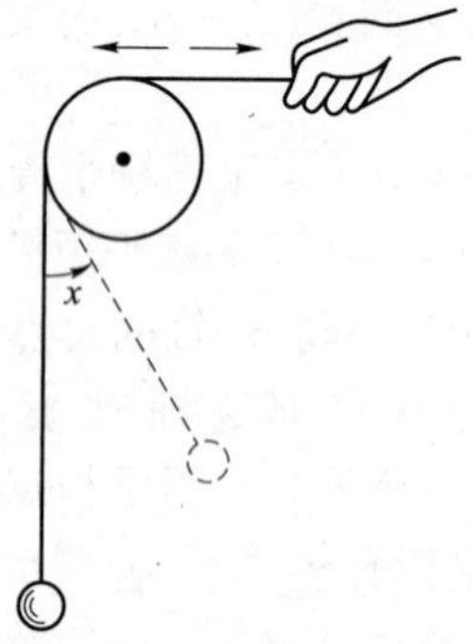

图 1-7-9 变长度摆

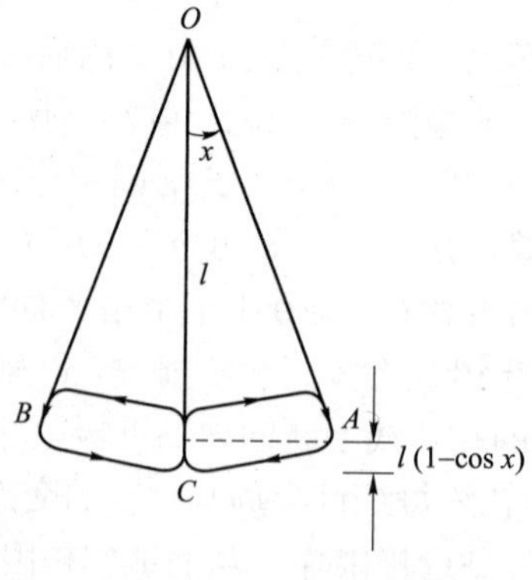

图 1-7-10 变长度摆的运动轨迹

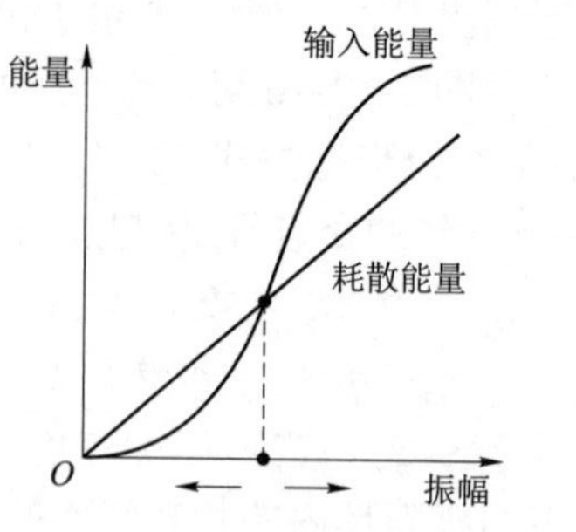

图 1-7-11 变长度摆的输入能量与耗散能量

参数振动有如下特征：

（1）由于参数的时变性，参数振动为非自治系统。

（2）由于在振动过程中有能量的输入和耗散，因此参变系统为非保守系统。

（3）系统在参数激励下所产生的响应有时可能是很微弱的，但也可能出现剧烈的共振现象，这取决于参数振动系统的稳定性。若同一周期内输入的能量超过耗散能量，则振幅不断增加，出现参数共振；若输入能量低于耗散能量，则振幅趋于减小。而周期运动是不稳定运动和渐近稳定运动之间的临界情况。

描述参数振动的数学模型为周期变系数常微分方程，因此对参数振动的研究归结于对变系数常微分方程组零解稳定性的研究。

2. 弗洛凯（Floquet G.）理论

弗洛凯理论是分析周期变系数线性常微分方程解的稳定性理论，适用于 n 阶方程。以 2 阶方程为例：

$$\ddot{x} + p(t)\dot{x} + q(t)x = 0 \qquad (1-7-15)$$

式中，$p(t)$ 和 $q(t)$ 都是周期为 T 的函数，满足

$$p(t+T) = p(t), \quad q(t+T) = q(t) \qquad (1-7-16)$$

设 $x_1(t)$ 和 $x_2(t)$ 为方程（1-7-15）的两个独立的特解，满足朗斯基判别式

$$\Delta(t) = \begin{vmatrix} x_1(t) & \dot{x}_1(t) \\ x_2(t) & \dot{x}_2(t) \end{vmatrix} \neq 0 \qquad (1-7-17)$$

$x_1(t)$ 和 $x_2(t)$ 构成方程（1-7-15）的基本解。由于 $x_1(t+T)$ 和 $x_2(t+T)$ 也是方程（1-7-15）的解，故可以表示为 $x_1(t)$ 和 $x_2(t)$ 的线性组合

$$\begin{aligned} x_1(t+T) &= a_{11}x_1(t) + a_{12}x_2(t) \\ x_2(t+T) &= a_{21}x_1(t) + a_{22}x_2(t) \end{aligned} \qquad (1-7-18)$$

弗洛凯（Floquet G.）证明了（证明从略）判断此基本解是否有界，并依此判断零解的稳定性的法则。

记

$$A = \begin{bmatrix} x_1(T) & \dot{x}_1(T) \\ x_2(T) & \dot{x}_2(T) \end{bmatrix} = \begin{bmatrix} a_{11} & a_{12} \\ a_{21} & a_{22} \end{bmatrix}, \quad P = \mathrm{tr}A = -(a_{11}+a_{22}), \quad Q = \det A = a_{11}a_{22} - a_{12}a_{21}$$

解方程

$$|A - \sigma E| = \sigma^2 + P\sigma + Q = 0 \qquad (1-7-19)$$

解得 σ，$|\sigma|<1$，运动稳定；$|\sigma|>1$，不稳定；$|\sigma|=0$，临界稳定。

3. 带非线性阻尼的参数振动

设阻尼与速度的平方成正比，动力学方程为

$$\ddot{x} + \varepsilon\gamma\dot{x}|\dot{x}| + (\delta + \varepsilon\cos 2t)x = 0 \qquad (1-7-20)$$

只讨论 δ 接近于 1 的情况，设

$$\delta = 1 + \varepsilon\sigma \qquad (1-7-21)$$

将方程（1-7-20）改写为

$$\ddot{x} + x = \varepsilon f_1(x, \dot{x}, t) \qquad (1-7-22)$$

式中

$$f_1(x, \dot{x}, t) = -\gamma\dot{x}|\dot{x}| - \sigma x - x\cos 2t \qquad (1-7-23)$$

令方程（1−7−22）中 $\varepsilon=0$ ，导出派生系统方程及其导数

$$x=a\cos\psi,\ \dot{x}=-a\sin\psi,\ \psi=t-\theta \qquad (1-7-24)$$

当 $\varepsilon\neq0$ 时，将原系统方程（1−7−18）的解 $x(t)$ 和 $\dot{x}(t)$ 在形式上仍写成式（1−7−24），只是其中的 a 和 θ 视为时间 t 的慢变函数。将式（1−7−24）第一式对 t 微分，消去式（1−7−24）第二式，得到

$$\dot{a}\cos\psi+a\dot{\theta}\cos\psi=0 \qquad (1-7-25)$$

将式（1−7−24）第二式对 t 微分，代入方程（1−7−22）得到

$$-\dot{a}\sin\psi+a\dot{\theta}\cos\psi=\varepsilon f_1(x,\dot{x},t) \qquad (1-7-26)$$

从式（1−7−25）和式（1−7−26）导出 a 和 θ 的微分方程

$$\left.\begin{array}{l}\dot{a}=-\varepsilon f_1(a\cos\psi,-a\sin\psi,\psi+\theta)\sin\psi\\[4pt]\dot{\theta}=\varepsilon f_1(a\cos\psi,-a\sin\psi,\psi+\theta)\cos\psi\end{array}\right\} \qquad (1-7-27)$$

讨论 a 和 θ 的慢变规律时，将方程组（1−7−27）的右端以 ψ 的一个周期中的平均值近似地代替，并认为 a 和 θ 在一个周期内保持不变，得到

$$\dot{a}=-\frac{\varepsilon}{2}Q(a,\theta),\ \dot{\theta}=\frac{\varepsilon}{2}P(a,\theta) \qquad (1-7-28)$$

式中，函数 P 和 Q 定义为

$$P(a,\theta)=\frac{1}{\pi}\int_0^{2\pi}f_1(a\cos\psi,-a\sin\psi,t)\cos\psi\mathrm{d}\psi \qquad (1-7-29\,\mathrm{a})$$

$$Q(a,1)=\frac{1}{\pi}\int_0^{2\pi}f_1(a\cos\psi,-a\sin\psi,t)\sin\psi\mathrm{d}\psi \qquad (1-7-29\,\mathrm{b})$$

将式（1−7−23）代入式（1−7−29）中，积分简化后代入式（1−7−28）中，得到

$$\dot{a}=-\frac{\varepsilon a}{4}\left(\frac{16\gamma a}{3\pi}+\sin 2\theta\right),\ \dot{\theta}=-\frac{\varepsilon}{4}(2\sigma+\cos 2\theta) \qquad (1-7-30)$$

4. 极限环与动态分岔

令方程（1−7−30）中

$$\dot{a}=\dot{\theta}=0 \qquad (1-7-31)$$

导出系统的稳态周期振幅 a_s 和相角 θ_s 应满足的条件

$$\frac{16\gamma a_s}{3\pi}+\sin 2\theta_s=0,\ 2\sigma+\cos 2\theta_s=0 \qquad (1-7-32)$$

从式（1−7−32）解出

$$a_s=\frac{3\pi}{16\gamma}\sqrt{1-4\sigma^2},\ \theta_s=\frac{1}{2}\arccos(-2\sigma) \qquad (1-7-33)$$

为保证 a_s 有实数解，要求

$$|\sigma|<1/2 \qquad (1-7-34)$$

满足此条件时系统存在周期运动。按照方程（1−5−70）和方程（1−5−71），(a_s,θ_s) 对应于动相平面 (x_1,y_1) 上以极坐标形式确定的奇点，在定相平面 (x,y) 上画出一条圆形极限环。

为判断此周期运动的稳定性，引入扰动变量

$$\xi=a-a_s,\ \eta=\theta-\theta_s \qquad (1-7-35)$$

写出方程（1−7−30）在奇点 (a_s,θ_s) 附近的一次近似式

$$\xi + \varepsilon a_s \left(\frac{4\gamma}{3\pi}\xi - \sigma\eta\right), \dot{\eta} + \varepsilon a_s \frac{8\gamma}{3\pi}\eta = 0 \quad (1-7-36)$$

此线性扰动方程的本征方程为

$$\begin{vmatrix} \lambda + \dfrac{4\varepsilon\gamma a_s}{3\pi} & -\varepsilon\sigma a_s \\ 0 & \lambda + \dfrac{8\varepsilon\gamma a_s}{3\pi} \end{vmatrix} = \left(\lambda + \frac{4\varepsilon\gamma a_s}{3\pi}\right)\left(\lambda + \frac{8\varepsilon\gamma a_s}{3\pi}\right) = 0 \quad (1-7-37)$$

此方程确定的二本征值均为负，表明周期运动稳定。由式（1-7-20）的$\cos 2t$可见，激励频率是$\omega_A=2$，而由式（1-7-24）的$x=a\cos(t-\theta)$可见，产生的周期运动的频率是$\omega_B=1$，故此种形式的非线性阻尼产生了1/2激励频率的稳定极限环周期运动。

极限环的振幅随参数改变，当$|\sigma|$增大为1/2时，$a_s=0$，稳定极限环退化为稳定焦点，这种现象称为霍普夫分岔。以上分析表明，非线性参数振动系统（1-7-22）在$|\sigma|=1/2$处存在霍普夫分岔。

1.8 静态分岔、动态分岔、霍普夫分岔

分岔现象是指振动系统定性行为随着系统参数的改变而发生质的变化。

分岔理论的研究不仅揭示了系统的各种运动状态之间的相互联系和转换，在工程技术中有重要应用，而且与混沌密切相关，成为非线性动力学的重要组成部分。关于静态分岔、动态分岔、霍普夫分岔，在前几节中已简单提到过，本节再做稍深入的叙述。

1.8.1 分岔的基本概念

1）结构稳定性

在1.1.3节中讨论的李雅普诺夫稳定性理论研究了单个系统受初始扰动后的动力学行为。结构稳定性与此不同，它研究系统受到扰动转变为差别不大的另一系统，其相轨线拓扑（Topology）[①]结构的变化情况。结构稳定性问题就是要确定系统相轨线拓扑结构保持不变的条件。

---

① 拓扑学是19世纪发展起来的一个重要的几何分支，用来研究各种几何图形和"空间"在连续性变化下不变的性质。早在欧拉或更早的时代，就已有拓扑学的萌芽。例如，著名的"哥尼斯七桥问题"以及麦比乌斯的《拓扑学初步》，里斯丁是高斯的学生，1834年以后是德国哥廷根大学教授，他本想称这个学科为"位置几何学"，但这个名称被陶特用来指射影几何，于是改用"topology"这个名字。"topology"直译的意思是地志学，也就是和研究地形、地貌相类似的有关学科。1956年，统一的《数学名词》把它确定成拓扑学。

拓扑学虽然是几何学的一个分支，但是这种几何学又和通常的"平面几何""立体几何"不同，通常的平面几何或立体几何研究的对象是点、线、面之间的几何位置以及它们的实体性质。拓扑学研究的内容与研究对象的长短、大小、面积、体积及实体性质和数量关系无关，例如圆和方形、三角形的形状大小不同，但在拓扑变换下它们都是等值的图形；足球和橄榄球也是等值的——从拓扑学角度看它们的拓扑结构是完全一样的。但游泳圈的表面与足球表面则有不同的拓扑性质，足球所代表的空间叫作球面，它可连续地收缩成一点；而游泳圈中间有个"洞"，它所代表的空间叫环面，它不可能连续地收缩到一点。拓扑学现在已发展成为现代数学的重要分支，有着十分抽象而广泛的含义。拓扑概念和拓扑学在电路、电网、计算机网络、通信线路、医学、经济领域中都有广泛应用。在地志学中的地图常以等高线描写地形地貌特征，而相平面上的相轨线、奇点、极限环分布与地形图相似，我们也只研究它们在相平面上的分布特征，故可用"拓扑结构"一词描述。

单值连续且其逆也单值连续的变换称为同胚。如果相空间之间的同胚将一系统的相轨线变为另一系统的相轨线，且保持时间定向，则两个系统称为拓扑轨道等价。例如，平面线性系统的稳定焦点和稳定结点为拓扑轨道等价，不同平面系统的中心也相互拓扑轨道等价，但结点、中心和鞍点之间均不是拓扑轨道等价。

如果系统受到小扰动后产生的新系统与原系统拓扑轨道等价，则称此系统为结构稳定。不具备稳定性的系统称为结构不稳定。

对于实际系统建立的动力学模型，必须具有结构稳定性。因为建立模型的过程中总要进行理想化处理，如果数学模型对于建模误差极为敏感，便不能反映现实系统的动力学性态。

2）分岔的基本概念

分岔问题起源于力学失稳现象的研究，分岔与结构稳定性有密切联系。若任意小的参数变化会使系统的相轨线拓扑结构发生突变，则称这种变化为分岔。因此可将分岔的定义叙述为：

对于含参数系统

$$\dot{x} = f(x, \mu) \qquad (1-8-1)$$

式中，$x \in R^n$ 为 n 维状态变量，$\mu \in R^m$ 为 m 维分岔参数。当参数 μ 连续地变动时，若系统（1-8-1）的相轨线的拓扑结构在 $\mu = \mu_0$ 处发生突变，则称系统（1-8-1）在 $\mu = \mu_0$ 处出现**分岔**。μ_0 称为分岔值或临界值。(x, μ_0) 称为**分岔点**。在 (x, μ) 的空间 $R^n \times R^m$ 中，平衡点和极限环随参数 μ 变化的图形称为**分岔图**。

在一些应用问题中，有时只需要研究平衡点和闭轨线附近相轨线的变化，即在平衡点或闭轨线的某个邻域中的分岔，这类分岔问题称为**局部分岔**。如果需要考虑相空间中大范围的分岔性态，则称为**全局分岔**。

如果只研究平衡点的个数和稳定性随参数的变化，则称为**静态分岔**，而**动态分岔**是指静态分岔以外的分岔现象。如果系统的分岔性态不受任何结构小扰动的影响而变化，则称分岔具有**通有性**。非通有性的分岔具有**退化性**。

在分岔研究中，一般只考虑参数在分岔值附近系统定性性能的变化。然而在分岔参数的整个变化范围内，系统可能在不同的分岔值处相继出现分岔，这种相继分岔对于研究系统随参数演变的全局过程起着重要作用。

分岔现象的研究可概括为 4 个方面：

① 确定分岔集，即建立分岔的必要条件和充分条件；

② 分析分岔的定性性态，即出现分岔时系统拓扑结构随参数变化的情况；

③ 计算分岔解，尤其是平衡点和极限环；

④ 考察不同分岔的相互作用，以及分岔与混沌等其他动力学现象的关系。

1.8.2 静态分岔

一个静态分岔情况的简单例子：

设所研究的保守系统的力场依赖于某个参数 μ，运动方程为

$$\ddot{x} + f(x, \mu) = 0 \qquad (1-8-2)$$

式中，$\ddot{x}$ 为加速度，令 $y = \dot{x}$ 为速度，则 $\ddot{x} = \dot{y} = \mathrm{d}y / \mathrm{d}t = y \mathrm{d}y / \mathrm{d}x = -f(x, \mu)$，再将此方程积分得

$$\frac{1}{2} y^2 + V(x, \mu) = E = \frac{1}{2} y_0^2 + V(x_0, \mu), \ V(x_0, \mu) = \int_0^x f(x, \mu) \mathrm{d}x \qquad (1-8-3)$$

式中，$y_0^2/2$ 为动能；$V(x_0,\mu)$ 为作用力势能，即 $f(x,\mu)$ 在 $0\sim x$ 距离上的功，与参数 μ 有关；E 为总机械能。因此可解出速度

$$y=\pm\sqrt{2[E-V(x,\mu)]} \tag{1-8-4}$$

方程（1-8-2）的相轨线式（1-8-4）随参数 μ 改变而变化。若经过某个临界值时，相轨线的拓扑结构，也即奇点的个数和类型产生突变，则此临界值称为相轨线的分岔点，μ 称为分岔参数。这种相轨线拓扑性质随参数变化发生突变的现象称为分岔。

相轨线的奇点由以下方程确定：

$$f(x_s,\mu)=0 \quad \text{或} \quad V'(x,\mu)=f(x,\mu)=0 \tag{1-8-5}$$

方程（1-8-5）在 (x_s,μ) 平面上所确定的曲线将此平面分隔成两个区域，分别对应于 $f(x,\mu)>0$ 和 $f(x,\mu)<0$ 两个区域，如图 1-8-1 所示。图中以阴影线表示 $f(x,\mu)>0$ 的区域。

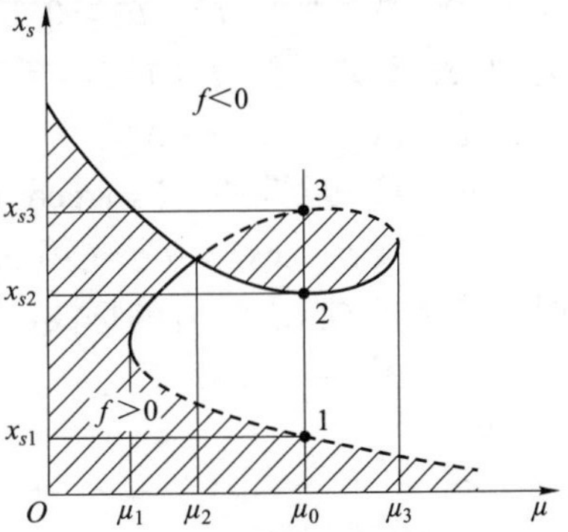

对于任一给定的参数 μ_0（如图 1-8-1 中的 μ_0），奇点的位置可由 $\mu=\mu_0$ 与曲线 $f(x_s,\mu)=0$ 的交点 1，2，3 的纵坐标 x_{s1}，x_{s2}，x_{s3} 确定，在奇点处 $V'_x(x,\mu)=0$ 为势能的极值点。当 x 从小于 x_{s1} 经过 x_{s1} 变为大于 x_{s1} 时，$f(x_{s1},\mu)$ 从正值变为负值，因而有

$$f'_x(x_{s1},\mu_0)\leqslant 0$$

即
$$V''_x(x_{s1},\mu_0)\leqslant 0 \tag{1-8-6}$$

图 1-8-1 保守系统奇点位置与参数 μ 的关系曲线

表明势能 $V(x,\mu)$ 在 $x=x_{s1}$ 处取极大值，根据力学定理，该处是不稳定平衡点，对于保守系统，这个奇点是个鞍点。同理，$x=x_{s3}$ 也是个鞍点。至于第二个奇点 $x=x_{s2}$，则有

$$f'_x(x_{s2},\mu_0)\geqslant 0$$

即
$$V''_x(x_{s2},\mu_0)\geqslant 0 \tag{1-8-7}$$

因此势能 $V(x,\mu_0)$ 在 $x=x_{s2}$ 处取极小值，根据力学定理，该处是稳定平衡点，对于保守系统，这个奇点是个中心。

例 1-8-1 设长度为 l、质量为 m 的单摆悬挂在旋转轴上，轴以角速度 ω 匀速转动，单摆相对于铅直轴的偏角为 x。讨论单摆的平衡位置及稳定性与转速的关系，如图 1-8-2 所示。

解： 列写单摆相对于悬挂点的动量矩方程，注意到其离心力 $m\omega^2 l\sin x$ 对悬挂点的力臂为 $l\cos x$，得

$$\ddot{x}+\omega^2\sin x(\mu-\cos x)=0, \quad f(x,\mu)=\omega^2\sin x(\mu-\cos x) \tag{a}$$

式中，$\mu=g/(\omega^2 l)>0$。令 $y=\dot{x}$，得相轨线方程和奇点方程

$$\frac{\mathrm{d}y}{\mathrm{d}x}=\frac{-\omega^2\sin x(\mu-\cos x)}{y}=\frac{Q(x,y)}{P(x,y)},\quad f(x_s,\mu)=\omega^2\sin x(\mu-\cos x)=0 \tag{b}$$

解出奇点

$$x_{s1,s2}=0,\pm\pi,\quad x_{s3}=\arccos\mu \tag{c}$$

x_{s3} 仅存在于 $\mu\leqslant 1$ 的情形。

由 $f(x,\mu)$ 的表达式可见,对于区域 $\pi>x>0$ 和 $\mu>1$,$f(x,\mu)>0$;对于区域 $0<\mu<1$ 和 $\pi/2<x<\pi$,也有 $f(x,\mu)>0$。对于区域 $0<\mu<1$,在曲线 $\mu-\cos x=0$ 以上的点满足 $x>\arccos\mu$,故有 $\mu-\cos x>0$,仍有 $f(x,\mu)>0$;但在曲线 $\mu-\cos x=0$ 以下的点满足 $x<\arccos\mu$,故有 $\mu-\cos x<0$,从而 $f(x,\mu)<0$。在图 1-8-3 中用阴影线表示 $f(x,\mu)>0$ 区间。

在 $-\pi<x<0$ 作同样的分析,得到 $f(x,\mu)>0$ 的区域,也在图 1-8-3 中用阴影线表示。

由图 1-8-3,根据 $f(x,\mu)>0$ 和 $f(x,\mu)<0$ 的区域分布,应用上面所讲的奇点性质判别法则可知:

对于第一个奇点 $x_{s1}=0$,当 $\mu>1$ 时,直线 $\mu_{s1}=\mu$ 是从 $f(x,\mu)<0$ 穿过 $x_{s1}=0$ 到 $f(x,\mu)<0$,所以 $f'(x,\mu)>0$,奇点是稳定的,故用实线表示 $\mu>1$ 这一段奇点曲线,奇点为中心;反之,当 $\mu<1$ 时,$f'(x,\mu)<0$ 奇点是不稳定的,故用虚线表示这一段奇点曲线,奇点是鞍点(图 1-8-3)。

对于第三个奇点 $x_{s3}=\arccos\mu$,只在 $\mu\leqslant 1$ 的情况,从图 1-8-3 可见,无论是第一象限的奇点曲线 $\mu-\cos x=0$ 还是第三象限的奇点曲线 $\mu-\cos x=0$,当直线 $x_{s3}=\mu$ 从小到大穿过它时,都具有 $f'(x,\mu)>0$ 的特性,故奇点都是稳定的,奇点为中心,奇点曲线 $\mu-\cos x=0$ 用实线表示(图 1-8-3)。

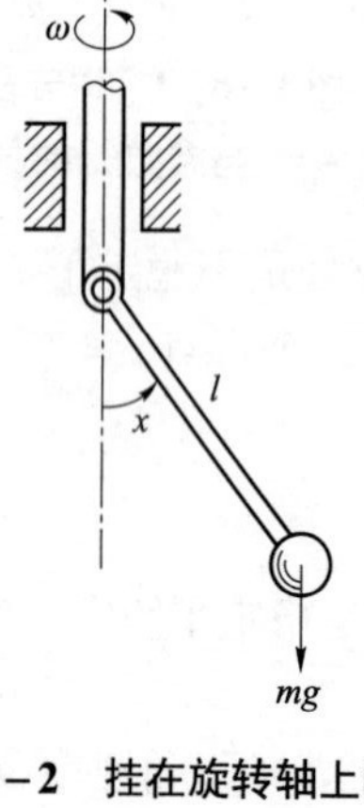

图 1-8-2　挂在旋转轴上的单摆 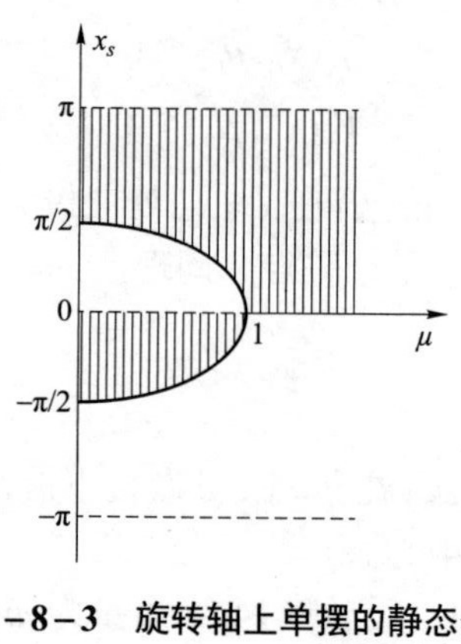　　　　图 1-8-3　旋转轴上单摆的静态分岔

对于第二个奇点 $x_{s2}=\pm\pi$,形成两条平行于横轴的直线,设 $\Delta x>0$ 为一小量,先看一下紧靠 $x_{s2}=\pi$ 的上面区域 $x=\pi+\Delta x$ 的函数 $f(x,\mu)=\omega^2\sin(\pi+\Delta x)[\mu-\cos(\pi+\Delta x)]$ 的正负号,由 $\sin(\pi+\Delta x)=-\sin(\Delta x)<0$,$\cos(\pi+\Delta x)=-\cos\Delta x<0$ 可知,对于 $\mu>0$ 的区域 $f(x,\mu)<0$。而对于紧靠 $x_{s2}=-\pi$ 的区域 $x=-\pi-\Delta x$,仍有 $f(x,\mu)<0$。再应用前述的判据知,第二个奇点是不稳定的,奇点为鞍点,奇点曲线 $x_{s2}=\pm\pi$ 用虚线表示(图 1-8-3)。

这些曲线就构成了平衡点随参数 μ 变化的分岔图,由图 1-8-3 可见分岔点为 $\mu=1$。

此例的分岔现象也可用奇点判别准则分析。

按式(1-3-5)写出函数 P 和 Q 关于变量 (x,y) 的雅可比矩阵

$$A=\frac{\partial(P,Q)}{\partial(x,y)}=\left\{\begin{array}{cc}0 & 1\\ -\omega^2[\cos x(\mu-\cos x)+\sin^2 x] & 0\end{array}\right\} \tag{d}$$

并按式（1-3-26）和式（1-3-27）写出特征方程的 p, q, Δ，得

$$p = 0, \quad q = \omega^2[\cos x(\mu - \cos x) + \sin^2 x], \quad \Delta = p^2 - 4q = -4q$$

对于第一个奇点 $(x_s = 0, y_s = 0)$，$p = 0, q = \omega^2(\mu - 1), \Delta = -4\omega^2(\mu - 1)$，当 $\mu > 1$ 时，$p = 0$，$q > 0, \Delta < 0$，奇点为中心；当 $\mu < 1$ 时，$p = 0, q > 0, \Delta > 0$，奇点为鞍点。

对于第二个奇点 $(x_s = \pm\pi, y_s = 0)$，$p = 0, q = -\omega^2(\mu + 1), \Delta = 4\omega^2(\mu + 1)$，因 $\mu > 0$，故 $p = 0$，$q < 0, \Delta > 0$，奇点为鞍点。

对于第三个奇点 $(x_s = \arccos\mu, y_s = 0)$，当 $\mu = 0$ 时，$x = \pm\pi/2$，这时 $q = \omega^2 > 0, \Delta = -4q = -4\omega^2 < 0$，奇点为中心。

由上可见，当参数 μ 连续地从 $\mu < 1$ 向 $\mu > 1$ 变化经过 $\mu = 0$ 点时，奇点的类型和性质发生突变，因此 $\mu = 1$ 为分岔点，它所对应的转速为临界转速

$$\omega_{cr} = \sqrt{g/l} \tag{e}$$

当 $\mu < 1$ 时，由 $\mu = g/(\omega^2 l) = \omega_{cr}^2/\omega^2 < 1$ 知，此时转速超过 ω 临界转速 ω_{cr}，单摆的垂直平衡位置（$x = 0$）变成鞍点，运动变得不稳定。无限提高转速，则 $\mu \to 0$，即单摆的稳定平衡位置趋近于水平 ($x = \pm\pi/2$) 成为中心。

例 1-8-2 讨论以下平面系统的分岔：

$$\dot{x} = \mu x - x^2, \quad \dot{y} = -y \tag{a}$$

解：系统有平衡点（或奇点）$(0,0)$ 和 $(\mu, 0)$，其雅可比矩阵分别为

$$\boldsymbol{J}_1 = \begin{pmatrix} \mu & 0 \\ 0 & -1 \end{pmatrix}, \boldsymbol{J}_2 = \begin{pmatrix} -\mu & 0 \\ 0 & -1 \end{pmatrix} \tag{b}$$

得 $\qquad p_1 = \mu - 1, q_1 = -\mu, \Delta_1 = (\mu + 1)^2$

和 $\qquad p_2 = -\mu - 1, q_2 = \mu, \Delta_2 = (\mu - 1)^2$

当 $\mu < 0$ 时，有稳定结点 $(0,0)$ 和鞍点 $(\mu, 0)$；当 $\mu = 0$ 时，系统（a）有非双曲平衡点 $(0,0)$，为鞍结点，此处发生分岔；当 $\mu > 0$ 时，系统（a）有鞍点 $(0,0)$ 和稳定结点 $(\mu, 0)$，相轨线变化和分岔分别如图 1-8-4 和图 1-8-5 所示。在 $\mu = 0$ 处两个平衡点的稳定性互换，称为**跨临界分岔**。

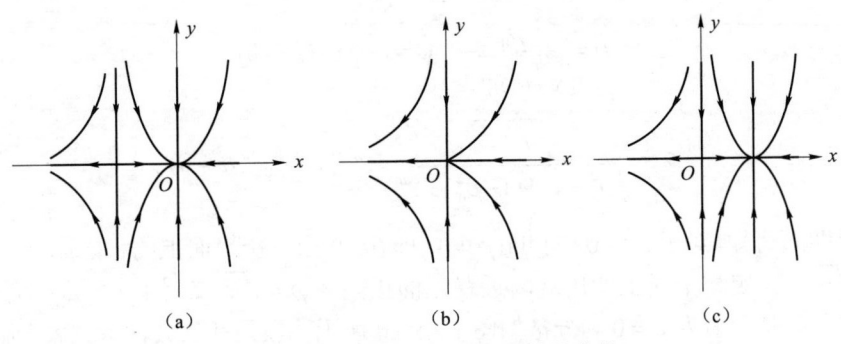

图 1-8-4 跨临界分岔的相轨线变化
(a) $\mu < 0$；(b) $\mu = 0$；(c) $\mu > 0$

1.8.3　动态分岔

运动状态随参数变化而发生突变的现象称为动态分岔。泛而言之，**动态分岔**是指静态分岔以外的分岔现象。闭轨线的个数和稳定性的突变就属于**动态分岔**，前述的跳跃现象是一种特殊的动态分岔，而下面要讲的霍普夫分岔更是一种理论和工程中重要的动态分岔。

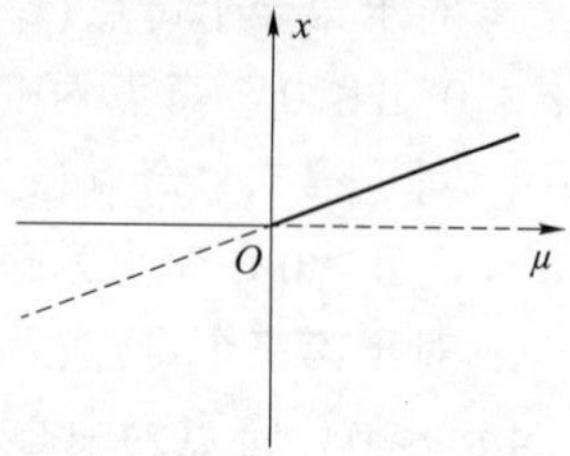

1.8.4　霍普夫分岔

上面针对带非线性阻尼的参数振动所讲述的极限环和动态分岔已初步介绍了动态分岔现象。霍普夫分岔是指系统参数变化经过临界值时，平衡点稳定性改变并从中生长出极限环的一种分岔现象。它是一种比较简单而重要的动态分岔问题，不仅在动态分岔和极限环研究中有理论价值，而且与工程中自激振动的产生有着密切的联系，是工程中常见的现象，伴随着霍普夫分岔的自激振动可能引发系统失稳而带来严重后果。另外，在振荡器设计时需要人为产生霍普夫分岔。

图 1-8-5　跨临界分岔图

下面列举霍普夫分岔的一个例子。

讨论平面系统

$$\dot{x}=-y+x\left[\mu-(x^{2}+y^{2})\right],\ \dot{y}=x+y\left[\mu-(x^{2}+y^{2})\right] \tag{a}$$

解： 系统（a）对任意 μ 均有平衡点 $(0,0)$，其雅可比矩阵为

$$\boldsymbol{J}=\begin{pmatrix}\mu & -1\\ 1 & \mu\end{pmatrix} \tag{b}$$

得

$$p=2\mu,\ q=\mu^{2}+1,\ \Delta=4$$

当 $\mu=0$ 时有实部为零的纯虚本征值，为非双曲平衡点。

进行极坐标变换

$$x=\rho\cos\varphi,\ y=\rho\sin\varphi \tag{c}$$

将式（a）化为动相平面上的相轨线方程

$$\dot{\rho}=\rho(\mu-\rho^{2}),\ \dot{\varphi}=1 \tag{d}$$

对于初始值 ρ_0 和 φ_0，可以积分得到

$$\rho=\frac{\rho_0}{\sqrt{2\rho_0^2 t+1}},\ \varphi=t+\varphi_0\ (\mu=0) \tag{e}$$

$$\rho=\frac{\sqrt{|\mu|}\rho_0}{\sqrt{\rho_0^2+(|M|-\rho_0^2)\mathrm{e}^{-2\mu t}}},\ \varphi=t+\varphi_0\ (\mu\neq 0) \tag{f}$$

由以上两式可知，对于 $\mu\leqslant 0$，有 $\lim\limits_{x\to\infty}\rho=0$，即 $(0,0)$ 为动相平面上的稳定焦点。对于 $\mu>0$ 有 $\lim\limits_{x\to\infty}\rho=\sqrt{\mu}$，在定相平面上即出现渐近稳定的极限环 $\rho=\sqrt{\mu}$ 或 $x^2+y^2=\mu$，而 $(0,0)$ 为不稳定焦点。分岔临界值为 $\mu=0$。分岔如图 1-8-6 所示。极限环在分岔参数大于临界值的情形下存在，称为超临界霍普夫分岔。

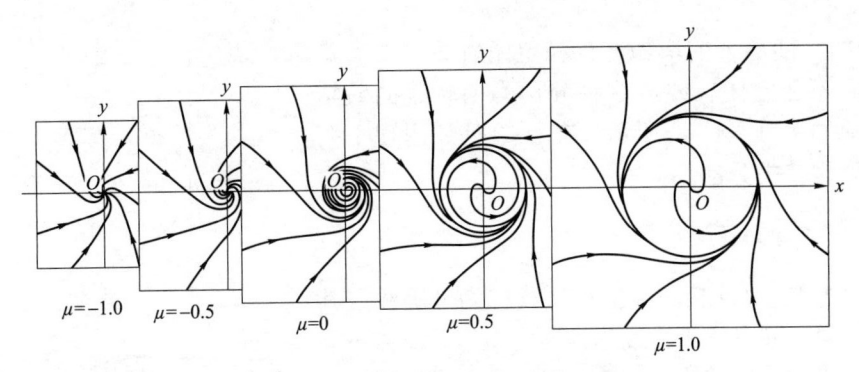

图 1-8-6　霍普夫分岔的相轨线变化

1.8.5　闭轨线分岔

相空间中的闭轨线对应于周期运动。具有非双曲闭轨线的系统是结构不稳定的，适当的参数扰动可使闭轨线附近的轨线拓扑结构发生变化，称为**闭轨线分岔**。它是一种局部分岔，又是动态分岔。下面举例说明。

例 1-8-3　讨论如下平面系统的分岔：

$$\dot{x} = -y - x\{\mu - [(x^2+y^2)-1]^2\} \quad \text{(a1)}$$

$$\dot{y} = x - y\{\mu - [(x^2+y^2)-1]^2\} \quad \text{(a2)}$$

解：系统（a）对任意 μ 均有平衡点 $(0,0)$，其雅可比矩阵为

$$\boldsymbol{J} = \begin{vmatrix} 1-\mu & -1 \\ 1 & 1-\mu \end{vmatrix} \quad \text{(b)}$$

得

$$p = 2(1-\mu),\ q = (1-\mu)^2+1,\ \Delta = p^2 - 4qi = -4$$

当 $\mu < 1$ 时，$(0,0)$ 为不稳定焦点；当 $\mu \geq 1$ 时，$(0,0)$ 为稳定焦点。

进行极坐标变换

$$x = \rho\cos\varphi,\ y = \rho\sin\varphi \quad \text{(c)}$$

将式（a）化为

$$\dot{\rho} = \rho[\mu - (\rho^2-1)^2],\ \dot{\varphi} = 1 \quad \text{(d)}$$

由式（d）可以看出，当 $\mu < 0$ 时，$\dot{\rho} < 0$，无闭轨迹；当 $\mu = 0$ 时，有半稳定极限环 $\rho = 1$，为非双曲闭轨线；当 $0 < \mu < 1$ 时，由条件 $\dot{\rho} = 0$，有稳定极限环 $\rho = \sqrt{1-\sqrt{\mu}}$ 和不稳定极限环 $\rho = \sqrt{1+\sqrt{\mu}}$；当 $\mu \geq 1$ 时仅有不稳定极限环 $\rho = \sqrt{1+\sqrt{\mu}}$。相轨线变化如图 1-8-7 所示。

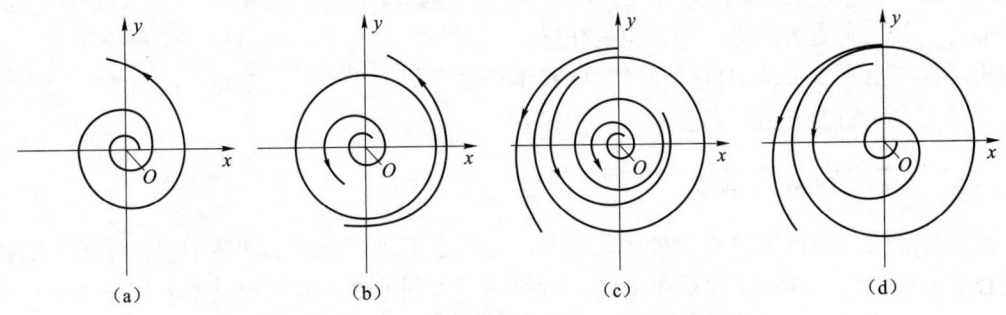

图 1-8-7　闭轨线鞍结分岔的相轨线变化
(a) $\mu < 0$ 时；(b) $\mu = 0$ 时；(c) $0 < \mu < 1$ 时；(d) $\mu \geq 1$ 时

从 $\mu=0$ 开始，随着 μ 的增加，半稳定闭轨线转换为稳定极限环和不稳定闭轨线，这种分岔为闭轨线的**鞍结分岔**。分岔如图 $1-8-8$ 所示，在 $\mu=1$ 处还出现平衡点的**亚临界霍普夫分岔**。

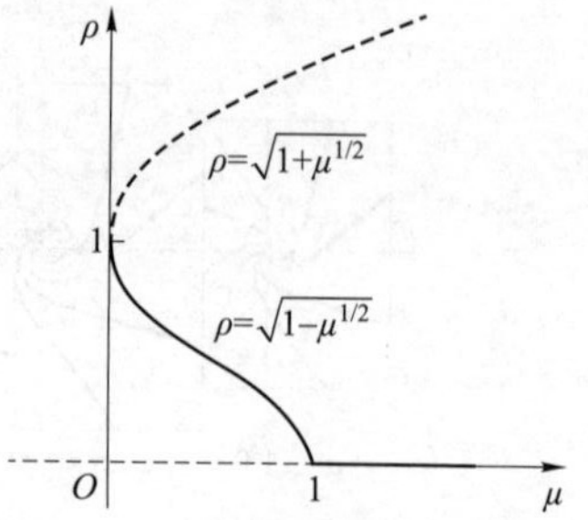

1.8.6　全局分岔

1.2 节中已定义连接鞍点的相轨线称为分隔线，其中首尾通过同一鞍点的相轨线称为同宿轨道，连接不同鞍点的相轨线称为异宿轨道。存在同宿轨道或异宿轨道

图 $1-8-8$　闭轨线鞍结分岔的分岔图

的系统为结构不稳定系统，适当的小扰动可使相轨线的拓扑结构发生变化出现分岔，这种分岔是一种全局分岔，也属于动态分岔。

1.8.7　霍普夫分岔的控制

设计一种控制器以改变给定非线性系统的分岔特性，并实现所期望的动力学称为分岔的控制。分岔的控制要解决的问题包括：延迟分岔的发生，在选定的参数值处引入新的分岔，改变存在分岔点的参数值，变化分岔序列的类型，确定分岔解的某一分支，调节分岔产生极形环的重数、幅值和频率，优化系统接近分岔点的行为等。

由于分岔会导致系统运动状态的突然改变，所以控制分岔的研究，对于有效地避免、延缓和消除分岔所导致的不良后果、提高系统的稳定性和可靠性具有理论指导意义，成为非线性振动的一个新的发展方向。就对霍普夫分岔控制的研究来说，主要包括三方面的内容：

① 抑制霍普夫分岔，以完全避免分岔的发生。

② 改变霍普夫分岔的定性特征，如分岔方向、分岔解的稳定性。

③ 改变霍普夫分岔的定量特性，如改变周期解的幅值、频率。

控制霍普夫分岔的理论基础是霍普夫分岔定理，有关这方面的理论请参考非线性振动书籍。

1.9　非线性系统的混沌振动

混沌振动是一种由确定性振动系统产生，对于初始条件极为敏感而具有内秉随机性和长期预测不可能性的往复非周期运动。关于混沌振动的研究，与电子计算机（计算）技术的出现和发展密切相关，现在已成为非线性振动中一个蓬勃发展的新领域，它不仅对数学、物理、力学的各个分支有重大促进，而且也为化学、生物学、生态学、经济学等学科提供了一种全新的思路，甚至对人类认识自然界的一些基本概念，如因果论、决定论、随机性等也有深刻启示，其工程应用也日益受到重视。

1.9.1　混沌振动的概念

混沌是非线性系统特有的一种运动形式，是产生于确定系统的敏感依赖初始条件的往复性稳态非周期运动，类似于随机振动而具有长期不可预测性。混沌最基本的特征是具有对初始条件的敏感依赖性，或称初态敏感性，即初始的微小差别经过一定时间后可导致系统运动过程的显著差别。

混沌必须是往复的稳态非周期性运动，这是非线性系统的又一特征。在无限长时间历程中，确定线性系统的非周期运动都不是往复的稳态运动，如强阻尼线性振动趋于静止，而无阻尼受迫振子共振时的运动发散到无穷。非线性系统则不同，它可能存在往复但非周期的运动。

混沌的这种往复性的非周期运动看上去似乎无任何规律可循，完全类似于随机噪声，而且采用传统的相关分析和谱分析等信号处理技术也无法将混沌信号与真正的随机信号区分。而值得注意的是，这种类似随机的过程却产生于完全确定性的系统。因此，混沌具有内秉随机性，也称自发随机性。

混沌的另一个特征是长期预测不可能性，这又有别于完全不可预测的真正随机过程。现实中的任何物理量都只能以有限精度被测量，无穷高精度在物理世界中是不存在的。因此在初值中存在着不确定因素。可以认为，具有初态敏感性的系统对于初值误差的作用不断进行放大。随着时间的流逝，初始条件中的不确定因素起着越来越大的作用。一段时间以后决定运动的已不是初始条件中以有效精度给定的部分，而是在精度范围之外无法确定又必然存在的误差，运动的预测便成为不可能了。由于初态的敏感性而具有的不可长期预测性，被形象地称为**蝴蝶效应**。一只蝴蝶的振翅导致大气状态极微小的变化，但在几天后，千里之外的一场本来没有的大风暴发生了。蝴蝶效应是混沌的一个生动描述。在社会进程中也有这种例子。例如 1914 年以奥匈帝国王储斐迪南在萨拉热窝遇刺的偶然事件为导火索，爆发第一次世界大战。

例 1-9-1 上田振子的初值敏感性和内秉随机性。

上田在 1978 年研究了一类非线性弹簧和线性阻尼组成的质量-弹簧系统在简谐激励作用下的受迫振动。弹簧恢复力 F 与变形 x 的关系为 $F = kx^3$，动力学方程为

$$m\ddot{x} + c\dot{x} + kx^3 = F_0 \cos\omega t \tag{a}$$

给定其中参数 $\quad m = 1.0, c = 0.05, k = 1.0, F_0 = 7.5, \omega = 1.0 \tag{b}$

再取差别不大的两组初始位置和速度

$$x_1(0) = 3.0, \dot{x}_1(0) = 4.0 \tag{c}$$

$$x_1(0) = 3.01, \dot{x}_1(0) = 4.02 \tag{d}$$

用电子计算机计算其位移时间历程，即位移随时间的变化规律，如图 1-9-1（a）所示。可以看出，10^{-2} 量级的初始误差经过 50 s（$\approx 16\pi$）后扩大为 10^0 量级的差别。继续计算确定非线性系统图 1-9-1（a）的长周期运动时间历程，如图 1-9-1（b）所示，看上去完全类似于随机噪声。

1.9.2 混沌振动的几何特征

混沌振动的往复非周期特性可以利用相平面的几何方法表示出来。周期运动每隔一个周期就要重复以前的运动，即存在常数 T 满足 $x(t) = x(t+T)$，这时易证 $\dot{x}(t) = \dot{x}(t+T)$，故周期运动的相轨线曲线是闭曲线。混沌不具有周期性，因而混沌振动的相轨迹曲线是不封闭的曲线，而运动的往复性则反映在相轨线曲线局限于一有界区域内，不会发散到无穷远。

图 1-9-2 所示为例 1-9-1 式（c）和式（d）初值对应的两条相平面曲线，可以直观地看出两曲线初始差别很小，而随着时间的流逝，差别逐渐加大。还有一种说法，有人认为这

弹箭非线性运动理论

种图形类似于蝴蝶，而将它引申为"蝴蝶效应"。

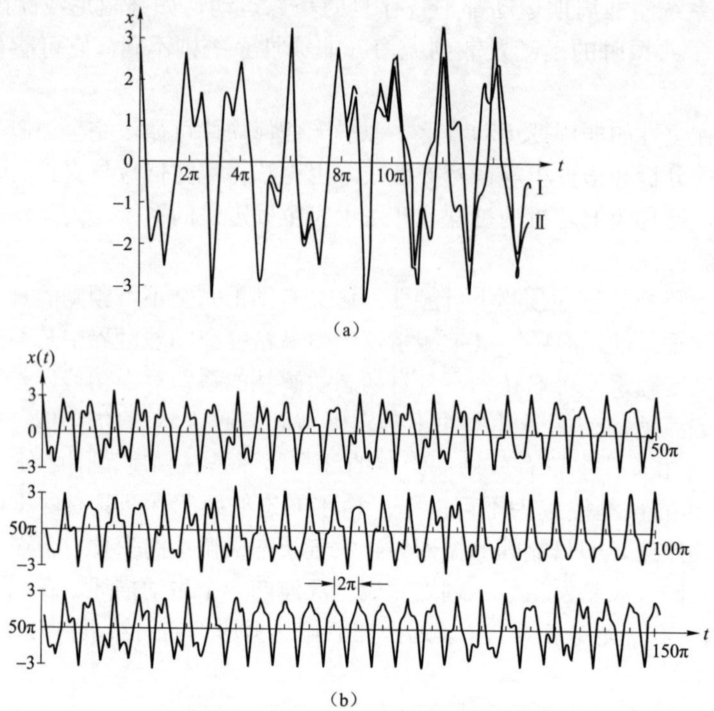

（a）

（b）

图1-9-1　上田振子的运动

（a）初值的敏感依赖性；（b）长期时间历程

当周期运动的周期很长时，仅依据相平面难以区分周期运动和混沌运动，而庞卡莱映射能更好地刻画混沌的往复非周期特性，在本书中不引入这一深入的理论。图 1-9-3 所示即上田振子的庞卡莱映射。

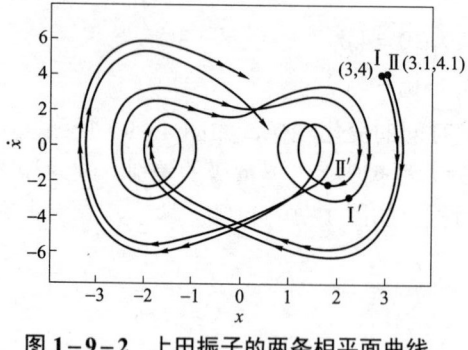

图1-9-2　上田振子的两条相平面曲线

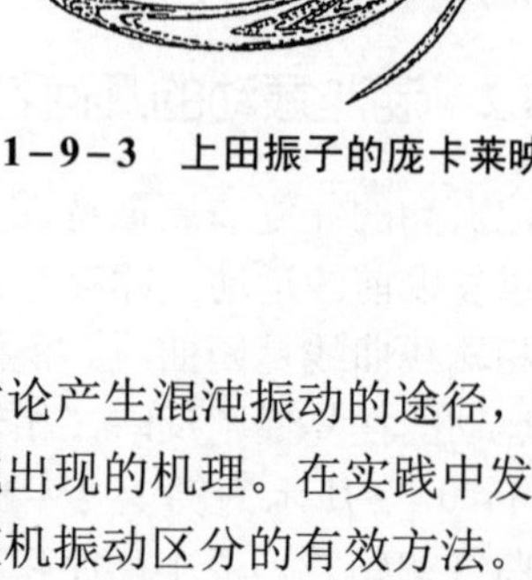

图1-9-3　上田振子的庞卡莱映射

1.9.3　产生混沌振动的途径

讨论系统随着参数变化而呈现混沌振动的过程，也即讨论产生混沌振动的途径，在理论上有助于深化人们对混沌振动的出现过程的理解，明确混沌出现的机理。在实践中发现产生混沌振动的途径也是识别混沌振动，特别是将混沌振动与随机振动区分的有效方法。对于出现往复非周期不规则运动的系统，如果随着参数的改变呈现出产生混沌的途径，则一般可以认为该系统是混沌振动，而非随机振动。

倍周期分岔是一种广泛存在的产生混沌振动的典型途径。设系统有参数 μ，只考虑单参数并不失一般性。当系统有多个参数时，可以设定其余参数而仅让其中一个变化。如果 $\mu = \mu_0$ 时系统有稳态振动周期 T，随着 μ 变化到 $\mu = \mu_1$ 时，分岔出现新稳态振动周期为 $2T$，这种运动性质的突变即倍周期分岔。一般地，$\mu = \mu_k$ 时分岔处稳态振动的周期为 $2^k T$，则 $\mu = \mu_{k+1}$ 时，稳态振动周期变为 $2^{k+1} T$。由于周期不断加大，最后变为周期无穷大的运动，也就是非周期运动，周期运动相应地转化为混沌运动。值得注意的是，倍周期分岔 μ_i 所构成的无穷序列 $\{\mu_i\}$ 的差商极限

$$\delta = \lim_{x \to \infty} \frac{\mu_m - \mu_{m-1}}{\mu_{m+1} - \mu_m} \qquad (1-9-1)$$

是一个常数，而且几类不同的系统可能有相同的常数，因此被称为普适常数。普适常数的存在反映了倍周期分岔产生混沌途径的特点。

倍周期产生混沌是 1978 年由费根鲍姆对映射的研究发现的，并引起人们的广泛注意。

例 1-9-2 考察达芬振子

$$\ddot{q} + c\dot{q} - q + q^3 = f\cos\omega t \qquad (a)$$

解：给定 $c = 0.3$ 和 $\omega = 1.2$，令 f 逐渐增加，系统的运动出现倍周期分岔而产生混沌。当 $f = 0.20$ 时，有 $F = 2\pi/\omega$ 周期运动；当 $f = 0.27$ 时，有 $2T$ 周期运动；当 $f = 0.28$ 时，有 $4T$ 周期运动；当 $f = 0.2867$ 时，有 $8T$ 周期运动；当 $f = 0.32$ 时，出现混沌运动。相轨线如图 1-9-4 所示。

阵发性是又一种典型的混沌产生途径。这里的阵发性，是指系统较长时间尺度的规则运动和较短时间尺度的无规则运动的随机交替变化现象。与流体流场中在层流背景上湍流随机爆发而出现的层流和湍流相交，而使相应的空间区域随机地交替的现象相似。

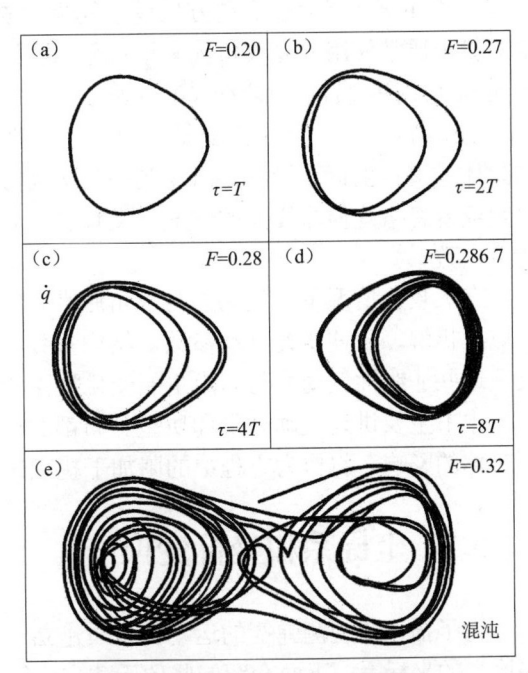

图 1-9-4 倍周期分岔的相轨线和倍周期分岔进入混沌的过程

若真实系统在特定参数下呈现阵发性，随着参数的变化，阵发性中无规则突发运动变得越来越频繁，系统便由周期运动转换为混沌运动。产生混沌阵发性的途径由玻莫和曼尼维尔于 1980 年首先研究。

此外，产生混沌的途径还有**准周期环面破裂**等。混沌运动的概念还拓广到空间混沌、时空混沌、随机混沌等。在弹箭飞行中发生的混沌，只要是它局限于一个小的范围，工程上应该认为运动是稳定的。但如何引导混沌运动进入指定点或周期运动的小邻域内、如何抑制混沌运动以及如何让混沌系统呈现所要求的周期性动力学行为则涉及对混沌的控制，这是当今非线性微分方程和非线性力学正在深入研究的理论问题。

第2章
弹箭运动方程的建立和线性运动简述

与线性运动相比，弹箭的非线性运动是由空气动力非线性和几何非线性产生的。为了在弹箭运动方程中保留几何非线性，便于分析它的影响，但又不致因为不能使用线性化假设 $\cos\delta \approx 1, \sin\delta \approx \delta$ 而使运动方程过于复杂，故本书中采用的角运动变量将不同于一般外弹道学书籍中通常使用的复攻角 $\varDelta = \delta_2 + \mathrm{i}\delta_1$，即不采用攻角分量 δ_1, δ_2，而采用速度 V 在弹体非滚转坐标系内的横向分量 (v, w) 与速度 V 之比 $(-v/V, -w/V)$ 作为运动变量，即用复数 $\boldsymbol{\xi} = (-v/V) + \mathrm{i}(-w/V)$ 作为变量。因此，在建立角运动方程时将质心运动方程和转动方程都向弹体非滚转坐标系投影，所得到的角运动方程将适用于分析弹箭的非线性运动，并且在小攻角或者忽略几何非线性的情况下又有 $\delta_2 \approx (-v/V), \delta_1 \approx (-w/V), \boldsymbol{\xi} \approx \varDelta$，而与通常的角运动变量一致。

在大攻角情况下，气动力与攻角通常有较复杂的函数关系，但为了得到非线性角运动的近似解析解，以便研究气动参数、结构参数、初始条件与运动特性的关系，本书将只研究能反映这些非线性气动力与力矩主要变化规律的三次方和二次方非线性函数关系。

本书主要讲述气动外形和质量分布都对称的弹箭的运动，至于气动外形和质量分布轻微不对称的影响，将作为方程中的附加干扰项来考虑。

2.1 坐标系和坐标变换

为了描述和观测弹箭的运动，必须建立一些恰当的坐标系。下面介绍一些便于建立弹箭非线性运动方程的坐标系。为简洁起见，将各坐标系间的转换关系，以及某些坐标系转动角速度的计算也放在本节里讲述。

1. 地面坐标系 $Ex_E y_E z_E$

此坐标系原点 E 设在炮口中心，x_E 轴在包含初速 V_0 向量的铅直面（称为射击面）内与过 E 点的水平面（称炮口水平面）的交线上，指向射击前方为正。y_E 轴铅直向上为正，z_E 轴与 x_E 轴、y_E 轴垂直并组成右手直角坐标系，其正向指向射击面的右侧（图 2-1-1）。

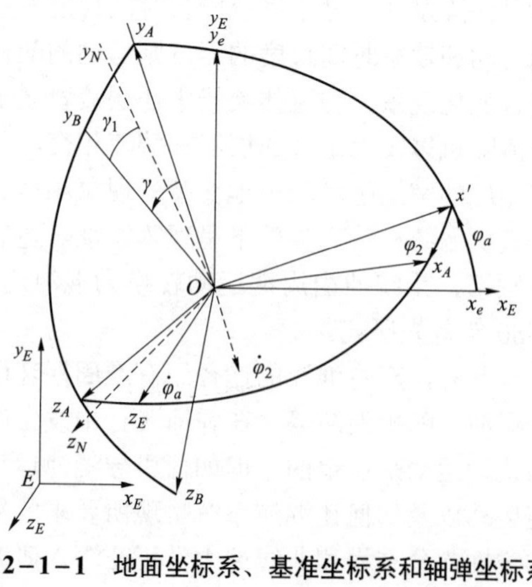

图 2-1-1　地面坐标系、基准坐标系和轴弹坐标系

此坐标系用于确定弹箭质心的坐标，并作为其他各坐标系的参照系。对于小射程以及炮位附近的射击试验，此坐标系可作为惯性坐标系，至于地球旋转的影响，可用修正的方法来考虑。当必须精确研究质心运动时，也可计及地球旋转的影响而将它看作非惯性坐标系。

2. 基准坐标系 $Ox_e y_e z_e(e)$

基准坐标系的坐标原点 O 位于弹箭质心，x_e, y_e, z_e 轴分别与 x_E, y_E, z_E 轴平行，随质心平移，用于确定弹轴和速度的方位，并用来作为以下各坐标系的基准。

3. 弹轴坐标系 $Ox_A y_A z_A(A)$

弹轴坐标系的坐标原点在质心，x_A 为弹轴，指向弹头为正，y_A 轴与 x_A 轴垂直向上为正（图 2-1-1）；z_A 轴与 x_A 轴和 y_A 轴垂直，按右手法则指向射击面右侧为正。显然，y_A 轴和 z_A 轴为过质心并与弹轴垂直的横截面（称为赤道面）上的两根横轴（称为赤道轴）。

弹轴坐标系是一个随弹轴方位变化而转动的坐标系，可以看成是基准坐标系经两次旋转而成。第一次是基准坐标系绕 z_e 轴正右旋 φ_a 角到达 $Ox'_A y_A z_e$ 位置，角速度向量 $\dot{\boldsymbol{\varphi}}_a$ 指向 z_e 轴正向时为正。第二次是 $Ox'_A y_A z_e$ 系绕 y_A 轴负向右旋 φ_2 角而达到弹轴坐标系 $Ox_A y_A z_A(A)$，角速度向量 $\dot{\boldsymbol{\varphi}}_2$ 沿 y_A 轴负向时为正。φ_a 角称为弹高低轴角，φ_2 角称为弹轴方位角，φ_a 和 φ_2 的变化规律便决定了弹轴相对于基准坐标系 (e) 的运动规律。由图 2-1-1 易得弹轴坐标系任一轴与基准坐标系任一轴之间相互投影的关系，或两轴间夹角的余弦（也称方向余弦），组成方向余弦表（表 2-1-1）。

表 2-1-1　弹轴坐标系与基准坐标系间的方向余弦表

	x_e	y_e	z_e	$\sum b^2$
x_A	$\cos\varphi_2 \cos\varphi_a$	$\cos\varphi_2 \sin\varphi_a$	$\sin\varphi_2$	1
y_A	$-\sin\varphi_a$	$\cos\varphi_a$	0	1
z_A	$-\sin\varphi_2 \cos\varphi_a$	$-\sin\varphi_2 \sin\varphi_a$	$\cos\varphi_2$	1
$\sum a^2$	1	1	1	—

由于两坐标系 (A)，(e) 为正交坐标系，故表 2-1-1 中各行或各列元素的平方和等于 1。当已知一向量在坐标系 (e) 内的分量为 x_e, y_e, z_e 时，利用表 2-1-1 很容易以矩阵乘法的形式将其转换到坐标系 (A) 里去，其转换关系为

$$\begin{pmatrix} x_A \\ y_A \\ z_A \end{pmatrix} = \boldsymbol{L}_{Ae} \begin{pmatrix} x_e \\ y_e \\ z_e \end{pmatrix} \tag{2-1-1}$$

式中

$$\boldsymbol{L}_{Ae} = \begin{pmatrix} \cos\varphi_2 \cos\varphi_a & \cos\varphi_2 \sin\varphi_a & \sin\varphi_2 \\ -\sin\varphi_a & \cos\varphi_a & 0 \\ -\sin\varphi_2 \cos\varphi_a & -\sin\varphi_2 \sin\varphi_a & \cos\varphi_2 \end{pmatrix} \tag{2-1-2}$$

$\boldsymbol{L}_{Ae}$ 称为由坐标系 (e) 向坐标系 (A) 转换的转换矩阵，由于 $\boldsymbol{L}_{Ae}$ 为正交矩阵，故其逆矩阵等于转置矩阵，即

$$\boldsymbol{L}_{Ae}^{-1} = \boldsymbol{L}_{Ae}^{\mathrm{T}} = \boldsymbol{L}_{eA} \tag{2-1-3}$$

于是很容易将坐标系（A）里的分量 x_A, y_A, z_A 转换到坐标系（e）里去，即

$$\begin{pmatrix} x_e \\ y_e \\ z_e \end{pmatrix} = \boldsymbol{L}_{Ae}^{-1} \begin{pmatrix} x_A \\ y_A \\ z_A \end{pmatrix} = \boldsymbol{L}_{Ae}^{\mathrm{T}} \begin{pmatrix} x_A \\ y_A \\ z_A \end{pmatrix} \qquad (2-1-4)$$

例如，重力在坐标系（e）y_e 轴负方向上，故在坐标系（e）内的 3 个分量为（$0, -mg, 0$），于是它在弹轴坐标系内的 3 个分量为

$$\begin{pmatrix} G_{XA} \\ G_{YA} \\ G_{ZA} \end{pmatrix} = \boldsymbol{L}_{Ae} \begin{pmatrix} 0 \\ -mg \\ 0 \end{pmatrix} = -mg \begin{pmatrix} \cos\varphi_2 \sin\varphi_a \\ \cos\varphi_a \\ -\sin\varphi_2 \sin\varphi_a \end{pmatrix} \qquad (2-1-5)$$

弹轴坐标系（A）的转动角速度 $\boldsymbol{\omega}_A$ 是 $\dot{\boldsymbol{\varphi}}_a$ 和 $\dot{\boldsymbol{\varphi}}_2$ 两角速度的向量之和，即

$$\boldsymbol{\omega}_A = \dot{\boldsymbol{\varphi}}_a + \dot{\boldsymbol{\varphi}}_2 \qquad (2-1-6)$$

图 2-1-1 中 $\dot{\boldsymbol{\varphi}}_2$ 指向 y_A 轴负向，$\dot{\boldsymbol{\varphi}}_a$ 指向 z_e 轴正向，利用转换矩阵 $\boldsymbol{L}_{Ae}$，易得 $\boldsymbol{\omega}_A$ 在坐标系（A）内三轴上的分量 p_A，q_A，r_A

$$\begin{pmatrix} p_A \\ q_A \\ r_A \end{pmatrix} = \begin{pmatrix} 0 \\ -\varphi_2 \\ 0 \end{pmatrix} + \boldsymbol{L}_{Ae} \begin{pmatrix} 0 \\ 0 \\ \dot{\varphi}_a \end{pmatrix} = \begin{pmatrix} \dot{\varphi}_a \sin\varphi_2 \\ -\dot{\varphi}_2 \\ \dot{\varphi}_a \cos\varphi_2 \end{pmatrix} \qquad (2-1-7)$$

4. 弹体坐标系 $Ox_B y_B z_B (B)$

弹体坐标系的原点在质心上、3 个轴与弹体固连。x_B 轴为弹轴，即与 x_A 轴一致，另外两个轴也在赤道面内，并与 x_B 轴成右手坐标系。弹体坐标系可看成是弹轴坐标系（A）绕弹轴转动 γ 角而成，规定绕弹轴正向右转得到的 γ 角为正，如图 2-1-1 所示。由图 2-1-1 可得，（A），（B）两坐标系的转换矩阵为

$$\boldsymbol{L}_{AB} = \begin{pmatrix} 1 & 0 & 0 \\ 0 & \cos\gamma & \sin\gamma \\ 0 & -\sin\gamma & \cos\gamma \end{pmatrix} \qquad (2-1-8)$$

$$\boldsymbol{L}_{BA} = \boldsymbol{L}_{AB}^{-1} = \boldsymbol{L}_{AB}^{\mathrm{T}}$$

显然，弹体坐标系的角速度 $\boldsymbol{\omega}_B$ 为坐标系（A）角速度 $\boldsymbol{\omega}_A$ 与坐标系（B）相对于坐标系（A）绕弹轴转动的角速度 $\dot{\boldsymbol{\gamma}}$ 之和，即

$$\boldsymbol{\omega}_B = \boldsymbol{\omega}_A + \dot{\boldsymbol{\gamma}} \qquad (2-1-9)$$

$\dot{\boldsymbol{\gamma}}$ 在弹轴方向，而 $\boldsymbol{\omega}_A$ 在坐标系（A）三轴上的分量为式（2-1-7），故得 $\boldsymbol{\omega}_B$ 在弹轴坐标系三轴上的分量为

$$(p_B, q_B, r_B) = (\dot{\gamma} + \dot{\varphi}_a \sin\varphi_2, q_A, r_A) \qquad (2-1-10)$$

弹体坐标系的转动角速度 $\boldsymbol{\omega}_B$ 就是弹箭的总角速度。对于旋转弹甚至低速旋转弹箭，$\dot{\gamma} \gg \dot{\varphi}_2 \sin\varphi_a$，故 $\boldsymbol{\omega}_B$ 沿弹轴的分量 $p_B \approx \dot{\gamma}$。

5. 非滚转坐标系 $Ox_N y_N z_N (N)$

非滚转坐标系原点在质心，x_N 轴为弹轴，y_N 轴、z_N 轴在赤道面内互相垂直并与 x_N 轴组成右手坐标系，但此坐标系不绕弹轴旋转，即该坐标系的角速度 $\boldsymbol{\omega}_N$ 在弹轴上的分量为零，因此

它与弹体坐标系（B）只相差一个滚转角 γ_1。在图 2-1-1 中，虚线为非滚转坐标系的 y_N 轴和 z_N 轴。只要将弹体坐标系绕弹轴反转 γ_1 角即可得到非滚转坐标系，而

$$\gamma_1 = \int_0^t p_B \mathrm{d}t = \int_0^t (\dot{\gamma} + \dot{\varphi}_2 \sin\varphi_a) \mathrm{d}t \qquad (2-1-11)$$

因 $|\dot{\varphi}_2 \sin\varphi_a| \ll \dot{\gamma}$，并且 $\dot{\varphi}_2$ 和 φ_a 都是正负交变的，故式（2-1-11）积分中第二项十分小，可以忽略，于是得

$$\gamma_1 \approx \gamma$$

于是弹体坐标系反转 $\gamma_1 \approx \gamma$ 角后返回到弹轴坐标系，也即可以把弹轴坐标系近似看作是非滚转坐标系。这样就得到弹体坐标系速度 $\boldsymbol{\omega}_B$ 在非滚转坐标系上的分量

$$\boldsymbol{\omega}_B = (p_B, q_B, r_B) = (\dot{\gamma}, q, r) \qquad (2-1-12)$$

式中 $\qquad p_B = p = \dot{\gamma}, \quad q_B = q_A = q = -\dot{\varphi}_2 \cos\varphi_a, \quad r_B = r_A = r = \dot{\varphi}_a \qquad (2-1-13)$

由于非滚转坐标系只比弹体坐标系少一个自转角速度 $\dot{\gamma}$，故其角速度 $\boldsymbol{\omega}_N$ 在非滚转坐标系三轴上的分量式为

$$\boldsymbol{\omega}_N = (p_N, q_N, r_N) = (0, q, r) \qquad (2-1-14)$$

6. 速度坐标系 $Ox_c y_c z_c(c)$

速度坐标系的原点在质心上，x_c 轴正向与速度 V 方向一致，y_c 轴、z_c 轴与 x_c 轴组成右手坐标系。速度坐标系（c）可以看成是坐标系（N）经两次旋转而成，如图 2-1-2 所示。第一次是坐标系（N）绕水平轴 Oz_N 转 δ_1 角达到 $Ox'_c y_c z_N$ 位置，规定绕 Oz_N 轴负向右旋得到的 δ_1 角为正，于是速度在弹轴下方时 δ_1 为正。第二次是 $Ox'_c y_c z_N$ 坐标系绕 y_c 轴转 δ_2 角而达到坐标系（c），规定绕 y_c 轴正向右旋得到的 δ_2 为正，于是速度在弹轴坐标系坐标面 $Ox_N y_N$ 的左边时 δ_2 为正，δ_1 角称为高低攻角，δ_2 称为方向攻角。由图 2-1-3 易得两坐标系（N），（c）间的转换矩阵：

$$\boldsymbol{L}_{Nc} = \begin{pmatrix} \cos\delta_2 \cos\delta_1 & \sin\delta_1 & \cos\delta_1 \sin\delta_2 \\ -\cos\delta_2 \sin\delta_1 & \cos\delta_1 & -\sin\delta_1 \sin\delta_2 \\ -\sin\delta_2 & 0 & \cos\tilde{\delta}_2 \end{pmatrix} \qquad (2-1-15)$$

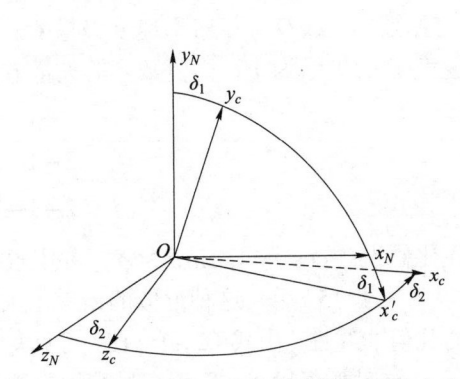

图 2-1-2　速度坐标系（c）与非滚转坐标系（N）的关系

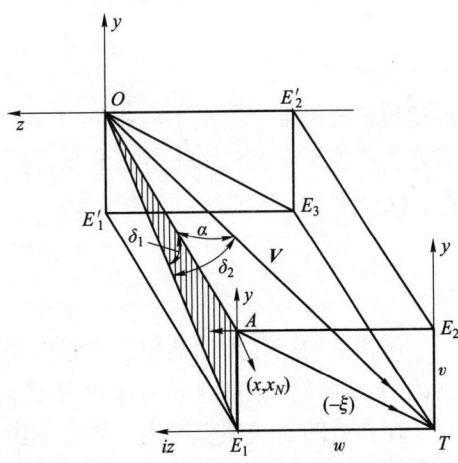

图 2-1-3　速度坐标系、非滚转坐标系相对位置和复变量 ξ 的定义

速度 V 沿 x_c 轴，它在非滚转坐标系（N）三轴上的投影 u，v，w 分别为

$$\begin{pmatrix} u \\ v \\ w \end{pmatrix} = \boldsymbol{L}_{Nc} \begin{pmatrix} V \\ 0 \\ 0 \end{pmatrix} = V \begin{pmatrix} \cos\delta_2 \cos\delta_1 \\ -\cos\delta_2 \sin\delta_1 \\ -\sin\delta_2 \end{pmatrix} \qquad (2-1-16)$$

高低攻角 δ_1 和方向攻角 δ_2 确定了速度矢量 V 相对于非滚转坐标系 x_N 轴（也即弹轴）的空间方位，或者反过来说也决定了弹轴相对于速度矢量 V 的空间方位。从式（2-1-16）可以看出，δ_1 和 δ_2 也决定了速度矢量 V 在非滚转坐标系里的分速 u，v，w，或者反过来，分速 u，v，w 也决定了 δ_1 和 δ_2 以及弹轴相对于速度矢量 V 的方位，由式（2-1-16）可得它们之间的关系为

$$\frac{v}{V} = -\cos\delta_2 \sin\delta_1, \quad \frac{w}{V} = -\sin\delta_2 \qquad (2-1-17)$$

在图（2-1-3）中，非滚转坐标系 $Ox_N y_N z_N$ 的 Ox_N 为弹轴。速度矢量为 $\boldsymbol{OT} = V$，过速度矢端 T 作与弹轴垂直的平面，交弹轴于 A 点，则平面 OTA 即为攻角平面。过 A 点作与非滚转坐标系 Ox_N，Oy_N，Oz_N 轴平行的坐标轴 Ax，Ay，Az，建立坐标系 $Axyz$。显然，矢量 $\boldsymbol{OA}=u$ 就是速度矢量 V 在弹轴上的分量，而 V 在坐标轴 Ay，Az,上的分量与在非滚转坐标轴 Oy_N，Oz_N 的分量相等，即为 v，w。在图中过速度矢端 T 作坐标面 Axy 的垂线交 Axy 面于 E_1 点，则矢量 $\boldsymbol{AE}_1 = v$ 即为速度矢量 V 在 $Axyz$ 坐标系上的分量 v；过速度矢端 T 作坐标面 Axz 的垂线交 Axz 面于 E_2 点，则矢量 $\boldsymbol{AE}_2 = w$ 即为速度矢量 V 在 $Axyz$ 坐标系上的的分量 w。

将平面 Ayz 作为复数平面，定义 Ay 轴为实轴，Az 轴为虚轴，因此复数 $\boldsymbol{AT} = v + \mathrm{i}w$ 在复平面上从 A 点指向 T 点。再定义复数

$$\hat{\xi} = \left(\frac{v}{V}\right) + \mathrm{i}\left(\frac{w}{V}\right) = \boldsymbol{AT}/V \qquad (2-1-18)$$

则复数 $\hat{\xi}$ 的矢量方向也从 A 点指向 T 点，它就确定了速度矢量 $\boldsymbol{OT}$ 相对于弹轴 OA 或 Ox_N 的方位，在图（2-1-3）中向量 $\boldsymbol{AT} = V\hat{\xi}$。

反之，如果定义复数

$$\xi = -\hat{\xi} = \left(-\frac{v}{V}\right) + \mathrm{i}\left(-\frac{w}{V}\right) \qquad (2-1-19)$$

则复数 ξ 的矢量方向从 T 点指向 A 点，它就能确定弹轴 OA 或 Ox_N 相对于速度矢量 $\boldsymbol{OT}$ 的空间方位。如果记弹轴 OA 方向的单位矢量为 $\boldsymbol{i}_A$，速度 V 的矢量为 $\boldsymbol{V}$，则复数 ξ 的矢量方向为 $\boldsymbol{i}_A \times (\boldsymbol{i}_A \times \boldsymbol{V})$，此时有

$$\boldsymbol{AT} = V\hat{\xi} = v + \mathrm{i}w = -V\xi, \qquad (2-1-20)$$

而
$$\boldsymbol{TA} = V\xi \qquad (2-1-21)$$

在弹箭的线化角运动理论中都采用小攻角线性化假设：$\cos\delta = 1$，$\sin\delta \approx \delta$，并用攻角分量 δ_1，δ_2 以及复攻角 $\Delta = \delta_2 + \mathrm{i}\delta_1$ 来描述角运动。当攻角大于 $15°$ 后，这种近似的误差增大。

在弹箭的非线性理论中必须考虑由此而产生的几何非线性。由式（2-1-18）可见复数 ξ 的实部为 $-v/V = \cos\delta_2 \sin\delta_1$，虚部为 $-w/V = \sin\delta_2$，这时如仍以 δ_1，δ_2 为变量利用复数描述弹箭角运动，将会在运动方程中引进大量的三角函数和反三角函数，造成分析的不便。为了保

留几何非线性又不使理论分析复杂，故直接使用速度的横向分量 v, w 而利用复数 ξ 来描述弹轴与速度 V 的相对方位及其变化，也即用复数 ξ 来描述弹箭的角运动。但当弹箭角运动攻角 δ 较小时，利用 $\cos\delta \approx 1$, $\sin\delta \approx \delta$ 的线性化关系可得，$\cos\delta_2 \sin\delta_1 \approx \delta_1$, $\sin\delta_2 \approx \delta_2$，即可得

$$\xi = \delta_1 + i\delta_2 = \Delta \qquad (2-1-22)$$

这表明在小攻角或忽略几何非线性条件下，复数 ξ 就变成线性化角运动理论中的复攻角 Δ。

此外，定义速度线与弹轴的夹角为总攻角 α，即 $\angle AOT = \alpha$。记总攻角的正弦为 δ，余弦为 η，则由图 2-1-3 可见

$$\delta = \sin\alpha = \frac{AT}{OT} = \sqrt{\frac{v^2 + w^2}{V}} = |\xi| \qquad (2-1-23)$$

$$\eta = \cos\alpha = \frac{OA}{OT} = \frac{u}{V} \qquad (2-1-24)$$

$$\delta^2 + \eta^2 = 1, \quad \eta = \sqrt{1 - \delta^2} \qquad (2-1-25)$$

因为 δ 和 α 都能反映弹轴与速度线间夹角的大小，并且在小攻角条件下 $\delta = \sin\alpha \approx \alpha$，故有时也简称 δ 为攻角。

将攻角平面 OTA 与非滚转坐标系 $Ox_N y_N z_N$ 的坐标面 $Ox_N y_N$ 与攻角面 OAT 的夹角称为进动角，记为 ν。由图 2-1-4 可见，ν 也就是复变量 ξ 的幅角。利用进动角 ν 可将复变量 ξ 写成极坐标形式

$$\xi = |\xi|e^{i\nu} = \delta\cos\nu + i\delta\sin\nu \qquad (2-1-26)$$

由此得

$$\left(-\frac{v}{V}\right) = \delta\cos\nu, \quad \left(-\frac{w}{V}\right) = \delta\sin\nu \qquad (2-1-27)$$

在小攻角或忽略几何非线性条件下，$\cos\delta_2 \sin\delta_1 \approx \delta_1$, $\sin\delta_2 \approx \delta_2$，复数 ξ 就变成线性化角运动理论中的复攻角 Δ，这时即有

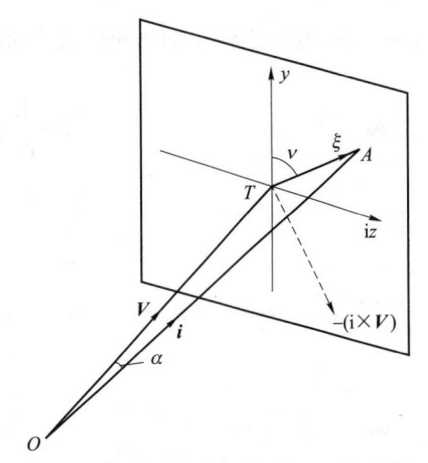

$$\xi = \Delta = \delta_1 + i\delta_2 = \delta\cos\nu + i\delta\sin\nu$$

故有 $\qquad\qquad\qquad \delta_1 = \delta\cos\nu, \; \delta_2 = \delta\sin\nu \qquad (2-1-28)$

图 2-1-4　复平面、总攻角 α、进动角 ν 与复数 ξ 的关系

2.2　弹箭质心运动方程组和绕心运动方程组

2.2.1　弹箭质心运动方程组

弹箭质心的运动可用矢量形式的质心运动方程组描述如下：

$$m\frac{dV}{dt} = F + mg \qquad (2-2-1)$$

式中，V 为弹箭质心速度向量；m 为弹箭的质量；g 为重力加速度向量；F 为作用在弹箭上的

其他的力，主要是空气动力。此方程两边可向任何坐标系投影，以得到标量形式的运动方程。但如该坐标系是转动坐标系，则方程左边的导数应写成如下形式：

$$\frac{dV}{dt} = \frac{\partial V}{\partial t} + \Omega \times V \qquad (2-2-2)$$

式中，Ω 为转动坐标系的角速度；$\partial V / \partial t$ 为相对于转动坐标系的导数；$\Omega \times V$ 是由动坐标系转动产生的牵连导数。

为便于后面建立弹箭非线性角运动方程，下面将质心运动向量方程（2-2-2）向非滚转坐标系三轴投影。此坐标三轴上的单位向量依次记为 i, j, k，则方程（2-2-2）中各向量可写成如下形式：

$$V = ui + vj + wk \qquad (2-2-3)$$

$$F = F_x i + F_y j + F_z k \qquad (2-2-4)$$

$$g = g_x i + g_y j + g_z k \qquad (2-2-5)$$

$$\Omega = \omega_N = qj + rk \qquad (2-2-6)$$

式中，ω_N 为非滚转坐标系的转动角速度，其轴向分量为零。将它们代入方程（2-2-2）中得

$$\frac{du}{dt}i + \frac{dv}{dt}j + \frac{dw}{dt}k + \begin{vmatrix} i & j & k \\ 0 & q & r \\ u & v & w \end{vmatrix}$$

$$= \left(\frac{F_x}{m} + g_x\right)i + \left(\frac{F_y}{m} + g_y\right)j + \left(\frac{F_z}{m} + g_z\right)k \qquad (2-2-7)$$

于是得到质心运动沿非滚转坐标系三轴的分量方程

$$\frac{du}{dt} + qw - rv = \frac{F_x}{m} + g_x \qquad (2-2-8)$$

$$\frac{dv}{dt} + ru = \frac{F_y}{m} + g_y \qquad (2-2-9)$$

$$\frac{dw}{dt} - qu = \frac{F_z}{m} + g_z \qquad (2-2-10)$$

其中方程（2-2-9）和方程（2-2-10）描述了质心在（N）坐标系内的横向运动，在组成弹箭角运动方程时要用到它们。此方程由于采用了非滚转坐标系，故沿 Ox_N 的转速为零，使横向运动方程变得简单，但第一个方程描述质心速度沿弹轴的变化规律，它不能单独描述速度大小的变化，故此方程没有什么用。实际上在研究速度大小变化规律时，仍是将质心运动矢量方程两边向速度线方向投影。

2.2.2 弹箭绕质心的转动方程

弹箭绕质心的转动可用动量矩定理描述：

$$\frac{dK}{dt} = M \qquad (2-2-11)$$

式中，K 为弹箭关于质心的动量矩；M 为作用在弹箭上的空气动力矩。

由于所研究的弹箭是轴对称的，故弹箭的外形和质量分布都关于弹轴对称。这样，弹轴以

及任一赤道轴都是中心惯性主轴,并且弹箭关于各赤道轴的转动惯量相等。将弹箭对弹轴的转动惯量记为 C,对任一赤道轴的转动惯量记为 A,故在非滚转坐标系内弹箭的转动惯量矩阵为

$$\boldsymbol{J} = \begin{pmatrix} C & 0 & 0 \\ 0 & A & 0 \\ 0 & 0 & A \end{pmatrix}$$

弹体总角速度矩阵为

$$\boldsymbol{\omega}_B = \begin{pmatrix} p_B \\ q_B \\ r_B \end{pmatrix} = \begin{pmatrix} p \\ q \\ r \end{pmatrix} \approx \begin{pmatrix} \dot{\gamma} \\ -\dot{\varphi}_2 \\ \dot{\varphi}_a \cos\varphi_2 \end{pmatrix}$$

于是总动量矩 $\boldsymbol{K} = \boldsymbol{J} \cdot \boldsymbol{\omega}_B$ 在非滚转坐标系三轴上的分量依次为

$$K_x = Cp; \quad K_y = Aq; \quad K_z = Ar \tag{2-2-12}$$

将式(2-2-12)代入式(2-2-11)中,得

$$\frac{d\boldsymbol{K}}{dt} = C\frac{dp}{dt}\boldsymbol{i} + A\frac{dq}{dt}\boldsymbol{j} + A\frac{dr}{dt}\boldsymbol{k} + \boldsymbol{\omega}_N \times \boldsymbol{k} \tag{2-2-13}$$
$$= M_x\boldsymbol{i} + M_y\boldsymbol{j} + M_z\boldsymbol{k}$$

经简单计算,得到绕质心转动的方程在非滚转坐标系三轴上的分量方程为

$$C\frac{dp}{dt} = M_x \tag{2-2-14}$$

$$A\frac{dq}{dt} + Cpr = M_y \tag{2-2-15}$$

$$A\frac{dr}{dt} - Cpq = M_z \tag{2-2-16}$$

方程(2-2-14)描述了弹箭绕弹轴滚转运动的规律,由于轴向力矩 M_x 与横向角速度 q,r 无关,故可单独积分,这将在 2.5 节中叙述。方程(2-2-15)和方程(2-2-16)描述了弹箭的横向转动,由于采用了非滚转坐标系,$p_N = 0$,故这两个方程也变得简单,这两个方程将与质心运动的两个横向运动方程一起组成弹箭的角运动方程。

2.2.3 弹箭横向运动方程的复数形式

将质心横向运动方程(2-2-9)和方程(2-2-10)的自变量改为弧长 s 并除以 V^2,得

$$\frac{v'}{V} + \frac{u}{V}\left(\frac{r}{V}\right) = \frac{F_y}{mV^2} + \frac{g_y}{V^2} \tag{2-2-17}$$

$$\frac{w'}{V} - \frac{u}{V}\left(\frac{q}{V}\right) = \frac{F_z}{mV^2} + \frac{g_z}{V^2} \tag{2-2-18}$$

式中,"′"表示对弧长 s 求导。而

$$s = \int_0^t V dt \tag{2-2-19}$$

将方程(2-2-18)乘以虚数 i,再与方程(2-2-17)相加,得

弹箭非线性运动理论

$$\frac{v'+\mathrm{i}w'}{V}-\mathrm{i}\frac{u}{V}\left(\frac{q+\mathrm{i}r}{V}\right)=\frac{F_y+\mathrm{i}F_z}{mV^2}+\frac{g_y+\mathrm{i}g_z}{V} \tag{2-2-20}$$

令

$$\boldsymbol{\mu}=\frac{q+\mathrm{i}r}{V} \tag{2-2-21}$$

它以复数的形式表示了弹箭总的横向角速度向量的大小和方向。再记

$$\boldsymbol{F}_\perp=F_y+\mathrm{i}F_z;\quad g_\perp=g_y+\mathrm{i}g_z \tag{2-2-22}$$

$\boldsymbol{F}_\perp,\boldsymbol{g}_\perp$ 分别以复数形式表示了作用在弹箭上的空气动力和重力的横向分量的大小和方向。再注意到

$$u/V=\eta,\ \boldsymbol{\xi}=-(v+\mathrm{i}w)/V,\ \boldsymbol{\xi}'=-\left(\frac{v'+\mathrm{i}w'}{V}\right)+\left(\frac{-v+\mathrm{i}w}{V}\right)\left(-\frac{V'}{V}\right)$$

将这些关系式代入方程（2-2-20）中，得到复数形式的质心横向运动方程

$$\boldsymbol{\xi}'-\left(-\frac{V'}{V}\right)\boldsymbol{\xi}+\mathrm{i}\eta\boldsymbol{\mu}=-\frac{\boldsymbol{F}_\perp}{mV^2}-\frac{\boldsymbol{g}_\perp}{V^2} \tag{2-2-23}$$

同理，将横向转动方程（2-2-15）和方程（2-2-16）的自变量改为 s，同除以 AV^2，并将方程（2-2-16）乘以虚数 i 再与方程（2-2-15）相加，得

$$\frac{q'+\mathrm{i}r'}{V}-\mathrm{i}\frac{Cp}{AV}\left(\frac{q+\mathrm{i}r}{V}\right)=\frac{M_y+\mathrm{i}M_z}{AV^2} \tag{2-2-24}$$

因为

$$\boldsymbol{\mu}'=\frac{q'+\mathrm{i}r'}{V}+\frac{q+\mathrm{i}r}{V}\left(-\frac{V'}{V}\right)$$

于是得复数形式的横向转动方程

$$\boldsymbol{\mu}'-\left(-\frac{V'}{V}\right)\boldsymbol{\mu}-\mathrm{i}P\boldsymbol{\mu}=\frac{M_y+\mathrm{i}M_z}{AV^2} \tag{2-2-25}$$

式中

$$P=\frac{Cp}{AV}=\frac{C\dot{\gamma}}{AV} \tag{2-2-26}$$

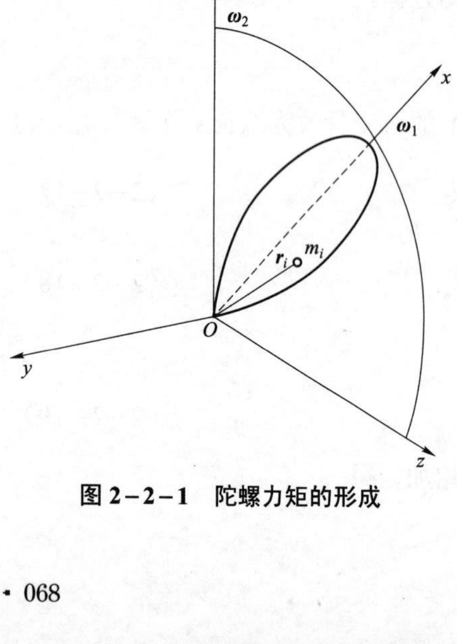

图 2-2-1 陀螺力矩的形成

方程（2-2-23）和方程（2-2-25）利用复数将弹箭的 4 个横向运动方程变成了两个复数方程，从而降低了方程的阶次，便于求解分析。此二方程中的 $(-V'/V)$ 将在 2.4 节中给出。

最后解释一下方程（2-2-25）中的 $\mathrm{i}P\boldsymbol{\mu}$ 一项，它是弹箭陀螺效应的量度。对于非旋转弹，$p=\dot{\gamma}=0$，就无此项存在。

高速旋转弹的动力学性质与一个陀螺相似，当在外力矩作用下陀螺轴进动时，陀螺上每一点将表现出反对陀螺轴进动的阻力，这种阻力是陀螺惯性的表现。其中在陀螺进动时，陀螺上每一点将由于自转和进动的共同作用而产生哥氏惯性力，这些惯性力对定点（对弹箭而

言即质心）之矩的总和将起着反对陀螺轴改变方向的作用。这种惯性力矩就是通常所说的陀螺力矩。

设轴对称陀螺绕对称轴 Ox 以 ω_1 高速自转，同时陀螺轴又以角速度 ω_2 绕 OT 轴进动，设自转轴与进动轴的夹角为 θ。作一坐标系 $Oxyz$，其 Oz 轴位于 TOx 平面内并随弹轴一起绕 OT 轴旋转。陀螺上的每一点的矢径用 $r_i = x_i\boldsymbol{i} + y_i\boldsymbol{j} + z_i\boldsymbol{k}$ 表示，质量用 m_i 表示，如图 2-2-1 所示。

由于自转，任一质点相对于动坐标系 $Oxyz$ 的速度为

$$V_{ri} = \boldsymbol{\omega}_1 \times \boldsymbol{r}_i$$

而由于动坐标系 $Oxyz$ 绕 OT 轴转动产生的哥氏惯性力为

$$\boldsymbol{F}_{ki} = -2m_i(\boldsymbol{\omega}_2 \times \boldsymbol{V}_{ri}) = -2m_i[\boldsymbol{\omega}_2 \times (\boldsymbol{\omega}_1 \times \boldsymbol{r}_i)]$$

将陀螺上各点的哥氏惯性力对定点 O 之矩 $\boldsymbol{r}_i \times \boldsymbol{F}_{ki}$ 相加即得到陀螺力矩 $\boldsymbol{\Gamma}$：

$$\begin{aligned}\boldsymbol{\Gamma} &= \sum \boldsymbol{M}_{ki} = \sum -2m_i\boldsymbol{r}_i \times [\boldsymbol{\omega}_2 \times (\boldsymbol{\omega}_1 \times \boldsymbol{r}_i)] \\ &= \sum 2m_i\omega_1\omega_2 z_i^2 \sin\theta \boldsymbol{j}\end{aligned} \quad (2-2-27)$$

式（2-2-27）展开后，再利用轴对称条件下的关系式

$$2\sum m_i z_i^2 = \sum m_i(y_i^2 + z_i^2) = I_x$$

式中，I_x 为轴向转动惯量，又各惯量积等于零 ($I_{xy} = I_{yz} = I_{zx} = 0$)，即得

$$\boldsymbol{\Gamma} = I_x\omega_1\omega_2\sin\theta\boldsymbol{j} = I_x\boldsymbol{\omega}_1 \times \boldsymbol{\omega}_2 \quad (2-2-28)$$

式中，I_x 为陀螺的轴向转动惯量；$I_x\omega_1$ 为轴向动量矩。式（2-2-28）表明，陀螺力矩等于陀螺的轴向动量矩 $I_x\omega_1$ 与进动角速度 ω_2 的矢量积。

现将弹箭比作陀螺，其轴向动量矩即 Cp，进动角速度即弹箭的横向角速度 $q+r$。注意到 q 与 r 垂直，并且 q，r，$q+r$ 都与弹轴及轴向动量矩 Cp 垂直，故 $q+r$ 在复平面内，所以复数 $\mu V = q + ir$ 就表示了进动角速度的大小和方位。那么，陀螺力矩的大小为

$$\Gamma = (Cp)|q+r|\sin 90° = Cp|\mu V|$$

由于 Γ 的方向与 Cp 垂直，故它也在复平面内，并且 Γ 又与 $q+r$ 垂直，则必与复数 μV 的方向垂直。利用复数乘以 i 即转过 90° 的性质，则陀螺力矩应在 iμV 方向上。这样就可利用 i$(Cp)(\mu V)$ 来表示陀螺力矩的大小和方位，即

$$\Gamma = \mathrm{i}Cp(\mu V) = \mathrm{i}\frac{Cp}{AV}\mu(AV^2) = \mathrm{i}P\mu(AV^2) \quad (2-2-29)$$

由此可见，方程（2-2-25）中的 i$P\mu$ 项是陀螺力矩的量度。

2.3 作用在弹箭的力和力矩

弹箭在空中运动除了受到通过质心、铅直向下的重力作用外，还受到空气动力和力矩的作用。此外，如果考虑地球旋转的影响，还有哥氏惯性力的作用。重力的性质比较简单，哥氏惯性力主要影响弹箭质心的运动，形成弹道侧偏和射程变化，对于小弹道这种影响很小，即使对于大弹道也可用修正的方法考虑。因此下面主要研究作用在弹箭上的空气动力和力矩。

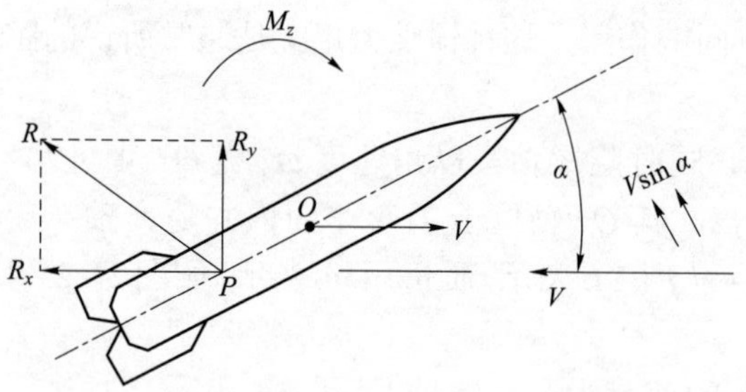

弹箭非线性运动理论

图 2-3-1　横流、阻力、升力、压心和静力矩

作用在弹箭上的空气动力和力矩主要与气流性质、弹箭形状以及弹箭运动情况有关。一般说来主要与马赫数、雷诺数、弹箭形状、尺寸、重心位置、攻角大小和方位、攻角变化率 $\dot{\alpha}$，以及弹箭转速 $\dot{\gamma}$，摆动角速度 q，r 等有关。空气动力与攻角大小、方位有关实际上就是与流经弹体的横流大小和方位有关。图 2-3-1 表示一个以总攻角 α 飞行的弹箭，垂直于弹轴的横流大小为 $V \sin \alpha$，考虑到 $\sin \alpha = \delta$，而 $\delta = |\xi|$，故横流的大小可用 $V|\xi|$ 表示。如进一步考虑到横流在垂直于弹轴的复平面上的两个分量 v，w，则可用

$$V\xi = -(v + \mathrm{i}w) \qquad (2-3-1)$$

表示横流在非滚转坐标系里的大小和方位。在线化角运动理论中就可用 $V\Delta$ 表示横流的大小和方位。

由弹箭线化角运动理论可知，一些空气动力和力矩是总攻角 α 的函数（在那里是用符号 δ 表示总攻角），并且将复数形式的气动力写成复攻角 Δ 的线性函数。由于复数 ξ 具有与 Δ 相同的作用，故在弹箭非线性角运动理论中将把空气动力表示成 ξ 的函数。

2.3.1　作用在弹箭上的空气动力

1. 阻力 R_x

阻力是作用在弹箭上的总空气动力在速度线上的分量，它位于攻角面内，始终与质心速度方向相反，如图 2-3-1 所示。当攻角为零时，阻力的大小为

$$R_x = \frac{\rho V^2}{2} S C_{x0}(Ma) \qquad (2-3-2)$$

式中，ρ 为空气密度；S 为参考面积，常取为弹体最大横截面面积，这时 $S = \pi d^2 / 4$，d 为弹径；$Ma = V / a$ 为马赫数，其中 a 为声速；C_{x0} 为零攻角阻力系数，它随马赫数变化的一般情形如图 2-3-2 中 $\delta = 0$ 的曲线所示。当有攻角时，阻力会显著增大，这是由于随攻角产生了垂直于弹轴的法向力，它在速度线上的分量就形成了攻角诱导阻力。阻力系数随攻角 δ 变化的一般情况如图 2-3-3 所示。

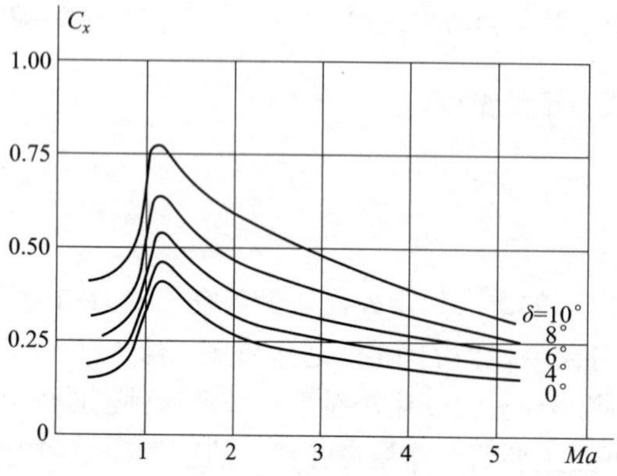

图 2-3-2　$C_x - Ma$ 曲线

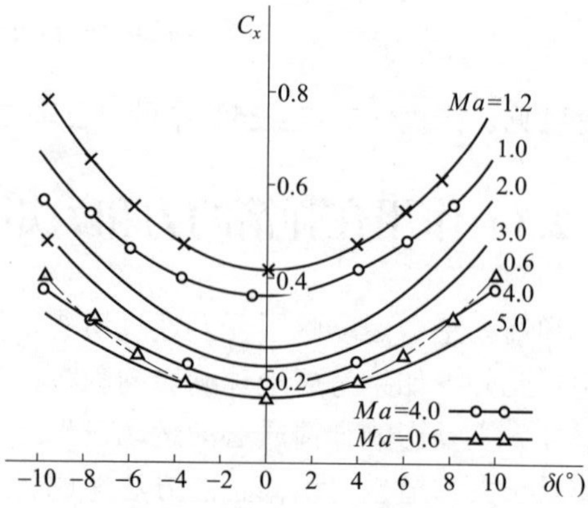

图 2-3-3　$C_x - \delta$ 曲线

但不管攻角为正还是为负，只要δ大小相等，阻力大小也相同，而与攻角平面方位无关，那么阻力便是攻角的偶函数，它一般可写成如下形式：

$$R_x = \frac{\rho V^2}{2} SC_x = \frac{\rho V^2}{2} SC_{x0}(1+k\delta^2) = \frac{\rho V^2}{2} S(C_{x0}+C_{x2}\delta^2) \quad (2-3-3)$$

或

$$R_x = m(b_{x0}+b_{x2}\delta^2)V^2 = mb_x V^2 \quad (2-3-4)$$

式中

$$C_x = C_{x0}+C_{x2}\delta^2, \quad C_{x2} = kC_{x0} \quad (2-3-5)$$

$$b_x = b_{x0}+b_{x2}\delta^2, \quad b_{xj} = \frac{\rho S}{2m}C_{xj} \quad (2-3-6)$$

对于一般旋转弹，k为15～30，平均约为20。阻力系数与攻角成二次函数关系，只有在要求更精确地测定阻力时才考虑δ^2以上高次幂的影响。

2. 升力 R_y

升力是总空气动力在攻角平面内垂直于速度方向上的分力，其方向与弹轴在速度线的同一侧。升力方向随攻角平面的转动而转动，在攻角平面转过180°以后，δ由正变为负值，升力R_y的方向也转过来。因此升力是攻角的奇函数，其大小可写成如下形式：

$$R_y = \frac{\rho V^2}{2} SC_y = \frac{\rho V^2}{2} SC_y' \delta \quad (2-3-7)$$

式中，C_y为升力系数；C_y'为升力系数导数。小攻角时升力与攻角呈线性关系，C_y'为常数；大攻角情况下升力与攻角呈非线性关系。图2-3-4所示为某些弹升力系数C_y与攻角δ的关系曲线。当只考虑最简单的非线性升力时，也可将升力写成攻角的三次方函数：

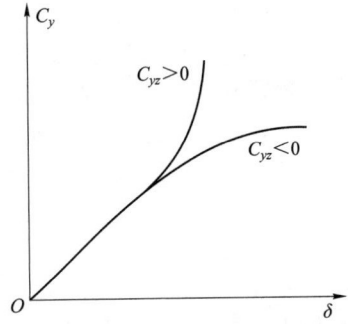

图2-3-4 升力系数C_y与攻角δ的关系曲线

$$R_y = \frac{\rho V^2}{2} SC_y = \frac{\rho V^2}{2} S(C_{y0}+C_{y2}\delta^2)\delta \quad (2-3-8)$$
$$= mb_y \delta V^2 = m(b_{y0}+b_{y2}\delta^2)\delta$$

$$b_{yj} = \frac{\rho S}{2m}C_{yj} \quad (j=1,2)$$

式中，C_{y0}，C_{y2}为三次方升力系数C_y的一次方项和三次方项的系数。

3. 法向力 F_N 和轴向力 F_A

因为上节的方程是在非滚转坐标系里建立的，所以需要求得空气动力在攻角平面内沿弹轴的轴向分量F_A和垂直于弹轴的法向分量F_N，它们可一般地写成如下形式：

$$F_A = \frac{\rho V^2}{2} SC_{xA} \quad (2-3-9)$$

$$F_N = \frac{\rho V^2}{2} SC_N = \frac{\rho V^2}{2} SC_N' \delta \quad (2-3-10)$$

式中，C_{xA}为轴向力系数；C_N，C_N'为法向力系数及其导数。由于R_x，R_y以及F_A，F_N都是总

空气动力在攻角平面内的两个分力，故它们之间必有联系。由图2-3-5可得

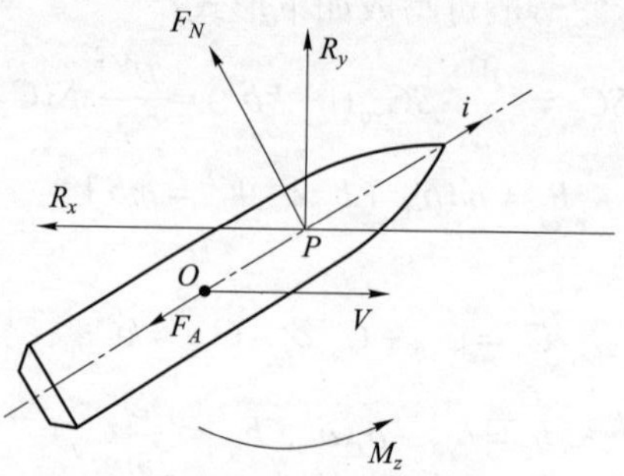

图2-3-5 法向力 F_N 与轴向力 F_A

$$R_x = -F_A \cos\alpha + F_N \sin\alpha \qquad (2-3-11)$$

$$R_y = F_A \sin\alpha + F_N \cos\alpha \qquad (2-3-12)$$

将各空气动力表达式代入上两式中，并注意到 $\cos\alpha = \eta$, $\sin\alpha = \delta$ ，得

$$C_x = -\eta C_{xA} + \delta^2 C_N' \qquad (2-3-13)$$

$$C_y' = C_{xA} + \eta C_N' \qquad (2-3-14)$$

由此两式消去 C_{xA} 后得

$$\eta C_y' = (\eta^2 + \delta^2) C_N' - C_x = C_N' - C_x \qquad (2-3-15)$$

或

$$\eta b_y = b_N - b_x \qquad (2-3-16)$$

式中

$$b_N = \frac{\rho S}{2m} C_N' \qquad (2-3-17)$$

式（2-3-15）表明法向力系数导数与阻力系数之差基本上就是升力系数导数。由式（2-3-13）还可得出诱导阻力中 k 的近似计算公式。将式（2-3-13）和式（2-3-14）中的 η 取 $\eta = \sqrt{1-\delta^2} \approx 1 - \delta^2/2$ ，并由式（2-3-14）解出 C_N' 代入式（2-3-13）中，略去 δ^2 以上的高次幂，最后利用近似关系 $C_{xA} \approx -C_{x0}$ 得

$$k \approx \left(C_y' + \frac{1}{2} C_{x0} \right) / C_{x0} \qquad (2-3-18)$$

法向力 F_N 在攻角平面内垂直于弹轴并且与弹轴一起在速度线的同一侧，故其方向为 $\boldsymbol{i} \times (\boldsymbol{i} \times \boldsymbol{V})$ 方向，此方向恰与复数 $\boldsymbol{\xi}$ 的方向相同，故 $\boldsymbol{F}_N$ 的大小和方向一起可用复数表示如下：

$$\boldsymbol{F}_N = \frac{\rho V^2}{2} S C_N' \boldsymbol{\xi} = m b_N \cdot V^2 \boldsymbol{\xi} \qquad (2-3-19)$$

4. 马格努斯力

绕弹轴旋转的弹箭除了产生攻角面内的升力和阻力外，还形成了垂直于攻角面的力，以 R_y 记之，称为马格努斯力（简称马氏力），这种现象称为马格努斯效应。马格努斯效应的古典解释如下：

当旋转弹箭以攻角 α 飞行时，流经弹体的横流为 $V\sin\alpha$ ，此外由于气体有黏性，弹箭旋转将带动周围的气流也旋转而产生环流。图2-3-6所示为从弹尾向前看去弹体的旋转方向

和流场。攻角面 $\alpha-\alpha$ 左侧横流与环流方向一致，气流速度加快，压力降低，而右侧正好相反，结果形成了指向攻角平面左侧的力，这就是马氏力。弹体马氏力的方向为从攻角平面起逆弹箭自转方向转过 90°，也即 $\dot{\gamma} \times V$ 的方向。通常定义此方向为马氏力的正方向。

马格努斯效应虽然很早就被发现，但对它的研究还远远不够，这是因为以往的空气动力学偏重于飞机空气动力学问题，只是近几十年来由于旋转弹炮、旋转导弹和火箭的发展，出现了许多与马格努斯效应有关的不稳定现象才促进了对它的研究。根据大量的实际和理论研究，发现马氏力的成因远不止上面解释的那么简单，要想搞清它的成因和计算方法，必须研究弹体周围附面层由于弹箭旋转产生的畸变、附面层由层流向紊流转换的特性以及涡流与附面层间的相互作用。

当弹箭仅有攻角而不旋转时，轴对称弹的附面层关于攻角平面是左右对称的。当弹旋转时，附面层的对称面偏出攻角平面之外。图 2-3-7 所示为横截面上附面层厚度分布及附面层内速度分布的情况。附面层内侧速度等于弹箭旋转时弹表面的速度，附面层外边界的速度等于理想无黏性流绕不旋转弹体流动时的速度，此二边界之间的厚度即附面层厚度，而附面层位移厚度约为附面层厚度的 1/3。对于由附面层位移厚度所形成的畸变后的外形，可用细长体理论求出畸变边界上的压力分布，并积分得到侧向力，这就是由附面层产生的马氏力的一部分。此外，由于横流沿弹壁曲线流动将产生离心力，从而引起径向压力梯度。而由于攻角面两侧附面层不对称，这种压力梯度在攻角面两侧也不对称，因而形成了垂直于攻角面的侧力，这是附面层产生的马氏力的第二个部分。除在跨音速区间附面层位移效应较大外，在其他马赫数区间里位移效应和离心效应的数量级是相近的。

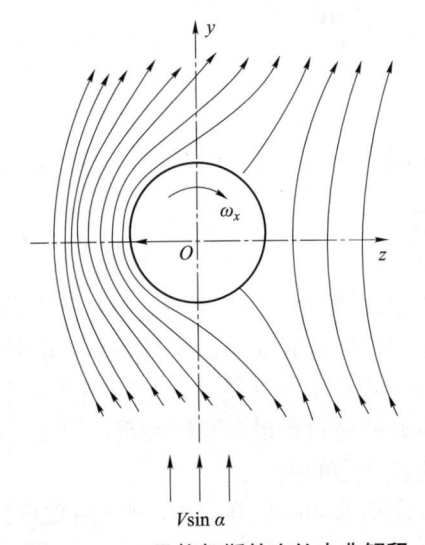

图 2-3-6 马格努斯效应的古典解释   图 2-3-7 附面层畸变

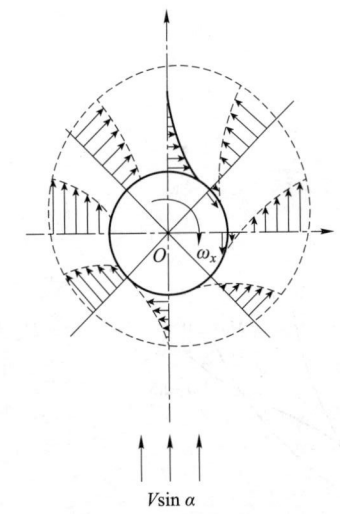

马氏力的大小还与附面层内流动状态以及从层流向紊流转换的特性有关，紊流情况下的马氏力比层流增大 30%～40%，故转换越早马氏力越大（图 2-3-8）。低转速和小雷诺数下附面层沿弹轴保持为层流，并向弹箭旋转的方向歪斜，形成侧向力。在大雷诺数和高转速下，附面层变为紊流，转速越高歪斜越甚，形成的侧力越大。

在攻角较小时，附面层的流动不脱体，弹体背风面内的涡浸沉在附面层内，但大攻角时背风面的涡脱体，由于旋转使分离涡成非对称分布，形成负的马氏力（图2-3-9）。增大转速，使顺着旋转方向的涡更加靠近弹体，最后又依附到弹体上，而另一个涡则顺着旋转方向移动，马氏力又为正。大攻角情况下的特点是弹体可以产生负的马氏力。

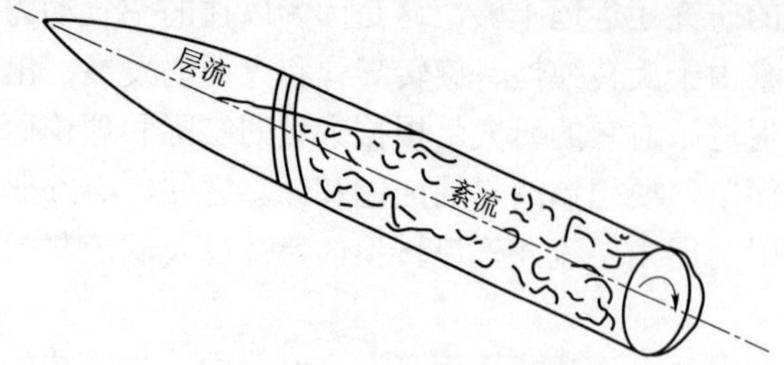

图2-3-8　附面层的转换 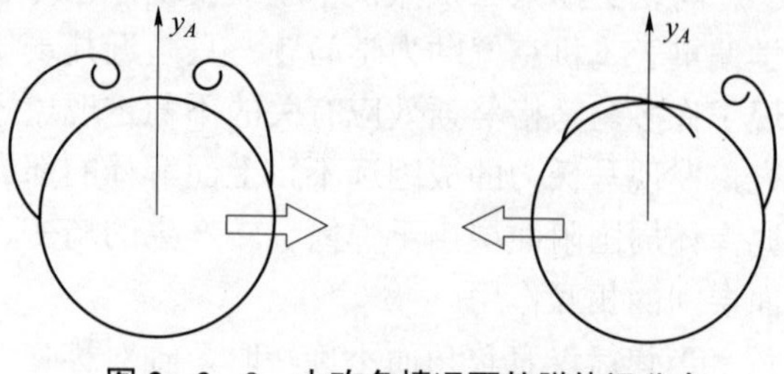　　　　　图2-3-9　大攻角情况下的脱体涡分布

马氏力一般可写成如下形式：

$$R_z = \frac{\rho V^2}{2} S C_z$$

式中，C_z 为马氏力系数，它与转速 $\dot{\gamma}$ 近似成线性关系。在固定某转速下，C_z 又是攻角 $\delta = |\xi|$ 的函数。因马氏力始终与攻角面垂直，故与攻角面方位有关，所以它必是攻角的奇函数。马氏力也在复平面内，因为正的马氏力在 $\dot{\gamma} \times V$ 方向，而对于右旋弹 $\dot{\gamma}$ 在弹轴方向上，故马氏力在 $i \times V$ 方向，此方向滞后复数 ξ 方向90°，即马氏力在 $(-i\xi)$ 方向上 $|\xi| = \delta$（图2-1-4）。将马氏力的大小和方向用复数表示即为

$$R_z = \frac{\rho V^2}{2} S \frac{d \cdot \dot{\gamma}}{V} (C_x'') \frac{(-i\xi)}{|\xi|} \tag{2-3-20}$$

$$= m b_z \dot{\gamma} V (i\xi)$$

式中

$$b_z = \frac{\rho S d}{2m} C_z'' \tag{2-3-21}$$

$$C_x'' = \frac{C_z'}{\delta} \tag{2-3-22}$$

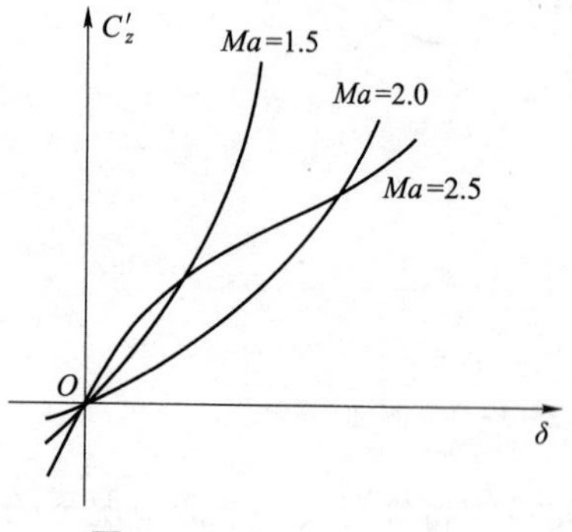

式中，C_z' 为马氏力系数对无因次转速 $\dot{\gamma} d / V$ 的导数；C_z'' 为马氏力系数对无因次转速和攻角 δ 的二阶联合偏导数。在小攻角时，马氏力与攻角呈线性关系，C_x'' 为常数。但攻角稍大，马氏力就明显地与攻角呈非线性关系。图2-3-10所示为某些榴弹的 C_z' 与 δ 的关系。

如只考虑最简单的非线性马氏力，则可用攻角的三次方函数表示，这时

$$C_z'' = C_{z0} + C_{z2} \delta^2 \tag{2-3-23}$$

$$b_z = b_{z0} + b_{z2} \delta^2 \tag{2-3-24}$$

图2-3-10　$C_z' - \delta$ 曲线

$$b_{zj} = \frac{\rho S d}{2m} C_{zj} \quad (j = 0, 2) \tag{2-3-25}$$

5. 重力

重力 mg 沿 y_e 轴负向，它在弹轴坐标系三轴上的分量已由式（2-1-5）给出。由于弹轴

坐标系与非滚转坐标系十分接近，故可认为重力加速度 g 在非滚转坐标系内的横向分量为

$$g_\perp = g_y + \mathrm{i}g_z = -g\cos\varphi_a \quad (2-3-26)$$

2.3.2 作用在弹箭上的空气动力矩

1. 静力矩 M_z

当弹箭以攻角 α 飞行或在风洞中让气流流过倾斜 α 角的固定模型时，总空气动力并不通过质心，而通过弹轴上另一点 P_c，此点称为压力中心，如图 2-3-1 和图 2-3-5 所示。这时总空气动力在攻角面内的分量 R_x，R_y 对质心之矩称为静力矩。静力矩向量 M_z 垂直于攻角平面，与 $i \times V$ 方向平行，故它在复平面内并与 ξ 的方向垂直。显然静力矩向量与攻角平面方位有关，因此它是攻角的奇函数。

对于旋转弹，压心在质心之前，静力矩有使攻角增大的趋势，故称为翻转力矩，如图 2-3-5 所示。这时 M_z 与 $(-i \times V)$ 方向一致，于是静力矩可用复数表示如下：

$$M_z = \frac{\rho V^2}{2} S l m_z \frac{(\mathrm{i}\xi)}{|\xi|} = A \frac{\rho S l}{2A}(m_z'\delta)V^2 \frac{(\mathrm{i}\xi)}{|\xi|} \quad (2-3-27)$$

$$= A k_z V^2 (\mathrm{i}\xi)$$

式中

$$k_z = \frac{\rho S l}{2A} m_z' \quad (2-3-28)$$

式中，l 为特征长度，常取为弹箭全长；m_z' 为静力矩系数 m_z 对攻角的导数，对于静稳定弹 $m_z' < 0$，对于静不稳定弹 $m_z' > 0$。由于 M_z 是 R_y 和 R_x 对质心之矩的和，设压心到质心的距离为 h，则由图 2-3-1 和图 2-3-5 可得如下关系：

$$M_z = R_x h \sin\alpha + R_y h \cos\alpha$$

在小攻角情况下，即有

$$m_z' = \frac{h}{l}(c_y' + c_x) \approx \frac{h}{l} c_y' \quad (2-3-29)$$

对于尾翼弹，h/l 称为稳定储备量，一般为 10%～20% 较好。静力矩系数 m_z 随马赫数变化的曲线如图 2-3-11 所示。许多弹箭的静力矩与攻角成非线性关系。图 2-3-12 所示为一些弹的静力矩随攻角变化的曲线。

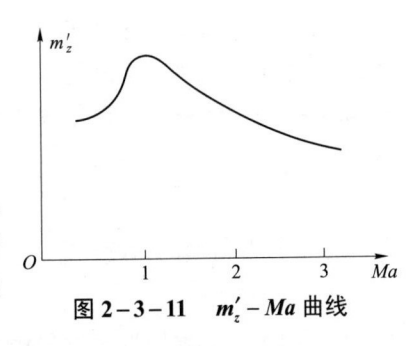

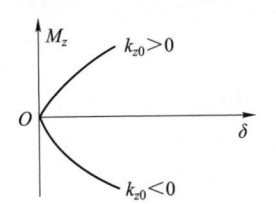

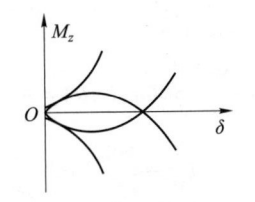

图 2-3-11　m_z'-Ma 曲线

图 2-3-12　各种静力矩曲线

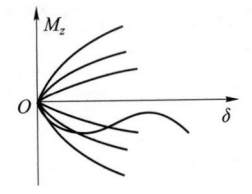

最简单的非线性静力矩是三次方静力矩，即

$$M_z = \frac{\rho V^2}{2} Sl m_z'(\mathrm{i}\xi) = \frac{\rho V^2}{2} Sl(m_{z0} + m_{z2}\delta^2)(\mathrm{i}\xi) \qquad (2-3-30)$$

$$= Ak_z V^2(\mathrm{i}\xi) = A(k_{z0} + k_{z2}\delta^2)(\mathrm{i}\xi)V^2$$

式中

$$m_z' = m_{z0} + m_{z2}\delta^2 \qquad (2-3-31)$$

$$k_{zj} = \frac{\rho Sl}{2A} m_{zj}' \qquad (2-3-32)$$

有些弹的静力矩曲线在攻角的一定范围内($\delta \leqslant 40° \sim 50°$),接近于正弦曲线(图 $2-3-12$),这时可用正弦函数来表示静力矩,即

$$M_z = \frac{\rho V^2}{2} Sl m_z' \sin\delta = Ak_{z0}\sin\delta \qquad (2-3-33)$$

2. 赤道阻尼力矩 M_{zz}

当弹箭绕通过质心的横轴摆动时,弹箭迎向气流的一面受压,压力增高,而弹箭背离气流的一面因弹体离开空气变稀薄压力减小,从而形成反对弹箭摆动的压力矩。此外,由于空气的黏性,在弹箭表面上产生了反对弹箭摆动的摩擦力偶。这两部分就组成了赤道阻尼力矩。此力矩与马赫数、弹箭摆动角速度 ω 以及攻角 δ 有关,一般可写成如下形式:

$$M_{zz} = \frac{\rho V^2}{2} Sl m_{zz}(Ma, \omega, \delta) \qquad (2-3-34)$$

式中,m_{zz} 为赤道阻尼力矩系数。由于阻尼力矩大小近似与摆动角速度成比例,故 m_{zz} 可写成

$$m_{zz} = m_{zz}'\left(\frac{d \cdot \omega}{V}\right) \qquad (2-3-35)$$

式中,m_{zz}' 为赤道阻尼力矩系数对无因次转速 $(d \cdot \omega / V)$ 的导数。它是马赫数和攻角的函数,并且在攻角较大时与攻角呈非线性关系。不过赤道阻尼力矩只与摆动的角速度方向相反,而与攻角正负无关,故它是攻角的偶函数。最简单的非线性阻尼力矩为二次方阻尼力矩,这时

$$m_{zz}' = m_{zz0} + m_{zz2}\delta^2 \qquad (2-3-36)$$

因为弹轴的横向摆动速度 ω 就是非滚转坐标系的角速度,故 ω 用复数表示为

$$\omega = q + \mathrm{i}r = \mu \cdot V \qquad (2-3-37)$$

M_{zz} 的方向永远与弹轴摆动方向相反,也即与 ω 方向相反,或与复数 μ 的方向相反,故可将赤道阻尼力矩的大小和方向用复数表示如下:

$$M_{zz} = \frac{\rho V^2}{2} Sl d m_{zz}'(-\mu) = -Ak_{zz}V^2\mu \qquad (2-3-38)$$

式中

$$k_{zz} = \frac{\rho Sl d}{2A} m_{zz}' \qquad (2-3-39)$$

对于二次方阻尼力矩,则有

$$k_{zz} = k_{zz0} + k_{zz2}\delta^2 \qquad (2-3-40)$$

$$k_{zzj} = \frac{\rho Sl d}{2A} m_{zzj} \qquad (j = 0, 2) \qquad (2-3-41)$$

3. 尾翼导转力矩 M_{xw}

如果尾翼弹的每一翼面都与弹轴斜置安装成 ε 角，飞行时每一对对称位置翼面上的升力将形成使弹箭绕弹轴旋转的力偶，各力偶之和即构成了导转力矩 M_{xw}，其一般表达式如下：

$$M_{xw} = \frac{\rho V^2}{2} S l m_{xw} = C \frac{\rho S l}{2C} V^2 m'_{xw} \varepsilon = C k_{xw} V^2 \varepsilon \quad (2-3-42)$$

式中

$$k_{xw} = \frac{\rho S l}{2C} m'_{xw} \quad (2-3-43)$$

$$m_{xw} = m'_{xw} \varepsilon \quad (2-3-44)$$

式中，m_{xw} 为导转力矩系数；m'_{xw} 为导转力矩系数对倾斜角 ε 的导数。

4. 极阻尼力矩 M_{xz}

弹箭绕轴旋转时，由于空气的黏性，将带动弹表周围一层空气旋转，消耗弹箭自转动能，使自转速度减慢。这种阻止弹箭自转的力矩称为极阻尼力矩或极抑制力矩，其表达式如下：

$$M_{xz} = \frac{\rho V^2}{2} S l m_{xz} = C \frac{\rho S l}{2C} V^2 m'_{xz} \left(\frac{d \cdot \dot{\gamma}}{V} \right) = C k_{xz} V \dot{\gamma} \quad (2-3-45)$$

$$k_{xz} = \frac{\rho S l d}{2C} m'_{xz} \quad (2-3-46)$$

式中，m_{xz} 为极阻尼力矩系数；m'_{xz} 为极阻尼力矩系数对无因次转速（$\dot{\gamma}d/V$）的导数。

5. 马格努斯力矩 M_y

作用在弹箭上的马氏力一般很小，常可略去不计，但由于马氏力不通过质心，它对质心的力矩——马格努斯力矩（简称马氏力矩）却是十分重要的。在线性范围内，马氏力矩随攻角和转速的增大而成比例地增大。马氏力矩的向量方向在攻角面内并且与弹轴垂直，因此马氏力矩 M_y 的方向与 ξ 的方向平行。显然 M_y 的方位与攻角面方位有关，故马氏力矩是攻角的奇函数。再规定正的马氏力（即方向为 $\dot{\gamma} \times V$）作用在质心之前形成的马氏力矩为正，则正马氏力矩方向恰与复数 ξ 的方向相同（参见图 2-1-4）。因此马氏力的大小和方向可用复数表示如下：

$$M_y = \frac{\rho V^2}{2} S l m_y \frac{(\xi)}{|\xi|} = C \frac{\rho S l}{2C} m'_y \left(\frac{\dot{\gamma} d}{V} \right) \frac{\xi}{|\xi|} V^2 = C \frac{\rho S l}{2C} V \dot{\gamma} d m''_y \xi \quad (2-3-47)$$
$$= C k_y V \dot{\gamma} \xi$$

式中，m_y 为马氏力矩系数；m'_y 为马氏力矩系数对无因次转速（$d \cdot \dot{\gamma}/V$）的导数；m''_y 为 m_y 对无因次转速和攻角的二阶联合偏导数。$m''_y > 0$ 时，马氏力矩为正，其方向与 ξ 的方向一致；$m''_y < 0$ 时，马氏力矩为负，其方向与 ξ 的方向相反。在线性范围内，m'_y 是常数，但马氏力矩在攻角稍大时就明显地与攻角呈非线性关系。图 2-3-13 所示为某些榴弹的 m'_y 随攻角 δ 变化的曲线。

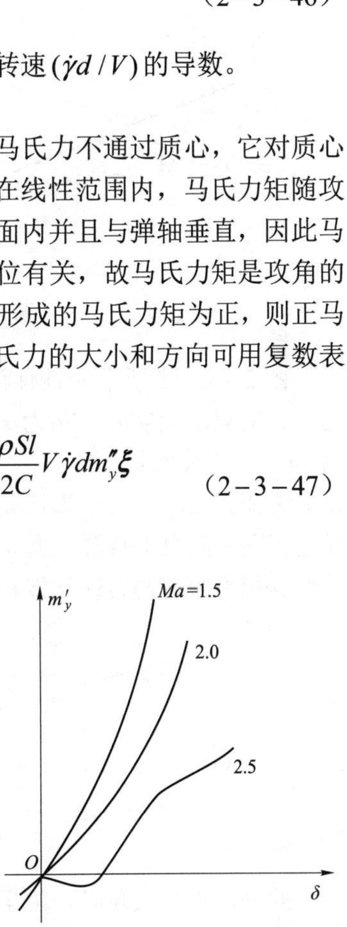

最简单的非线性马氏力矩为三次方马氏力矩，对于这种力矩

$$m''_y = m_{y0} + m_{y2} \delta^2 \quad (2-3-48)$$

图 2-3-13 $m'_y - \delta$ 曲线

$$k_y = k_{y0} + k_{y2}\delta^2 \tag{2-3-49}$$

$$k_{yj} = \frac{\rho Sld}{2C}m_{yj} \quad (j = 0, 2) \tag{2-3-50}$$

低速尾翼弹除了弹体产生马氏力矩外，尾翼也能产生使弹箭偏航的力矩，尽管尾翼产生偏航力矩的机理与弹体产生马氏力矩的机理大不相同，但习惯上仍将尾翼产生的偏航力矩也归并到马氏力矩中去。由于尾翼弹的马氏力矩对尾翼弹的动态稳定性有重大影响，故下面简单讲一下尾翼产生马氏力矩的情况。

图 2-3-14 所示为以攻角 α 飞行的低速旋转尾翼弹，弹箭旋转时尾翼上任一纵剖面得到附加速度 $\Delta V = \dot{\gamma}z$ 和附加攻角 $\Delta \alpha = \pm \dot{\gamma}z / V_\infty$，这里 z 是从该剖面至弹轴的距离。其中右翼面上的 ΔV 使有效攻角增大，$\Delta \alpha > 0$；而左翼面攻角减小，$\Delta \alpha < 0$，并且由图 2-3-14 可见，右翼面有效来流速度增大 $V_{右} > V_\infty$，左翼面 $V_{左} < V_\infty$。这样就使右翼面产生向上的升力增量 $\Delta y_{右}$ 和向后的阻力增量 $\Delta x_{右}$；而左翼面产生向下的 $\Delta y_{左}$ 和向前的 $\Delta x_{左}$。将这些增量向翼弦平面投影，即可得到图 2-3-14（b）中相应的投影值 $\Delta x'_{右}$，$\Delta x'_{左}$，$\Delta y'_{左}$，$\Delta y'_{右}$。其中 $\Delta x'_{右}$、$\Delta x'_{左}$ 形成负偏航力矩，$\Delta y'_{左}$，$\Delta y'_{右}$ 形成正的偏航力矩。将各剖面上这两种力矩相加并积分即得到使弹偏航的马氏力矩。对于"十"字尾翼，只需计算一对与攻角面垂直的尾翼形成的马氏力矩即可。

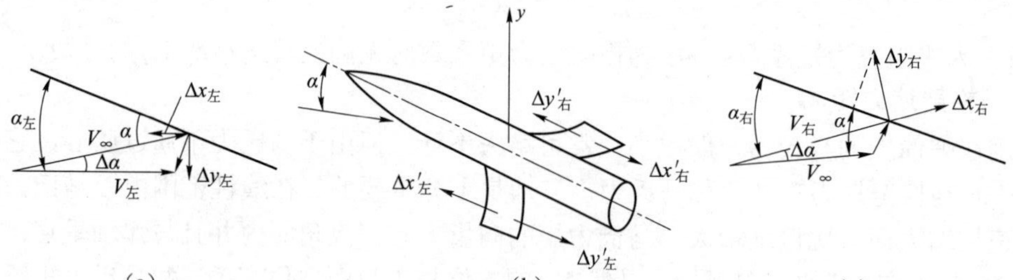

图 2-3-14　平直尾翼由旋转产生的马氏力矩

图 2-3-15 所示为具有斜置翼的尾翼弹，各翼面与弹轴成 ε 角。当来流与弹轴成 α 角时，则左、右翼面上实际攻角为 $\alpha + \varepsilon$ 和 $\alpha - \varepsilon$，这时左翼面将产生正的附加升力 $\Delta y_{左}$，正的附加阻力 $\Delta x_{左}$；右翼产生负的 $\Delta y_{右}$，$\Delta x_{右}$。将这些附加力向弹轴方向投影，则 $\Delta y'_{左}$，$\Delta y'_{右}$ 形成负的偏航力矩，$\Delta x'_{左}$，$\Delta x'_{右}$ 形成正的偏航力矩。显然，此偏航力矩在弹箭不旋转时也存在，应与转速无关。但由于斜置尾翼弹的平衡转速 $\dot{\gamma}_L$ 与尾翼斜置角 ε 有一定的关系（见式（2-4-9）），故此偏航力矩将与转速间接相关。

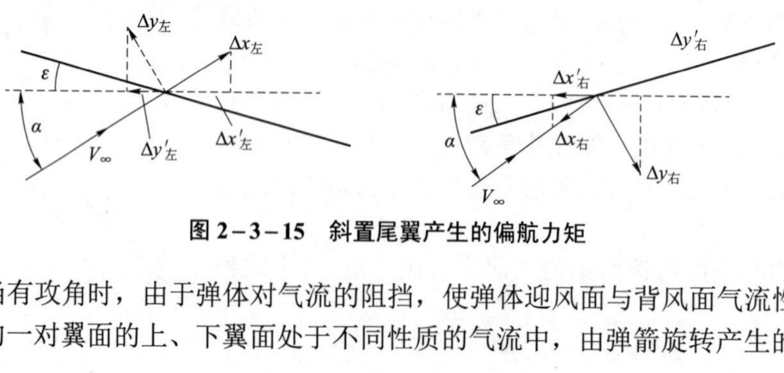

图 2-3-15　斜置尾翼产生的偏航力矩

此外，当有攻角时，由于弹体对气流的阻挡，使弹体迎风面与背风面气流性质不同，这使攻角面内的一对翼面的上、下翼面处于不同性质的气流中，由弹箭旋转产生的翼面附加攻角将在此二翼面上产生不相等的附加升力,上翼面附加升力较小,结果不仅产生轴向力矩,而且形成了侧向力和偏航力矩,如图2-3-16所示。

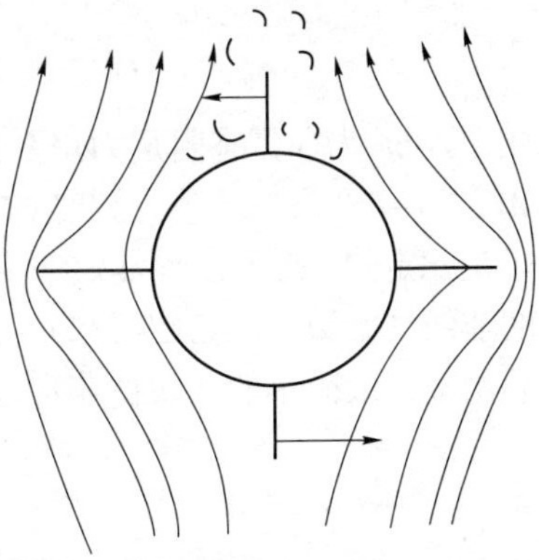

对于用斜置尾翼导转的低速旋转翼弹,全弹的马氏力矩以尾翼产生的马氏力矩为主,而尾翼的马氏力矩则主要由上面3个偏航力矩组成。全弹的马氏力矩仍可用式(2-3-47)表示。

6. 非定态阻尼力矩(或下洗延迟力矩)

当有攻角α时,气流作用于弹头和弹身将产生升力,同时弹头和弹身也阻挡气流给气流以反作用,使气流速度大小和方向改变,改变了速度大小和方向的气流被称为洗流。设气流速度方向改变了ε'角,

图2-3-16 弹体的迎风面与背风面

称ε'角为下洗角,如图2-3-17所示,则流经弹尾部或尾翼上的气流的实际攻角为$\alpha-\varepsilon'$,它比来流的攻角小。此外,由于气流与弹体的摩擦,使气流的部分动能变为热能,从而使动压降低,因此尾翼上的实际升力将小于不考虑下洗影响时的升力。当弹箭作非定态飞行时,攻角是不断变化的,现设攻角$\dot\alpha>0$,又设洗流从弹头流至弹尾需要时间$\Delta t=t_2+t_1$,则在t_2时刻,虽然攻角已变为$\alpha=\alpha_1+\dot\alpha\Delta t$,头部洗流下洗角已增大到$\varepsilon_2'=\varepsilon_1'+\Delta\varepsilon'$,但此洗流尚未到达弹尾部,弹尾区仍是上一时刻的洗流,下洗角为ε_1',它比按每一时刻作定态飞行考虑的下洗角小$\Delta\varepsilon'$,因而实际攻角将比按定态飞行考虑时大$\Delta\varepsilon'$角,这就形成了附加升力。此附加升力对质心之矩正好使弹轴向减小攻角的方向转动,故具有与赤道阻尼力矩M_{zz}相同的作用,称为非定态阻尼力矩或下洗延迟力矩,常以$M_{\dot\alpha}$记之。如设$\dot\alpha<0$,经过同样的分析可知下洗延迟力矩也有阻止攻角α减小的作用。

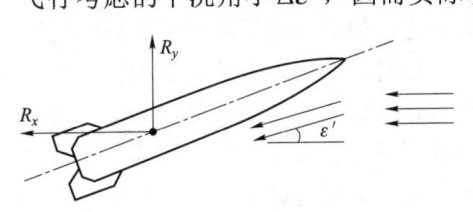

图2-3-17 气流的下洗

一般非定态阻尼力矩的大小可写成下式:

$$M_{\dot\alpha}=\frac{\rho V^2 Sl}{2}m_{\dot\alpha}=AV^2\frac{\rho Sl}{2A}m'_{\dot\alpha}\left(\frac{\dot\alpha d}{V}\right) \qquad (2-3-51)$$

式中

$$m_{\dot\alpha}=m'_{\dot\alpha}\left(\frac{\dot\alpha d}{V}\right) \qquad (2-3-52)$$

式中,$m_{\dot\alpha}$为非定态阻尼力矩系数;$m'_{\dot\alpha}$为$m_{\dot\alpha}$对无因次攻角速度$(\dot\alpha d/V)$的导数。下面再分析$M_{\dot\alpha}$的方向。

在2.1节中已讲过,速度线相对于弹轴的夹角α的大小和方位可用复平面上的向量$\boldsymbol{AT}$表示(图2-1-2),或用复数$(-\boldsymbol{\xi})$表示。因此速度线相对于弹轴线运动引起攻角α大小和方位改变的变化率可用$(-\dot{\boldsymbol{\xi}})$表示,非定态阻尼力矩的作用是阻碍这种变化,其效果相当于迫使弹轴也以$(-\dot{\boldsymbol{\xi}})$的变化率摆动,从而减小攻角的变化。由于弹轴摆动的方向与所作用的力矩向量方向垂直,故非定态阻尼力矩的方向用复数表示时应在$(-i\dot{\boldsymbol{\xi}}')$方向上。故$M_{\dot\alpha}$的大小和方向可用复数表示如下:

$$M_{\dot\alpha}=\frac{\rho Sl}{2A}(AV^2)m'_{\dot\alpha}(-i\dot{\boldsymbol{\xi}}')=-iAV^2k_{\dot\alpha}\dot{\boldsymbol{\xi}}' \qquad (2-3-53)$$

式中

$$k_{\dot\alpha} = \frac{\rho Sl}{2A} m'_{\dot\alpha} \qquad\qquad (2-3-54)$$

式中，$m'_{\dot\alpha}$ 为非定态阻尼力矩系数 $m_{\dot\alpha}$ 对无因次攻角变化率 $(\dot\alpha d / V) = (\alpha' d)$ 的导数，$m'_{\dot\alpha} > 0$ 时 $\boldsymbol{M}_{\dot\alpha}$ 与 $(-\mathrm{i}\xi')$ 方向一致，这时 $\boldsymbol{M}_{\dot\alpha}$ 起正阻尼作用，阻止攻角变化，故称 $m'_{\dot\alpha} > 0$ 的非定态阻尼力矩是稳定的。对于线性非定态阻尼力矩，$m'_{\dot\alpha}$ 是常数；对于非线性非定态阻尼力矩，它是攻角的非线性函数，但它也与攻角方位无关而只与攻角变化率 ξ' 的方向有关，因此 $\boldsymbol{M}_{\dot\alpha}$ 是攻角的偶函数。最简单的非线性非定态阻尼力矩是攻角的二次函数，即

$$m'_{\dot\alpha} = m_{\dot\alpha_0} + m_{\dot\alpha_2}\delta^2 \qquad\qquad (2-3-55)$$

$$k_{\dot\alpha} = k_{\dot\alpha_0} + k_{\dot\alpha_2}\delta^2 \qquad\qquad (2-3-56)$$

$$k_{\dot\alpha_j} = \frac{\rho Sl}{2A} m_{\dot\alpha_j} \ (j = 0, 2) \qquad\qquad (2-3-57)$$

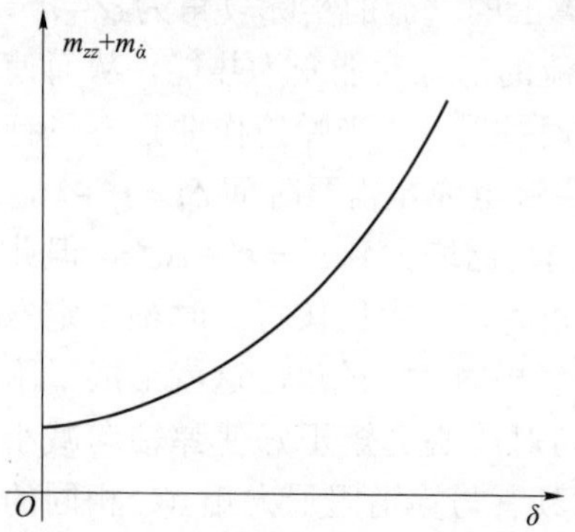

非定态阻尼力矩常与赤道阻尼力矩合并起来表现为对攻角变化的阻尼。图 2-3-18 所示为某尾翼弹的 $(m'_{zz} + m'_{\dot\alpha})$ 随攻角变化的曲线。习惯上也常将这两种力矩统称为赤道阻尼力矩。

图 2-3-18　$(m'_{zz} + m'_{\dot\alpha}) - \delta$ 曲线

7. 其他空气动力和力矩

作用在弹箭上的空气动力是十分复杂的，除了上述一些在普通空气动力学中讲述的空气动力外，还有一些目前弹箭空气动力学还未讲述，但对弹箭运动有重大影响的空气动力和力矩。例如，轴对称非旋转弹的偏航力矩，与弹箭滚转方位角有关的诱导滚转力矩和诱导侧向力矩，与平方攻角变化率 $(\delta^2)'$ 有关的阻尼力矩，以及由弹箭不对称产生的干扰力和干扰力矩等。关于这些力矩的影响将在有关章节里专门讲述。

2.4　速度方程和转速方程

2.4.1　速度方程

为了求得速度大小的变化规律，仍需将质心运动向量方程两边向速度线方向投影。在图 2-4-1 中，以零攻角飞行的弹箭，其质心速度方向与地面成 θ 角，重力 $m\boldsymbol{g}$ 铅直向下，阻力 $\boldsymbol{R}_x$ 与速度 $\boldsymbol{V}$ 方向相反。将弹箭质心运动向量方程（2-2-1）两边投影到速度方向上，得

$$m\frac{\mathrm{d}V}{\mathrm{d}t} = -\frac{\rho V^2}{2}Sc_x - mg\sin\theta$$

此方程描述速度大小变化的规律，将自变量改为弧长 s 后得

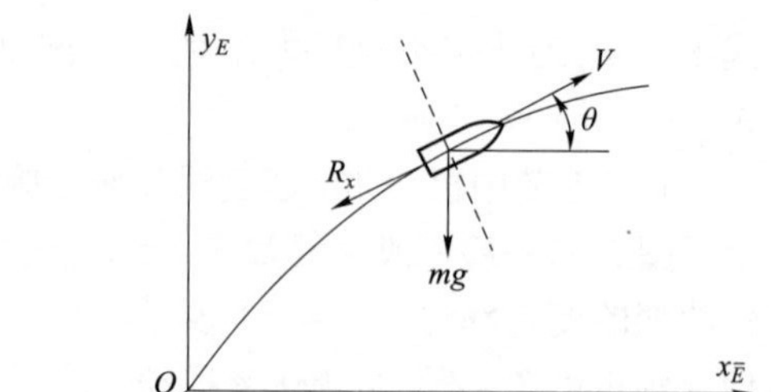

图 2-4-1　理想弹道

$$\frac{\mathrm{d}V}{\mathrm{d}s} = -\frac{\rho S}{2m}c_x V - \frac{g\sin\theta}{V} \qquad (2-4-1)$$

或

$$\frac{V'}{V} = -\left(b_x + \frac{g\sin\theta}{V^2}\right) \qquad (2-4-2)$$

将质心速度矢量方程向垂直于速度的方向投影得

$$m\left(V\frac{\mathrm{d}\theta}{\mathrm{d}t}\right) = -mg\cos\theta$$

得

$$\dot{\theta} = -\frac{g\cos\theta}{V} \qquad (2-4-3)$$

弹箭在零攻角状态下飞行形成的弹道称为理想弹道，此弹道上速度大小和方向的变化规律由方程（2-4-2）和方程（2-4-3）确定。在一段弹道上可认为 V, θ, c_x 变化不大，可将方程（2-4-2）右边所包含的 V, θ, b_x 以平均值代替成为常数，则由方程（2-4-2）积分得到

$$V = V_0 \mathrm{e}^{-\left(\bar{b}_x + g\frac{\sin\bar{\theta}}{\bar{V}^2}\right)(s-s_0)} \qquad (2-4-4)$$

式中，V_0 为 $s=s_0$ 处的速度；$\bar{b}_x$, $\bar{\theta}$, $\bar{V}$ 为平均值。对于水平射击试验，$\theta \approx 0$，得

$$V = V_0 \mathrm{e}^{-\bar{b}_x(s-s_0)} \qquad (2-4-5)$$

在弹道升弧段上 $\theta>0$, $-(b_x + g\sin\theta/V^2)<0$，由方程（2-4-1）知速度将不断减小；在降弧段上 $\theta<0$，当 $b_x > |g\sin\theta/V^2|$ 时 V 继续减小，但当 $b_x < |g\sin\theta/V^2|$ 后，V 开始上升。与此同时阻力也增大，速度最多只能增到加到 $b_x V^2 = |g\sin\theta|$ 出现为止。在图 2-4-3 中绘出了升弧段上速度变化曲线。

在有攻角时，阻力将增大，则阻力系数应取为 $c_x = c_{x0} + c_{x2}\delta^2$。这时方程（2-4-2）仍是正确的，但式（2-4-4）已不能用了。为了正确地求得速度变化规律，这时必须将方程（2-4-2）与角运动方程一起求解。

2.4.2 转速方程

弹箭转速变化规律由方程（2-2-14）确定，该方程可单独求解，将两个轴向力矩——导转力矩和极阻尼力矩代入此方程中，得

$$\frac{\mathrm{d}\dot{\gamma}}{\mathrm{d}t} = -k_{xz}V\dot{\gamma} + k_{xw}V^2\varepsilon \qquad (2-4-6)$$

对于无斜置尾翼的弹箭，可令 $\varepsilon = 0$，再将自变量改为弧长 s，得

$$\frac{\mathrm{d}\dot{\gamma}}{\mathrm{d}s} + k_{xz}\dot{\gamma} = 0 \qquad (2-4-7)$$

在一段弹道上可取 k_{xz} 的平均值为常数，于是可积分上面的方程得到转速变化规律

$$\dot{\gamma} = \dot{\gamma}_0 \mathrm{e}^{-\bar{k}_{xz}(s-s_0)} \qquad (2-4-8)$$

式中，$\dot{\gamma}_0$ 为 $s=s_0$ 处的转速。式（2-4-8）表明，弹箭转速在一段弹道上是按指数衰减的，而式（2-4-4）表明升弧段上速度也是按指数衰减的，故在升弧段上任一小段弹道上陀螺转速 $P = (C\dot{\gamma})/(AV)$ 变化不大，可作为常数。

对于有斜置尾翼的弹箭，从方程（2-4-6）可见，在极阻尼力矩与导转力矩相平衡时角加速度 $\ddot{\gamma}=0$，转速将不变。此平衡转速很容易由力矩平衡式求得

$$\dot{\gamma}_{\mathrm{L}}=\frac{k_{xw}}{k_{xz}}\varepsilon V \qquad\qquad (2-4-9)$$

式（2-4-9）表明，平衡转速与尾翼斜置角、飞行速度成正比，而与初始转速无关。为了知道转速从 $\dot{\gamma}_0$ 变到 $\dot{\gamma}_{\mathrm{L}}$ 的过渡过程，可以求解方程（2-4-6）。先将此方程改为以 s 为自变量的方程，得

$$\frac{\mathrm{d}\dot{\gamma}}{\mathrm{d}s}+k_{xz}\dot{\gamma}=k_{xw}\varepsilon V \qquad\qquad (2-4-10)$$

在一段弹道上，采用系数冻结法将式（2-4-10）右边的 V 取为常数，则方程右边的非齐次项可看作常数，于是很容易求得非齐次解为 $\dot{\gamma}=\dot{\gamma}_{\mathrm{L}}$，而方程（2-4-10）的全解为齐次方程（2-4-7）之解与此非齐次解之和，即

$$\dot{\gamma}=B\mathrm{e}^{-k_{xz}(s-s_0)}+\dot{\gamma}_{\mathrm{L}} \qquad\qquad (2-4-11)$$

由 $s=s_0$ 时 $\dot{\gamma}=\dot{\gamma}_0$ 得出 $B=\dot{\gamma}_0-\dot{\gamma}_{\mathrm{L}}$，故得

$$\dot{\gamma}=\dot{\gamma}_{\mathrm{L}}+(\dot{\gamma}_0-\dot{\gamma}_{\mathrm{L}})\mathrm{e}^{-k_{xz}(s-s_0)} \qquad\qquad (2-4-12)$$

由式（2-4-12）可见，$s\to\infty$ 时 $\dot{\gamma}\to\dot{\gamma}_{\mathrm{L}}$，其转速变化情况如图 2-4-2 所示。实际上弹箭转速从 $\dot{\gamma}_0$ 达到平衡转速 $\dot{\gamma}_{\mathrm{L}}$ 时间并不是很长，故当平衡转速 $\dot{\gamma}_{\mathrm{L}}$ 随速度 V 的变化而连续变化时，实际转速 $\dot{\gamma}$ 几乎也能与 $\dot{\gamma}_{\mathrm{L}}$ 同步变化。图 2-4-3 所示为平衡转速 $\dot{\gamma}_{\mathrm{L}}$、转速 $\dot{\gamma}$ 和速度 V 随 s 变化的情况。

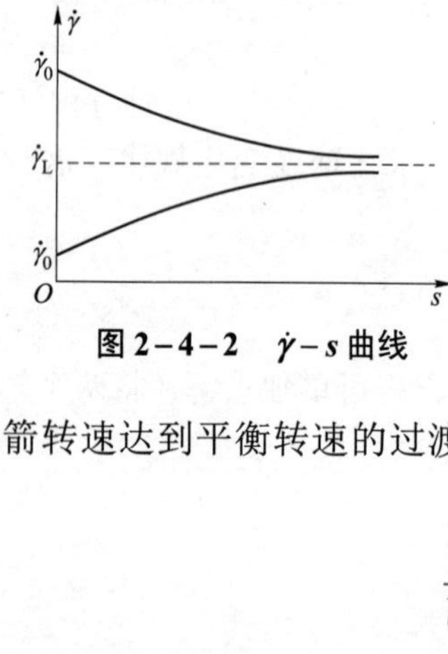

图 2-4-2　$\dot{\gamma}-s$ 曲线

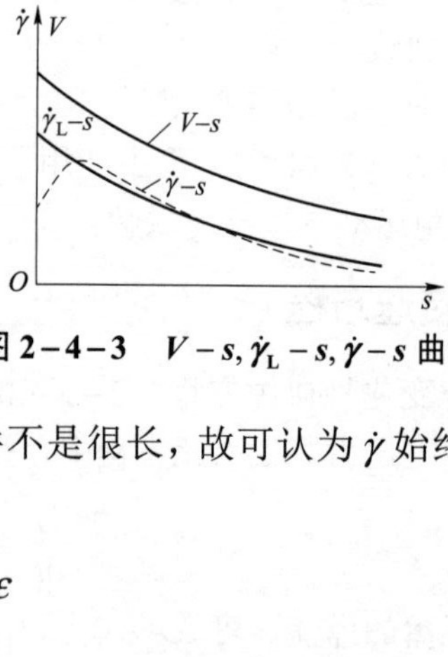

图 2-4-3　$V-s,\dot{\gamma}_{\mathrm{L}}-s,\dot{\gamma}-s$ 曲线

由于弹箭转速达到平衡转速的过渡过程时间并不是很长，故可认为 $\dot{\gamma}$ 始终等于 $\dot{\gamma}_{\mathrm{L}}$，于是可得

$$\frac{\dot{\gamma}}{V}=\frac{\dot{\gamma}_{\mathrm{L}}}{V}=\frac{k_{xw}}{k_{xz}}\varepsilon \qquad\qquad (2-4-13)$$

这个比值只是马赫数的函数，在弹道上变化缓慢，故在一段弹道上采用系数冻结法将转速比 $\dot{\gamma}/V$ 作为常数是可以的。

2.5　弹箭的角运动方程

将所有的横向力以及式（2-4-2）代入方程（2-2-23）中，得

$$\xi' - \left(b_x + \frac{g\sin\theta}{V^2}\right)\xi + i\eta\mu = -b_N\xi - ib_z\frac{\dot{\gamma}}{V}\xi - \frac{\boldsymbol{g}_\perp}{V^2}$$

将所有的横向力矩代入方程（2-2-25）中，得

$$\mu' - \left(b_x + \frac{g\sin\theta}{V^2}\right)\mu - iP\mu = ik_z\xi - k_{zz}\mu + \frac{C\dot{\gamma}}{AV}k_y\xi - ik_{\dot{\alpha}}\xi'$$

整理后得

$$\xi' + i\eta\mu = -\left(b_N - b_x - \frac{g\sin\theta}{V^2} + ib_z\frac{\dot{\gamma}}{V}\right)\xi - \frac{\boldsymbol{g}_\perp}{V^2} \tag{2-5-1}$$

$$\mu' - iP\mu = (Pk_y + ik_z)\xi + \left(b_x + \frac{g\sin\theta}{V^2} - k_{zz}\right)\mu - ik_{\dot{\alpha}}\xi' \tag{2-5-2}$$

将关系式 $\eta b_y = b_N - b_x$ 代入方程（2-5-1）并解出 μ

$$\mu = \frac{-1}{i\eta}\left[\xi' + \left(\eta b_y - \frac{g\sin\theta}{V^2} + ib_z\frac{\dot{\gamma}}{V}\right)\xi + \frac{\boldsymbol{g}_\perp}{V^2}\right] \tag{2-5-3}$$

$$\mu' = \frac{-1}{i\eta}\left\{\xi'' + \left(\eta b_y - \frac{g\sin\theta}{V^2} + ib'_z\frac{\dot{\gamma}}{V}\right)\xi' + \left(\frac{\boldsymbol{g}_\perp}{V^2}\right)' + \left[\eta'b_y + \eta b'_y - \left(\frac{g\sin\theta}{V^2}\right)' + ib'_z\frac{\dot{\gamma}}{V} + ib_z\left(\frac{\dot{\gamma}}{V}\right)'\right]\xi\right\} + \frac{\eta'}{i\eta^2}\left[\xi' + \left(\eta b_y - \frac{g\sin\theta}{V^2} + ib_z\frac{\dot{\gamma}}{V}\right)\xi + \frac{\boldsymbol{g}_\perp}{V^2}\right]$$

$$\tag{2-5-4}$$

现以美国 105 mm 炮弹数据为例，估计一下上两式中各项的大小。该弹 $G = 143.08$ N，弹道系数 $c = 0.7$，$V_0 = 460$ m/s，膛线缠度为 20，以 $\theta_0 = 10°$ 射击时，在弹道上

$$b_x \approx 10^{-4}; \quad b_y \approx 10^{-3}; \quad b_z \approx 10^{-5}; \quad k_z \approx 10^{-2};$$
$$k_{xz} \approx 10^{-5}; \quad k_y \approx 10^{-4}; \quad k_{zz} + k_{\dot{\alpha}} \approx 10^{-3};$$
$$\frac{\dot{\gamma}}{V} = 3 \sim 10; \quad \frac{g\sin\theta}{V^2} = 0 \sim 5 \times 10^{-5}$$

此外

$$\left(\frac{g\sin\theta}{V^2}\right)' = \frac{g\cos\theta\left(\frac{\dot{\theta}}{V}\right)}{V^2} - \frac{2g\sin\theta}{V^2}\left(-b_x - \frac{g\sin\theta}{V^2}\right)$$

$$= -\left(\frac{g\cos\theta}{V^2}\right)^2 + \frac{2g\sin\theta}{V^2}\left(b_x + \frac{g\sin\theta}{V^2}\right) \approx 10^{-8}$$

$$\left(\frac{\dot{\gamma}}{V}\right)' = \frac{\frac{d\dot{\gamma}}{ds}}{V} - \frac{\dot{\gamma}}{V}\left(-b_x - \frac{g\sin\theta}{V^2}\right) = -\frac{k_{xz}\dot{\gamma}}{V} + \frac{\dot{\gamma}}{V}\left(b_x + \frac{g\sin\theta}{V^2}\right) \approx 10^{-4}$$

$$\frac{\eta'}{\eta} = \frac{-\sin\alpha}{\cos\alpha}\frac{d\alpha}{dt}\frac{1}{V} = -\frac{\tan\alpha \cdot \dot{\alpha}}{V}$$

$\dot{\alpha}$ 在弹道上随攻角交变而正负交变，随攻角衰减而逐渐衰减。在炮口处 $\dot{\alpha}$ 数值最大，对这种

中等初速和口径的弹箭可取 $\dot{\alpha}=4$，再取较大的攻角 $\alpha=30°$，可算得 $\eta'/\eta<0.005$。

由上列各项参数以及表达式的数量级可见，两气动系数的乘积项、$(g\sin\theta/V^2)$ 与气动系数的乘积项、η'/η 与其他小项的乘积项、含马氏力系数 b_z 的项都可略去。

最后需要特别地研究一下赤道阻尼力矩的特性和表达式。在方程（2-5-2）中，$k_{zz}\mu$ 一项代表赤道阻尼力矩的作用，其中 μ 为式（2-5-3）。该式中含有 ξ 的一项是很小的，而在它与 k_{zz} 相乘后将变成高阶小量，其影响可略去不计，则得

$$k_{zz}\mu=\frac{-1}{\mathrm{i}\eta}\left(k_{zz}\xi'+k_{zz}\frac{g_\perp}{V^2}\right) \tag{2-5-5}$$

式中，$(k_{zz}\xi')$ 为由于弹轴相对于速度线以 ξ' 角速度摆动所产生的赤道阻尼力矩；$(k_{zz}g_\perp/V^2)$ 为由于重力使弹道弯曲改变了速度方向使弹轴相对于速度线摆动产生的阻尼力矩。因为 ξ, ξ' 可用极坐标表示如下

$$\xi=\delta\mathrm{e}^{\mathrm{i}v},\ \xi'=(\delta'+\mathrm{i}\delta v')\mathrm{e}^{\mathrm{i}v}$$

故由攻角变化产生的阻尼力矩项为

$$\mathrm{i}k_{zz}\xi'=\mathrm{i}k_{zz}(\delta'+\mathrm{i}\delta v')\mathrm{e}^{\mathrm{i}v} \tag{2-5-6}$$

显然，$k_{zz}\delta'\mathrm{e}^{\mathrm{i}v}$ 表示由于弹轴在攻角面内摆动（称为章动）产生的阻尼力矩，而 $k_{zz}(\mathrm{i}\delta v')\mathrm{e}^{\mathrm{i}v}$ 表示弹轴垂直于攻角面摆动产生的阻尼力矩。当考虑非线性赤道阻尼力矩时，k_{zz} 是 δ^2 的函数，如只研究二次方阻尼力矩，$k_{zz}=k_{zz0}+k_{zz2}\delta^2$，则式（2-5-6）按一般理解应写成如下形式：

$$\mathrm{i}k_{zz}\xi'=\mathrm{i}[k_{zz0}(\delta'+\mathrm{i}\delta v')+k_{zz2}\delta^2(\delta'+\mathrm{i}\delta v')]\mathrm{e}^{\mathrm{i}v} \tag{2-5-7}$$

式（2-5-6）和式（2-5-7）的共同特点是将由章动角速度 δ' 和由进动产生的角速度（$\delta v'$）一视同仁看待，认为由它们产生的阻尼力矩性质是相同的，即当 δ' 和（$\delta v'$）数值相等时，它们产生的赤道阻尼力矩的大小也相等。或者更明确地讲，就是弹轴在攻角面内摆动的阻尼特性与垂直于攻角面摆动的阻尼特性是相同的。

但实际上这种假设是不合理的，因为横向气流是沿攻角面流动的，大攻角情况下弹体背风面气流分离，这使得弹箭在攻角面内摆动的阻尼特性与垂直于攻角面摆动的阻尼特性是不相同的。如果说小攻角情况下可将赤道阻尼力矩项写成式（2-5-7）的形式，那么大攻角情况下就不能写成式（2-5-7）的形式。为了反映大攻角情况下两个方向上摆动阻尼特性不同的物理本质，应将赤道阻尼力矩项写成如下形式：

$$\mathrm{i}[k_{zz0}(\delta'+\mathrm{i}\delta v')+k_{zz2}\delta^2(1+a)\delta'+\mathrm{i}\delta v']\mathrm{e}^{\mathrm{i}v} \tag{2-5-8}$$

由于式中 a 的存在，在 $a\neq0$ 时就使大攻角情况下章动和进动的阻尼特性有了区别。此式可进一步写成如下形式：

$$\mathrm{i}(k_{zz0}+k_{zz2}\delta^2)\xi'+\mathrm{i}(k_{zz}a\delta\delta')\delta\mathrm{e}^{\mathrm{i}v}=\mathrm{i}k_{zz}\xi'+\frac{a}{2}k_{zz}(\delta^2)'\mathrm{i}\xi \tag{2-5-8'}$$

式（2-5-8'）中的第二项也属于非线性阻尼力矩项，当 a 为常数时，它是 $(\delta^2)'$ 的线性函数。但 a 本身也可以是 $(\delta^2)'$ 的函数，这时它便是 $(\delta^2)'$ 的一般函数。

再注意到式（2-5-4）中 $b_y'=(b_{y0}+b_{y2}\delta^2)'=b_{y2}(\delta^2)'$，故赤道阻尼力矩可一般地写成如下形式：

$$M_{zz} = -AV^2 k_{zz}\boldsymbol{\mu} - AV^2 k_{zz2}\frac{a}{2}(\delta^2)'\mathrm{i}\boldsymbol{\xi}/\eta \tag{2-5-9}$$

$$= \frac{\rho V^2}{2}Sl^2 m'_{zz}(-\boldsymbol{\mu}) + \frac{\rho V^2}{2}Slm^*[(\delta^2)']\mathrm{i}\boldsymbol{\xi}$$

式中

$$m^*\left[(\delta^2)'\right] = -lm_{zz2}\frac{a}{2\eta}(\delta^2)' \tag{2-5-9'}$$

它是一些常数以及与$(\delta^2)'$有关的函数的综合表达式。

现在再转回到方程（2-5-2）上，将$\boldsymbol{\mu}$和$\boldsymbol{\mu}'$的表达式（2-5-3）和式（2-5-4）代入其中，略去各个小量，并将$\mathrm{i}k_{zz}\boldsymbol{\xi}'$用式（2-5-8'）代替，则得到如下的角运动方程：

$$\boldsymbol{\xi}'' + \left(H - \frac{\eta'}{\eta} - \mathrm{i}P\right)\boldsymbol{\xi}' - (M + \mathrm{i}PT)\boldsymbol{\xi} = \boldsymbol{G} \tag{2-5-10}$$

式中

$$H = \eta b_y - b_x - \frac{g\sin\theta}{V^2} + k_{zz} + \eta k_{\dot\alpha} \tag{2-5-11}$$

$$P = \frac{C\dot\gamma}{AV} \tag{2-5-12}$$

$$M = \eta k_z + M^*\left[(\delta^2)'\right] - \eta b_{y2}(\delta^2)' \tag{2-5-13}$$

$$T = \eta(b_y - k_y) - b'_z\frac{A}{C} \tag{2-5-14}$$

$$\boldsymbol{G} = -\left(\frac{\boldsymbol{g}_\perp}{V^2}\right)' + \frac{\boldsymbol{g}_\perp}{V^2}\left[\frac{\eta'}{\eta} + \left(b_x + \frac{g\sin\theta}{V^2}\right) - k_{zz} + \mathrm{i}P\right] \tag{2-5-15}$$

方程（2-5-10）是弹箭角运动的精确方程，从推导中可见，除了略去一些数值太小的项外，再没有作任何线化假设，尤其是没有采用$\cos\alpha \approx 1$，$\sin\alpha \approx \alpha$这种近似关系，因而保留了几何非线性。在式（2-5-10）和式（2-5-11）～式（2-5-15）中的η和η'就是保留了几何非线性的产物，由于它的形式简单，故便于研究几何非线性的影响。其中式（2-5-10）中的η'/η计算如下：

$$\frac{\eta'}{\eta} = \frac{(\cos\alpha)'}{\cos\alpha} = \frac{\left(\sqrt{1-\delta^2}\right)'}{\sqrt{1-\delta^2}} = -\frac{(\delta^2)'}{2(1-\delta^2)} \approx -\frac{1}{2}(1+\delta^2)(\delta^2)' \approx -\frac{1}{2}(\delta^2)' \tag{2-5-16}$$

因为在对$\boldsymbol{\mu}$求导时保留了升力和马氏力系数的导数，这就表示此二力可以是非线性的，但因在推导中未对力矩系数求导，故表面上没有力矩系数的导数，但这并不意味它们是常数，故也可以表示非线性气动力矩。所以方程（2-5-10）可用于分析弹箭的非线性运动。

式（2-5-11）中H项代表角运动的阻尼，它主要取决于赤道阻尼力矩和非定态阻尼力矩的大小，同时升力也有助于增大阻尼，这是因为升力总是使质心速度方向转向弹轴，减小攻角，起到了阻尼的作用（图2-3-1和图2-3-5）。但阻力却使飞行速度降低、阻尼力矩减小，故阻力起负阻尼作用。

M主要与静力矩有关，角运动的频率主要取决于此项［见式（2-7-32）］。对于非线性静力矩，M将是δ^2的函数，此外，考虑章动和进动的赤道阻尼力矩性质不同时，在M中还出

现了与 $(\delta^2)'$ 有关的非保守部分，而且由于 $b_y = b_{y0} + b_{y2}\delta^2$ 是 δ^2 的函数，有 $b_y' = b_{y2}(\delta^2)'$，也使 M 与 $(\delta^2)'$ 有关，这样 M 可一般地写成如下形式：

$$M = M(\delta^2) + M^*[(\delta^2)'] \tag{2-5-17}$$

式中，$M(\delta^2)$ 为 M 中保守力矩部分；$M^*[(\delta^2)']$ 为 M 中非保守部分。对于二次方阻尼和三次方升力可得到下式（其中将 a 作为综合参数）：

$$M^* = M^*[(\delta^2)'] \tag{2-5-18}$$

$$M^* = -\left(\frac{a}{2}k_{zz2} + \eta b_{y2}\right) \tag{2-5-19}$$

T 主要与升力和马氏力矩有关，故常称为升力和马氏力矩耦合项，由于 b_z' 也与 $(\delta^2)'$ 有关，故 T 中也会含有与 $(\delta^2)'$ 有关的项，但因马氏力本身很小，b_z' 数值也不大，一般可不考虑此项。

G 为重力非齐次项，它描述重力改变速度方向，使弹道弯曲对角运动的影响。其表达式与一般外弹道学中的重力非齐次项相差较大，但在小攻角情况下略去几何非线性后二者将是一致的。

当研究弹箭的线性角运动或者只研究气动非线性的影响而略去几何非线性时，可令式（2-5-10）~式（2-5-15）中的 $\eta = 1, \eta' = 0, b_y' = b_z' = 0$，并将角运动变量由 $\boldsymbol{\xi}$ 改为 $\boldsymbol{\Delta} = \delta_2 + \mathrm{i}\delta_1$，则立即得到线化角运动方程或略去几何非线性后的角运动方程。下面就简单总结一下线化角运动理论，以起到与非线性运动相比较的作用，其中得到的许多结论将是进一步研究弹箭非线性运动的基础，有些关系式还可用于从弹箭自由飞行试验数据反求气动力系数。

2.6 弹箭的线化角运动方程

弹箭线化角运动的基本假设是攻角较小，故可采用近似关系 $\cos\alpha = 1$，$\sin\alpha = \alpha$，于是 $\eta = 1$，$\eta' = 0$。并且各气动力系数导数是常数，于是 H, M, P, T 不随攻角变化，此时复变量 $\boldsymbol{\xi}$ 也可用复攻角 $\boldsymbol{\Delta}$ 代替，于是方程（2-5-10）变成如下形式：

$$\boldsymbol{\Delta}'' + (H - \mathrm{i}P)\boldsymbol{\Delta}' - (M + \mathrm{i}PT)\boldsymbol{\Delta} = \boldsymbol{G} \tag{2-6-1}$$

式中

$$H = b_y - b_x - \frac{g\sin\theta}{V^2} + k_{zz} + k_{\dot{\alpha}} \tag{2-6-2}$$

$$M = k_z \tag{2-6-3}$$

$$T = b_y - k_y \tag{2-6-4}$$

$$P = \frac{C\dot{\gamma}}{AV} \tag{2-6-5}$$

$$\boldsymbol{G} = -\left(\frac{g_\perp}{V^2}\right)' + \frac{g_\perp}{V^2}\left(b_x + \frac{g\sin\theta}{V^2} - k_{zz} + \mathrm{i}P\right) \tag{2-6-6}$$

在小攻角情况下，弹轴高低角 φ_a 与速度倾角 θ 近似相等，式（2-6-6）中的 $g_\perp$ 可近似为

$$g_\perp = g_y + \mathrm{i}g_z = -g\cos\varphi_a \approx -g\cos\theta \tag{2-6-7}$$

将 $g_\perp$ 代入式（2-6-6）中，计算其中的第一项，并利用式（2-4-3）得

$$\left(\frac{g_\perp}{V^2}\right)' = \left(\frac{-g\cos\theta}{V} \cdot \frac{1}{V}\right)' = \left(\frac{\dot\theta}{V}\right)' = \left[\frac{\ddot\theta}{V^2} - \frac{\dot\theta}{V}\left(-b_x - \frac{g\cos\theta}{V^2}\right)\right]$$

将上式代入式（2-6-6）中，得

$$\boldsymbol{G} = -\left[\frac{\ddot\theta}{V^2} + \frac{\dot\theta}{V}\left(b_x + \frac{g\sin\theta}{V^2}\right) - \frac{\dot\theta}{V}\left(b_x + \frac{g\sin\theta}{V^2} - k_{zz} + \mathrm{i}P\right)\right] = -\left[\frac{\ddot\theta}{V^2} + \frac{\dot\theta}{V}(k_{zz} - \mathrm{i}P)\right]$$

(2-6-8)

在重力作用下，当速度方向以 $\dot\theta$ 角速度下降时，弹轴相对于速度以 $(-\dot\theta)$ 摆动，对于旋转弹将产生陀螺力矩项 $-P\dot\theta/V$。由于此陀螺力矩项是由重力作用产生的，故称为重力陀螺项。显然，$-\mathrm{i}\dot\theta k_{zz}/V$ 表示弹轴相对于速度以 $-\dot\theta$ 摆动时产生的阻尼力矩，而 $-\ddot\theta/V^2$ 表示由重力和阻力共同作用使弹道切线加速下降而形成的惯性力矩项。对于旋转弹来说，重力陀螺项远比其他两项大，故可只考虑它的作用，此时

$$\boldsymbol{G} = -\mathrm{i}\frac{Pg\cos\theta}{V^2}$$

(2-6-9)

对于尾翼弹，由于不旋转或低速旋转时 P 太小，这时就要考虑其他两项的作用，这时

$$\boldsymbol{G} = -\left(\frac{\ddot\theta}{V^2} + \frac{\dot\theta}{V}k_{zz}\right) = \frac{g\cos\theta}{V^2}\left(b_x + k_{zz} + \frac{2g\sin\theta}{V^2}\right)$$

(2-6-10)

方程（2-6-1）为二阶线性非齐次方程，它的全解为齐次方程通解与非齐次方程特解之和，其中齐次方程的解描述弹箭对初始扰动的响应，而非齐次方程的特解描述重力使弹道弯曲对角运动的影响。

2.7 攻角方程的齐次解——初始扰动产生的角运动

2.7.1 角运动方程解的一般形式

方程（2-5-10）的齐次方程为

$$\Delta'' + (H - \mathrm{i}P)\Delta' - (M + \mathrm{i}PT)\Delta = 0$$

(2-7-1)

式中，H，M，P，T 的表达式见式（2-6-2）～式（2-6-5），在一段弹道上采用系数冻结法后 H，M，P，T 就可看作常数，方程（2-7-1）就成为复数二阶常系数微分方程。

根据微分方程理论，齐次方程的解描述由初始条件产生的运动。方程（2-7-1）的特征方程为

$$l^2 + (H - \mathrm{i}P)l - (M + \mathrm{i}PT) = 0$$

(2-7-2)

解得二根为

$$l_{1,2} = \frac{1}{2}\left[-H + \mathrm{i}P \pm \sqrt{4M + H^2 - P^2 + 2\mathrm{i}P(2T - H)}\right]$$

(2-7-3)

设

$$l_1 = \lambda_1 + \mathrm{i}\phi_1', \quad l_2 = \lambda_2 + \mathrm{i}\phi_2' \qquad (2-7-4)$$

于是攻角方程之解为

$$\Delta = K_{10}\mathrm{e}^{\mathrm{i}\phi_{10}}\,\mathrm{e}^{(\lambda_1+\mathrm{i}\phi_1')s} + K_{20}\mathrm{e}^{\mathrm{i}\phi_{20}}\mathrm{e}^{(\lambda_2+\mathrm{i}\phi_2')s} = K_1\mathrm{e}^{\mathrm{i}\phi_1} + K_2\mathrm{e}^{\mathrm{i}\phi_2} \qquad (2-7-5)$$

式中

$$K_j = K_{j0}\mathrm{e}^{\lambda_j s} \qquad (2-7-6)$$

$$\phi_j = \phi_j' s + \phi_{j0} \qquad (2-7-7)$$

这里 $K_{j0}\mathrm{e}^{\mathrm{i}\phi_{j0}}$ $(j=1,2)$ 为复待定常数,由初始条件确定。由于通常测定的初始扰动是以

$$\Delta_0 = \delta_0 \mathrm{e}^{\mathrm{i}v_0}, \quad \Delta_0' = \frac{\dot{\delta}_0}{V_0}\mathrm{e}^{\mathrm{i}v_0} + \mathrm{i}\delta_0\frac{\dot{v}_0}{V_0}\mathrm{e}^{\mathrm{i}v_0}$$

形式给出的,故需求得此两组初始条件之间的关系。在式(2-7-5)中代入 $s=0$ 时 $\Delta=\Delta_0$,再将式(2-7-5)求导一次并代入 $s=0$ 时 $\Delta'=\Delta_0'$,就可解出如下两个关系式:

$$K_{10}\mathrm{e}^{\mathrm{i}\phi_{10}} = \frac{\Delta_0' - (\lambda_2 + \mathrm{i}\phi_2')\Delta_0}{\lambda_1 - \lambda_2 + \mathrm{i}(\phi_1' - \phi_2')} \qquad (2-7-8)$$

$$K_{20}\mathrm{e}^{\mathrm{i}\phi_{20}} = \frac{\Delta_0' - (\lambda_1 + \mathrm{i}\phi_1')\Delta_0}{\lambda_2 - \lambda_1 + \mathrm{i}(\phi_2' - \phi_1')} \qquad (2-7-9)$$

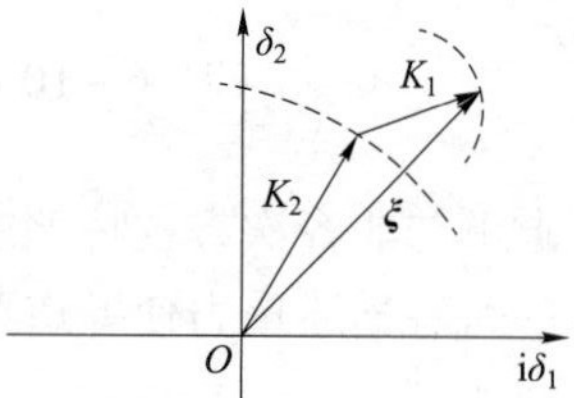

图 2-7-1 模态矢量和复攻角

根据复数的性质,$\mathrm{e}^{\mathrm{i}\phi_j}$ 表示模为 1 的复数,当 ϕ_j 以角频率 ϕ_j' 改变幅角时,此单位模复数矢端将在复平面上画出一个单位圆。当 $\lambda_1 = \lambda_2 = 0$ 时,K_1 和 K_2 是常数,式(2-7-5)右边两项分别表示半径为 K_1 和 K_2,角频率为 ϕ_1' 和 ϕ_2' 的圆运动,而复攻角 ξ 即此二圆运动的叠加,其矢量合成关系如图 2-7-1 所示。复攻角矢端曲线将是熟知的内、外摆线。

如果 $\lambda_1 < 0, \lambda_2 < 0$,由于此二圆运动之半径 K_1 和 K_2 不断缩小形成收缩的螺线,攻角之模也将不断缩小,Δ 的矢端将画出幅度不断减小的内、外摆线,这时运动是渐近稳定的。只要 λ_1,λ_2 中有一个大于零,相应的一个或两个圆运动就变成发散的螺线运动,复攻角之模将无限增大,便发生运动不稳。

将式(2-7-5)右端两个复数都称为模态矢量,K_1 和 K_2 称为模态振幅,λ_1 和 λ_2 称为阻尼指数。每一个模态矢量都单独是攻角方程的解,但此二模态矢量之比不为常数,因此线化角运动方程的解是两个线性无关解的线性组合。如果将每一个模态矢量用欧拉公式展开成三角函数,则线化角运动方程的解是三角函数(或称圆函数)的线性组合。这些都是线化角运动的基本特点。

2.7.2 静稳定非旋转弹的角运动

对于非旋转弹 $P=0$,相应的齐次方程和特征根为

$$\Delta'' + H\Delta' - M\Delta = 0 \qquad (2-7-10)$$

$$\lambda_{1,2} + \mathrm{i}\phi_{1,2}' = \frac{1}{2}\left(-H \pm \sqrt{H^2 + 4M}\right) \qquad (2-7-11)$$

如果弹箭是静不稳定的,即 $M=k_z>0$,同时因一般弹箭总有 $H>0$ 和 $H^2 \ll |4M|$,故必有

$\lambda_1>0, \lambda_2<0$，这样，第一个模态振幅将无限增大，运动是不稳定的。只有在弹箭是静稳定($k_z<0$)的条件下，$\lambda_1<0, \lambda_2<0$，运动才会稳定。这时角运动频率和阻尼指数为

$$\phi_1' = -\phi_2' = \frac{1}{2}\sqrt{-4M-H^2} \approx \sqrt{-M} = \sqrt{-k_z} \quad (2-7-12)$$

$$\lambda_1 = \lambda_2 = -\frac{H}{2} \quad (2-7-13)$$

由此可见，对于非旋转静稳定弹，两个圆运动阻尼指数相等，频率的大小相等但符号相反，即两个圆运动方向相反，复攻角为

$$\Delta = e^{\lambda s}\left[K_{10}e^{i(\phi_1's+\phi_{10})} + K_{20}e^{i(\phi_2's+\phi_{20})}\right] \quad (2-7-14)$$

下面先讨论$\lambda=H=0$情况。此时二圆运动半径不衰减，将Δ的实部和虚部分开，得

$$\delta_1 = \sqrt{K_{10}^2+K_{20}^2+2K_{10}K_{20}\cos(\phi_{10}+\phi_{20})}\cos(\phi_1's+\Delta\phi_1) \quad (2-7-15)$$

$$\delta_2 = \sqrt{K_{10}^2+K_{20}^2-2K_{10}K_{20}\cos(\phi_{10}+\phi_{20})}\cos(\phi_2's+\Delta\phi_2) \quad (2-7-16)$$

式中，$\Delta\phi_1$和$\Delta\phi_2$也可用初始条件$K_{j0}\phi_{j0}$表示。此二式表明非旋转弹的角运动可以表示为两个互相垂直方向上同频率振动的合成。根据物理学中两个同频率垂直方向振动合成的理论可知，在一般情况下，δ_1和δ_2合成的复攻角Δ的矢端将在复平面上画椭圆曲线，在特殊情况下可变成直线和圆。运动图线的形状取决于相位差$\Delta\phi_1-\Delta\phi_2$以及振幅比，也即取决于初始条件。图 2-7-2 所示为无阻尼非旋转弹可能出现的复攻角曲线。

无阻尼非旋转弹存在两种特殊运动：圆运动和平面运动。

（1）圆运动 [$K_{10}=0, K_{20}\neq 0, \Delta=K_{20}e^{i(\phi_2's+\phi_{20})}$]。

这是半径为K_{20}，圆频率为$\phi_{20}'=-\sqrt{-k_z}$的圆运动。从弹尾向前看去，弹轴绕速度线逆时针方向转动。由式（2-7-8）和式（2-7-9）知，这时的初始扰动为

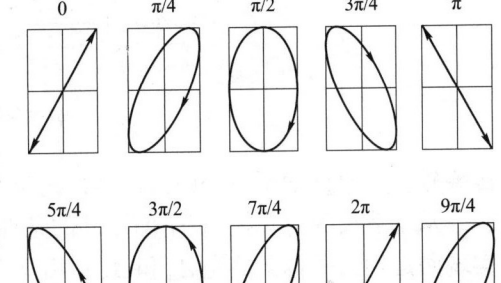

图 2-7-2　无阻尼非旋转弹的复攻角曲线

$$\Delta_0 = K_{20}e^{i\phi_{20}}, \quad \Delta_0' = i\phi_2'K_{20}e^{i\phi_{20}}$$

可见初始扰动Δ_0与Δ_0'互相垂直，Δ_0'比Δ_0滞后 90°（因$\phi_2'<0$），扰动量大小之比为$\left|\Delta_0'/\Delta_0\right|=\phi_1'=\sqrt{-k_z}$。

（2）圆运动 [$K_{10}\neq 0, K_{20}=0, \Delta=K_{10}e^{i(\phi_1's+\phi_{10})}$]。

此圆运动为顺时针方向转动，初始扰动Δ_0与Δ_0'也互相垂直，性质与上相仿。

（3）平面运动（$K_{10}=K_{20}=K_0, \phi_{10}=\phi_{20}=\phi_0$）。

$$\Delta = 2K_0 e^{i\phi_0}\cos\sqrt{-k_z}s$$

这是在方位角为ϕ_0的固定平面内的谐振动，振幅为$2K_0$，角运动频率仍为$\sqrt{-k_z}$，这时的初始扰动为

$$\Delta_0' = 0, \ \Delta_0 = 2K_0 e^{i\phi_0}, \ \delta_0 = 2K_0, \ v_0 = \phi_0$$

这属于单纯有初始扰动 Δ_0 的情况，弹轴就在初始扰动平面内以初始攻角幅值为振幅做谐振动。

（4）平面运动（$K_{10} = K_{20} = K_0, \ \phi_{20} = \phi_{10} + \pi$）。

$$\Delta = 2K_0 \sin \sqrt{-k_z} s e^{i\left(\phi_0 + \frac{\pi}{2}\right)}$$

这也是平面运动，但摆动平面在 $\phi_0 + \pi/2$ 方向上。此种平面运动的初始条件为

$$\Delta_0 = 0, \ \Delta_0' = 2K_0 \sqrt{-k_z} e^{i\left(\phi_0 + \frac{\pi}{2}\right)}$$

故属于仅有初始条件 Δ_0' 的情况，弹轴摆动平面就是 Δ_0' 所在的平面。

（5）平面运动（$\Delta_0 = \delta_0 e^{iv_0}, \ \Delta_0' = \delta_0' e^{iv_0}$）。

这属于初始扰动 Δ_0 和 Δ_0' 位于同一平面内的情况，这时由式（2-7-8）和式（2-7-9）得

$$K_{j0} e^{i\phi_{j0}} = \frac{\delta_0' \pm i\sqrt{-k_z}\,\delta_0}{\pm 2i\sqrt{-k_z}} e^{iv_0} \qquad \begin{matrix} j = 1 & \text{取}+ \\ j = 2 & \text{取}- \end{matrix}$$

将它们代入式（2-7-5）得

$$\Delta = \sqrt{\left(\frac{\delta_0'}{\sqrt{-M}}\right)^2 + \delta_0^2} \, \sin\left(\sqrt{-M}s + \varphi\right) e^{iv_0} \tag{2-7-17}$$

$$\varphi = \tan^{-1}\left(\frac{\delta_0 \sqrt{-M}}{\delta_0'}\right) \tag{2-7-18}$$

故弹轴在初始扰动所在平面内摆动，角频率仍为 $\sqrt{-M}$。

从上述情况可见，实现平面运动的条件是 $\phi_0' = -\phi_2'$，并且初始扰动必须位于同一个平面内，实现圆运动的基本条件是 Δ_0 和 Δ_0' 互相垂直。以上这些运动都是由初始扰动决定的保守运动，如果考虑阻尼，能量有损失，这些运动的幅值将衰减一直到攻角为零。图 2-7-3 所示为非旋转弹的一般复攻角曲线。

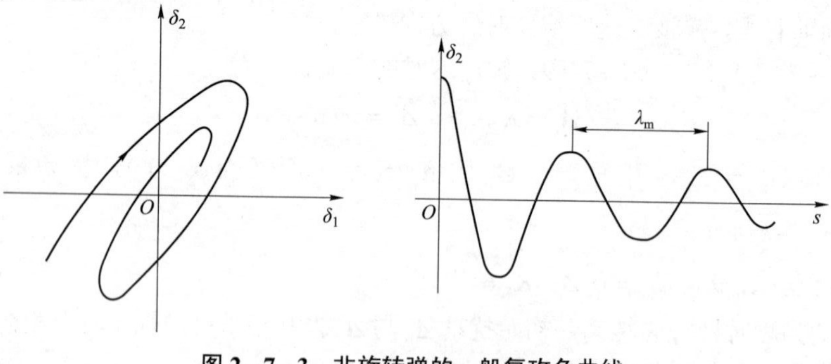

图 2-7-3　非旋转弹的一般复攻角曲线

对于非旋转弹，方程（2-7-10）实际上可将实部和虚部分开成两个互相独立的方程：

$$\delta_j'' + H\delta_j' - M\delta_j = 0 \quad (j = 1, 2)$$

这两个方程的数学本质是相同的，故对于非旋转弹可将弹轴运动作为平面摆动来分析，然后将两个垂直方向上的摆动合成。当然初始扰动位于同一平面内时，其合成运动必为平面运动，

这时弹箭的角运动可只用总攻角 δ 这一变量来描述：
$$\delta'' + H\delta' - M\delta = 0 \qquad (2-7-19)$$
此方程的特征根仍为式（2-7-11），复攻角的式（2-7-14）可写成如下形式：
$$\delta = \mathrm{e}^{-bs}(K_1 \mathrm{e}^{\mathrm{i}\phi'_1 s} + K_2 \mathrm{e}^{\mathrm{i}\phi'_2 s}) \qquad (2-7-20)$$
式中
$$b = \frac{H}{2}, \quad \phi'_1 = -\phi'_2 = \sqrt{-k_z} \qquad (2-7-21)$$
对于一般初始条件 $\delta_0 = 0, \delta'_0 = \dot{\delta}_0/V_0$，由式（2-7-8）和式（2-7-9）（注意对于平面运动可改 Δ 为 δ，Δ' 为 δ'，ϕ_{10} 与初始扰动所在平面方位一致，故可消去）得
$$K_1 = -K_2 = \frac{\delta'_0}{2\mathrm{i}\sqrt{-k_z}} \qquad (2-7-22)$$
$$\delta = \delta_{m0} \mathrm{e}^{-bs} \sin\sqrt{-k_z}\, s, \quad s = Vt \qquad (2-7-23)$$
$$\delta_{m0} = \frac{\dot{\delta}_0}{\left(V_0 \sqrt{-k_z}\right)} \qquad (2-7-24)$$
式中，δ_{m0} 为攻角振幅。

对于特殊初始条件 $s=0$ 时，$\delta = \delta_0, \delta'_0 = 0$，由式（2-7-8）式（2-7-9）得
$$K_{1,2} = \frac{\delta_0 \left(\pm b + \mathrm{i}\sqrt{-k_z}\right)}{2\mathrm{i}\sqrt{-k_z}}$$
$$\delta = \delta_0 \sqrt{1 + \left(\frac{b}{\sqrt{-k_z}}\right)^2}\, \mathrm{e}^{-bs} \sin\left(\sqrt{-k_z} + \varphi\right) \qquad (2-7-25)$$
$$\varphi = \tan^{-1}\left(\frac{\sqrt{-k_z}}{b}\right) \qquad (2-7-26)$$

从以上两种情况可以看出，只要 $H>0$，攻角就按指数规律减小。此外可见各种情况下非旋转弹运动的角频率都是 $\sqrt{-k_z}$，如将攻角变化一周内弹箭飞过的距离称为波长，记为 λ_m，则
$$\lambda_m = \frac{2\pi}{\sqrt{-k_z}} \qquad (2-7-27)$$
而攻角变化一周相应的时间周期为
$$T = \frac{\lambda_m}{V} = \frac{2\pi}{V\sqrt{-k_z}} \qquad (2-7-28)$$

从 λ_m 和 T 的表达式可见，尽管随飞行速度 V 减小周期 T 缓慢增大，然而波长 λ_m 几乎是不变的（k_z 随马赫数变化十分缓慢，可不考虑）。

2.7.3 静稳定尾翼旋转弹的角运动

当静稳定尾翼弹旋转时，两个圆运动的频率不仅符号相反，而且大小也不相等了。如果略去特征根中比 P^2-4M 小得多的阻尼项 H，T，则得到两个圆运动的频率和阻尼指数为

$$\phi'_{1,2} = \frac{1}{2}\left(P \pm \sqrt{P^2 - 4M}\right) \qquad (2-7-29)$$

$$\lambda_{1,2} = \frac{-H}{2} \qquad (2-7-30)$$

由于 $M<0$，故有 $\phi'_1>0$，$\phi'_2<0$ 并且 $\phi'_1>|\phi'_2|$，故称 ϕ'_1 为快圆运动（或快进动）频率，ϕ'_2 为慢圆运动（或慢进动）频率，并且 ϕ'_1 是顺时针方向转动的，ϕ'_2 是逆时针方向转的。当转速不高时，复攻角曲线仍接近椭圆曲线，但由于 $P\neq0$，此椭圆曲线开始逆时针方向缓慢进动，如图 2-7-4（a）所示；转速增高时攻角曲线可呈现多叶多瓣形状，如图 2-7-4（b）所示；转速再增高时复攻角曲线将成为内摆线形状，如图 2-7-4（c）所示。图 2-7-4 中攻角最大值出现在 K_1+K_2 的地方，最小值出现在 $|K_1-K_2|$ 的地方。在无阻尼情况下，如果 $K_{10}=0$ 则存在慢圆运动，如果 $K_{20}=0$ 则存在快圆运动。对于这两种圆运动，初始扰动 Δ_0 和 Δ'_0 也是互相垂直的。但值得注意的是，只要弹箭旋转就不会有 $\phi'_1=-\phi'_2$，二圆运动的合成不可能产生平面运动。最后指出，当不考虑马氏力矩（$T=0$）时，静稳定尾翼弹的阻尼指数总是负值（$H>0$），故弹箭的运动总是稳定的，但如考虑 T 项的影响，弹箭就有可能稳定也有可能不稳定，这将在 2.9 节里讨论。在考虑 H，T 时，如果弹箭动态稳定，则以上所述的各种运动曲线的幅值将不断减小，直到攻角为零。

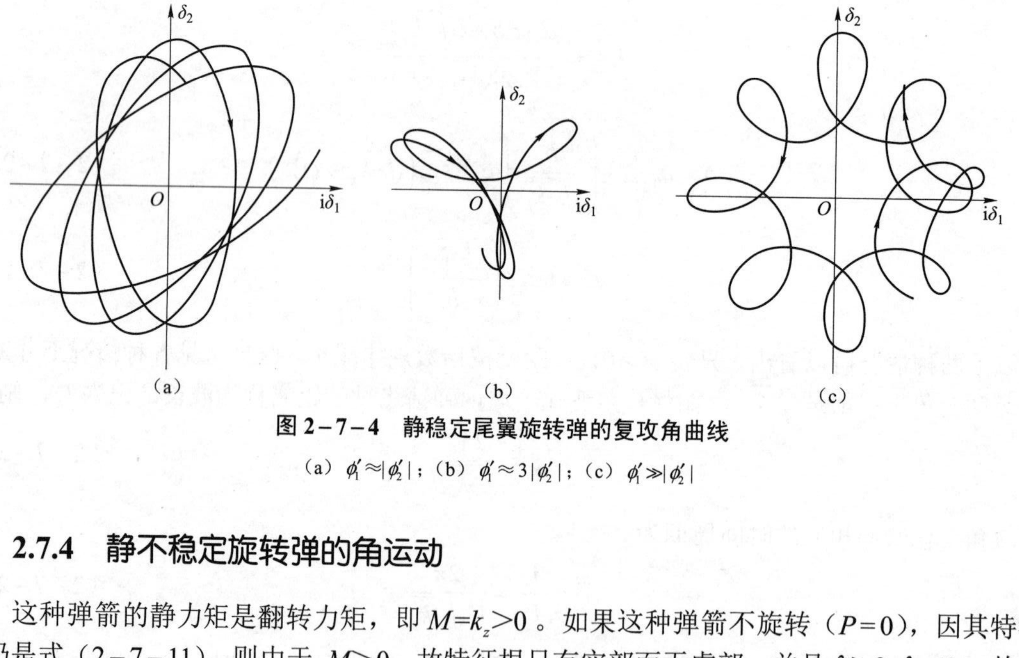

图 2-7-4　静稳定尾翼旋转弹的复攻角曲线

（a）$\phi'_1 \approx |\phi'_2|$；（b）$\phi'_1 \approx 3|\phi'_2|$；（c）$\phi'_1 \gg |\phi'_2|$

2.7.4　静不稳定旋转弹的角运动

这种弹箭的静力矩是翻转力矩，即 $M=k_z>0$。如果这种弹箭不旋转（$P=0$），因其特征根仍是式（2-7-11），则由于 $M>0$，故特征根只有实部而无虚部，并且 $\lambda_1>0$，$\lambda_2<0$，故角运动是不稳定的。

由于气动力矩中只有静力矩是最大的，如果略去其他次要力矩，则由式（2-7-3）得静不稳定旋转弹的特征根为

$$\lambda_{1,2} + i\phi'_{1,2} = \frac{1}{2}\left(iP \pm \sqrt{4M-P^2}\right) \qquad (2-7-31)$$

此式给出了使静不稳定弹箭得以稳定的方法，即让静不稳定弹箭高速旋转，一直到

$P^2-4M>0$,这时式(2-7-31)的根号将变成虚数,于是得

$$\phi'_{1,2}=\frac{1}{2}\left(P\pm\sqrt{P^2-4M}\right) \quad (2-7-32)$$

$$\lambda_1=\lambda_2=0 \quad (2-7-33)$$

这时两个圆运动的振幅既不增大也不减小,正好维持稳定,弹箭做等幅周期运动。称这种稳定为陀螺稳定,故陀螺稳定条件为

$$P^2-4M>0 \quad (2-7-34)$$

对于静不稳定弹,由于 $M>0$,式(2-7-34)也可改写成如下形式:

$$s_g=\frac{P^2}{4M}>1 \quad (2-7-35)$$

s_g 称为陀螺稳定因子,它是陀螺转速 P 的平方与静力矩系数之比的 1/4。

从本节前面分析可知,在只考虑静力矩时,静稳定尾翼弹无论旋转或不旋转都是稳定的。而从式(2-7-34)可见静稳定弹肯定满足此式,故也可以广义地称它是陀螺稳定的,这样就可利用陀螺稳定因子 s_g 将各种弹的陀螺稳定条件写成下式:

$$\frac{1}{s_g}<0 \quad (2-7-36)$$

显然,静稳定弹箭由于 $s_g<0$,故必满足上式。如果静稳定弹不旋转,则 $1/s_g \to -\infty$。

在满足陀螺稳定条件式(2-7-34)或式(2-7-36)时,静不稳定旋转弹的两个圆运动频率大小不相等,但符号相同,即 $\phi'_1>\phi'_2>0$,从弹尾向前看去,两个圆都是顺时针方向转动,这时复平面上的攻角曲线将是一条圆外摆线。仍称角频率为 ϕ'_1 的圆运动为快圆运动或快进动,称角频率为 ϕ'_2 的圆运动为慢圆运动或慢进动。其复攻角曲线的一般形式如图 2-7-5 所示。

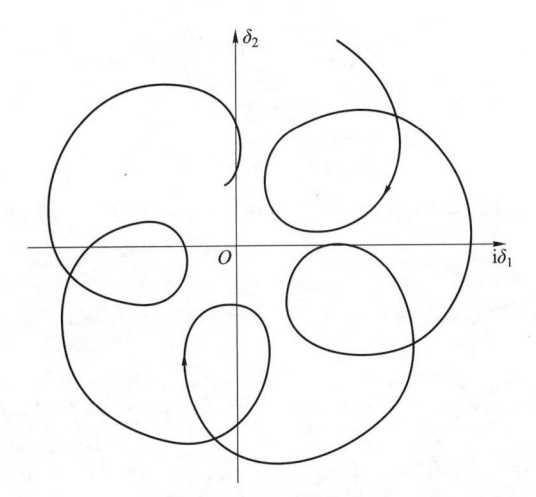

图 2-7-5 静不稳定旋转弹复攻角曲线的一般形式

与非旋转弹类似,在只考虑静力矩时,静不稳定旋转弹也可以存在保守的圆运动。当 $K_{10}=0,K_{20}\neq 0$ 时存在慢圆运动,当 $K_{10}\neq 0,K_2=0$ 时存在快圆运动。同样由式(2-7-8)和式(2-7-9)可推知,存在圆运动时条件仍然是初始扰动 Δ_0 与 Δ'_0 互相垂直,并且 $|\Delta_0/\Delta'_0|=\phi'_1$(或 ϕ'_2)。同样,静不稳定旋转弹不可能产生平面运动。

弹箭非线性运动理论

旋转弹常见的初始条件为

$$\Delta_0 = 0, \quad \Delta_0' = \delta_0' \mathrm{e}^{\mathrm{i}v_0} \qquad (\delta_0' = \delta_0 / V_0)$$

将 Δ_0，Δ_0' 代入式（2-7-8）和式（2-7-9）中求得 $K_{10}, K_{20}, \phi_{10}, \phi_{20}$，再代入攻角表达式（2-7-5）中得

$$\Delta = \frac{\delta_0' \mathrm{e}^{\mathrm{i}v_0}}{2\mathrm{i}\sqrt{P^2-4M}} \left[\mathrm{e}^{\frac{\mathrm{i}}{2}\left(P+\sqrt{P^2-4M}\right)s} - \mathrm{e}^{\frac{\mathrm{i}}{2}\left(P-\sqrt{P^2-4M}\right)s} \right]$$

$$= \frac{2\delta_0'}{\sqrt{P^2-4M}} \cdot \sin\frac{\sqrt{P^2-4M}}{2}s \cdot \mathrm{e}^{\mathrm{i}\left(\frac{P}{2}s+v_0\right)} \tag{2-7-37}$$

或

$$\Delta = \frac{\dot{\delta}_0}{\alpha^* \sqrt{\sigma}} \mathrm{e}^{\mathrm{i}(\alpha^* t + v_0)} \sin \alpha^* \sqrt{\sigma} t \tag{2-7-38}$$

式中

$$\alpha^* = \frac{P}{2}V = \frac{C\dot{\gamma}}{2A} \tag{2-7-39}$$

$$\sigma = 1 - \frac{4M}{P^2} = 1 - \frac{1}{s_{\mathrm{g}}} = 1 - \frac{k_z^*}{(\alpha^*)^2} \tag{2-7-40}$$

$$k_z^* = k_z V^2 \tag{2-7-41}$$

$$\phi_{1,2}' = \frac{1}{2}\left(P \pm \sqrt{P^2-4M}\right) = \frac{\alpha^*}{V}\left(1 \pm \sqrt{\sigma}\right) \tag{2-7-42}$$

这表示攻角平面随弧长以 $v' = P/2$ 或 $\dot{v} = \alpha^*$ 角速率绕速度线匀速转动，而弹轴在攻角平面内按正弦规律摆动并通过零点，角频率 ω_{c} 和振幅 δ_{m} 分别为

$$\omega_{\mathrm{c}} = \frac{1}{2}\sqrt{P^2-4M} = \frac{\alpha^*}{V}\sqrt{\sigma} \tag{2-7-43}$$

$$\delta_{\mathrm{m}} = \frac{2\delta_0'}{V_0\sqrt{P^2-4M}} = \frac{\dot{\delta}_0}{\alpha^* \sqrt{\sigma}} \tag{2-7-44}$$

这种运动的复攻角曲线、攻角曲线和进动角曲线如图 2-7-6 所示。

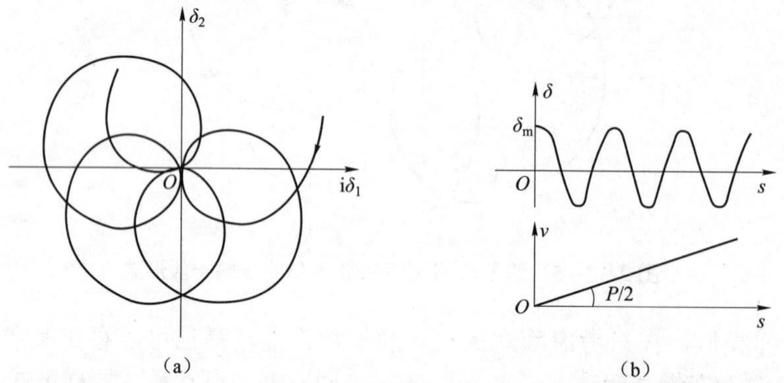

图 2-7-6　$\Delta_0 = 0, \Delta_0' \neq 0$ 条件下的复攻角曲线、攻角曲线和进动角曲线

对于飞机或舰艇上的侧向射击，往往初始条件 Δ_0 很大，Δ_0' 较小，这时可认为初始条件

是 $\Delta_0' = 0$，$\Delta_0 = \delta_0 \mathrm{e}^{\mathrm{i}v_0}$。利用式（2-7-8）和式（2-7-9）求得 K_j，ϕ_{j0} 后得

$$\Delta = \left[K_{10} \mathrm{e}^{\mathrm{i}(\phi_1' s + \pi)} + K_{20} \mathrm{e}^{\mathrm{i}\phi_2' s} \right] \mathrm{e}^{\mathrm{i}v_0} \quad (2-7-45)$$

$$K_{j0} = \frac{1 \pm \sqrt{\sigma}}{\sqrt{\sigma}} \delta_0, \quad \phi_{1,2}' = \frac{\alpha^*}{V}(1 + \sqrt{\sigma}) \quad (2-7-46)$$

其复攻角曲线如图 2-7-7 所示。

当考虑阻尼力矩项 H 和马氏力矩项 T 时，陀螺稳定的静不稳定旋转弹有可能稳定也有可能不稳定。如果弹箭是动态稳定的，那么以上的复攻角曲线的幅度都会逐渐减小。

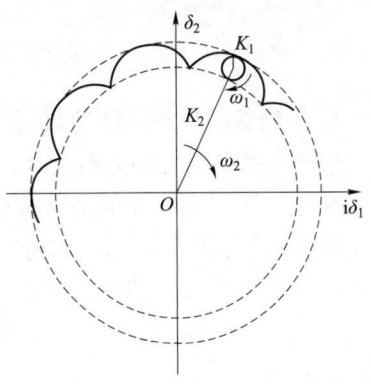

图 2-7-7　$\Delta_0' = 0, \Delta_0 \neq 0$ 时的复攻角曲线

2.7.5　一些重要的关系式

1. 攻角模 δ、进动角 v 与二圆运动振幅 K_1 和 K_2 之间的关系

由式（2-7-5）得

$$\Delta = \delta \mathrm{e}^{\mathrm{i}v} = (K_1 \cos\phi_1 + K_2 \cos\phi_2) + \mathrm{i}(K_1 \sin\phi_1 + K_2 \sin\phi_2)$$

所以

$$\delta^2 = |\Delta|^2 = K_1^2 + K_2^2 + 2K_1 K_2 \cos\hat{\phi} \quad (2-7-47)$$

$$v = \tan^{-1} \frac{K_1 \sin\phi_1 + K_2 \sin\phi_2}{K_1 \cos\phi_1 + K_2 \cos\phi_2} \quad (2-7-48)$$

$$\hat{\phi} = \phi_1 - \phi_2 = (\phi_1' - \phi_2')s + (\phi_{10} - \phi_{20}) \quad (2-7-49)$$

由式（2-7-47）可得到攻角最大值 δ_m 和最小值 δ_n 的表达式

$$\delta_\mathrm{m}^2 = (K_1 + K_2)^2, \quad \delta_\mathrm{n}^2 = (K_1 - K_2)^2 \quad (2-7-50)$$

以及

$$\delta_\mathrm{m}^2 - \delta_\mathrm{n}^2 = 4K_1 K_2, \quad \delta_\mathrm{m}^2 \delta_\mathrm{n}^2 = (K_1^2 - K_2^2)^2 \quad (2-7-51)$$

2. 平方攻角 δ^2 用 δ_m^2，δ_n^2 表达的形式

将式（2-7-47）变换形式，并利用式（2-7-51）得

$$\delta^2 = K_1^2 + 2K_1 K_2 + K_2^2 + 2K_1 K_2 (\cos\hat{\phi} - 1)$$

$$= \delta_\mathrm{m}^2 - (\delta_\mathrm{m}^2 - \delta_\mathrm{n}^2) \sin^2\left(\frac{\hat{\phi}}{2}\right) \quad (2-7-52)$$

$$= \delta_\mathrm{n}^2 + (\delta_\mathrm{m}^2 - \delta_\mathrm{n}^2) \sin^2\left(\frac{\hat{\phi}}{2} + \frac{\pi}{2}\right)$$

3. $\hat{\phi}$ 的含义

由式（2-7-52）可知，攻角模变化的角频率为 $\hat{\phi}'/2$，再由 $\hat{\phi}$ 的定义式（2-7-49）得

$$\left(\frac{\hat{\phi}}{2}\right)' = \frac{1}{2}(\phi_1' - \phi_2') \approx \frac{1}{2}\sqrt{P^2 - 4M} = \omega_\mathrm{c} \quad (2-7-53)$$

也即 $\hat{\phi} = 2\omega_\mathrm{c} s$，故当 $\hat{\phi}$ 变化 2π 时弹箭将飞过半个波长，即

$$\bar{s} = \frac{2\pi}{\hat{\phi}'} = \frac{2\pi}{2\omega_c} = \frac{1}{2}\lambda_m \qquad (2-7-54)$$

4. 气动参数与角运动参数间的关系

当已知弹箭空气动力系数时，很容易由式（2-7-3）计算出角运动的阻尼指数 λ_1，λ_2 和圆频率 ϕ_1'，ϕ_2'。但在从射击试验反求气动系数的工作中，角运动频率和阻尼指数是测得的，而气动系数是未知的。为了求得气动系数，必须解出它们与角运动参数间的关系。由韦达定理知方程（2-7-1）的特征根 l_1，l_2 与方程中的系数有如下关系：

$$l_1 + l_2 = \lambda_1 + \lambda_2 + i(\phi_1' + \phi_2') = -(H - iP) \qquad (2-7-55)$$

$$\begin{aligned} l_1 l_2 &= (\lambda_1\lambda_2 - \phi_1'\phi_2') + i(\lambda_1\phi_2' + \lambda_2\phi_1') \\ &= -(M + iPT) \end{aligned} \qquad (2-7-56)$$

由此解出如下 4 个重要的关系式：

$$P = \phi_1' + \phi_2', \quad H = -(\lambda_1 + \lambda_2) \qquad (2-7-57)$$

$$M = \phi_1'\phi_2' - \lambda_1\lambda_2, \quad PT = -(\phi_2'\lambda_1 + \phi_1'\lambda_2) \qquad (2-7-58)$$

2.8 动态稳定性判据

2.8.1 动态稳定性判据

上节曾讨论过仅考虑静力矩时弹箭的稳定性，这种稳定性称为陀螺稳定性，陀螺稳定条件是

$$P^2 - 4M > 0 \quad \text{或} \quad 1/s_g < 1 \qquad (2-8-1)$$

陀螺稳定性只是在不考虑阻尼力矩、马氏力矩等次要力矩时，攻角做周期变化但振幅既不增大也不减小的一种稳定性，这是一种最弱的稳定性，即 $\lambda_1 = \lambda_2 = 0$ 情况下的临界稳定性。如果条件稍有变化，很可能出现 $\lambda_1 > 0$ 或（和）$\lambda_2 > 0$，就会形成动态不稳定。为了使弹箭动态稳定，则要求 $\lambda_1 < 0$，$\lambda_2 < 0$，以保证攻角不断减小。阻尼力矩和马氏力矩对动态稳定性有重大影响，下面就来讨论这个问题。

在计及次要力和力矩时，角运动方程的两个特征根可写成如下形式 [式（2-7-3）]：

$$\lambda_{1,2} + i\phi_{1,2}' = -\frac{H}{2} + i\frac{P}{2} \pm \frac{P}{2}\sqrt{\frac{H^2}{P^2} - 1 + \frac{1}{s_g}\frac{2iH}{P}s_d} \qquad (2-8-2)$$

式中，s_g 为陀螺稳定因子；s_d 为动态稳定因子。

$$s_d = \frac{2T}{H} - 1 \qquad (2-8-3)$$

动态稳定因子本质上取决于马氏力矩与赤道阻尼力矩之比。

式（2-8-2）中根号下为复数，它的开方结果依虚部的正负号而异。复数开方公式推导如下：

设复数 $a + ib$ 的方根为

$$\sqrt{a+\mathrm{i}b}=c+\mathrm{i}d \tag{2-8-4}$$

将式（2-8-4）平方后得方程组

$$c^2-d^2=a,\ 2cd=b$$

可见 $b>0$ 时 c，d 必同号，$b<0$ 时 c，d 必异号。将上两式各自平方后相加，再开方得

$$c^2+d^2=\sqrt{a^2+b^2}>0 \tag{2-8-5}$$

由式（2-8-3）和式（2-8-4）联立解出

$$c^2=\frac{a+\sqrt{a^2+b^2}}{2},\ d^2=\frac{-a+\sqrt{a^2+b^2}}{2}$$

再将上两式开方并利用上面 b 的正负号与 c，d 正负号的关系得

$$\sqrt{a+\mathrm{i}b}=\pm\sqrt{\frac{a+\sqrt{a^2+b^2}}{2}}+\mathrm{i}\sqrt{\frac{-a+\sqrt{a^2+b^2}}{2}} \tag{2-8-6}$$

利用式（2-8-6）来计算式（2-8-2）得

$s_\mathrm{d}>0$ 时,

$$\left.\begin{array}{l}\lambda_1=-\dfrac{H}{2}+\dfrac{P}{2}\sqrt{\dfrac{A+\sqrt{A^2+B^2}}{2}},\ \phi_1'=\dfrac{P}{2}+\dfrac{P}{2}\sqrt{\dfrac{-A+\sqrt{A^2+B^2}}{2}} \\ \lambda_2=-\dfrac{H}{2}-\dfrac{P}{2}\sqrt{\dfrac{A+\sqrt{A^2+B^2}}{2}},\ \phi_2'=\dfrac{P}{2}-\dfrac{P}{2}\sqrt{\dfrac{-A+\sqrt{A^2+B^2}}{2}}\end{array}\right\} \tag{2-8-7}$$

$s_\mathrm{d}<0$ 时,

$$\left.\begin{array}{l}\lambda_1=-\dfrac{P}{2}-\dfrac{P}{2}\sqrt{\dfrac{A+\sqrt{A^2+B^2}}{2}},\ \phi_1'=\dfrac{P}{2}+\dfrac{P}{2}\sqrt{\dfrac{-A+\sqrt{A^2+B^2}}{2}} \\ \lambda_2=-\dfrac{H}{2}+\dfrac{P}{2}\sqrt{\dfrac{A+\sqrt{A^2+B^2}}{2}},\ \phi_2'=\dfrac{P}{2}-\dfrac{P}{2}\sqrt{\dfrac{-A+\sqrt{A^2+B^2}}{2}}\end{array}\right\} \tag{2-8-8}$$

式中

$$A=\frac{H^2}{P^2}-1+\frac{1}{s_\mathrm{g}},\ B=\frac{2H}{P}s_\mathrm{d} \tag{2-8-9}$$

由式（2-8-7）和式（2-8-8）可见，当 $s_\mathrm{d}>0$ 时 $|\lambda_2|>|\lambda_1|$，故慢进动衰减较快，快进动衰减较慢。因此在 $s_\mathrm{d}>0$ 时，只要快进动稳定，角运动就能动态稳定；反之，在 $s_\mathrm{d}<0$ 时，只要慢进动稳定，角运动就能动态稳定。由式（2-8-7）和式（2-8-8）可见，这两种情况下都要求满足下式：

$$\frac{P}{2}\sqrt{\frac{\left(\dfrac{H^2}{P^2}-1+\dfrac{1}{s_\mathrm{g}}\right)+\sqrt{\left(\dfrac{H^2}{P^2}-1+\dfrac{1}{s_\mathrm{g}}\right)^2+\dfrac{4H^2}{P^2}s_\mathrm{d}^2}}{2}}<\frac{H}{2} \tag{2-8-10}$$

在通常的正阻尼条件下，

弹箭非线性运动理论

$$H>0 \tag{2-8-11}$$

将（2-8-10）式平方一次得

$$\sqrt{\left(\frac{H^2}{P^2}-1-\frac{1}{s_g}\right)^2+\frac{4H^2}{P^2}s_d}<\frac{H^2}{P^2}+1-\frac{1}{s_g}$$

如果弹箭满足陀螺稳定条件，则有$(1-1/s_g)>0$，那么上式右边就是一个正数，于是可以再平方一次得

$$\frac{1}{s_g}<1-s_d^2 \tag{2-8-12}$$

式（2-8-11）和式（2-8-12）即角运动稳定的充分必要条件，称为动态稳定判据。因为$s_d>0$ 时慢进动必然稳定，故式（2-8-12）为快进动稳定条件；$s_d<0$ 时快进动必然稳定，故式（2-8-12）为慢进动稳定条件。因此式（2-8-12）也可写成如下两个条件：

快进动稳定条件：
$$0<s_d<\sqrt{1-\frac{1}{s_g}}=\sqrt{\sigma} \tag{2-8-13}$$

慢进动稳定条件：
$$-\sqrt{1-\frac{1}{s_g}}=-\sqrt{\sigma}<s_d<0 \tag{2-8-14}$$

2.8.2　关于动态稳定条件的讨论

弹箭动态稳定条件（2-8-12）的本质是要求$\lambda_1<0,\lambda_2<0$，也即要求弹箭在运动中攻角不断衰减。那么它与静稳定性、陀螺稳定性又有什么区别和联系呢？所谓静稳定性，是指弹轴在离开平衡位置（速度线）后有回到平衡位置的趋势，显然，压力在质心之后的弹箭都具有这种特性，因此称为静稳定弹（通常是尾翼弹）。但这里讲的只是回到平衡位置的趋势，它并不能保证攻角不继续增大。如果在向平衡位置摆动的过程中攻角不断增大，那么弹箭是动不稳定的，如图 2-8-1（b）所示。只有在向平衡位置摆动的过程中攻角不断减小，才称为动态稳定的，如图2-8-1（a）所示。

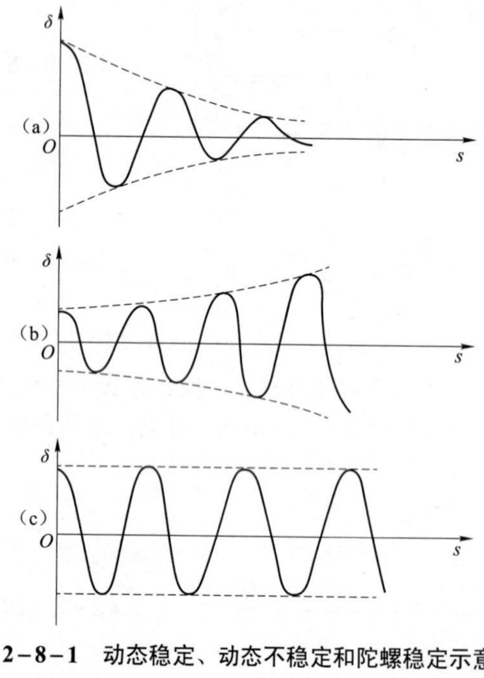

陀螺稳定性是在只考虑静力矩时弹箭的稳定性，陀螺稳定条件为式（2-8-1），静稳定弹必然稳定，静不稳定弹要高速旋转直到 $P^2>4M$ 才能陀螺稳定。陀螺稳定的弹箭弹轴做周期摆动，振幅既不增大也不减小，处于一种临界稳定状态，如图 2-8-1（c）所示。

从式（2-8-1）和式（2-8-12）比较可见，动稳定性的条件（2-8-12）比陀螺稳定条件（2-8-1）要求更加严格，因为s_d^2

图 2-8-1　动态稳定、动态不稳定和陀螺稳定示意图

总为正数，故陀螺稳定因子的倒数 $1/s_g$ 仅小于 1 就不够了，必须比 1 更小一些，直到小于 $1-s_d^2$ 后才能动态稳定。故动态稳定的弹箭必定陀螺稳定，但陀螺稳定的弹箭不一定动态稳定。由于 s_d 本质上取决于马格努斯力矩与赤道阻尼力矩之比，故此二力矩对动态稳定性有重大影响。

在弹道顶点附近，由于空气密度减小、尾翼功效降低，使静稳定力矩减小，有可能使尾翼弹的动稳定性得不到满足；在弹道落点附近，旋转弹由于转速降低而速度有所增大，将使陀螺稳定因子 s_g 减小，也有可能动不稳定。为保证弹箭飞行稳定，要求在整个弹道上都满足动稳定条件，这就需要将弹道分成若干小段，在每个小段上采用系数冻结法，逐一考虑其动态稳定性。

在实际工作中，如果考虑到全弹道上只有很小一段弹道不满足动稳定条件，攻角经过前面的弹道已衰减到很小的数值，而进入此动不稳定弹道的时间很短，攻角不致增加很多，而且接着又进入动稳定飞行，那么全弹道上攻角还是比较小的。故也不必强求在此小段弹道上非动态稳定不可。但考虑到气动参数测定有误差、阵风干扰等情况，为了保险，一般还是要求全弹道动态稳定为好。这要视具体情况而定。

2.8.3 动态稳定域

动态稳定条件式（2-8-12）取决于两个变量：$1/s_g$ 和 s_d。如果以 s_d 为横坐标，$1/s_g$ 为纵坐标，并将式（2-8-12）取等号，则得到下面的等式：

$$\frac{1}{s_g} = 1 - s_d^2 \qquad (2-8-15)$$

这是坐标平面上以纵轴为对称轴的抛物线，此抛物线与横轴相交于 $s_d = \pm 1$ 两点，如图 2-8-2 所示。此抛物线将整个坐标平面分成内外两部分，在抛物线内部的点都满足式（2-8-12），故称此区域为动态稳定域，抛物线外部的区域称为动态不稳定域。

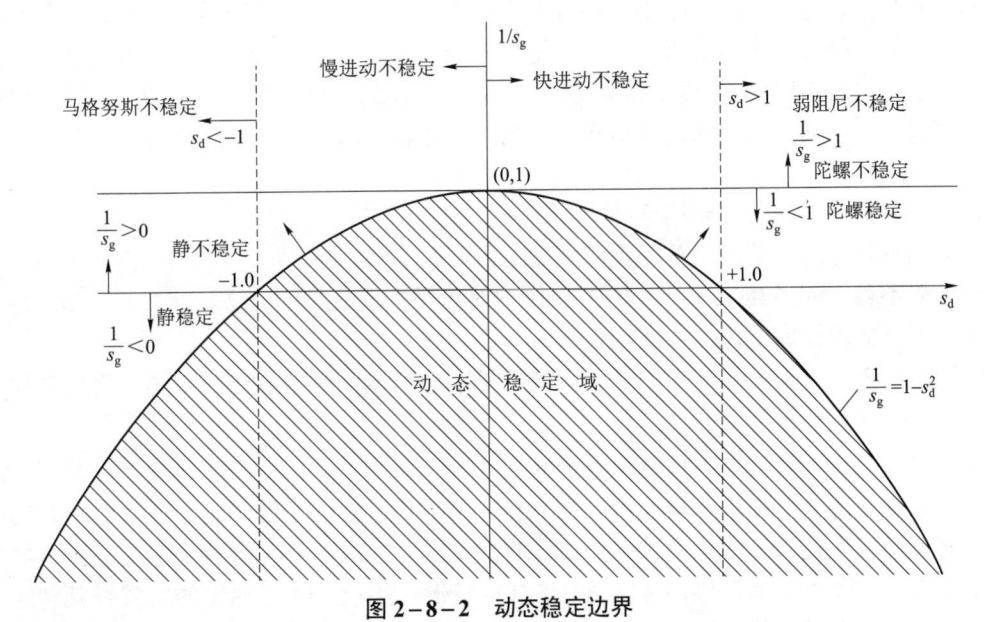

图 2-8-2 动态稳定边界

此抛物线顶点在纵轴上（0，1）处。在 $1/s_g = 1$ 横线以下的点都满足陀螺稳定条件 $1/s_g < 1$，

故称为陀螺稳定域；反之，在 $1/s_g=1$ 横线以上的域称为陀螺不稳定域。坐标面横轴以下的点，$s_g<0$，故为静稳定域，横轴以上称为静不稳定域。由图 2-8-2 可见，静稳定域内的点必满足陀螺稳定，但静不稳定域中的点只有一部分满足陀螺稳定；动态稳定域内的点必然陀螺稳定，但陀螺稳定域内的点只有一部分满足动态稳定。

前面已从式（2-8-8）和式（2-8-9）分析得知，$s_d<0$ 的半个平面内快进动必然稳定，而在此半个平面上同时又处于抛物线内部的点慢进动也稳定，在抛物线外部的点则慢进动不稳定。故 $s_d<0$ 范围内的不稳定必定是慢进动不稳定。类似地，在 $s_d>0$ 范围内的不稳定是快进动不稳定。

由动态稳定边界图可以讨论马氏力矩的影响，由定义知

$$s_d = \frac{2T}{H} - 1 = \frac{2(b_y - k_y)}{k_{zz} + b_y - b_x - \dfrac{g\sin\theta}{V^2}} - 1 \qquad (2-8-16)$$

如果没有马氏力矩，则 $k_y=0$，因为 $b_y>0$，$k_{zz}>0$，并且 k_{zz} 比 $b_x + g\sin\theta/V^2$ 大得多，故必有 $-1<s_d<1$，由图 2-8-2 可见，这时静稳定弹箭必然动态稳定，静不稳定弹箭总可以用高速旋转的方法稳定。实际上马氏力矩总是存在的，因此在 $k_y>b_y$ 时就会出现 $s_d<-1$，在 $k_y<0$ 并且 $|k_y|>k_{zz}-b_x-g\sin\theta/V^2$ 时就会出现 $s_d>1$，这时静不稳定弹箭就不可能用高速旋转的方法稳定了，而静稳定弹则必须使转速、静稳定度等参数满足一定条件才能使其稳定。

由此可见，马氏力矩为一不稳定因素，特别是 $s_d<-1$ 范围内的不稳定必定是由于马氏力矩过大（$k_y>b_y$）造成的，故也称 $s_d<-1$ 范围内的不稳定为马格努斯不稳定。

此外，在 $s_d>1$ 范围内必有 $H<T$，此式表示弹箭阻尼较小，故也称 $s_d>1$ 范围内的不稳定为弱阻尼不稳定。

转速越高 $|s_g|$ 越大，$|1/s_g|$ 越小，相应的点越靠近横轴，陀螺效应越强；转速越低相应的点越远离横轴，静力矩的作用增强。当静稳定弹箭不旋转时，$1/s_g \to -\infty$，稳定域内 s_d 的范围越趋向 $\pm\infty$；转速增大时陀螺效应增强，静稳定作用减弱，稳定域内 s_d 的范围逐渐缩小，这就有可能使相应的点越过动稳定边界线而进入动不稳定域。所以尾翼弹高速旋转时容易发生动不稳定。

由以上分析得出三条重要结论：

（1）动态稳定的弹箭必须首先是陀螺稳定的。

（2）静不稳定弹当其 s_d 在（-1,1）范围内时可用高速旋转的方法稳定，当 s_d 在（-1,1）范围外时不可能用高速旋转的方法稳定。

（3）静稳定弹当其 s_d 在（-1,1）之间时必然动态稳定，但当 s_d 在（-1,1）之外时如果转速过高反而会变成动不稳定。

不过应该指出，理论上讲只要静稳定弹的 s_d 在（-1,1）之间，不管转速多高都是动态稳定的。如果真是这样，那将给转速设计带来极大的方便。然而遗憾的是，几乎对所有的尾翼弹进行测试都发现它们的 s_d 远远在（-1,1）区间之外，只有一些特殊弹形的尾翼弹（如裙式尾翼弹）在一定的马赫数范围内才出现 $|s_d|<1$ 的情况。因此，对于通常的尾翼弹其转速上界总是存在的，企图用高速旋转的陀螺效应来增强尾翼弹的稳定性是会适得其反的。

弹箭线性运动稳定性与运动初始条件无关，这是线性运动最主要的特性。

2.9 角运动方程的非齐次解——重力产生的动力平衡角

包含重力非齐次项的角运动方程为

$$\Delta'' + (H - iP)\Delta' - (M + iPT)\Delta = -\frac{\ddot{\theta}}{V^2} - \frac{\dot{\theta}}{V}(k_{zz} - iP) \tag{2-9-1}$$

下面用常数变易法求重力非齐次项的特解，外弹道学上称此解为动力平衡角，以 Δ_P 记之。因为齐次方程的通解为

$$\Delta = C_1 e^{l_1 s} + C_2 e^{l_2 s} \tag{2-9-2}$$

式中，C_1 和 C_2 为待定常数；l_1 和 l_2 为齐次方程的特征方程的两个根，所以 l_1 和 l_2 必满足下面几个关系式：

$$l_{1,2} = \frac{-(H - iP)}{2} \pm \frac{1}{2}\sqrt{(H - iP)^2 + 4(M + iPT)} \tag{2-9-3}$$

$$l_{1,2}^2 + (H - iP)l_{1,2} - (M + iPT) = 0 \tag{2-9-4}$$

$$l_1 + l_2 = -(H - iP), \quad l_1 \cdot l_2 = -(M + iPT) \tag{2-9-5}$$

设非齐次方程特解仍有式（2-9-2）的形式，不过 C_1 和 C_2 是弧长 s 的函数，于是其一阶导数为

$$\Delta' = C_1' e^{l_1 s} + C_2' e^{l_2 s} + C_1 l_1 e^{l_1 s} + C_2 l_2 e^{l_2 s} \tag{2-9-6}$$

因为现在有两个未知函数 $C_1(s), C_2(s)$ 待定，故需两个定解条件，一个条件是已知的，即解应满足方程（2-9-1），另一个条件可任意给定，通常为方便计，给定另一条件为

$$C_1' e^{l_1 s} + C_2' e^{l_2 s} = 0 \tag{2-9-7}$$

这样，式（2-9-6）也得到简化，将其再求导一次得

$$\Delta'' = C_1' l_1 e^{l_1 s} + C_2' l_2 e^{l_2 s} + C_1 l_1^2 e^{l_1 s} + C_2 l_2^2 e^{l_2 s}$$

将 Δ，Δ'，Δ'' 代入方程（2-9-1）中并利用式（2-9-4），得到如下方程：

$$C_1' l_1 e^{l_1 s} + C_2' l_2 e^{l_2 s} = \frac{-\ddot{\theta}}{V^2} - \frac{\dot{\theta}}{V}(k_{zz} - iP) \tag{2-9-8}$$

将方程（2-9-8）与方程（2-9-7）联立解出

$$C_{1,2}' = \pm \frac{1}{l_1 - l_2}\left[-\frac{\ddot{\theta}}{V^2} - \frac{\dot{\theta}}{V}(k_{zz} - iP)\right] e^{-l_{1,2} s} \tag{2-9-9}$$

为了积分上式得到 C_1 和 C_2，先用分部积分法计算如下两个积分：

$$\int \ddot{\theta} e^{-l_{1,2} s} ds = \frac{1}{-l_{1,2}}\left(\dot{\theta} e^{-l_{1,2} s} - \int e^{-l_{1,2} s} \frac{\dddot{\theta}}{V} ds\right) \tag{2-9-10}$$

式中

$$\dot{\theta} = -\frac{g \cos\theta}{V}, \quad \ddot{\theta} = -g \cos\theta\left(b_x + \frac{2g \sin\theta}{V^2}\right)$$

由于 $\ddot{\theta}$ 已很小，$\dddot{\theta}$ 更小，故可忽略，于是得

弹箭非线性运动理论

$$\int \ddot{\theta} e^{-l_{1,2}s} ds = -\frac{\ddot{\theta}}{l_{1,2}} e^{-l_{1,2}s} \qquad (2-9-11)$$

同样的推导可得

$$\int \dot{\theta} e^{-l_{1,2}s} ds = -\frac{1}{l_{1,2}} \left(\dot{\theta} e^{-l_{1,2}s} + \frac{\ddot{\theta}}{V l_{1,2}} e^{-l_{1,2}s} \right) \qquad (2-9-12)$$

将式（2-9-10）和式（2-9-11）代入式（2-9-9）中得

$$C_{1,2} = \pm \frac{1}{l_1 - l_2} \left[\frac{\ddot{\theta}}{V^2 l_{1,2}} + \left(\frac{k_{zz} - iP}{V^2} \right) \frac{\ddot{\theta}}{l_{1,2}^2} + \frac{\dot{\theta}}{l_{1,2} V} (k_{zz} - iP) \right] e^{-l_{1,2}s} \qquad (2-9-13)$$

将 C_1 和 C_2 代入式（2-9-2）中得

$$\Delta_P = -\frac{\ddot{\theta}}{V^2} \frac{1}{l_1 l_2} - (k_{zz} - iP) \frac{\ddot{\theta}}{V^2} \left(\frac{l_1 + l_2}{l_1^2 l_2^2} \right) - \frac{\dot{\theta}}{V} (k_{zz} - iP) \frac{1}{l_1 l_2} \qquad (2-9-14)$$

利用式（2-9-5）得

$$\Delta_P = \frac{1}{M + iPT} \left[\frac{\ddot{\theta}}{V^2} + \frac{\dot{\theta}}{V} (k_{zz} - iP) \right] + \frac{(k_{zz} - iP)}{V^2} \frac{(H - iP)}{(M + iPT)^2} \ddot{\theta} \qquad (2-9-15)$$

对于非旋转弹 $P=0$，这时 Δ_P 只有实部

$$\delta_{1P} = \frac{1}{M} \left(\frac{\ddot{\theta}}{V^2} + \frac{\dot{\theta}}{V} k_{zz} \right) + \frac{k_{zz}}{V^2} \frac{H}{M^2} \ddot{\theta}$$

上式第三项数值很小，再利用 $\dot{\theta}$，$\ddot{\theta}$ 的表达式，得

$$\delta_{1P} = \frac{-g \cos \theta}{k_z V^2} \left(k_{zz} + b_x + \frac{2g \sin \theta}{V^2} \right) \qquad (2-9-16)$$

对于旋转稳定弹，阻尼力矩的影响远较重力陀螺项的影响小，即 $H \ll P$，故可将 H 略去，于是得

$$\Delta_P = \frac{1}{M + iPT} \left(\frac{\ddot{\theta}}{V^2} - \frac{iP\dot{\theta}}{V} \right) - \frac{P^2}{V^2} \frac{\ddot{\theta}}{(M + iPT)^2}$$

将上式分母实数化，并注意到 $M^2 \gg P^2 T^2$，得

$$\begin{aligned} \Delta_P &= \frac{1}{M^2} \left(\frac{\ddot{\theta}}{V^2} - i\frac{P\dot{\theta}}{V} \right) (M - iPT) - \frac{P^2}{V^2} \cdot \frac{\ddot{\theta}}{M^4} (M - iPT)^2 \\ &= -\left(\frac{P^2}{M^2 V^2} - \frac{P^4 T^2}{M^4 V^2} - \frac{1}{MV^2} \right) \ddot{\theta} - \frac{P^2 T}{M^2 V} \dot{\theta} + \\ &\quad i\left(-\frac{PM}{M^2 V} \dot{\theta} - \frac{PT}{M^2 V^2} \ddot{\theta} + \frac{2P^3 T}{M^3 V^2} \ddot{\theta} \right) \end{aligned} \qquad (2-9-17)$$

如果略去马氏力矩项并注意到 $P = 2\alpha^*/V$，$M = k_z$，$k_z^* = k_z V^2$，将式（2-9-17）实部和虚部分开后得到动力平衡角的侧向分量 δ_{2P} 和铅直分量 δ_{1P}：

$$\delta_{2P} = -\frac{P}{MV} \dot{\theta} = \frac{2\alpha^*}{k_z^*} |\dot{\theta}| \qquad (2-9-18)$$

$$\delta_{1P} = -\frac{\ddot{\theta}}{k_z^*} - \left(\frac{2\alpha^*}{k_z^*}\right)^2 \ddot{\theta} \approx \frac{2\alpha^*}{k_z^*}\dot{\delta}_{2P} \quad (2-9-19)$$

在式（2-9-19）中，因为 $(1/k_z^*) \ll (2\alpha^*/k_z^*)^2$，故第一项被略掉而只剩下第二项。

动力平衡角 $\varDelta_P$ 是由于重力的作用而产生的。弹箭在飞行中重力的法向分量（$mg\cos\theta$）使质心速度方向以 $|\dot{\theta}|$ 角速度向下转动，弹道逐渐弯曲，如果弹轴方向不跟随速度方向一起转动，势必攻角越来越大以致弹底落地。然而对于设计良好的弹箭并未出现这种情况，这说明弹轴能追随弹道切线一起下降，而弹轴的转动是力矩作用的结果，其中最主要的力矩是静力矩（稳定力矩或翻转力矩）。为了产生这种力矩，弹轴与速度方向间又必须保持有一定大小的攻角，这个攻角就是动力平衡角 $\varDelta_P$。弹道越弯曲，弹轴追随弹道切线转动所必需的力矩也越大，相应的动力平衡角 $\varDelta_P$ 的数值也越大。

由式（2-9-16）和式（2-9-17），可对非旋转弹和旋转弹不考虑马氏力矩项 T 的动力平衡角作出如下几点说明：

（1）非旋转弹的动力平衡角只有铅直分量而无侧向分量，由于 $k_z<0$，故 $\delta_{1P}>0$，即弹轴始终位于速度线上方，这种动力平衡角一方面增大了阻力，但另一方面又产生始终指向上方的升力，使尾翼弹产生滑翔效应，可使某些尾翼弹的飞行时间和射程比其质点弹道增长。

（2）旋转弹的动力平衡角有铅直分量 δ_{1P} 和侧向分量 δ_{2P}，在数值上 $|\delta_{2P}| \gg |\delta_{1P}|$，故总的动力平衡角 $\delta_P \approx \delta_{2P}$。对于右旋的静不稳定弹 $k_z>0, \delta_{2P}>0$，于是形成偏向射击面右侧的动力平衡角；对于右旋静稳定弹 $k_z<0, \delta_{2P}<0$，于是形成偏向射击面左侧的动力平衡角。对于左旋弹，因其轴向动量矩 $C\dot{\gamma}$ 是指向弹尾方向的，故式（2-9-18）和式（2-9-19）两式中的 α^* 应改为 $(-\alpha^*)$，因此静不稳定左旋弹的动力平衡角偏向射击面左侧，静稳定左旋弹的动力平衡角偏向弹道右侧。

但无论是左旋还是右旋，静稳定还是静不稳定弹，因 $(2\alpha^*/k_z^*)^2$ 与 α^*，k_z^* 的正负号无关，则 δ_{1P} 将只与 $\ddot{\theta}$ 有关。由于在弹道升弧段上 $\theta>0$，$\ddot{\theta}<0$，故总有 $\delta_{1P}>0$，即弹轴总偏在速度线上方。在降弧段上 $\theta<0$，但在 $|2g\sin\theta|<b_xV^2$ 之前仍有 $\ddot{\theta}<0, \delta_{1P}>0$，而在 $|2g\sin\theta|>b_xV^2$ 之后 $\ddot{\theta}>0$，于是 $\delta_{1P}<0$，弹轴转到速度线下方，右旋静不稳定弹的复动力平衡角 $\varDelta_P$ 曲线如图 2-9-1 所示。

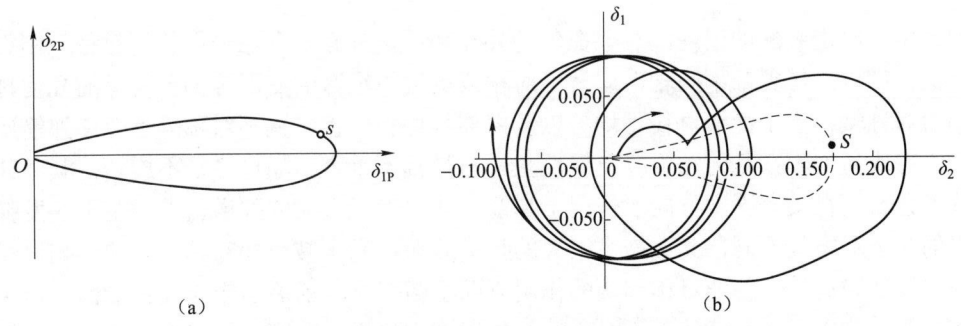

图 2-9-1 静不稳定右旋弹的复动力平衡角

(a) 小射角情况；(b) 大射角情况

（3）旋转弹由于转速较高，$\dot{\gamma}$ 和 α^* 较大，动力平衡角较大，在弹道顶点附近允许的动力平衡角可达 12°～15°。尾翼弹的动力平衡角较小，在弹道顶点允许的动力平衡为 1°～3°。

弹箭非线性运动理论

（4）由于 $k_z^* = \rho S l m_z' V^2 / 2A$，故由式（2-9-16）和式（2-9-17）可见，尾翼弹的动力平衡角与 ρV^2 成反比，旋转弹的动力平衡角按下式与 ρV^3 成反比：

$$\delta_{2P} = \frac{4C\dot\gamma}{\rho S l m_z'} \frac{g\cos\theta}{V^3} \qquad (2-9-20)$$

所以动力平衡角将随空气密度和飞行速度的减小而增大。因随弹道高增大空气密度 ρ 和飞行速度 V 减小，所以动力平衡角将随弹道升高增大。在弹道顶点处，ρ 和 V 基本上都达到最小值，而 $\theta = 0$，$\cos\theta = 1$ 达到最大，因此弹道顶点处的动力平衡角基本上取极大值。事实上，既然动力平衡角是由弹道弯曲引起的，而弹道顶点处弹道从上升转为下降，弹道最弯曲，故动力平衡角在弹道顶点附近取极大值是可以理解的。

动力平衡角过大将使阻力增大，密集度变坏，严重的甚至造成弹底着地，因此旋转稳定弹的射角不能过大（一般小于 65°，对于只用升弧段上一段的高炮，其射角可超过此限），以避免弹道过于弯曲使动力平衡角过大。

旋转弹的动力平衡角还与转速 $\dot\gamma$ 成正比，为了使动力平衡角不致过大，必须对转速加以限制，由此就导出了火炮膛线缠度的下限 $\eta_下$ 和涡轮式火箭弹喷管倾斜角的上限 $\varepsilon_上$。

由动力平衡角 δ_{2P} 形成的升力将使弹道扭曲而形成偏流，如右旋静不稳定弹将产生向右的偏流。

式（2-9-17）中含有马格努斯力矩的项一般来说数值是很小的，对动力平衡角影响不大。这些项也随弹道升高速度降低、密度减小而增大，而且由于分母中 ρ，V 的幂次更高，使其随弹道增高而增大更快。因此如果马氏力矩项 T 很大，在大射角弹道顶点处静不稳定旋转弹也可能形成左侧动力平衡角。

复动力平衡角 Δ_P 所确定的弹轴的方位称为动力平衡轴。因为弹箭角运动方程的解为齐次方程通解与重力非齐次特解之和，故弹轴运动的攻角为初始扰动产生的周期运动攻角与非周期的动力平衡角之和。故弹轴周期性章动是围绕动力平衡轴进行的，也即动力平衡轴是弹轴的平均位置。

2.10　弹箭的强迫运动和共振

弹箭由于制造装配的误差，总会在气动外形和质量分布上存在轻微的不对称。例如，弹头部、圆柱部以及尾翼部不同轴，尾翼不对称或运输中轻微的变形等都会使弹的几何轴不是空气动力对称轴；由于弹箭材料不均匀以及内部零件和位置布置不对称等都会使弹箭质量分布不均，造成质心不在几何轴上以及惯性主轴与弹轴不重合。如果弹箭不旋转，其中任一种不对称都会长期在某一固定方向上作用于弹箭，从而形成很大的弹道偏差。由于各发弹不对称因素的大小和方位不同，又会产生很大的弹道散布。为了减小非对称因素的影响，即使是尾翼弹也需低速旋转，使非对称因素的作用方向不断变化，前后的影响互相抵消。但由于弹箭旋转，非对称因素如气动外形不对称等的作用方位也不断改变，结果形成对弹箭角运动的周期性强迫干扰，如果转速选择得不恰当，反而会使角运动变大，甚至发生运动不稳。

当这些非对称因素数值不大时，弹箭的角运动仍可用原来对称弹的角运动方程来描述，只不过在角运动方程右边增加了一个强迫干扰项，这时的角运动方程如下：

$$\Delta'' + (H - \mathrm{i}P)\Delta' - (M + \mathrm{i}PT)\Delta = B\mathrm{e}^{\mathrm{i}\gamma} \qquad (2-10-1)$$

式中

$$\gamma = \int_0^s \dot{\gamma} \mathrm{d}s = \int_0^s \frac{\dot{\gamma}}{V}\mathrm{d}s \qquad (2-10-2)$$

在 $\dot{\gamma}/V$ 为常数时，可得

$$\gamma = æs ; \quad æ = \frac{\dot{\gamma}}{V} = \frac{\mathrm{d}\gamma}{\mathrm{d}s} \qquad (2-10-3)$$

方程（2-10-1）右边的 B 对于不同的非对称因素有不同的表达式。例如，对于气动外形不对称的非旋转弹，当弹轴与速度方向一致或即攻角为零时法向力和静力矩并不为零，而是在有复攻角 Δ_{N0} 时法向力才等于零，在有复攻角 Δ_{M0} 时静力矩才等于零。于是复法向力和复静力矩应该用下式计算：

$$\boldsymbol{F}_N = mb_N V^2 (\boldsymbol{\Delta} - \boldsymbol{\Delta}_{N0}) \qquad (2-10-4)$$

$$\boldsymbol{M}_z = \mathrm{i}Ak_z V^2 (\boldsymbol{\Delta} - \boldsymbol{\Delta}_{M0}) \qquad (2-10-5)$$

显然，式（2-10-4）和式（2-10-5）指出当 $\Delta = \Delta_{N0}$ 时 $F_N = 0$，当 $\Delta = \Delta_{M0}$ 时 $M_z = 0$。Δ_{N0} 和 Δ_{M0} 都称为复气动偏心角，也可称为气动非对称弹的平衡攻角。一般情况下 $\Delta_{N0} \neq \Delta_{M0}$，但对于尾翼弹 $\Delta_{N0} \approx \Delta_{M0}$。

当弹箭以角速度 $\dot{\gamma}$ 旋转时，相对于弹体来说方位固定的复气动偏心角 Δ_{M0}，Δ_{N0} 也将随之旋转，改变了它们相对于非滚转坐标系的方位，在经过弧长 s 后弹箭转过了 γ 角，而 $\gamma = \dot{\gamma}(s/V) = æs$，相应的气动偏心角也转过 γ 角，于是弹箭的法向力和静力矩为

$$\boldsymbol{F}_N = mb_N V^2 \boldsymbol{\Delta} - mb_N V^2 \boldsymbol{\Delta}_{N0}\mathrm{e}^{\mathrm{i}\gamma} \qquad (2-10-6)$$

$$\boldsymbol{M}_z = \mathrm{i}Ak_z V^2 \boldsymbol{\Delta} - \mathrm{i}Ak_z V^2 \boldsymbol{\Delta}_{M0}\mathrm{e}^{\mathrm{i}\gamma} \qquad (2-10-7)$$

将式（2-10-6）和式（2-10-7）的法向力和静力矩分别代入质心横向运动方程（2-2-23）以及转动方程（2-2-25）中，则方程（2-5-1）右边将增加一项 $b_N \Delta_{N0}\mathrm{e}^{\mathrm{i}\gamma}$，方程（2-5-2）右边将增加项 $-\mathrm{i}k_z \Delta_{M0}\mathrm{e}^{\mathrm{i}\gamma}$，经整理后即得到形如式（2-10-1）的方程，而式中的 B 为

$$B = -k_z \Delta_{M0} + \mathrm{i}P\left(\frac{A}{C} - 1\right)b_N \Delta_{N0} \qquad (2-10-8)$$

对于质量分布不均引起的动力不平衡，也可导出相应的 B 的表达式

$$B = \left(1 - \frac{C}{A}\right)\beta_D \, æ^2 \qquad (2-10-9)$$

式中，β_D 为弹轴与惯性主纵轴之间的夹角（见参考文献 [1]）。

方程（2-10-1）为一个二阶线性非齐次方程，由于方程右边强迫项为指数函数，根据常微分方程理论，在 $æ$ 不等于齐次方程特征根的情况下其特解有如下形式：

$$\Delta_3 = K\mathrm{e}^{\mathrm{i}\phi_3} \qquad (2-10-10)$$

$$\phi_3 = \gamma + \phi_{30} \qquad (2-10-11)$$

方程的全解为

$$\Delta = K_1 \mathrm{e}^{\mathrm{i}\phi_1} + K_2 \mathrm{e}^{\mathrm{i}\phi_2} + K_3 \mathrm{e}^{\mathrm{i}\phi_3} \qquad (2-10-12)$$

弹箭非线性运动理论

式中

$$K_j = K_{j0} e^{\lambda_j s} \qquad (2-10-13)$$

$$\phi_j = \phi_j' s + \phi_{j0} \quad (j = 1, 2) \qquad (2-10-14)$$

因此，弹轴运动在复平面上画出的曲线由 3 个圆运动叠加而成，故称这种运动为三圆运动。其中前两个圆运动是由初始扰动产生的，K_{10}，K_{20} 由初始条件确定。但应注意，由于特解 Δ_3 在 $s=0$ 时不为零，故 K_{10}，K_{20}，ϕ_{10}，ϕ_{20} 不能用式（2-7-8）和式（2-7-9）计算。在弹箭动态稳定的前提下（$\lambda_1 < 0$，$\lambda_2 < 0$），自由运动被逐渐衰减掉而只剩下第 3 个圆运动，第 3 个圆运动即周期性非齐次强迫项产生的强迫运动。它不随飞行弧长的增加而衰减，并且其幅值与强迫频率（即弹箭自转频率）和自由运动频率有关。

将特解 Δ_3 代入方程（2-10-1）中并比较等式两边系数得

$$K_3 e^{i\phi_{30}} = \frac{B}{-\text{æ}^2 + i\text{æ}(H - iP) - (M + iPT)} \qquad (2-10-15)$$

利用式（2-7-55）和式（2-7-56）可将上式改写成如下形式：

$$K_3 e^{i\phi_{30}} = \frac{B}{[i(\text{æ} - \phi_1') - \lambda_1][i(\text{æ} - \phi_2') - \lambda_2]} \qquad (2-10-16)$$

由此得强迫运动振幅为

$$K_3 = \frac{B}{\sqrt{[(\text{æ} - \phi_1')^2 + \lambda_1^2][(\text{æ} - \phi_2')^2 + \lambda_2^2]}} \qquad (2-10-17)$$

若无阻尼，即在 $\lambda_1 = \lambda_2 = 0$ 的情况下，只要关于弧长的自转角速度 æ 与快进动圆频率 ϕ_1' 或慢进动圆频率 ϕ_2' 之一相等，也即只要具备下述条件之一或两条件同时具备：

$$\text{æ} = \phi_1', \quad \text{æ} = \phi_2' \qquad (2-10-18)$$

K_3 将变成无穷大，此时便是发生了共振，复攻角 Δ 的模也随之成为无穷大，于是产生运动不稳，通常称这种不稳定为共振不稳。

实际弹箭的 λ_1 和 λ_2 并不等于零，也就是阻尼或大或小总是存在的，这时由于 ϕ_1'，ϕ_2'，λ_1，λ_2 都与 æ 有关［式（2-8-7）和式（2-8-8）］，使 K_3 的极大值条件并不是式（2-10-18），而且极大值也不会无穷大。但由于阻尼指数的数值很小，故式（2-10-18）可以近似作为共振的条件。

由于在所有气动力矩中静力矩数值最大，故弹箭快慢圆运动频率与仅考虑静力矩的频率相差很小，故 ϕ_1'，ϕ_2' 仍可用式（2-7-32）表示，即

$$\phi_{1,2}' = \frac{1}{2}\left(P \pm \sqrt{P^2 - 4M}\right) = \frac{C\text{æ}}{2A}\left(1 \pm \sqrt{1 - \frac{1}{s_g}}\right) \qquad (2-10-19)$$

由此式可见

$$\phi_1' > \frac{P}{2} = \frac{C\dot{\gamma}}{2AV} = \frac{C}{2A}\text{æ} \qquad (2-10-20)$$

$$\phi_2' < \frac{P}{2} = \frac{C}{2A}\text{æ} \qquad (2-10-21)$$

由于转动惯量比 C/A 对于旋转稳定弹只有 0.1 左右，对于尾翼弹只有 0.01 左右，因此，虽然

106

理论上讲只要 $æ=\phi_1'$ 或 $æ=\phi_2'$ 就发生共振,而实际上 ϕ_2' 是不可能等于 $æ$ 的,只有 ϕ_1' 可能等于 $æ$。由此可知,只有当弹箭转速等于快进动频率 ϕ_1' 时才发生共振。再从 ϕ_1' 的表达式得

$$\frac{\phi_1'}{æ} = \frac{C}{2A}\left(1 + \sqrt{1 - \frac{1}{s_g}}\right) \quad (2-10-22)$$

对于静不稳定弹,因为 $s_g>1$,故 $\sqrt{1-1/s_g}<1$,则由式(2-10-22)知 $(\phi_1'/æ)<(C/A)$,这表示静不稳定旋转弹的快进动频率远远小于弹箭自转频率,故静不稳定旋转弹不可能产生共振。

只有静稳定低旋弹,由于 $k_z=M<0$,使 $s_g<0$,当转速较低时 $|s_g|$ 数值较小,而式(2-10-22)根号内可以是很大的正数,才有可能出现 $\phi_1'=æ$ 的情况。因此,实际上只有低速旋转尾翼弹才会发生共振。为了避免共振,弹箭自转频率应远离快进动频率,通常要比自转频率高3倍以上。

对于低速旋转尾翼弹,由于转速低而静力矩很大,故 P 很小而 M 很大。由式(2-7-29)知,快进动频率 ϕ_1' 可近似用下式计算:

$$\phi_1' \approx \sqrt{-M} = \sqrt{-k_z} \quad (2-10-23)$$

由式(2-7-53)知,攻角变化频率为 $\omega_c \approx \sqrt{-k_z}$,因此共振条件 $\phi_2'=æ$ 也可改为

$$æ = \omega_c \approx \sqrt{-k_z} \quad (2-10-24)$$

式(2-10-24)表示当自转频率 $æ$ 等于攻角变化频率 ω_c 时即发生共振。

由于攻角波长 $\lambda_m = 2\pi/\omega_c = 2\pi/\sqrt{-k_z}$,则当弹箭飞过一个波长时,其自转的转数为

$$n_\lambda = \frac{\gamma' \cdot \lambda_m}{2\pi} = \frac{æ\lambda_m}{2\pi} = \frac{æ}{\sqrt{-k_z}} \quad (2-10-25)$$

显然在 $n_\lambda=1$ 时即满足共振条件式(2-10-24)。因此在弹箭每飞过一个波长恰好自转一周时就产生共振,或即共振条件也可写成

$$n_\lambda = 1 \quad (2-10-26)$$

在弹箭共振问题中,放大系数是一个比较重要的概念,当弹箭不旋转时 $P=æ=0$,由式(2-10-15)得

$$K_{30} = \frac{B}{-M} \quad (2-10-27)$$

式(2-10-27)表示在一个常值干扰力矩作用下所产生的定常攻角,或者说是对应于非周期强迫项的特解,可称为"静攻角",相当于弹簧振动中的静伸长。

所谓放大系数,定义为周期干扰力矩作用下稳态强迫振动的振幅与静攻角幅值之比。将式(2-10-17)与式(2-10-27)相比即得放大系数 μ

$$\mu = \frac{|k_z|}{\sqrt{[(æ-\phi_1')^2+\lambda_1^2][(æ-\phi_2')^2+\lambda_2^2]}} \quad (2-10-28)$$

在 $æ=0$ 时,利用式(2-7-59)算得 $\mu=|k_z|/(-M)=1$,还可算得共振($æ=\phi_1'$)处 $\mu=|k_z|/\left(\lambda_1\sqrt{\lambda_2^2+4|k_z|}\right)$。

对于低旋尾翼弹 $\phi_1' \approx -\phi_2' \approx \sqrt{-k_z}$, $\lambda_1=\lambda_2=-H/2=\lambda$,上式可改写为

弹箭非线性运动理论

$$\mu = \cfrac{1}{\sqrt{\left[\left(\cfrac{æ}{\sqrt{-k_z}}-1\right)^2+\cfrac{\lambda^2}{|k_z|}\right]\left[\left(\cfrac{æ}{\sqrt{-k_z}}+1\right)^2+\cfrac{\lambda^2}{|k_z|}\right]}} \qquad (2-10-29)$$

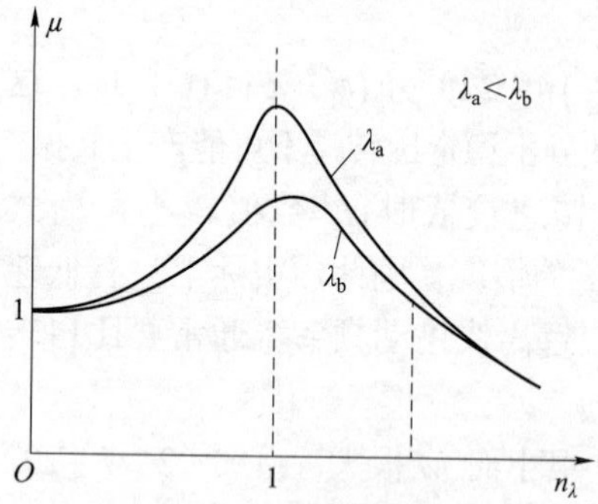

图 2-10-1　强迫运动的放大曲线
（或响应曲线）

因为 λ^2/k_z 很小，故由式（2-10-29）知：在 $æ=\sqrt{-k_z}$ 时，μ 近似取极大值，即共振时放大倍数最大；当 $æ<\sqrt{-k_z}$ 时，μ 将随 $æ$ 增大而增大；当 $æ>\sqrt{-k_z}$ 时，μ 将随 $æ$ 的增大而减小；$æ\to\infty$ 时，$\mu\to0$，如图 2-10-1 所示。

在 $æ/\sqrt{-k_z}=\sqrt{2}$ 时 $\mu\approx1$，这时稳态强迫振动的幅值与静攻角幅值相等，为了减小稳态攻角幅值，应使 $æ>\sqrt{2}\sqrt{-k_z}$，实际上通常令 $æ>3\sqrt{-k_z}$，即让自转角速度高于 3 倍摆动频率，但转速也不能太高，否则会因马氏力矩过大而产生动态不稳。

图 2-10-1 所示为根据式（2-10-29）画出的放大系数 μ 随波长转数 $n_\lambda=æ/\sqrt{-k_z}$ 变化的曲线，也称响应曲线，从图中可清楚地看到上面讨论的性质，同时还可看到阻尼越大放大系数 μ 越小。

上面的讨论都是基于转速 $\dot\gamma$ 不变的情况而讲的，如果转速 $\dot\gamma$ 是变化的，这时非齐次方程（2-10-1）的解将不是式（2-10-15），在转速 $\dot\gamma$ 通过共振点时也不会发生共振。但如果弹箭在某些与滚转方位角有关的力和力矩作用下使转速 $\dot\gamma$ 长期停留在共振转速附近，也即发生转速闭锁时，同样会发生共振，这将在第 3 章中讲述。

在不发生转速闭锁的情况下，变转速非齐次方程的特解可用常数变易法求得，结果如下：

$$\Delta_3=\frac{B}{\lambda_2-\lambda_1+\mathrm{i}(\phi_1'-\phi_2')}\left[\int_0^s \mathrm{e}^{(\lambda_1+\mathrm{i}\phi_1')(s-s_1)}-\mathrm{e}^{(\lambda_2+\mathrm{i}\phi_2')(s-s_1)}\right]\mathrm{e}^{\mathrm{i}r(s_1)}\,\mathrm{d}s_1 \qquad (2-10-30)$$

式中，s_1 为积分变量，而

$$\gamma(s_1)=\int_0^{s_1}\frac{\dot\gamma}{V}\,\mathrm{d}s_1 \qquad (2-10-31)$$

最后应指出，在弹箭非线性运动理论中将会看到，常转速情况下非对称干扰因素除了可形成谐波响应（$\phi_3'=\gamma'=æ$）外，还可以形成复攻角变化频率约为 1/3 自转频率的广义次谐波响应，广义次谐波响应的幅值可以是谐波响应幅值的几百倍，一旦出现这种现象必然导致弹箭飞行不稳。

108

第 3 章
非线性诱导滚转力矩以及变系数的影响

在现有的弹箭飞行理论中，多研究的是气动力随攻角以及弹轴摆动而变化情况下的弹箭运动特性。上一章是讲述气动力和力矩与攻角呈线性关系条件下弹箭的运动规律，下一章起要研究气动力和力矩与攻角成非线性关系条件下的运动特性，但很少有研究绕弹轴的滚转力矩与攻角成非线性条件下的弹箭运动特性，本章对此做一点补充。

此外，弹箭角运动方程中的参数（或系数）一般而言是随弹箭运动情况和运动环境而变化的，只是为了解决数学上的困难采用系数冻结法将其当作常系数处理。然而，这只能在冻结点小范围内应用，当系数在大范围内连续地改变时系数冻结法就有原理性缺陷，这时就应采用数学中的变系数方法来解决。

变系数微分方程与非线性微分方程一样，没有像常系数微分方程那样有一套成熟、固定、通用的求解方法，只能遇到具体问题采用具体的方法求解，通常只能采用近似方法去逼近。因此常将微分方程变系数问题作为非线性微分方程研究的一个内容，以区别于求解线性微分方程的一套理论和方法。

3.1 尾翼式低速旋转弹箭的转速闭锁与灾变性偏航

这一节讨论的尾翼式低速旋转弹箭，包括尾翼式低速旋转火箭弹，低速旋转的航空炸弹、迫击炮弹和导弹等弹箭。这里所讲的低速旋转，也包括由于弹箭外形的不对称性而引起的低速旋转。低速旋转尾翼弹一个重要问题是共振问题。

共振的危害已为设计者所知，故在转速设计时，总是将自转角速度设计得远离俯仰运动频率，理论上本不应该发生共振，即使由于转速逐渐上升过程中必定要通过共振频率区，但因在此共振频率区内停留的时间很短，所以也不会形成不稳定运动。然而，某些按通常理论转速和动态稳定性设计合理的弹箭仍偶尔会发生飞行不稳，或出现不衰减的大攻角圆锥摆动，产生近弹和掉弹，这种现象出现的原因之一很可能就是发生了所谓的转速闭锁和灾变性偏航，也即弹箭转速在变化过程中通过共振区时被锁定在共振转速附近，形成很大振幅，共振不稳定，或者再加上诱导侧向力矩的作用，使攻角变得很大，导致近弹和掉弹。而这种现象与弹箭所受的诱导滚转力矩和诱导侧向力矩有关。

在这一章里将要详细地阐述诱导滚转力矩和诱导侧向力矩的产生机理，同时引出"转速闭锁"的概念，分析诱导侧向力矩对动态稳定性的影响。

3.1.1 诱导滚转力矩和诱导侧向力矩

在一般弹箭空气动力学里，均认为轴对称尾翼弹的气动力与弹箭的滚转方位无关，但仔细观察和测试会发现，情况并非如此，轴对称尾翼弹箭的气动力也是与弹箭的滚转方位角有关的。

当弹箭以攻角 δ 飞行时，将产生垂直于弹轴的横流 $v\sin\delta$。横流绕弹体流动，在小攻角时附面层不分离，气流紧贴弹表面流动；大攻角时，弹体背风面拖出两道旋涡，如图 3-1-1 (a) 所示，旋涡从弹头向下游弹尾逐渐加强，攻角越大，旋涡强度也越大。当弹体装上尾翼后，攻角较大时尾翼上也产生旋涡。

下面以十字形尾翼为例，观察弹箭尾部横截面上的旋涡分布情况，解释诱导滚转力矩是怎样产生的。至于 6 片尾翼或 n 片尾翼情况与 4 片情况类似，可仿此进行分析。

选取其中一片翼面（图中 A—A 翼面）为标准，此翼面与攻角面的夹角记为翼面方位角 γ_1。当此翼面正好处于攻角面内弹体背风一侧时，$\gamma_1 = 0°$，如图 3-1-1 (b) 所示，此时弹箭关于攻角面是镜面对称的，因此攻角面两侧的气流和旋涡分布以及压力分布也是镜面对称的。尽管对一片侧向尾翼来说，翼面上下压力不同会形成作用于翼面的法向力、对纵轴的滚转力矩以及对质心的俯仰力矩，但由于左右翼面上所产生的力矩是方向相反、大小相等的，结果不形成诱导滚转力矩和诱导侧向力矩。当 $\gamma_1 = 45°$ 时，攻角面两侧气流和压力分布也是关于攻角面镜面对称的，如图 3-1-1 (c) 所示，故也不形成诱导滚转力矩和诱导侧向力矩，但升力和静力矩大小实际会有所变化。

对于 4 尾翼弹，γ_1 每变化 90°，弹箭相对于攻角面的状态实际上是相同的。对 n 尾翼弹，γ_1 每变化 $2\pi/n$，弹箭相对于攻角面的状态实际上恢复相同。所以对 4 片尾翼，$\gamma_1 = 135°$，225°，315° 的情况与 $\gamma_1 = 0°$ 时的情况一样；$\gamma_1 = 90°$，180°，270°，360° 的情况与 $\gamma_1 = 45°$ 时的情况一样，都不会产生诱导滚转力矩和诱导侧向力矩。

图 3-1-1 (d) 所示为 $\gamma_1 = 22.5°$ 时气流和旋涡的分布情况，这时，流经弹体和尾翼的横流以及压力分布关于攻角面不再镜面对称，于是形成了垂直于攻角面的合力 N_s、诱导滚转力矩 M_{xs} 以及使弹轴垂直攻角面摆动的诱导侧向力矩 M_{ys}。定义指向攻角面左侧的 N_s 为正，N_s 的作用显然与马氏力相当；定义使弹轴向左摆出攻角面的 M_{ys} 为正，即 M_{ys} 的向量方向在攻角面内从速度矢端垂直指向弹轴的方向为正，M_{ys} 的作用显然与马氏力矩的作用相当，因此诱导侧向力矩必然也是破坏弹箭动态稳定性的不利因素。

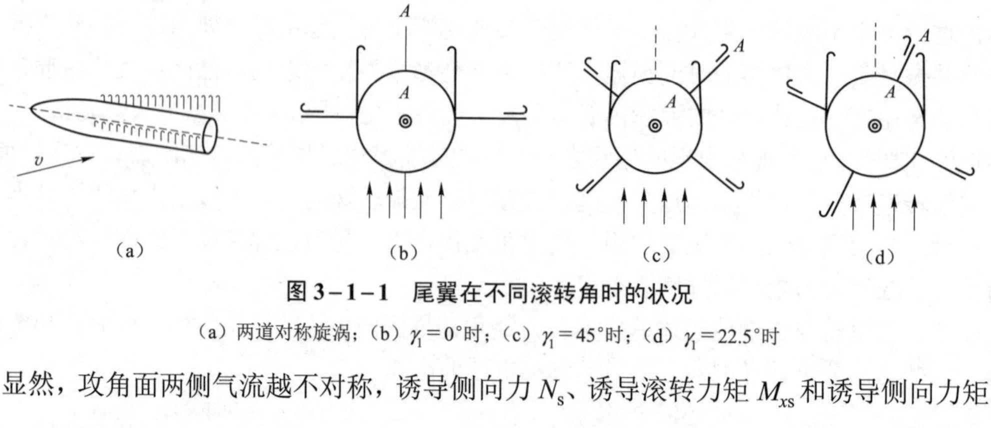

图 3-1-1　尾翼在不同滚转角时的状况

(a) 两道对称旋涡；(b) $\gamma_1 = 0°$ 时；(c) $\gamma_1 = 45°$ 时；(d) $\gamma_1 = 22.5°$ 时

显然，攻角面两侧气流越不对称，诱导侧向力 N_s、诱导滚转力矩 M_{xs} 和诱导侧向力矩 M_{ys}

越大。由于 $\gamma_1=0°$ 和 $\gamma_1=45°$ 都是攻角面两侧气流对称位置,所以 $\gamma_1=22.5°$ 是攻角面两侧气流不对称性最大的位置。当 γ_1 从 $0°$ 增大到 $22.5°$ 时,N_s,M_{xs},M_{ys} 从零增大到极大值;γ_1 从 $22.5°$ 增大到 $45°$ 时,N_s,M_{xs},M_{ys} 又逐渐减小到零。

由于 4 片相同的弹翼是绕弹体轴对称分布的,故当基准面位于 $45°\sim90°$ 时,与基准面反转一个角度位于 $-45°\sim0°$ 时弹的姿态相同,这时攻角面两侧气流分布的不对称性恰与 $\gamma_1=0°\sim45°$ 的情况相反,因此 N_s,M_{xs},M_{ys} 的方向都反过来。因此 $\gamma_1=45°$ 和 $\gamma_1=90°$ 时的 N_s,M_{xs},M_{ys} 也等于零,故 $\gamma_1=67.5°$ 时气流的不对称性最大,其 N_s,M_{xs},M_{ys} 的大小与 $\gamma_1=22.5°$ 时的大小相等,但方向相反。γ_1 从 $45°\to67.5°\to90°$ 时,N_s,M_{xs},M_{ys} 也是由零变到最大(但符号相反)再变到零。因此,γ_1 从 $0°\to45°\to90°$ 时 N_s,M_{xs},M_{ys} 恰好变化一周。由此可见,N_s,M_{xs},M_{ys} 是 γ_1 的周期函数,周期为 $\pi/2$,并可见它们是 γ_1 的奇函数,即

$$N_s(\gamma_1)=-N_s(-\gamma_1),\quad M_{xs}(-\gamma_1)=-M_{xs}(-\gamma_1),\quad M_{ys}(-\gamma_1)=-M_{ys}(-\gamma_1)$$

因此可将它们展成只含奇次项的富氏级数,即它们可以一般地写成如下形式:

$$N_s(\gamma_1,\delta)=\frac{\rho v^2 S}{2}\sum_{m=2k+1}^{\infty}c_{Nsm}(\delta)\sin^m(4\gamma_1)\quad k=0,1,2,\cdots \qquad (3-1-1)$$

$$M_{xs}(\gamma_1,\delta)=\frac{\rho v^2 Sl}{2}\sum_{m=2k+1}^{\infty}m_{xsm}(\delta)\sin^m(4\gamma_1)\quad k=0,1,2,\cdots \qquad (3-1-2)$$

$$M_{ys}(\gamma_1,\delta)=\frac{\rho v^2 Sl}{2}\sum_{m=2k+1}^{\infty}m_{ysm}(\delta)\sin^m(4\gamma_1)\quad k=0,1,2,\cdots \qquad (3-1-3)$$

式中已将富氏级数表示为 δ 的函数,这是因为 N_s,M_{xs},M_{ys} 显然随攻角增大而增大(即随横流 $v\sin\delta$ 增大而增大),故它们是攻角的函数,图 3-1-2 所示为 M_{xs} 随攻角变化的示意图。一般说来,c_N,m_{xs},m_{ys} 是 δ 的非线性函数。此外,由上述表达式还可见,对于基波 $m=1$ 来说,γ_1 每变化 $\pi/2$,则 $4\gamma_1$ 变化 2π,N_s,M_{xs},M_{ys} 正好变化一周。

为了简化问题,我们只考虑 N_s,M_{xs},M_{ys} 的基波,并设它们均是攻角的线性函数,则有

$$N_s=mb_s v^2\delta\sin(4\gamma_1),\ b_s=\rho S c'_N/(2m),\ c'_N=\partial c_N/\partial\delta \qquad (3-1-4)$$

$$M_{xs}=Ck_{xs}v^2\delta\sin(4\gamma_1),\ k_{xs}=\rho Sl m'_{xs}/(2C),\ m'_{xs}=\partial m_{xs}/\partial\delta \qquad (3-1-5)$$

$$M_{ys}=Ak_{ys}v^2\delta\sin(4\gamma_1),\ k_{ys}=\rho Sl m'_{ys}/(2A),\ m'_{ys}=\partial m_{ys}/\partial\delta \qquad (3-1-6)$$

它们都是按正弦规律变化的,图 3-1-3 所示为 $m_{xs}>0$ 时 M_{xs} 随 γ_1 变化的图形。

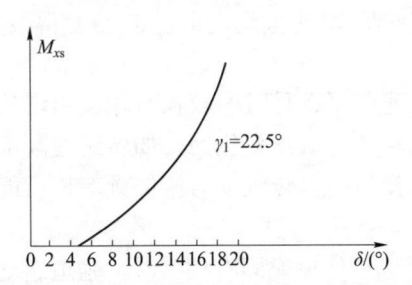

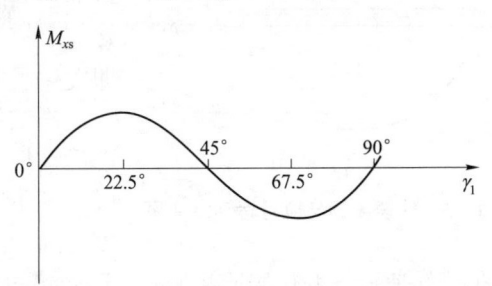

图 3-1-2 诱导滚转力矩 M_{xs} 与攻角 δ 的关系   图 3-1-3 诱导滚转力矩 M_{xs} 与相对滚转角 γ_1 的关系

轴对称弹箭的诱导滚转力矩和诱导侧向力矩主要与尾翼和弹翼面的形状与布置有关,上面讲的是直尾翼形状,如果是卷弧翼,则情况与上面讲的情况明显不同,即使一对卷弧翼在

攻角面内（对于 4 片尾翼弹，此时 $\gamma_1 = 0°$ 或 $90°$ 或 $180°$ 或 $270°$），气流关于攻角面左右仍不对称，仍会产生诱导滚转力矩和诱导侧向力矩，如图 3-1-4（a）所示。

另外，即使攻角为零，各翼面上压力分布情况相同，但由于翼面向同一方向卷曲，也会产生诱导滚转力矩，如图 3-1-4（b）所示。图 3-1-4（c）所示为没有一对翼面处于攻角面内的情况，气流不对称情况加大。因此卷弧翼的诱导滚转力矩和诱导侧向力矩比平直翼的大，其平均值不为零。图 3-1-4（d）所示为其大小的定性变化示意图。

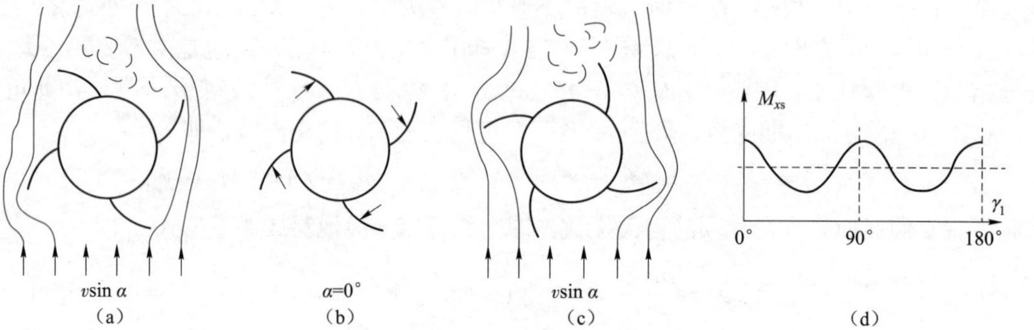

$v\sin\alpha$ $\alpha=0°$ $v\sin\alpha$

M_{xs} γ_1 $0°$ $90°$ $180°$

（a） （b） （c） （d）

图 3-1-4　卷弧翼的诱导滚转力矩和诱导侧向力矩定性分析图

不仅如此，试验和计算还表明，这种翼在超声速和亚声速条件下的诱导滚转力矩方向还可能反过来，致使弹箭在从亚声速到超声速再回亚声速的过程中滚转方向有可能来回改变。总之，与直尾翼相比，卷弧翼的诱导滚转力矩大，变化也较为复杂。

3.1.2　转速闭锁问题

我们知道，在常转速下，轻微不对称弹箭的角运动是三圆运动。对于动态稳定的弹箭，由齐次方程特征根引起的二圆运动将逐渐被衰减掉，最后只剩下由不对称性引起的强迫运动，$\Delta_3 = K_3 \mathrm{e}^{\mathrm{i}\gamma}$，其中 $\gamma = \dot{\gamma}t + \gamma_0$，它是一个圆频率为 $\dot{\gamma}$ 的圆运动。由于弹箭也以 $\dot{\gamma}$ 自转，于是弹箭将总是以相同的一面对着速度方向线，如图 3-1-5 所示。这与月球绕地球旋转的情况类似，由于月球的自转角速度与它绕地球公转的角速度相等，故月球总是以固定不变的一面面对地球，因此称弹箭的这种运动为"似月运动"。如果这种转速又接近弹箭俯仰频率，则圆运动半径 K_3 将变得很大，即发生了共振。

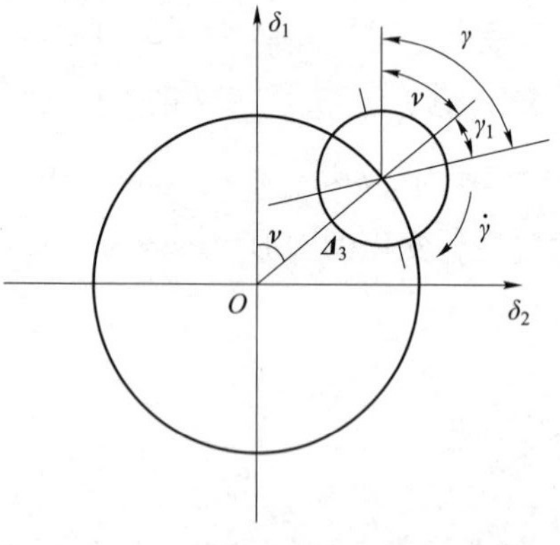

不过这只是转速不变而且时间较长时才会出现的稳态运动情况，如果转速一直是变化的，如转速逐渐上升或逐渐下降阶段，弹箭的自转频率与俯仰频率只可能在短时间相同，也就不会发生共振。

图 3-1-5　转速闭锁与似月运动示意图

但当转速连续变化接近共振时，即弹箭自转频率接近俯仰偏航固有频率时，强迫运动的攻角 Δ_3 还是较大的，而且在自由运动攻角已衰减掉的情况下，弹箭的角运动仍接近于一圆运动，这时因攻角较大，诱导滚转力矩和诱导侧向力矩就很大，它们有可能使转速锁定在某个固定值上形成所谓的转速闭锁。如果转速被锁定在弹箭俯仰频率附近，就会对弹箭的角运动造成很大影响。下面就来分析转速闭锁形成的机理。

在图 3-1-5 中，设攻角面与固定平面的夹角为 ν，$\dot{\nu}$ 为攻角面转动频率或俯仰运动频率，又设基准尾翼面与攻角面的夹角为 γ_1，基准尾翼面相对于固定平面的夹角为 γ，则三个角度之间的关系为

$$\gamma_1 = \gamma - \nu, \quad \dot{\gamma}_1 = \dot{\gamma} - \dot{\nu} \tag{3-1-7}$$

在 Δt 时间内，γ_1 的改变量为

$$\Delta \gamma_1 = \int_0^{\Delta t} (\dot{\gamma}_1 - \dot{\nu}) \mathrm{d}t \tag{3-1-8}$$

因为对周期性非对称干扰因素的响应运动或即强迫运动来说，其圆运动频率 $\dot{\nu}$ 的变化总是要滞后于自转频率的变化，故当 $\dot{\gamma}_1$ 增大或减小时，$\Delta \gamma_1$ 也随之为正或为负。

在考虑了诱导滚转力矩 M_{xs} 后，弹箭的转速方程如下：

$$\mathrm{d}\dot{\gamma}/\mathrm{d}t = k_{xw} v^2 \varepsilon - k_{xz} v \dot{\gamma} + k_{xs} v^2 \delta \sin(4\gamma_1) \tag{3-1-9}$$

式中，ε 为尾翼斜置角。如果在 γ_1 变化中有某一个 γ_1 角使上式右边为零，即

$$k_{xw} v^2 \varepsilon - k_{xz} v \dot{\gamma} + k_{xs} v^2 \delta \sin(4\gamma_1) = 0 \tag{3-1-10}$$

此时 $\ddot{\gamma} = 0$，转速 $\dot{\gamma}$ 暂时不变，这种 γ_1 角称为转速变化的平衡点，记为 γ_{1s}。解式（3-1-10）得

$$4\gamma_{1s} = \arcsin\left(\frac{k_{xw} v^2 \varepsilon - k_{xz} v \dot{\gamma}}{-k_{xs} v^2 \delta}\right) \tag{3-1-11}$$

显然，当

$$\left|\left(\frac{k_{xw} v^2 \varepsilon - k_{xz} v \dot{\gamma}}{-k_{xs} v^2 \delta}\right)\right| > 1 \tag{3-1-12}$$

时不可能解出 γ_{1s}，也即当诱导滚转力矩最大值 $k_{xs} v^2 \delta$ 小于导转力矩与极阻尼力矩之差时，就不可能存在使 $\ddot{\gamma} = 0$ 的平衡点。

增大攻角，亦能增大诱导滚转力矩。因此，由式（3-1-11）右边括号内表达式的绝对值小于 1 的条件，得到有平衡点 γ_{1s} 存在的最小攻角 δ^*：

$$\delta^* = \left|(k_{xw} v^2 \varepsilon - k_{xz} v \dot{\gamma}) / (k_{xs} v^2)\right| \tag{3-1-13}$$

当 $\delta = \delta^*$ 时，式（3-1-11）右边括号内式子的值恰好为 ± 1，此时解出的 γ_{1s} 就是最大诱导滚转力矩出现的地方，即 $\gamma_1 = 22.5°$，$67.5°$，$112.5°$，$157.5°$，…。

当 $\delta > \delta^*$ 时，γ_1 无须在 M_{xs} 的峰值处（即 $\gamma_1 = 22.5°$，$67.5°$，$112.5°$，$157.5°$，…处）也能使 $\ddot{\gamma} = 0$。

在转速上升阶段，导转力矩大于阻尼力矩，即 $k_{xw} v^2 \varepsilon - k_{xz} v \dot{\gamma} > 0$，故只有当诱导滚转力矩为负，才能使式（3-1-10）为零。如果 $k_{xs} > 0$，则诱导滚转力矩在后半周期为负，故 γ_{1s} 应在 $45° \sim 90°$。在 $\delta > \delta^*$ 时，由式（3-1-11）可解出两个平衡点，一个大于 $67.5°$，另一个小于 $67.5°$，如图 3-1-6 所示。反之，如果 $k_{xs} < 0$，则 γ_{1s} 应在 $0° \sim 45°$，在 $\delta > \delta^*$ 时，一个 γ_{1s} 小于 $22.5°$，另一个大于 $22.5°$，如图 3-1-7 所示。在转速下降阶段，情况正好相反，如果 $k_{xs} > 0$，则 γ_{1s} 在 $22.5°$ 两边；如果 $k_{xs} < 0$，则 γ_{1s} 在 $67.5°$ 两边。

剩下的问题是在 $\delta > \delta^*$ 存在平衡点的情况下是否有稳定平衡点。所谓稳定平衡点，是指当 γ_1 离开 γ_{1s}（即 $\gamma_1 \neq \gamma_{1s}$）而造成 $\ddot{\gamma} \neq 0$ 和 $\dot{\gamma}$ 略有变化时，诱导滚转力矩能使 γ_1 重新回到 γ_{1s} 上，

弹箭非线性运动理论

重新建立起 $\ddot{\gamma}=0$，$\dot{\gamma}$ 不变的状态，这样的 γ_{1s} 即稳定平衡点，这时 $\dot{\gamma}$ 将能保持不变，形成转速闭锁；反之，如果 γ_1 离开 γ_{1s} 一点后，诱导滚转力矩使 γ_1 更进一步远离 γ_{1s}，$\dot{\gamma}$ 也越远离平衡点转速 $\dot{\gamma}_s$，这就是不稳定平衡点，在不稳定平衡点处不可能形成转速闭锁。

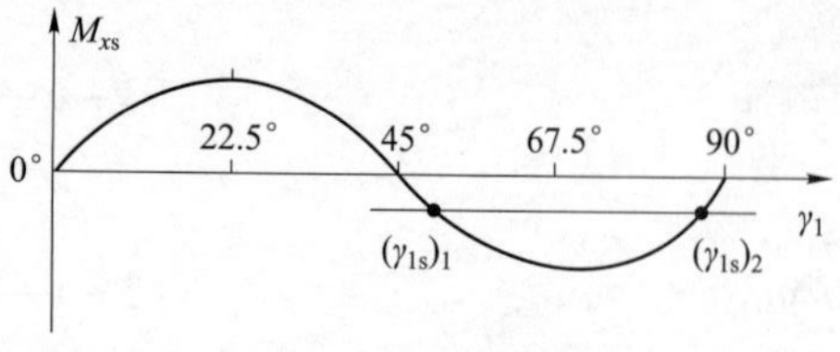

图 3-1-6　$k_{xs}>0$ 和 $\delta>\delta^*$ 时 γ_{1s} 所在位置　　　图 3-1-7　$k_{xs}<0$ 和 $\delta>\delta^*$ 时 γ_{1s} 所在位置

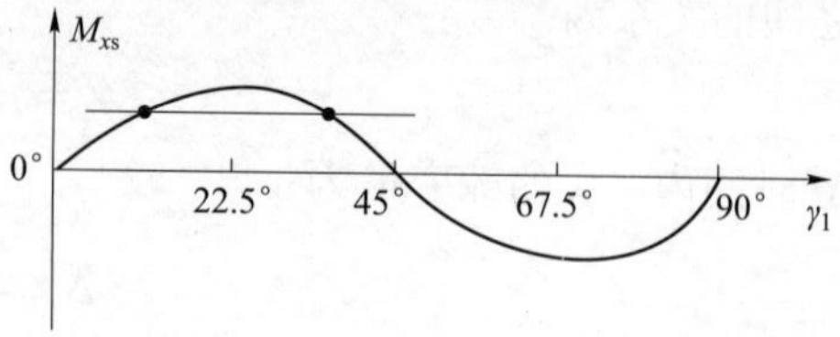

以转速上升阶段 $k_{xs}>0$ 的情况为例，这时在 $\delta>\delta^*$ 时有两个平衡点，分别位于 67.5° 两侧，如图 3-1-6 所示。可以证明，小于 67.5° 的一个平衡点是稳定的。因为当 $\dot{\gamma}$ 增大时，$\dot{\gamma}-\dot{\nu}>0$，$\Delta\gamma_1>0$，于是 γ_1 将从 $(\gamma_{1s})_1$ 开始增大。但当 γ_1 稍大于 $(\gamma_{1s})_1$ 后，由图 3-1-6 可见，诱导滚转力矩为负，但绝对值增大，这就使式（3-1-9）右边成负值，于是 $\ddot{\gamma}<0$，转速开始减小，γ_1 也向 $(\gamma_{1s})_1$ 方向减小，最后又回到 $\ddot{\gamma}=0$ 的状态，$\dot{\gamma}$ 和 γ_1 又回到平衡点处的数值 $\dot{\gamma}_s$ 和 γ_{1s} 上。反之，当 $\dot{\gamma}$ 减小时，诱导滚转力矩仍为负值，但绝对值减小，从而出现了 $\ddot{\gamma}>0$，这又使 $\dot{\gamma}$ 和 γ_1 向 $\dot{\gamma}_s$ 和 γ_{1s} 方向增大，最后也回到 $\ddot{\gamma}=0$，$\gamma_1=\gamma_{1s}$，$\dot{\gamma}=\dot{\gamma}_s$ 的状态。

同样的分析可知，大于 67.5° 的另一个平衡点 $(\gamma_{1s})_2$ 是不稳定的平衡点。当 $k_{xs}<0$ 时，则可证明平衡点在 22.5° 两侧，并且小于 22.5° 的一个平衡点是稳定平衡点。在转速下降阶段，$k_{xs}>0$ 时稳定平衡点在 22.5°～45°；$k_{xs}<0$ 时，稳定平衡点在 67.5°～90°。

当转速锁定后，γ_1 也被锁定在 γ_{1s} 上，则 $\dot{\gamma}_1=0$，$\ddot{\gamma}_1=0$，于是由式（3-1-7）和式（3-1-9）得

$$\dot{\gamma}_s=\dot{\nu}_s=\frac{k_{xw}v^2\varepsilon+k_{xs}v^2\delta\sin(4\gamma_{1s})}{k_{xz}v} \qquad (3-1-14)$$

这时由于弹箭绕轴自转角速度 $\dot{\gamma}$ 与公转角速度 $\dot{\nu}$ 相等，于是形成稳定的"似月运动"或圆锥摆动。美国弹道学家墨菲和尼可莱兹将它称为"转速闭锁"，俄罗斯弹道学家雷申科将其称为"稳定的共振旋转"。弹道式导弹在再入大气层中如果发生转速闭锁，会使弹表一侧始终迎向气流，加之导弹速度很高（可达十几到二十几个马赫数），气动加热就会使弹表一侧温度极高，甚至烧焦。美国陆军弹道研究所曾为解决此问题做了大量的研究。因此，在设计中必须避免转速闭锁情况的发生。

转速闭锁一般易发生在弹箭转速接近或者穿过共振转速区的时候，一是因为此时的弹箭已近似做月球运动，并且攻角很大，可能出现 $\delta>\delta^*$ 的情况，使诱导滚转力矩数值很大，起到明显作用；另外，由于接近共振转速时，弹箭自转角速度已与弹箭圆周俯仰运动频率接近，这样，尾翼面相对攻角面的方位角 γ_1 变化已较小，故容易被锁住。

由于发生转速闭锁的必要条件是 $\delta>\delta^*$，而对于轻微不对称弹箭，其攻角的主要成分是强迫运动攻角，不对称性大的弹箭强迫运动攻角也越大，容易出现 $\delta>\delta^*$ 的情况。由于这些不对称性的大小是随机的，因此，即使同一种弹，转速闭锁现象可能有的发生有的不发生。此外，随机风使相对气流的大小和方向改变，也有可能造成 $\delta>\delta^*$。所以，转速闭锁既可能是一种经常发生的现象（当 δ^* 较小时），也可能是一种偶然发生的现象（当 δ^* 较大时），但它

114

一旦发生，将使转速长期停留在共振点附近，使攻角放大倍数很大，而且不变，这使空气阻力增大，引起射程减小。同时，由于此时诱导侧向力矩数值较大，会破坏弹箭的动态稳定性，使攻角进一步加大，使飞行特性变坏。

此外，由于诱导滚转力矩的大小、方向随滚转方位不同而不断变化，因此对某具体的尾翼弹，当导转力矩较小而诱导滚转力矩较大时，它与导转力矩、极阻尼力矩的总和可以出现有时为正、有时为负的情况。由方程（3-1-9）可见，这时将导致转速有时增大有时减小，严重的时候，甚至可能出现一会儿正转、一会儿反转的现象。这种情况在试验中都观测到过，尤其是在转速不太快的弹道初始段上更容易发生。

3.1.3 转速闭锁情况下的稳定性问题

1. 齐次方程动态稳定性分析

由于诱导侧向力和诱导侧向力矩的作用与马氏力和力矩的作用相同，故可在建立角运动方程时，在马氏力矩项中再加上诱导侧向力矩，至于诱导侧向力，因数值较小可以忽略。因为马氏力矩的表达式为

$$M_y = Ak_y v\dot{\gamma}\delta, \quad k_y = \rho Sldm_y^n/(2A)$$

仿此式可将诱导侧向力矩写成如下形式：

$$M_s = Ak'_{ys}\sin(4\gamma_1)(v\dot{\gamma}\delta), \quad k_{ys} = \rho Slm'_{ys}/(2\chi A) \qquad (3-1-15)$$

这样，引用方程（2-6-1），可得考虑诱导侧向力矩时的弹箭角运动齐次方程

$$\Delta'' + (H-iP)\Delta' - \{M + i[PT + k'_{ys}\sin(4\gamma_1)]\}\Delta = 0 \qquad (3-1-16)$$

此微分方程中除含有待求的变量——攻角Δ之外，还含有随弧长或时间变化的参量$\sin\gamma_1(t)$，其中时间t与弧长s的关系为$t=s/v$，因此是个二阶线性变系数方程。对于变系数微分方程，目前还没有通用的解法，只能采用近似方法求解，而解析解只能在特殊条件下、针对特殊问题、特殊处理获得。对于此方程，我们只考虑在转速闭锁情况下的角运动稳定性，此时方程中的γ_1被锁定在γ_{1s}处，即$\gamma_1 = \gamma_{1s} = \text{cost}$，为常数，于是方程（3-1-16）变成二阶常系数微分方程，可以写成以下形式：

$$\Delta'' + (H-iP)\Delta' - (M + iPT_s)\Delta = 0, \quad T_s = T + k'_{ys}\sin(4\gamma_{1s})/P \qquad (3-1-17)$$

于是考虑了诱导侧向力矩时弹箭的动态稳定性条件为

$$1/s_g < 1 - s_{ds}^2, \quad s_{ds} = (2T_s - H)/H \qquad (3-1-18)$$

2. 强迫干扰共振运动分析

对于轻微不对称弹箭强迫运动的角运动方程为

$$\Delta'' + (H-iP)\Delta' - \{M + i[PT + k'_{ys}\sin(4\gamma_{1s})]\}\Delta = Be^{i\gamma}$$

式中，B为强迫干扰的幅值。在转速闭锁时，$\gamma_1 = \gamma_{1s}$为常数，$\dot{\gamma}_1 = \dot{\gamma}_s$为常转速，令非齐次解为$\Delta_3 = K_3 e^{i\chi s}$代入其中，得到强迫项产生的攻角幅值为

$$K_3 = \frac{|B|}{|\chi^2 - P\chi + M + i[PT + k'_{ys}\sin(4\gamma_{1s}) - H\chi]|} \approx \frac{|B|}{|PT - H\chi + k'_{ys}\sin(4\gamma_1)|} \qquad (3-1-19)$$

式中，$\chi = \dot{\gamma}/v = \gamma/s$为相对于弧长的转速。因转速闭锁一般发生在共振转速附近，所以

$\chi \approx \omega_1$，故式（3-1-19）右边分母实部 $\chi^2 - P\chi + M \approx 0$，如果碰到一个很不幸的值 $k'_{ys}\sin(4\gamma_1)$，使式（3-1-19）右边分母中的虚部也为零，则强迫运动的振幅 K_3 将变得非常大，发生飞行不稳，美国弹道学家墨菲和尼可莱兹将其称为"灾变性偏航"。

3.2 变系数角运动方程的近似解析解

在第 2 章里讲述弹箭角运动理论和稳定性时，都是采用系数冻结法将角运动方程中的系数在一段弹道上"冻结"固定，这样，角运动方程就成为常系数线性微分方程，可以采用十分成熟的求解理论求得方程的解并进行运动规律、稳定性分析。但是，系数冻结法只是一种工程方法，没有严格的理论根据。然而实际上弹箭角运动方程中的系数并不是常数，它们在弹箭飞行期间除了随马赫数变化外，还随空气密度、雷诺数的变化而变化，只不过因空气动力系数主要受马赫数影响，雷诺数 $Re = \rho vl / \mu$ 影响较小，故在一般气动力和弹箭角运动规律研究中主要考虑马赫数的影响。但角运动方程中空气密度 ρ 随飞行高度缓慢减小，在 10 km以上高空可减小到地面值的几十分之一或几百分之一，它不仅通过速度头 $\rho v^2 / 2$ 直接影响各个空气动力缓慢变化，而且通过雷诺数也会引起气动力系数缓慢变化，尤其是对马氏力和力矩系数影响较大，因此这种缓慢变化也有可能影响弹箭飞行稳定性。

此时弹箭角运动方程就是变系数微分方程，对于变系数微分方程，没有一套固定的解法可以套用，只能根据具体方程有针对性地采用具体方法求解。下面就针对弹箭角运动方程研究具体解法。

3.2.1 标准二阶齐次变系数微分方程近似解的求法

考虑二阶复数微分方程

$$Z'' + u^2 Z = 0 \qquad (3-2-1)$$

当 u 为常数时，它的特征根为 $\omega = \pm iu$，解为 $Z = C_1 e^{ius} + C_2 e^{-ius}$，可以合成频率为 $\omega = u$ 的谐振动，故 u 的大小表示变量 Z 变化的频率。

当 u 为变量时，方程（3-2-1）为二阶变系数微分方程，它就没有固定的一套求准确解的方法，一般是针对具体问题采用不同方法获取近似解。对于方程（3-2-1）所描述的系统，u 也能近似反映系统变量 Z 变化的频率，只不过此频率是可变的。

为求得方程（3-2-1）的解，令

$$Z = \mu e^x \qquad (3-2-2)$$

式中，μ 和 x 为待定的某两个弧长函数。Z 的一阶、二阶导数为

$$Z' = \mu' e^x + \mu x' e^x$$

$$Z'' = (\mu'' + \mu' x' + \mu x'')e^x + x'(\mu' + \mu x')e^x$$

将 Z, Z', Z'' 代入方程（3-3-1）中，消去 e^x 并整理之，得到

$$\mu'' + 2\mu' x' + \mu x'' + \mu(x')^2 + u^2 \mu = 0 \qquad (3-2-3)$$

由于现在联系二变量 μ 和 x 的只有一个方程（3-2-3），因此可以找到无限对函数 μ 和 x 适合该方程。既然有无限对函数可供选择，我们总是设法选择最方便的一对。在给定的条件下，

最好令方程（3-2-3）中的后两项之和为零，即

$$\mu(x')^2 + u^2\mu = 0 \quad \text{或} \quad x'^2 = -u^2 \tag{3-2-4}$$

由此得

$$x' = \pm \mathrm{i}u \quad \text{与} \quad x = \pm \mathrm{i}\int_0^s u\,\mathrm{d}s \tag{3-2-5}$$

为了确定另一函数 μ，将式（3-2-4）代入式（3-2-3），得

$$\mu'' + 2\mu'x' + \mu x'' = 0 \tag{3-2-6}$$

再将式（3-2-5）中所得 x 二解之一代入，得

$$\mu'' + 2\mathrm{i}u\mu' + \mathrm{i}u'\mu = 0 \tag{3-2-7}$$

下面采用级数法求解方程（3-2-7）的解 μ。令 $u = a\sigma$，a 为绝对值很大的数，则方程（3-2-7）变成如下方程：

$$\mu'' + 2\mathrm{i}a\sigma\mu' + \mathrm{i}a\sigma'\mu = 0 \tag{3-2-8}$$

设将 μ 展开成级数

$$\mu = \frac{\mu_0}{a^0} + \frac{\mu_1}{a^1} + \frac{\mu_2}{a^2} + \cdots \tag{3-2-9}$$

因参量 a 为绝对值很大的数，故级数各项迅速减小，在实际问题中，取到第二项已足够精确，即取

$$\mu = \mu_0 + \frac{\mu_1}{a} \tag{3-2-10}$$

将 μ 和它的一、二阶导数代入方程（3-2-8）中得

$$\mu_0'' + \frac{\mu_1''}{a} + 2\mathrm{i}a\sigma\left(\mu_0' + \frac{\mu_1'}{a}\right) + \mathrm{i}a\sigma'\left(\mu_0 + \frac{\mu_1}{a}\right) = 0$$

或者按 a 的一次、零次、负一次幂排列，得

$$(\mu_0 \mathrm{i}\sigma' + 2\mathrm{i}\mu_0'\sigma)a + (\mu_0'' + 2\mathrm{i}\sigma\mu_1' + \mu_1\mathrm{i}\sigma') + \mu_1''/a = 0$$

由于上式不管 a 为任何大数均应成立，故必须使其任意次幂的系数均为零，即

$$\left.\begin{array}{l} \mu_0 \mathrm{i}\sigma' + 2\mu_0' \mathrm{i}\sigma = 0 \\ \mu_0'' + 2\mathrm{i}\sigma\mu_1' + \mu_1 \mathrm{i}\sigma' = 0 \\ \mu_1'' = 0 \end{array}\right\} \tag{3-2-11}$$

μ_0 和 μ_1 即由这些等式确定。当 μ_0 和 μ_1 确定后，便可由式（3-2-10）求得函数 μ。如果要增加所求解的准确度，只需要在级数解中多取些项，用同一方法求级数解中各系数 μ_0，μ_1，μ_2，…

根据式（3-2-11）中的第一式得

$$\frac{\mu_0'}{\mu_0} = -\frac{1}{2}\frac{\sigma'}{\sigma} \tag{3-2-12}$$

积分之，得

$$\ln \mu_0 = -\frac{1}{2}\ln \sigma \quad \text{或者} \quad \mu_0 = \sigma^{-\frac{1}{2}} \tag{3-2-13}$$

这样，由式（3-2-2）得

$$Z = \sigma^{-\frac{1}{2}} \mathrm{e}^{\pm \mathrm{i}\int u\,\mathrm{d}s} = \sqrt{a}\, u^{-\frac{1}{2}} \mathrm{e}^{\pm \mathrm{i}\int u\,\mathrm{d}s} \tag{3-2-14}$$

弹箭非线性运动理论

实际上由于 a 是常数，故

$$Z = u^{-\frac{1}{2}}\mathrm{e}^{-\mathrm{i}\int u\mathrm{d}s} = u^{-\frac{1}{2}}\mathrm{e}^{B}, \quad B = \mathrm{e}^{-\mathrm{i}\int u\mathrm{d}s} \qquad (3-2-15)$$

也同样是方程（3–2–1）的近似解[①]。

为了考查此解的误差，求出其一阶和二阶导数为

$$Z' = -\frac{1}{2}u^{-\frac{3}{2}}u'\mathrm{e}^{B} - \mathrm{i}u^{\frac{1}{2}}\mathrm{e}^{B}$$

$$Z'' = -\frac{1}{2}\left(-\frac{3}{2}\right)u^{-\frac{5}{2}}(u')^{2}\mathrm{e}^{B} - \frac{1}{2}u^{-\frac{3}{2}}u''\mathrm{e}^{B} \pm \frac{\mathrm{i}}{2}u^{-\frac{1}{2}}u'\mathrm{e}^{B} \mp \frac{\mathrm{i}}{2}u^{-\frac{1}{2}}u'\mathrm{e}^{B} - u^{\frac{3}{2}}\mathrm{e}^{B}$$

$$= -u^{2}Z + \frac{3}{4}u^{-2}(u')^{2}Z - \frac{1}{2}u^{-1}u''Z = -u^{2}Z + u^{2}\left[\frac{3}{4}\frac{1}{u^{4}}(u')^{2} - \frac{1}{2}\frac{1}{u^{3}}u''\right]Z$$

$$= -u^{2}Z + u^{2}\varepsilon Z$$

式中

$$\varepsilon = \left[\frac{3}{4}\frac{1}{u^{4}}(u')^{2} - \frac{1}{2}\frac{1}{u^{3}}u''\right] \qquad (3-2-16)$$

将 Z'' 的右端移到左端，得到方程

$$Z'' + u^{2}(1-\varepsilon)Z = 0 \qquad (3-2-17)$$

可见，式（3–2–15）是方程（3–2–17）的准确解，而只是方程（3–2–1）的近似解。两方程只相差一个含 ε 的项 $u^{2}\varepsilon Z$，所以 ε 的大小反映了近似解误差的大小。

从式（3–2–17）可见，函数 u 的值越大或它的变化率越小，误差 ε 将越小，当 u 为常数时，$\varepsilon=0$，方程（3–2–17）与方程（3–2–1）一致；当 u 为变量，对于许多工程问题（$\varepsilon=0.3$ 或更大），近似解（3–2–15）与方程（3–2–1）的数值解相差不大。

3.2.2　变系数角运动微分方程的近似解

考虑空气密度、雷诺数、气动系数（尤其是马氏力矩系数）随弹箭飞行高度变化而缓慢变化对弹箭飞行动态特性的影响，则弹箭角运动方程就成了如下变系数线性微分方程：

$$\Delta'' + (\rho H_{1} - \mathrm{i}P)\Delta' - \rho(M_{1} + \mathrm{i}PT_{1})\Delta = 0 \qquad (3-2-18)$$

式中

$$H_{1} = H/\rho, \quad M_{1} = M/\rho, \quad T_{1} = T/\rho, \quad \rho = \rho_{0}\mathrm{e}^{-\beta_{1}s}, \quad \beta_{1} = \beta\sin\theta_{\mathrm{p}}$$

而 H, M, T 的表达式见第 2 章式（2–6–1）。其中空气密度沿高度 y 成指数衰减，即 $\rho = \rho_{0}\mathrm{e}^{-\beta y}$。为了研究空气密度随弹道变化的影响，将弹道升弧段用连接弹道顶点与炮口的一条直线代替，则弹道弧长与高度 y 的关系近似为 $y = \sin\theta_{\mathrm{p}}$，$\theta_{\mathrm{p}}$ 为该直线与水平线的夹角——平均弹道倾角。

对于变系数微分方程，没有统一固定的解法，下面研究此方程的近似解法。首先采用柳维尔变换消去一阶导数项，令

$$\Delta = Z\mathrm{e}^{-\frac{1}{2}\int_{0}^{s}(\rho H_{1}-\mathrm{i}P)\mathrm{d}s} \qquad (3-2-19)$$

求出其一阶导数和二阶导数，记 $\Omega = -\frac{1}{2}\int_{0}^{s}(\rho H_{1} - \mathrm{i}P)\mathrm{d}s$

---

① 这实际上就是按 WKB（三个人名 Wentzel，Kramers，Brillouin 的字头）方法求得标准方程（3–2–1）的近似解。

$$\Delta' = Z'\mathrm{e}^{\Omega} + Z\mathrm{e}^{\Omega}\left[-\frac{1}{2}(\rho H_1 - \mathrm{i}P)\right]$$

$$\Delta'' = Z''\mathrm{e}^{\Omega} + Z'\mathrm{e}^{\Omega}\left[-\frac{1}{2}(\rho H_1 - \mathrm{i}P)\right] +$$

$$Z'\mathrm{e}^{\Omega}\left[-\frac{1}{2}(\rho H_1 - \mathrm{i}P)\right] + Z\mathrm{e}^{\Omega}\left[-\frac{1}{2}(\rho H_1 - \mathrm{i}P)\right]^2 + Z\mathrm{e}^{\Omega}\left[-\frac{1}{2}\rho(-\beta_1)\right]H_1$$

将 $\Delta, \Delta', \Delta''$ 代入方程（3-2-1）中，得到以 Z 为新变量的方程

$$Z'' + u^2 Z = 0 \qquad (3-2-20)$$

式中

$$u^2 = \left[\frac{P^2}{4} + \rho\left(\frac{\beta_1 H_1}{2} - M_1 - \mathrm{i}PT_1 + \mathrm{i}\frac{PH_1}{2}\right) - \frac{1}{4}\rho^2 H_1^2\right] \qquad (3-2-21)$$

$$= \frac{1}{4}(P^2 - 4M)\{1 + [\rho(2\beta_1 H - \mathrm{i}4PT_1 + \mathrm{i}2PH_1) - \rho^2 H_1^2]/(P^2 - 4M)\}$$

只要解出了变量 Z，就可以由方程（3-2-19）得到攻角 Δ 的变化规律，从而分析弹箭角运动规律及稳定性。方程（3-2-20）与方程（3-2-1）完全相同，只是这里 u^2 有具体表达式（3-2-21），故可直接利用方程（3-2-1）的解析式（3-2-15）按式（3-2-19）写出方程（3-2-18）的解为

$$\Delta = Z\mathrm{e}^{-\frac{1}{2}\int_0^s (\rho H_1 - \mathrm{i}P)\mathrm{d}s} = u^{-\frac{1}{2}}\mathrm{e}^{-\mathrm{i}\int u\mathrm{d}s}\mathrm{e}^{-\frac{1}{2}\int_0^s (\rho H_1 - \mathrm{i}P)\mathrm{d}s}$$
$$= u^{-\frac{1}{2}}\mathrm{e}^{-\mathrm{i}\int u\mathrm{d}s}\mathrm{e}^{\left[\frac{1}{2}\left(\frac{(\rho-\rho_0)H_1}{\beta_1}\right) + \mathrm{i}Ps\right]} \qquad (3-2-22)$$

3.2.3 角运动稳定性分析

在各种气动力、力矩系数中，马氏力矩系数对雷诺数变化最为敏感，而马氏力矩系数大小是决定弹箭飞行是否稳定的主要因素。为了明显地表示马氏力矩系数对阻尼指数的影响，现将近似解（3-2-15）分成虚、实部，做如下处理。

令

$$u = u_1 + \mathrm{i}u_2 \qquad (3-2-23)$$

将上式两边平方得

$$u^2 = (u_1^2 - u_2^2) + \mathrm{i}2u_1 u_2$$

将 u^2 表达式（3-2-21）代入上式，并将实部和虚部分开，得

$$u_1^2 - u_2^2 = \frac{P^2}{4} - \rho M_1 + \frac{\beta_1 \rho H_1}{2} - \frac{1}{4}\rho^2 H_1^2 \qquad (3-2-24)$$

$$2u_1 u_2 = -\rho P\left(T_1 - \frac{H_1}{2}\right) \qquad (3-2-25)$$

从式（3-2-25）解出 u_1，然后代入式（3-2-24），得

$$\frac{\rho^2 P^2 \left(T_1 - \frac{H_1}{2}\right)^2}{4u_2^2} - u_2^2 = \frac{P^2}{4} - \rho M_1 + \frac{\beta_1 \rho H_1}{2} - \frac{\rho^2}{4}H_1^2 \qquad (3-2-26)$$

弹箭非线性运动理论

因为 $|\beta_1| \ll 1$，$H_1 \ll M_1$，故可忽略式（3-2-26）最后两项，这样，该式变成

$$\frac{\rho^2 P^2 \left(T_1 - \dfrac{H_1}{2}\right)^2}{4u_2^2} - u_2^2 = \frac{P^2}{4} - \rho M_1 \qquad (3-2-27)$$

由该式解出

$$u_2^2 = \frac{1}{2}\left(\frac{P^2}{4} - \rho M_1\right)\left[-1 \pm \sqrt{1 + \frac{\rho^2 P^2 \left(T_1 - \dfrac{H_1}{2}\right)^2}{\left(\dfrac{P^2}{4} - \rho M_1\right)^2}}\,\right] \qquad (3-2-28)$$

对于静稳定弹箭，有 $M_1 < 0$，式（3-2-28）右端中括号前的系数为正。为了保证 u_2^2 是非负的，中括号根号前的系数须取正号，于是有

$$u_2^2 = \frac{1}{2}\left(\frac{P^2}{4} - \rho M_1\right)\left[-1 + \sqrt{1 + w}\right], \quad w = \frac{\rho^2 P^2 \left(T_1 - \dfrac{H_1}{2}\right)^2}{\left(\dfrac{P^2}{4} - \rho M_1\right)^2} \qquad (3-2-29)$$

由于 T_1，H_1 数值很小，故对于飞行稳定的弹箭，$w \ll 1$，将式（3-2-28）中根号用二项式展开，并取其前两项得

$$u_2^2 = \frac{w}{2}\left(\frac{P^2}{4} - \rho M_1\right) = \frac{\rho^2 P^2 \left(T_1 - \dfrac{H_1}{2}\right)^2}{4\left(\dfrac{P^2}{4} - \rho M_1\right)} \quad 或 \quad u_2 = \pm \frac{\rho P \left(T_1 - \dfrac{H_1}{2}\right)}{4\sqrt{\left(\dfrac{P^2}{4} - \rho M_1\right)}} \qquad (3-2-30)$$

将式（3-2-30）中的 u_2 代入式（3-2-25）得

$$u_1 = \mp \sqrt{\frac{P^2}{4} - \rho M_1} \qquad (3-2-31)$$

于是，近似解式（3-2-22）可改写成

$$\Delta = \frac{\mathrm{e}^{\left[\frac{(\rho - \rho_0)}{2\beta_1} + \frac{\mathrm{i}Ps}{2} - \mathrm{i}\int(u_1 + \mathrm{i}u_2)\mathrm{d}s\right]}}{\sqrt{(u_1 + \mathrm{i}u_2)}} \qquad (3-2-32)$$

或者

$$\Delta = \frac{\mathrm{e}^{-\mathrm{i}\frac{\theta}{2}}\mathrm{e}^{\left[\frac{(\rho - \rho_0)H_1}{2\beta_1} + \int u_2 \mathrm{d}s + \mathrm{i}\left(\frac{Ps}{2} - \int u_1 \mathrm{d}s\right)\right]}}{(u_1^2 + u_2^2)^{\frac{1}{4}}} \qquad (3-2-33)$$

式中

$$\theta = \tan^{-1}(u_2 / u_1), \, u_1 = \mp \sqrt{\frac{P^2}{4} - \rho M_1}, \, u_2 = \pm \frac{\rho P(T_1 - H_1 / 2)}{2\sqrt{P^2 / 4 - \rho M_1}} \qquad (3-2-34)$$

如果将近似解表示成通解形式，则有

$$\Delta = \frac{\mathrm{e}^{\frac{(\rho-\rho_0)H_1}{2\beta_1}-\mathrm{i}\frac{\theta}{2}}}{(u_1^2+u_2^2)^{\frac{1}{4}}} \left\{ K_{10}\mathrm{e}^{\left[\int u_2 \mathrm{d}s + \mathrm{i}\left(\frac{Ps}{2}+\int u_1 \mathrm{d}s\right)\right]} + K_{20}\mathrm{e}^{\left[-\int u_2 \mathrm{d}s + \mathrm{i}\left(\frac{Ps}{2}-\int u_1 \mathrm{d}s\right)\right]} \right\} \quad (3-2-35)$$

式中
$$\theta = \tan^{-1}(u_2/u_1),\ u_1 = \sqrt{\frac{P^2}{4}-\rho M_1},\ u_2 = \frac{\rho P(T_1 - H_1/2)}{2\sqrt{P^2/4-\rho M_1}} \quad (3-2-36)$$

而式中 K_{10}, K_{20} 为积分常数，右端第一项为快圆运动项，第二项为慢圆运动项。

若空气密度不变，应用动稳定因子 $s_\mathrm{d} = \dfrac{2T-H}{H}$，陀螺稳定因子 $s_\mathrm{g} = \dfrac{P^2}{4M}$ 和参数 $\sigma = 1-1/s_\mathrm{g}$，这里 $T=\rho T_1, H=\rho H_1, M=\rho M_1$，则 u_1, u_2 可表示为

$$u_1 = \frac{P}{2}\sqrt{\sigma},\quad u_2 = \frac{H}{2}\frac{s_\mathrm{d}}{\sqrt{\sigma}} \quad (3-2-37)$$

从式（3-2-37）可以看出，u_2 表示马氏力矩和赤道阻尼力矩对摆动阻尼的影响；u_1 表示俯仰力矩和陀螺力矩对摆动频率的影响。如果弹箭是动稳定的，则 u_2 将是很小的量，并且 $u_2 \ll u_1$，因而有

$$w = \frac{\rho^2 P^2 \left(T_1 - \dfrac{H_1}{2}\right)^2}{\left(\dfrac{P^2}{4}-\rho M_1\right)^2} = \frac{4u_2^2}{u_1^2}$$

由此可见 w 是远小于 1 的。

1. 空气密度变化对角运动性态的影响

从式（3-2-35）可以看出，空气密度变化对攻角运动性态有以下几个方面的影响。

（1）当弹道高较高，即 $\rho \to 0$ 时，$u_2 \to 0, u_1 = P/2$，慢圆运动频率将为零，快圆动频率为其真空值 P，攻角轨迹为圆，由式（3-2-33）得

$$\Delta = \sqrt{\frac{2}{P}}\mathrm{e}^{-\frac{\rho_0 H_1}{2\beta_1}} K_{10}\mathrm{e}^{\mathrm{i}Ps} \quad (3-2-38)$$

（2）马氏力矩项 u_2 无论正、负，总对两种圆运动之一起稳定作用，而对另一种圆运动起不稳定作用。如果马氏力矩较大，赤道阻尼力矩较小，即 u_2 值较大，就会造成运动不稳。如果在复攻角平面上表示这种定运动，其攻角曲线是向外缠绕的螺线。当马氏力矩绝对值很小时，$|u_2|$ 是一个很小的数，某一不稳定的圆运动振幅 $K_{j0}\mathrm{e}^{\int |u_2|\mathrm{d}s}(j=1,2)$ 增加是很缓慢的，再加上振幅系数

$$\mathrm{e}^{\frac{(\rho-\rho_0)H_1}{2\beta_1}}/(u_1^2+u_2^2)^{\frac{1}{4}} \ll 1$$

故不会一起引起攻角很大的增加。

攻角在复平面上的轨迹开始为椭圆，随着弹道弧长（飞行时间）增加，经过十几个周期以后，一个圆运动基本衰减终止，只存在另一个圆运动。在不太长的弹道上，攻角轨迹曲线轨迹近似为圆。

$$\Delta = E(s)\mathrm{e}^{\mathrm{i}\varphi} \quad (3-2-39)$$

式中
$$E(s)=\frac{K_0\mathrm{e}^{\frac{(\rho-\rho_0)H_1}{2\beta_1}\pm\int u_2\mathrm{d}s}}{\sqrt{u_1}},\quad \frac{\mathrm{d}\varphi}{\mathrm{d}s}=\frac{P}{2}\pm u_1$$

如果马氏力矩导数小于零，则快圆运动衰减，而只存在慢圆运动，式中 u_1,u_2 前的符号均取负值；反之，只存在快圆运动，u_1,u_2 前的符号均取正值。

2. 空气密度变化对角运动动态稳定性的影响

从攻角方程解式（3-2-35）可见，要保证攻角是衰减的，应使攻角振幅的阻尼指数小于零。

当 $u_2>0$ 时，攻角衰减条件为

$$\frac{(\rho-\rho_0)H_1}{2\beta_1}\pm\int u_2\mathrm{d}s<0 \qquad (3-2-40)$$

低速旋转的尾翼式弹箭一般有 $P^2/4<|\rho M_1|$，所以

$$\sqrt{\frac{P^2}{4}-\rho M_1}\approx\sqrt{-\rho M_1}\left(1-\frac{P^2}{8\rho M_1}\right)$$

而对于低旋尾翼弹箭，$P^2=[(C/A)(\dot\gamma/v)]\ll 1$，所以函数 u_2 的表达式可写成

$$u_2=\frac{\rho P}{2\sqrt{-\rho M_1}}\left(T_1-\frac{H_1}{2}\right) \qquad (3-2-41)$$

将式（3-2-41）代入式（3-2-40），并由于现考虑的是 $u_2>0$, 故式（3-2-40）只需取正号，这时负号自然满足，再利用 $\rho=\rho_0\mathrm{e}^{-\beta_1 s}$ 关系，$\rho\mathrm{d}s=\rho_0\mathrm{e}^{-\beta_1 s}\mathrm{d}s=\mathrm{d}(\rho_0\mathrm{e}^{-\beta_1 s})/(-\beta_1)=\mathrm{d}\rho/(-\beta_1)$，可得

$$\frac{(\rho-\rho_0)H_1}{2\beta_1}<\frac{P}{2\beta_1\sqrt{-M_1}}\int_{\rho_0}^{\rho}\frac{(T_1-H_1/2)}{\sqrt{\rho}}\mathrm{d}\rho \qquad (3-2-42)$$

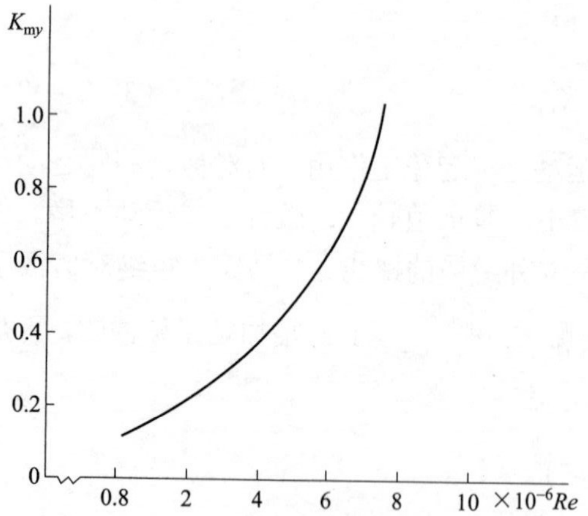

图 3-2-1 某火箭雷诺数对马氏力矩
系数导数的影响

空气密度 ρ 的变化会引起雷诺数 Re 变化，当马赫数大于 1 时，雷诺数对空气阻力、升力、俯仰力矩和赤道阻尼力矩的影响不大，但是一些实验结果表明，雷诺数变化对马氏力矩系数的影响很大，例如根据某探空火箭自由飞行遥测数据处理的马氏力矩，它不仅与攻角存在密切的非线性关系，并且随雷诺数的减小而减小。现以某火箭 $Re=7.35\times10^6$ 时的马氏力矩系数的偏导数为准，当攻角等于 4° 时，马氏力矩系数导数与其标准值的比 K_{my} 随雷诺数变化的曲线如图 3-2-1 所示。

所以式（3-2-42）中 T_1 是空气密度的函数，H_1 项为常数项，积分该式，得

$$(\rho-\rho_0)H_1\frac{\sqrt{-M_1}}{P}<\int_{\rho_0}^{\rho}\frac{T_1}{\sqrt{\rho}}\mathrm{d}\rho-\frac{H_1}{2}2\left(\sqrt{\rho}-\sqrt{\rho_0}\right) \qquad (3-2-43)$$

得

$$\int_{\rho_0}^{\rho} \frac{T_1}{\sqrt{\rho}} d\rho > (\rho - \rho_0) H_1 \frac{\sqrt{-M_1}}{P} + H_1 (\sqrt{\rho} - \sqrt{\rho_0})$$

(3-2-44)

将式（3-2-44）微分一次得

$$\frac{T_1}{\sqrt{\rho}} > \frac{H_1 \sqrt{-M_1}}{P} + H_1 \frac{1}{2} \frac{1}{\sqrt{\rho}} \quad 或者 \quad T_1 > \frac{\sqrt{\rho} H_1 \sqrt{-M_1}}{P} + \frac{1}{2} H_1$$

再微分一次得

$$\frac{\partial T_1}{\partial \rho} > \frac{H_1}{2P} \sqrt{\frac{-M_1}{\rho}}$$

(3-2-45)

利用 $d\rho/ds = -\beta_1 \rho$，并将 $T_1 = Sl^2 m_y''/(2C)$，C 为极转动惯量，得

$$\frac{\partial m_y''}{\partial s} < -\frac{\beta_1 H_1 C}{2Sl^2 P} \sqrt{-M_1 \rho}$$

(3-2-46)

由于 $\beta_1 = 10^{-4} \sim 10^{-5}$，$R_x^2 = 10^{-2} \sim 10^{-3}$，$H_1 = 10^{-2} \sim 10^{-3}$，$\sqrt{-M_1 \rho} = 10^{-2} \sim 10^{-3}$，所以式（3-2-46）右端是一个绝对值很小的数，可以将其近似作零，则有

$$\frac{\partial m_y''}{\partial s} < 0$$

(3-2-47)

此式表明了如果在弹道上某一点弹箭的气动力满足 $u_2 > 0$，欲保证该点之后的弹道稳定，马氏力矩系数导数应随弹道弧长增加而减小，也即随空气密度或雷诺数的减小而减小。否则，如果马氏力矩系数导数随弹道弧长增加而增大，就有可能造成弹箭飞行不稳。

当 $u_2 < 0$ 时，可得到与上述相反的结论。

综上所述，空气密度变化对弹箭飞行稳定性的影响不仅与各气动力系数导数值的大小有关，而且与马氏力矩系数导数随空气密度的变化情况有关。

3.3 用平均法分析缓变系数对角运动的影响

本节针对攻角方程（2-7-1）中的系数实际上变化很缓慢的特点采用平均法来求解方程。设变系数情况下的攻角方程（2-7-1）的解仍可表为二圆运动形式，即设解仍为

$$\Delta = K_1 e^{i\phi_1} + K_2 e^{i\phi_2}$$

(3-3-1)

只要求出了式中 K_1，K_2，ϕ_1，ϕ_2 的变化规律就等于得到了解 Δ。不过现在 K_1，K_2 不一定按指数规律变化，ϕ_1'，ϕ_2' 不一定是常数，它们都要作为 s 的一般函数。将此式求导得

$$\Delta' = (\lambda_1 + i\phi_1') K_1 e^{i\phi_1} + (\lambda_2 + i\phi_2') K_2 e^{i\phi_2}$$

(3-3-2)

$$\Delta'' = [\lambda_1' + \lambda_1^2 - (\phi_1')^2 + i(\phi_1'' + 2\lambda_1 \phi_1')] K_1 e^{i\phi_1} + [\lambda_2' + \lambda_2^2 - (\phi_2')^2 + i(\phi_2'' + 2\lambda_2 \phi_2')] K_2 e^{i\phi_2}$$

(3-3-3)

式中，

$$\lambda_j = (\ln K_j)' = \frac{K_j'}{K_j} \quad (j = 0, 2)$$

(3-3-4)

将 Δ，Δ'，Δ'' 代入方程（3-3-1）中，并按虚、实部分组得

弹箭非线性运动理论

$$\{(\phi_1')^2 - P\phi_1' + M - \lambda_1(\lambda_1 + H) - \lambda_1' - i[(2\phi_1' - P)\lambda_1 + \phi_1'' + H\phi_1' - PT]\}$$

$$= -\{(\phi_2')^2 - P\phi_2' + M - \lambda_2(\lambda_2 + H) - \lambda_2' - i[(2\phi_2' - P)\lambda_2 + \phi_2'' + H\phi_2' - PT]\}\frac{K_2}{K_1}e^{-i\hat{\phi}} \qquad (3-3-5)$$

式中

$$\hat{\phi} = \phi_1 - \phi_2 \qquad (3-3-6)$$

由于系数的变化是缓慢的,故在相位角 $\hat{\phi}$ 变化一周(2π)内,也即在半个攻角波长内阻尼系数 λ_j、频率 ϕ_j' 以及各个气动系数的变化很小。这样,方程的左边将变化得很缓慢,而方程的右边因为有一指数 $\exp(-i\hat{\phi})$ 而迅速变化,要使此方程两边成立只有让两个大括号内的表达式等于零。考虑到两个大括号内实部中频率的平方 $(\phi_j')^2$ 要比各阻尼项大得多,故可略去实部中的 $\lambda_j^2, \lambda_j H, \lambda_j'$ 等小量,于是在陀螺稳定的条件下得到变系数情况下的频率方程和阻尼方程

$$\phi_j' = \frac{P}{2} + \sqrt{\left(\frac{P}{2}\right)^2 - M} \qquad (3-3-7)$$

$$\lambda_j = -\frac{H\phi_j' - PT + \phi_j''}{2\phi_j' - P} = \lambda_j^* - \frac{\phi_j''}{2\phi_j' - P} \qquad (3-3-8)$$

$$\lambda_j^* = -\frac{H\phi_j' - PT}{2\phi_j' - P} \quad (j = 1, 2) \qquad (3-3-9)$$

以上的处理方法也可以换一种方式理解,即将方程(3-3-5)两边在 $\hat{\phi}$ 变化一周(2π)内平均,得

$$\frac{1}{2\pi}\int_0^{2\pi}\{D_1\}d\hat{\phi} = \frac{1}{2\pi}\int_0^{2\pi}\{D_2\}\frac{K_2}{K_1}e^{-i\hat{\phi}}d\hat{\phi} \qquad (3-3-10)$$

式中,D_1 和 D_2 分别代表方程(3-3-5)左右两边大括号内的式子。因为在半个波长内 D_1 和 D_2 式子可作为常数,故左边平均的结果就是 D,但右边被积函数因为周期变化其平均值为零,于是得到方程 $D_1 = 0$。同理,如将方程(3-3-5)两边同乘 $K_1 / K_2 e^{i\hat{\phi}}$,再平均之,又会得到关于慢圆运动的一个方程 $D_2 = 0$。将方程 $D_1 = 0$,$D_2 = 0$ 的虚部和实部分开即得方程(3-3-7)~方程(3-3-9)。

从这三个方程可见,变系数情况下的频率方程在形式上与常系数情况下的频率方程相同,但阻尼方程有了变化。λ_j 中的 λ_j^* 即常系数情况下的阻尼,而 λ_j 中的第三项则是由于系数变化产生的附加阻尼项。利用式(3-3-7)可将它们的具体形式求出如下:

$$\lambda_j^* = -\frac{H}{2} \pm \frac{2T - H}{2\sqrt{\sigma}} \qquad (3-3-11)$$

$$-\frac{\phi_j''}{2\phi_j' - P} = -\frac{1 \pm \sqrt{\sigma}}{2\sigma}\left(\frac{P'}{P}\right) - \frac{1}{4(1 - s_g)}\left(\frac{M'}{M}\right) \qquad (3-3-12)$$

$$\sigma = 1 - \frac{1}{s_g} > 0 \qquad (3-3-13)$$

在式(3-3-12)中,P' 和 M' 是由于系数可变而产生的。只要知道了 P 和 M 的变化规律,求得 P' 和 M' 后就能求得 ϕ_j',λ_j' 与 s 的函数关系,从而得到攻角变化规律,并可研究系数变

124

化对动态稳定性的影响。

显然，在常系数的条件下弹箭动态稳定的条件为 $\lambda_1^* < 0, \lambda_2^* < 0$, 或

$$\frac{2T-H}{2\sqrt{\sigma}} < \frac{H}{2} \quad \text{和} \quad -\frac{2T-H}{2\sqrt{\sigma}} < \frac{H}{2} \tag{3-3-14}$$

当 $H<0$ 时此二式不可能同时成立，只有在 $H>0$ 的条件下此二式才有可能同时成立，故动态稳定的先决条件是 $H>0$。在满足这个条件后，上两式可改写成如下形式：

$$\frac{2T-H}{H} = s_d < \sqrt{1-\frac{1}{s_g}} \tag{3-3-15}$$

$$-\frac{2T-H}{H} = -s_d < \sqrt{1-\frac{1}{s_g}} \tag{3-3-16}$$

当 $s_d<0$ 时，式（3-3-14）必然成立，即 λ_1^* 必为负，快进动必然稳定。由于 $-s_d>0$，故从式（3-3-16）平方后可得慢进动稳定条件为

$$\frac{1}{s_g} < 1 - s_d^2 \tag{3-3-17}$$

这就是熟知的动态稳定性判据。同理 $s_d>0$ 时，式（3-3-15）必然成立，慢进动必然稳定，快进动稳定的条件仍为式（3-3-17）。

在仅有转速 P 变化的情况下，式（3-3-8）表示的阻尼指数可改写成如下形式：

$$\lambda_j = -\frac{\left[H+\frac{1}{\sigma}\left(\frac{P'}{P}\right)\right]}{2} \pm \frac{\left[2T+\left(\frac{1}{\sigma}-1\right)\frac{P'}{P}\right]-\left[H+\frac{1}{\sigma}\left(\frac{P'}{P}\right)\right]}{2\sqrt{\sigma}} \tag{3-3-18}$$

如令

$$H^* = H + \frac{1}{\sigma}\left(\frac{P'}{P}\right) \tag{3-3-19}$$

$$2T^* = 2T + \frac{1}{\sigma s_g}\left(\frac{P'}{P}\right) \tag{3-3-20}$$

则式（3-3-18）在形式上将与式（3-3-11）相同，因此很容易写出变转速情况下的动态稳定条件为

$$H^* > 0 \tag{3-3-21}$$

$$\frac{1}{s_g} < 1 - (s_d^*)^2 \tag{3-3-22}$$

式中

$$s_d^* = \frac{2T^*}{H^*} - 1 \tag{3-3-23}$$

因为 $P = C\dot{\gamma}/(AV)$，利用式（2-4-6）和式（2-4-2）很容易得到式（3-3-18）中的 P'/P，即

$$\frac{P'}{P} = -k_{xz} + k_{xw}\frac{V}{\dot{\gamma}}\varepsilon + b_x + \frac{g\sin\theta}{V^2} \tag{3-3-24}$$

至于 M'，它主要是由马赫数和空气密度变化引起的。对于弹道铅直方向变化较大的弹道，如高射、投弹、弹道式导弹再入大气层的情况，由于空气密度变化较大，将对弹箭角运

弹箭非线性运动理论

动稳定性有一定的影响。

空气密度随高度的变化可近似用指数函数表示，即

$$\rho=\rho_0 e^{-\beta y} \tag{3-3-25}$$

式中，$\beta \approx 0.000\,105\,9$；$y$ 为从海平面算起的高度，以 m 为单位。在海平面上 $y=0$，$\rho=\rho_0=1.206\,kg/m^3$，而在 10 km 高处 $\rho=0.346\,8\rho_0$，只有地面值的 1/3。

由式（3-3-25）取对数再求导，得

$$\frac{\rho'}{\rho}=-\beta y'=-\beta\frac{dy}{dt}\frac{dt}{ds}=-\beta V\sin\theta\frac{1}{V} \tag{3-3-26}$$
$$=-\beta\sin\theta=\bar{\beta}$$

由此可见，弹箭在大气中上升时 $\theta>0$，$\bar{\beta}<0$；反之，弹箭在大气中下落时 $\theta<0$，$\bar{\beta}>0$。如果只考虑空气密度变化对角运动方程系数的影响，则

$$\frac{M'}{M}=\frac{\rho'}{\rho}=-\beta\sin\theta=\bar{\beta} \tag{3-3-27}$$

由式（3-3-12）和式（3-3-15）得阻尼指数 λ_j 为

$$\lambda_j=\lambda_j^*-\frac{\bar{\beta}}{4(1-s_g)} \tag{3-3-28}$$

由此式可见，在大气中下降 $(\theta<0)$ 的静不稳定但陀螺稳定 $(s_g>1)$ 的弹箭，由于密度梯度 $\bar{\beta}>0$ 将使 λ_j 向正方向增加，但结果使稳定性变差，而上升时 $\bar{\beta}<0$ 将使稳定性变好。对于静稳定弹，$s_g<0$，情况正好与上相反。从物理概念上讲，因为静不稳定弹在下降飞行中翻转力矩越来越大，故稳定性变差，而尾翼弹的稳定力矩越来越大将使稳定性变好。上升飞行的情况正好与此相反。

最后值得指出的是，本节对缓变系数微分方程所使用的平均方法将被推广而用于求解弹箭非线性角运动方程，从而形成弹箭非线性角运动理论中的基本方法——拟线性法。

126

第 4 章
非旋转弹箭的非线性运动

非旋转弹都是尾翼弹,其特点是气动力的压心在弹箭质心的后面,当弹轴与速度矢量不一致时将产生一个使弹轴向速度矢量线转动、使攻角有减小趋势的静稳定力矩,也即弹箭是静稳定的。作用于非旋转弹的气动力有升力、阻力、静稳定力矩和赤道阻尼力矩、马氏力矩、非定态阻尼力矩等。在大攻角情况下,这些气动力都将是攻角的非线性函数。

4.1 尾翼弹平面非线性运动的极限环

4.1.1 运动方程

作为弹箭非线性运动理论的入门,本节先讨论非线性角运动的一个简单情况,即具有小阻尼和弱非线性静力矩的非旋转弹在一个平面内运动的情况,这对于从物理概念上理解弹箭非线性运动稳定性和极限运动是十分有益的。

略去几何非线性,在考虑二次方阻尼、三次方静力矩情况下,非旋转弹的平面摆动方程为

$$\delta'' + (H_0 + H_2\delta^2)\delta' - (M_0 + M_2\delta^2)\delta = 0 \tag{4-1-1}$$

式中

$$H_0 = b_y - b_x - \frac{g\sin\theta}{V^2} + k_{zz0},\ H_2 = k_{zz2},\ M_0 = k_{z0},\ M_2 = k_{z2} \tag{4-1-2}$$

k_{zz0}, k_{zz2} 分别为二次方阻尼力矩中常数部分和二次方部分的系数,其余的符号可参见第 2 章相应非线性力和力矩的表达式。由于讨论的是弹箭做平面运动的情况,故只需用总攻角 δ 表示角运动即可(在略去几何非线性后 $\delta = \alpha$)。

如果 $H_2 = M_2 = 0$,方程(4-1-1)即非旋转弹平面线性摆动方程,当 $H_0 > 0, M_0 < 0$ 时运动稳定,并且在 $|4M_0| > H_0^2$ 弹时做衰减振荡运动,振荡频率为

$$\omega_c = \sqrt{-M_0} = \sqrt{-k_z} \tag{4-1-3}$$

初振幅由初始条件确定,$s \to \infty$ 时 $\delta \to 0$。

对于 $H_2 \neq 0, M_2 \neq 0$,只讨论小阻尼($H_0^2 < |4M_0|$)和弱非线性静力矩($|M_2| \ll |M_0|$)情况下静稳定($M_0 < 0$)弹的非线性运动。这是实际弹箭中容易碰到的情况。此时方程(4-1-1)

可写成

$$\delta'' + \omega_c^2 \delta = -(H_0 + H_2\delta^2)\delta' + M_2\delta^3 \qquad (4-1-4)$$

将自变量改为 $z = \omega_c s$ 后此方程变成如下形式：

$$\ddot{\delta} + \delta = f(\delta, \dot{\delta}), \quad f(\delta, \dot{\delta}) = -(H_0 + H_2\delta^2)\dot{\delta}/\omega_c + M_2\delta^3/\omega_c^2 \qquad (4-1-5)$$

在本节范围内 "." 表示对 $z = \omega_c s$ 的导数。

如果略去方程右边的弱阻尼项和弱非线性静力矩项，则得到线性振子

$$\ddot{\delta} + \delta = 0 \qquad (4-1-6)$$

其解为

$$\delta = R\sin(z+\varphi), \quad \dot{\delta} = R\cos(z+\varphi) \qquad (4-1-7)$$

式中

$$R = \sqrt{\delta_0^2 + \left(\frac{\delta_0'}{\omega_c}\right)^2}, \quad \varphi = \tan^{-1}\left(\frac{\delta_0\omega_c}{\delta_0'}\right) \qquad (4-1-8)$$

R, φ 是由初始条件 δ_0, δ_0' 决定的常数。将方程（4-1-6）乘以 $2\dot{\delta}$ 后可变成全微分式，积分并代入初始条件后得

$$\dot{\delta}^2 + \delta^2 = R \qquad (4-1-9)$$

如令

$$x = \delta, \quad y = \dot{\delta} \qquad (4-1-10)$$

则得到相平面上相轨线方程

$$x^2 + y^2 = R \qquad (4-1-11)$$

可见相轨线是以原点为圆心的一族同心圆，如图 4-1-1 所示。圆的半径 R 按式（4-1-8）由初始条件确定，取不同的初始条件可得到不同半径的相轨线，它们连续地布满整个相平面。

由于 $\dot{\delta}^2$ 正比于弹箭的动能 $T = A(\mathrm{d}\delta/\mathrm{d}t)^2/2$，而 δ^2 正比于弹箭的位能 $V = -AM_0\delta^2/2$，故式（4-1-9）表示机械能守恒。可见，在线性振子式（4-1-6）的同一条相轨线上机械能守恒。

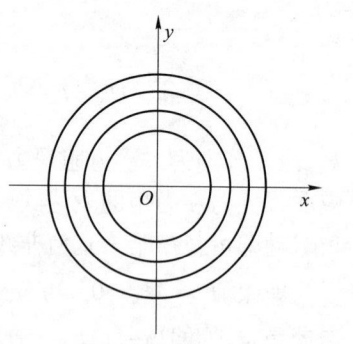

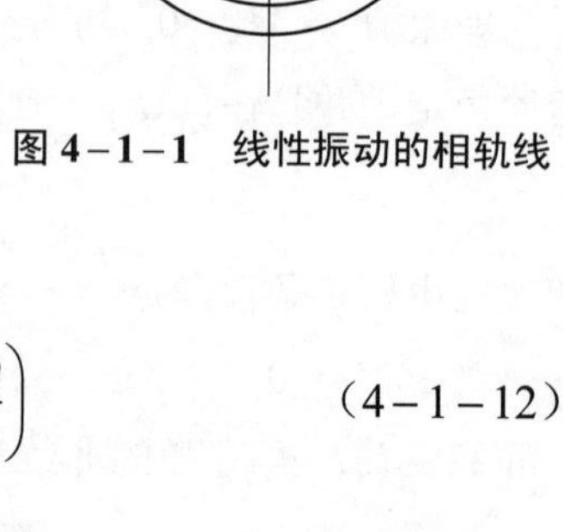

4.1.2 非线性角运动方程的第一次近似解

当考虑非线性干扰项 $f(\delta, \dot{\delta})$ 时，方程（4-1-5）的解中将出现泛音，即频率为 $n\omega_c$ 的振动分量。在第一次近似中假定方程（4-1-5）的解仍具有式（4-1-7）的形式，不过其中的 R 和 φ 不是常数，而是 $z = \omega s$ 的函数。将式（4-1-7）中第一式对 z 求导一次得

图 4-1-1　线性振动的相轨线

$$\dot{\delta} = \frac{\mathrm{d}R}{\mathrm{d}z}\sin(z+\varphi) + R\cos(z+\varphi)\left(1 + \frac{\mathrm{d}\varphi}{\mathrm{d}z}\right) \qquad (4-1-12)$$

由于改用两个函数 $R(\tau), \varphi(\tau)$ 来表示一个函数 $\delta(z)$，为了使 $R(z), \varphi(z)$ 具有确定的形式，必须有两个定解条件，其中一个就是要满足方程（4-1-5），另一个条件可以给定，通常此条件给定的原则是使 $\dot{\delta}$ 仍具有线性情况下的表达式，即式（4-1-7），从而得到

$$\frac{\mathrm{d}R}{\mathrm{d}z}\sin(z+\varphi) + R\frac{\mathrm{d}\varphi}{\mathrm{d}z}\cos(z+\varphi) = 0 \qquad (4-1-13)$$

于是 $\dot{\delta}$ 就简化成线性情况下的形式

$$\dot{\delta} = R\cos(z+\varphi)$$

再求导一次得

$$\ddot{\delta} = \frac{\mathrm{d}R}{\mathrm{d}z}\cos(z+\varphi) - R\left(1 + \frac{\mathrm{d}\varphi}{\mathrm{d}z}\right)\sin(z+\varphi)$$

将 $\delta, \dot{\delta}, \ddot{\delta}$ 代入方程（4-1-5）中得

$$\frac{\mathrm{d}R}{\mathrm{d}z}\cos(z+\varphi) - R\frac{\mathrm{d}\varphi}{\mathrm{d}z}\sin(z+\varphi) = f[R\sin(z+\varphi), R\cos(z+\varphi)] \qquad (4-1-14)$$

由式（4-1-14）和式（4-1-13）联立可解出 $\dot{R}(z), \dot{\varphi}(z)$

$$\frac{\mathrm{d}R}{\mathrm{d}z} = f[R\sin(z+\varphi), R\cos(z+\varphi)]\cos(z+\varphi) \qquad (4-1-15)$$

$$\frac{\mathrm{d}\varphi}{\mathrm{d}z} = -\frac{1}{R}f[R\sin(z+\varphi), R\cos(z+\varphi)]\sin(z+\varphi) \qquad (4-1-16)$$

虽然式（4-1-15）和式（4-1-16）右边的三角函数随 $\zeta = z+\varphi$ 迅速变化，但由于 $f(\delta,\dot{\delta})$ 是小阻尼和弱非线性干扰项，其数值较小，故 R 和 φ 的变化率并不大，因此在第一次近似中可将方程（4-1-15）～方程（4-1-16）两式右边所含的 R 和 φ 在运动的一个周期内视为常数。于是此二方程的右边将是 $\zeta = z+\varphi$ 的周期函数，周期为 2π，因此可展成富氏级数，得

$$\frac{\mathrm{d}R}{\mathrm{d}z} = \frac{a_0}{2} + \sum_{n=1}^{\infty} a_n(R)\cos n\zeta + \sum_{n=1}^{\infty} b_n(R)\sin n\zeta \qquad (4-1-17)$$

$$\frac{\mathrm{d}\varphi}{\mathrm{d}z} = \frac{c_0}{2} + \sum_{n=1}^{\infty} c_n(R)\cos n\zeta + \sum_{n=1}^{\infty} d_n(R)\sin n\zeta \qquad (4-1-18)$$

式中，a_n, b_n, c_n, d_n 为相应的富氏系数。由于 $f(\delta,\dot{\delta})$ 是对线性振子的弱干扰，作为第一次近似还可进一步略去式（4-1-17）和式（4-1-18）中各振动项的交变影响，而只保留常数项，得

$$\frac{\mathrm{d}R}{\mathrm{d}z} = \frac{a_0}{2} = \frac{1}{2\pi}\int_0^{2\pi} f[R\sin\zeta, R\cos\zeta]\cos\zeta \mathrm{d}\zeta \qquad (4-1-19)$$

$$\frac{\mathrm{d}\varphi}{\mathrm{d}z} = \frac{c_0}{2} = \frac{1}{2\pi}\int_0^{2\pi} -\frac{1}{R}f[R\sin\zeta, R\cos\zeta]\sin\zeta \mathrm{d}\zeta \qquad (4-1-20)$$

由此两式可见，这实际上也就是将方程（4-1-17）和方程（4-1-18）右边在快转动相位 ζ 变化一周内平均之，故此法称为平均法，或克雷诺夫-波哥留波夫第一次近似法。如将 $f(\delta,\dot{\delta})$ 展成富氏级数代入被积函数中，显然只有其中的一次谐波在上两式中有积分值，故此法只考

弹箭非线性运动理论

虑了非线性干扰项 $f(\delta,\dot\delta)$ 中的主谐波对线性振子振幅和频率的影响，实际上也是非线性力学中的谐波平衡法。这一方法对解弱非线性问题十分有效，但可以看出它有误差，当要求提高精度时必须采用高次近似。

将 $f(\delta,\dot\delta)$ 表达式代入式（4-1-19）和式（4-1-20）中，得

$$\frac{\mathrm{d}R}{\mathrm{d}z}=-\frac{R}{4\sqrt{-M_0}}(4H_0+H_2R^2)=F(R),\qquad \frac{\mathrm{d}\varphi}{\mathrm{d}z}=\frac{3M_2}{8M_0}R^2=\Phi(R) \qquad (4-1-21)$$

4.1.3　相平面分析

在相平面 xOy 中，相点位置由 $x=\delta$，$y=\dot\delta$ 确定，如图4-1-2所示。但从式（4-1-7）中可见，相点 B 的位置也可用相径 $R(z)$ 和幅角 $z+\varphi(z)$ 确定。按范德坡方法作一动相平面 $\overline{x}O\overline{y}$ 以 $z=\omega_c s$ 顺时针旋转，则在动相平面上 B 点的位置由 $R(z),\varphi(z)$ 确定，于是方程（4-1-21）描述了动相平面上相点的运动规律。

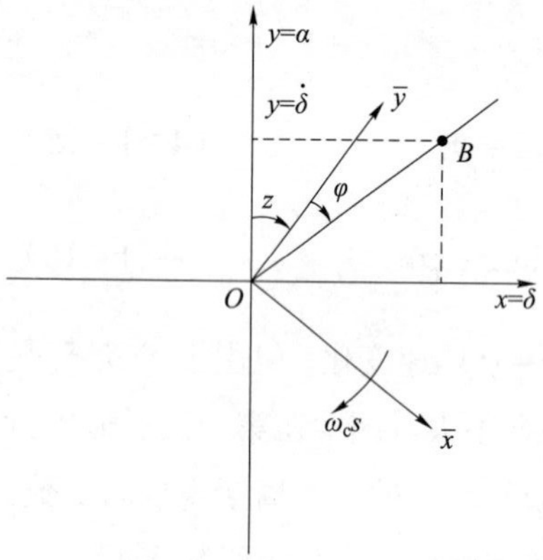

先讨论 $M_2=0$ 的情况，即线性静力矩情况 $\Phi(R)\equiv0$，$\varphi=\varphi_0=$ 常数，故动相平面上的奇点只可能在幅角为 φ_0 的射线上，而奇点的位置由 $F(R)=0$ 的根决定。

当 $H_0>0$，$H_2>0$ 时，动相平面上只有一个奇点，即 $R=0$。此时由方程（4-1-21）知，对任何 R 恒有 $\dot R<0$，当 z 增大时相点 B 沿 φ_0 射线无限逼近于原点，故动相平面上的原点为稳定结点，而相点 B 在定平面上将画出一圈圈半径不断缩小的螺线，如图 4-1-3（a）所示，所以定平面上的原点是稳定焦点，相应的弹轴摆动曲线如图4-1-3（b）所示，运动是渐近稳定的。

反之，当 $H_0<0$，$H_2<0$ 时，动相平面上的原点为不稳定结点，定相平面上的原点为不稳定焦点，相应的相轨线和弹轴摆动曲线如图4-1-3（c）和（d）所示，弹箭的运动是不稳定的。

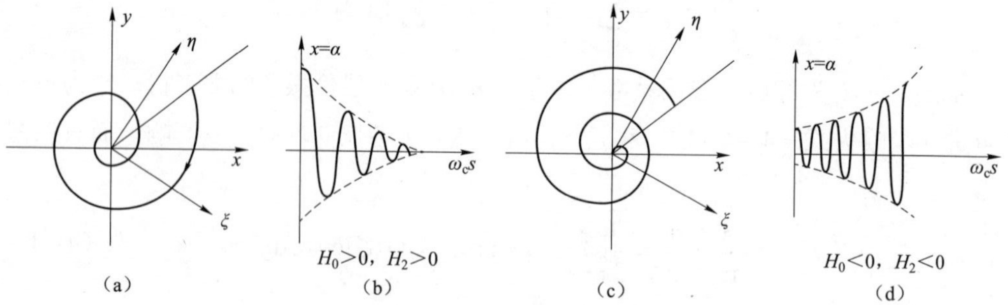

图4-1-2　动相平面和定相平面

图4-1-3　$H_0H_2>0$ 时的相轨线和振动曲线

当 H_0 和 H_2 异号时，动相平面上又增加了一个奇点（$R=2\sqrt{-H_0/H_2}=R_p,\varphi=\varphi_0$）。

如果 $H_0<0,H_2>0$，则由式（4-1-20）知，当 $0<R<R_p$ 时，$\dot R>0$，相径将不断增

130

大；当 $R > R_p$ 时，$\dot{R} < 0$，相径又不断缩小；只有在 $R = R_p$ 处 $\dot{R} = 0$，相径保持不变。故此奇点为动相平面上稳定的结点，而原点为不稳定的结点，相应地在定相平面上此奇点将画出一个半径为 R_p 的封闭圆。当相点在动平面上沿 φ_0 射线向此奇点逼近时，它将在定平面上画出一圈圈向此圆不断逼近的螺线，如图 4-1-4（a）所示，故此圆是定平面上稳定的极限环。这时原点是定相平面上不稳定的焦点。

图 4-1-4（a）中极限环闭轨线与图 4-1-1 中线性振子闭轨线的不同之处在于，极限环邻域内不存在其他的闭轨线，故极限环是一种孤立的闭轨线，相应的弹轴摆动曲线如图 4-1-4（b）所示。只要初始条件不为零，则摆动都会逼近振幅 R_p 的等幅振动。但因 $\dot{\varphi} = 0$，故振动的频率和周期与线性振子式（4-1-7）相同，这种第一次近似下的等时性称为准等时性。这时弹箭不具备李雅普诺夫意义下的稳定性，但其相轨线具有轨道稳定性，对于弹箭来说表现为无论受到何种扰动，弹箭都会逼近于相同振幅的简谐振动。由于弹箭总是会或多或少地受到扰动，因此在 $H_0 < 0$，$H_2 > 0$ 的条件下它将总是受到激发而趋于定常振动，这种振动称为自激振动。此时仍然认为弹箭的运动是稳定的。不过由于自激振动会消耗弹箭的动能和增大阻力使射程减小，并且还会使散布增大，故在气动力设计上应尽量减少自激振动的振幅，或减小稳定极限环的半径。

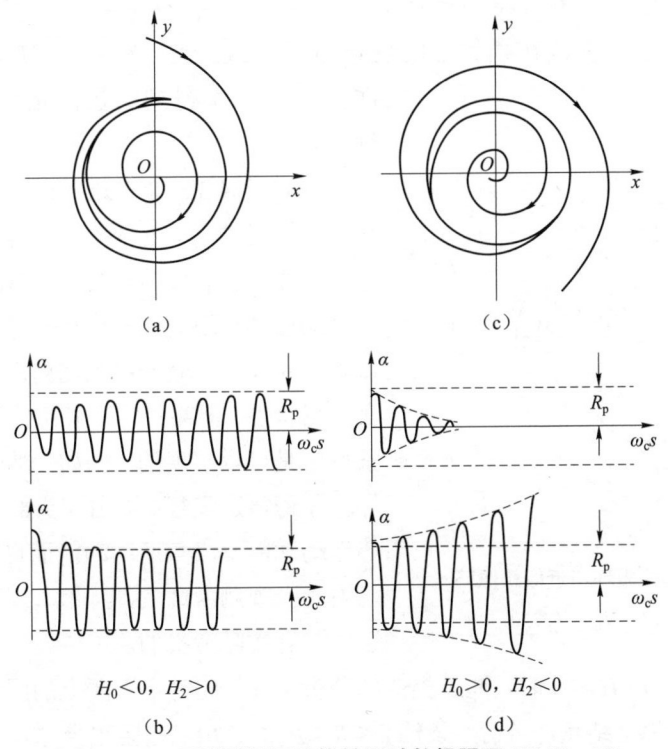

图 4-1-4 尾翼弹平面非线性运动的极限环（$H_0 H_2 < 0$）

至于定常振动的形成以及振幅的大小，也可直接由方程（4-1-21）积分得到。由该式积分得

$$R^2 = 4\left(\frac{H_0}{H_2}\right)\frac{A_0 \exp(-H_0 s)}{1 - A_0 \exp(-H_0 s)} \quad (H_0 < 0)$$

式中，A_0 为积分常数，由初始条件确定。由此式可见，当 $H_0 < 0$ 时，无论 A_0 为何值，$s \to \infty$ 时总有 $R^2 = -4H_0/H_2 = R_p^2$。因此在极限情况下运动逼近于简谐振动

$$\delta = R_p \sin(\omega_c s + \varphi_0) \tag{4-1-22}$$

应用第 1 章里讲述的克雷诺夫-波哥留波夫方法还可以得到角运动方程（4-1-1）的第二次近似解

$$\delta = R_p \sin(\omega_c s + \varphi_0) - \frac{H_0}{8\omega_c} R_p \cos 3(\omega_1 s + \varphi_0), \quad \omega_1 = \omega_c\left[1 - \left(\frac{H_0}{4\omega_c}\right)^2\right] \approx \omega_c \tag{4-1-23}$$

由此可见这时除基频振动外，还出现了 $3\omega_c$ 的泛音。

从数学上讲，当 $M_2 = 0$，$H_2 < 0$，$H_2 > 0$ 时方程（4-1-1）恰好为范德坡方程，数学上早已证明范德坡方程有一个稳定的极限环，不过此极限环的准确图形不是圆，而是如图 4-1-5 中 L_p 闭曲线的形状。尽管如此，由图 4-1-5 和第二次近似解式（4-1-23）可见，L_p 曲线在横轴上的变化范围大致还是 $\pm 2\sqrt{-H_0/H_2} = \pm R_p$。因此第一次近似方法所得到的极限运动振幅还是足够准确的。

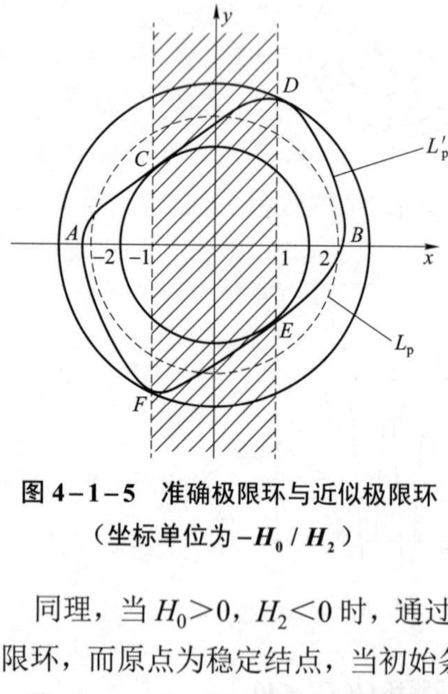

在本章 4.3.3 节里还要证明，即使尾翼非旋转弹的初始扰动 δ_0，$\dot{\delta}_0$ 不在同一平面内，具有非线性阻尼特性 $H_0 < 0$，$H_2 > 0$ 的弹箭也会在经过短暂的空间摆动后迅速逼近于同一平面内的等幅振动，振幅仍为 R_p。尽管一般的尾翼弹并不具备 $H_0 < 0$ 的负阻尼特性，但某些特殊外形的尾翼弹在特殊飞行条件下是可以出现的。例如，某些再入大气层尾翼导弹在跨声速飞行中，由于头部分离流的作用使质心运动动能变成角运动动能而形成负阻尼特性，这已被实验观测所证实，因此本节所讨论的平面极限运动是有实际意义的。

图 4-1-5 准确极限环与近似极限环
（坐标单位为 $-H_0/H_2$）

同理，当 $H_0 > 0$，$H_2 < 0$ 时，通过类似的分析可知，此时定平面上的圆 $R = R_p$ 为不稳定的极限环，而原点为稳定结点，当初始条件 $0 < R < R_p$ 时，相点被阻尼至原点，弹箭运动渐近稳定；当 $R > R_p$ 时，相点将远离极限环，弹箭运动不稳。图 4-1-4（c）和（d）所示为相应的不稳定点极限环、相轨线和振动曲线。

在跨声速区，弹箭气动力非线性较强，尽管小攻角时弹箭具有正阻尼，$H_0 > 0$，但攻角较大时就可能出现 $H_2 < 0$，这时便会产生不稳定的极限环。因而虽在大多数情况下弹箭运动

与线性运动情况并无差异（攻角逐渐衰减），但当初始扰动过大，或飞行中遇到较大干扰（如大的阵风），或转速穿过共振区时，因攻角较大而使相点跳出极限环，于是相点将进一步离开不稳定极限环，攻角不断增大，产生动态不稳而坠落。这是造成某些跨声速区飞行的迫击炮弹、尾翼式火箭弹、航空炸弹在飞行中途掉弹的原因之一。由于产生过大的干扰出现是随机的，故掉弹现象也表现为偶然的。为了避免非线性运动掉弹发生，应在弹箭气动外形设计上减小非线性负阻尼 H_2 的数值。

再讨论 $M_2 \neq 0$ 时的情况。这时 $\dot{\varphi} \neq 0$，故在动相平面上相点也要绕原点转动，并且 $M_2 < 0$ 时 $\dot{\varphi} > 0$ 为顺时针方向转动，$M_2 > 0$ 时为逆时针方向转动，但相径的变化规律仍按方程（4-1-20）进行。故此时圆 $R = R_p$ 将为动相平面上稳定的极限环（$H_0 < 0$，$H_2 > 0$）或不稳定的极限环（$H_0 > 0$，$H_2 < 0$），原点则相应是不稳定的焦点或稳定的焦点。这时定相平面上的圆 $R = R_p$ 为与上相同性质的极限环，原点为与上性质相同的焦点，只不过所有的相轨线由于 φ 角旋转而在定平面上被顺时针方向拉长（$M_2 < 0$）或逆时针方向缩短（$M_2 > 0$）一些而已。这时的运动稳定性将与 $M_2 = 0$ 时相同，极限运动的振幅仍为 $R_p = 2\sqrt{-H_0/H_2}$，但频率变为 $\omega = \omega_c + 3M_2 R_p^2/(9M_0)$，$M_2 < 0$ 时运动频将高于线性运动频率，$M_2 > 0$ 时将低于线性运动频率，并导致频率与振幅 R_p 有关。

4.1.4 极限运动的能量解释

将方程（4-1-1）的保守项留在左边，非保守项移到右边，同乘 δ'，整理后得

$$\frac{\mathrm{d}(T+E)}{\mathrm{d}s} = -(H_0 + H_2\delta^2)(\delta')^2 \qquad (4-1-24)$$

式中，$T = (\delta')^2/2$ 正比于角运动动能；$E = -[M_0\delta^2 + (M_2/2)\delta^4]/2$ 正比于角运动位能；$T+E$ 正比于弹箭角运动总能量。

由式（4-1-24）可见，当 $H_0 < 0$，$H_2 > 0$ 时，运动过程中只要 $\delta^2 < -H_0/H_2$，弹箭角运动位能将增加；当 $\delta^2 > -H_0/H_2$ 时能量又会减少。如果在弹箭摆动一周内吸入的能量正好补充了耗散的能量，那么弹箭就能维持一种定常振动状态。相点沿极限环运动所代表的极限定常振动就具有这种性质。

在图 4-1-5 中，$M_2 = 0$ 的准确极限环 L_p 上，注意到相径的平方为

$$R^2 = \delta^2 + \dot{\delta}^2 = \delta^2 + (\delta')^2/(-M_0) \qquad (4-1-25)$$

它恰好可代表 $M_2 = 0$ 时弹箭的总能量，故在区间 $|\delta| < \sqrt{-H_0/H_2}$（图 4-1-5 中阴影区）内极限环上相点的相径逐渐增大，在此区间之外相径逐渐减小，而在 $\delta = \pm\sqrt{-H_0/H_2}$ 处（图 4-1-5 中 C、D、E、F 点）总能量和相径同时取得极值。由于在 DE 和 FC 段上损失的能量恰好在 EF 段和 CD 段得到补充，所以弹箭能维持定常振动。

由此可知，极限环闭轨线所代表的定常振动不同于图 4-1-1 中保守系统闭轨线代表的定常振动。因为前者在振动中能量是周期地吸入和耗损，而后者在振动中能量守恒。前者振幅与初始条件无关而后者振幅由初始条件决定。极限环代表的自激振动也不同于线性系统在周期干扰下的强迫振动。因为后者的振幅和频率取决于干扰的振幅和频率。

最后自然注意到，在近似极限环 $R = R_p$ 的圆上，当 $M_2 = 0$ 时相点在圆上运动时能量也是不变的，即 $R^2 = \delta^2 + (\delta')^2 / (-M_0) = -4H_0 / H_2$，因而显示不出弹箭自振中能量吸入和耗损的情况。这种情况是由第一次近似的平均方法造成的，其效果相当于把相点沿极限环运动一周后能量最后不变平均地视为沿极限环能量始终不变。从图 4-1-5 也可见，近似极限环大致是准确极限环的平均位置。从数学上可知，H_0，H_2 越小，准确极限环越接近圆形，能量进出甚微，几乎不变，这时用近似极限环描述弹箭的自振就越准确。

$M_2 \neq 0$ 时相点相径的平方（R^2）不能代表总能量，它将略大于（$M_2 < 0$）或略小于（$M_2 > 0$）总能量。极限环上相径的极大值将不在 $\delta = \pm\sqrt{-H_0 / H_2}$ 处，但吸收能量和耗散能量的区域仍如图 4-1-5 所示，故在 $\delta = \pm\sqrt{-H_0 / H_2}$ 处能量能取极值。由于本节讨论的是弱非线性静力矩 $|M_2| \ll |M_0|$，故极限环形状虽有些变化，但从方程（4-1-21）可见，除了运动的频率有些变化外，对定常振动的振幅没有什么影响。

归纳以上分析可得出如下几条结论：

（1）$H_0 > 0$，$H_2 > 0$ 时弹箭的运动是渐近稳定的，$H_0 < 0$，$H_2 < 0$ 时弹箭的运动是不稳定的。

（2）$H_0 > 0$，$H_2 < 0$ 时，如果起始条件 $\delta_0 < 2\sqrt{-H_0 / H_2}$，则运动是渐近稳定的；如果 $\delta_0 > 2\sqrt{-H_0 / H_2}$，则运动是不稳定的。为了增大稳定运动相应的初始条件范围，应设法增大线性阻尼部分 H_0，减小非线性阻尼部分 H_2。

（3）对于某些特殊的尾翼弹，在一定的飞行条件下可出现 $H_0 < 0$，$H_2 > 0$ 的情况，这时相平面上存在稳定的极限环，即圆 $R = R_p = 2\sqrt{-H_0 / H_2}$，只要初始条件不为零，运动都会迅速地逼近于振幅为 R_p 的极限运动，只要 R_p 不过分大，弹箭的运动仍将是稳定的。这时弹箭将总是受到激发而产生自振。为了使自振振幅不致过大，以避免造成阻力增大、射程减小和密集度变坏，应设法减小 $|H_0|$，增大 H_2。

（4）$M_2 = 0$ 时弹箭振动频率与线性频率相同，$M_2 < 0$ 时频率增高，$M_2 > 2$ 时频率降低，但极限运动的振幅不变。

值得指出的是，当 M_2 较大时就不能用本节的方法求解方程（4-1-1），关于强非线性静力矩作用下弹箭角运动方程的解将涉及椭圆函数的一些问题，将在下一节里讲述。

另外，本节的方法只适用于分析单自由度运动，对于二自由度运动这一方法将变得十分复杂。故对于旋转弹或非旋转弹做空间运动的情况将采用改进的克雷诺夫-波哥留波夫平均方法来求解，这将在下面各章节里叙述。

4.2 强非线性静力矩作用下的椭圆函数精确解

在一般非线性力矩作用下，非旋转弹箭的角运动方程为非线性微分方程，通常情况下是得到不精确解析解的，但对于仅有非线性静力矩作用的角运动方程，可以得到以椭圆函数表示的精确解析解。为此，下面简单介绍一下椭圆积分和椭圆函数的概念。

4.2.1 椭圆积分和椭圆函数

积分
$$\int f(x,\sqrt{ax^3+bx^2+cx+d})\mathrm{d}x$$
$$\int f(x,\sqrt{ax^4+bx^3+cx^2+dx+e})\mathrm{d}x$$

称为椭圆积分，它可化为一些能用初等函数表示的积分。

上面的椭圆积分，经过初等变换可化为下面三种类型的勒让德椭圆积分：

（1）第一类椭圆积分： $u=\int\dfrac{\mathrm{d}x}{\sqrt{(1-x^2)(1-k^2x^2)}}$；

（2）第二类椭圆积分： $u=\int\sqrt{\dfrac{1-k^2x^2}{1-x^2}}\mathrm{d}x$；

（3）第三类椭圆积分： $u=\int\dfrac{\mathrm{d}x}{(1+hx^2)\sqrt{(1-x^2)(1-k^2x^2)}}$。

在后面讨论弹箭的非线性运动中，主要用到第一类椭圆积分，故下面只介绍第一类椭圆积分的性质。

把第一类椭圆积分写成定积分的形式为

$$u=\int_0^x\dfrac{\mathrm{d}x}{\sqrt{(1-x^2)(1-k^2x^2)}}\xrightarrow{x=\sin\varphi}\int_0^\varphi\dfrac{\mathrm{d}\varphi}{\sqrt{1-k^2\sin^2\varphi}}$$

其反函数 $x=\mathrm{sn}\,u=\mathrm{sn}(u,k)$（并且有 $x=\sin\varphi=\mathrm{sn}\,u$）称为雅可比椭圆正弦函数 $\mathrm{sn}(u,k)$，它是具有（虚、实）双周期($T=4K$, $T'=\mathrm{i}2K'$)的亚纯函数，它的实周期为

$$T=4K=4\int_0^1\dfrac{\mathrm{d}x}{\sqrt{(1-x^2)(1-k^2x^2)}}\xrightarrow{x=\sin\varphi}4\int_0^{\frac{\pi}{2}}\dfrac{\mathrm{d}\varphi}{\sqrt{1-k^2\sin^2\varphi}}$$

以上积分式中采用了变量变换 $x=\sin\varphi$，式中的 k 称为模，其中模数 $0<k^2<1$。式中的积分 K 称为第一类完全椭圆积分，定义为

$$K=\int_0^1\dfrac{\mathrm{d}x}{\sqrt{(1-x^2)(1-k^2x^2)}}=\int_0^{\frac{\pi}{2}}\dfrac{\mathrm{d}\psi}{\sqrt{1-k^2\sin^2\psi}}$$

又定义函数
$$\mathrm{cn}\,u=\sqrt{1-\mathrm{sn}^2u}$$

称 $\mathrm{cn}\,u$ 为雅可比椭圆余弦函数，由此可得

$$\mathrm{sn}^2u+\mathrm{cn}^2u=1$$

又由完全椭圆积分定义式可见

$$\mathrm{sn}\,K=1,\ \mathrm{cn}\,K=0$$

由第一类椭圆积分不难看出，雅可比椭圆正弦函数为奇函数，即 $\mathrm{sn}(-u)=-\mathrm{sn}\,u$。雅可比椭圆余弦函数为偶函数，即 $\mathrm{cn}(-u)=\mathrm{cn}\,u$。

雅可比椭圆正弦函数和雅可比椭圆余弦函数均为周期函数，其实周期均为 $4K$。其变化曲

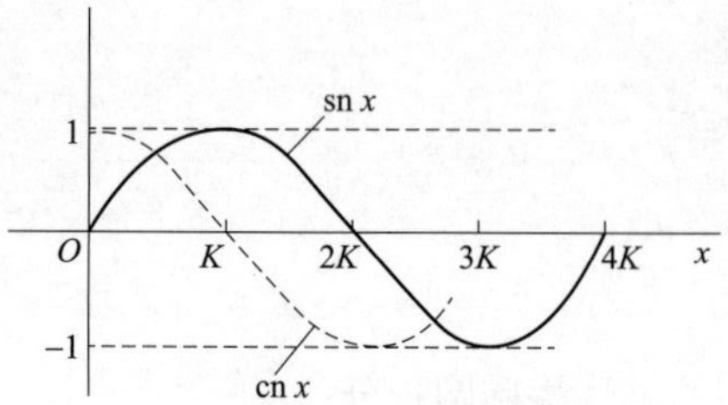

图 4-2-1　sn x 和 cn x 图形

线分别与三角正弦函数和三角余弦函数相似，故有椭圆正弦与椭圆余弦之称，如图 4-2-1 所示。而三角正弦函数和三角余弦函数称为圆函数，事实上当椭圆函数的模 $k=0$ 时椭圆函数即退化为圆函数，即有

$$\text{sn}(u,0) = \sin u$$

椭圆积分是在求椭圆弧长过程中出现的，而雅可比椭圆函数是在研究椭圆积分的反函数时产生的，它是 19 世纪数学研究的重大成果之一，现在在许多科技领域都有重要应用。

4.2.2　在三次方静力矩作用下的精确解

前面已讲过，非旋转弹箭的运动一般可分为平面运动和空间运动，这取决于诸扰动因素是否作用在同一平面内。如果诸扰动因素作用于同一平面内，则非旋转弹箭的运动为平面运动，否则非旋转弹箭的运动为空间运动，下面对这两种情况分别进行讨论。

1. 平面运动

非旋转弹箭在扰动平面内做平面摆动时，可简单地用总攻角 δ 来描述弹箭的运动。弹箭仅在三次方非线性静力矩作用下的角运动方程为

$$\delta'' - (M_0 + M_2 \delta^2)\delta = 0 \tag{4-2-1}$$

式中，" $''$ "为对弹道弧长 s 的导数。

式中

$$M_0 = \frac{1}{2A}\rho Sl m_{z0}, \ M_2 = \frac{1}{2A}\rho Sl m_{z2}$$

由方程（4-2-1）描述的系统是一个保守系统，它既没有能量的消耗，也没有能量的增加，方程（4-2-1）具有精确解，此精确解可用椭圆函数表示。因为

$$\delta'' = \frac{\text{d}}{\text{d}s}(\delta') = \frac{\text{d}\delta}{\text{d}s}\frac{\text{d}\delta'}{\text{d}\delta} = \delta'\frac{\text{d}\delta'}{\text{d}\delta} \tag{4-2-2}$$

这样方程（4-2-1）变为

$$\delta'\frac{\text{d}\delta'}{\text{d}\delta} - (M_0 + M_2 \delta^2)\delta = 0 \tag{4-2-3}$$

方程（4-2-3）又可写成全微分形式

$$\frac{\text{d}}{\text{d}\delta}\left[(\delta')^2 - \left(M_0\delta^2 + \frac{1}{2}M_2\delta^4\right)\right] = \frac{\text{d}C_1}{\text{d}\delta} = 0 \tag{4-2-4}$$

所以有

$$(\delta')^2 - \left(M_0\delta^2 + \frac{1}{2}M_2\delta^4\right) = C_1 \tag{4-2-5}$$

这就是所谓的能量积分，积分常数 C_1 表示 2 倍总能量，关于这一点解释如下。

在方程（4-2-5）的两边乘以赤道转动惯量 A，则式（4-2-5）变为

$$A(\delta')^2 - A\left(M_0\delta^2 + \frac{1}{2}M_2\delta^4\right) = C_1 A \tag{4-2-6}$$

由此式看出，左边第一项 $A(\delta')^2$ 为弹箭在平面内摆动的 2 倍动能；为了搞清左边第二项的意义，下面求出弹箭的位能。

当攻角 δ 变化 $\mathrm{d}\delta$ 时，静力矩的元功为

$$\mathrm{d}W = A(M_0 + M_2\delta^2)\delta\mathrm{d}\delta$$

故当攻角从 δ_e 变为 δ_f 时，静力矩的元功为

$$W = \frac{A}{2}\left(M_0\delta^2 + \frac{1}{2}M_2\delta^4\right)\bigg|_{\delta_e}^{\delta_f}$$

由此式看出，静力矩的元功与弹轴运动过程无关，只与弹轴运动的首末位置之攻角有关，按保守力场位能的定义，如果令 $\delta=0$ 时的位能为零，则攻角为 δ 时的位能为

$$U = -\frac{A}{2}\left(M_0\delta^2 + \frac{1}{2}M_2\delta^4\right) \tag{4-2-7}$$

因此，式（4-2-6）左边第二项表示弹箭具有的 2 倍位能。故式（4-2-6）的常数 C_1A 表示弹箭具有的 2 倍总能量。

设 δ_m 为弹箭摆动过程中攻角的最大值，当弹箭摆动到最大攻角时，$\delta'=0$。因此，从式（4-2-5）可得常数 C_1 为

$$C_1 = -\left(M_0\delta_m^2 + \frac{1}{2}M_2\delta_m^4\right) \tag{4-2-8}$$

将式（4-2-8）代入式（4-2-5）得

$$(\delta')^2 = -\left[M_0(\delta_m^2 - \delta^2) + \frac{1}{2}M_2(\delta_m^4 - \delta^4)\right] \tag{4-2-9}$$

开方得

$$\frac{\mathrm{d}\delta}{\mathrm{d}s} = \pm\sqrt{-\left[M_0(\delta_m^2 - \delta^2) + \frac{1}{2}M_2(\delta_m^4 - \delta^4)\right]} \tag{4-2-10}$$

经过变换，式（4-2-10）可以化成椭圆积分，从而可以得到角运动方程（4-2-1）的精确解析解。下面对四种不同类型的静力矩进行讨论。

1) a 型静力矩 ($M_0<0, M_2<0$)

在这种情况下，三次方静力矩的系数 $m_{z0}<0$，$m_{z2}<0$，从而有 $M_0<0$，$M_2<0$。

作变换

$$\delta = \delta_m\cos\varphi \tag{4-2-11}$$

对式（4-2-11）求导得

$$\frac{\mathrm{d}\delta}{\mathrm{d}s} = -\delta_m\sin\varphi\frac{\mathrm{d}\varphi}{\mathrm{d}s} \tag{4-2-12}$$

将式（4-2-11）和式（4-2-12）代入式（4-2-10）得

$$\frac{\mathrm{d}\varphi}{\mathrm{d}s} = \mp\sqrt{-(M_0 + M_2\delta_m^2)\left[1 - \frac{M_2\delta_m^2}{2(M_0 + M_2\delta_m^2)}\sin^2\varphi\right]} \tag{4-2-13}$$

令

$$\omega^2 = -(M_0 + M_2\delta_m^2) \tag{4-2-14}$$

$$k^2 = \frac{M_2\delta_m^2}{2(M_0 + M_2\delta_m^2)} \tag{4-2-15}$$

弹箭非线性运动理论

积分式（4-2-13）得

$$\int_0^{\varphi} \frac{\mathrm{d}\varphi}{\sqrt{1-k^2\sin^2\varphi}} = \mp\int_0^s \sqrt{\omega^2}\,\mathrm{d}s \qquad (4-2-16)$$

这就是第一类椭圆积分，其中 $\omega^2 > 0$，$0 < k^2 < 1$。若用雅可比椭圆正弦函数表示式（4-2-16），则由式（4-2-16）可得

$$\sin\varphi = \mp\mathrm{sn}(\omega s, k) \qquad (4-2-17)$$

这样弹箭在 a 型静力矩作用下，角运动方程（4-2-1）的精确解为

$$\delta^2 = \delta_{\mathrm{m}}^2[1-\mathrm{sn}^2(\omega s, k)] \qquad (4-2-18)$$

若用雅可比椭圆余弦函数表示，其精确解可写成

$$\delta^2 = \delta_{\mathrm{m}}^2\mathrm{cn}^2(\omega s, k) \qquad (4-2-19)$$

对于第一类椭圆积分式（4-2-16），要求 $\omega^2 > 0$，$0 < k^2 < 1$。这两个条件是否成立正是判别弹箭是否存在周期运动的条件。在 a 型静力矩情况下，由式（4-2-14）和式（4-2-15）可以看出，这两个条件是满足的。因此，在 a 型静力矩作用下，弹箭存在周期运动。

由 4.2.1 节知，雅可比椭圆正弦函数的周期为 $4K(k)$，其中 $K(k)$ 为第一类完全椭圆积分。如果设弹箭摆动的弧长周期为 λ_{m}，则由式（4-2-16）得

$$\lambda_{\mathrm{m}} = \frac{4K(k)}{\sqrt{\omega^2}} \qquad (4-2-20)$$

弹箭摆动的频率为

$$\varphi' = \frac{2\pi\sqrt{\omega^2}}{4K(k)} \qquad (4-2-21)$$

若在方程（4-2-1）中，令静力矩的非线性项 M_2 等于零，则得弹箭线性摆动频率为

$$\varphi' = \sqrt{-M_0} \qquad (4-2-22)$$

摆动的弧长周期为

$$\lambda_{\mathrm{m}} = \frac{2\pi}{\sqrt{-M_0}} \qquad (4-2-23)$$

上面的式（4-2-22）和式（4-2-23）也可以直接由式（4-2-20）和式（4-2-21）推出来。因为 $M_2 = 0$，故 $k^2 = 0$，从而有

$$K(0) = \frac{\pi}{2}, \quad \sqrt{\omega^2} = \sqrt{-M_0}$$

把这两个关系式代入式（4-2-20）和式（4-2-21），就可得到式（4-2-22）和式（4-2-23）。

若静力矩的非线性项 $M_2 \neq 0$，则有

$$K(k) < \frac{\pi}{2}, \quad \sqrt{\omega^2} > \sqrt{-M_0}$$

从式（4-2-20）和式（4-2-21）可看出，在 a 型静力矩作用下，弹箭运动的周期小于线性运动的周期，而频率大于线性运动的频率。

2）b 型静力矩

在这种情况下，三次方静力矩系数 $m_{z0} < 0$，$m_{z2} > 0$，从而有（$M_0 < 0$，$M_2 > 0$）。
作变换

$$\delta = \delta_{\mathrm{m}}\sin\varphi \qquad (4-2-24)$$

对上式求导得

$$\frac{\mathrm{d}\delta}{\mathrm{d}s} = \delta_\mathrm{m} \cos\varphi \frac{\mathrm{d}\varphi}{\mathrm{d}s} \quad (4-2-25)$$

将式（4-2-24）和式（4-2-25）代入式（4-2-10）得

$$\frac{\mathrm{d}\varphi}{\mathrm{d}s} = \pm\sqrt{-\left(M_0 + \frac{1}{2}M_2\delta_\mathrm{m}^2\right)\left[1 - \frac{-M_2\delta_\mathrm{m}^2}{2\left(M_0 + \frac{1}{2}M_2\delta_\mathrm{m}^2\right)}\sin^2\varphi\right]} \quad (4-2-26)$$

令

$$\tilde{\omega}^2 = -\left(M_0 + \frac{1}{2}M_2\delta_\mathrm{m}^2\right) \quad (4-2-27)$$

$$\tilde{k}^2 = \frac{-M_2\delta_\mathrm{m}^2}{2\left(M_0 + \frac{1}{2}M_2\delta_\mathrm{m}^2\right)} \quad (4-2-28)$$

积分式（4-2-26）得

$$\int_0^\varphi \frac{\mathrm{d}\varphi}{\sqrt{1-\tilde{k}^2\sin^2\varphi}} = \pm\int_0^s \sqrt{\tilde{\omega}^2}\,\mathrm{d}s \quad (4-2-29)$$

用雅可比椭圆正弦函数表示为

$$\sin\varphi = \pm\mathrm{sn}(\tilde{\omega}s, \tilde{k}) \quad (4-2-30)$$

因此，弹箭角运动方程的精确解为

$$\delta^2 = \delta_\mathrm{m}^2 \mathrm{sn}^2(\tilde{\omega}s, \tilde{k}) \quad (4-2-31)$$

弹箭摆动的弧长周期为

$$\lambda_\mathrm{m} = \frac{4K(\tilde{k})}{\sqrt{\tilde{\omega}^2}} \quad (4-2-32)$$

弹箭摆动的频率为

$$\varphi' = \frac{2\pi\sqrt{\tilde{\omega}^2}}{4K(\tilde{k})} \quad (4-2-33)$$

弹箭存在周期运动的条件可以从式（4-2-27）和式（4-2-28）推出，由 $\tilde{\omega}^2 > 0$ 和 $0 < \tilde{k}^2 < 1$ 得

$$M_0 + M_2\delta_\mathrm{m}^2 < 0 \quad (4-2-34)$$

由此式解得

$$\delta_\mathrm{m}^2 < -\frac{M_0}{M_2} \quad (4-2-35)$$

弹箭摆动的最大攻角 δ_m^2 不得超过 $-(M_0/M_2)$，若弹箭的初始攻角 δ_0^2 超过此值，则弹箭的运动就不稳定了。这也就是在 b 型力矩作用下，弹箭运动是小攻角稳定，大攻角不稳定。

3）c 型静力矩（$M_0 > 0, M_2 < 0$）

在这种情况下，三次方静力矩系数 $m_{z0} > 0, m_{z2} < 0$，从而有 $M_0 > 0, M_2 < 0$。

作变换

$$\delta = \delta_\mathrm{m} \cos\varphi \quad (4-2-36)$$

将此变换代入方程（4-2-10），则可得到与 a 型静力矩相同的攻角 δ 以及 ω^2 和 k^2 表达式，即

$$\delta^2 = \delta_m^2[1 - sn^2(\omega s, k)]$$

$$\omega^2 = -(M_0 + M_2\delta_m^2), \quad k^2 = \frac{M_2\delta_m^2}{2(M_0 + M_2\delta_m^2)}$$

由 $\omega^2 > 0$ 和 $0 < k^2 < 1$，可推出弹箭存在周期运动的条件为

$$\delta_m^2 > -M_0 / M_2 \qquad (4-2-37)$$

这也就是所谓的小攻角不稳定，大攻角稳定。若弹箭的初始攻角 δ_0^2 不满足上式，则弹箭不做以 δ_0 为幅值的周期性摆动，而幅值不断增大，直至满足上式为止，弹箭做以 δ_m 为幅值的周期性摆动。在 c 型静力矩作用下，弹箭摆动的弧长周期和频率在形式上与 a 型静力矩相同。

4）d 型静力矩 $(M_0 > 0, M_2 > 0)$

在这种情况下，三次方静力矩系数 $m_{z0} > 0, m_{z2} > 0$，从而有 $M_0 > 0, M_2 > 0$。

作变换

$$\delta = \delta_m \cos\varphi \qquad (4-2-38)$$

与 a 型静力矩类似，可得如下积分：

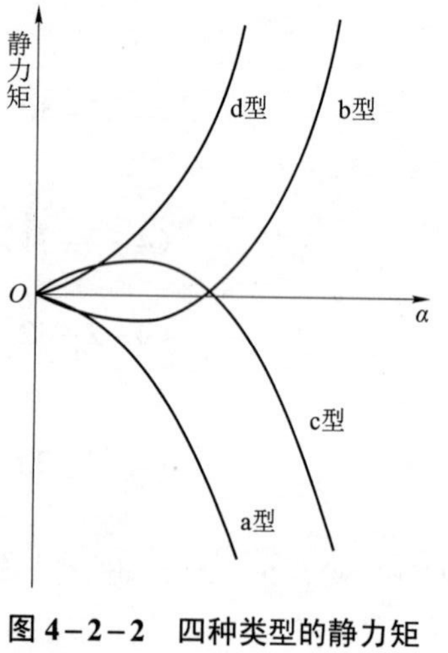

图 4-2-2　四种类型的静力矩

$$\int_0^\varphi \frac{\mathrm{d}\varphi}{\sqrt{1 - k^2\sin^2\varphi}} = \mp\int_0^s \sqrt{\omega^2}\,\mathrm{d}s \qquad (4-2-39)$$

式中

$$\omega^2 = -(M_0 + M_2\delta_m^2) \qquad (4-2-40)$$

$$k^2 = \frac{M_2\delta_m^2}{2(M_0 + M_2\delta_m^2)} \qquad (4-2-41)$$

若要弹箭存在周期运动，必须要求 $\omega^2 > 0$ 和 $0 < k^2 < 1$，但由式（4-2-40）可以看出，现在只可能有 $\omega^2 < 0$。因此，在 d 型静力矩作用下，弹箭不存在周期运动，弹箭的运动是不稳定的。

以上讨论的四种类型的静力矩可用图 4-2-2 表示。

从上面的讨论看出，弹箭摆动的弧长周期和频率是与振幅 δ_m 有关的。在 a 型静力矩的情况下，弧长周期随着振幅的增加而减小，而频率则增大；对于 b 型静力矩，情形正好与 a 型静力矩相反；对于 c 型静力矩，情形与 a 型静力矩相同。这一点与弹箭的线性运动不同，弹箭线性运动的周期和频率与振幅无关。

2. 空间运动情况

如果非旋转弹箭受到的扰动因素不在同一平面内，则弹箭将做空间运动。仅在非线性静力矩作用下，非旋转弹箭的空间角运动方程为

$$\Delta'' - (M_0 + M_2\delta^2)\Delta = 0 \qquad (4-2-42)$$

式中，$\Delta = \delta_2 + i\delta_1$ 称为复攻角；$\delta^2 = |\Delta|^2 = \Delta\bar{\Delta}$，而 $\bar{\Delta} = \delta_1 - i\delta_2$ 为 Δ 的共轭复数。

为了积分方程（4-2-42），不仅要求出能量积分，而且还要求出动量矩积分。为此，写出方程（4-2-42）的共轭方程为

$$\bar{\Delta}'' - (M_0 + M_2\delta^2)\bar{\Delta} = 0 \qquad (4-2-43)$$

将方程（4–2–42）的两边乘以 $\overline{\Delta}'$，方程（4–2–43）的两边乘以 Δ'，然后相加得

$$\Delta''\overline{\Delta}' + \overline{\Delta}''\Delta' - (M_0 + M_2\delta^2)(\Delta\overline{\Delta}' + \Delta'\overline{\Delta}) = 0 \qquad (4-2-44)$$

将上式左边写成全微分形式，于是得到方程（4–2–41）的第一个首次积分

$$\Delta'\overline{\Delta}' - \left(M_0 + \frac{1}{2}M_2\delta^2\right)\Delta\overline{\Delta} = C_1 \qquad (4-2-45)$$

将方程（4–2–42）的两边乘以 $\overline{\Delta}$，方程（4–2–43）的两边乘以 Δ，然后相减得

$$\Delta''\overline{\Delta} - \overline{\Delta}''\Delta = 0 \qquad (4-2-46)$$

于是得到方程（4–2–42）的第二个首次积分

$$\mathrm{i}(\overline{\Delta}'\Delta - \Delta'\overline{\Delta}) = C_2 \qquad (4-2-47)$$

积分常数 C_1 的物理意义与弹箭平面运动时相同，式（4–2–45）左边的第一项 $\Delta'\overline{\Delta}' = (\delta_1')^2 + (\delta_2')^2$，正比 2 倍角运动的动能，而第二项 $-(M_0 + M_2\delta^2/2)\Delta\overline{\Delta}$ 表示 2 倍位能。因此，C_1 表示弹箭 2 倍总能量，故称式（4–2–45）为能量积分。

积分常数 C_2 表示弹箭动量矩矢量在速度方向上分量的 2 倍，其物理意义解释如下：把攻角 Δ 写成极坐标的形式

$$\Delta = \delta \mathrm{e}^{\mathrm{i}v} \qquad (4-2-48)$$

式中，v 为进动角。将式（4–2–48）代入式（4–2–47）得

$$C_2 = 2\delta^2 v' \qquad (4-2-49)$$

用图 4–2–3 可以解释 C_2。图中弹轴 OB 绕速线 OA 在空间转动的角速度可分解为在攻角平面内的相对摆动角速度 δ'，以及随攻角平面以 v' 的进动角速度。动量矩 $A\delta'$ 的矢量垂直于攻角平面，故在速度方向 OA 上的分量为零。动量矩 $A\delta v'$ 的矢量在攻角平面内垂直于弹轴，故在速度方向上的分量为

$$(A\delta v')\sin\delta \approx A\delta^2 v' \qquad (4-2-50)$$

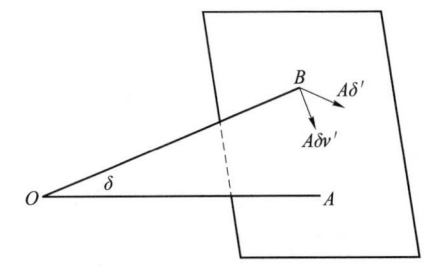

图 4–2–3　C_2 的物理意义度 $\delta v'$

由此可见，C_2 表示总动量矩在速度方向上分量的 2 倍。又因为静力矩向量始终垂直于攻角平面，故它在速度方向上的投影始终为零。因此，沿该方向的动量矩分量应保持不变，故 C_2 等于常数。所以第二个首次积分式（4–2–47）也称为动量矩积分。

求出了能量积分和动量矩积分后，就可以求得攻角的幅值方程。将（4–2–45）和（4–2–47）以极坐标形式写出：

$$C_1 = (\delta')^2 + (\delta v')^2 - \left(M_0\delta^2 + \frac{1}{2}M_2\delta^4\right) \qquad (4-2-51)$$

$$C_2 = 2\delta^2 v' \qquad (4-2-52)$$

由此看出，C_1 和 C_2 取决于初始条件 δ_0，δ_0' 和 v_0'。从式（4–2–52）解出 v' 代入式（4–2–51）得

弹箭非线性运动理论

$$\frac{\mathrm{d}\delta^2}{\mathrm{d}s} = \pm\sqrt{-C_2^2 + 4C_1\delta^2 + 4M_0\delta^4 + 2M_2\delta^6} \qquad (4-2-53)$$

记

$$R = -C_2^2 + 4C_1\delta^2 + 4M_0\delta^4 + 2M_2\delta^6 \qquad (4-2-54)$$

显然，只要能够解出 $\delta^2(s)$，整个问题就解决了。但是，用总能量和角动量分量作为参数是不方便的，当弹轴做周期性摆动时，攻角有最大值 δ_m 和最小值 δ_n。用这两个量作为参数，可使方程的物理意义更加明确。

因为 δ_m 和 δ_n 是攻角的最大值和最小值，所以由极值原理知

$$\frac{\mathrm{d}\delta^2}{\mathrm{d}s}\bigg|_{\delta^2=\delta_m^2} = 0, \quad \frac{\mathrm{d}\delta^2}{\mathrm{d}s}\bigg|_{\delta^2=\delta_n^2} = 0$$

再根据式（4-2-53）可见，根号下面的多项式 R 在 $\delta^2 = \delta_m^2$ 和 $\delta^2 = \delta_n^2$ 时应等于零，这样得到关于 C_1 和 C_2^2 的方程组为

$$-C_2^2 + 4C_1\delta_n^2 + 4M_0\delta_n^4 + 2M_2\delta_n^6 = 0 \qquad (4-2-55)$$

$$-C_2^2 + 4C_1\delta_m^2 + 4M_0\delta_m^4 + 2M_2\delta_m^6 = 0 \qquad (4-2-56)$$

由该方程组解出 C_1 和 C_2^2 为

$$C_1 = -M_0(\delta_m^2 + \delta_n^2) - \frac{M_2}{2}(\delta_m^4 + \delta_m^2\delta_n^2 + \delta_n^4) \qquad (4-2-57)$$

$$C_2^2 = -4M_0\delta_m^2\delta_n^2 - 2M_2\delta_m^2\delta_n^2(\delta_m^2 + \delta_n^2) \qquad (4-2-58)$$

这样多项式 R 为

$$\begin{aligned} R = {} & 4M_0\delta_m^2\delta_n^2 + 2M_2\delta_m^2\delta_n^2(\delta_m^2 + \delta_n^2) - 4M_0(\delta_m^2 + \delta_n^2)\delta^2 - \\ & 2M_2(\delta_m^4 + \delta_m^2\delta_n^2 + \delta_n^4)\delta^2 + 4M_0\delta^4 + 2M_2\delta^6 \end{aligned} \qquad (4-2-59)$$

下面对四种类型的静力矩分别进行讨论，并导出存在周期运动的条件。

1）a 型静力矩（$M_0 < 0, M_2 < 0$）

a 型静力矩下小攻角稳定，大攻角更稳定。作变换

$$\delta^2 = \delta_m^2 - (\delta_m^2 - \delta_n^2)\sin^2\varphi \qquad (4-2-60)$$

将式（4-2-60）代入式（4-2-59）得

$$R = (\delta_m^2 - \delta_n^2)^2\sin^2\varphi\cos^2\varphi[-4M_0 - 4M_2\delta_m^2 - 2M_2\delta_n^2 + 2M_2(\delta_m^2 - \delta_n^2)\sin^2\varphi] \qquad (4-2-61)$$

对式（4-2-60）求导得

$$\frac{\mathrm{d}\delta^2}{\mathrm{d}s} = -2(\delta_m^2 - \delta_n^2)\sin\varphi\cos\varphi\frac{\mathrm{d}\varphi}{\mathrm{d}s} \qquad (4-2-62)$$

由 $(\mathrm{d}\delta^2/\mathrm{d}s)^2 = R$ 得

$$\frac{\mathrm{d}\varphi}{\mathrm{d}s} = \pm\sqrt{\left[-M_0 + \frac{M_2}{2}(2\delta_m^2 + \delta_n^2)\right]\left(1 - \frac{M_2(\delta_m^2 - \delta_n^2)}{2M_0 + 2M_2\delta_m^2 + M_2\delta_n^2}\sin^2\varphi\right)} \qquad (4-2-63)$$

令

$$\omega^2 = -M_0 - \frac{M_2}{2}(2\delta_m^2 + \delta_n^2) \qquad (4-2-64)$$

142

$$k^2 = \frac{M_2(\delta_m^2 - \delta_n^2)}{2M_0 + 2M_2\delta_m^2 + M_2\delta_n^2} \qquad (4-2-65)$$

则式（4-2-63）变为

$$\frac{d\varphi}{ds} = \pm\sqrt{\omega^2(1 - k^2\sin^2\varphi)} \qquad (4-2-66)$$

对式（4-2-66）从 s_0 到 s 积分得

$$\int_{\varphi_0}^{\varphi} \frac{d\varphi}{\sqrt{1 - k^2\sin^2\varphi}} = \sqrt{\omega^2}\int_{s_0}^{s} ds \qquad (4-2-67)$$

因为 $M_0 < 0, M_2 < 0$，所以从式（4-2-64）和式（4-2-65）知

$$\omega^2 > 0, \quad 0 < k^2 < 1$$

故式（4-2-67）为第一类椭圆积分。在这种情况下，弹箭存在周期运动，且无任何限制性条件。

如果取 $s_0 = 0$ 时，$\varphi_0 = 0$，则由式（4-2-67）知，其反函数为雅可比椭圆正弦

$$\sin\varphi = \pm\mathrm{sn}(\omega s, k) \qquad (4-2-68)$$

将上式代入式（4-2-60），得攻角 δ^2 的表达式为

$$\delta^2 = \delta_m^2 - (\delta_m^2 - \delta_n^2)\mathrm{sn}^2(\omega s, k) \qquad (4-2-69)$$

2）b 型静力矩（$M_0 < 0, M_2 > 0$）

作变换

$$\delta^2 = \delta_n^2 + (\delta_m^2 - \delta_n^2)\sin^2\varphi \qquad (4-2-70)$$

将上式代入式（4-2-59）得

$$R = (\delta_m^2 - \delta_n^2)^2 \sin^2\varphi\cos^2\varphi\left[-4M_0 - 4M_2\delta_n^2 - 2M_2\delta_m^2 - 2M_2(\delta_m^2 - \delta_n^2)\sin^2\varphi\right] \qquad (4-2-71)$$

对式（4-2-70）求导得

$$\frac{d\delta^2}{ds} = 2(\delta_m^2 - \delta_n^2)\cos\varphi\sin\varphi\frac{d\varphi}{ds} \qquad (4-2-72)$$

$$\frac{d\varphi}{ds} = \pm\sqrt{-\left[M_0 + \frac{M_2}{2}(2\delta_n^2 + \delta_m^2)\right]\left[1 - \frac{M_2(\delta_m^2 - \delta_n^2)}{-(2M_0 + 2M_2\delta_n^2 + M_2\delta_m^2)}\sin^2\varphi\right]} \qquad (4-2-73)$$

令

$$\tilde{\omega}^2 = -M_0 - \frac{M_2}{2}(2\delta_n^2 + \delta_m^2) \qquad (4-2-74)$$

$$\tilde{k}^2 = \frac{M_2(\delta_m^2 - \delta_n^2)}{-(2M_0 + 2M_2\delta_n^2 + M_2\delta_m^2)} \qquad (4-2-75)$$

对式（4-2-73）从 s_0 到 s 积分得

$$\int_{\varphi_0}^{\varphi}\frac{d\varphi}{\sqrt{1 - \tilde{k}^2\sin^2\varphi}} = \pm\sqrt{\tilde{\omega}^2}\int_{s_0}^{s} ds \qquad (4-2-76)$$

要使上式成为第一类椭圆积分，必须要求

$$\tilde{\omega}^2 > 0 \text{，即 } M_0 + \frac{M_2}{2}(2\delta_n^2 + \delta_m^2) < 0 \tag{4-2-77}$$

$$0 < \tilde{k}^2 < 1 \text{，即 } 0 < \frac{M_2(\delta_m^2 - \delta_n^2)}{-(2M_0 + 2M_2\delta_n^2 + M_2\delta_m^2)} < 1 \tag{4-2-78}$$

因上式分母可写成 $-(2M_0 + M_2\delta_n^2 + 2M_2\delta_m^2) + M_2(\delta_m^2 - \delta_n^2)$ 的形式，故只要

$$2M_0 + 2M_2\delta_n^2 + M_z\delta_m^2 < 0 \tag{4-2-79}$$

就可保证式（4-2-78）成立，同时亦可保证式（4-2-77）成立。因此，式（4-2-80）是使式（4-2-76）成为第一类椭圆积分的充分条件。只要式（4-2-79）成立，弹箭就存在周期运动。

如果取 $s_0 = 0$ 时，$\varphi_0 = 0$，式（4-2-76）的反函数可写成雅可比椭圆正弦

$$\sin\varphi = \pm\mathrm{sn}(\tilde{\omega}s, \tilde{k}) \tag{4-2-80}$$

将上式代入式（4-2-70），得攻角 δ^2 的表达式为

$$\delta^2 = \delta_n^2 + (\delta_m^2 - \delta_n^2)\mathrm{sn}^2(\tilde{\omega}s, \tilde{k}) \tag{4-2-81}$$

3）c 型静力矩（$M_0 > 0, M_2 < 0$）

作变换

$$\delta^2 = \delta_m^2 - (\delta_m^2 - \delta_n^2)\sin^2\varphi \tag{4-2-82}$$

将此变换代入方程（4-2-53）中，则得到与 a 型静力矩情况相同的积分表达式以及 ω^2 和 k^2 的表达式，即

$$\int_{\varphi_0}^{\varphi} \frac{\mathrm{d}\varphi}{\sqrt{1 - k^2\sin^2\varphi}} = \pm\sqrt{\omega^2}\int_{s_0}^{s}\mathrm{d}s$$

$$\omega^2 = -M_0 - \frac{M_2}{2}(2\delta_m^2 - \delta_n^2)$$

$$k^2 = \frac{M_2(\delta_m^2 - \delta_n^2)}{2M_0 + 2M_2\delta_m^2 + M_2\delta_n^2}$$

要使上面积分成为第一类椭圆积分，必须要求

$$\omega^2 > 0 \text{，即 } M_0 + \frac{M_2}{2}(2\delta_m^2 + \delta_n^2) < 0 \tag{4-2-83}$$

$$0 < k^2 < 1 \text{，即 } 0 < \frac{M_2(\delta_m^2 - \delta_n^2)}{2M_0 + 2M_2\delta_m^2 + M_2\delta_n^2} < 1 \tag{4-2-84}$$

所以要使式（4-2-84）成立，并保证式（4-2-58）表示的 C_2^2 为正数，只要

$$2M_0 + M_2(2\delta_m^2 + \delta_n^2) < 0 \tag{4-2-85}$$

即可。并且还看出，只要式（4-2-85）成立，式（4-2-83）就一定成立。故在这种情况下，式（4-2-85）是弹箭存在周期运动的充分条件。

类似地，可得攻角 δ^2 的表达式为

$$\delta^2 = \delta_m^2 - (\delta_m^2 - \delta_n^2)\mathrm{sn}^2(\omega s, k) \tag{4-2-86}$$

4) d 型静力矩 ($M_0 > 0, M_2 > 0$)

作变换

$$\delta^2 = \delta_m^2 - (\delta_m^2 - \delta_n^2)\sin^2\varphi$$

将此式代入方程（4-2-53）中，则可得下面的积分表达式以及 ω^2 和 k^2 的表达式

$$\int_{\varphi_0}^{\varphi} \frac{d\varphi}{\sqrt{1-k^2\sin^2\varphi}} = \pm\sqrt{\omega^2}\int_{s_0}^{s} ds$$

$$\omega^2 = -M_0 - \frac{M_2}{2}(2\delta_m^2 + \delta_n^2)$$

$$k^2 = \frac{M_2(\delta_m^2 - \delta_n^2)}{2M_0 + 2M_2\delta_m^2 + M_2\delta_n^2}$$

要使上面积分成为第一类椭圆积分，即弹箭存在周期运动，必须要求

$$\omega^2 > 0，\text{即 } M_0 + \frac{M_2}{2}(2\delta_m^2 + \delta_n^2) < 0$$

$$0 < k^2 < 1，\text{即 } 0 < \frac{M_2(\delta_m^2 - \delta_n^2)}{2M_0 + 2M_2\delta_m^2 + M_2\delta_n^2} < 1$$

因为 $M_0 > 0, M_2 > 0$，所以上面的第一式不成立，即 ω^2 只可能小于零。故在这种情况下，弹箭不存在周期运动。

综合上面四种情况，可得到下面的弹箭运动稳定性结论。

（1）在 $M_0 > 0, M_2 > 0$ 的情况下，弹箭的运动是不稳定的。

（2）在 $M_0 < 0, M_2 < 0$ 的情况下，弹箭的运动是稳定的，可做任何幅值的周期运动。

（3）在 $M_0 < 0, M_2 > 0$ 的情况下，弹箭运动稳定的充分条件为

$$2M_0 + M_2(2\delta_n^2 + \delta_m^2) < 0$$

（4）在 $M_0 > 0, M_2 < 0$ 的情况下，弹箭运动稳定的充分条件为

$$2M_0 + M_2(\delta_n^2 + 2\delta_m^2) < 0$$

当无非线性时，$M_z = 0$，$k = 0$，椭圆退化为三角函数（属圆函数）$\text{sn}(\omega_s, k) = \sin(\omega_s)$，则式（4-2-69）、式（4-2-82）、式（4-2-86）就退化为线性攻角表达式（2-7-52）。

4.3 弹箭非线性角运动分析方法——振幅平面法

在大攻角情况下，不仅静力矩出现了非线性，而且赤道阻尼力矩一般也是非线性的。这一节将要讨论非旋转弹箭在非线性静力矩和非线性赤道阻尼力矩作用下的一般运动和稳定性。首先应用平均法求出弹箭运动方程的近似解析解，然后在振幅平面上分析弹箭的动态稳定性。

4.3.1 在非线性静力矩和赤道阻尼力矩作用下运动方程的近似求解

在大攻角情况下，静力矩和赤道阻尼力矩都是攻角的非线性函数，弹箭的运动方程具有如下形式：

$$\Delta'' + (H_0 + H_2\delta^2)\Delta' - (M_0 + M_2\delta^2)\Delta = 0 \qquad (4-3-1)$$

式中

$$H_0 = k_{zz0} + b_y - b_x - \frac{g\sin\theta}{V^2}, \quad H_2 = k_{zz2}$$

$$M_0 = k_{z0}, \quad M_2 = k_{z2}$$

下面从方程（4-3-1）出发，讨论非旋转弹箭的运动及其动态稳定性。

在方程(4-3-1)的系数中，包含了因变量 Δ 的绝对值平方，即 $\delta^2 = |\Delta|^2$，故方程（4-3-1）为非线性微分方程。一般来说，对于非线性微分方程，精确解析解很难得到，通常都是应用近似求解的方法，求出近似解析解，从而可以获得关于解的若干性质。下面应用 1.5 节介绍的平均法，来求方程（4-3-1）的近似解析解。

为了处理的方便，把方程（4-3-1）改写成如下形式：

$$\Delta'' - M_0\Delta = -(H_0 + H_2\delta^2)\Delta' + M_2\delta^2\Delta \qquad (4-3-2)$$

若方程（4-3-2）的右边为零，则得方程

$$\Delta'' - M_0\Delta = 0 \qquad (4-3-3)$$

方程（4-3-3）的解为

$$\Delta = K_1 e^{i\varphi_1} + K_2 e^{i\varphi_2} \qquad (4-3-4)$$

式中，K_1 和 K_2 为常数，并且

$$\varphi_j = \varphi_j' s + \varphi_{j0} \quad (j=1,\ 2)$$

$$\varphi_1' = -\varphi_2' = \sqrt{-M_0}$$

现在考虑方程（4-3-2）右边不为零的情况，设该方程的近似解为

$$\Delta = K_1 e^{i(\varphi_1+\psi_1)} + K_2 e^{i(\varphi_2+\psi_2)} \qquad (4-3-5)$$

此时 K_j 和 ψ_j 都是弧长 s 的函数，且缓慢变化。注意：这里的 φ_j 和 ψ_j 不是弹箭运动方程中的摆动角和偏角。

将式（4-3-5）对 s 求导得

$$\Delta' = iK_1\varphi_1' e^{i(\varphi_1+\psi_1)} + iK_2\varphi_2' e^{i(\varphi_2+\psi_2)} + (K_1' + iK_1\psi_1') e^{i(\varphi_1+\psi_1)} +$$
$$(K_2' + iK_2\psi_2') e^{i(\varphi_2+\psi_2)} \qquad (4-3-6)$$

令

$$(K_1' + iK_1\psi_1') e^{i(\varphi_1+\psi_1)} + (K_2' + iK_2\psi_2') e^{i(\varphi_2+\psi_2)} = 0 \qquad (4-3-7)$$

则式（4-3-6）变为

$$\Delta' = iK_1\varphi_1' e^{i(\varphi_1+\psi_1)} + iK_2\varphi_2' e^{i(\varphi_2+\psi_2)} \qquad (4-3-8)$$

再将式（4-3-8）对 s 求导得

$$\Delta'' = -(\varphi_1')^2 K_1 e^{i(\varphi_1+\psi_1)} - (\varphi_2')^2 K_2 e^{i(\varphi_2+\psi_2)} + i\varphi_1'(K_1' + iK_1\psi_1') e^{i(\varphi_1+\psi_1)} +$$
$$i\varphi_2'(K_2' + iK_2\psi_2') e^{i(\varphi_2+\psi_2)} \qquad (4-3-9)$$

因为 $\varphi_1' = -\varphi_2' = \sqrt{-M_0}$，所以有

$$-(\varphi_1')^2 K_1 e^{i(\varphi_1+\psi_1)} - (\varphi_2')^2 K_2 e^{i(\varphi_2+\psi_2)} = M_0\Delta$$

这样式（4-3-9）变为

$$\Delta'' = M_0\Delta + i\varphi_1'(K_1' + iK_1\psi_1')e^{i(\varphi_1+\psi_1)} + i\varphi_2'(K_2' + iK_2\psi_2')e^{i(\varphi_2+\psi_2)} \quad (4-3-10)$$

将式（4-3-5）、式（4-3-8）、式（4-3-10）代入方程（4-3-2）得

$$\begin{aligned}&i\varphi_1'(K_1' + iK_1\psi_1')e^{i(\varphi_1+\psi_1)} + i\varphi_2'(K_2' + iK_2\psi_2')e^{i(\varphi_2+\psi_2)}\\&= -(H_0 + H_2\delta^2)[i\varphi_1'K_1 e^{i(\varphi_1+\psi_1)} + i\varphi_2'K_2 e^{i(\varphi_2+\psi_2)}] +\\&M_2\delta^2[K_1 e^{i(\varphi_1+\psi_1)} + K_2 e^{i(\varphi_2+\psi_2)}]\end{aligned} \quad (4-3-11)$$

由式（4-3-7）得

$$(K_2' + iK_2\psi_2') = -(K_1' + iK_1\psi_1')e^{i\hat{\phi}} \quad (4-3-12)$$

式中

$$\hat{\phi} = (\varphi_1 + \psi_1) - (\varphi_2 + \psi_2) \quad (4-3-13)$$

把式（4-3-12）代入式（4-3-11）得

$$\begin{aligned}&i\varphi_1'(K_1' + iK_1\psi_1') - i\varphi_2'(K_1' + iK_1\psi_1') = -(H_0 + H_2\delta^2)(i\varphi_1'K_1 + i\varphi_2'K_2 e^{-i\hat{\phi}}) +\\&M_2\delta^2(K_1 + K_2 e^{-i\hat{\phi}})\end{aligned} \quad (4-3-14)$$

因为

$$i\varphi_1'(K_1' + iK_1\psi_1') - i\varphi_2'(K_1' + iK_1\psi_1') = iK_1(\varphi_1' - \varphi_2')\left(\frac{K_1'}{K_1} + i\psi_1'\right) \quad (4-3-15)$$

将式（4-3-15）代入式（4-3-14）得

$$\frac{K_1'}{K_1} + i\psi_1' = \frac{-1}{\varphi_1' - \varphi_2'}\left[(H_0 + H_2\delta^2)\left(\varphi_1' + \varphi_2'\frac{K_2}{K_1}e^{-i\hat{\phi}}\right) + iM_2\delta^2\left(1 + \frac{K_2}{K_1}e^{-i\hat{\phi}}\right)\right] \quad (4-3-16)$$

对式（4-3-16）在 $\hat{\phi}$ 的一个周期上进行平均，并把实部和虚部分开得

$$\frac{K_1'}{K_1} = \frac{-1}{2\pi(\varphi_1' - \varphi_2')}\int_0^{2\pi}\left[(H_0 + H_2\delta^2)\left(\varphi_1' + \varphi_2'\frac{K_2}{K_1}\cos\hat{\phi}\right) + M_2\delta^2\frac{K_2}{K_1}\sin\hat{\phi}\right]d\hat{\phi} \quad (4-3-17)$$

$$\psi_1' = \frac{-1}{2\pi(\varphi_1' - \varphi_2')}\int_0^{2\pi}\left[-(H_0 + H_2\delta^2)\varphi_2'\frac{K_2}{K_1}\sin\hat{\phi} + M_2\delta^2\left(1 + \frac{K_2}{K_1}\cos\hat{\phi}\right)\right]d\hat{\phi} \quad (4-3-18)$$

因为

$$\delta^2 = |\Delta|^2 = \Delta\bar{\Delta} = K_1^2 + K_2^2 + 2K_1K_2\cos\hat{\phi} \quad (4-3-19)$$

而阻尼因子 $\lambda_1 = \dfrac{K_1'}{K_1}$；频率为 $\omega_1 = \varphi_1' + \psi_1'$，故积分式（4-3-17）和式（4-3-18）后得

$$\lambda_1 = -\frac{1}{2}(H_0 + H_2K_1^2) \quad (4-3-20)$$

$$\psi_1' = -\frac{M_2(K_1^2 + 2K_2^2)}{2\sqrt{-M_0}} \quad (4-3-21)$$

$$\omega_1 = \sqrt{-M_0} - \frac{M_2(K_1^2 + 2K_2^2)}{2\sqrt{-M_0}} \quad (4-3-22)$$

应用类似的方法可得

$$\lambda_2 = -\frac{1}{2}(H_0 + H_2 K_2^2) \qquad (4-3-23)$$

$$\psi_2' = \frac{M_2(2K_1^2 + K_2^2)}{2\sqrt{-M_0}} \qquad (4-3-24)$$

$$\omega_2 = -\sqrt{-M_0} + \frac{M_2(2K_1^2 + K_2^2)}{2\sqrt{-M_0}} \qquad (4-3-25)$$

这样就导出了非旋转弹箭在非线性静力矩和非线性赤道阻尼力矩作用下运动方程的近似解析解。

下面从非线性运动的近似解析解出发,比较非旋转弹箭的非线性运动与线性运动的区别。

在线性静力矩和线性赤道阻尼力矩作用下,非旋转弹箭运动方程的精确解为

$$\Delta = K_{10}\mathrm{e}^{(\lambda_1^* + i\omega_1^*)(s-s_0)} + K_{20}\mathrm{e}^{(\lambda_2^* + i\omega_2^*)(s-s_0)} \qquad (4-3-26)$$

式中,阻尼因子和频率为

$$\lambda_1^* = \lambda_2^* = -\frac{1}{2}H_0 \qquad (4-3-27)$$

$$\omega_1^* = -\omega_2^* = \sqrt{-M_0} = \varphi_1' = -\varphi_2' \qquad (4-3-28)$$

从式(4-3-27)与式(4-3-20)和式(4-3-23)相比看出,非线性运动阻尼因子 λ_1 和 λ_2 比线性运动阻尼因子 λ_1^* 和 λ_2^* 分别多了一项 $-H_2 K_1^2/2$ 和 $-H_2 K_2^2/2$。如果非线性赤道阻尼力矩系数 $m_{zz2} > 0$,则有

$$\lambda_1^* > \lambda_1, \ \lambda_2^* > \lambda_2$$

因此,在这种情况下,非线性运动的振幅比线性运动的振幅衰减得快;若 $m_{zz2} < 0$,则情形相反。

从式(4-3-28)与式(4-3-22)和式(4-3-25)相比看出,非线性运动的频率 ω_1 和 ω_2 比线性运动的频率 ω_1^* 和 ω_2^* 分别增加了一项 $-M_2(K_1^2 + 2K_2^2)/2\sqrt{-M_0}$ 和 $M_2(2K_1^2 + K_2^2)/(2\sqrt{-M_0})$。如果非线性静力矩系数 $m_{z2} > 0$,则有

$$\omega_1^* < \omega_1, \ \omega_2^* > \omega_2$$

因此,在这种情况下,非线性运动的快进动频率与线性运动相比变大,其周期变小;慢进动频率与线性运动相比变小,其周期变大。如果 $m_{z2} > 0$,则情形相反。

至于动态稳定性和运动形态方面的区别,后面在讨论动态稳定性时再叙述。

4.3.2 应用振幅平面分析法讨论弹箭的线性运动稳定性

从上面求解过程中看出,将弹箭角运动方程的虚、实部分开,可知它是一个实数四阶系统。对于一般的实数四阶非线性系统,无论采用渐近分析方法还是采用相空间方法都是很复杂和困难的。而对于实数二阶系统就容易处理得多。考虑到对于弹箭的运动,最关心的是弹箭运动的稳定性,而只要拟线性解中二圆运动的模 K_1 和 K_2 不发散,则运动就是稳定的,至于二圆运动的相位角 φ_1 和 φ_2,则对稳定性没有什么本质的影响。因此,从研究稳定性出发,可以只研究模 K_1 和 K_2 的变化情况,这就将一个四阶系统问题变成二阶系统问题,使之可以利用关于非线性二阶系统比较成熟的分析方法——相平面法来分析弹箭运动特点。下面首先

以分析弹箭的线性运动稳定性为例来引出振幅平面分析法。

线性运动的阻尼因子可写成

$$\lambda_j = \frac{K'_j}{K_j}, \ j=1, \ 2$$

将上式右边分子和分母同乘以 $2K_j$ 得

$$\begin{cases} \dfrac{\mathrm{d}K_1^2}{\mathrm{d}s} = 2K_1^2 \lambda_1 \\ \dfrac{\mathrm{d}K_2^2}{\mathrm{d}s} = 2K_2^2 \lambda_2 \end{cases} \quad (4-3-29)$$

以 K_1^2 和 K_2^2 为坐标轴构成的平面称为**振幅平面**，方程组（4-3-29）称为**振幅平面方程**。

在线性空气动力和力矩作用下，弹箭角运动方程为

$$\Delta'' + (H - \mathrm{i}P)\Delta' - (M + \mathrm{i}PT)\Delta = 0$$

式中，H，M，T，P 的表达式见式（2-6-2）～式（2-6-5）。

设弹箭角运动方程的解为

$$\Delta = K_1 \mathrm{e}^{\mathrm{i}\varphi_1} + K_2 \mathrm{e}^{\mathrm{i}\varphi_2} \quad (4-3-30)$$

式中，$\quad K_j = K_{j0}\mathrm{e}^{\lambda_j s}, \quad \varphi_j = \varphi'_j s + \varphi_{j_0}, \ j=1, \ 2$

这里的 λ_j 和 φ'_j 均为常数，对式（4-3-30）求导一次、二次分别得到

$$\Delta' = (\lambda_1 + \mathrm{i}\varphi'_1)K_1 \mathrm{e}^{\mathrm{i}\varphi_1} + (\lambda_2 + \mathrm{i}\varphi'_2)K_2 \mathrm{e}^{\mathrm{i}\varphi_2} \quad (4-3-31)$$

$$\Delta'' = (\lambda_1 + \mathrm{i}\varphi'_1)^2 K_1 \mathrm{e}^{\mathrm{i}\varphi_1} + (\lambda_2 + \mathrm{i}\varphi'_2)^2 K_2 \mathrm{e}^{\mathrm{i}\varphi_2} \quad (4-3-32)$$

将式（4-3-30）～式（4-3-32）代入方程（2-6-1）的齐次方程，并两边除以 $K_1\mathrm{e}^{\mathrm{i}\varphi_1}$，令 $\hat{\phi} = \varphi_1 - \varphi_2$，这样得到

$$(\lambda_1 + \mathrm{i}\varphi'_1)^2 + (\lambda_2 + \mathrm{i}\varphi'_2)^2 \frac{K_2}{K_1} \mathrm{e}^{-\mathrm{i}\hat{\phi}} + (H - \mathrm{i}P)\left[(\lambda_1 + \mathrm{i}\varphi'_1) + (\lambda_2 + \mathrm{i}\varphi'_2)\frac{K_2}{K_1} \mathrm{e}^{-\mathrm{i}\hat{\phi}}\right] - \\ (M + \mathrm{i}PT)\left(1 + \frac{K_2}{K_1} \mathrm{e}^{-\mathrm{i}\hat{\phi}}\right) = 0 \quad (4-3-33)$$

对方程（4-3-33）在 $\hat{\phi}$ 的一个周期上进行平均得

$$(\lambda_1 + \mathrm{i}\varphi'_1)^2 + (H_0 - \mathrm{i}P)(\lambda_1 + \mathrm{i}\varphi'_1) - (M + \mathrm{i}PT) = 0 \quad (4-3-34)$$

在方程（4-3-34）中，略去二阶以上的小阻尼乘积项 λ_1^2 和 $\lambda_1 H$，并把实部和虚部分开得

$$(\varphi'_1)^2 - P\varphi'_1 + M = 0 \quad (4-3-35)$$

$$\lambda_1(2\varphi'_1 - P) + H\varphi'_1 - PT = 0 \quad (4-3-36)$$

用 φ'_1 表示快进动频率，由式（4-3-35）得

$$\varphi'_1 = \frac{P}{2}\left(1 + \sqrt{1 - \frac{4M}{P^2}}\right) = \frac{P}{2}\left(1 + \sqrt{1 - \frac{1}{s_\mathrm{g}}}\right) \quad (4-3-37)$$

从式（4-3-36）解出阻尼因子 λ_1 为

$$\lambda_1 = \frac{PT - H\varphi_1'}{2\varphi_1' - P} \qquad (4-3-38)$$

应用类似的方法可得

$$\varphi_2' = \frac{P}{2}\left(1 - \sqrt{1 - \frac{1}{s_g}}\right) \qquad (4-3-39)$$

$$\lambda_2 = \frac{PT - H\varphi_2'}{2\varphi_2' - P} \qquad (4-3-40)$$

将 λ_1 和 λ_2 代入方程（4-3-29）就得到振幅平面方程的具体形式。因为现在阻尼因子 λ_1 和 λ_2 为常数，显见对应于振幅平面方程（4-3-29）只有一个奇点

$$K_1^2 = 0, \ K_2^2 = 0$$

在振幅平面上，这个奇点即原点（0，0）。

由振幅平面方程，根据第 1 章 1.3 节奇点稳定性的判别准则

$$a = 2\lambda_1, \ b = 0, \ c = 0, \ d = 2\lambda_2$$
$$p = (a+d) = 2(\lambda_1 + \lambda_2) = -2H$$

如果 $H > 0$，则有 $p < 0$。再有

$$D = p^2 - 4q = 4(\lambda_1 - \lambda_2)^2 > 0$$

$$q = ad - bc = 4\lambda_1\lambda_2 = H^2 - \frac{(2T-H)^2}{1 - 1/s_g} \qquad (4-3-41)$$

要使奇点（0，0）成为稳定的结点，必须要求

$$q > 0, \ p < 0$$

由此得

$$\left(\frac{2T-H}{H}\right)^2 < 1 - \frac{1}{s_g} \qquad (4-3-42)$$

令动稳定因子 s_d 为

$$s_d = \frac{2T-H}{H} \qquad (4-3-43)$$

则得弹箭动稳定条件为

$$\begin{cases} H > 0 \\ s_d^2 < 1 - \dfrac{1}{s_g} \end{cases} \qquad (4-3-44)$$

由此看出，这与直接求解得到的动稳定条件式（2-8-12）和动稳定因子 s_d 的表达式（2-8-3）是完全一致的。

4.3.3　在非线性静力矩和赤道阻尼力矩作用下非旋转弹箭的动态稳定性

前面已经求出了非旋转弹箭在非线性静力矩和非线性赤道阻尼力矩作用下的近似解析

解，其中阻尼因子为

$$\lambda_1 = -\frac{1}{2}(H_0 + H_2 K_1^2), \quad \lambda_2 = -\frac{1}{2}(H_0 + H_2 K_2^2)$$

相应的振幅平面方程为

$$\frac{\mathrm{d}K_1^2}{\mathrm{d}s} = -K_1^2(H_0 + H_2 K_1^2), \quad \frac{\mathrm{d}K_2^2}{\mathrm{d}s} = -K_2^2(H_0 + H_2 K_2^2)$$

由振幅平面方程，最多可求出 4 个奇点：

(1) $K_1^2 = 0, K_2^2 = 0$，即（0，0）；

(2) $K_1^2 = 0, K_2^2 = -H_0/H$，即 $(0, -H_0/H_2)$，也即零阻尼曲线 $\lambda_2 = 0$ 与 K_2^2 轴的交点；

(3) $K_1^2 = -H_0/H_2, K_2^2 = 0$，即 $(-H_0/H_2, 0)$，也即零阻尼曲线 $\lambda_1 = 0$ 与 K_1^2 轴的交点；

(4) $K_1^2 = -H_0/H_2, K_2^2 = -H_0/H_2$，即 $(-H_0/H_2, -H_0/H_2)$，也即两条零阻尼曲线的交点。

在振幅平面上，这 4 个奇点的位置如图 4-3-1 所示。为了导出非旋转弹箭的动态稳定性条件，下面分别论这 4 个奇点的稳定性。

1. 奇点（0，0）

如果只研究奇点（0，0）的局部性质，由第 1 章 1.3 节的奇点稳定性的判别准则可知，此时二阶以上的小量可以略去，这样就有

$$a = -H_0, \ b = 0, \ c = 0, \ d = -H_0$$
$$p = (a+d) = -2H_0, \ q = ad - bc = H_0^2 > 0$$
$$D = p^2 - 4q = 0$$

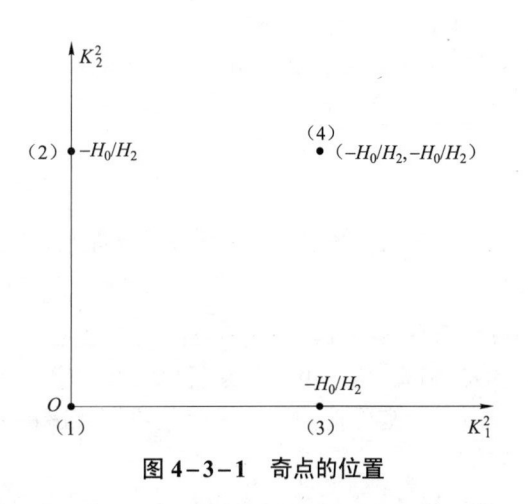

因此，奇点（0，0）只可能是临界结点。若 $p < 0$，即 $H_0 > 0$，则奇点为稳定的临界结点；若 $p > 0$，即 $H_0 < 0$，则奇点（0，0）为不稳定的临界结点。因此看出，考虑静力矩和赤道阻尼力矩的非线性与不考虑这两个力矩的非线性，奇点（0，0）的局部性质是相同的。如果要考虑奇点（0，0）的非局部性质，就必须考虑力矩的非线性项的影响。下面对奇点（0，0）分几种情况进行讨论。

图 4-3-1 奇点的位置

1) $H_0 > 0, H_2 > 0$ 的情况

在这种情况下有

$$H_0 + H_2 K_1^2 > 0, \quad H_0 + H_2 K_2^2 > 0$$

对应的振幅平面方程为

$$\frac{\mathrm{d}K_1^2}{\mathrm{d}s} < 0, \quad \frac{\mathrm{d}K_2^2}{\mathrm{d}s} < 0$$

因此，振幅 K_1 和 K_2 是衰减的，所以攻角 Δ 的幅值随弧长的增加而不断减小。此时不管初始攻角幅值 K_{10} 和 K_{20} 多大，或者弹箭在飞行过程中受到突然的干扰使攻角变大，都能随着弧长的不断增加攻角不断减小，其相轨线如图 4-3-2 所示。

2）$H_0 < 0, H_2 < 0$ 的情况

与上相反，这时无论受到什么样的扰动，攻角都将发散，其相轨线如图4-3-3所示。

3）$H_0 > 0, H_2 < 0$ 的情况

在这种情况下，$\lambda_1 = 0$（即 $K_1^2 = -H_0 / H_2$）和 $\lambda_2 = 0$（即 $K_2^2 = -H_0 / H_2$）是两条相轨线，它们都通过奇点，但不与其他相轨线相交，如图4-3-4所示。这样可作如下讨论：

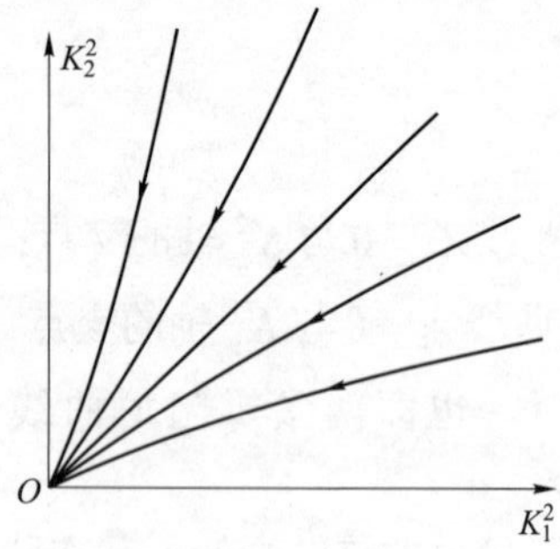

图 4-3-2　$H_0 > 0, H_2 > 0$ 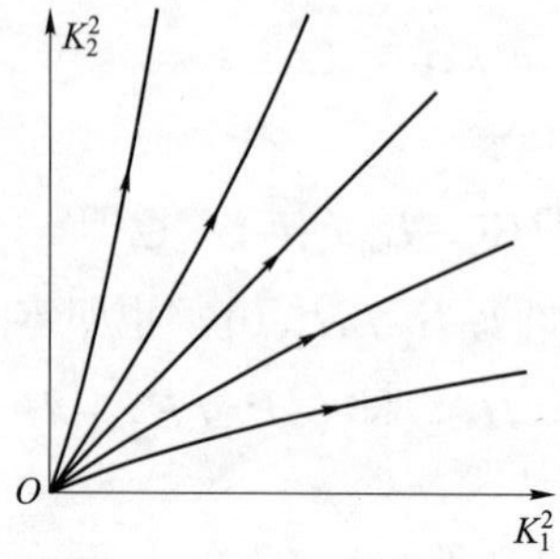　　　图 4-3-3　$H_0 < 0, H_2 < 0$　　　图 4-3-4　$H_0 > 0, H_2 < 0$

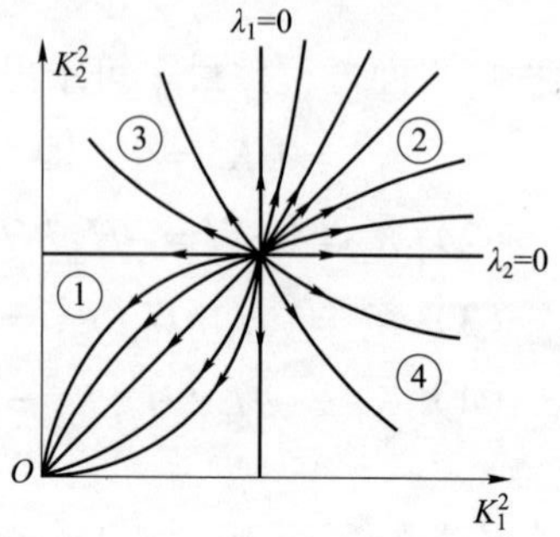

（1）若 $H_0 + H_2 K_1^2 > 0$，由此得 $K_1^2 < -H_0 / H_2$，$\lambda_1 < 0$；$H_0 + H_2 K_2^2 > 0$，由此得 $K_2^2 < -H_0 / H_2$，$\lambda_2 < 0$。

对应的振幅平面方程为

$$\frac{\mathrm{d}K_1^2}{\mathrm{d}s} < 0 , \quad \frac{\mathrm{d}K_2^2}{\mathrm{d}s} < 0$$

因此，在这种情况下，若弹箭的初始攻角幅值满足

$$K_{10}^2 < -H_0 / H_2, \ K_{20}^2 < -H_0 / H_2$$

或弹箭在飞行过程中攻角幅值满足：$K_1^2 < -H_0 / H_2, K_2^2 < -H_0 / H_2$，也就是当 K_{10}^2 和 K_{20}^2 或者 K_1^2 和 K_2^2 位于由两条零阻尼曲线与坐标轴构成的矩形之内时，如图4-3-5中①区阴影部分所示，则弹箭的攻角幅值是不断衰减的，弹箭的飞行相对于平衡位置（0，0）是动态稳定的。

（2）在图4-3-5的②区内，相点满足 $K_1^2 > -H_0 / H_2$，由此得 $H_0 + H_2 K_1^2 < 0$，$\lambda_1 > 0$；同时满足 $K_2^2 > -H_0 / H_2$，由此得 $H_0 + H_2 K_2^2 < 0$，$\lambda_2 > 0$。

因此，在这种情况下，弹箭的攻角幅值将不断增大，弹箭的飞行相对于平衡位置（0，0）是动态不稳定的。

（3）在图4-3-5的③区内，相点满足 $K_1^2 < -H_0 / H_2$，由此得 $H_0 + H_2 K_1^2 > 0$，$\lambda_1 < 0$；同时满足 $K_2^2 > -H_0 / H_2$，由此得 $H_0 + H_2 K_2^2 < 0, \lambda_2 > 0$。

因此，弹箭的角运动的快圆运动是稳定的，而慢圆运动是发散的，总之对于奇点（0，0）来说运动是不稳定的，其相轨线如图4-3-4中③区内曲线所示。此时弹箭的飞行由于受到非线性力矩的影响，相对于平衡点（0，0）变成动态不稳定的了。如果不考虑力矩的非线性项的影响，此时由于 $H_0 > 0$，弹箭相对于平衡点（0，0）是动态稳定的。这样就可看出考虑力矩非线性项与不考虑力矩的非线性项的差异了。

（4）同理，在图4-3-5的④区内，相点满足 $K_1^2 > -H_0 / H_2$，由此得 $H_0 + H_2 K_1^2 < 0$，

$\lambda_1>0$；同时满足 $K_2^2<-H_0/H_2$，由此得 $H_0+H_2K_2^2>0$，$\lambda_2<0$。

因此，弹箭的角运动的慢圆运动是稳定的，而快圆运动是发散的，总之对于奇点（0，0）来说运动是不稳定的，其相轨线如图 4-3-4 中④区内曲线所示。

4）$H_0<0,H_2>0$ 的情况

采用同样的分析方法，将相平面分成①，②，③，④区，但要注意现在是 $H_2>0$，故在与上 $H_0>0,H_2<0$ 情况下的同一区内，现在的阻尼指数 λ_1,λ_2 的符号分别与上面的阻尼指数 λ_1,λ_2 的符号相反。

（1）在①区内，现在 $\lambda_1>0,\lambda_2>0$，快、慢圆运动都发散，随着弹道弧长增加，攻角幅值不断增大，二圆运动幅值不断逼近 $K_1^2=-H_0/H_2$，$K_2^2=-H_0/H_2$，相轨线如图 4-3-6 中①区内曲线所示。

（2）在②区内，现在 $\lambda_1<0,\lambda_2<0$，快、慢圆运动收敛，随着弹道弧长增加，攻角幅值不断减小，二圆运动幅值也不断逼近 $K_1^2=-H_0/H_2$，$K_2^2=-H_0/H_2$，相轨线如图 4-3-6 中②区内曲线所示。

（3）在③区内，现在 $\lambda_1>0,\lambda_2<0$，慢圆运动收敛，快圆运动发散，但不会无止境收敛和发散，随着弹道弧长增加，圆运动幅值将不断逼近 $K_1^2=-H_0/H_2$，$K_2^2=-H_0/H_2$，相轨线如图 4-3-6 中③区内曲线所示。

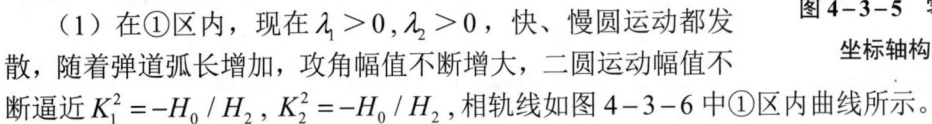

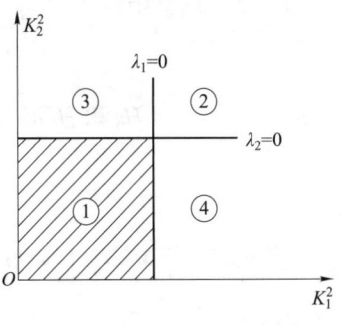

图 4-3-5 零阻尼曲线与坐标轴构成的矩形

（4）在④区内，现在 $\lambda_1<0,\lambda_2>0$，快圆运动收敛，慢圆运动发散，随着弹道弧长增加，二圆运动幅值也不断逼近 $K_1^2=-H_0/H_2$，$K_2^2=-H_0/H_2$，相轨线如图 4-3-6 中④区内曲线所示。

这时相平面上的相轨线将汇集于另一个奇点 $(-H_0/H_2,-H_0/H_2)$，这就涉及相轨线的全局分布。在 $(H_0<0,H_2>0)$ 的条件下此奇点是稳定的结点，它所代表的运动将是平面极限运动，这将在下面叙述。

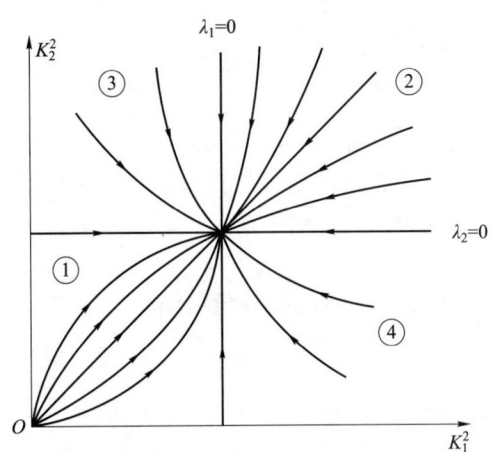

图 4-3-6 $H_0<0,H_2>0$ 时的相轨线

2. 奇点 $(0,-H_0/H_2)$

为了讨论的方便，作变换

$$x=K_1^2,\quad y=K_2^2+H_0/H_2 \tag{4-3-45}$$

在该变换下，振幅平面方程为

$$\frac{dx}{ds}=-x(H_0+H_2x) \tag{4-3-46}$$

$$\frac{dy}{ds}=-H_2y\left(y-\frac{H_0}{H_2}\right) \tag{4-3-47}$$

奇点 $(0,-H_0/H_2)$ 在新的坐标系下变为原点（0，0）。下面，我们就以新的振幅平面方程

（4-3-46）和方程（4-3-47）来讨论弹箭的动态稳定性。

在原坐标系中，奇点为

$$K_1^2 = 0, \ K_2^2 = -H_0 / H_2$$

由 $K_2^2 > 0$ 可知，H_0 和 H_2 必须异号，由坐标变换式（4-3-45）得

$$y - \frac{H_0}{H_2} = K_2^2 > 0 \tag{4-3-48}$$

再从方程（4-3-47）看出，要使 y 趋向于 $y=0$ 的位置，必须当 $y<0$ 时

$$\frac{\mathrm{d}y}{\mathrm{d}s} > 0 \tag{4-3-49}$$

当 $y>0$ 时

$$\frac{\mathrm{d}y}{\mathrm{d}s} < 0 \tag{4-3-50}$$

把式（4-3-47）与式（4-3-48）结合起来看，要满足式（4-3-49）和式（4-3-50），必须要求

$$H_2 > 0 \tag{4-3-51}$$

这样就必须有

$$H_0 < 0 \tag{4-3-52}$$

从方程（4-3-46）看出，要保证 x 是衰减的，必须要求

$$H_0 + H_2 x > 0 \quad \text{或} \quad x > -H_0 / H_2 \tag{4-3-53}$$

但因为在此奇点附近，$x = K_1^2 \approx 0$，故在奇点附近足够小的邻域内必有 $x < -H_0 / H_2$，这样由式（4-3-46）知，必有 $\mathrm{d}x / \mathrm{d}s > 0$，$x$ 将随着弹道弧长的增加而增大，故相轨线将离开此奇点。所以弹箭不能稳定在该平衡位置上，如图 4-3-6 所示的奇点（$K_1^2 = 0, \ K_2^2 = -H_0 / H_2$）附近的相轨线走向。

因为此奇点对应的运动状态有 $K_1 = 0$ 的特点，故奇点处对应运动的攻角可简化为

$$\Delta = K_2 \mathrm{e}^{\mathrm{i}\varphi_2} \tag{4-3-54}$$

此式所描述的运动是圆运动。而上述分析表明，在这种情况下的运动不可能逐渐地趋于平衡位置对应的圆运动，也即**不存在极限圆运动**。

3. 奇点 $(-H_0 / H_2, 0)$

这个奇点类似于奇点 $(0, -H_0 / H_2)$ 的情况，弹箭不能稳定在这个平衡位置上，亦即弹箭**不存在 $\Delta = K_1 \mathrm{e}^{\mathrm{i}\varphi_1}$ 极限圆运动**。

4. 奇点 $(-H_0 / H_2, -H_0 / H_2)$

为了讨论的方便，作变换

$$x = K_1^2 + \frac{H_0}{H_2}, \ y = K_2^2 + \frac{H_0}{H_2} \tag{4-3-55}$$

在此坐标变换下，振幅平面方程为

$$\frac{\mathrm{d}x}{\mathrm{d}s} = -H_2 x \left(x - \frac{H_0}{H_2} \right) \tag{4-3-56}$$

$$\frac{\mathrm{d}y}{\mathrm{d}s} = -H_2 y \left(y - \frac{H_0}{H_2} \right) \qquad (4-3-57)$$

下面就以新的振幅平面方程来讨论弹箭的动态稳定性。

由坐标变换式（4-3-55）得

$$x - \frac{H_0}{H_2} > 0, \quad y - \frac{H_0}{H_2} > 0 \qquad (4-3-58)$$

在新的坐标系下，原来的奇点 $(-H_0/H_2, -H_2/H_2)$ 变为原点（0，0），从振幅平面方程（4-3-56）和方程（4-3-57）看出，当弹道弧长增加时，要保证 x 和 y 都趋向于零，必须要求

$$H_2 > 0 \qquad (4-3-59)$$

再由在原坐标系中，奇点为

$$K_1^2 = -\frac{H_0}{H_2}, \quad K_2^2 = -\frac{H_0}{H_2}$$

可得 H_0 与 H_2 是异号的，因此有

$$H_0 < 0 \qquad (4-3-60)$$

这样只要满足式（4-3-59）和式（4-3-60），弹箭的运动就能逐渐趋近于并稳定在平衡位置 $(-H_0/H_2, -H_0/H_2)$ 上。此时的相轨线如图 4-3-6 所示。

由于在这个平衡位置上，快进动的幅值与慢进动的幅值相等，所以在这个平衡位置上，弹箭的攻角为

$$\Delta = K\mathrm{e}^{\mathrm{i}\varphi_1} + K\mathrm{e}^{\mathrm{i}\varphi_2} \qquad (4-3-61)$$

式中

$$K = K_1 = K_2 = \sqrt{-\frac{H_0}{H_2}},$$
$$\varphi_1 = \omega_1(s - s_0), \quad \varphi_2 = \omega_2(s - s_0)$$

再从式（4-3-22）和式（4-3-25）知，$\omega_1 = -\omega_2$（注意此时 $K_1^2 = K_2^2$）。所以有

$$\varphi_1 = -\varphi_2$$

这样式（4-3-61）变为

$$\Delta = 2\sqrt{-\frac{H_0}{H_2}} \cos\varphi_1 \qquad (4-3-62)$$

此式表明在平衡位置上弹箭做平面摆动，故由上述分析看出，在 $H_0 < 0, H_2 > 0$ 的条件下弹箭存在**极限平面运动**，并且无论相点起始在哪里，相轨线都向此奇点逼近，这对应着只要有一点点初始扰动，弹箭的运动都会趋于等幅的平面振动，这就是自激振动。这将在下一节中叙述。

这样就分析完了弹箭在 4 个平衡位置的运动特性，并分别得出了动态稳定性条件。从以上的分析看出，在考虑了静力矩和赤道阻尼力矩的非线性后，弹箭的攻角运动方程变为非线性微分方程，此时弹箭动态稳定与否不仅取决于弹体参数和气动力与力矩系数，还取

弹箭非线性运动理论

决于初始条件 K_{10} 和 K_{20} 的大小。而对于弹箭的线性运动，弹箭的动态稳定与否仅仅取决于弹体参数和气动力与力矩系数，而与初始条件无关。非但如此，从以上的分析还看出，对于弹箭的非线性运动，不仅存在攻角幅值为零的极限运动，还存在攻角幅值为 $2K = 2\sqrt{-H_0/H_2}$ 的极限平面运动；而对于弹箭的线性运动，仅仅存在攻角幅值为零的极限运动。

根据 1.3 节介绍的相轨线的作图方法，可以由振幅平面方程

$$\frac{\mathrm{d}K_1^2}{\mathrm{d}s} = -K_1^2(H_0 + H_2 K_1^2)$$

$$\frac{\mathrm{d}K_2^2}{\mathrm{d}s} = -K_2^2(H_0 + H_2 K_2^2)$$

在相平面上（这里就是振幅平面）作出弹箭运动的相轨线。但是，对于上面的振幅平面方程，可以直接积分，得到相轨线的方程为

$$\left(\frac{H_0/H_2 + K_1^2}{K_1^2}\right)^{\frac{1}{H_0}} = C \left(\frac{H_0/H_2 + K_2^2}{K_2^2}\right)^{\frac{1}{H_0}} \qquad (4-3-63)$$

式中，C 为任意常数。这样由相轨线方程（4-3-63）作出相轨线的分布，如图 4-3-2～图 4-3-6 所示。

从上面这些图中奇点位置和相轨线的走向，可以直接得出弹箭运动稳定的条件，这与分析 4 个奇点所得到的结论是一致的。

4.4 非旋转弹箭的极限圆运动

由 4.3 节讨论可知，非旋转弹箭在如下非线性静力矩和非线性赤道阻尼力矩

$$M_z = \frac{1}{2}\rho V^2 Sl(m_{z0} + m_{z2}\delta^2)\mathit{\Delta}$$

$$M_{zz} = \frac{1}{2}\rho V^2 Sld(m_{zz0} + m_{zz2}\delta^2)(-\mathit{\mu})$$

作用下，只存在极限平面运动，而不存在极限圆运动，但是在靶道实验中，却观察到了许多非旋转尾翼弹产生的极限圆运动，即弹轴围绕速度线做圆锥摆动，或叫锥摆运动，这种长期存在的攻角运动也会增大阻力，使射程减小，对于制导弹箭还影响制导精度。如果查明不是由转速闭锁引起的，就需要从弹箭非线性运动上进行分析。但这种圆锥摆动用上面形式的非线性力矩是无法解释的，它只能是由上一节中未考虑的气动力矩作用的结果。

在前面对弹箭角运动方程的近似求解过程中，应用了拟线性代入法，没有考虑频率的变化对阻尼因子的影响，这对于弱非线性静力矩近似程度是比较高的，但对于较强的非线性静力矩，近似程度就差一些。为此，这一节在对角运动方程的近似求解过程中应用了改进的拟线性代入法，考虑了频率的变化对阻尼因子的影响。

在讨论极限圆运动和极限平面运动时，所用的方法与 4.3 节有所不同，这里把力矩在圆运动和平面运动邻近展开成幂级数，然后导出振幅平面方程，从而得出存在极限圆运动和极

限平面运动的充分条件。

4.4.1 运动方程的近似求解

这里所考虑的非线性静力矩和非线性赤道阻尼力矩为

$$\dot{M}_z = \frac{\mathrm{i}}{2}\rho V^2 Sl(m_{z0} + m_{z2}\delta^2)\Delta \tag{4-4-1}$$

$$M_{zz} = \frac{1}{2}\rho V^2 Sl^2 m'_{zz}(\delta^2)(-\mu) + \frac{\mathrm{i}}{2}\rho V^2 Slm^*[(\delta^2)']\Delta \tag{4-4-2}$$

式中，m'_{zz} 为 δ^2 的函数，m^* 为 $(\delta^2)'$ 的函数 [式（2-5-9'）]，且有

$$m^*[(\delta^2)']\big|_{(\delta^2)'=0} = 0$$

若不考虑重力非齐次项，此时非旋转弹箭的角运动方程可以归纳为下面的形式：

$$\Delta'' + H\Delta' - M\Delta = 0 \tag{4-4-3}$$

式中

$$H = \frac{\rho S}{2A}l^2 m'_{zz}(\delta^2) + by - bx - \frac{g\sin\theta}{V^2}$$

$$M = M_0 + M_2\delta^2 + M^*[(\delta^2)']$$

$$M_0 = \frac{\rho S}{2A}lm_{z0}, \quad M_2 = \frac{\rho S}{2A}lm_{z2}$$

$$M^*[(\delta^2)'] = \frac{\rho S}{2A}lm^*[(\delta^2)'], \quad M^*[(\delta^2)']\big|_{(\delta^2)'=0} = 0$$

设方程（4-4-3）的解为

$$\Delta = K_1 \mathrm{e}^{\mathrm{i}\varphi_1} + K_2 \mathrm{e}^{\mathrm{i}\varphi_2} \tag{4-4-4}$$

阻尼因子 λ_j 为

$$\lambda_j = \frac{K'_j}{K_j} \quad (j=1,2) \tag{4-4-5}$$

对式（4-4-4）求导一次、二次可得

$$\Delta' = (\lambda_1 + \mathrm{i}\varphi'_1)K_1 \mathrm{e}^{\mathrm{i}\varphi_1} + (\lambda_2 + \mathrm{i}\varphi'_2)\mathrm{e}^{\mathrm{i}\varphi_2}K_2 \tag{4-4-6}$$

$$\Delta'' = (\lambda'_1 + \mathrm{i}\varphi''_1)K_1 \mathrm{e}^{\mathrm{i}\varphi_1} + (\lambda'_2 + \mathrm{i}\varphi''_2)K_2 \mathrm{e}^{\mathrm{i}\varphi_2} + \\ (\lambda_1 + \mathrm{i}\varphi'_1)^2 K_1 \mathrm{e}^{\mathrm{i}\varphi_1} + (\lambda_2 + \mathrm{i}\varphi'_2)^2 K_2 \mathrm{e}^{\mathrm{i}\varphi_2} \tag{4-4-7}$$

所谓改进的拟线性代入法，就是在求 Δ' 时没有应用附加条件

$$K'_1 \mathrm{e}^{\mathrm{i}\varphi_1} + K'_2 \mathrm{e}^{\mathrm{i}\varphi_2} = 0 \tag{4-4-8}$$

将式（4-4-4）、式（4-4-6）和式（4-4-7）代入方程（4-4-3）得

$$(\lambda'_1 + \mathrm{i}\varphi''_1)K_1 \mathrm{e}^{\mathrm{i}\varphi_1} + (\lambda'_2 + \mathrm{i}\varphi''_2)K_2 \mathrm{e}^{\mathrm{i}\varphi_2} + (\lambda_1 + \mathrm{i}\varphi'_1)^2 K_1 \mathrm{e}^{\mathrm{i}\varphi_1} + \\ (\lambda_2 + \mathrm{i}\varphi'_2)^2 K_2 \mathrm{e}^{\mathrm{i}\varphi_2} + H[(\lambda_1 + \mathrm{i}\varphi'_1)K_1 \mathrm{e}^{\mathrm{i}\varphi_1} + (\lambda_2 + \mathrm{i}\varphi'_2)K_2 \mathrm{e}^{\mathrm{i}\varphi_2}] - \\ M(K_1 \mathrm{e}^{\mathrm{i}\varphi_1} + K_2 \mathrm{e}^{\mathrm{i}\varphi_2}) = 0 \tag{4-4-9}$$

在上面的方程两边除以 $K_1 e^{i\varphi_1}$，并令 $\hat{\phi} = \varphi_1 - \varphi_2$，则得

$$(\varphi_1')^2 - \lambda_1(\lambda_1 + H) + M - \lambda_1' + i(2\varphi_1'\lambda_1 + H\varphi_1' + \varphi_1'') +$$

$$\{[(\varphi_2')^2 - \lambda_2(\lambda_2 + H) + M - \lambda_2'] - i(2\varphi_2'\lambda_2 + H\varphi_2' + \varphi_2'')\}\frac{K_2}{K_1}e^{-i\hat{\phi}} = 0 \quad (4-4-10)$$

在上式中略去阻尼因子 λ_j 与气动力和力矩系数的乘积项以及 λ_j' 的项，则得

$$(\varphi_1')^2 + M - i(2\varphi_1'\lambda_1 + H\varphi_1' + \varphi_1'') + [(\varphi_2')^2 + M - i(2\varphi_2'\lambda_2 + H\varphi_2' + \varphi_2'')]\frac{K_2}{K_1}e^{-i\hat{\phi}} = 0 \quad (4-4-11)$$

对方程（4-4-11）在 $\hat{\phi}$ 的一个周期上进行平均得

$$(\varphi_1')^2 - i(2\varphi_1'\lambda_1 + \varphi_1'') = -\frac{1}{2\pi}\int_0^{2\pi}(M - iH\varphi_1')d\hat{\phi} -$$

$$\frac{1}{2\pi}\int_0^{2\pi}(M - iH\varphi_2')\frac{K_2}{K_1}e^{-i\hat{\phi}}d\hat{\phi} \quad (4-4-12)$$

由式（4-4-4）得

$$\delta^2 = |\Delta|^2 = \Delta\bar{\Delta} = K_1^2 + K_2^2 + 2K_1K_2\cos\hat{\phi} \quad (4-4-13)$$

$$(\delta^2)' = -2K_1K_2(\varphi_1' - \varphi_2')\sin\hat{\phi} \quad (4-4-14)$$

由 δ^2 和 $(\delta^2)'$ 均为实数可知式（4-4-12）中的 $M[\delta^2, (\delta^2)']$ 和 $H(\delta^2)$ 均为实数，故不会把所在项的实部变为虚部或把虚部变为实部。

把式（4-4-12）的实部和虚部分开得

$$(\varphi_1')^2 = -\frac{1}{2\pi}\int_0^{2\pi}\left[M + (M\cos\hat{\phi} - H\varphi_2'\sin\hat{\phi})\frac{K_2}{K_1}\right]d\hat{\phi} \quad (4-4-15)$$

$$2\varphi_1'\lambda_1 + \varphi_1'' = -\frac{1}{2\pi}\int_0^{2\pi}\left[H\varphi_1' + (M\sin\hat{\phi} + H\varphi_2'\cos\hat{\phi})\frac{K_2}{K_1}\right]d\hat{\phi} \quad (4-4-16)$$

将 $M = M_0 + M_2\delta^2 + M^*[(\delta^2)']$ 代入上面两式得

$$(\varphi_1')^2 + M_0 + M_2(K_1^2 + 2K_2^2) = -\frac{1}{2\pi}\int_0^{2\pi}\left[M^* + (M^*\cos\hat{\phi} - H\varphi_2'\sin\hat{\phi})\frac{K_2}{K_1}\right]d\hat{\phi} \quad (4-4-17)$$

$$2\varphi_1'\lambda_1 + \varphi_1'' = -\frac{1}{2\pi}\int_0^{2\pi}\left[H\varphi_1' + (M^*\sin\hat{\phi} + H\varphi_2'\cos\hat{\phi})\frac{K_2}{K_1}\right]d\hat{\phi} \quad (4-4-18)$$

应用类似的方法可得

$$(\varphi_2')^2 + M_0 + M_2(K_2^2 + 2K_1^2) = -\frac{1}{2\pi}\int_0^{2\pi}\left[M^* + (M^*\cos\hat{\phi} + H\varphi_1'\sin\hat{\phi})\frac{K_1}{K_2}\right]d\hat{\phi} \quad (4-4-19)$$

$$2\varphi_2'\lambda_2 + \varphi_2'' = -\frac{1}{2\pi}\int_0^{2\pi}\left[H\varphi_2' + (H\varphi_1'\cos\hat{\phi} - M^*\sin\hat{\phi})\frac{K_1}{K_2}\right]d\hat{\phi} \quad (4-4-20)$$

在讨论极限圆运动和极限平面运动时，将 H 和 M^* 的具体表达式代入式（4-4-17）~式（4-4-20），就可以得阻尼因子 λ_j 和 φ_j' 的表达式。

4.4.2 极限圆运动

当非旋转弹箭的角运动近似圆运动时，攻角 Δ 的两个分运动的幅值 K_1 和 K_2 有如下关系：

$$K_2 \ll K_1 \quad \text{或者} \quad K_1 \ll K_2$$

不妨假设 $K_2 \ll K_{10}$，如果近似圆运动变得越来越圆，则弹箭将趋于极限圆运动，而对于圆运动必有 $K_1=0$ 或 $K_2=0$ 及 $(\delta^2)'=0$。

设圆运动的攻角幅值为 δ_c，把 H 和 M^* 关于圆运动展开，略去高次项，这样 H 和 M^* 可写成

$$H = H_c + \left(\frac{dH}{d\delta^2}\right)_c (\delta^2 - \delta_c^2) \tag{4-4-21}$$

$$M^* = \left[\frac{dM^*}{d(\delta^2)'}\right]_0 (\delta^2)' \tag{4-4-22}$$

$$H_c = H(\delta_c^2), \quad \left(\frac{dH}{d\delta^2}\right)_c = \left.\frac{dH}{d\delta^2}\right|_{\delta^2=\delta_c^2}, \quad \left[\frac{dM^*}{d(\delta^2)'}\right]_0 = \left.\left[\frac{dM^*}{d(\delta^2)'}\right]\right|_{(\delta^2)'=0}$$

将式（4-4-21）和式（4-4-22）代入式（4-4-17）～式（4-4-20），并略去含有 K_2^2 的项，则得

$$(\varphi_1')^2 + M_0 + M_2 K_1^2 = 0 \tag{4-4-23}$$

$$\lambda_1 = \lambda_1^* - \frac{\varphi_1''}{2\varphi_1'} \tag{4-4-24}$$

$$(\varphi_2')^2 + M_0 + 2M_2 K_2^2 = 0 \tag{4-4-25}$$

$$\lambda_2 = \lambda_2^* - \frac{\varphi_2''}{2\varphi_2'} \tag{4-4-26}$$

式中

$$\lambda_1^* = -\frac{1}{2}\left[H_c + \left(\frac{dH}{d\delta^2}\right)_c (K_1^2 - \delta_c^2)\right] \tag{4-4-27}$$

$$\lambda_2^* = \lambda_1^* - \frac{1}{2}\left\{\left(\frac{dH}{d\delta^2}\right)_c \frac{\varphi_1'}{\varphi_2'} K_1^2 + \left[\frac{dM^*}{d(\delta^2)'}\right]_0 \left(\frac{\varphi_1'}{\varphi_2'} - 1\right) K_1^2\right\} \tag{4-4-28}$$

对式（4-4-23）和式（4-4-25）求导，得 φ_1'' 和 φ_2'' 为

$$\varphi_1'' = \frac{-M_2 K_1^2}{\varphi_1'} \lambda_1 \tag{4-4-29}$$

$$\varphi_2'' = \frac{-2M_2 K_2^2}{\varphi_2'} \lambda_2 \tag{4-4-30}$$

由式（4-4-23）和式（4-4-25）求出频率为

$$\varphi_1' = \sqrt{-M_0(1+m_c)} \tag{4-4-31}$$

$$\varphi_2' = -\sqrt{-M_0(1+2m_c)} \tag{4-4-32}$$

式中

$$m_c = \frac{M_2}{M_0} K_1^2$$

对于实际运动，φ_1' 和 φ_2' 必为实数，故式（4-4-31）和式（4-4-32）根号内应为正数，因此可分析得出，无论 $M_0 > 0$ 还是 $M_0 < 0$，m_c 都不能在 $[-1, -(1/2)]$ 内，否则不可能有稳定的运动。

将式（4-4-29）～式（4-4-32）代入式（4-4-24）和式（4-4-26），得出阻尼因子 λ_j 为

$$\lambda_1 = -\left(\frac{1+m_c}{2+3m_c}\right)\left[H_c + \left(\frac{dH}{d\delta^2}\right)_c (K_1^2 - \delta_c^2)\right] \qquad (4-4-33)$$

$$\lambda_2 = \frac{-2m_c(1+m_c)}{(2+3m_c)(1+2m_c)} \lambda_1^* + \lambda_2^* \qquad (4-4-34)$$

用 m_c 表示，式（4-4-28）的 λ_2^* 为

$$\lambda_2^* = \lambda_1^* + \frac{1}{2}\left\{\left(\frac{dH}{d\delta^2}\right)_c \sqrt{\frac{1+m_c}{1+2m_c}} + \left[\frac{dM^*}{d(\delta^2)'}\right]_0 \left(1 + \sqrt{\frac{1+m_c}{1+2m_c}}\right)\right\} K_1^2 \qquad (4-4-35)$$

求出了阻尼因子 λ_j 的表达式后，可写出振幅平面方程

$$\frac{dK_1^2}{ds} = -2\left(\frac{1+m_c}{2+3m_c}\right)\left\{H_c + \left(\frac{dH}{d\delta^2}\right)_c (K_1^2 - \delta_c^2)\right\} K_1^2 \qquad (4-4-36)$$

$$\frac{dK_2^2}{ds} = \frac{-4m_c(1+m_c)}{(2+3m_c)(1+2m_c)} \lambda_1^* K_2^2 + 2\lambda_2^* K_2^2 \qquad (4-4-37)$$

因为幅值为 δ_c 的圆运动是极限圆运动的奇点位置，故奇点的坐标为

$$K_1^2 = \delta_c^2, \quad K_2^2 = 0$$

根据奇点的定义，奇点的坐标值应使振幅平面方程式（4-4-36）和式（4-4-37）的右边为零，这样从式（4-4-36）得

$$\frac{1+m_c}{2+3m_c}\left\{H_c + \left(\frac{dH}{d\delta^2}\right)_c (K_1^2 - \delta_c^2)\right\} K_1^2 \bigg|_{K_1^2 = \delta_c^2} = 0 \qquad (4-4-38)$$

因为 $m_c \in [-1, -1/2]$，故 $(1+m_c)/(2+3m_c) \neq 0$。因此，在使式（4-4-38）成立时，必须要求 $H_c = 0$。

实际上，$H_c = 0$ 可做如下解释：把 $H(\delta^2)$ 在该奇点处展开成式（4-4-21），而该奇点表示幅值为 δ_c 的圆运动，即表示在该奇点上，弹箭的攻角幅值既不增加也不减小，这样就要求

$$H_c = H(\delta_c^2) = 0$$

从式（4-4-27）知，在奇点邻近 $\lambda_1^* \approx 0$，这样振幅平面方程式（4-4-36）和式（4-4-37）变为

$$\frac{dK_1^2}{ds} = -2\left(\frac{1+m_c}{2+3m_c}\right)\left(\frac{dH}{d\delta^2}\right)_c (K_1^2 - \delta_c^2) K_1^2 \qquad (4-4-39)$$

$$\frac{dK_2^2}{ds} = \left\{ \left(\frac{dH}{d\delta^2}\right)_c \sqrt{\frac{1+m_c}{1+2m_c}} + \left[\frac{dM^*}{d(\delta^2)'}\right]_0 \left(1 + \sqrt{\frac{1+m_c}{1+2m_c}}\right) \right\} K_1^2 K_2^2 \qquad (4-4-40)$$

对于稳定的极限圆运动，应该是对应于 K_1 的小圆运动（即 $K_1^2 < \delta_c^2$）幅值 K_2^2 增加，对应于 K_1 的大圆运动（$K_1^2 > \delta_c^2$）幅值 K_1^2 衰减。对于 K_2 只有大圆运动（$K_2^2 \geqslant 0$），应要求幅值 K_2^2 衰减。又当 $m_c \in [-1, -1/2]$ 时，$(1+m_c)/(1+2m_c) > 0$，这样从式（4-4-39）和式（4-4-40）看出，要使极限圆运动稳定，必须满足

$$\left(\frac{dH}{d\delta^2}\right)_c > 0 \qquad (4-4-41)$$

$$\left(\frac{dH}{d\delta^2}\right)_c \sqrt{\frac{1+m_c}{1+2m_c}} + \left[\frac{dM^*}{d(\delta^2)'}\right]_0 \left(1 + \sqrt{\frac{1+m_c}{1+2m_c}}\right) < 0 \qquad (4-4-42)$$

这样得到了下面的结论：

在非线性静力矩［式（4-4-1）］和非线性阻尼力矩［式（4-4-2）］作用下，非旋转弹箭存在极限圆运动的充分条件为

$$\begin{cases} H_c = 0, \quad m_c \in \left[-1, -\dfrac{1}{2}\right], \quad \left(\dfrac{dH}{d\delta^2}\right)_c > 0 \\ \dfrac{\left[\dfrac{dM^*}{d(\delta^2)'}\right]_0}{\left(\dfrac{dH}{d\delta^2}\right)_c} < \dfrac{-1}{1 + \sqrt{\dfrac{1+2m_c}{1+m_c}}} \end{cases} \qquad (4-4-43)$$

另外，从上式看出，如果 M^* 等于常数，则

$$[dM^* / d(\delta^2)']_0 = 0$$

这样不等式（4-4-43）就不可能成立了。因此，要使非旋转弹箭存在极限圆运动，必须要求非线性赤道阻尼力矩 M_{zz} 含有 $(i/2)\rho V^2 Slm^* \cdot [(\delta^2)']\Delta$ 项，否则非旋转弹箭不存在极限圆运动。

根据非旋转弹箭存在极限圆运动的充分条件式（4-4-43），可画出极限圆运动稳定区域，如图 4-4-1 所示。

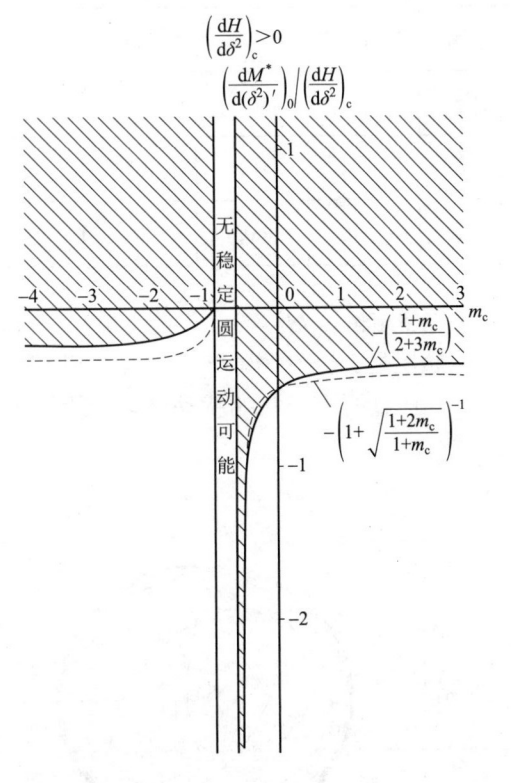

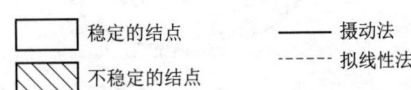

图 4-4-1 非旋转弹箭极限圆运动的稳定区域

4.4.3 非旋转弹箭极限圆运动数值计算

以下考虑完整的非旋转弹箭角运动方程

$$\Delta'' + H\Delta' - M\Delta = 0 \qquad (4-4-44)$$

弹箭非线性运动理论

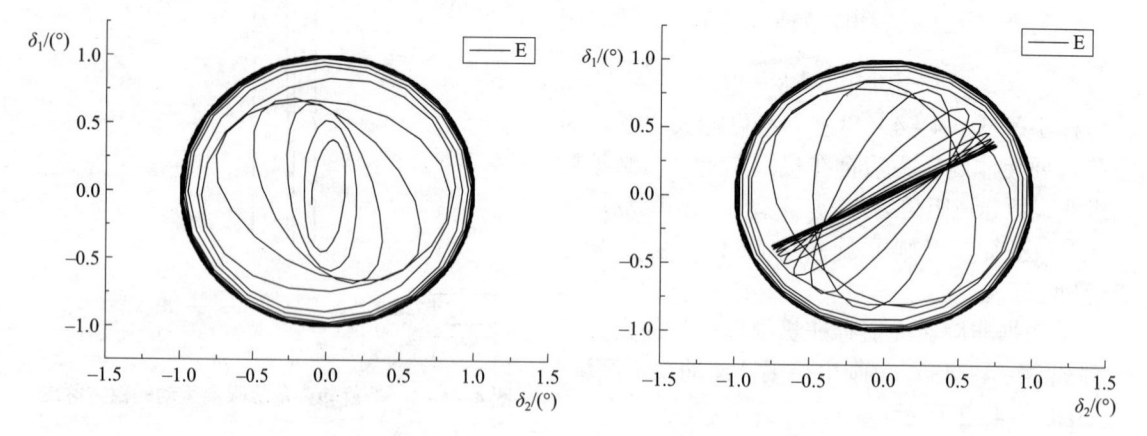

式中
$$H = H_0 + H_2\delta^2 + H^*(\delta^2)', M = M_0 + M_2\delta^2 + M^*[(\delta^2)'] \quad (4-4-45)$$

H_0, H_2, M_0, M_2, M^* 的表达式见方程（4-4-3）下的表达式，而 $H^* \approx 0.5$ ［见式（2-5-16）（δ^2）'前的系数 0.5］。在以下参数组合下解方程（4-4-44），并绘制攻角曲线。

非旋转弹箭极限圆运动气动参数组合例题见表 4-4-1。具体图形见图 4-4-2～图 4-4-28。

表 4-4-1　非旋转弹箭极限圆运动气动参数组合例题

	H_0	H_2	H^*	M_0	M_2	M^*	注
a	-0.05	0.05	0.5	-0.1	0.002	-0.1	分 9 种情况
b	-0.1	0.05	0.5	-0.1	0.002	-0.1	分 5 种情况
c	-0.5	0.1	0.5	-0.1	0.002	-0.5	分 4 种情况
d	-1.0	0.2	0.5	-1.5	0.02	-1	分 5 种情况
e	-0.05	0.05	0	-0.1	0.002	-0.1	分 4 种情况

主要结论：$M^* = 0$，不能形成极限圆运动；$H^* = 0$，不影响形成极限圆运动。

负阻尼 $H_0 < 0$ 才能产生极限运动，正阻尼 $H_0 > 0$ 攻角收敛到零。初始扰动在同一个平面内，而且两方向初始扰动之比非无限循环小数时，形成始终平面运动，但不叫极限平面运动。

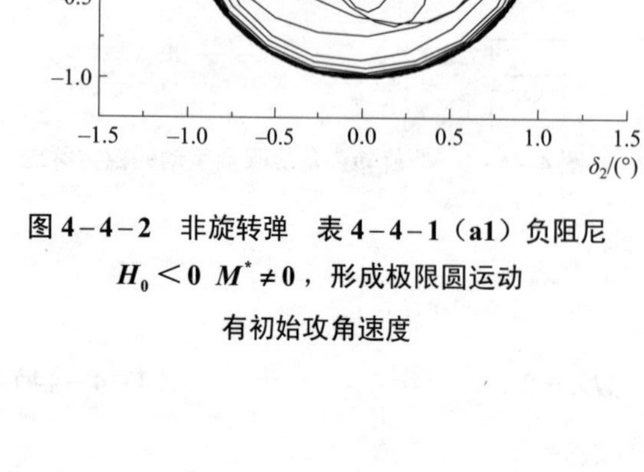

图 4-4-2　非旋转弹　表 4-4-1（a1）负阻尼
$H_0 < 0$ $M^* \neq 0$，形成极限圆运动
有初始攻角速度

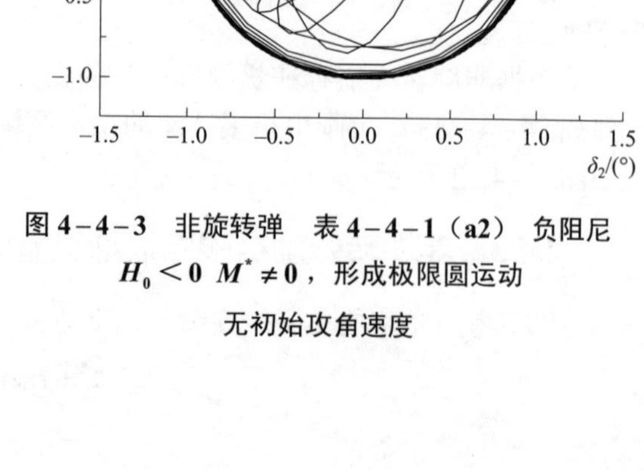

图 4-4-3　非旋转弹　表 4-4-1（a2）负阻尼
$H_0 < 0$ $M^* \neq 0$，形成极限圆运动
无初始攻角速度

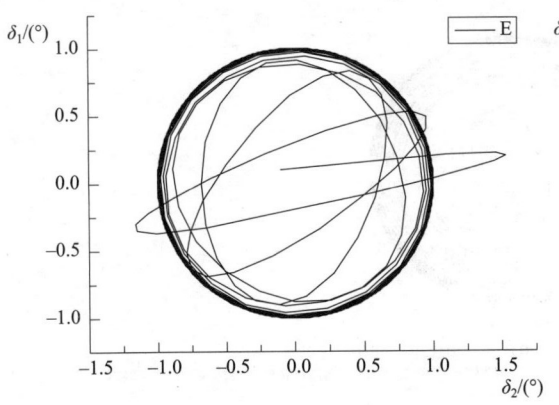

图 4-4-4　非旋转弹　表 4-4-1（a3）　负阻尼
$H_0 < 0$　$M^* \neq 0$，形成极限圆运动
初始扰动很大　超过极限圆半径

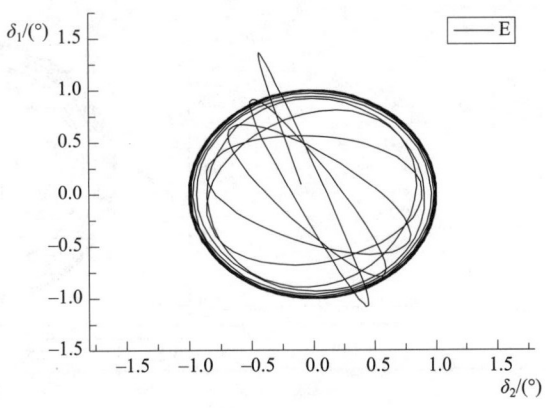

图 4-4-5　非旋转弹　表 4-4-1（a4）　负阻尼
$H_0 < 0$　$M^* \neq 0$，形成极限圆运动
改初始扰动方向大小

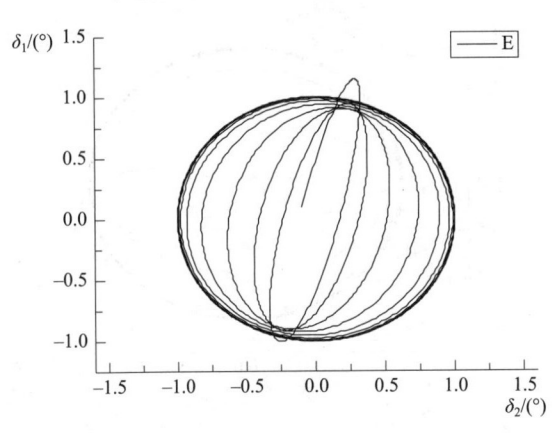

图 4-4-6　非旋转弹　表 4-4-1（a5）　负阻尼
$H_0 < 0$　$M^* \neq 0$，能形成极限圆运动
$H^* = 0$　不妨碍形成极限圆运动

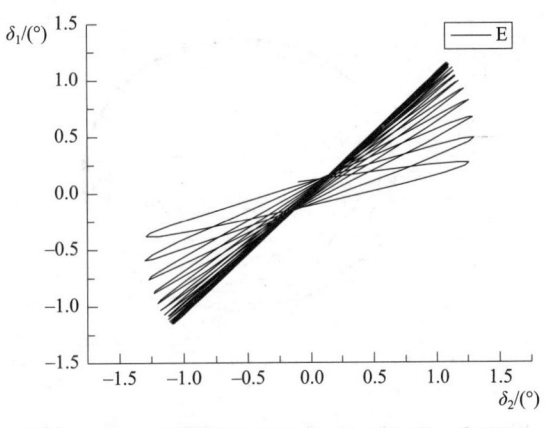

图 4-4-7　非旋转弹　表 4-4-1（a6）　负阻尼
$H_0 < 0$　$M^* = 0$，不能形成极限圆运动
变成极限平面运动

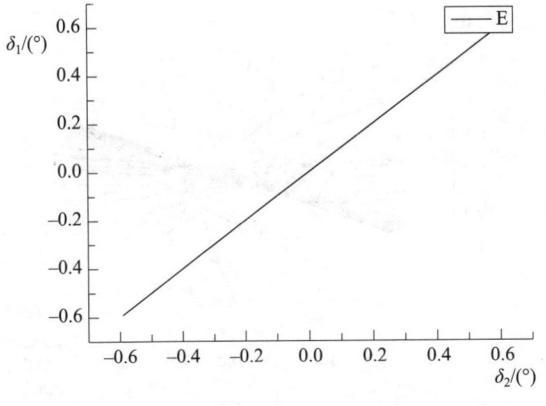

图 4-4-8　非旋转弹　表 4-4-1（a7）　负阻尼
$H_0 < 0$ 初始扰动同在一个平面
S_{10}, S_{20} 之比不为无限循环小数
变成始终平面运动

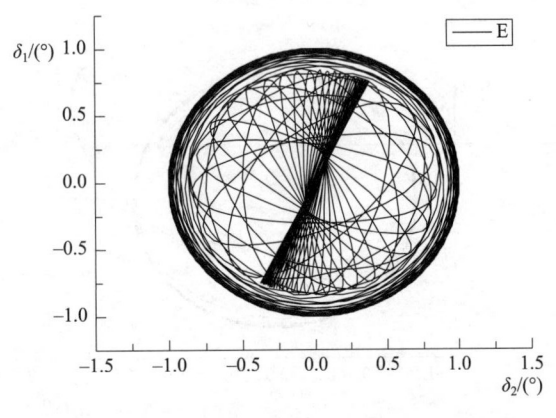

图 4-4-9　非旋转弹　表 4-4-1（a8）　负阻尼
$H_0 < 0$　$M^* \neq 0$，极限圆运动，稳定力矩很大
仅改为 $M_0 = -1.0$

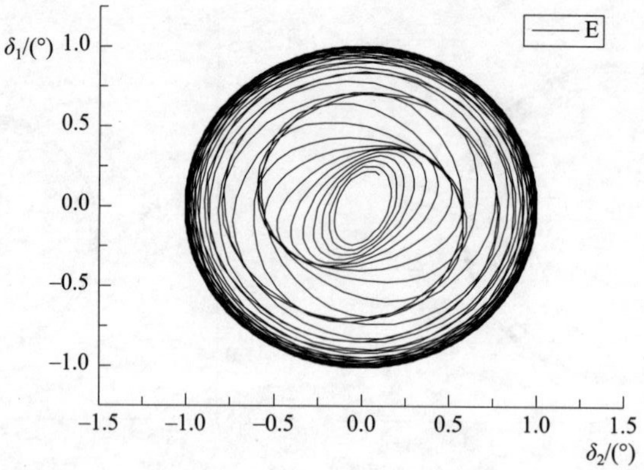

弹箭非线性运动理论

图 4-4-10　非旋转弹　表 4-4-1（a9）　负阻尼 $H_0 < 0$，$M^* \neq 0$，形成极限圆运动
改稳定力矩很大 $M_0 = -1.0$，有初始攻角、有攻角速度

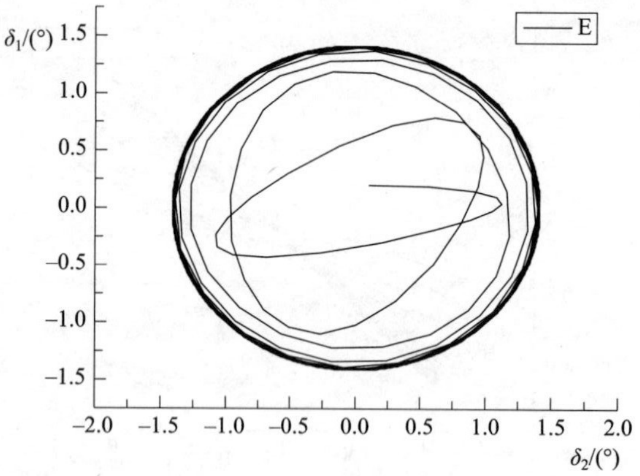

图 4-4-11　非旋转弹　表 4-4-1（b1）　负阻尼
$H_0 < 0$ $M^* \neq 0$，形成极限圆运动

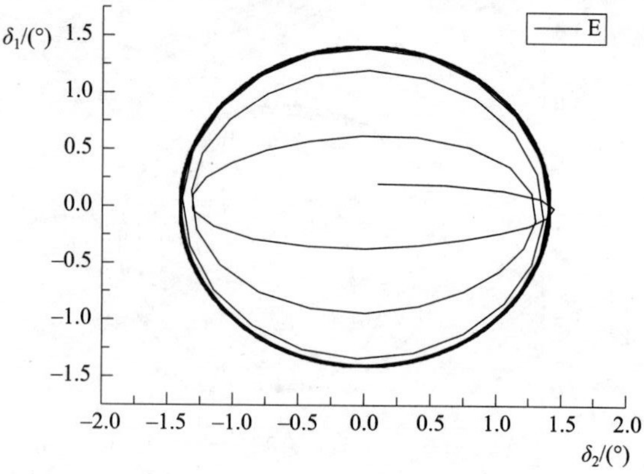

图 4-4-12　非旋转弹　表 4-4-1（b2）　负阻尼
$H_0 < 0$ $M^* \neq 0$，形成极限圆运动
$H^* = 0$，不妨碍形成极限圆运动

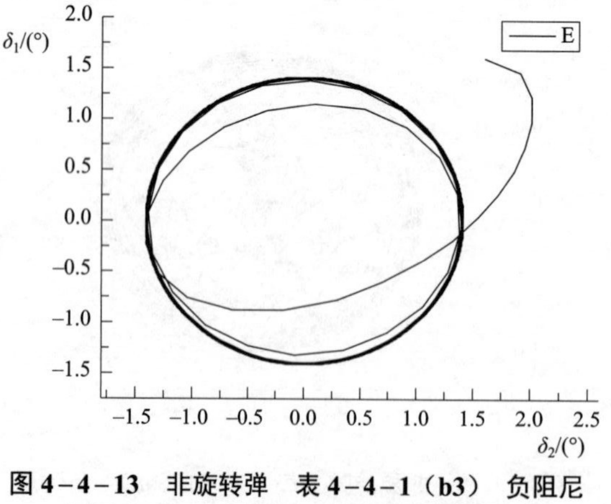

图 4-4-13　非旋转弹　表 4-4-1（b3）　负阻尼
$H_0 < 0$ $M^* \neq 0$，形成极限圆运动，
初始扰动大于极限圆半径 1.5 情况

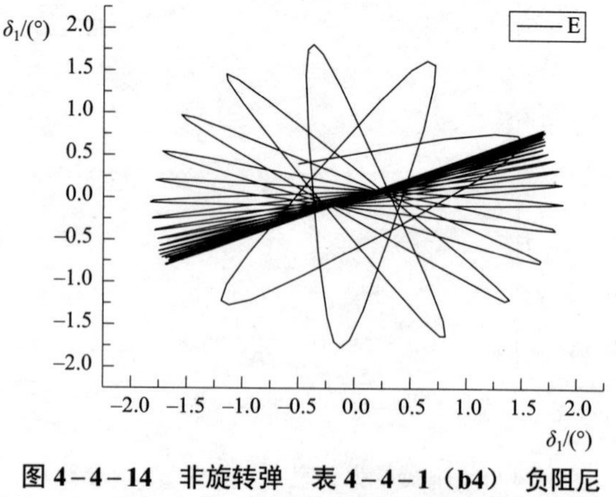

图 4-4-14　非旋转弹　表 4-4-1（b4）　负阻尼
$H_0 < 0$ 仅令 $M^* = 0$，不能形成极限圆运动，
变成极限平面圆运动

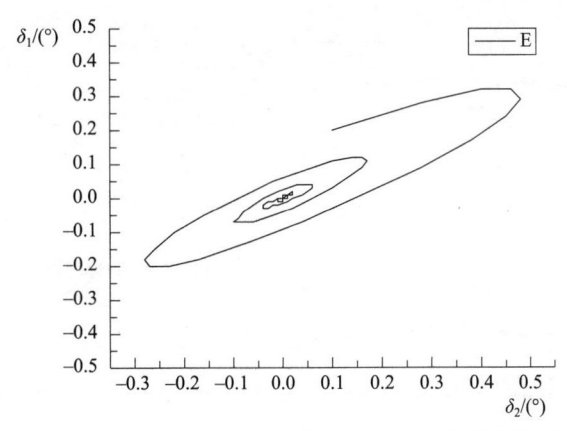

图 4-4-15 非旋转弹 表 4-4-1（b5） 正阻尼 $H_0 > 0$，极限零运动，仅令 $H_0 = 0.1$，正阻尼攻角收敛到零运动

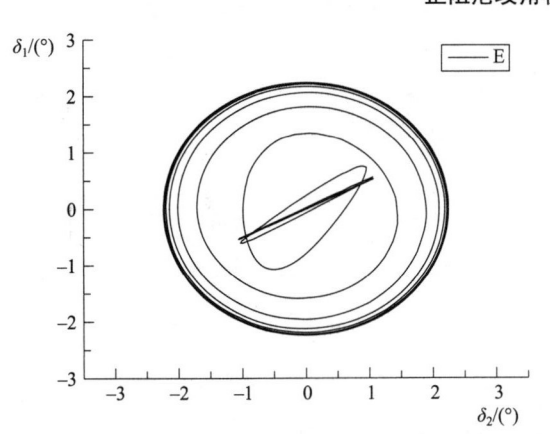

图 4-4-16 非旋转弹 表 4-4-1（c1） 负阻尼 $H_0 < 0$ $M^* \neq 0$，形成极限圆运动

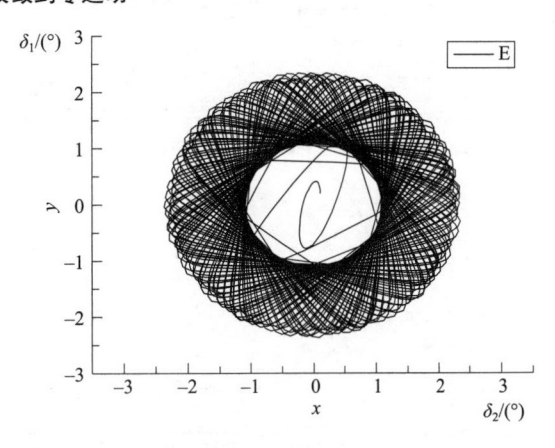

图 4-4-17 非旋转弹 表 4-4-1（c2） 负阻尼 $H_0 < 0$ 仅改 $M^* = 0$，不能形成极限圆运动，这一组初始扰动形成摆线运动

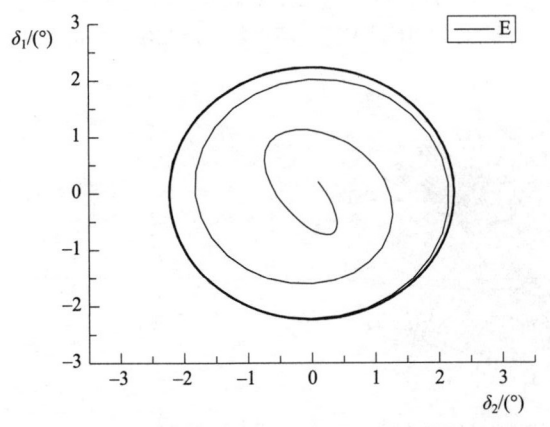

图 4-4-18 非旋转弹 表 4-4-1（c3） 负阻尼 $H_0 < 0$，仅改 $H = 0$，不妨碍形成极限圆运动

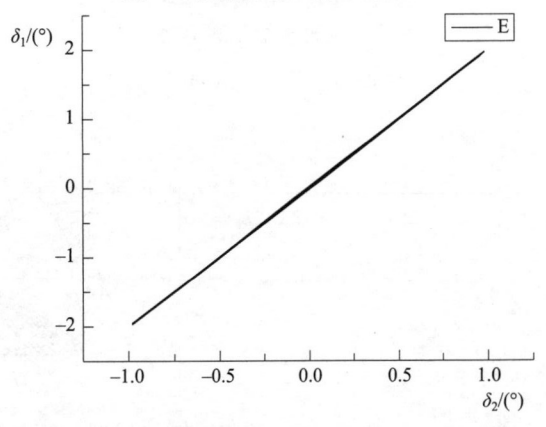

图 4-4-19 非旋转弹 表 4-4-1（c4） 仅改 $M^* = 0$，不能形成极限圆运动，可形成其他极限运动。但初始扰动不能在同一平面内。当初始扰动在同一平面里并且两分量比不是无限循环小数时，成为始终平面运动，但不成为极限平面运动

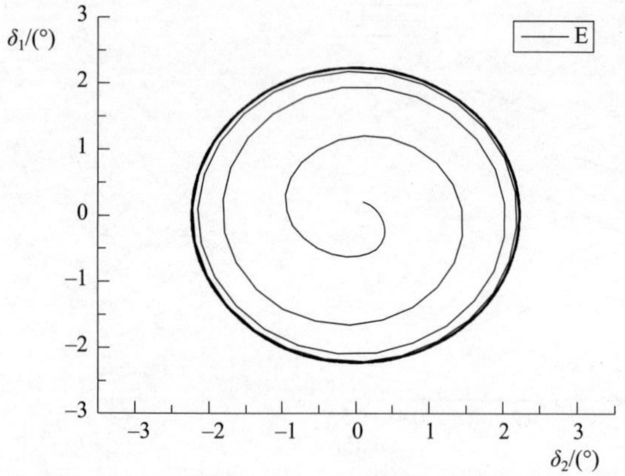

弹箭非线性运动理论

图 4-4-20　非旋尾翼弹　表 4-4-1（d1）负阻尼
$H_0 < 0$　$M^* \neq 0$，形成极限圆运动

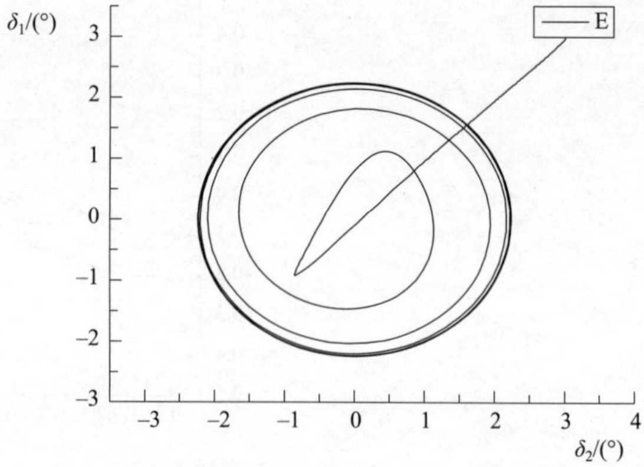

图 4-4-21　非旋转弹　表 4-4-1（d2）负阻尼
$H_0 < 0$　$M^* \neq 0$，形成极限圆运动
仅初始攻角改为 3°，大于极限圆半径

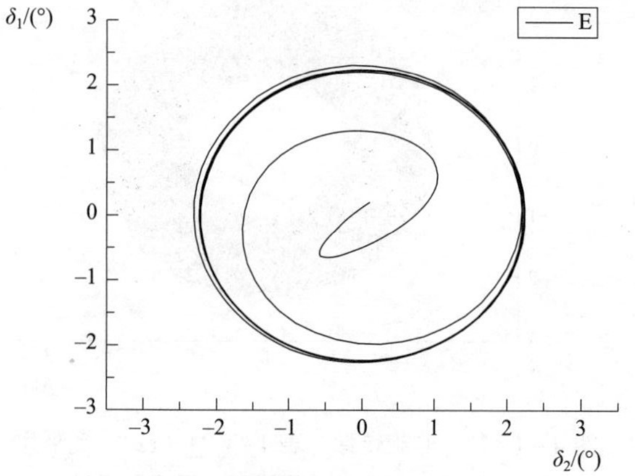

图 4-4-22　非旋转弹　表 4-4-1（d3）
极限圆运动，仅改 $H^* = 0$，
不妨碍形成极限圆运动

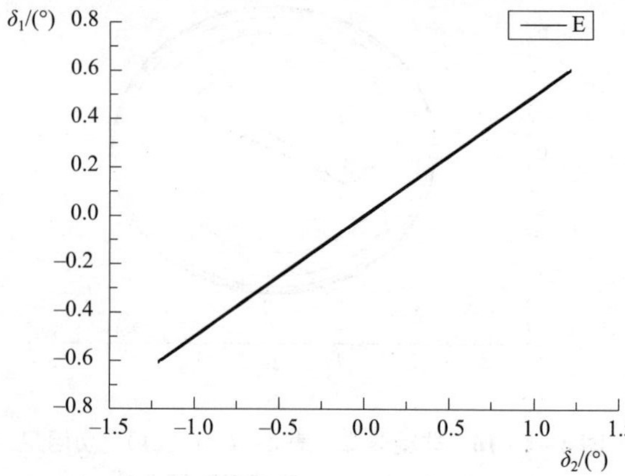

图 4-4-23　非旋转弹　表 4-4-1（d4）
极限圆运动，仅改 $M^* = 0$，初始扰动在同一平面并
且两分量比不是无限循环小数，形成始终平面运动

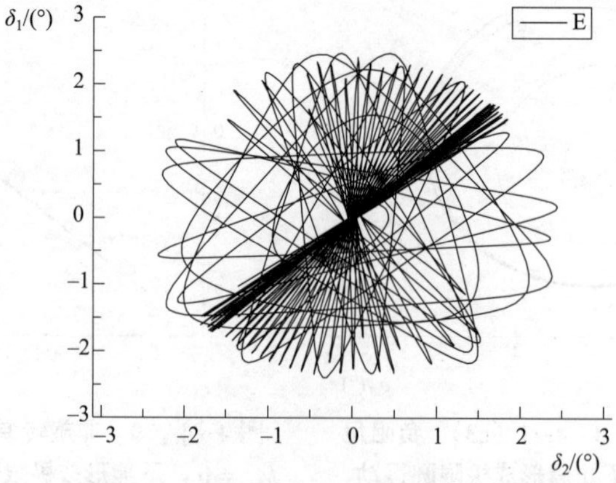

图 4-4-24　非旋转弹　表 4-4-1（d5）极限圆运动，
仅改 $M^* = 0$，非极限圆运动，成为极限平面运动

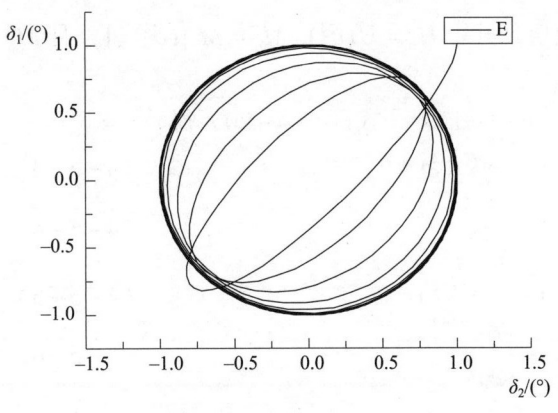

图 4-4-25 非旋尾翼弹 表 4-4-1 (e1) 负阻尼 $H_0 < 0$ 只要 $M^* \neq 0$, $H^* = 0$, 也能形成极限圆运动

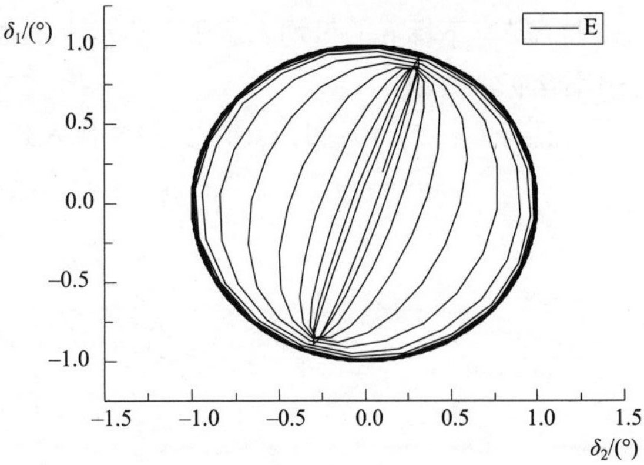

图 4-4-26 非旋转弹 表 4-4-1 (e2) 负阻尼 $H_0 < 0$ $M^* \neq 0$, 形成极限圆运动

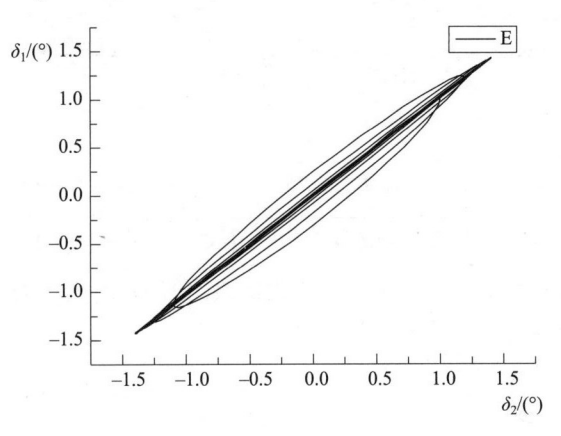

图 4-4-27 非旋转弹 表 4-4-1 (e3) 变成极限平面运动,除了 $M^* = 0$, 其他参数与 (e1) 相同,就变成了极限平面运动,这就是 M^* 的作用

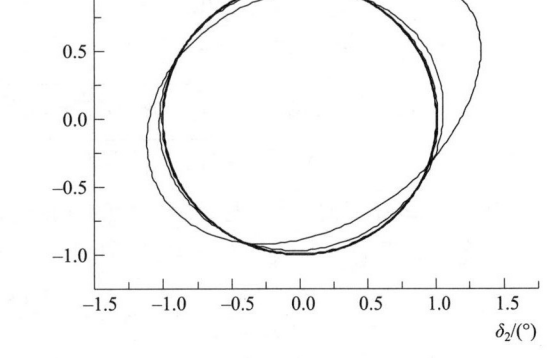

图 4-4-28 非旋转弹 表 4-4-1 (e4) 无论初始条件怎样改变,极限圆半径都相同

4.5 非旋转弹箭的极限平面运动

4.5.1 极限平面运动

当非旋转弹箭的角运动为平面运动时,攻角 Δ 的两个分运动幅值 K_1 和 K_2 有关系

$$K_1 = K_2 = K_p$$

把 H 和 M^* 关于平面运动展开,略去高次项可得

$$H = H_p + \left(\frac{\mathrm{d}H}{\mathrm{d}\delta^2}\right)_p (\delta^2 - \delta_p^2) \tag{4-5-1}$$

$$M^* = M_p^* + \left[\frac{\mathrm{d}M^*}{\mathrm{d}(\delta^2)'}\right]_p \left[(\delta^2)' - (\delta^2)_p'\right] \tag{4-5-2}$$

式中，带有下标 p 的量均表示平面运动上的数值。其中 $H_p = H(\delta_p^2)$，$M_p^* = M^*[(\delta^2)_p']$，且 M_p^* 中不含有常数项。

把式（4-5-1）和式（4-5-2）代入式（4-4-17）～式（4-4-20）得

$$(\varphi_1')^2 + M_0 + M_2(K_1^2 + 2K_2^2) = 0 \qquad (4-5-3)$$

$$\lambda_1 = \lambda_1^* - \frac{\varphi_1''}{2\varphi_1'} \qquad (4-5-4)$$

$$(\varphi_2')^2 + M_0 + M_2(2K_1^2 + K_2^2) = 0 \qquad (4-5-5)$$

$$\lambda_2 = \lambda_2^* - \frac{\varphi_2''}{2\varphi_2'} \qquad (4-5-6)$$

式中

$$\lambda_1^* = -\frac{1}{4\pi}\int_0^{2\pi}\left\{H\left(1 + \frac{\varphi_2'K_2}{\varphi_1'K_1}\cos\hat\phi\right) + M^*\frac{K_2}{K_1\varphi_1'}\sin\hat\phi\right\}\mathrm{d}\hat\phi \qquad (4-5-7)$$

$$\lambda_2^* = -\frac{1}{4\pi}\int_0^{2\pi}\left\{H\left(1 + \frac{\varphi_1'K_1}{\varphi_2'K_2}\cos\hat\phi\right) - M^*\frac{K_1}{K_2\varphi_2'}\sin\hat\phi\right\}\mathrm{d}\hat\phi \qquad (4-5-8)$$

由式（4-5-3）和式（4-5-5）得频率 φ_j' 为

$$\varphi_1' = \sqrt{-M_0 - M_2(K_1^2 + 2K_2^2)} = \sqrt{-M_0[1 + m_2(K_1^2 + 2K_2^2)]} \qquad (4-5-9)$$

$$\varphi_2' = -\sqrt{-M_0 - M_2(2K_1^2 + K_2^2)} = -\sqrt{-M_0[1 + m_2(2K_1^2 + K_2^2)]} \qquad (4-5-10)$$

式中，$m_2 = M_2 / M_0$，它表示静力矩的非线性项系数与线性项系数之比，该比值 m_2 的大小表示非线性的强弱。对式（4-5-3）和式（4-5-5）求导得 φ_j'' 为

$$\varphi_1'' = -\frac{M_2(K_1^2\lambda_1 + 2K_2^2\lambda_2)}{\varphi_1'} \qquad (4-5-11)$$

$$\varphi_2'' = -\frac{M_2(2K_1^2\lambda_1 + K_2^2\lambda_2)}{\varphi_2'} \qquad (4-5-12)$$

把式（4-5-11）和式（4-5-12）代入式（4-5-4）和式（4-5-6），整理后得

$$\left\{1 + \frac{m_2K_1^2}{2[1 + m_2(K_1^2 + 2K_2^2)]}\right\}\lambda_1 + \left[\frac{m_2K_2^2}{1 + m_2(2K_1^2 + K_2^2)}\right]\lambda_2 = \lambda_1^* \qquad (4-5-13)$$

$$\left[\frac{m_2K_1^2}{1 + m_2(2K_1^2 + K_2^2)}\right]\lambda_1 + \left\{1 + \frac{m_2K_2^2}{2[1 + m_2(2K_1^2 + K_2^2)]}\right\}\lambda_2 = \lambda_2^* \qquad (4-5-14)$$

由式（4-5-13）和式（4-5-14）联立解出 λ_j 为

$$\lambda_j = a_{j1}\lambda_1^* + a_{j2}\lambda_2^* \quad (j = 1,\ 2) \qquad (4-5-15)$$

其中系数如下：

$$a_{11} = \left(\frac{2}{d}\right)[1 + m_2(K_1^2 + 2K_2^2)][2 + m_2(4K_1^2 + 3K_2^2)]$$

$$a_{12} = -\left(\frac{4}{d}\right)(m_2K_2^2)[1 + m_2(2K_1^2 + K_2^2)]$$

$$a_{21} = -\left(\frac{4}{d}\right)(m_2K_1^2)[1 + m_2(K_1^2 + 2K_2^2)]$$

$$a_{22} = \left(\frac{2}{d}\right)[1+m_2(2K_1^2+K_2^2)][2+m_2(3K_1^2+4K_2^2)]$$

$$d = 4+14m_2(K_1^2+K_2^2)+m_2^2(12K_1^4+21K_1^2K_2^2+12K_2^4)$$

对于平面运动 ($K_1 = K_2 = K_p$) 可以得到下面一些表达式：

$$\delta_p^2 = 2K_p^2(1+\cos\hat{\phi})$$

$$(\delta^2)'_p = -2K_p^2\hat{\phi}'_p\sin\hat{\phi}$$

$$\varphi'_{1p} = -\varphi'_{2p} = \sqrt{-M_0(1+3m_2K_p^2)}$$

$$\hat{\phi}'_p = \varphi'_{1p} - \varphi'_{2p} = 2\sqrt{-M_0(1+3m_2K_p^2)} = \sqrt{-M_0(4+3m_p)}$$

式中

$$m_p = 4m_2K_p^2$$

对于极限平面运动附近的运动——准平面运动，可以把两个分运动的幅值表示成

$$K_j = K_p(1+\varepsilon_j) \quad (j=1,2)$$

式中，ε_j 为小量，它的乘积 $\varepsilon_i\varepsilon_j$ ($i=1,2$, $j=1,2$) 近似为零。

这样得到关于准平面运动的一些表达式

$$\delta^2 = \Delta\bar{\Delta} = K_p^2[(1+\varepsilon_1)e^{i\varphi_1}+(1+\varepsilon_2)e^{i\varphi_2}][(1+\varepsilon_1)e^{-i\varphi_1}+(1+\varepsilon_2)e^{-i\varphi_2}]$$
$$= 2K_p^2(1+\cos\hat{\phi})(\varepsilon_1+\varepsilon_2)+\delta_p^2 \tag{4-5-16}$$

$$\delta^2 - \delta_p^2 = 2K_p^2(1+\cos\hat{\phi})(\varepsilon_1+\varepsilon_2) \tag{4-5-17}$$

$$\hat{\phi}' = \varphi'_1 - \varphi'_2 = \frac{1}{2}\left\{\sqrt{-M_0[4+m_p(3+2\varepsilon_1+4\varepsilon_2)]}+\sqrt{-M_0[4+m_p(3+4\varepsilon_1+2\varepsilon_2)]}\right\}$$
$$= \frac{\hat{\phi}'_p}{2}\left[\sqrt{1+\frac{m_p(2\varepsilon_1+4\varepsilon_2)}{4+3m_p}}+\sqrt{1+\frac{m_p(4\varepsilon_1+2\varepsilon_2)}{4+3m_p}}\right] \tag{4-5-18}$$

因为

$$\sqrt{1+\frac{m_p(2\varepsilon_1+4\varepsilon_2)}{4+3m_p}} \approx 1+\frac{m_p(\varepsilon_1+2\varepsilon_2)}{4+3m_p} \tag{4-5-19}$$

$$\sqrt{1+\frac{m_p(4\varepsilon_1+2\varepsilon_2)}{4+3m_p}} \approx 1+\frac{m_p(2\varepsilon_1+\varepsilon_2)}{4+3m_p} \tag{4-5-20}$$

把式（4-5-19）和式（4-5-20）代入式（4-5-18）得

$$\hat{\phi}' = \hat{\phi}'_p\left[1+\frac{3m_p(\varepsilon_1+\varepsilon_2)}{2(4+3m_p)}\right] \tag{4-5-21}$$

因为

$$(\delta^2)' = -2K_1K_2\hat{\phi}'\sin\hat{\phi} = -2K_p^2(1+\varepsilon_1)(1+\varepsilon_2)\hat{\phi}'_p\left[1+\frac{3m_p(\varepsilon_1+\varepsilon_2)}{2(4+3m_p)}\right]\sin\hat{\phi}$$
$$= -2K_p^2\hat{\phi}'_p\frac{3m_p(\varepsilon_1+\varepsilon_2)}{2(4+3m_p)}\sin\hat{\phi} - 2K_p^2\hat{\phi}'_p(1+\varepsilon_1+\varepsilon_2)\sin\hat{\phi} \tag{4-5-22}$$

所以得

$$(\delta^2)' - (\delta^2)'_p = -K_p^2 \hat{\phi}'_p \left(\frac{8 + 9m_p}{4 + 3m_p} \right) (\varepsilon_1 + \varepsilon_2) \sin \hat{\phi} \qquad (4-5-23)$$

$$\frac{\varphi_2'}{\varphi_1'} = -\frac{\sqrt{1 + \dfrac{2m_p(2\varepsilon_1 + \varepsilon_2)}{4 + 3m_p}}}{\sqrt{1 + \dfrac{2m_p(\varepsilon_1 + 2\varepsilon_2)}{4 + 3m_p}}} = -\left[1 + \frac{m_p(2\varepsilon_1 + \varepsilon_2)}{4 + 3m_p} \right] \left[1 + \frac{m_p(\varepsilon_1 + 2\varepsilon_2)}{4 + 3m_p} \right] \qquad (4-5-24)$$

$$\frac{K_2}{K_1} = \frac{(1 + \varepsilon_2)}{(1 + \varepsilon_1)} \approx (1 + \varepsilon_2)(1 - \varepsilon_1) \qquad (4-5-25)$$

$$\frac{\varphi_2' K_2}{\varphi_1' K_1} = -1 + \frac{4 + 3m_p}{4 + 3m_p}(\varepsilon_1 - \varepsilon_2) \qquad (4-5-26)$$

把式（4-5-16）～式（4-5-26）代入式（4-5-7），积分可得 λ_1^* 的表达式，此积分比较复杂，下面做详细推导。

把式（4-5-7）分成两部分，令

$$A = -\frac{1}{4\pi} \int_0^{2\pi} H \left(1 + \frac{\varphi_2' K_2}{\varphi_1' K_1} \cos \hat{\phi} \right) d\hat{\phi} \qquad (4-5-27)$$

$$B = -\frac{1}{4\pi} \int_0^{2\pi} M^* \frac{K_2}{K_1 \varphi_1'} \sin \hat{\phi} d\hat{\phi} \qquad (4-5-28)$$

因为

$$A = -\frac{1}{4\pi} \int_0^{2\pi} \left[H_p + \left(\frac{dH}{d\delta^2} \right)_p (\delta^2 - \delta_p^2) \right] \left\{ \left[-1 + \frac{4 + 2m_p}{4 + 3m_p}(\varepsilon_1 - \varepsilon_2) \right] \cos \hat{\phi} + 1 \right\} d\hat{\phi} \qquad (4-5-29)$$

令

$$A_1 = -\frac{1}{4\pi} \int_0^{2\pi} \left[H_p + \left(\frac{dH}{d\delta^2} \right)_p (\delta^2 - \delta_p^2) \right] d\hat{\phi}$$

$$= -\frac{1}{4\pi} \int_0^{2\pi} H_p d\hat{\phi} - \frac{1}{4\pi} \int_0^{2\pi} 2K_p^2 \left(\frac{dH}{d\delta^2} \right)_p (1 + \cos \hat{\phi})(\varepsilon_1 + \varepsilon_2) d\hat{\phi}$$

$$A_2 = -\frac{1}{4\pi} \int_0^{2\pi} \left[H_p + \left(\frac{dH}{d\delta^2} \right)_p (\delta^2 - \delta_p^2) \right] (-\cos \hat{\phi}) d\hat{\phi}$$

$$= \frac{1}{4\pi} \int_0^{2\pi} H_p \cos \hat{\phi} d\hat{\phi} + \frac{1}{4\pi} \int_0^{2\pi} 2K_p^2 \left(\frac{dH}{d\delta^2} \right)_p (1 + \cos \hat{\phi})(\varepsilon_1 + \varepsilon_2) \cos \hat{\phi} d\hat{\phi}$$

$$= \frac{1}{4\pi} \int_0^{2\pi} H_p \cos \hat{\phi} d\hat{\phi} + \frac{1}{4\pi} \int_0^{2\pi} 2K_p^2 \left(\frac{dH}{d\delta^2} \right)_p (\varepsilon_1 + \varepsilon_2) \cos \hat{\phi} d\hat{\phi} +$$

$$\frac{1}{4\pi} \int_0^{2\pi} K_p^2 \left(\frac{dH}{d\delta^2} \right)_p (\varepsilon_1 + \varepsilon_2)(1 + \cos 2\hat{\phi}) d\hat{\phi}$$

$$A_3 = -\frac{1}{4\pi}\int_0^{2\pi}\left(\frac{4+2m_p}{4+3m_p}\right)(\varepsilon_1-\varepsilon_2)\cos\hat{\phi}\left[H_p+\left(\frac{dH}{d\delta^2}\right)_p(\delta^2-\delta_p^2)\right]d\hat{\phi}$$

$$= -\frac{1}{4\pi}\int_0^{2\pi}H_p\left(\frac{4+2m_p}{4+3m_p}\right)(\varepsilon_1-\varepsilon_2)\cos\hat{\phi}d\hat{\phi} -$$

$$\frac{1}{4\pi}\int_0^{2\pi}2K_p^2\left(\frac{dH}{d\delta^2}\right)_p(1+\cos\hat{\phi})(\varepsilon_1+\varepsilon_2)\left(\frac{4+2m_p}{4+3m_p}\right)(\varepsilon_1-\varepsilon_2)\cos\hat{\phi}d\hat{\phi}$$

$$= -\frac{1}{4\pi}\left(\frac{4+2m_p}{4+3m_p}\right)(\varepsilon_1-\varepsilon_2)\int_0^{2\pi}H_p\cos\hat{\phi}d\hat{\phi}$$

所以

$$A = A_1 + A_2 + A_3$$
$$= -\frac{1}{4\pi}\int_0^{2\pi}H_p(1-\cos\hat{\phi})d\hat{\phi} - \frac{1}{4\pi}\left(\frac{4+2m_p}{4+3m_p}\right)(\varepsilon_1-\varepsilon_2)\int_0^{2\pi}H_p\cos\hat{\phi}d\hat{\phi} - \quad (4-5-30)$$
$$\frac{1}{4\pi}K_p^2(\varepsilon_1+\varepsilon_2)\int_0^{2\pi}\left(\frac{dH}{d\delta^2}\right)_p(1-\cos2\hat{\phi})d\hat{\phi}$$

$$B = -\frac{1}{4\pi}\int_0^{2\pi}M^*\frac{K_2}{K_1\varphi_1'}\sin\hat{\phi}d\hat{\phi}$$

$$= -\frac{1}{4\pi}\int_0^{2\pi}\left\{M_p^* + \left[\frac{dM^*}{d(\delta^2)'}\right]_p\left[(\delta^2)'-(\delta^2)_p'\right]\right\}\frac{K_2}{K_1\varphi_1'}\sin\hat{\phi}d\hat{\phi}$$

$$= -\frac{1}{4\pi}\int_0^{2\pi}\left\{M_p^* + \left[\frac{dM^*}{d(\delta^2)'}\right]_p(-K_p^2)(\hat{\phi}_p'\sin\hat{\phi})\left(\frac{8+9m_p}{4+3m_p}\right)(\varepsilon_1+\varepsilon_2)\right\}\cdot \quad (4-5-31)$$
$$(1+\varepsilon_2)(1-\varepsilon_1)\frac{2\sin\hat{\phi}}{\hat{\phi}_p'}\left[1-\frac{m_p(\varepsilon_1+2\varepsilon_2)}{4+3m_p}\right]d\hat{\phi}$$

$$= -\frac{1}{4\pi}\int_0^{2\pi}2M_p^*\frac{\sin\hat{\phi}}{\hat{\phi}_p'}d\hat{\phi} + \frac{1}{4\pi}\left[\frac{4(1+m_p)\varepsilon_1-(4+m_p)\varepsilon_2}{4+3m_p}\right]\cdot$$
$$\int_0^{2\pi}2M_p^*\frac{\sin\hat{\phi}}{\hat{\phi}_p'}d\hat{\phi} + \frac{1}{4\pi}K_p^2\frac{8+9m_p}{4+3m_p}(\varepsilon_1+\varepsilon_2)\int_0^{2\pi}\left[\frac{dM^*}{d(\delta^2)'}\right]_p(1-\cos2\hat{\phi})d\hat{\phi}$$

下面定义一些表达式：

$$r_j = \frac{\left[\frac{dM^*}{d(\delta^2)'}\right]_j K_p^2}{[H]_1} \quad (j=0,\ 2)$$

$$\left[\frac{dM^*}{d(\delta^2)'}\right]_j = \frac{1}{\pi}\int_0^{2\pi}\left[\frac{dM^*}{d(\delta^2)'}\right]_p\cos j\hat{\phi}d\hat{\phi} \quad (j=0,\ 2)$$

$$[H]_1 = \frac{1}{\pi} \int_0^{2\pi} H_p \cos\hat{\phi}\, \mathrm{d}\hat{\phi}$$

$$\lambda_p^* = -\frac{1}{4\pi} \int_0^{2\pi} \left[H_p(1-\cos\hat{\phi}) + M_p^2 \left(\frac{2\sin\hat{\phi}}{\hat{\phi}_p'} \right) \right] \mathrm{d}\hat{\phi}$$

下面再求出积分：

$$\int_0^{2\pi} M_p^* \sin\hat{\phi}\, \mathrm{d}\hat{\phi} = -\int_0^{2\pi} M_p^* \mathrm{d}\cos\hat{\phi}$$

$$= -M_p^* \cos\hat{\phi}\Big|_0^{2\pi} + \int_0^{2\pi} \frac{\mathrm{d}M_p^*}{\mathrm{d}\hat{\phi}} \cos\hat{\phi}\, \mathrm{d}\hat{\phi} = \int_0^{2\pi} \left[\frac{\mathrm{d}M^*}{\mathrm{d}(\delta^2)'} \cdot \frac{\mathrm{d}(\delta^2)'}{\mathrm{d}\hat{\phi}} \right]_p \cos\hat{\phi}\, \mathrm{d}\hat{\phi}$$

$$= \int_0^{2\pi} \left[\frac{\mathrm{d}M^*}{\mathrm{d}(\delta^2)'} \right]_p \left[\frac{\mathrm{d}(\delta^2)'}{\mathrm{d}\hat{\phi}} \right]_p \cos\hat{\phi}\, \mathrm{d}\hat{\phi} = \int_0^{2\pi} \left[\frac{\mathrm{d}M^*}{\mathrm{d}(\delta^2)'} \right]_p (-2K_p^2 \hat{\phi}_p' \cos\hat{\phi}) \cos\hat{\phi}\, \mathrm{d}\hat{\phi}$$

$$= -K_p^2 \hat{\phi}_p' \int_0^{2\pi} \left[\frac{\mathrm{d}M^*}{\mathrm{d}(\delta^2)'} \right]_p (1+\cos 2\hat{\phi})\, \mathrm{d}\hat{\phi} = -\pi\hat{\phi}_p' [H]_1 (r_0 + r_2)$$

$$\text{（4-5-32）}$$

$$\int_0^{2\pi} \left[\frac{\mathrm{d}H}{\mathrm{d}\delta^2} \right]_p (1-\cos 2\hat{\phi})\, \mathrm{d}\hat{\phi} = \int_0^{2\pi} \left(\frac{\mathrm{d}H}{\mathrm{d}\hat{\phi}} \cdot \frac{\mathrm{d}\hat{\phi}}{\mathrm{d}\delta^2} \right)_p (1-\cos 2\hat{\phi})\, \mathrm{d}\hat{\phi}$$

$$= \int_0^{2\pi} \left(\frac{\mathrm{d}H}{\mathrm{d}\hat{\phi}} \right)_p \left(\frac{\mathrm{d}\hat{\phi}}{\mathrm{d}\delta^2} \right)_p (1-\cos 2\hat{\phi})\, \mathrm{d}\hat{\phi} = \int_0^{2\pi} \left(\frac{\mathrm{d}H}{\mathrm{d}\hat{\phi}} \right)_p \frac{\sin\hat{\phi}}{-K_p^2}\, \mathrm{d}\hat{\phi}$$

$$= -\frac{1}{K_p^2} \int_0^{2\pi} \frac{\mathrm{d}H_p}{\mathrm{d}\hat{\phi}} \sin\hat{\phi}\, \mathrm{d}\hat{\phi} = -\frac{1}{K_p^2} (H_p \sin\hat{\phi})\Big|_0^{2\pi} + \frac{1}{K_p^2} \int_0^{2\pi} H_p \cos\hat{\phi}\, \mathrm{d}\hat{\phi}$$

$$= \frac{\pi}{K_p^2} [H]_1$$

$$\text{（4-5-33）}$$

将式（4-5-32）和式（4-5-33）代入 A 和 B 的表达式，这样可得

$$\lambda_1^* = \lambda_p^* - \frac{[H]_1}{4(4+3m_p)} \Big\{ \big[(8+5m_p)\varepsilon_1 + m_p\varepsilon_2 \big] + \big[(16+17m_p)\varepsilon_1 + 7m_p\varepsilon_2 \big] r_2 - \big[m_p\varepsilon_1 + (16+11m_p)\varepsilon_2 \big] r_0 \Big\}$$

$$\text{（4-5-34）}$$

应用类似的方法可得 λ_2^* 的表达式为

$$\lambda_2^* = \lambda_p^* - \frac{[H]_1}{4(4+3m_p)} \Big\{ \big[m_p\varepsilon_1 + (8+5m_p)\varepsilon_2 \big] + \big[7m_p\varepsilon_1 + (16+17m_p)\varepsilon_2 \big] r_2 - \big[(16+11m_p)\varepsilon_1 + m_p\varepsilon_2 \big] r_0 \Big\}$$

$$\text{（4-5-35）}$$

下面证明，对于平面运动在式（4-5-34）和式（4-5-35）中的 $\lambda_p^* = 0$。

对于平面运动有 $K_1 = K_2 = K_p$，可得到式（4-5-15）中的系数 a_{j1} 和 a_{j2} 的表达式为

$$a_{11} = \frac{2(4+3m_p)(8+7m_p)}{(8+9m_p)(8+5m_p)}, \quad a_{12} = \frac{-4m_p(4+3m_p)}{(8+9m_p)(8+5m_p)}$$

$$a_{21} = a_{12}, \quad a_{22} = a_{11}$$

当 $m_p \in [-2, -8/9]$ 时，有

$$a_{11} + a_{12} = a_{21} + a_{22} = \frac{2(4+3m_p)(8+5m_p)}{(8+9m_p)(8+5m_p)} = \frac{2(4+3m_p)}{8+9m_p}$$

对于平面运动有 $K_p \neq 0$，所以从振幅平面方程知，平面运动的奇点位置由 $\lambda_j = 0$ 确定，而 λ_j 为

$$\lambda_j = a_{j1}\lambda_1^* + a_{j2}\lambda_2^* = (a_{j1} + a_{j2})\lambda_p^* + f_{j1}\varepsilon_1 + f_{j2}\varepsilon_2 \quad j=1,2 \quad (4-5-36)$$

$\varepsilon_1 = \varepsilon_2 = 0$，就表示平面运动的奇点位置，因此由式（4-5-36）可得

$$\lambda_j = (a_{j1} + a_{j2})\lambda_p^* = 0$$

而 $a_{j1} + a_{j2} \neq 0$，所以有 $\lambda_p = 0$

这样得到阻尼因子 λ_j 的表达式为

$$\lambda_1 = \frac{-[H]_1}{2(8+5m_p)(8+9m_p)}(b\varepsilon_1 + a\varepsilon_2) \quad (4-5-37)$$

$$\lambda_2 = \frac{-[H]_1}{2(8+5m_p)(8+9m_p)}(a\varepsilon_1 + b\varepsilon_2) \quad (4-5-38)$$

式中

$$a = -m_p(8+3m_p) - (128 + 200m_p + 75m_p^2)r_0 + (24m_p + 15m_p^2)r_2$$

$$b = 64 + 96m_p + 33m_p^2 + 3m_p(8+5m_p)r_0 + (128 + 248m_p + 105m_p^2)r_2$$

因为

$$\frac{dK_1^2}{ds} = \frac{d}{ds}[K_p^2(1+\varepsilon_1)^2] = 2K_p^2(1+\varepsilon_1)\frac{d\varepsilon_1}{ds}$$

$$\frac{dK_1^2}{ds} = 2K_1^2\lambda_1 = 2K_p^2(1+\varepsilon_1)^2\lambda_1$$

所以有

$$\frac{d\varepsilon_1}{ds} = (1+\varepsilon_1)\lambda_1 \approx \frac{-[H]_1}{2(8+5m_p)(8+9m_p)}(b\varepsilon_1 + a\varepsilon_2) \quad (4-5-39)$$

同理有

$$\frac{d\varepsilon_2}{ds} = (1+\varepsilon_2)\lambda_2 \approx \frac{-[H]_1}{2(8+5m_p)(8+9m_p)}(a\varepsilon_1 + b\varepsilon_2) \quad (4-5-40)$$

由新的振幅平面方程（4-5-39）和式（4-5-40）看出，奇点就是原点，即 $\varepsilon_1 = \varepsilon_2 = 0$。这样根据奇点稳定性的判别准则，可得到非旋转弹箭存在极限平面运动的充分条件。

从式（4-5-39）和式（4-5-40）得

$$q = \frac{[H]_1^2}{4(8+5m_p)^2(8+9m_p)^2}(b^2 - a^2) = \frac{[H]_1^2}{(8+9m_p)(8+5m_p)} \cdot$$
$$[2(2+m_p) + (r_0 + r_2)(8+5m_p)][(4+3m_p)(1-2r_0) + 4(2+3m_p)r_2] \quad (4-5-41)$$

$$p = \frac{-2[H]_1}{2(8+5m_p)(8+9m_p)}[64 + 96m_p + 33m_p^2 + 3m_p(8+5m_p)r_0 + (128 + 248m_p + 105m_p^2)r_2]$$

$$(4-5-42)$$

$$p^2 - 4q = \frac{[H]_1^2}{(8+5m_p)^2(8+9m_p)^2} \cdot$$

$$(4-5-43)$$

$$[-m_p(8+3m_p) - (128 + 200m_p + 75m_p^2)r_0 + (24m_p + 15m_p^2)r_2]^2$$

若 $q > 0, p < 0, p^2 - 4q > 0$，则奇点 $(\varepsilon_1 = \varepsilon_2 = 0)$ 为稳定的结点，非旋转弹箭存在极限平面运动。

由式（4-5-41）～式（4-5-43）看出，在表达式的右端都含有 r_0 和 r_2，而 r_0 和 r_2 与 M^* 有关。若给出 M^* 关于 $(\delta^2)'$ 的函数关系，那么 r_0 和 r_2 就可以求出来。下面对 M^* 的两种函数关系进行讨论。

1. 当 M^* 不是 $(\delta^2)'$ 的函数，即有 $\dfrac{\mathrm{d}M^*}{\mathrm{d}(\delta^2)'} = 0$

此时 H 和 M 取下面的形式

$$H = H_0 + H_2\delta^2, \quad M = M_0 + M_2\delta^2$$

这样由 r_0 和 r_2 的表达式知，$r_0 = r_2 = 0$，因此有

$$q = \frac{2[H]_1^2}{(8+5m_p)(8+9m_p)}(2+m_p)(4+3m_p) \tag{4-5-44}$$

$$p = \frac{-[H]_1}{(8+5m_p)(8+9m_p)}(64 + 96m_p + 33m_p^2) \tag{4-5-45}$$

$$p^2 - 4q = \frac{[H]_1^2}{(8+5m_p)^2(8+9m_p)^2}m_p^2(8+3m_p)^2 \tag{4-5-46}$$

$$[H]_1 = \frac{1}{\pi}\int_0^{2\pi} H_p \cos\hat{\phi}\,\mathrm{d}\hat{\phi} = \frac{1}{\pi}\int_0^{2\pi}(H_0 + H_2\delta_p^2)\cos\hat{\phi}\,\mathrm{d}\hat{\phi} = 2H_2K_p^2 \tag{4-5-47}$$

奇点是稳定结点的条件为

$$q > 0, \ p < 0, \ p^2 - 4q > 0$$

由 $q > 0$ 可得不等式

$$\frac{(2+m_p)(4+3m_p)}{(8+5m_p)(8+9m_p)} > 0 \tag{4-5-48}$$

根据此不等式，可解出 $m_p \in [-2, -8/9]$。

如果 $[H]_1 > 0$，即 $H_2 > 0, m_p \in [-2, -8/9]$，从表达式（4-5-45）看出，就有 $p < 0$。

从前面分析知，$\lambda_p^* = 0$，即

$$\lambda_p^* = -\frac{1}{4\pi}\int_0^{2\pi}\left[H_p(1-\cos\hat{\phi}) + M_p^*\frac{2\sin\hat{\phi}}{\hat{\phi}_p'}\right]\mathrm{d}\hat{\phi}$$

$$= -\frac{1}{4\pi}\int_0^{2\pi}(H_0 + H_2\delta_p^2)(1-\cos\hat{\phi})\,\mathrm{d}\hat{\phi} = -\frac{1}{2}(H_0 + H_2K_p^2) = 0$$

所以有
$$H_0 + H_2 K_p^2 = 0$$

因为 $H_2 K_p^2 > 0$，所以有 $H_0 < 0$。

再从表达式（4-5-46）看出，只要 $m_p \in [-2, -8/9]$，就有 $p^2 - 4q > 0$。

所以，当 $H_0 < 0, H_2 > 0, m_p \in [-2, -8/9]$ 时，奇点是稳定的结点。由此得出下面的结论：

当系数 M^* 不是 $(\delta^2)'$ 的函数，$H_0 < 0, H_2 > 0, m_p \in [-2, -8/9]$ 时，非旋转弹箭存在极限平面运动。

2. 当 M^* 为 $(\delta^2)'$ 的线性函数，即 $M^* = M_2^* (\delta^2)'$ 时

H 和 M 为
$$H = H_0 + H_2 \delta^2, \quad M = M_0 + M_2 \delta^2 + M_2^* (\delta^2)'$$

在这种情况下，可得到下面一些表达式：

$$[H]_1 = \frac{1}{\pi} \int_0^{2\pi} H_p \cos\hat{\phi} \mathrm{d}\hat{\phi} = \frac{1}{\pi} \int_0^{2\pi} (H_0 + H_2 \delta_p^2) \cos\hat{\phi} \mathrm{d}\hat{\phi} = 2 H_2 K_p^2$$

$$\left[\frac{\mathrm{d}M^*}{\mathrm{d}(\delta^2)'}\right]_0 = \frac{1}{\pi} \int_0^{2\pi} \left[\frac{\mathrm{d}M^*}{\mathrm{d}(\delta^2)'}\right]_p \mathrm{d}\hat{\phi} = \frac{1}{\pi} \int_0^{2\pi} M_2^* \mathrm{d}\hat{\phi} = 2 M_2^*$$

$$\left[\frac{\mathrm{d}M^*}{\mathrm{d}(\delta^2)'}\right]_2 = \frac{1}{\pi} \int_0^{2\pi} \left[\frac{\mathrm{d}M^*}{\mathrm{d}(\delta^2)'}\right]_p \cos 2\hat{\phi} \mathrm{d}\hat{\phi} = 0$$

$$r_0 = \frac{M_2^*}{H_2}, \quad \bar{r}_0 = 0$$

$$a = -m_p(8 + 3m_p) - (128 + 200 m_p + 75 m_p^2) \frac{M_2^*}{H_2}$$

$$b = 64 + 96 m_p + 33 m_p^2 + 3 m_p (8 + 5 m_p) \frac{M_2^*}{H_2}$$

$$q = \frac{[H]_1^2}{(8 + 5m_p)(8 + 9m_p)} [2(2 + m_p) + r_0 (8 + 5m_p)][(1 - 2r_0)(4 + 3m_p)] \quad (4-5-49)$$

$$p = \frac{-2[H]_1}{2(8 + 5m_p)(8 + 9m_p)} [64 + 96 m_p + 33 m_p^2 + 3 m_p (8 + 5m_p) r_0] \quad (4-5-50)$$

$$p^2 - 4q = \frac{[H]_1^2}{2(8 + 5m_p)^2 (8 + 9m_p)^2} [-m_p(8 + 3m_p) - (128 + 200 m_p + 75 m_p^2) r_0]^2 \quad (4-5-51)$$

根据奇点稳定性判别准则，若奇点是稳定的结点，必须要求 $q > 0, p < 0, p^2 - 4q > 0$。

由式（4-5-49）看出，要使 $q > 0$，只要

$$\left(\frac{4 + 2m_p}{8 + 5m_p} + r_0\right)(1 - 2r_0) > 0 \quad (4-5-52)$$

即可，这是因为式（4-5-49）可写成

$$q = \frac{[H]_1^2}{(8+9)m_p}\left(\frac{4+2m_p}{8+5m_p}+r_0\right)(1-2r_0)(4+3m_p) \qquad (4-5-53)$$

若 $m_p \in [-2, -8/9]$，就有 $(4+3m_p)/(8+9m_p) > 0$，所以只要式（4-5-52）成立，就能使 $q > 0$。根据式（4-5-52），可得到下面两组不等式

$$(1)\begin{cases} \dfrac{4+2m_p}{8+5m_p}+r_0 > 0 \\ 1-2r_0 > 0 \end{cases} \qquad 解为\ -\frac{4+2m_p}{8+5m_p} < r_0 < \frac{1}{2} \qquad (4-5-54)$$

$$(2)\begin{cases} \dfrac{4+2m_p}{8+5m_p}+r_0 < 0 \\ 1-2r_0 < 0 \end{cases} \qquad 无解 $$

故式（4-6-54）可写成

$$-\frac{4+2m_p}{8+5m_p} < \frac{M_2^*}{H_2} < \frac{1}{2} \qquad (4-5-55)$$

从式（4-5-50）看出，要使 $p < 0$，必须当 $m_p \in [-2, -8/9]$ 时有

$$[H]_1[64+96m_p+33m_p^2+3m_p(8+5m_p)r_0] > 0$$

即

$$H_2[64+96m_p+33m_p^2+3m_p(8+5m_p)r_0] > 0 \qquad (4-5-56)$$

从前面分析知，$\lambda_p^* = 0$，即

$$\lambda_p^* = -\frac{1}{4\pi}\int_0^{2\pi}\left[H_p(1-\cos\hat{\phi}) + M_p^*\frac{2\sin\hat{\phi}}{\hat{\phi}_p'} \right]\mathrm{d}\hat{\phi}$$

$$= -\frac{1}{4\pi}\int_0^{2\pi}\left[(H_0+H_2\delta_p^2)(1-\cos\hat{\phi}) + M_2^*(\delta^2)_p'\frac{2\sin\hat{\phi}}{\hat{\phi}_p'} \right]\mathrm{d}\hat{\phi}$$

$$= -\frac{1}{2}[H_0+H_2K_p^2-2M_2^*K_p^2] = 0$$

由此得

$$H_0+H_2K_p^2-2M_2^*K_p^2 = 0 \qquad (4-5-57)$$

由此式解出 K_p^2 为

$$K_p^2 = -H_0(H_2-2M_2^*)^{-1} = -H_0H_2^{-1}\left(1-\frac{2M_2^*}{H_2}\right)^{-1} \qquad (4-5-58)$$

$$= -H_0H_2^{-1}(1-2r_0)^{-1} > 0$$

从式（4-6-54）知，$(1-2r_0) > 0$，所以有

$$H_0H_2^{-1} < 0 \qquad (4-5-59)$$

即 H_0 和 H_2 是异号的。

由式（4-5-51）看出，当 $m_p \in [-2, -8/9]$ 时有 $p^2-4q > 0$。

综上所述，得到下面的结论：

当 M^* 为 $(\delta^2)'$ 的线性函数，即 $M^* = M_2^*(\delta^2)'$，$m_p \in [-2, -8/9]$ 时，非旋转弹箭存在极限平面运动的充分条件为

$$\begin{cases} -\dfrac{4+2m_p}{8+5m_p} < \dfrac{M_2^*}{H_2} < \dfrac{1}{2} & (4-5-60) \\[2mm] H_2\left[64 + 96m_p + 33m_p^2 + 3m_p(8+5m_p)\dfrac{M_2^*}{H_2}\right] > 0 & (4-5-61) \\[2mm] H_0 H_2^{-1} < 0 & (4-5-62) \end{cases}$$

对这组不等式还可以进一化简化，由式（4-5-60）知 $m_p \in [-2, -8/9]$，可推出

$$64 + 96m_p + 33m_p^2 + 3m_p(8+5m_p)\dfrac{M_2^*}{H_2} > 0 \qquad (4-5-63)$$

因此，要保证不等式（4-5-61）成立，只需要求 $H_0 > 0$ 就可以了。再由式（4-5-62）知，$H_0 < 0$。所以非旋转弹箭存在极限平面运动的充分条件为

$$\begin{cases} H_0 < 0, H_2 > 0 & (4-5-64) \\[2mm] -\dfrac{4+2m_p}{8+5m_p} < \dfrac{M_2^*}{H_2} < \dfrac{1}{2} & (4-5-65) \end{cases}$$

对于这两种情况，非旋转弹箭做平面运动的幅值 K_p 可从 $\lambda_p^* = 0$ 推出来。

当 M^* 不是 $(\delta^2)'$ 的函数时，$M^* = 0$，所以由 $\lambda_p^* = 0$ 可得

$$H_0 + H_2 K_p^2 = 0$$

从而得

$$K_p^2 = -H_0/H_2$$

当 M^* 为 $(\delta^2)'$ 的线性函数时

$$M^* = M_p^*(\delta^2)'$$

由 $\lambda_p^* = 0$ 可得

$$H_0 + H_2 K_p^2 - 2M_2^* K_p^2 = 0$$

从而得

$$K_p^2 = -\dfrac{H_0}{H_2 - 2M_2^*}$$

因此，只要弹体参数和气动参数确定之后，非旋转弹箭做平面运动的幅值 K_p 亦就被确定了。

根据条件式（4-5-64）和式（4-5-65），可以画出非旋转弹箭极限平面运动的稳定区域，如图 4-5-1 所示。

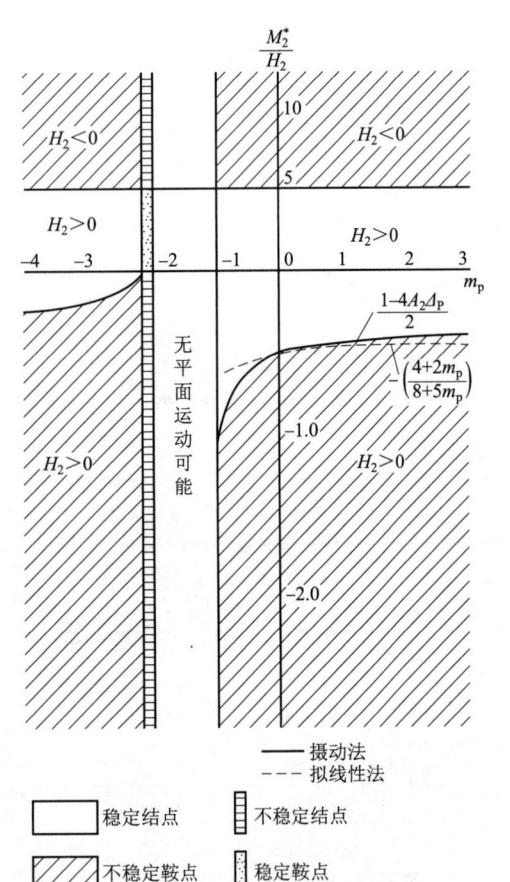

图 4-5-1 非旋转弹箭极限平面运动稳定区域

弹箭非线性运动理论

4.5.2　非旋转弹箭极限平面运动数值计算

非旋转弹箭平面运动气动参数组合例题见表4-5-1。具体图形见图4-5-2～图4-5-6。

表 4-5-1　非旋转弹箭平面运动气动参数组合例题

	H_0	H_2	H^*	M_0	M_2	M^*
a	-0.1	0.05	0	-0.1	0.002	0
b	-0.1	0.05	0.5	-0.1	0.002	-0.001
c	-0.1	0.051	0.5	-0.1	0.002	0.01
d	-0.05	0.2	0.5	-0.05	0.02	0.01

主要结论：$M^* \neq 0$，也能形成极限平面运动；$H^* = 0$，不影响形成极限平面运动。

负阻尼 $H_0 < 0$ 才能产生极限运动　正阻尼 $H_0 > 0$ 攻角收敛到零。初始扰动在同一个平面内，而且两方向初始扰动之比非无限循环小数时，形成始终平面运动，但不叫极限平面运动。

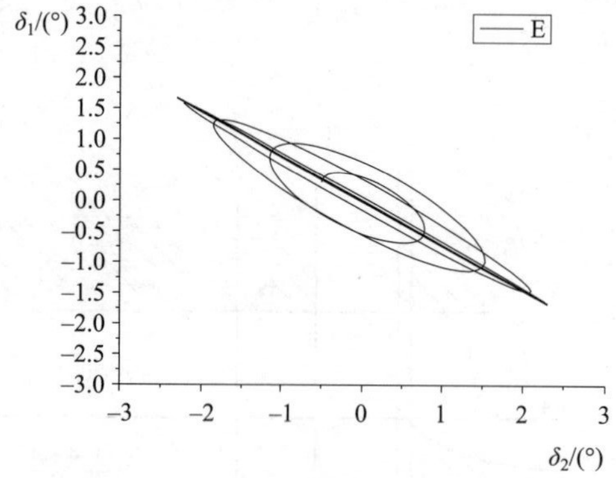

图 4-5-2　非旋转弹　表 4-5-1（a）
$H_0 < 0$，$H^* = 0$，$M^* \neq 0$，形成极限平面运动

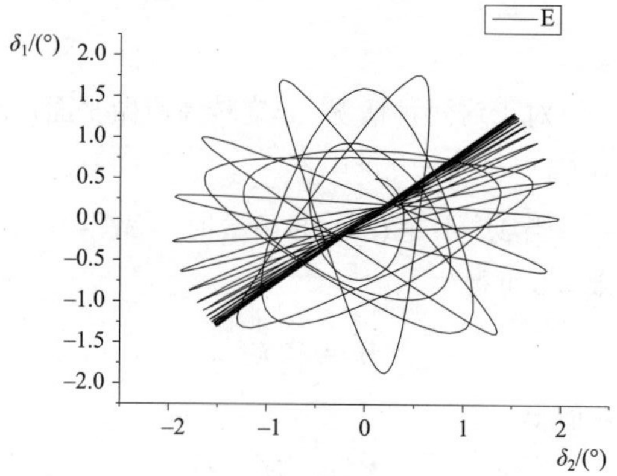

图 4-5-3　非旋转弹　表 4-5-1（b）
$H_0 < 0$，$H^* \neq 0$，$M^* = 0$，也能形成极限平面运动

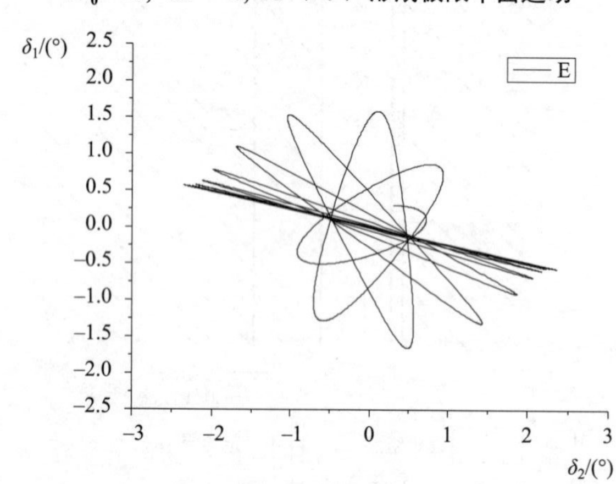

图 4-5-4　非旋转弹　表 4-5-1（c）
形成极限平面运动

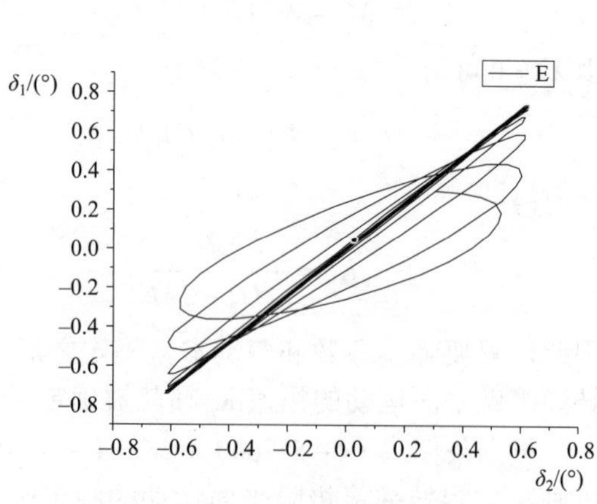

图 4-5-5　非旋转弹　表 4-5-1（d）
形成极限平面运动

178

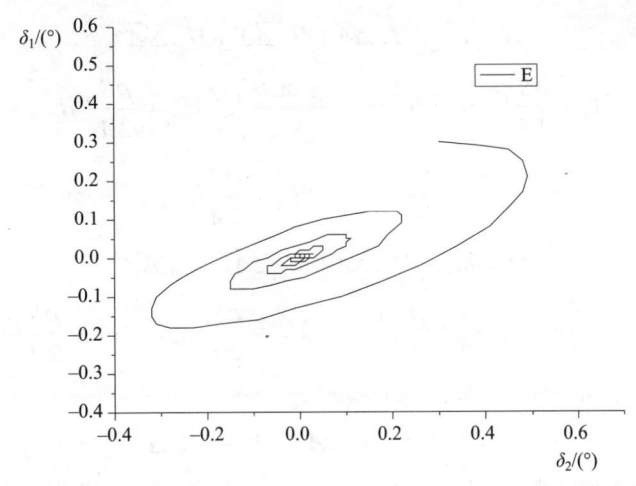

图 4-5-6 非旋转弹 表 4-5-1（d1） $H_0 = 0.05 > 0$，正阻尼，攻角收敛到零

4.6 在一般非线性空气动力矩作用下非旋转弹箭的运动

对于非线性空气动力矩，其系数可以是 $\delta^2, (\delta^2)', \cdots$ 的函数，例如非线性静力矩和非线性赤道阻尼力矩可表为如下形式（见式（4-4-1）和式（4-4-2））：

$$M_z = \frac{\mathrm{i}}{2}\rho V^2 Sl(m_{z0} + m_{z2}\delta^2)\Delta \qquad (4-6-1)$$

$$M_{zz} = \frac{1}{2}\rho V^2 Sl^2 m'_{zz}(\delta^2)(-\mu) + \frac{\mathrm{i}}{2}\rho V^2 Slm^*[(\delta^2)']\Delta \qquad (4-6-2)$$

其中，静力矩 M_z 是弹轴不动时作用于弹箭的空气动力矩，它与攻角大小和方位有关；而赤道阻尼力矩不仅与攻角大小 δ^2 有关，还与弹轴的运动引起的平方攻角变化率 $(\delta^2)'$ 有关。

由于 $\delta^2 = \Delta\overline{\Delta}$，$(\delta^2)' = \Delta'\overline{\Delta} + \Delta\overline{\Delta}', \cdots$，故一般而言气动系数与 $\Delta\overline{\Delta}, \Delta'\overline{\Delta}, \Delta\overline{\Delta}', \Delta'\overline{\Delta}'\cdots$ 有关，于是为通用起见，可将非线性静力矩和非线性赤道阻尼力矩表示为

$$M_z = \frac{\mathrm{i}}{2}\rho V^2 Sl(c_0 + c_{02}\delta^2)\Delta \qquad (4-6-3)$$

$$\begin{aligned}M_{zz} = &\frac{1}{2}\rho V^2 Sl^2(d_0 + d_{20}\Delta\overline{\Delta} + d_{11}\overline{\Delta}' + d_{02}\Delta'\overline{\Delta}')(-\mu) + \\ &\frac{\mathrm{i}}{2}\rho V^2 Sl(c_0 + c_{20}\Delta\overline{\Delta} + c_{11}\Delta\overline{\Delta}' + c_{02}\Delta'\overline{\Delta}')\Delta\end{aligned} \qquad (4-6-4)$$

式中，$c_0 = m_{z0}, c_{20} = m_{z2}, d_0 = m_{zz0}, d_{20} = m_{zz2}, \cdots$

这里所考虑的一般非线性空气动力矩仅仅是三次方力矩，对于高于三次方的项，认为影响较小而加以忽略。

4.6.1 运动方程的近似求解

若不考虑重力非齐次项，非旋转弹箭在一般非线性空气力矩作用下的角运动方程可以归结为下面的形式：

$$\Delta'' + H\Delta' - M\Delta = 0 \qquad (4-6-5)$$

式中

$$H = H_2 + H_{20}\Delta\bar{\Delta} + H_{11}\bar{\Delta}\Delta' + H_{02}\Delta'\bar{\Delta}'$$

$$H_0 = \frac{\rho S}{2A}l^2\left(d_0 + b_y - b_x - \frac{g\sin\theta}{V^2}\right), \quad H_{20} = \frac{\rho S}{2A}l^2 d_{20},$$

$$H_{11} = \frac{\rho S}{2A}l^2 d_{11}, \quad H_{02} = \frac{\rho S}{2A}l^2 d_{02},$$

$$M = M_0 + M_{20}\Delta\bar{\Delta} + M_{11}\Delta\bar{\Delta}' + M_{02}\Delta'\bar{\Delta}'$$

$$M_0 = \frac{\rho S}{2A}lc_0, \quad M_{20} = \frac{\rho S}{2A}lc_{20}, \quad M_{11} = \frac{\rho S}{2A}lc_{11}, \quad M_{02} = \frac{\rho S}{2A}lc_{02}$$

为了求解的方便,把方程(4-6-5)改写为

$$\Delta'' - M_0\Delta = -H\Delta' + (M - M_0)\Delta \tag{4-6-6}$$

求解的方法与4.3节类似,若方程(4-6-6)的右边为零,则得线性方程

$$\Delta'' - M_0\Delta = 0 \tag{4-6-7}$$

其解为

$$\Delta = K_1 e^{i\varphi_1} + K_2 e^{i\varphi_2} \tag{4-6-8}$$

式中,$\varphi_j = \varphi_j's + \varphi_{j0}$;$K_j$ 和 φ_j' 均为常数;$\varphi_1' = -\varphi_2' = \sqrt{-M_0}$。

若方程(4-6-6)的右边不为零,令方程(4-6-6)的解仍具有式(4-6-8)的形式

$$\Delta = K_1 e^{i(\varphi_1+\psi_1)} + K_2 e^{i(\varphi_2+\psi_2)} \tag{4-6-9}$$

此时,K_1,K_2,ψ_1,ψ_2 都是弹道弧长 s 的函数,且缓慢变化。

对式(4-6-9)求导得

$$\Delta' = iK_1\varphi_1' e^{i(\varphi_1+\psi_1)} + iK_2\varphi_2' e^{i(\varphi_2+\psi_2)} + (K_1' + iK_1\psi_1')e^{i(\varphi_1+\psi_1)} + \tag{4-6-10}$$
$$(K_2' + iK_2\psi_2')e^{i(\varphi_2+\psi_2)}$$

令

$$(K_1' + iK_1\psi_1')e^{i(\varphi_1+\psi_1)} + (K_2' + iK_2\psi_2')e^{i(\varphi_2+\psi_2)} = 0 \tag{4-6-11}$$

则式(4-6-10)变为

$$\Delta' = iK_1\varphi_1' e^{i(\varphi_1+\psi_1)} + iK_2\varphi_2' e^{i(\varphi_2+\psi_2)} \tag{4-6-12}$$

对式(4-6-12)再求导得

$$\Delta'' = -(\varphi_1')^2 K_1 e^{i(\varphi_1+\psi_1)} - (\varphi_2')^2 K_2 e^{i(\varphi_2+\psi_2)} + i\varphi_1'(K_1' + iK_1\psi_1')e^{i(\varphi_1+\psi_1)} + \tag{4-6-13}$$
$$i\varphi_2'(K_2' + iK_2\psi_2')e^{i(\varphi_2+\psi_2)}$$

将式(4-6-9)、式(4-6-12)和式(4-6-13)代入攻角方程(4-6-6)得

$$i\varphi_1'(K_1' + iK_1\psi_1')e^{i(\varphi_1+\psi_1)} + i\varphi_2'(K_2' + iK_2\psi_2')e^{i(\varphi_2+\psi_2)}$$
$$= -H[i\varphi_1'K_1 e^{i(\varphi_1+\psi_1)} + i\varphi_2'K_2 e^{i(\varphi_2+\psi_2)}] + \tag{4-6-14}$$
$$(M - M_0)[K_1 e^{i(\varphi_1+\psi_1)} + K_2 e^{i(\varphi_2+\psi_2)}]$$

由式(4-6-11)得

$$K_2' + iK_2\psi_2' = -(K_1' + iK_1\psi_1')e^{i\phi} \tag{4-6-15}$$

式中，
$$\hat{\phi} = (\varphi_1 + \psi_1) - (\varphi_2 + \psi_2)$$

把式（4-6-14）两边除以 $K_1 e^{i(\varphi_1+\psi_1)}$，并把式（4-6-15）代入式（4-6-14），然后在 $\hat{\phi}$ 的一个周期上平均得到

$$\frac{K_1'}{K_1} + i\psi_1' = \frac{-1}{4\pi} \int_0^{2\pi} \left[H\left(1 - \frac{K_2}{K_1} e^{-i\hat{\phi}}\right) + i\frac{1}{\varphi_1'}(M - M_0)\left(1 + \frac{K_2}{K_1} e^{-i\hat{\phi}}\right) \right] d\hat{\phi} \quad (4-6-16)$$

由式（4-6-9）和式（4-6-12）得到

$$\Delta\bar{\Delta} = K_1^2 + K_2^2 + 2K_1 K_2 \cos\hat{\phi} \quad (4-6-17)$$

$$\Delta'\bar{\Delta}' = -M_0(K_1^2 + K_2^2 - 2K_1 K_2 \cos\hat{\phi}) \quad (4-6-18)$$

$$\Delta'\bar{\Delta} = i\varphi_1'(K_1^2 - K_2^2 + 2iK_1 K_2 \sin\hat{\phi}) \quad (4-6-19)$$

$$\Delta\bar{\Delta}' = -i\varphi_1'(K_1^2 - K_2^2 - 2iK_1 K_2 \sin\hat{\phi}) \quad (4-6-20)$$

将式（4-6-17）~式（4-6-20）代入式（4-6-16）积分，并把实部和虚部分开得到

$$\frac{K_1'}{K_1} = -\frac{1}{2}[H_0 + H_{20}K_1^2 - M_0 H_{02}(K_1^2 + 2K_2^2) + M_{11}(K_1^2 - 2K_2^2)] \quad (4-6-21)$$

$$\psi_1' = \frac{-1}{2\varphi_1'}[M_{20}(K_1^2 + 2K_2^2) - M_0 M_{02} K_1^2 - M_0 H_{11}(K_1^2 - 2K_2^2)] \quad (4-6-22)$$

应用类似的方法可得

$$\frac{K_2'}{K_2} = -\frac{1}{2}[H_0 + H_{20}K_2^2 - M_0 H_{02}(K_2^2 + 2K_1^2) + M_{11}(K_2^2 - 2K_1^2)] \quad (4-6-23)$$

$$\psi_2' = \frac{1}{2\varphi_1'}[M_{20}(K_2^2 + 2K_1^2) - M_0 M_{02} K_2^2 - M_0 H_{11}(K_2^2 - 2K_1^2)] \quad (4-6-24)$$

于是得阻尼因子的表达式为

$$\lambda_1 = -\frac{1}{2}[H_0 + H_{20}K_1^2 - M_0 H_{02}(K_1^2 + 2K_2^2) + M_{11}(K_1^2 - 2K_2^2)] \quad (4-6-25)$$

$$\lambda_2 = -\frac{1}{2}[H_0 + H_{20}K_2^2 - M_0 H_{02}(K_2^2 + 2K_1^2) + M_{11}(K_2^2 - 2K_1^2)] \quad (4-6-26)$$

频率的表达式为

$$\omega_1 = \sqrt{-M_0} - \frac{1}{2\sqrt{-M_0}}[M_{20}(K_1^2 + 2K_2^2) - M_0 M_{02} K_1^2 - M_0 H_{11}(K_1^2 - 2K_2^2)] \quad (4-6-27)$$

$$\omega_2 = -\sqrt{-M_0} + \frac{1}{2\sqrt{-M_0}}[M_{20}(K_2^2 + 2K_1^2) - M_0 M_{02} K_2^2 - M_0 H_{11}(K_2^2 - 2K_1^2)] \quad (4-6-28)$$

这样就求出了非旋转弹箭在一般非线性空气动力矩作用下角运动方程的近似解析解。

4.6.2 动态稳定性分析

令

$$A = -H_0^{-1}(H_{20} + M_{11} - M_0 H_{02}) \quad (4-6-29)$$

$$B = -2H_0^{-1}(M_{11} + M_0 H_{02}) \quad (4-6-30)$$

将上面两式代入式（4-6-25）和式（4-6-26），则阻尼因子可写成

$$\lambda_1 = -\frac{1}{2}(1 + AK_1^2 + BK_2^2)H_0 \qquad (4-6-31)$$

$$\lambda_2 = -\frac{1}{2}(1 + BK_1^2 + AK_2^2)H_0 \qquad (4-6-32)$$

对应的振幅平面方程为

$$\frac{dK_1^2}{ds} = -K_1^2(1 + AK_1^2 + BK_2^2)H_0 \qquad (4-6-33)$$

$$\frac{dK_2^2}{ds} = -K_2^2(1 + BK_1^2 + AK_2^2)H_0 \qquad (4-6-34)$$

由上面振幅平面方程，求出 4 个奇点为：

（1）原点（0，0）；

（2）零阻尼曲线 $\lambda_1 = 0$ 与 K_1^2 轴（$K_2^2 = 0$）的交点，即 $(-1/A, 0)$；

（3）零阻尼曲线 $\lambda_2 = 0$ 与 K_2^2 轴（$K_1^2 = 0$）的交点，即 $(0, -1/A)$；

（4）两条零阻尼曲线的交点，位于第一象限的角平分线上，即 $[-1/(A+B), -1/(A+B)]$。

下面分别讨论这 4 个奇点的稳定性。

1. 奇点（0，0）

从振幅平面方程（4-4-33）和方程（4-4-34）看出，决定振幅变化的参数有 H_0，A 和 B，下面先讨论 $H_0 > 0$ 的情况。

在这种情况下，将方程组（4-6-33）和方程（4-6-34）按方程（1-3-1）写出 P 和 Q 的表达式，再按式（1-3-6）写出雅可比矩阵，可得到在奇点（0，0）处有

$$a = -H_0, \ b = 0, \ c = 0, \ d = -H_0,$$

$$p = (a+d) = -2H_0 < 0, \ q = ad - bc = H_0^2 > 0, \ p^2 - 4q = 0$$

再根据图 1-3-5 奇点类型判别准则知，奇点（0，0）是稳定的结点。

根据振幅平面方程（4-6-33）和方程（4-6-34）的分界线，可确定出该奇点的稳定区域，也就是弹箭相对于理想弹道的动态稳定区域。当初始攻角幅值 K_{10}^2 和 K_{20}^2 位于稳定区域内时，则弹箭的攻角将衰减到零。

下面根据 A 和 B 的不同符号，划出弹箭的动态稳定区域。

当 $H_0 > 0$，$A > 0$，$B > 0$ 时，弹箭的动态稳定区域为整个第一象限，由振幅平面方程看出，在这种情况下，不管初始攻角幅值 K_{10}^2 和 K_{20}^2 多大，弹箭的攻角将衰减到零。

利用微分方程数值计算方法，可从方程（4-6-33）和方程（4-6-34）解出数值函数 $K_1^2 = f_1(s)$，$K_2^2 = f_2(s)$，作出振幅平面上的相轨线。但如果将此二方程线性化，也可以将相轨线积分成解析函数表示。

当 $H_0 > 0$，$AB < 0$ 时，分两种情况：

（1）$-1 < B/A < 0$ 时，稳定区域为分界线所围成的区域，如图 4-6-1 所示。

（2）$-\infty < B/A < -1$ 时，由分界线所围成的动态稳定区域，如图 4-6-2 所示。

当 $H_0 > 0$，$A < 0$，$B < 0$ 时，也分两种情况：

图 4-6-1 $H_0 > 0, -1 < B/A < 0$

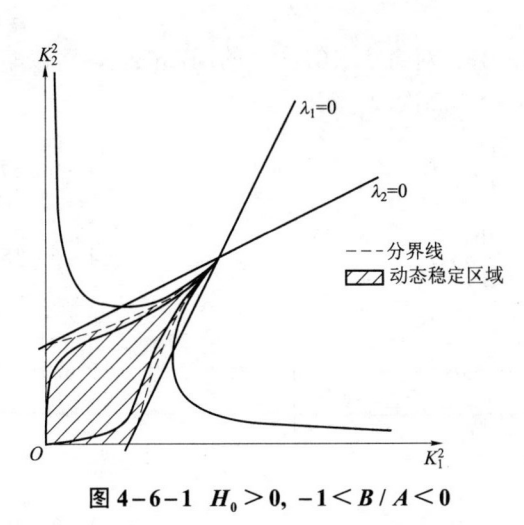

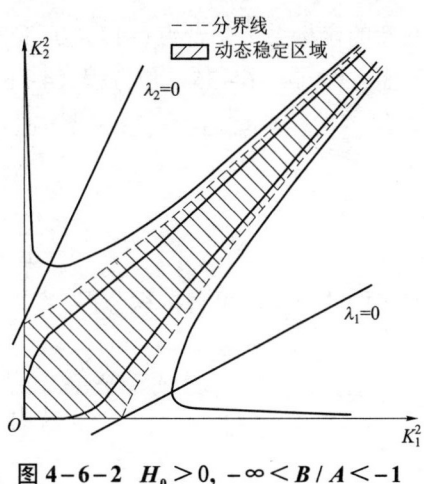

图 4-6-2 $H_0 > 0, -\infty < B/A < -1$

（1）$0 < B/A < 1$ 时，由分界线所围成的动态稳定区域如图 4-6-3 所示。

（2）$1 < B/A < \infty$ 时，由分界线所围成的动态稳定区域如图 4-6-4 所示。

对于 $H_0 < 0$ 的情况，奇点（0，0）是不稳定的，即弹箭相对于理想弹道的运动是动态不稳定的。

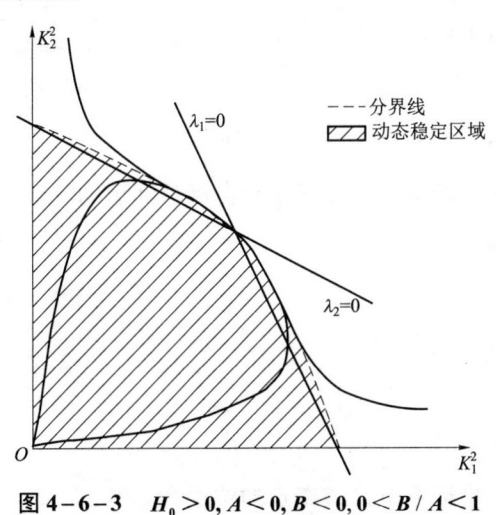

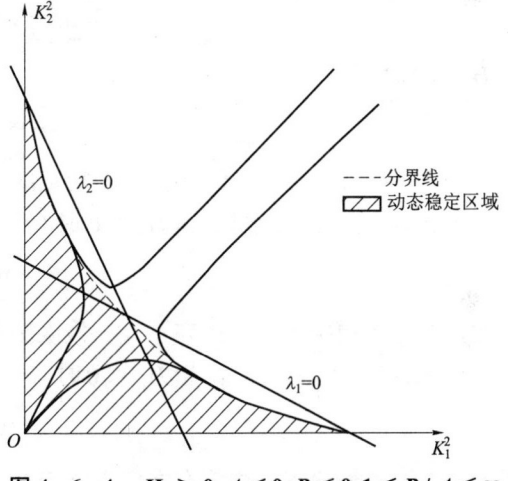

图 4-6-3 $H_0 > 0, A < 0, B < 0, 0 < B/A < 1$

图 4-6-4 $H_0 > 0, A < 0, B < 0, 1 < B/A < \infty$

2. 奇点 $(-1/A, 0)$

如果这个奇点是稳定的，则弹箭存在 $K_1^2 \neq 0$ 的**极限圆运动**，因此这是要着重讨论的一个问题。为了讨论的方便，作变换

$$x = k_1^2 + \frac{1}{A}, \quad y = k_2^2$$

在上面的坐标变换下，振幅平面方程（4-6-33）和方程（4-6-34）变为

$$\frac{dx}{ds} = -\left(-x - \frac{B}{A}y + Ax^2 + Bxy\right)H_0 \quad (4-6-35)$$

$$\frac{dy}{ds} = -\left[\left(1 - \frac{B}{A}\right)y + Ay^2 + Bxy\right]H_0 \quad (4-6-36)$$

在新的坐标系下，奇点$(-1/A, 0)$变为（0，0）。对奇点（0，0）的局部性质，可以略去振幅平面方程（4-6-35）和方程（4-6-36）中的高次项，得

$$\frac{\mathrm{d}x}{\mathrm{d}s} = \left(x + \frac{B}{A}y\right)H_0 \qquad (4-6-37)$$

$$\frac{\mathrm{d}y}{\mathrm{d}s} = -\left(1 - \frac{B}{A}\right)yH_0 \qquad (4-6-38)$$

对上面的方程，可直接积分得

$$x = x_0 e^{H_0 s} - \frac{By_0}{A\left(2 - \frac{B}{A}\right)}\left[e^{-H_0\left(1 - \frac{B}{A}\right)s} - e^{H_0 s}\right] \qquad (4-6-39)$$

$$y = y_0 e^{-H_0\left(1 - \frac{B}{A}\right)s} \qquad (4-6-40)$$

在新坐标系下，要使奇点（0，0）成为稳定的奇点，必须要求

$$\lim_{s\to\infty} x = 0, \quad \lim_{s\to\infty} y = 0$$

从式（4-6-39）和式（4-6-40）看出，如果$B/A<1$，此时，当$H_0>0$时有

$$\lim_{s\to\infty} x = \infty, \quad \lim_{s\to\infty} y = 0$$

当$H_0<0$时有

$$\lim_{s\to\infty} x = \infty, \quad \lim_{s\to\infty} y = \infty$$

因此，$B/A<1$时奇点（0，0）是不稳定的，在这种情况下，弹箭不存在极限圆运动。

如果$B/A>1$，此时，当$H_0>0$时有

$$\lim_{s\to\infty} y = \infty$$

因此，在这种情况下，弹箭亦不存在极限圆运动。

如果$B/A>1$，此时，当$H_0<0$时有

$$\lim_{s\to\infty} y = 0$$

因此，在这种情况下，弹箭存在**极限圆运动**。在原坐标系下，该奇点的位置为

$$k_1^2 = -\frac{1}{A}, \ k_2^2 = 0 \qquad (4-6-41)$$

由此可得

$$A<0$$

这样弹箭存在极限圆运动的条件可归结为

$$H_0<0, \ A<0, \ B/A>1 \qquad (4-6-42)$$

上式亦可写成

$$\begin{cases} H_0<0 \\ H_{20} + M_{11} - M_0 H_{02} > 0 \\ H_{20} + 3M_{11} + M_0 H_{02} < 0 \end{cases} \qquad (4-6-43)$$

在式（4-6-43）中，乘积项$M_0 H_{02}$与其他项相比为小量，若略去此项可得弹箭存在**极限圆运动**的充分条件为

$$\begin{cases} H_0 < 0 \\ -H_{20} < M_{11} < -\dfrac{1}{3}H_{20} \end{cases} \quad (4-6-44)$$

可见，存在**极限圆运动**的基本条件之一是弹箭存在负阻尼，$H_0 < 0$。

3. 奇点 $(0, -1/A)$

对于这个奇点，与奇点 $(-1/A, 0)$ 类似，作变换

$$x = K_1^2,\ y = K_2^2 + \frac{1}{A}$$

在新坐标系下，奇点 $(0, -1/A)$ 变为原点 $(0, 0)$。振幅平面方程（4-6-33）和方程（4-6-34）变为

$$\frac{dx}{ds} = -H_0\left[\left(1 - \frac{B}{A}\right)x + Ax^2 + Bxy\right] \quad (4-6-45)$$

$$\frac{dy}{ds} = -H_0\left(-y - \frac{B}{A}y + Ay^2 + Bxy\right) \quad (4-6-46)$$

略去乘积项得

$$\frac{dx}{ds} = -H_0\left(1 - \frac{B}{A}\right)x \quad (4-6-47)$$

$$\frac{dy}{ds} = -H_0\left(-y - \frac{B}{A}y\right) \quad (4-6-48)$$

积分上面两式得

$$x = x_0 e^{-H_0\left(1 - \frac{B}{A}\right)s} \quad (4-6-49)$$

$$y = y_0 e^{H_0 s} - \frac{Bx_0}{A\left(2 - \dfrac{B}{A}\right)}\left[e^{-H_0\left(1 - \frac{B}{A}\right)s} - e^{H_0 s}\right] \quad (4-6-50)$$

使此奇点成为稳定奇点，即弹箭存在极限圆运动的充分条件与前面的式（4-6-44）相同。

由上面对奇点 $(-1/A, 0)$ 和 $(0, -1/A)$ 的分析，对于 B/A 的不同取值范围，根据振幅平面方程（4-6-33）和方程（4-6-34），作出相轨线分布如图 4-6-5～图 4-6-8 所示。

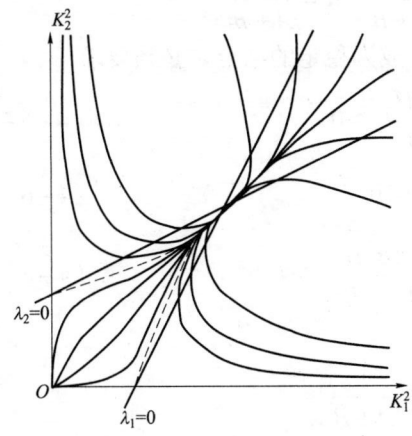

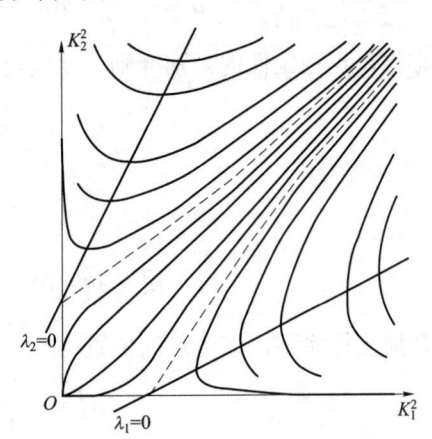

图 4-6-5　$H_0 < 0, -1 < B/A < 0$　　　　图 4-6-6　$H_0 < 0, -\infty < B/A < -1$

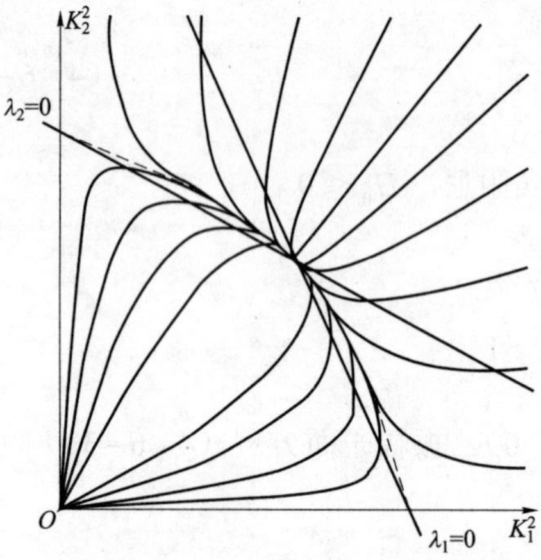

弹箭非线性运动理论

图 4-6-7 $H_0 < 0,\ 0 < B/A < 1$

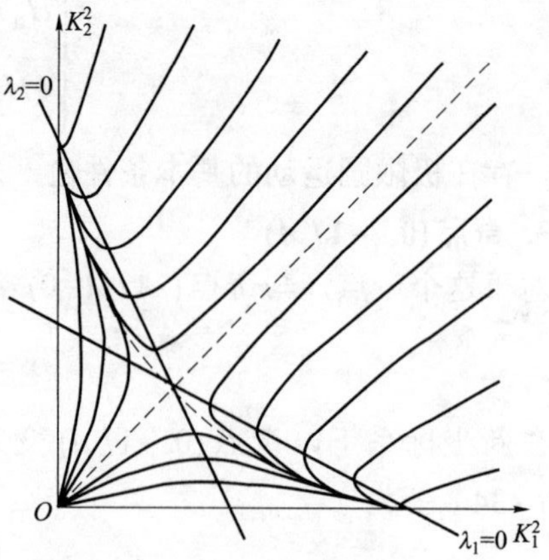

图 4-6-8 $H_0 < 0,\ 1 < B/A < \infty$

4. 奇点 $[-1/(A+B),\ -1/(A+B)]$，二零阻尼曲线的交点

为了讨论的方便，作变换

$$x = K_1^2 + \frac{1}{A+B}, \quad y = K_2^2 + \frac{1}{A+B}$$

在此坐标变换下，原来的奇点 $[-1/(A+B), -1/(A+B)]$ 变为原点（0，0），振幅平面方程
（4-6-33）和方程（4-6-34）变为

$$\frac{\mathrm{d}x}{\mathrm{d}s} = -H_0 \left(-\frac{A}{A+B}x - \frac{B}{A+B}y + Ax^2 + Bxy \right) \qquad (4-6-51)$$

$$\frac{\mathrm{d}y}{\mathrm{d}s} = -H_0 \left(-\frac{B}{A+B}x - \frac{A}{A+B}y + Bxy + Ay^2 \right) \qquad (4-6-52)$$

对于奇点的局部性质，可以略去上面振幅平面方程中的高次项，得

$$\frac{\mathrm{d}x}{\mathrm{d}s} = \frac{AH_0}{A+B}x + \frac{BH_0}{A+B}y \qquad (4-6-53)$$

$$\frac{\mathrm{d}y}{\mathrm{d}s} = \frac{BH_0}{A+B}x + \frac{AH_0}{A+B}y \qquad (4-6-54)$$

$$a = \frac{AH_0}{A+B}, \quad b = \frac{BH_0}{A+B}, \quad c = \frac{BH_0}{A+B}, \quad d = \frac{AH_0}{A+B}$$

根据奇点稳定性的判别准则，要使奇点（0，0）成为稳定的结点，必须要求

$$q = ad - bc = \frac{(A-B)H_0^2}{A+B} > 0 \qquad (4-6-55)$$

$$p = a + d = \frac{AH_0}{A+B} < 0 \qquad (4-6-56)$$

$$p^2 - 4q = (a-d)^2 + 4bc = \frac{4B^2H_0^2}{(A+B)^2} > 0 \qquad (4-6-57)$$

在原坐标系下，该奇点的位置为

$$K_1^2 = -\frac{1}{A+B}, \quad K_2^2 = -\frac{1}{A+B}$$

由此可得

$$A+B<0 \qquad (4-6-58)$$

从不等式(4-6-55)~不等式(4-6-58)可得出使奇点成为稳定结点的充分条件为

$$\begin{cases} A+B<0 & (4-6-59) \\ A-B<0 & (4-6-60) \\ AH_0>0 & (4-6-61) \end{cases}$$

从不等式(4-6-59)和不等式(4-6-60)相加可知 $A<0$,因此从条件式(4-6-61)可见,必须有 $H_0<0$。因此,该奇点为稳定结点的充分条件又可写成

$$\begin{cases} H_0<0, \ A<0 \\ A+B<0, \ A-B<0 \end{cases} \qquad (4-6-62)$$

由式(4-6-29)和式(4-6-30)知,若略去 A 和 B 表达式中的乘积项 M_0H_{02},则有

$$A+B = H_0^{-1}(H_{20}-M_{11})<0, \quad A-B = H_0^{-1}(H_{20}+3M_{11})<0$$

由此得

$$H_{20}-M_{11}>H_0, \quad H_{20}+3M_{11}>H_0$$

(1) 如果将上面第二式写成

$$H_{20}-M_{11}+4M_{11}>H_0$$

并取 H_0-M_{11} 的最小值 $H_{20}-M_{11}=H_0$,为了满足上面这个条件,必须 $M_{11}>0$。故奇点为稳定结点的充分条件可简化成

$$\begin{cases} H_0<0, \ M_{11}>0 \\ H_{20}-M_{11}>0 \end{cases} \qquad (4-6-63)$$

(2) 又如果将上面第一式写成

$$H_{20}-M_{11} = H_0+3M_{11}-4M_{11}>H_0$$

并取 H_0+3M_{11} 的最小值 $H_{20}+3M_{11}=H_0$,为了满足上面这个条件,必须 $M_{11}<0$。故奇点为稳定结点的充分条件还可简化成

$$\begin{cases} H_0<0, \ M_{11}<0 \\ H_{20}+3M_{11}>0 \end{cases} \qquad (4-6-64)$$

弹箭在该奇点上有 $K_1^2 = K_2^2$,这就意味着若奇点为稳定的结点,则弹箭存在**极限平面运动**。就是说,如果弹箭在弹体参数和气动参数满足上面的式(4-6-63)或式(4-6-64),则弹箭存在极限平面运动。

对于该奇点,上面只讨论了存在稳定结点的条件,是否还存在稳定焦点呢?结论是不存在稳定焦点,因为使奇点成为稳定焦点的条件之一就是

$$p^2-4q = (a+d)^2-4(ad-bc)<0$$

而由式(4-6-57)知,该条件是不成立的,所以该奇点不会成为稳定的焦点。

由以上对 4 个奇点的分析看出,如果非旋转弹箭在一般空气动力矩作用下存在极限圆运动,则极限圆运动的幅值 δ_c 为

$$\delta_c = \sqrt{-A^{-1}} = \sqrt{\frac{-H_0}{H_{20}+M_{11}-M_0H_{02}}} \approx \sqrt{\frac{-H_0}{H_{20}+M_{11}}} \qquad (4-6-65)$$

弹箭非线性运动理论

如果存在极限平面运动，则极限平面运动的幅值 δ_{p} 为

$$\delta_{\mathrm{p}} = 2\sqrt{-(A+B)^{-1}} = 2\sqrt{\frac{-H_0}{H_{20} - M_{11} - 3M_0 H_{02}}} \approx 2\sqrt{\frac{-H_0}{H_{20} - M_{11}}} \qquad (4-6-66)$$

从式（4-6-65）和式（4-6-66）看出，如果弹体参数和气动参数确定后，非旋转弹箭做极限圆运动或极限平面运动的幅值亦被确定了。

根据表 4-6-1 的数据，曾计算了非旋转弹箭在一般空气动力矩作用下的极限圆运动，计算结果列在表 4-6-2 中。

表 4-6-1　气动参数

	a	b	c	d
$10^5 M_0$	−5.0	−5.0	−0.6	−0.6
$10^3 H_0$	−2.0	−2.0	−2.0	−2.0
H_{20}	0.4	0.2	0.4	0.2
M_{11}	−0.2	−0.1	−0.2	−0.1
H_{02}	0	2 000	0	17 000

表 4-6-2　计算结果（rad）

	a	b	c	d
δ_{1c}	0.034 649 2	0.052 266 0	− 0.100 052 4	0.059 694 3
δ_{2c}	− 0.093 806 0	− 0.085 254 9	− 0.004 494 0	− 0.079 609 9
δ_{c}	0.100 000 7	0.100 000 7	0.100 153 3	0.099 504 5

表 4-6-1 中所列的数据有 a、b、c、d 四种情况，相应的非旋转弹箭的 M_0, H_0, H_{20}, M_{11}, H_{02} 诸参数均满足存在极限圆运动的充分条件式（4-6-43），从理论上分析，这四种情况都应该存在极限圆运动，计算结果也表明，这四种情况确实存在极限圆运动。图 4-6-9~图 4-6-12 所示为形成极限圆运动的过程。

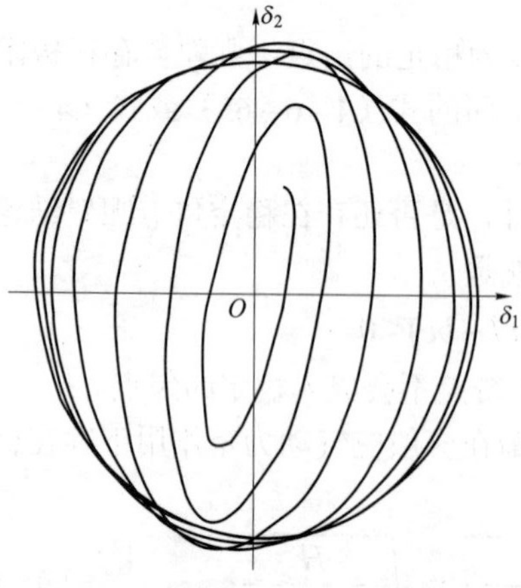

图 4-6-9　非旋转弹箭的极限圆运动（a）

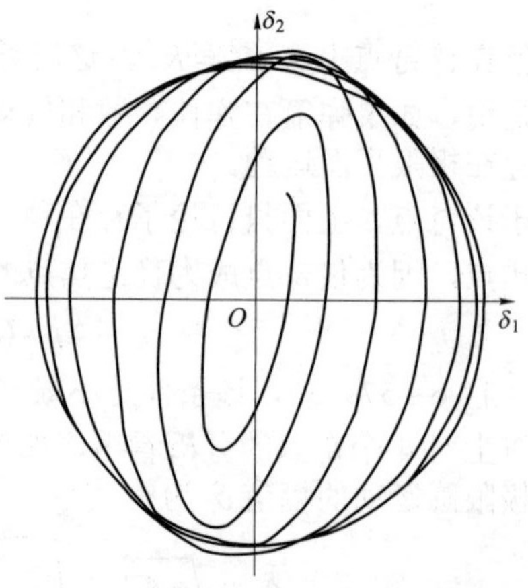

图 4-6-10　非旋转弹箭的极限圆运动（b）

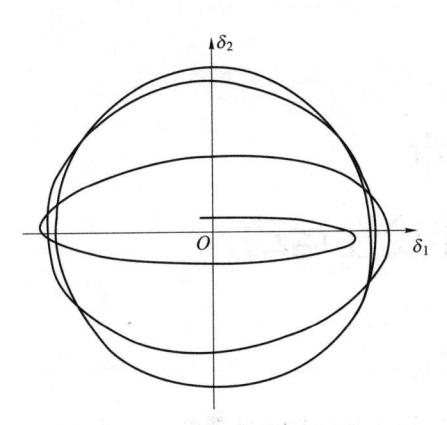

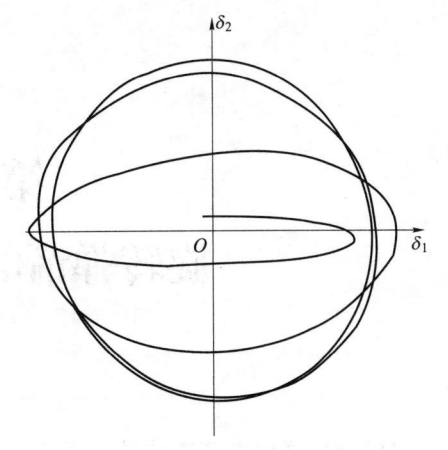

图 4–6–11　非旋转弹箭的极限圆运动（c）　　图 4–6–12　非旋转弹箭的极限圆运动（d）

对于表 4–6–1 所取的四种情况的数据，算出参数 A 的值是相同的，其值为

$$A = -100$$

按照圆运动幅值的计算式（4–6–65）可算得四种情况的极限圆运动的幅值为

$$\delta_c = \sqrt{K_1^2} = \sqrt{K_2^2} = \sqrt{-1/A} = 0.1 \,(\text{rad})$$

这与表 4–6–2 给出的实际计算结果是相符的。

关于在一般空气动力矩作用下的**极限平面运动**，同样可做类似上面的分析，这里就不讨论了。（表 4–6–1 中的参数 $M_{11} < 0$，但又不满足 $H_{20} + 3M_{11} > 0$，故不存在极限平面运动）

第 5 章
旋转弹箭的非线性运动

本章讲的旋转弹包括高速旋转静不稳定弹和低速旋转静稳定尾翼弹。由于弹箭绕自身轴线旋转，作用在其上的气动力和气动力矩与非旋转弹相比增加了极阻尼力矩、导转力矩、马氏力矩和马氏力。马氏力对弹箭角运动影响较小，一般忽略不计，但马氏力矩对弹箭运动稳定性有重大影响，故在本章专辟一节进行讨论。此外还导出三种特殊形式非线性静力矩作用下旋转弹角运动的精确解，并将精确解与拟线性解进行了比较以检验拟线性方法的精确程度，这种精确解还构成了第 6 章摄动法的基础。本章还研究了旋转弹的极限圆运动以及非线性强迫运动，介绍了谐波响应、跳跃不稳定和次谐波响应大振幅运动不稳定的概念。最后还给出了弹箭非线性运动稳定条件，可供分析弹箭飞行稳定性之用。

5.1   正弦静力矩并考虑几何非线性时弹箭的非线性运动

本节准备用分析力学的方法研究弹箭仅在正弦静力矩作用下的非线性运动。在这种分析中对几何非线性不做任何简化，在数学推导中将尽可能联系到它的物理意义，并讲述非线性运动的几何描述以及与线性运动的比较，使读者对非线性运动的理解更为深刻。

在 2.3 节里已讲述，有些弹箭的静力矩曲线在攻角的一定范围 $(\delta < \delta_t)$ 内接近于正弦变化，故可用正弦函数来表示静力矩，实际上三次方静力矩是正弦静力矩级数展开只取到三次为止。正弦静力矩表达式为

$$M_z = \frac{\rho V^2}{2} Slm_{z0} \sin \delta = AV^2 k_{z0} \sin \delta \qquad (5-1-1)$$

$$k_{z0} = \frac{\rho Sl}{2A} m_{z0} \qquad (5-1-2)$$

在一段弹道上应用系数冻结法，则速度 V、转速 $\dot\gamma$ 和弹道倾角 θ、马赫数等可视为常数。

5.1.1   坐标系和运动方程的建立

本节采用图 5-1-1 所示的坐标系。图中 x_T 为速度轴，y_T 与 x_T 垂直并在铅直面内，Oxy_Az_A 的 x 轴为弹轴，xOx_T 为攻角平面，$\angle xOx_T = \delta$，为攻角，而 Oy_A 轴在攻角面内，Oz_A 轴与攻角面垂直。在本节里也称此坐标系为弹轴坐标系，并以 δ 表示总攻角。弹体坐标系 Oxy_Bz_B 相对于攻角面以 $\dot\gamma_2$ 角速度旋转，攻角面与铅直面的夹角为进动角 ν。广义坐标 δ, ν, γ_2 的变化规律就决定了弹箭角运动的规律。角速度向量 $\dot\delta, \dot\nu, \dot\gamma_2$ 的正向如图 5-1-1 所示。

由于静力矩是由攻角面内的气动力产生的,故当攻角面绕速度线转动时,这些力的作用点的位移向量与力向量垂直,所以攻角面内的力在进行运动中不做功而只在章动运动中做功,此功即静力矩之功。如定义 $\delta=0$ 时弹箭的位能为零,则攻角为 δ 时弹箭的位能等于攻角从 δ 变到零时静力矩之功,即位能为

$$E = AV^2 k_{z0} \int_\delta^0 \sin\delta \mathrm{d}\delta = AV^2 k_{z0}(\cos\delta - 1) \quad (5-1-3)$$

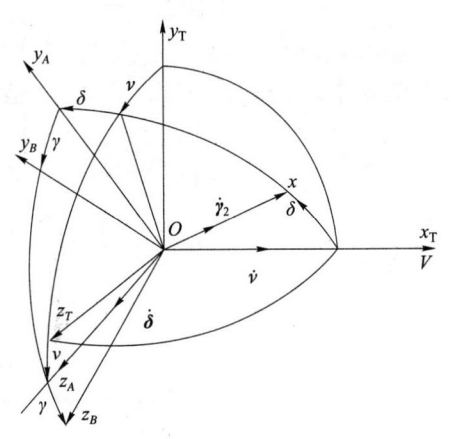

为了计算弹箭的角运动动能,必须计算出弹箭总角速度 $\boldsymbol{\omega}_B = \dot{\boldsymbol{\delta}} + \dot{\boldsymbol{\nu}} + \dot{\boldsymbol{\gamma}}_2$ 以及动量矩 $\boldsymbol{K} = A\boldsymbol{\omega}_B + C\dot{\boldsymbol{\gamma}}$ 在弹轴坐标系三轴上的分量。由图 5-1-1 可见:

图 5-1-1 坐标系

y_A 轴上 $\qquad \omega_{y_A} = -\dot{\nu}\sin\delta, \quad K_{y_A} = -A\dot{\nu}\sin\delta \qquad (5-1-4)$

z_A 轴上 $\qquad \omega_{z_A} = \dot{\delta}, \quad K_{z_A} = A\dot{\delta} \qquad (5-1-5)$

x 轴上 $\qquad \omega_{x_A} = \dot{\gamma} = \dot{\gamma}_2 + \dot{\nu}\cos\delta; \quad K_{x_A} = C\dot{\gamma} \qquad (5-1-6)$

由此得到动能 T 和拉格朗日函数 $L = T - E$。

$$L = \frac{1}{2}\left[A(\dot{\delta}^2 + \dot{\nu}^2 \sin^2\delta) + C(\dot{\gamma}_2 + \dot{\nu}\cos\delta)^2\right] - AV^2 k_{z0}(\cos\delta - 1) \quad (5-1-7)$$

因 L 中不含 γ_2 和 ν,只含 $\dot{\gamma}_2$ 和 $\dot{\nu}$,故 γ_2 和 ν 为循环坐标,由对循环坐标 γ_2 和 ν 的循环积分可得到沿弹轴方向和沿速度方向的动量矩守恒方程。

$$\frac{\partial L}{\partial \dot{\gamma}_2} = C(\dot{\gamma}_2 + \dot{\nu}\cos\delta) = C\dot{\gamma} = C(\dot{\gamma}_{20} + \dot{\nu}_0\cos\delta_0) = C\dot{\gamma}_0 = \text{const} \quad (5-1-8)$$

$$\frac{\partial L}{\partial \dot{\nu}} = A\dot{\nu}\sin^2\delta + C\dot{\gamma}\cos\delta = A\dot{\nu}_0\sin^2\delta_0 + C\dot{\gamma}_0\cos\delta_0 = \overline{C}_2 = \text{const} \quad (5-1-9)$$

式中,带下标"0"的量为 $t=0$ 时刻的数值;$\overline{C}_2$ 为动量矩沿速度方向的分量见图 4-2-3 的解释,现在只是多了轴向动量矩 $C\dot{\gamma}$ 在速度方向上的分量。由于静力矩向量 $\boldsymbol{M}_z$ 始终垂直于攻角平面,它在弹轴和速度方向上的投影为零,故有此二方向上的动量矩守恒方程,并且可以看出弹箭的轴向滚转速度 $\dot{\gamma}$ 是常数。此外由于不考虑阻尼,能量无损失,系统是保守的,故有能量守恒方程

$$T + E = \frac{1}{2}\left[A(\dot{\delta}^2 + \dot{\nu}^2\sin^2\delta) + C(\dot{\gamma}_2 + \dot{\nu}\cos\delta)^2\right] + Ak_{z0}V^2(\cos\delta - 1)$$

$$= \frac{1}{2}\left[A(\dot{\delta}_0^2 + \dot{\nu}_0^2\sin^2\delta_0) + C(\dot{\gamma}_{20} + \dot{\nu}_0\cos\delta_0)^2\right] + Ak_{z0}V^2(\cos\delta_0 - 1) \quad (5-1-10)$$

$$= \overline{C}_1 = \text{const}$$

应指出,对于确定的弹箭,能量 $\overline{C}_1$ 和动量矩分量 $\overline{C}_2$ 完全取决于初始条件 $\delta_0, \dot{\nu}_0, \dot{\delta}_0$,它们将参与决定非线性运动的性态。

方程 (5-1-9) 和方程 (5-1-10) 可写成如下形式:

$$\dot{\delta}^2 + \dot{\nu}^2\sin^2\delta + \frac{C}{A}\dot{\gamma}^2 + 2V^2 k_{z0}(\cos\delta - 1) = C_1 \quad (5-1-11)$$

弹箭非线性运动理论

$$\dot{v}\sin^2\delta = C_2 - PV\cos\delta \tag{5-1-12}$$

上两式中，$C_1 = 2\bar{C}_1 / A$，代表 2 倍能量；$C_2 = \bar{C}_2 / A$，代表动量矩沿速度方向的分量；$P = C\dot{\gamma} / (AV)$。

将方程（5-1-11）乘 $\sin^2\delta$，再减去式（5-1-12）的平方，并令 $u = \cos\delta$，得

$$(\dot{u})^2 = 2k_{z0}V^2(h-u)(1-u^2) - P^2V^2(u_4-u)^2 \tag{5-1-13}$$

式中

$$h = \frac{C_1 - \dfrac{C}{A}\dot{\gamma}^2 + 2k_{z0}V^2}{2k_{z0}V^2} \tag{5-1-14}$$

$$u_4 = \frac{C_2}{PV} \tag{5-1-15}$$

5.1.2 运动方程的求解

下面分 $k_{z0} > 0$ 和 $k_{z0} < 0$ 两种情况讨论。

1. $k_{z0} > 0$ 对应于静不稳定弹

方程（5-1-13）可写成如下形式：

$$(\dot{u})^2 = 2k_{z0}V^2 f(u) \tag{5-1-16}$$

$$f(u) = (h-u)(1-u^2) - 2s_g(u_4-u)^2 \tag{5-1-17}$$

式中，$s_g = P^2 / (4k_{z0})$ 为线性陀螺稳定因子。

函数 $f(u)$ 本身是定义在整个实轴上的连续函数，并且

$$f(-\infty) = -\infty ; \quad f(-1) = -2s_g(u_4+1)^2 < 0 \tag{5-1-18}$$

$$f(+\infty) = \infty ; \quad f(1) = -2s_g(u_4-1)^2 < 0 \tag{5-1-19}$$

但因讨论的只是能以正弦函数表示静力矩的攻角范围，即 $0 \leq \delta \leq \delta_t$，故实际上 u 的范围是 $1 \geq u \geq u_t (u_t = \cos\delta_t)$。因为对于实际运动必有 $(\dot{u})^2 \geq 0$，故只有当 $f(u)$ 在 $(u_t, 1)$ 内某个区间上为正时弹箭才可能出现有实际意义的运动。函数 $f(u)$ 是三次的，它有三个根，当 $f(u)$ 各项系数满足一定条件时，或对于给定的弹箭当初始条件满足一定条件时，$f(u)$ 在 $(u_t, 1)$ 内可有两个相邻的实根 u_1 和 u_2（设 $u_1 < u_2$），并且在 (u_1, u_2) 区间上 $f(u) > 0$。又由于 $f'(u)$ 为二次函数，最多只有两个零点，故 $f(u)$ 最多只有两个极值点，这样，函数 $f(u)$ 的图形就只能如图 5-1-2（a）所示，并且此时必有 $u_3 > 1$。

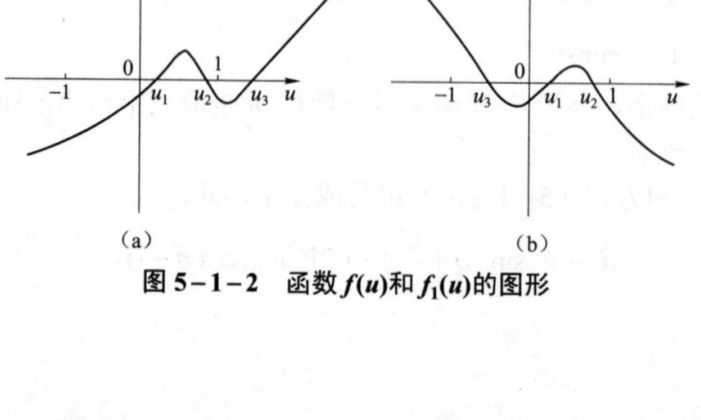

图 5-1-2 函数 $f(u)$ 和 $f_1(u)$ 的图形

u_1 和 u_2 显然是函数 $u(t)$ 的两个极值点，此时如果初始条件 $u_0 = \cos\delta_0$ 也处在 u_1 和 u_2 之间，则弹轴的实际运动就被限制在与 u_1 和 u_2 相应的攻角极大值 δ_m 和极小值 δ_n 之间运动（$u_1 = \cos\delta_m, u_2 = \cos\delta_n$）。设以弹箭质心为球心作单位球面，则弹轴就只能在由 δ_m 和 δ_n 确定的两个平行圆 B_1 和 B_2 之间运动，如图 5-1-3 所示。δ_m 和 δ_n 也取决于初始条件。

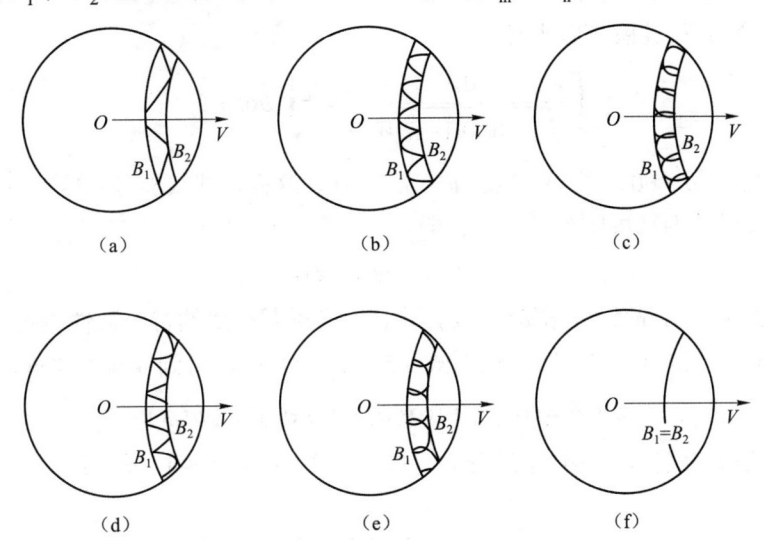

图 5-1-3 弹轴运动在单位球面上画出的图形

这时方程（5-1-15）可写成如下形式：

$$(\dot{u})^2 = 2k_{z0}f(u) \quad (5-1-20)$$

$$f(u) = (u-u_1)(u-u_2)(u-u_3)$$

将上面的 $f(u)$ 式展开并与式（5-1-17）比较 u 的同次幂的系数，得到下面三个关系式：

$$u_3 = h + 2s_g - u_1 - u_2 \quad (5-1-21)$$

$$u_1u_2 + u_2u_3 + u_3u_1 = \frac{4s_g C_2}{PV} - 1$$
$$= P\frac{\dot{v}_0 \sin^2\delta_0 + PV\cos\delta_0}{k_{z0}V} - 1 \quad (5-1-22)$$

$$u_1u_2u_3 = \frac{2s_g C_2^2}{(PV)^2} - h$$
$$= \frac{1}{2k_{z0}V^2}[(\dot{v}_0 \sin^2\delta_0 + PV\cos\delta_0)^2 - (\dot{\delta}_0 + \dot{v}_0^2\sin^2\delta_0 + 2k_{z0}V^2\cos\delta_0)] \quad (5-1-23)$$

为了求解方程（5-1-20），作变换

$$u = u_1 + (u_2 - u_1)W^2 \quad (5-1-24)$$

因为 $1 > u_2 > u > u_1 = \cos\delta_t$，故新变量的范围是 $-1 \leqslant W \leqslant 1$，将此变换代入方程（5-1-20）中得

$$\left(\frac{dW}{dt}\right)^2 = (1-W^2)(1-\tilde{k}^2 W^2)\tilde{\omega}^2 \quad (5-1-25)$$

式中

$$\tilde{\omega}^2 = \frac{k_{z0}V^2(u_3-u_1)}{2} = \frac{k_{z0}V^2}{2}(h+2s_g-2\cos\delta_m-\cos\delta_n) \qquad (5-1-26)$$

$$\tilde{k}^2 = \frac{u_2-u_1}{u_3-u_1} = \frac{k_{z0}V^2}{2\tilde{\omega}^2}(\cos\delta_n-\cos\delta_m) \qquad (5-1-27)$$

将方程（5-1-25）写成积分形式得

$$\int\frac{dW}{\sqrt{(1-W^2)(1-\tilde{k}^2W^2)}} = \pm\int\tilde{\omega}dt+C_0 \qquad (5-1-28)$$

因为在 $u_3>1$ 时 $u_3-u_1>0$，故 $\tilde{\omega}^2>0$，$1>\tilde{k}^2>0$。这样，式（5-1-28）的左边即第一类椭圆积分，其反函数为雅可比椭圆正弦，即

$$W = \pm\mathrm{sn}(\tilde{\omega}t,\tilde{k}) \qquad (5-1-29)$$

此式已设 $t=0$ 时 $W=0$，故积分常数 $c_0=0$，并且用了椭圆函数的奇函数性质将"$\pm$"从 $\tilde{\omega}t$ 前移至函数符号前。将式（5-1-29）代入式（5-1-24）中，得到攻角变化规律为

$$\cos\delta = \cos\delta_m+(\cos\delta_n-\cos\delta_m)\mathrm{sn}^2(\tilde{\omega}t,\tilde{k}) \qquad (5-1-30)$$

如不严格保留几何非线性，在 δ_m 不过分大时取近似关系 $\cos\delta\approx1-\delta^2/2$，则式（5-1-30）可简化为

$$\delta^2 = \delta_m^2-(\delta_m^2-\delta_n^2)\mathrm{sn}^2(\tilde{\omega}t,\tilde{k}) \qquad (5-1-31)$$

2. $k_{z0}<0$

方程（5-1-13）可写成如下形式：

$$(\dot{u})^2 = -2k_{z0}V^2f_1(u)$$

$$f_1(u) = (-h+u)(1-u^2)+2s_g(u_4-u)^2 \qquad (5-1-32)$$

这里 $s_g = P^2/(4k_{z0})<0$

并且

$$f(-\infty) = \infty, \quad f(-1) = 2s_g(u_4+1)^2<0 \qquad (5-1-33)$$

$$f(\infty) = -\infty, \quad f(1) = 2s_g(u_4-1)^2<0 \qquad (5-1-34)$$

同理，当初始条件使得 $f_1(u)$ 在 $(u_t,1)$ 内有二实根 u_1 和 u_2，并且在 (u_1,u_2) 内 $f_1(u)>0$ 时，$f_1(u)$ 的图形就只能如图5-1-2（b）所示，这时必有 $u_3<-1$。如果初始条件 $u_0=\cos\delta_0$ 也在 (u_1,u_2) 区间内，则弹箭将被限制在与 u_1 和 u_2 对应的攻角极大值 δ_m 和极小值 δ_n 之间运动。此时函数 $f_1(u)$ 可改写成如下形式：

$$f_1(u) = (u-u_1)(u_2-u)(u-u_3) \qquad (5-1-35)$$

对于方程（5-1-35）作变换

$$u = u_2+(u_1-u_2)W^2 \qquad (5-1-36)$$

同样，$|W|\leqslant1$，将此变换代入式（5-1-35）后，得

$$\left(\frac{dW}{dt}\right)^2 = (1-W^2)(1-k^2W^2)\omega^2 \qquad (5-1-37)$$

式中

$$\omega^2 = -\frac{k_{z0}V^2}{2}(u_2 - u_3) = -\frac{k_{z0}V^2}{2}(2\cos\delta_n + \cos\delta_m - h - 2s_g) \quad (5-1-38)$$

$$k^2 = \frac{u_2 - u_1}{u_2 - u_3} = \frac{-k_{z0}V^2}{2\omega^2}(\cos\delta_n - \cos\delta_m) \quad (5-1-39)$$

由于 $u_3 < u_2$，故有 $\omega^2 > 0, 1 > k^2 > 0$。同样，将方程（5-1-37）积分后将得到第一类椭圆积分及其反函数。最后将 W 代入式（5-1-36）中即得到攻角变化规律及其近似表达式

$$\cos\delta = \cos\delta_n + (\cos\delta_m - \cos\delta_n)\operatorname{sn}^2(\omega t, k) \quad (5-1-40)$$

$$\delta^2 = \delta_n^2 + (\delta_m^2 - \delta_n^2)\operatorname{sn}^2(\omega t, k) \quad (5-1-41)$$

由上面的讨论知，无论是 $k_{z0} > 0$ 还是 $k_z < 0$，只有在方程（5-1-13）右边在 $(u_i, 1)$ 区间上有二实根 u_1 和 u_2，并且初始条件 $u_0 = \cos\delta_0$ 落在区间 (u_1, u_2) 内时才能形成稳定的周期运动。而这取决于方程右边各项的系数，因而与初始条件有关。故仅从线性陀螺稳定因子 s_g 是否满足 $1/s_g < 1$ 是判断不了非线性运动稳定性的。

5.1.3 弹轴运动的几何描述

下面以 $k_{z0} > 0$ 为例分析弹轴在单位球面上圆 B_1 和 B_2 之间运动所绘出的曲线 L_c 的特点。在图 5-1-4 中取 Ox_T 轴为极轴，$y_T Oz_T$ 为赤道面，则进动角 ν 可以看作攻角面的经度，而 $\beta = 90° - \delta$ 可以看作纬度，弹轴的位置由 δ, ν 完全确定。

由方程（5-1-12）并利用式（5-1-15）可得到 ν 角变化的方程

$$\frac{d\nu}{dt} = \frac{C\dot{\gamma}}{A}\left(\frac{u_4 - \cos\delta}{\sin^2\delta}\right) = PV\frac{u_4 - u}{1 - u^2} \quad (5-1-42)$$

再利用方程（5-1-16）就得到 L_c 曲线的球坐标 δ, ν 所满足的微分方程

$$\frac{d\nu}{du} = \frac{P(u_4 - u)}{(1 - u^2)\sqrt{2k_{z0}f(u)}} \quad (5-1-43)$$

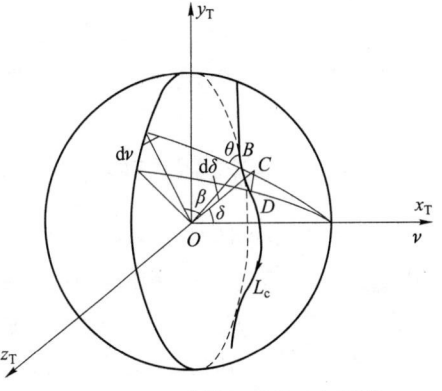

图 5-1-4 弹轴运动的几何描述

令 θ_1 为曲线 L_c 在 (ν, δ) 处与攻角平面上大圆弧（即经线）间的夹角，由图 5-1-4 可见

$$\tan\theta_1 = \frac{CD}{BC} = \frac{d\nu\cos\beta}{-d\delta} = \frac{d\nu\sin\delta}{-d\delta} = \frac{d\nu\sin^2\delta}{-d\delta\sin\delta} = \frac{d\nu(1-u^2)}{du}$$

$$= \frac{P(u_4 - u)}{\sqrt{2k_{z0}(u - u_1)(u - u_2)(u - u_3)}} \quad (5-1-44)$$

如果 $u_4 = u_2$，则在 L_c 曲线上 $u = u_2 = \cos\delta_n$ 处 $\tan\theta_1 = 0, \theta_1 = 0$，这表示 L_c 曲线在此处平行于经线，从而在 B_2 圆上形成一个尖点；而在 $u = u_1 = \cos\delta_m$ 处 $\tan\theta_1 = \infty, \theta_1 = 90°$，这表示 L_c 曲线在此点与 B_1 圆相切。这样的 L_c 曲线称为回转点曲线，如图 5-1-3（b）所示。

如果 u_4 在 (u_1, u_2) 之外，则 $(u_4 - u)$ 永不为零，但当 $u = u_1, u = u_2$ 时仍有 $\theta_1 = 90°$，L_c 曲线将分别与圆 B_1 和 B_2 相切，于是形成向一个方向前进的波浪曲线，如图 5-1-3（a）所示。

如果 u_4 在 u_1 和 u_2 之间，则 L_c 曲线除了在 $u=u_1$，$u=u_2$ 处与圆 B_1 和 B_2 相切外，在 $u=u_4$ 处也有 $\theta_1=0$，L_c 曲线将在此点平行于经线，过了此点后就改变了对速度线的绕向，而形成有套状的曲线，称为结点曲线，如图 5-1-3（c）所示。而由 $u=u_4$ 可得曲线换向处的攻角为 $\delta=\cos^{-1}[C_2/(PV)]$，它也取决于初始扰动。

但 u_4 决不会等于 u_1，这可证明如下。因为由式（5-1-18）和式（5-1-19）可得到如下等式：

$$\frac{f(1)}{f(-1)}=\frac{(1-u_4)^2}{(1+u_4)^2}=\frac{(u_3-1)(1-u_2)(1-u_3)}{(u_3+1)(1+u_2)(1+u_1)} \qquad (5-1-45)$$

如果 $u_4=u_1$，则可从上式中消去因子 $(1-u_1)/(1+u_1)$，又因为 $u_3>1$，故 $0<(u_3-1)/(u_3+1)<1$，于是得

$$\frac{1-u_1}{1+u_1}<\frac{1-u_2}{1+u_2} \quad 或 \quad \frac{2}{1+u_1}<\frac{2}{1+u_2} \qquad (5-1-46)$$

满足上式的条件是 $u_2<u_1$，这恰与已知条件 $u_2>u_1$ 相反，故绝不可能有 $u_4=u_1$。也即曲线 L_c 只可能与圆 B_1 相切，而不可能在 B_1 圆上留下尖点。$k_{z0}<0$ 时的回转点曲线和结点曲线如图 5-1-3（d）和（e）所示。

在攻角表达式（5-1-31）和式（5-1-40）中，椭圆正弦函数的周期是 $4K$（K 是第一类完全椭圆积分），而当 $\omega t=0,K,2K,3K,4K,\cdots$ 时，椭圆正弦值依次取 0，1，0，-1，0，$\cdots$，相应地 δ^2 依次取 δ_m^2，δ_n^2，δ_m^2，δ_n^2，$\cdots$，所以曲线 L_c 在圆 B_1 和 B_2 上交替形成切点或尖点的周期恰为 K。

5.1.4 正弦静力矩作用下的圆运动和广义平面运动

无论 $k_{z0}>0$ 还是 $k_{z0}<0$，当 $u_1=u_2$，也即函数 $f(u)$ 或 $f_1(u)$ 有重根时，它们的曲线与横轴相切于 $u_1=u_2=u_c$ 处，相应地有 $\delta_m=\delta_n=\delta_c$，当初始条件也有 $\cos\delta_0=\cos\delta_c$ 时弹箭将绕速度线做圆锥进动，或简称为圆运动，如图 5-1-3（f）所示。

此外当 $\delta_n=0$ 时，弹轴在运动中将经常与速度线重合，攻角变化规律及其近似表达式为

$$\left.\begin{aligned}\cos\delta&=\cos\delta_m\,cn^2(\tilde{\omega}t,\tilde{k})+sn^2(\tilde{\omega}t,\tilde{k})\\ \delta&=\delta_m\,cn(\tilde{\omega}t,\tilde{k})\end{aligned}\right\}k_{z0}>0 \qquad \begin{aligned}(5-1-47)\\ (5-1-48)\end{aligned}$$

$$\left.\begin{aligned}\cos\delta&=\cos\delta_m\,cn^2(\omega t,k)+cn^2(\omega t,k)\\ \delta&=\delta_m\,sn(\omega t,k)\end{aligned}\right\}k_{z0}<0 \qquad \begin{aligned}(5-1-49)\\ (5-1-50)\end{aligned}$$

为使 $\delta_n=0$，$f(u)$ 或 $f_1(u)$ 应在 $u=1$ 处有一个零根。由式（5-1-19）和式（5-1-34）知，这时必有 $u_4=1$ 或

$$C_2=PV \quad 或 \quad \dot{v}\sin^2\delta+PV\cos\delta=PV \qquad (5-1-51)$$

因此，这时攻角平面进动角速度为

$$\dot{v}=\frac{PV}{2}\sec^2\left(\frac{\delta}{2}\right) \qquad (5-1-52)$$

如果略去几何非线性，取 $\sec^2(\delta/2)\approx1$，则得 $\dot{v}=PV/2$。这与第 2 章所讲的弹箭在线性静

力矩作用下在初始条件为 $\dot{\delta}_0 \neq 0, \delta_0 = 0$ 时的运动是相似的，即弹轴在攻角面内周期摆动而攻角面以 $\dot{\nu}' = P/2$ 角速度匀速转动，这种运动称为广义平面运动。显然，在非线性情况下，当初始条件为 $\delta_0 = 0$ 时，条件（5-1-51）必然成立，略去几何非线性后弹箭将做广义平面运动。

在以 $P/2$ 角速度转动的坐标系内，可把旋转弹的运动看作平面摆动，这一特性将在下一节里被用来简化旋转弹的角运动方程。

必须指出，旋转弹是不可能做真平面运动的，因为在 $P \neq 0$ 的条件下无论 δ 为何值 $\dot{\nu}$ 也不等于零。

顺便指出，只要令 $P=0$，以上的各式也可用于非旋转弹。与上述不同，对于 $k_{z0}<0$ 的非旋转弹（$P=0$）则可出现 $\dot{\nu} \equiv 0$ 的真平面运动，这可从式（5-1-52）看出，也可从式（5-1-51）中 $C_2=0$ 来理解，因为 $C_2=0$ 即表示弹箭动量矩在速度线上的投影等于零，或即动量矩矢恒与攻角面垂直，故弹箭只能做平面摆动。此外，由式（5-1-44）也可见，因为 $P=0$，使右端分子 $P(u_4-u)=C_2/V-Pu \equiv 0$，故 $\theta_1 = 0$，弹轴将只能在一个平面内摆动。由式（5-1-51）知，这只有在 $\dot{\nu}_0=0$ 或 $\delta_0=0$ 时才会发生，也即对应于初始扰动 Δ_0 和 Δ'_0 在同一平面内的情况。反之，当 $\dot{\nu}_0$ 和 δ_0 同时不为零时，从式（5-1-12）知 C_2 就不可能等于零，θ 也绝不等于零，故不会出现回转点曲线和结点曲线形式的运动，而只可能产生与圆 B_1 和 B_2 交替相切的曲线 L_c。只不过对于非旋转弹 $s_g=0$，C_1 也较小，使角运动频率 ω 较小而 k 较大，于是周期 $4K$ 较大，所以非旋转弹的 L_c 曲线将如图 5-1-5 所示。该图为 L_c 曲线在垂直于速度线的平面上的投影。

至于 $k_{z0}>0$ 的非旋转弹，则是不可能形成稳定周期运动的，这是因为 $k_z>0$ 时，由式（5-1-22）和式（5-1-23）可得

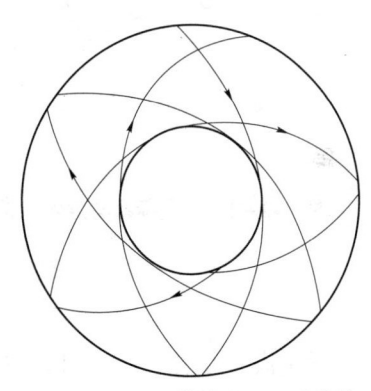

图 5-1-5 非旋转弹的运动曲线

$$u_1 u_2 + u_2 u_3 + u_3 u_1 = -1 < 0$$

$$u_1 u_2 u_3 = \frac{-\dot{\delta}_0^2 - \dot{\nu}_0^2 \sin^2 \delta_0 \cos^2 \delta_0 - 2k_{z0}V^2 \cos \delta_0}{2k_{z0}V^2} < 0$$

此二式与 $k_{z0}>0$ 时形成周期运动的条件 $u_1>0, u_2>0, u_3>1$ 是不相容的。

本节求解的方法和分析方法很容易用到受三次方静力矩作用的弹箭上去，得到三次方静力矩作用下运动方程的精确解，并在此基础上形成弹箭非线性运动分析的摄动法。

5.2 三次方静力矩作用下旋转弹角运动方程的精确解

5.2.1 运动方程的变换

仅在三次方静力矩作用下，略去几何非线性后弹箭的角运动方程为

$$\Delta'' - iP\Delta' - (M_0 + M_2\delta^2)\Delta = 0 \tag{5-2-1}$$

式中

$$\Delta = \delta_1 + i\delta_2 = \delta e^{iv} \qquad (5-2-2)$$

$$M_j = k_{zj} = \frac{\rho Sl}{2A} m_{zj} \quad (j = 0, 2) \qquad (5-2-3)$$

对于非旋转弹 $P=0$，方程（5-2-1）就变成如下形式：

$$\Delta'' - (M_0 + M_2\delta^2)\Delta = 0 \qquad (5-2-4)$$

这种形式的方程已在 4.2 节中求得了精确解，为了利用以前的结果，也为了将旋转弹和非旋转弹统一地进行研究，作如下变换，以消去方程（5-2-1）中的陀螺力矩项。

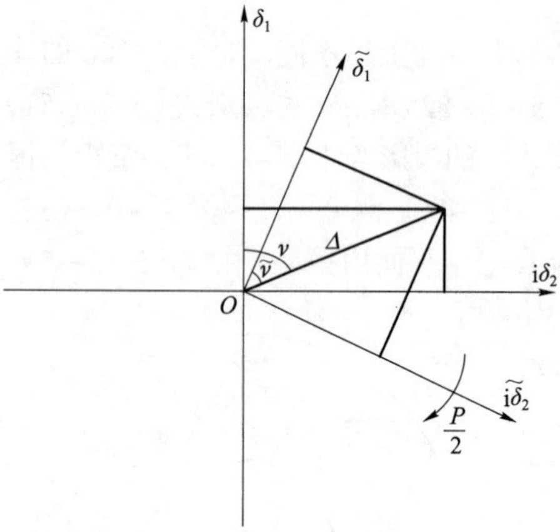

作一动坐标 $O\tilde{\delta}_1\tilde{\delta}_2$，令 $\tilde{\delta}_2$ 为虚轴，它以角速度 $P/2$ 相对于坐标系 $O\delta_1\delta_2$ 转动（图5-1-1），则同一复攻角在动坐标系内的表达式为

$$\begin{aligned}
\tilde{\Delta} &= \delta e^{i\tilde{v}} = \tilde{\delta}_1 + i\tilde{\delta}_2 \\
&= [\delta_1 \cos(v-\tilde{v}) + \delta_2 \sin(v-\tilde{v})] + \\
&\quad i[-\delta_1 \sin(v-\tilde{v}) + \delta_2 \cos(v-\tilde{v})]
\end{aligned}$$

图 5-2-1 动坐标系与定坐标系

或

$$\Delta = \tilde{\Delta} e^{i\frac{P}{2}s} \qquad (5-2-5)$$

并且

$$v = \tilde{v} + \frac{P}{2}s, \quad \delta^2 = \Delta\bar{\Delta} = \tilde{\Delta}\bar{\tilde{\Delta}} \qquad (5-2-6)$$

将此变换代入方程（5-2-1）中，得到如下方程：

$$\tilde{\Delta}'' - (\hat{M}_0 + M_2\delta^2)\tilde{\Delta} = 0 \qquad (5-2-7)$$

式中

$$\hat{M}_0 = M_0 - \frac{P^2}{4} \qquad (5-2-8)$$

此方程与非旋转弹的运动方程（5-2-4）在数学本质上没有什么区别，方程（5-2-4）中的 $(M_0 + M_2\delta^2)\Delta$ 代表静力矩，与此相似，可将方程（5-2-7）中的 $(\hat{M}_0 + M_2\delta^2)\tilde{\Delta}$ 称为折算静力矩，而且可类似地定义 $\hat{M}_0 + M_2\delta^2 < 0$ 时折算静力矩是稳定的，当 $\hat{M}_0 + M_2\delta^2 > 0$ 时是不稳定的。因此，变换式（5-2-5）将定坐标系内旋转弹的运动变成在旋转坐标系里具有折算静力矩 $(\hat{M}_0 + M_2\delta^2)\tilde{\Delta}$ 的非旋转弹的运动。旋转的影响已包含在 $\hat{M}_0$ 中，显然，对于线性静力矩情况 $M_2 = 0$，则当 $\hat{M}_0 = M_0 - P^2/4 < 0$ 时即得到 $P^2 - 4M > 0$ 或 $1/s_g < 1$，即弹箭是线性陀螺稳定的；反之如 $\hat{M}_0 > 0$，则弹箭是线性陀螺不稳定的。

在攻角较小时，折算静力矩中 $\hat{M}_0$ 起主要作用；攻角较大时，$M_2\delta^2$ 起主要作用。这样，可根据 $\hat{M}_0$ 和 M_2 的代数符号的不同组合，将折算静力矩的稳定性分成如下四种类型：

a 型：$\hat{M}_0 < 0, M_2 < 0$，即小攻角线性陀螺稳定，大攻角更稳定；

b 型：$\hat{M}_0 < 0, M_2 > 0$，即小攻角线性陀螺稳定，大攻角不稳定；

c 型：$\hat{M}_0 > 0, M_2 < 0$，即小攻角线性陀螺不稳定，大攻角稳定；

d 型：$\hat{M}_0 > 0, M_2 > 0$，即小攻角线性陀螺不稳定，大攻角也不稳定。

这四种类型的折算静力矩曲线如图 5-2-2 所示。

5.2.2 能量方程和动量矩分量方程

为了求出角运动能量方程和动量矩分量方程，先写出角运动方程（5-2-7）的共轭方程

$$\overline{\tilde{\Delta}}'' - (\hat{M}_0 + M_2\delta^2)\overline{\tilde{\Delta}} = 0 \quad (5-2-9)$$

将方程（5-2-7）乘以 $\overline{\tilde{\Delta}}'$ 与方程（5-2-9）乘以 $\tilde{\Delta}'$，相加，得

$$\tilde{\Delta}''\overline{\tilde{\Delta}}' + \overline{\tilde{\Delta}}''\tilde{\Delta}' - (\hat{M}_0 + M_2\delta^2)(\tilde{\Delta}\overline{\tilde{\Delta}}' + \overline{\tilde{\Delta}}\tilde{\Delta}') = \frac{dC_1}{ds} = 0$$

于是得到角运动方程的第一个首次积分

$$C_1 = \tilde{\Delta}'\overline{\tilde{\Delta}}' - \left(\hat{M}_0\delta^2 + \frac{M_2}{2}\delta^4\right) = \text{const} \quad (5-2-10)$$

将方程（5-2-7）乘以 $\overline{\tilde{\Delta}}$ 与方程（5-2-9）乘以 $\tilde{\Delta}$ 相减，得

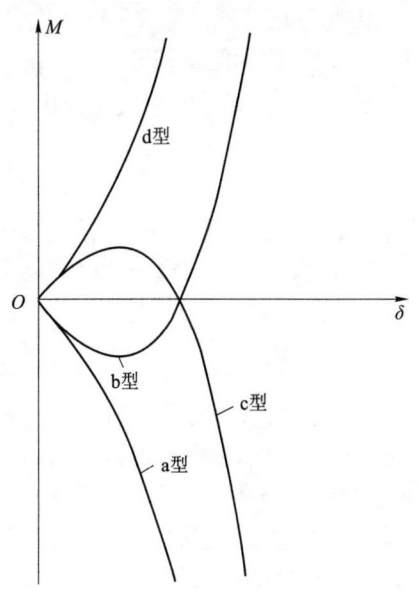

图 5-2-2　四种类型的折算静力矩曲线

$$\tilde{\Delta}''\overline{\tilde{\Delta}} - \overline{\tilde{\Delta}}''\tilde{\Delta} = i\frac{dC_2}{ds} = 0 \quad (5-2-11)$$

于是得到方程（5-2-7）的第二个首次积分

$$i(\overline{\tilde{\Delta}}'\tilde{\Delta} - \tilde{\Delta}'\overline{\tilde{\Delta}}) = C_2 = \text{const} \quad (5-2-12)$$

C_1 代表弹箭在旋转坐标系里角运动能量的 2 倍，它与能量相比只是少乘了一个因子 AV^2，其中动能表示为

$$\frac{1}{2}\tilde{\Delta}'\overline{\tilde{\Delta}}' \quad (5-2-13)$$

位能表示为

$$-\frac{1}{2}\left(\hat{M}_0\delta^2 + \frac{M_2}{2}\delta^4\right) \quad (5-2-14)$$

式（5-2-10）是能量守恒定律在角运动中的表现，角运动中机械能之所以守恒是因为未考虑阻尼力矩等耗散性力矩，能量无损失，而静力矩又为保守力矩。由于静力矩在弹轴进动中并不做功而只在章动中做功，故攻角为 δ 时弹箭的位能为

$$\tilde{E} = \int_\delta^0 AV^2(\hat{M}_0 + M_2\delta^2)\delta d\delta = -\frac{AV^2}{2}\left(\hat{M}_0\delta^2 + \frac{M^2}{2}\delta^4\right) \quad (5-2-15)$$

所以式（5-2-14）代表 2 倍位能，又因为弹箭的横向角速度为

$$\boldsymbol{\Omega} = \dot{\tilde{\boldsymbol{\delta}}}_1 + \dot{\tilde{\boldsymbol{\delta}}}_2 \quad (5-2-16)$$

并且 $\dot{\tilde{\boldsymbol{\delta}}}_1$ 和 $\dot{\tilde{\boldsymbol{\delta}}}_2$ 互相垂直，故角运动动能为

$$\tilde{T} = \frac{1}{2}A(\boldsymbol{\Omega})^2 = \frac{A}{2}(\dot{\tilde{\delta}}_1^2 + \dot{\tilde{\delta}}_2^2) = \frac{AV^2}{2}[(\tilde{\delta}_1')^2 + (\tilde{\delta}_2')^2] \quad (5-2-17)$$

而式（5-2-13）用角速度分量写出为

$$\tilde{\Delta}'\overline{\tilde{\Delta}}' = (\tilde{\delta}_1' + i\tilde{\delta}_2')(\tilde{\delta}_1' - i\tilde{\delta}_2') = (\tilde{\delta}_1')^2 + (\tilde{\delta}_2')^2 \quad (5-2-18)$$

由此可见，式（5-2-13）代表 2 倍位能，这样 C_1 就表示 2 倍总能量，而首次积分式（5-2-10）称为能量积分。

如利用 $\tilde{\Delta} = \delta \mathrm{e}^{\mathrm{i}\nu}$ 的形式计算出 $\tilde{\Delta}'\overline{\tilde{\Delta}}'$，则得

$$\tilde{T} = \frac{AV^2}{2}[(\delta')^2 + (\delta\tilde{\nu}')^2] \qquad (5-2-19)$$

式中，$(\delta')^2/2$ 代表弹轴在攻角平面内章动的动能；$(\delta\tilde{\nu}')^2/2$ 代表弹轴随攻角面进动的动能。

C_2 代表动量矩向量在速度方向上的分量的 2 倍。为了说明这点，也将攻角以极坐标表示并代入式（5-2-12）中得

$$C_2 = 2\delta^2\tilde{\nu}' \qquad (5-2-20)$$

因为弹轴在攻角面内章动的动量矩矢垂直于攻角面，故在速度线上无分量。而由于攻角面以 $\tilde{\nu}'$ 进动产生的弹轴摆动角速度为 $\delta\tilde{\nu}'$，动量矩 $A\delta\tilde{\nu}'$ 在攻角面内与弹轴垂直，故在速度线上有分量 $A\delta\tilde{\nu}'\sin\delta \approx A\delta^2\tilde{\nu}'$。故式（5-2-20）表示动量矩在速度方向分量的 2 倍。沿速度方向的动量矩分量 C_2 之所以守恒，是因为静力矩向量始终垂直于速度线。此外，如果作出以 δ 和 ν 表示的拉格朗日函数

$$\tilde{L} = \tilde{T} - \tilde{E} = \frac{A}{2}\left[\dot{\delta}^2 + (\delta\dot{\tilde{\nu}})^2 + M_0\delta^2 + \frac{M_2}{2}\delta^4\right] \qquad (5-2-21)$$

显然可以看出 $\tilde{\nu}$ 是循环坐标，故有循环积分

$$\frac{\partial L}{\partial \tilde{\nu}'} = AV^2\delta^2\tilde{\nu}' \qquad (5-2-22)$$

这里循环积分的含义就是上面所说的沿速度线的动量矩守恒，所以第二个首次积分也称为动量矩积分。

值得提出的是，C_1 和 C_2 是在旋转坐标系里将旋转弹作为非旋转弹时计算出的结果，它是否代表真正的角运动能量和动量矩分量呢？为此重新计算旋转弹在固定坐标系里的能量和动量矩分量，这时不要忘了加上弹箭的自转动能 $(C\dot{\gamma}^2)/2 = [AV^2(A/C)P^2]/2$，和轴向动量矩在速度线上的投影

$$C\dot{\gamma}\cos\delta \approx C\dot{\gamma}\left(1 - \frac{\delta^2}{2}\right) = AVP\left(1 - \frac{\delta^2}{2}\right) \qquad (5-2-23)$$

并注意到绝对进动角速度为 $\nu' = \tilde{\nu}' + P/2$，再通过与上相同的分析计算步骤，可得到固定坐标系内的能量 $(AV^2C_{10})/2$ 和动量矩沿速度线的分量 $(AVC_{20})/2$

$$\frac{1}{2}AVC_{20} = AV\left[\delta^2\nu' + P\left(1 - \frac{\delta^2}{2}\right)\right] \qquad (5-2-24)$$

$$= \frac{1}{2}AVC_2 + AVP = \mathrm{const}$$

$$\frac{1}{2}AV^2C_{10} = \frac{1}{2}AV^2\left[(\delta')^2 + (\delta\tilde{\nu}')^2 - M_0\delta^2 - \frac{M_2}{2}\delta^4\right] + \frac{1}{2}C\dot{\gamma}^2$$

$$= \frac{1}{2}AV^2C_1 + \frac{AV^2}{4}PC_2 + \frac{AV^2}{2}\frac{A}{C}P^2 = \mathrm{const} \qquad (5-2-25)$$

以上两式表明，只有当 $P=0$ 时才有 $C_1=C_{10}$, $C_2=C_{20}$，也即只有对非旋转弹，C_1 和 C 才代表真实的能量和动量矩分量，但因 P, C, V 都是常数，故 $C_1=\text{const}$, $C_2=\text{const}$ 这两个方程仍然是正确的，故在本章中将 C_1 称为准能量，C_2 称为准动量矩分量。

能量方程和动量矩方程以极坐标写出的形式如下：

$$C_1 = (\delta')^2 + (\delta \tilde{v}')^2 - \left(\hat{M}_0 \delta^2 + \frac{M_2}{2}\delta^4\right)$$
$$= (\delta_0')^2 + (\delta_0 \tilde{v}_0')^2 - \left(\hat{M}_0 \delta_0^2 + \frac{M_2}{2}\delta_0^4\right) \quad (5-2-26)$$

$$C_2 = 2\delta^2 \tilde{v}' = 2\delta_0^2 \tilde{v}_0' \quad (5-2-27)$$

可见 C_1 和 C_2 取决于初始条件 $\delta_0', \delta_0, \tilde{v}_0' = v_0' - P/2$。

5.2.3 攻角方程的精确解

由式（5-2-27）解出 $\tilde{v}'$ 代入式（5-2-26）中，得到攻角幅值方程

$$\left(\frac{\mathrm{d}\delta^2}{\mathrm{d}s}\right)^2 = -C_2^2 + 4C_1\delta^2 + 4\hat{M}_0\delta^4 + 2M_2\delta^6 \quad (5-2-28)$$

1. $M_2 > 0$

方程（5-2-28）可写成如下形式：

$$\left.\begin{aligned}\left(\frac{\mathrm{d}u}{\mathrm{d}s}\right)^2 &= 2M_2 g(u) \\ g(u) &= u^3 + \frac{2\hat{M}_0}{M_2}u^2 + \frac{2C_1}{M_2}u - \frac{C_2^2}{2M_2}\end{aligned}\right\} \quad (5-2-29)$$

式中，$u = \delta^2$。函数 $g(u)$ 本身是定义在整个实轴上的连续函数，并且

$$g(-\infty) = -\infty, \quad g(0) = -\frac{C_2^2}{2M_2} < 0, \quad g(\infty) = \infty$$

但因对于实际运动 $\delta^2 \geq 0, (u')^2 \geq 0$，故实际运动对应于 $u \geq 0, g(u) \geq 0$。即实际运动对应的 u 必在正半轴上，并且 $g(u) \geq 0$。函数 $g(u)$ 是 u 的三次函数，当其各项系数满足一定条件，或对于给定的弹箭当初始条件满足一定条件时，$g(u)$ 有这样的三个实根 $u_2 > u_1 > 0$ 和 u_3，而 u_3 不在 (u_1, u_2) 内；并且在区间 (u_1, u_2) 内 $g(u) > 0$。这时方程（5-2-29）就可写成以下形式：

$$\left.\begin{aligned}(u')^2 &= 2M_2 g(u) \\ g(u) &= (u-u_1)(u-u_2)(u-u_3)\end{aligned}\right\} \quad (5-2-30)$$

当 u 在 (u_1, u_2) 区间内时，$u - u_1 > 0, u - u_2 < 0$，为使此区间内 $g(u) > 0$，必须使 $u_3 > u_2$。此外，函数 $g(u)$ 的导数 $g'(u)$ 为二次函数，最多只有两个零点，故 $g(u)$ 最多只有两个极值点，这样，函数 $g(u)$ 的图线就只能如图 5-2-3 所示。

在区间 (u_1, u_2) 的端点上 $(u')^2 = g(u_1) = g(u_2) = 0$，故它必是 $u(s) = \delta^2(s)$ 的两个极值点，对应于 δ^2 的极小值 δ_n^2 和极大值 δ_m^2，如果初始条件 $u_0 = \cos\delta_0$ 也在此区间内，则弹轴将在 δ_m 和 δ_n 之间摆动，从而实现稳定的周期运动。

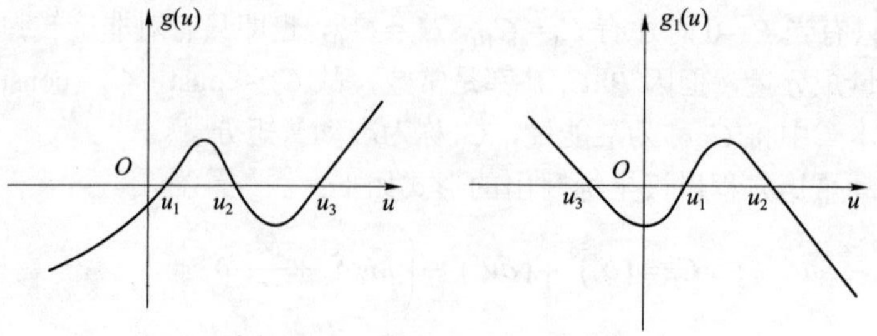

弹箭非线性运动理论

图 5-2-3 函数 $g(u)$ 和 $g_1(u)$ 的图形

将式（5-2-30）中的 $g(u)$ 展开并与式（5-2-29）中的 $g(u)$ 比较同次幂的系数，可得到根与系数间的三个关系式：

$$-M_2(u_1 + u_2 + u_3) = 2\hat{M}_0 \tag{5-2-31}$$

$$2M_2(u_1 u_2 + u_2 u_3 + u_3 u_1) = 4C_1 \tag{5-2-32}$$

$$-2M_2(u_1 u_2 u_3) = -C_2^2 \tag{5-2-33}$$

由此得

$$u_3 = -u_1 - u_2 - \frac{2\hat{M}_0}{M_2} \tag{5-2-34}$$

而由 $u_3 > u_2$ 的要求得到产生稳定周期运动的必要条件为

$$\hat{M}_0 + \frac{M_2}{2}(\delta_n^2 + 2\delta_m^2) < 0 \tag{5-2-35}$$

由此式可见，线性陀螺不稳定的弹箭 $(\hat{M} > 0)$ 不可能满足此式，故不能形成稳定的周期运动，只有线性陀螺稳定的弹箭 $(\hat{M}_0 < 0)$ 才有可能产生稳定的周期运动。当式（5-2-35）被满足时可作变换

$$u = u_1 + (u_2 - u_1)W^2 \tag{5-2-36}$$

在 (u_1, u_2) 区间内新变量的范围是 $|W| \leqslant 1$，将此变换式代入方程（5-2-30）中得

$$\left(\frac{\mathrm{d}W}{\mathrm{d}s}\right)^2 = (1 - W^2)\left(1 - \frac{u_2 - u_1}{u_3 - u_1}W^2\right)\frac{M_2}{2}(u_3 - u_1) \tag{5-2-37}$$

令

$$\tilde{\omega}^2 = \frac{M_2}{2}(u_3 - u_1) = -\hat{M}_0 - \frac{M_2}{2}(\delta_m^2 + 2\delta_n^2) \tag{5-2-38}$$

$$\tilde{k}^2 = \frac{u_2 - u_1}{u_3 - u_1} = \frac{M_2}{2\tilde{\omega}^2}(\delta_m^2 - \delta_n^2) \tag{5-2-39}$$

因已知 $u_3 > u_2$，故有 $\tilde{\omega}^2 > 0$，$1 > \tilde{k}^2 > 0$，于是方程（5-2-36）可写成第一类椭圆积分的形式

$$\int \frac{\mathrm{d}W}{\sqrt{(1 - W^2)(1 - \tilde{k}^2 W^2)}} = \pm \int \tilde{\omega}\mathrm{d}s = \pm \tilde{\omega}s \tag{5-2-40}$$

此积分的反函数为雅可比椭圆正弦，它是个奇函数，于是得

$$W = \pm \mathrm{sn}(\tilde{\omega}s, \tilde{k})$$

将 W 代入式（5-2-36）中就得到攻角变化规律

$$\delta^2 = \delta_n^2 + (\delta_m^2 - \delta_n^2)\mathrm{sn}^2(\tilde{\omega}s, \tilde{k}) \tag{5-2-41}$$

式中，δ_m 和 δ_n 取决于初始条件 $\delta_0, \delta_0', \tilde{v}_0'$，它们与能量 C_1、动量矩分量 C_2 的关系很容易求得。因为 δ_m^2 和 δ_n^2 是 $u=\delta^2$ 的两个极值点，故从式（5-2-28）得

$$-C_2^2 + 4C_1\delta_m^2 + 4\hat{M}_0\delta_m^4 + 2M_2\delta_m^6 = 0 \tag{5-2-42}$$

$$-C_2^2 + 4C_1\delta_n^2 + 4\hat{M}_0\delta_n^4 + 2M_2\delta_n^6 = 0 \tag{5-2-43}$$

由此二式即可求出

$$C_1 = -\hat{M}_0(\delta_m^2 + \delta_n^2) - \frac{M_2(\delta_m^4 + \delta_m^2\delta_n^2 + \delta_n^4)}{2} \tag{5-2-44}$$

$$C_2^2 = -4\hat{M}_0\delta_m^2\delta_n^2 - 2M_2\delta_m^2\delta_n^2(\delta_m^2 + \delta_n^2) \tag{5-2-45}$$

显然，对于有实际意义的运动，动量矩分量 C_2 的平方应大于零。由 $C_2^2 > 0$ 可得

$$\hat{M}_0 + \frac{M_2}{2}(\delta_m^2 + \delta_n^2) < 0 \tag{5-2-46}$$

而当 $M_2 > 0$ 时，只要满足式（5-2-35）也必然满足此式。

2. $M_2 < 0$

这时方程（5-2-28）可写成如下形式：

$$\left(\frac{\mathrm{d}u}{\mathrm{d}s}\right)^2 = -2M_2 g_1(u) \tag{5-2-47}$$

$$g_1(u) = -u^3 - \frac{2\hat{M}_0}{M_2}u^2 - \frac{2C_1}{M_2} + \frac{C_2^2}{2M_2}$$

函数 $g_1(u)$ 本身也是在整个实轴上的连续函数，并且

$$g_1(-\infty) = \infty, \quad g(0) = \frac{C_2^2}{2M_2} < 0, \quad g(\infty) = -\infty$$

同理，对于有实际意义的运动，应有 $\delta^2 > 0, (u')^2 > 0$，故实际运动对应的 u 在正半轴上，并且 $g_1(u) \geq 0$。函数 $g_1(u)$ 是三次函数，当其各项系数（进而初始条件）满足一定条件时可有这样的三个根：$u_3, u_2 > u_1 > 0$。其中 u_3 在 (u_1, u_2) 之外，并且在 (u_1, u_2) 内 $g_1(u) > 0$。当初始条件 $u_0 = \delta_0^2$ 也落点在区间 (u_1, u_2) 内时，弹轴将在 (u_1, u_2) 对应的攻角范围 (δ_n, δ_m) 之间做周期运动。这时方程（5-2-4）可写成如下形式：

$$\left.\begin{array}{l}(u')^2 = -2M_2 g_1(u) \\ g_1(u) = (u-u_1)(u_2-u)(u-u_3)\end{array}\right\} \tag{5-2-48}$$

因 u 在 (u_1, u_2) 内时 $(u-u_1) > 0, (u_2-u) > 0$，为使此区间内 $g_1(u)$ 为正，则必要求 $u_3 < u_1$。u_1, u_2, u_3 与系数的关系仍为式（5-2-31）~式（5-2-33），故得 $M_2 < 0$ 时实现稳定周期运动的条件为

$$\hat{M}_0 + \frac{M_2}{2}(\delta_m^2 + 2\delta_n^2) < 0$$

不过此时因 $M_2<0$，式（5-2-46）的条件比这个条件更严格，因此 $M_2<0$ 时弹箭实现稳定周期运动的条件为式（5-2-46），即

$$\hat{M}_0 + \frac{M_2}{2}(\delta_m^2 + \delta_n^2) < 0$$

显然，线性陀螺稳定 $(\hat{M}_0<0)$ 的弹箭必满足此式，故此时它不起限制作用，弹箭可做任何振幅的周期运动。此式只对线性陀螺不稳定的弹箭起限制作用。当满足此式后，作变换

$$u = u_2 - (u_2 - u_1)W^2 \qquad (5-2-49)$$

在 (u_1, u_2) 内 $|W| \leqslant 1$，将此变换代入式（5-2-48）中积分，并利用椭圆正弦的定义，得

$$W = \pm \mathrm{sn}(\omega s, k) \qquad (5-2-50)$$

式中

$$\omega^2 = \frac{-M_2}{2}(u_2 - u_3) = -\hat{M}_0 - \frac{M_2}{2}(\delta_n^2 + 2\delta_m^2) \qquad (5-2-51)$$

$$k^2 = \frac{u_2 - u_1}{u_2 - u_3} = \frac{-M_2}{2\omega^2}(\delta_m^2 - \delta_n^2) \qquad (5-2-52)$$

当满足 $u_2 > u_3$ 时，$\omega^2 > 1, 1 > k^2 > 0$。将式（5-2-50）代入式（5-2-49）中，得到攻角变化规律

$$\delta^2 = \delta_m^2 - (\delta_m^2 - \delta_n^2)\mathrm{sn}^2(\omega s, k) \qquad (5-2-53)$$

以上两种情况下弹轴在以质心为中心的单位球面上画出的曲线 L_c 与图 5-1-3 形状相似。

5.2.4　三次方静力矩情况下的圆运动、广义平面运动和极限运动

1. 圆运动

如果 $\delta_m = \delta_n = \delta_c = \delta_0$，弹轴将做圆锥进动，这时弹轴将在常值静力矩 $M = A(\hat{M}_0 + M_2\delta_c^2)\delta_c$ 作用下做正规进动。圆运动稳定的必要条件相应地为

$$M_2 > 0 \text{ 时}, \quad M_2\delta_c^2 < -\frac{2}{3}\hat{M}_0 \qquad (5-2-54)$$

$$M_2 < 0 \text{ 时}, \quad \left| M_2\delta_c^2 \right| > \hat{M}_0 \qquad (5-2-55)$$

2. 广义平面运动

当 $\delta_n = 0$ 时，函数 $g(u)$ 和 $g_1(u)$ 将有一个零根，即 $g(0) = 0$ 或 $g_1(0) = 0$。这种运动只有在

$$C_2 = 0 \quad \text{或} \quad 2\delta_0^2\tilde{v}_0' = 2\delta^2\tilde{v}' = 0 \qquad (5-2-56)$$

时发生；或者只有在 $\delta_0 = 0$ 或（和）$v_0' = P/2$ 时发生。因为 δ 不能恒等于零，故必有 $\tilde{v}' \equiv 0$ 或 $\tilde{v}' \equiv P/2$，即攻角平面将保持以 $P/2$ 角速度转动。前面曾讲过，这种运动称为广义平面运动。广义平面运动的攻角变化规律及稳定的必要条件为

$$M_2 > 0, \ \delta = \delta_m\mathrm{sn}(\widetilde{\omega}s, \tilde{k}), \ M_2\delta_m^2 < -\hat{M}_0 \qquad (5-2-57)$$

$$M_2 < 0, \ \delta = \delta_m\mathrm{cn}(\omega s, k), \left| M_2\delta_m^2 \right| > 2\hat{M}_0 \qquad (5-2-58)$$

3. 极限运动

对于式（5-2-40）的椭圆积分，当 $\tilde{k} = 1$ 时是假椭圆积分，这时弹轴将不做周期运动。

在 $\tilde{k}=1$ 时,式(5-2-40)中的积分变成如下形式:

$$\int \frac{\mathrm{d}W}{\sqrt{(1-W^2)(1-W^2)}} = \int \frac{\mathrm{d}W}{1-W^2}$$

$$= \frac{1}{2}\ln\frac{1-W}{1+W} = \pm\omega s \tag{5-2-59}$$

反过来求得

$$W = \frac{1-\mathrm{e}^{\pm 2\omega s}}{1+\mathrm{e}^{\pm 2\omega s}} = \pm\tanh(2\omega s) \tag{5-2-60}$$

显见当 $s \to \infty$ 时,$W^2 \to 1$。将此关系式代入式(5-2-36)中,当 $s \to \infty$ 时攻角 $\delta \to \delta_\mathrm{m}$ 最后形成 $\delta = \delta_\mathrm{m}$ 的极限圆运动。由 $\tilde{k}=1$ 的条件可得产生极限运动的条件是 $u_3 = u_2$,或

$$\hat{M}_0 + \frac{M_2}{2}(\delta_\mathrm{n}^2 + 2\delta_\mathrm{m}^2) = 0 \tag{5-2-61}$$

此时函数 $g(u)$ 的图线在 $\delta = \delta_\mathrm{m}$ 处与横轴相切。只有线性陀螺稳定的弹箭($\hat{M}_0 < 0$)或线性静稳定非旋转弹($M_0 < 0$)在 $M_2 > 0$ 时才有可能形成这种极限运动。

当 $M_2 < 0$ 时不可能形成极限运动,因这时如果要求 $k=1$,就是要求 $u_1 = u_3$,或

$$\hat{M}_0 + \frac{M_2}{2}(\delta_\mathrm{m}^2 + 2\delta_\mathrm{n}^2) = \hat{M}_0 + \frac{M_2}{2}(\delta_\mathrm{m}^2 + \delta_\mathrm{n}^2) + \frac{M_2}{2}\delta_\mathrm{n}^2 = 0 \tag{5-2-62}$$

对于 $\hat{M} < 0$ 的弹箭,上式不可能出现,而对于 $\hat{M}_0 > 0$ 的弹箭又有运动稳定必要条件[式(5-2-46)]的限制,上式也不能成立,故 $M_2 < 0$ 时不存在极限运动。

5.2.5 非线性运动攻角的拟线性处理

在 2.7 节中已讲过线性运动中的攻角也可以用攻角最大值和最小值表示

$$\delta^2 = \delta_\mathrm{m}^2 - (\delta_\mathrm{m}^2 - \delta_\mathrm{n}^2)\sin^2\left(\frac{\hat{\phi}}{2}\right)$$

$$= \delta_\mathrm{n}^2 + (\delta_\mathrm{m}^2 - \delta_\mathrm{n}^2)\sin^2\left(\frac{\hat{\phi}}{2} + \frac{\pi}{2}\right) \tag{5-2-63}$$

当仅考虑线性静力矩时,

$$\frac{\hat{\phi}}{2} = \frac{\phi_1' - \phi_2'}{2}s = \frac{\sqrt{P^2 - 4M_0}}{2}s = \omega_\mathrm{c} s \tag{5-2-64}$$

$$\omega_\mathrm{c} = \frac{\sqrt{P^2 - 4M_0}}{2} = \frac{\hat{\phi}'}{2} \tag{5-2-65}$$

运动稳定条件为 $P^2 - 4M > 0$。

将式(5-2-63)与式(5-2-41)和式(5-2-53)相比较,可见两种表达式是相似的,只不过线性运动攻角中的三角函数在非线性运动中变成椭圆函数,非线性运动中弹轴在单位球面上画出的曲线也与线性运动的复攻角曲线相似,只是二者的周期不同。故可用一个线性运动近似地描述非线性运动,只需保证二者的周期相等即可。因线性运动的弧长周期或波长为 $s_1 = 2\pi/\omega_\mathrm{c}$,非线性运动的周期为 $s_2 = 4K/\omega(M_2 < 0)$ 或 $s_2 = 4K/\tilde{\omega}(M_2 > 0)$,由 $s_1 = s_2$ 即可得近似线性运动的频率为

弹箭非线性运动理论

$$\left(\frac{\hat{\phi}}{2}\right)' = \omega_c = \frac{\pi\omega}{2K(k)}, \quad M_2 < 0 \qquad (5-2-66)$$

$$\left(\frac{\hat{\phi}}{2}\right)' = \omega_c = \frac{\pi\tilde{\omega}}{2K(\tilde{k})}, \quad M_2 > 0 \qquad (5-2-67)$$

当静力矩非线性部分越小，即 M_2 越小时，这种近似描述越准确。在极限情况下 $M_2 = 0$，即没有非线性时 $k = \tilde{k} = 0$，并由式（5-2-38）和式（5-2-51）可知

$$\omega = \tilde{\omega} = \sqrt{-\hat{M}_0} = \frac{\sqrt{p^2 - 4M_0}}{2} = \omega_c \qquad (5-2-68)$$

并且积分式（5-2-40）和相应于 $M_2 < 0$ 的积分式都变为

$$\int \frac{\mathrm{d}W}{\sqrt{1-W^2}} = \pm \int \omega_c \mathrm{d}s = \pm \omega_c s \qquad (5-2-69)$$

积分后得
$$W = \pm \sin(\omega_c s) \quad \text{即}$$

$$\mathrm{sn}(\omega_c s, 0) = \sin(\omega_c s) \qquad (5-2-70)$$

因而非线性运动的攻角表达式（5-2-41）和式（5-2-53）都变为线性运动情况下的攻角表达式。并且运动稳定条件式（5-2-35）和式（5-2-46）也都变为 $\hat{M}_0 < 0$。也即变为线性运动稳定条件

$$P^2 - 4M > 0$$

显然此时运动的频率和稳定条件都与 δ_m 和 δ_n 无关，也即与初始条件无关。

5.3　准确解与拟线性解的比较

在前面的章节里曾用拟线性平均法求解弹箭非线性角运动方程，得出许多结论，但对拟线性方法的精确程度和可靠性未作过探讨。这个问题在数学理论上是有论述的，本节不打算从数学理论上深究，只打算利用上节对于三次方静力矩情况下的精确解与同一问题的拟线性解进行比较来讨论这个问题。

仅有三次方静力矩作用的弹箭运动方程仍为上节方程，也即

$$\Delta'' - \mathrm{i}P\Delta' - (M_0 + M_2\delta^2)\Delta = 0 \qquad (5-3-1)$$

如果 $M_2 = 0$ 则方程是线性的，其解为二圆运动

$$\Delta = K_1 \mathrm{e}^{\mathrm{i}\phi_1} + K_2 \mathrm{e}^{\mathrm{i}\phi_2} \qquad (5-3-2)$$

式中
$$\phi_j = \phi_{j0} + \phi_j' s = \phi_{j0} + \left[\frac{P}{2} \pm \sqrt{\left(\frac{P}{2}\right)^2 - M}\right] s \quad (j = 1, 2) \qquad (5-3-3)$$

拟线法的目的是要找一个与式（5-3-2）具有相同形式的，非线性角运动方程（5-3-1）的近似解。现在式（5-3-2）中的 K_j 和 ϕ_j' 要作为 s 的函数，将式（5-3-2）微分两次，得到

$$\Delta' = (K_1' + \mathrm{i}\phi_1' K_1)\mathrm{e}^{\mathrm{i}\phi_1} + (K_2' + \mathrm{i}\phi_2' K_2)\mathrm{e}^{\mathrm{i}\phi_2} \qquad (5-3-4)$$

206

$$\Delta'' = [K_1'' - (\phi_1')^2 K_1 + \mathrm{i}(2\phi_1'K_1' + \phi_1''K_1)]\mathrm{e}^{\mathrm{i}\phi_1} + \\ [K_2'' - (\phi_2')^2 K_2 + \mathrm{i}(2\phi_2'K_2' + \phi_2''K_2)]\mathrm{e}^{\mathrm{i}\phi_2} \tag{5-3-5}$$

将 Δ'，Δ''，Δ 代入方程（5-3-1）中，再将方程除以 $K_1\mathrm{e}^{\mathrm{i}\phi_1}$，得

$$(\phi_1')^2 - P\phi_1' + M_0 - \frac{K_1''}{K_1} - \mathrm{i}\left[(2\phi_1' - P)\frac{K_1'}{K_1} + \phi_1''\right] \\ = -\left\{(\phi_2')^2 - P\phi_2' + M_0 - \frac{K_2''}{K_2} - \mathrm{i}\left[(2\phi_2' - P)\frac{K_2'}{K_2} + \phi_2''\right]\right\}\frac{K_2}{K_1}\mathrm{e}^{-\mathrm{i}\hat\phi} - \\ M_2\delta^2\left(1 + \frac{K_2}{K_1}\mathrm{e}^{-\mathrm{i}\hat\phi}\right) \tag{5-3-6}$$

设在 $\hat\phi = \phi_1 - \phi_2$ 变化一周（2π）内 K_j 和 ϕ_j' 变化很小，则可将方程（5-3-6）在 $\hat\phi$ 的一个周期内平均之。其中等式右边第一项的平均值为零，而右边第二项的平均值为

$$\frac{1}{2\pi}\int_0^{2\pi} -M_2\delta^2\left(1 + \frac{K_2}{K_1}\mathrm{e}^{-\mathrm{i}\hat\phi}\right)\mathrm{d}\hat\phi \\ = \frac{-M_2}{2\pi}\int_0^{2\pi}(K_1^2 + K_2^2 + 2K_1K_2\cos\hat\phi)\left(1 + \frac{K_2}{K_1}\cos\hat\phi - \mathrm{i}\frac{K_2}{K_1}\sin\hat\phi\right)\mathrm{d}\hat\phi \tag{5-3-7} \\ = -M_2\left(K_1^2 + K_2^2 + 2K_2^2\frac{1}{2\pi}\int_0^{2\pi}\cos^2\hat\phi\right)\mathrm{d}\hat\phi = -M_2(K_1^2 + 2K_2^2)$$

将式（5-3-7）代入式（5-3-6）中，并与 $(\phi_1')^2$ 相比略去左边实部中的 K_1''，然后将实部和虚部分开，得到如下两个方程：

$$(\phi_1')^2 - P\phi_1' + M_0 + M_2\delta_{\mathrm{e}1}^2 = 0 \tag{5-3-8}$$

$$\frac{K_1'}{K_1} = -\frac{\phi_1''}{2\phi_1' - P} \tag{5-3-9}$$

$$\delta_{\mathrm{e}1}^2 = K_1^2 + 2K_2^2 \tag{5-3-10}$$

将方程（5-3-6）两边同乘 $(K_1/K_2)\mathrm{e}^{\mathrm{i}\hat\phi}$，并将结果在 $\hat\phi$ 的一个周期内平均之，可得到关于另一个模态矢量的类似的关系式

$$(\phi_2')^2 - P\phi_2' + M_0 + M_2\delta_{\mathrm{e}2}^2 = 0 \tag{5-3-11}$$

$$\frac{K_2'}{K_2} = -\frac{\phi_2''}{2\phi_2' - P} \tag{5-3-12}$$

$$\delta_{\mathrm{e}2}^2 = 2K_1^2 + K_2^2 \tag{5-3-13}$$

由式（5-3-9）和式（5-3-12）可见，频率的变化（$\phi_j'' \ne 0$）可引起模态振幅的变化（$K_j' \ne 0$），而模态振幅的变化又通过 $\delta_{\mathrm{e}1}$ 和 $\delta_{\mathrm{e}2}$ 引起频率的变化，因此使频率方程和振幅方程之间产生了耦合。由方程（5-3-8）和方程（5-3-11）可得到频率的表达式

$$\phi_1' = \frac{P}{2} + \frac{1}{2}\sqrt{P^2 - 4(M_0 + M_2\delta_{\mathrm{e}1}^2)} \tag{5-3-14}$$

$$\phi_2' = \frac{P}{2} - \frac{1}{2}\sqrt{P^2 - 4(M_0 + M_2\delta_{\mathrm{e}2}^2)} \tag{5-3-15}$$

弹箭非线性运动理论

由此可得

$$\hat{\phi}' = \phi_1' - \phi_2' = \sqrt{-\hat{M}_0\left[1 + \frac{M_2}{\hat{M}_0}(K_1^2 + 2K_2^2)\right]} +$$
$$\sqrt{-\hat{M}_0\left[1 + \frac{M_2}{\hat{M}_0}(K_2^2 + 2K_1^2)\right]} \qquad (5-3-16)$$

由上节知，因为以二圆运动形式（5-3-2）表示的角运动的攻角变化频率仍为 $\hat{\phi}'/2$，故可见现在攻角幅值变化频率已随圆运动振幅 K_1 和 K_2 变化而变化。

对于圆运动 $\delta_m = \delta_n = \delta$, $K_1 K_2 = 0$，则 K_1, K_2 中总有一个为零，令不为零的模为 K，则有 $\delta_m = K$。由式（5-3-16）得

$$\hat{\phi}' = \sqrt{-\hat{M}_0(1+m)} + \sqrt{-\hat{M}_0(1+2m)} \qquad (5-3-17)$$

对于广义平面运动 $\delta_n = 0$, $K_1 = K_2 = K$, $\delta_m^2 = 4K^2$，则得

$$\hat{\phi}' = 2\sqrt{-\hat{M}_0\left(1 + \frac{3}{4}m\right)} \qquad (5-3-18)$$

上两式中

$$m = \frac{M_2 \delta_m^2}{\hat{M}_0} \qquad (5-3-19)$$

m 表示折算静力矩中非线性部分与线性部分之比。对于 a 型力矩 $(\hat{M}_0 < 0, M_2 < 0)$, $m > 0$；对于 b，c 型力矩，$m < 0$。但就圆运动而言，为使式（5-3-17）中的开方有意义，对于 a，b 型力矩应有 $m > -(1/2)$；对于 c 型力矩应有 $m < -1$。就广义平面运动而言，为使式（5-3-18）中的开方有意义，对于 a，b 型力矩应有 $m > -4/3$；对于 c 型力矩应有 $m < -4/3$。将这些关系综合起来就得到对于这两种特殊运动 m 的变化范围（表5-3-1）。

表5-3-1 特殊运动

力矩类型	圆运动	平面运动
a 型	$m > 0$	$m > 0$
b 型	$0 > m > -\dfrac{1}{2}$	$0 > m > -\dfrac{4}{3}$
c 型	$m < -1$	$m < -\dfrac{4}{3}$

在线性角运动中，当 $\hat{M}_0 < 0$ 或满足陀螺稳定条件 $P^2 - 4M > 0$，攻角幅值变化频率为 $\hat{\phi}'/2$，而 $\hat{\phi}'/2 = \sqrt{P^2 - 4M/2} = \sqrt{-\hat{M}_0}$，或得到

$$\frac{\hat{\phi}'}{2\sqrt{\hat{M}_0}} = 1 \qquad (5-3-20)$$

在非线性运动中，对于 a，b 型力矩的圆运动和平面运动也可写出这种比值：

圆运动

$$\frac{\hat{\phi}'}{2\sqrt{-\hat{M}_0}} = \frac{1}{2}(\sqrt{1+m} + \sqrt{1+2m}) \tag{5-3-21}$$

平面运动

$$\frac{\hat{\phi}'}{2\sqrt{-\hat{M}_0}} = \sqrt{1+\frac{3}{4}m} \tag{5-3-22}$$

可见这种比值已随静力矩非线性部分大小变化而变化，但对于 c 型力矩，因为 $\hat{M}_0 > 0$，故可对圆运动和平面运动计算如下的比值：

圆运动

$$\frac{\hat{\phi}'}{2\sqrt{\hat{M}_0}} = \frac{1}{2}\left[\sqrt{-(1+m)} + \sqrt{-(1+2m)}\right] \tag{5-3-23}$$

平面运动

$$\frac{\hat{\phi}'}{2\sqrt{\hat{M}_0}} = \sqrt{-\left(1+\frac{3}{4}m\right)} \tag{5-3-24}$$

为了将拟线性解与精确解相比较，利用上节的关系式也可求出精确解的这些比值。因为精确解的相对角频率为式（5-2-66）和式（5-2-67），再利用式（5-2-38）和式（5-2-51）就可以求出 $\hat{\phi}'/(2\sqrt{-\hat{M}_0})$ 或 $\hat{\phi}'/(2\sqrt{\hat{M}_0})$。此外还可由式（5-2-35）和式（5-2-46）针对圆运动（$\delta_m = \delta_n = \delta$）和平面运动（$\delta_n = 0$）得出 m 变化的范围，这些结果都列在表 5-3-2 中 [注意 $k=0$ 时 $K(k) = \pi/2$]。

从表 5-3-1 可见，当 m 在 $(-1, -2/3)$ 区间内时不可能产生圆运动；当 m 在 $(-2, -1)$ 区间内时不可能产生平面运动。

对于圆运动和平面运动，精确解与拟线性解的攻角幅值变化频率 $\hat{\phi}'/2$ 与 $\sqrt{-\hat{M}_0}$ 或 $\sqrt{\hat{M}_0}$ 之比随 m 变化的曲线如图 5-3-1 和图 5-3-2 所示。

表 5-3-2　圆运动和平面运动的结果

	圆 运 动	平 面 运 动
a 型	$\omega = \sqrt{-\hat{M}_0\left(1+\frac{3}{2}m\right)}$ $k = 0 \qquad m > 0$ $\dfrac{\hat{\phi}'}{2\sqrt{-\hat{M}_0}} = \sqrt{1+\frac{3}{2}m}$	$\omega = \sqrt{-\hat{M}_0(1+m)}$ $k = \sqrt{\dfrac{m}{2(1+m)}} \qquad m > 0$ $\dfrac{\hat{\phi}'}{2\sqrt{-\hat{M}}} = \dfrac{\pi\sqrt{1+m}}{2K(k)}$
b 型	$\tilde{\omega} = \sqrt{-\hat{M}_0\left(1+\frac{3}{2}m\right)}$ $\tilde{k} = 0 \qquad -\dfrac{2}{3} < m < 0$ $\dfrac{\hat{\phi}'}{2\sqrt{-\hat{M}_0}} = \sqrt{1+\frac{3}{2}m}$	$\tilde{\omega} = \sqrt{-\hat{M}_0\left(1+\dfrac{m}{2}\right)}$ $\tilde{k} = \sqrt{\dfrac{m}{2+m}} \qquad -1 < m < 0$ $\dfrac{\hat{\phi}'}{2\sqrt{-\hat{M}_0}} = \dfrac{\pi\sqrt{-\left(1+\dfrac{m}{2}\right)}}{2K(\tilde{K})}$

弹箭非线性运动理论

续表

圆　运　动		平　面　运　动	
$\omega=\sqrt{-\hat{M}_0\left(1+\dfrac{3}{2}m\right)}$		$\omega=\sqrt{-\hat{M}_0(1+m)}$	
c 型	$k=0$ 　　　　　$m<-1$	$k=\sqrt{\dfrac{m}{2(1+m)}}$ 　　$m<-2$	
	$\dfrac{\hat{\phi}'}{2\sqrt{-\hat{M}_0}}=\sqrt{1+\dfrac{3}{2}m}$	$\dfrac{\hat{\phi}'}{2\sqrt{\hat{M}_0}}=\dfrac{\pi\sqrt{1+m}}{2K(k)}$	

由图可见,拟线性解与精确解在 m 变化的大部分范围内都十分接近,因此一般情况下拟线性解具有足够的精度,是可信的,但也必须指出两点:

(1)拟线性解与精确解在 m 变化的某些区间的边界附近与精确解相差较大。例如从表 5-3-2 中可见,精确解指出当 m 在 $(-1,-2/3)$ 范围内时不可能形成圆运动,而拟线性解指出不能形成圆运动的区域为 $(-1,-1/2)$。这样对于 b 型力矩,当 m 在 $(-1/2,-2/3)$ 内时拟线性解法的结果误差很大。精确解指出在 $(-2,-1)$ 区间内不可能产生平面运动,而拟线性解没有此区间,这将导致 b 型力矩 m 在 $(-1,-4/3)$ 内和 c 型力矩 m 在 $(-4/3,-1)$ 内时拟线性解法的误差很大。

(2)当考虑其他力矩作用时,在 m 变化的其他范围内拟线性解法的误差也会有所增大,这时用第 6 章要讲的摄动法将会更精确可靠一些。

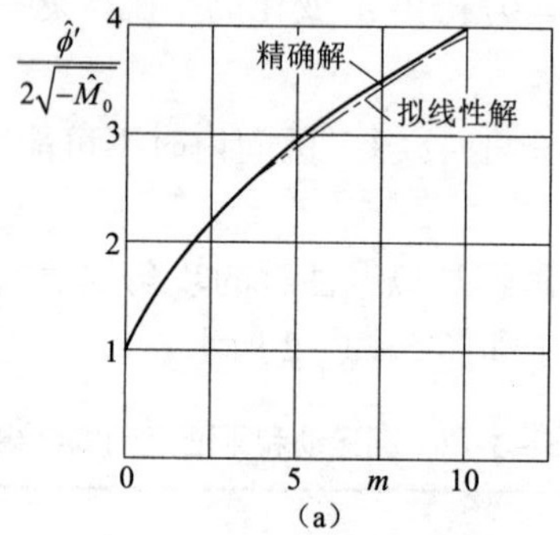

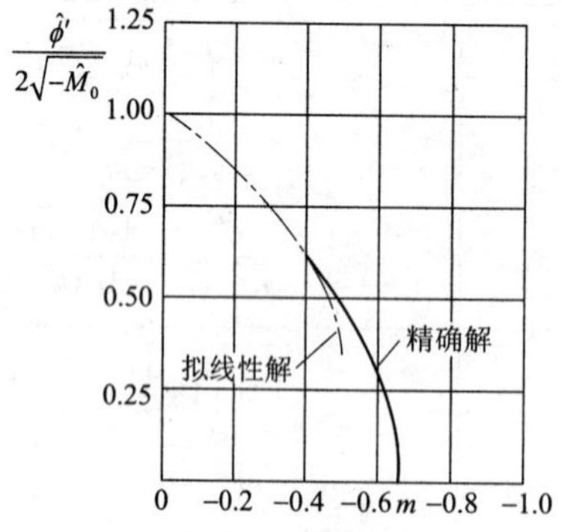

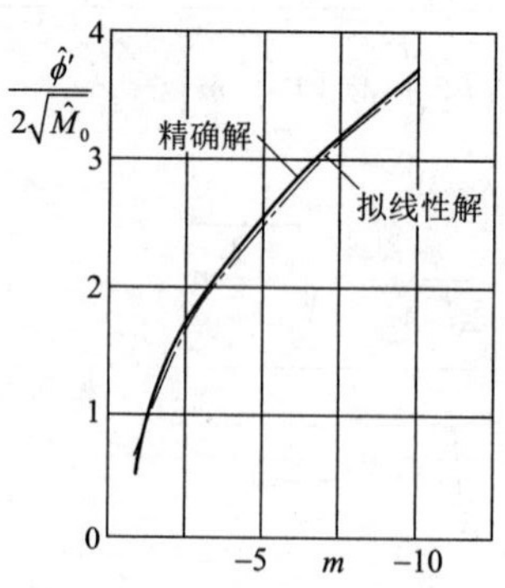

图 5-3-1　圆运动 $\dfrac{\hat{\phi}'}{2\sqrt{-\hat{M}_0}}-m$ 和 $\dfrac{\hat{\phi}'}{2\sqrt{\hat{M}_0}}-m$ 曲线

(a) a 型力矩;(b) b 型力矩;(c) c 型力矩

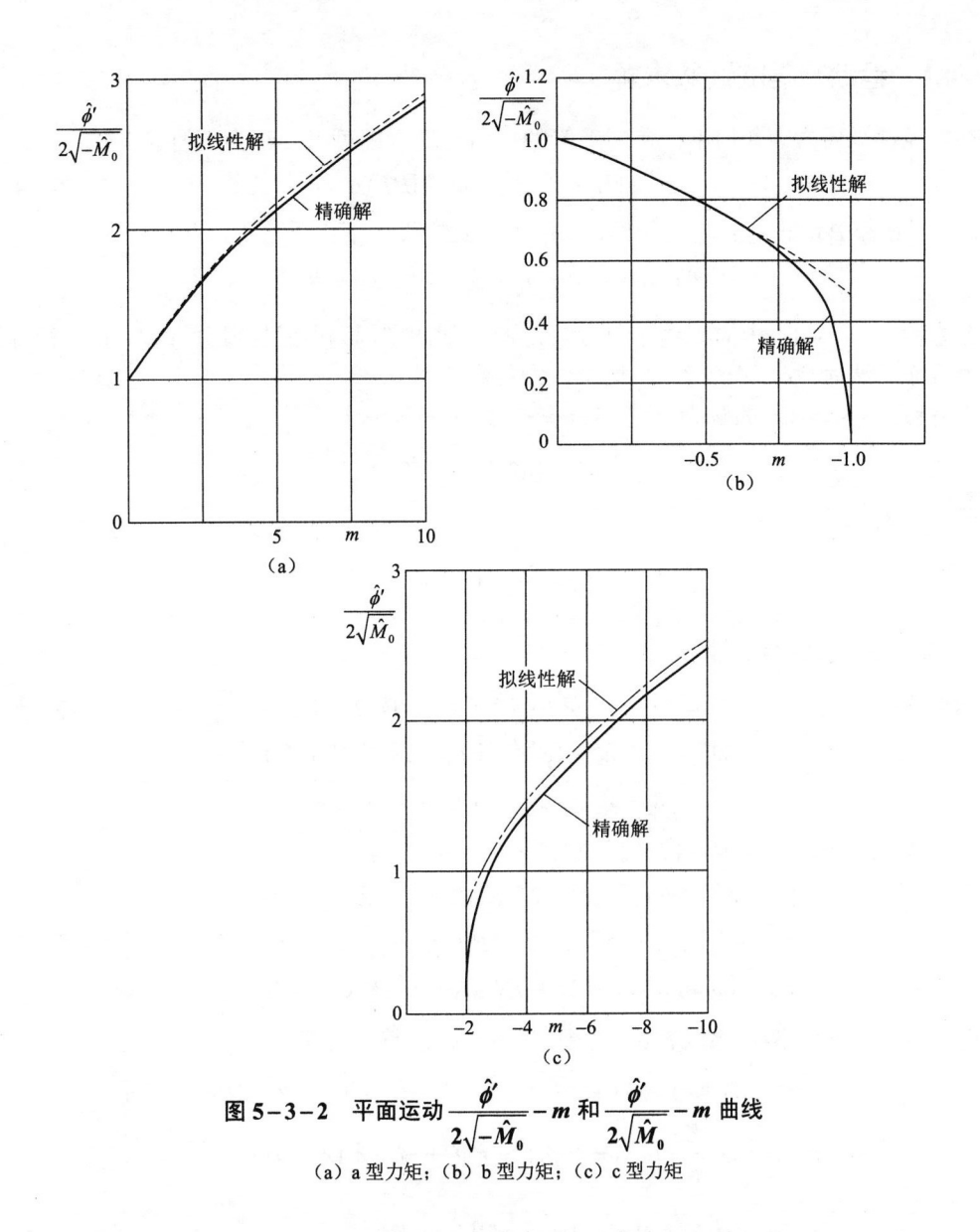

图 5-3-2 平面运动 $\dfrac{\hat{\phi}'}{2\sqrt{-\hat{M}_0}} - m$ 和 $\dfrac{\hat{\phi}'}{2\sqrt{\hat{M}_0}} - m$ 曲线

(a) a 型力矩；(b) b 型力矩；(c) c 型力矩

5.4 在非线性马氏力矩作用下旋转弹箭的运动

在第 2 章弹箭线性运动理论中已讲过马氏力矩对旋转弹箭的运动有很大影响，它是弹箭飞行的不稳定因素。关于它的不稳定作用在试验中已多次观察到，有的尾翼式旋转弹箭由于转速过高而导致马氏力矩太大，曾出现过飞行不稳定现象；人们还发现过这样一种奇怪的现象，在行进的船舷上侧向发射火箭弹时，左侧发射飞行稳定，右侧发射飞行不稳定。这种现象用线性运动理论是解释不了的。实际上，这是马氏力矩的非线性造成的。

本节将用拟线性法来分析非线性马氏力矩对弹箭运动的影响，并解释这种奇怪的现象。

5.4.1 运动方程的近似求解

在非线性马氏力矩作用下，旋转弹箭的攻角运动方程可以归结为下面的形式：

$$\varDelta'' + (H - \mathrm{i}P)\varDelta' - (M + \mathrm{i}PT)\varDelta = 0 \qquad (5-4-1)$$

式中，H，M 和 P 的表达式与前相同，T 的表达式定义如下：

$$T = T_0 + T_2\delta^2, \quad T_0 = b_y - k_{y0}, \quad T_2 = -k_{y2}$$

在方程（5-4-1）中的系数 T 包含攻角 δ^2，故此方程为非线性微分方程。在一段弹道上采用系数冻结法后，H, M, P, T_0, T_2 均可作为常数。

设方程（5-4-1）的解为

$$\varDelta = K_1 \mathrm{e}^{\mathrm{i}\varphi_1} + K_2 \mathrm{e}^{\mathrm{i}\varphi_2} \qquad (5-4-2)$$

令阻尼因子 λ_j 为

$$\lambda_j = \frac{K_j'}{K_j} \quad (j = 1, 2)$$

将式（5-4-2）求导两次得

$$\varDelta' = (\lambda_1 + \mathrm{i}\varphi_1')K_1 \mathrm{e}^{\mathrm{i}\varphi_1} + (\lambda_2 + \mathrm{i}\varphi_2')K_2 \mathrm{e}^{\mathrm{i}\varphi_2} \qquad (5-4-3)$$

$$\begin{aligned}\varDelta'' = &[\lambda_1' + \lambda_1^2 - (\varphi_1')^2 + \mathrm{i}(\varphi_1'' + 2\lambda_1\varphi_1')]K_1 \mathrm{e}^{\mathrm{i}\varphi_1} + \\ &[\lambda_2' + \lambda_2^2 - (\varphi_2')^2 + \mathrm{i}(\varphi_2'' + 2\lambda_2\varphi_2')]K_2 \mathrm{e}^{\mathrm{i}\varphi_2}\end{aligned} \qquad (5-4-4)$$

将式（5-4-2）～式（5-4-4）代入方程（5-4-1）得

$$\begin{aligned}&[\lambda_1' + \lambda_1^2 - (\varphi_1')^2 + \mathrm{i}(\varphi_1'' + 2\lambda_1\varphi_1')]K_1 \mathrm{e}^{\mathrm{i}\varphi_1} + [\lambda_2' + \lambda_2^2 - (\varphi_2')^2 + \\ &\mathrm{i}(\varphi_2'' + 2\lambda_2\varphi_2')]K_2 \mathrm{e}^{\mathrm{i}\varphi_2} + (H - \mathrm{i}P)[(\lambda_1 + \mathrm{i}\varphi_1')K_1 \mathrm{e}^{\mathrm{i}\varphi_1} + \\ &(\lambda_2 + \mathrm{i}\varphi_2')K_2 \mathrm{e}^{\mathrm{i}\varphi_2}] - (M + \mathrm{i}PT)(K_1 \mathrm{e}^{\mathrm{i}\varphi_1} + K_2 \mathrm{e}^{\mathrm{i}\varphi_2}) = 0\end{aligned} \qquad (5-4-5)$$

在方程（5-4-5）的两边除以 $K_1 \mathrm{e}^{\mathrm{i}\varphi_1}$，令 $\hat{\phi} = \varphi_1 - \varphi_2$，整理后得

$$\begin{aligned}&(\varphi_1')^2 - P\varphi_1' + M - \lambda_1(\lambda_1 + H) - \lambda_1' - \mathrm{i}[(2\varphi_1' - P)\lambda_1 + \varphi_1'' + H\varphi_1' - PT_0] \\ &= -\mathrm{i}PT_2\delta^2\left(1 + \frac{K_2}{K_1}\mathrm{e}^{-\mathrm{i}\hat{\phi}}\right) - \left\{[(\varphi_2')^2 - P\varphi_2' + M - \lambda_2(\lambda_2 + H) - \lambda_2'] - \right. \\ &\left. \mathrm{i}[(2\varphi_2' - P)\lambda_2 + H\varphi_2' - PT_0 + \varphi_2'']\right\}\frac{K_2}{K_1}\mathrm{e}^{-\mathrm{i}\hat{\phi}}\end{aligned} \qquad (5-4-6)$$

对式（5-4-6）在 $\hat{\phi}$ 的一个周期上取平均得

$$\begin{aligned}&(\varphi_1')^2 - P\varphi_1' + M - \lambda_1(\lambda_1 + H) - \lambda_1' - \mathrm{i}(2\varphi_1' - P)\lambda_1 + \varphi_1'' + H\varphi_1' - PT_0 \\ &= -\mathrm{i}\frac{1}{2\pi}\int_0^{2\pi} PT_2\delta^2\left(1 + \frac{K_2}{K_1}\mathrm{e}^{-\mathrm{i}\hat{\phi}}\right)\mathrm{d}\hat{\phi}\end{aligned} \qquad (5-4-7)$$

在方程（5-4-7）中，由于阻尼因子 λ_1 缓慢变化，略去其导数 λ_1'，并略去二阶以上的小量，把 $\delta^2 = K_1^2 + K_2^2 + 2K_1K_2\cos\hat{\phi}$ 代入式（5-4-7），积分后把实部和虚部分开得

$$(\varphi_1')^2 - P\varphi_1' + M = 0 \qquad (5-4-8)$$

$$(2\varphi_1' - P)\lambda_1 + \varphi_1'' + H\varphi_1' - PT_0 - PT_2(K_1^2 + 2K_2^2) = 0 \quad (5-4-9)$$

由式（5-4-8）解出频率 φ_1' 为

$$\varphi_1' = \frac{P}{2} + \frac{1}{2}\sqrt{P^2 - 4M} \quad (5-4-10)$$

由式（5-4-10）看出，φ_1' 等于常数，故 $\varphi_1'' = 0$，所以由式（5-4-9）解出阻尼因子 λ_1 为

$$\lambda_1 = \frac{PT_0 - H\varphi_1'}{2\varphi_1' - P} + \frac{PT_2(K_1^2 + 2K_2^2)}{2\varphi_1' - P} \quad (5-4-11)$$

从式（5-4-11）看出，该式右边的第一项为弹箭线性运动的阻尼因子，记

$$\lambda_{10} = \frac{PT_0 - H\varphi_1'}{2\varphi_1' - P} \quad (5-4-12)$$

第二项表示了马氏力矩的非线性项对阻尼因子的影响，记

$$\lambda_1^* = \frac{PT_2}{2\varphi_1' - P} \quad (5-4-13)$$

同理可得频率 φ_2' 的表达式为

$$\varphi_2' = \frac{P}{2} - \frac{1}{2}\sqrt{P^2 - 4M} \quad (5-4-14)$$

阻尼因子 λ_2 的表达式为

$$\lambda_2 = \frac{PT_0 - H\varphi_2'}{2\varphi_2' - P} + \frac{PT_2(2K_1^2 + K_2^2)}{2\varphi_2' - P} \quad (5-4-15)$$

令

$$\lambda_{20} = \frac{PT_0 - H\varphi_2'}{2\varphi_2' - P} \quad (5-4-16)$$

$$\lambda_2^* = \frac{PT_2}{2\varphi_2' - P} \quad (5-4-17)$$

由式（5-4-13）和式（5-4-17）看出，$\lambda_1^* = -\lambda_2^*$。令 $\lambda^* = \lambda_1^*$，则阻尼因子 λ_1 和 λ_2 可写成

$$\lambda_1 = \lambda_{10} + \lambda^*(K_1^2 + 2K_2^2) \quad (5-4-18)$$

$$\lambda_2 = \lambda_{20} - \lambda^*(2K_1^2 + K_2^2) \quad (5-4-19)$$

5.4.2 动态稳定性分析

求出了阻尼因子 λ_1 和 λ_2 的表达式后，就可写出振幅平面方程

$$\frac{dK_1^2}{ds} = 2K_1^2[\lambda_{10} + \lambda^*(K_1^2 + 2K_2^2)] \quad (5-4-20)$$

$$\frac{dK_2^2}{ds} = 2K_2^2[\lambda_{20} - \lambda^*(2K_1^2 + K_2^2)] \quad (5-4-21)$$

研究弹箭的动态稳定性，就转化为研究上面方程组解的稳定性。该方程组解的稳定性取决于它的积分曲线的全局结构，包括极限环的分布、奇点的性质和过奇点的分界线。可以证明，对于上面的振幅平面方程组，不存在极限环。因此，只研究奇点的性质和过奇点的

分界线。

由振幅平面方程（5-4-20）和方程（5-4-21），求出 4 个奇点为

$$P_1(0,0), P_2\left(0, \frac{\lambda_{20}}{\lambda^*}\right), \quad P_3\left(\frac{-\lambda_{10}}{\lambda^*}, 0\right), P_4\left(\frac{\lambda_{10}+2\lambda_{20}}{3\lambda^*}, -\frac{2\lambda_{10}+\lambda_{20}}{3\lambda^*}\right)。$$

为了导出旋转弹箭在非线性马氏力矩作用下的动态稳定性条件，下面分别研究这 4 个奇点的稳定性。

1. 奇点 $P_1(0,0)$

根据奇点稳定性的判别准则，在这种情况下有

$$a = 2\lambda_{10}, \ b = 0, \ c = 0, d = 2\lambda_{20}$$

$$q = ad - bc = 4\lambda_{10}\lambda_{20}, \ p = a + d = 2(\lambda_{10} + \lambda_{20})$$

$$p^2 - 4q = (a-d)^2 + 4bc = 4(\lambda_{10} - \lambda_{20})^2 \geqslant 0$$

若要使奇点 P_1 成为稳定的结点，必须要求

$$p < 0, \ q > 0$$

即

$$\lambda_{10}\lambda_{20} > 0 \qquad\qquad (5-4-22)$$

$$\lambda_{10} + \lambda_{20} < 0 \qquad\qquad (5-4-23)$$

从式（5-4-22）看出，λ_{10} 和 λ_{20} 是同号的，再由式（5-4-23）可知 λ_{10} 和 λ_{20} 都是小于零的。

这样就得到奇点 P_1 为稳定结点的条件为

$$\lambda_{10} < 0, \ \lambda_{20} < 0 \qquad\qquad (5-4-24)$$

在这种情况下，根据振幅平面方程（5-4-20）和方程（5-4-21）可在振幅平面上画出相轨线的分布。当 $\lambda^* > 0$，即 $T_2 > 0$ 时，由式（5-4-24）知，此时实际只存在两个奇点 P_1 和 P_3。相轨线分布如图 5-4-1 所示。

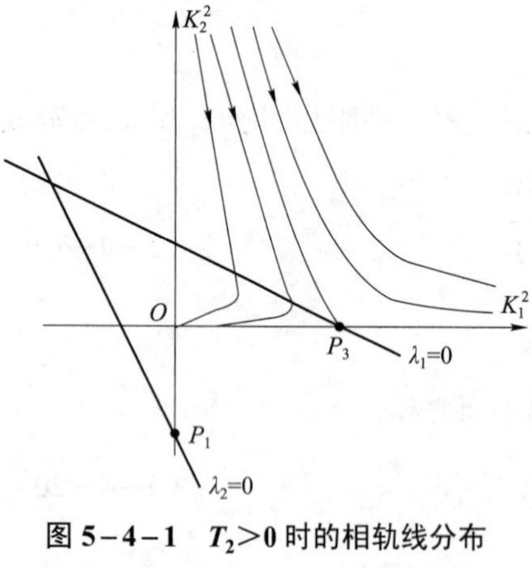

由此图看出，过奇点 P_3 的分界线把振幅平面的第一象限分为两部分。当旋转弹箭的线性运动动态稳定，即线性阻尼因子满足式（5-4-24），而非线性马氏力矩系数 $T_2 > 0$ 时，如果弹箭的初始攻角幅值 (K_{10}^2, K_{20}^2) 落在分界线的左边，则弹箭相对于理想弹道是动态稳定的；否则是动态不稳定的。

当 $T_2 < 0$ 时，实际上只存在两个奇点 P_1 和 P_2，相轨线的分布如图 5-4-2 所示。

图 5-4-1　$T_2 > 0$ 时的相轨线分布

由此图看出，当线性阻尼因子满足式（5-4-24），而非线性马氏力矩系数 $T_2 < 0$ 时，如果弹箭的攻角幅值 (K_{10}^2, K_{20}^2) 落在分界线的下边，则弹箭相对于理想弹道是动态稳定的；否则是动态不稳定的。

由此可以看出非线性马氏力矩对弹箭运动的影响。当不考虑马氏力矩的非线性时，弹箭的运动为线性运动，由线性运动的动态稳定性判别准则知，此时只要满足式（5-4-24），不管在什么样的初始条件下，即不管 (K_{10}^2, K_{20}^2) 位于什么地方，弹箭的攻角随着弹道弧长的增加而趋于零，即弹箭相对于理想弹道是动态稳定的。但是，当考虑马氏力矩的非线性时，弹箭相对于理想弹道的动态稳定性，则不仅要满足式（5-4-24），即要求弹箭是线性动态稳定的，而且对于不同的 T_2 符号，还必须要求初始条件，即初始条件的幅值 (K_{10}^2, K_{20}^2) 位于一定的范围内，否则弹箭相对于理想弹道的运动是动态不稳定的。

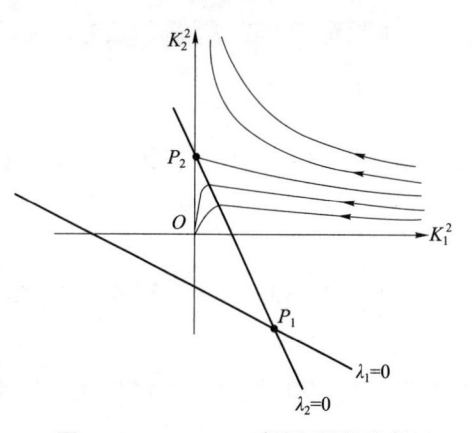

图 5-4-2　$T_2<0$ 时的相轨线分布

2. 奇点 $P_2(0, \lambda_{20}/\lambda^*)$

为了处理的方便，经过坐标变换，把奇点 $P_2(0, \lambda_{20}/\lambda^*)$ 移至原点，为此作变换

$$x = K_1^2 \tag{5-4-25}$$

$$y = K_2^2 - \frac{\lambda_{20}}{\lambda^*} \tag{5-4-26}$$

在上面的坐标变换之下，振幅平面方程（5-4-20）和方程（5-4-21）变为

$$\frac{\mathrm{d}x}{\mathrm{d}s} = 2x[(\lambda_{10} + 2\lambda_{20}) + \lambda^*(x+2y)] \tag{5-4-27}$$

$$\frac{\mathrm{d}y}{\mathrm{d}s} = -2\lambda^*\left(y + \frac{\lambda_{20}}{\lambda^*}\right)(2x+y) \tag{5-4-28}$$

在新的坐标系下，奇点 $P_2(0, \lambda_{20}/\lambda^*)$ 变为 $P_2(0, 0)$，在这种情况下有

$$a = 2(\lambda_{10} + 2\lambda_{20}),\ b = 0,\ c = -4\lambda_{20},\ d = -2\lambda_{20}$$

$$q = ad - bc = -4\lambda_{20}(\lambda_{10} + 2\lambda_{20})$$

$$p = a + d = 2(\lambda_{10} + \lambda_{20})$$

$$P^2 - 4q = (a-d)^2 + 4bc = 4(\lambda_{10} + 3\lambda_{20})^2 \geq 0$$

要使奇点成为稳定的结点，必须要求 $q>0$，$p<0$，即

$$\lambda_{20}(\lambda_{10} + 2\lambda_{20}) < 0 \tag{5-4-29}$$

$$\lambda_{10} + \lambda_{20} < 0 \tag{5-4-30}$$

再由奇点的坐标值为正可得

$$\frac{\lambda_{20}}{\lambda^*} > 0 \tag{5-4-31}$$

奇点 $P_2(0, \lambda_{20}/\lambda^*)$ 在 K_2^2 轴的正方向上，那么此时另一个奇点 $P_3[-(\lambda_{10}/\lambda^*), 0]$ 是在 K_1^2 轴的正方向上还是在 K_1^2 轴的负方向呢？下面用反证法证明，此时 K_1^2 轴上的奇点 P_3 只能在 K_1^2 轴的正方向上。

弹箭非线性运动理论

如果奇点 P_3 在 K_1^2 轴的负方向上，则有

$$\frac{\lambda_{10}}{\lambda^*} > 0 \qquad\qquad (5-4-32)$$

这样由式（5-4-31）和式（5-4-32）可得

$$\frac{\lambda_{10} + \lambda_{20}}{\lambda^*} > 0 \qquad\qquad (5-4-33)$$

把式（5-4-30）与式（5-4-33）结合起来得到

$$\lambda^* < 0 \qquad\qquad (5-4-34)$$

从而有 $\lambda_{10} < 0, \lambda_{20} < 0$。这与式（5-4-29）矛盾，故奇点 P_3 只能在 K_1^2 轴的正方向上。因此就有

$$\frac{\lambda_{10}}{\lambda^*} < 0 \qquad\qquad (5-4-35)$$

下面再证明 $\lambda^* > 0$，也用反证法。如果 $\lambda^* < 0$，则有 $\lambda_{20} < 0, \lambda_{10} > 0$。由式（5-4-29）得

$$\lambda_{10} > -2\lambda_{20} \qquad\qquad (5-4-36)$$

而由式（5-4-30）得

$$\lambda_{10} < -\lambda_{20} \qquad\qquad (5-4-37)$$

式（5-4-36）和式（5-4-37）是矛盾的，故 $\lambda^* > 0$。

综上分析，可得到奇点 P_2 为稳定结点的充分条件为

$$\begin{cases} \lambda^* > 0，即 T_2 > 0 & (5-4-38) \\ \lambda_{20} > 0 & (5-4-39) \\ \lambda_{10} < -2\lambda_{20} & (5-4-40) \end{cases}$$

根据振幅平面方程（5-4-20）和方程（5-4-21）画出相轨线的分布，如图5-4-3所示。

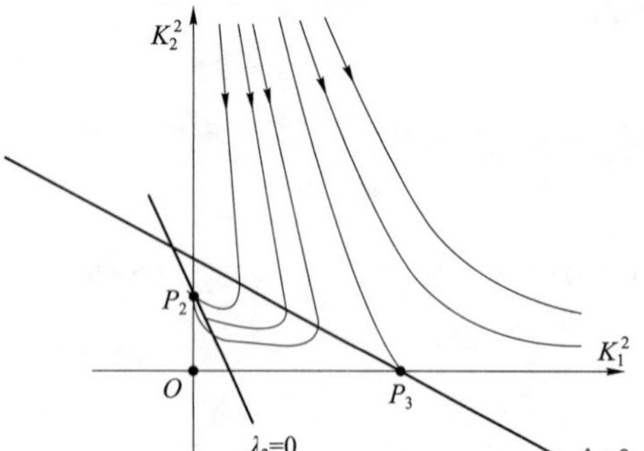

由运动稳定性理论可知，稳定的奇点对应着弹箭运动的稳定平衡位置，随着弹道弧长的增加，攻角将趋向于这个平衡位置。不同类型的奇点对应着弹箭的不同平衡状态，也就对应着弹箭的不同运动性态。此时，K_2^2 轴上的奇点 P_2 为稳定的结点，则对应着弹箭的稳定平衡位置为圆运动，该圆运动的攻角幅值 δ_c 由该奇点 P_2 的坐标值确定，即

$$\delta_c = \sqrt{\frac{\lambda_{20}}{\lambda^*}}$$

图 5-4-3 奇点 P_2 为稳定结点时的相轨线

弹箭相对于该圆运动的局部运动是动态稳定的，即随着弹道弧长的增加，弹箭的运动将趋向于这个圆运动，此时称弹箭存在极限圆运动。对于弹箭在平衡位置附近的局部运动，只要满足条件式（5-4-38）～式（5-4-40），弹箭就存在极限圆运动；但是对于弹箭的非局部运动，从图5-4-3看出，弹箭是否存在极限圆运动，不仅要满足条件式（5-4-38）～式

（5-4-40），而且对弹箭的初始攻角幅值(K_{10}^2, K_{20}^2)有一定的要求。在图5-4-3中，过奇点P_3的分界线把振幅平面的第一象限分为两部分，分界线的左边为稳定区域，分界线的右边为不稳定区域。当弹箭的初始攻角幅值(K_{10}^2, K_{20}^2)落在分界线的左边时，弹箭的运动就能趋向于稳定的平衡位置——攻角幅值为δ_c的圆运动。当(K_{10}^2, K_{20}^2)落在分界线的右边时，弹箭的运动是不稳定的，即弹箭不存在极限圆运动。

另外，从条件式（5-4-38）～式（5-4-40）看出，如果弹箭在非线性马氏力矩作用下存在极限圆运动，此时线性运动一定是不稳定的，亦即线性不稳定是弹箭存在极限圆运动的必要条件。

3. 奇点 $P_3\left(-\dfrac{\lambda_{10}}{\lambda^*}, 0\right)$

类似奇点P_2的情况，作变换

$$x = K_1^2 + \frac{\lambda_{10}}{\lambda^*} \quad (5-4-41)$$

$$y = K_2^2 \quad (5-4-42)$$

在新的坐标系下，奇点$P_3(-\lambda_{10}/\lambda^*, 0)$变为$P_3(0, 0)$。

在坐标变换式（5-4-41）和式（5-4-42）下，振幅平面方程变为

$$\frac{dx}{ds} = 2\lambda^*\left(x - \frac{\lambda_{10}}{\lambda^*}\right)(x + 2y) \quad (5-4-43)$$

$$\frac{dy}{ds} = 2y[(2\lambda_{10} + \lambda_{20}) - \lambda^*(2x + y)] \quad (5-4-44)$$

在这种情况下有

$$a = -2\lambda_{10}, \quad b = -4\lambda_{10}, \quad c = 0, \quad d = 2(2\lambda_{10} + \lambda_{20})$$

$$q = ad - bc = -4\lambda_{10}(2\lambda_{10} + \lambda_{20})$$

$$p = a + d = 2(\lambda_{10} + \lambda_{20})$$

$$p^2 - 4q = (a-d)^2 + 4bc = 4(3\lambda_{10} + \lambda_{20})^2 \geqslant 0$$

要使该奇点成为稳定的结点，必须要求$q > 0, p < 0$，即

$$\lambda_{10}(2\lambda_{10} + \lambda_{20}) < 0 \quad (5-4-45)$$

$$\lambda_{10} + \lambda_{20} < 0 \quad (5-4-46)$$

由奇点的坐标值为正可得

$$\frac{\lambda_{10}}{\lambda^*} < 0 \quad (5-4-47)$$

类似奇点P_2的情况，同样可以证明K_2^2轴上的奇点P_2此时只能在K_2^2轴的正方向上，因此可得

$$\lambda_{20}/\lambda^* > 0 \quad (5-4-48)$$

亦同样可证$\lambda^* < 0$。这样就得到奇点P_3为稳定结点的充分条件为

弹箭非线性运动理论

$$
\begin{cases}
\lambda^* < 0 ，即 T_2 < 0 & (5-4-49) \\
\lambda_{10} > 0 & (5-4-50) \\
\lambda_{20} < -2\lambda_{10} & (5-4-51)
\end{cases}
$$

满足上面的条件，弹箭在奇点 P_3 附近的局部运动将趋向于攻角幅值 δ_c 为

$$
\delta_c = \sqrt{-\frac{\lambda_{10}}{\lambda^*}}
$$

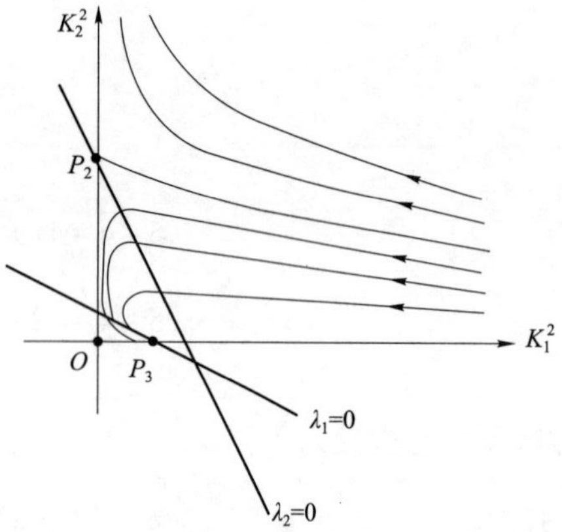

图 5-4-4　奇点 P_3 为稳定结点时的相轨线

的圆运动，即存在极限圆运动。对于弹箭的非局部运动，还必须根据振幅平面方程（5-4-20）和方程（5-4-21）画出相轨线分布图，确定出稳定区域和不稳定区域。在这种情况下，相轨线分布如图 5-4-4 所示。从图 5-4-4 看出，过奇点 P_2 的分界线，把振幅平面的第一象限分为两部分，分界线的下面为稳定区域，分界线的上面为不稳定区域，若弹箭的初始攻角幅值 (K_{10}^2, K_{20}^2) 落在分界线的下面，则弹箭存在极限圆运动；否则弹箭的运动是不稳定的，不存在极限圆运动。另外，从条件式（5-4-49）~式（5-4-51）也可看出，弹箭线性不稳定是弹箭存在极限圆运动的必要条件。

4. 奇点 $P_4\left(\dfrac{\lambda_{10}+2\lambda_{20}}{3\lambda^*}, -\dfrac{2\lambda_{10}+\lambda_{20}}{3\lambda^*}\right)$

为了讨论的方便，作变换

$$
x = K_1^2 - \frac{\lambda_{10}+2\lambda_{20}}{3\lambda^*} \tag{5-4-52}
$$

$$
y = K_2^2 + \frac{2\lambda_{10}+\lambda_{20}}{3\lambda^*} \tag{5-4-53}
$$

在新的坐标系下，奇点 $P_4[(\lambda_{10}+2\lambda_{20})/3\lambda^*, -(2\lambda_{10}+\lambda_{20})/3\lambda^*]$ 变为 $P_4(0,0)$，振幅平面方程变为

$$
\frac{\mathrm{d}x}{\mathrm{d}s} = 2\lambda^*\left(x + \frac{\lambda_{10}+2\lambda_{20}}{3\lambda^*}\right)(x+2y) \tag{5-4-54}
$$

$$
\frac{\mathrm{d}y}{\mathrm{d}s} = -2\lambda^*\left(y - \frac{2\lambda_{10}+\lambda_{20}}{3\lambda^*}\right)(2x+y) \tag{5-4-55}
$$

在这种情况下有

$$
a = \frac{2}{3}(\lambda_{10}+2\lambda_{20}),\ b = \frac{4}{3}(\lambda_{10}+2\lambda_{20})
$$

$$
c = \frac{4}{3}(2\lambda_{10}+\lambda_{20}),\ d = \frac{2}{3}(2\lambda_{10}+\lambda_{20})
$$

$$
q = ad - bc = -\frac{4}{3}(2\lambda_{10}^2 + 5\lambda_{10}\lambda_{20} + 2\lambda_{20}^2)
$$

$$p = a + d = 2(\lambda_{10} + \lambda_{20})$$

$$p^2 - 4q = (a-d) + 4bc = \frac{4}{3}(11\lambda_{10}^2 + 11\lambda_{20}^2 + 26\lambda_{10}\lambda_{20})$$

在前面讨论奇点 P_1，P_2 和 P_3 时，只讨论了结点的情况，而没有讨论其他类型奇点的情况。这是因为对于这三个奇点，$p^2 - 4q \geq 0$，根据奇点类型的判别准则知，这只可能是结点型奇点，不可能是其他类型的奇点。

而对于奇点 P_4，结点、焦点、鞍点和中心四种类型的奇点都有可能出现，由于鞍点总是不稳定的，故这里就不讨论了，下面就讨论结点、焦点和中心三种类型的奇点。

1) P_4 为结点的情况

要使奇点 P_4 成为稳定的结点，必须要求 $q > 0$，$p < 0$，$p^2 - 4q > 0$，即

$$2\lambda_{10}^2 + 5\lambda_{10}\lambda_{20} + 2\lambda_{20}^2 < 0 \tag{5-4-56}$$

$$\lambda_{10} + \lambda_{20} < 0 \tag{5-4-57}$$

$$11\lambda_{10}^2 + 26\lambda_{10}\lambda_{20} + 11\lambda_{20}^2 > 0 \tag{5-4-58}$$

再由奇点的坐标值为正可得

$$\frac{\lambda_{10} + 2\lambda_{20}}{3\lambda^*} > 0 \tag{5-4-59}$$

$$\frac{2\lambda_{10} + \lambda_{20}}{3\lambda^*} < 0 \tag{5-4-60}$$

当 $\lambda^* < 0$ 时，根据式（5-4-56）～式（5-4-60）可得到使奇点 P_4 成为稳定结点的条件为

$$\lambda_{10} > 0, \lambda_{20} < 0 \tag{5-4-61}$$

$$-\frac{\lambda_{20}}{2} < \lambda_{10} < -\frac{6}{11}\lambda_{20} \tag{5-4-62}$$

当 $\lambda^* > 0$，可得到使奇点 P_4 成为稳定结点的条件为

$$\lambda_{10} < 0, \lambda_{20} > 0 \tag{5-4-63}$$

$$-\frac{\lambda_{10}}{2} < \lambda_{20} < -\frac{6}{11}\lambda_{10} \tag{5-4-64}$$

此时根据振幅平面方程，可画出奇点 P_4 为稳定结点时的相轨线分布，如图 5-4-5（a），(b) 所示。

从上面这两个图看出，当 $\lambda^* < 0$ 时，过奇点 P_2 的分界线把振幅平面的第一象限分成两部分，在分界线下面为稳定区域，分界线上面为不稳定区域；当 $\lambda^* > 0$ 时，过奇点 P_3 的分界线把振幅平面的第一象限分成两部分，分界线左边为稳定区域，分界线右边为不稳定区域。当弹箭的攻角幅值 (K_{10}^2, K_{20}^2) 落在稳定区域之内时，则弹箭的运动将趋向于稳定的平衡位置 P_4。在这种情况下，平衡位置 P_4 代表一种什么运动呢？在该平衡位置上，弹箭的攻角可以表示为

$$\Delta = \sqrt{\frac{\lambda_{10} + 2\lambda_{20}}{3\lambda^*}} e^{i\varphi_1} + \sqrt{-\frac{2\lambda_{10} + \lambda_{20}}{3\lambda^*}} e^{i\varphi_2}$$

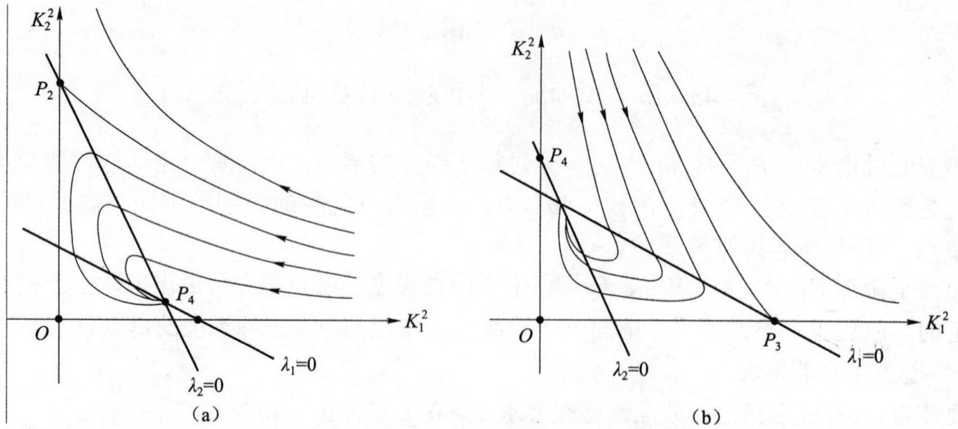

弹箭非线性运动理论

图 5-4-5 奇点 P_4 为稳定结点时的相轨线
(a) $\lambda^* < 0$ 时；(b) $\lambda^* > 0$ 时

此式所描述的运动是半径为常值 $[(\lambda_{10} + 2\lambda_{20})/3\lambda^*]^{\frac{1}{2}}$ 的快圆运动和半径为常值 $[-(2\lambda_{10} + \lambda_{20})/3\lambda^*]^{\frac{1}{2}}$ 的慢圆运动的合成，即外摆线运动。故该平衡位置 P_4 代表外摆线运动，并且快圆运动的幅值和慢圆运动的幅值是由弹体参数和气动参数确定的常数。

2) P_4 为焦点的情况

要使奇点 P_4 成为稳定的焦点，必须要求 $q > 0, p < 0, p^2 - 4q < 0$，即

$$2\lambda_{10}^2 + 5\lambda_{10}\lambda_{20} + 2\lambda_{20}^2 < 0 \tag{5-4-65}$$

$$\lambda_{10} + \lambda_{20} < 0 \tag{5-4-66}$$

$$11\lambda_{10}^2 + 26\lambda_{10}\lambda_{20} + 11\lambda_{20}^2 < 0 \tag{5-4-67}$$

再由奇点的坐标值为正可得

$$\frac{\lambda_{10} + 2\lambda_{20}}{\lambda^*} > 0 \tag{5-4-68}$$

$$\frac{2\lambda_{10} + \lambda_{20}}{\lambda^*} < 0 \tag{5-4-69}$$

当 $\lambda^* < 0$ 时，根据式（5-4-65）～式（5-4-69），可得到使该奇点成为稳定焦点的条件为

$$\lambda_{10} > 0, \ \lambda_{20} < 0 \tag{5-4-70}$$

$$-\frac{6}{11}\lambda_{20} < \lambda_{10} < -\lambda_{20} \tag{5-4-71}$$

当 $\lambda^* > 0$ 时，可得使该奇点成为稳定焦点的条件为

$$\lambda_{10} < 0, \ \lambda_{20} > 0 \tag{5-4-72}$$

$$-\frac{6}{11}\lambda_{10} < \lambda_{20} < -\lambda_{10} \tag{5-4-73}$$

此时根据振幅平面方程，可画出该奇点为稳定焦点时的相轨线分布，如图 5-4-6 所示。

220

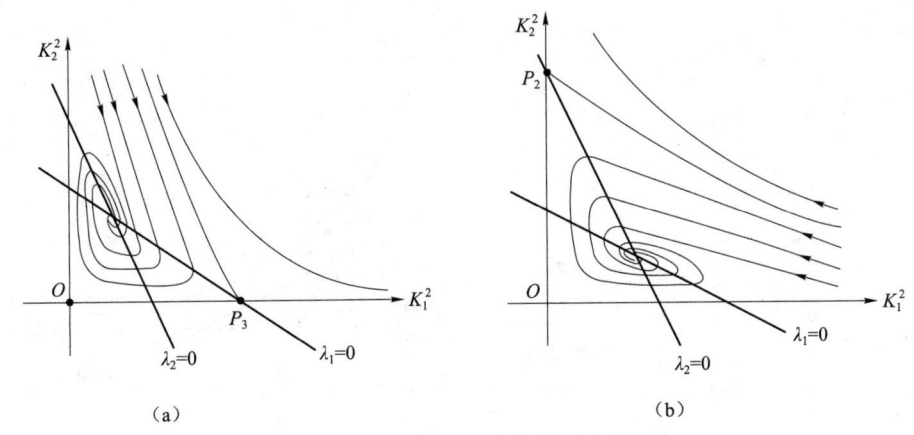

图 5-4-6 奇点 P_4 为稳定焦点的相轨线
(a) $\lambda^* < 0$ 时;(b) $\lambda^* > 0$ 时

从图 5-4-6 看出,当 $\lambda^* < 0$ 时,过奇点 P_3 的分界线把振幅平面的第一象限分为两部分,在分界线左边为稳定区域,分界线右边为不稳定区域,当 $\lambda^* > 0$ 时,过奇点 P_2 的分界线把振幅平面的第一象限分为两部分,分界线的下面为稳定区域;分界线的上面为不稳定区域。当弹箭的攻角幅值 (K_{10}^2, K_{20}^2) 落在稳定区域之内时,弹箭的运动将趋向于该平衡位置。与稳定结点的区别只是这里的相轨线按螺旋形状趋向平衡位置。

3) P_4 为中心的情况

要使奇点 P_4 成为中心,其必要条件为 $q > 0, p = 0$,即

$$2\lambda_{10}^2 + 5\lambda_{10}\lambda_{20} + 2\lambda_{20}^2 < 0 \tag{5-4-74}$$

$$\lambda_{10} + \lambda_{20} = 0 \tag{5-4-75}$$

还有奇点坐标值为正的条件为式(5-4-68)和式(5-4-69)。

当 $\lambda^* < 0$ 时,根据式(5-4-74)、式(5-4-75)、式(5-4-68)和式(5-4-69)可得使奇点 P_4 成为中心的必要条件为

$$\lambda_{10} > 0, \ \lambda_{20} < 0 \tag{5-4-76}$$

$$\lambda_{10} + \lambda_{20} = 0 \tag{5-4-77}$$

当 $\lambda^* > 0$ 时,使奇点 P_4 成为中心的必要条件为

$$\lambda_{10} < 0, \ \lambda_{20} > 0 \tag{5-4-78}$$

$$\lambda_{10} + \lambda_{20} = 0 \tag{5-4-79}$$

此时根据振幅平面方程,可画出奇点 P_4 为中心时的相轨线分布,如图 5-4-7 所示。

从上面奇点为中心的必要条件看出,要使奇点 P_4 成为中心,必须保证 $\lambda_{10} + \lambda_{20} = 0$,实际上这一条件很难满足,即使在某一时刻满足了,由于参数的变化,这一条件也会被破坏,使该奇点成为稳定的或不稳定的焦点,因此,一般不研究中心型奇点的情况。

概括以上所有情况,可得到下面的稳定性结论:

(1) P_1 点为稳定结点的条件为 $\lambda_{10} < 0, \lambda_{20} < 0$。

(2) P_2 点为稳定结点的条件为 $\lambda^* > 0, \lambda_{20} > 0, \lambda_{10} < -2\lambda_{20}$。

(3) P_3 点为稳定结点的条件为 $\lambda^* < 0, \lambda_{10} > 0, \lambda_{20} < -2\lambda_{10}$。

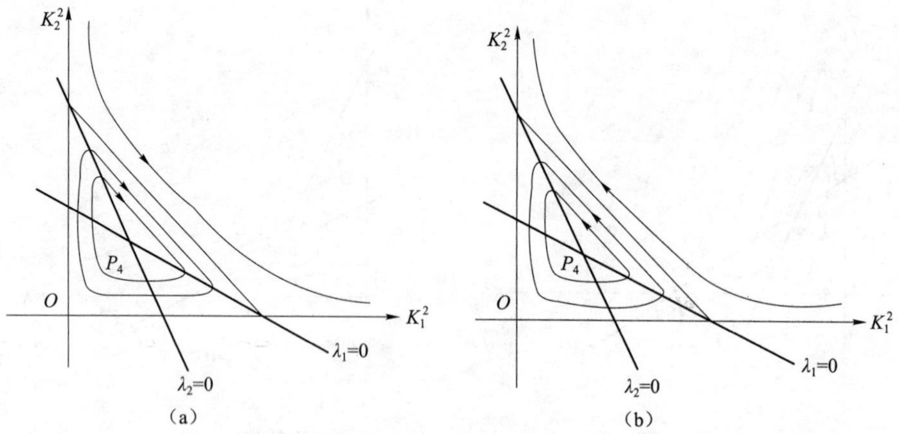

图 5-4-7　奇点 P_4 为中心时的相轨线

(a) $\lambda^* < 0$；(b) $\lambda^* > 0$

（4）P_4 点为稳定结点的条件为

$$\lambda^* < 0, \ \lambda_{10} > 0, \ \lambda_{20} < 0, \ -\frac{\lambda_{20}}{2} < \lambda_{10} < -\frac{6}{11}\lambda_{20}$$

或者

$$\lambda^* > 0, \ \lambda_{10} < 0, \ \lambda_{20} > 0, \ -\frac{\lambda_{10}}{2} < \lambda_{20} < -\frac{6}{11}\lambda_{10}$$

（5）P_4 点为稳定焦点的条件为

$$\lambda^* < 0, \ \lambda_{10} > 0, \ \lambda_{20} < 0, \ -\frac{6}{11}\lambda_{20} < \lambda_{10} < -\lambda_{20}$$

或者

$$\lambda^* > 0, \ \lambda_{10} < 0, \ \lambda_{20} > 0, \ -\frac{6}{11}\lambda_{10} < \lambda_{20} < -\lambda_{10}$$

由以上分析看出，在考虑了马氏力矩的非线性影响后，弹箭的非线性角运动与线性角运动有两点明显的区别。

（1）线性角运动的稳定与否与初始条件无关，而非线性角运动的稳定与否与初始条件密切相关。

（2）线性角运动只存在攻角幅值为零的极限运动；而非线性角运动，不但存在攻角幅值为零的极限运动，即奇点 P_1 的情况，而且存在攻角幅值不为零的极限运动，即奇点 P_2，P_3，P_4 的情况。

对于弹箭的初始条件，一般给出的是初始攻角 Δ_0 和初始攻角速度 Δ'_0。而在稳定性分析中用到的是两个分运动的初始幅值 K_{10}^2 和 K_{20}^2。如何把 Δ_0 和 Δ'_0 转化成 K_{10}^2 和 K_{20}^2 呢？可用式（2-7-8）和式（2-7-9）取模并逐次迭代计算求得，其计算过程如下。

对于首次近似，可在式（2-7-8）和式（2-7-9）中代入线性阻尼因子 λ_j 和线性频率 φ'_j

$$\lambda_j = \frac{PT - \varphi'_j H}{2\varphi'_j - P} \quad (j = 1, 2)$$

$$\varphi'_j = \frac{1}{2}(P \pm \sqrt{P^2 - 2M}) \quad (j = 1, 2)$$

因为在非线性马氏力矩作用下，阻尼因子 λ_j 是 K_j^2 的函数，即

$$\lambda_1 = \lambda_{10} + \lambda^* (K_1^2 + 2K_2^2)$$
$$\lambda_2 = \lambda_{20} - \lambda^* (2K_1^2 + K_2^2)$$

所以要把首次近似得到的 K_{10}^2 和 K_{20}^2 的值代入上面的 λ_j 中，再用式（2-7-8）和式（2-7-9）进行迭代计算。这样一般经过几次迭代，就可求得与初始条件 Δ_0 和 Δ_0' 对应的 K_{10}^2 和 K_{20}^2。

计算得到初始幅值 K_{10}^2 和 K_{20}^2 之后，可根据弹箭非线性运动的动态稳定依赖于初始条件的特点判定弹箭的运动是否稳定。以图 5-4-1 为例来说明，如果 K_{10}^2 和 K_{20}^2 代表的相点位于分界线的左侧，则弹箭的运动就会逐渐趋向于原点，即弹箭相对于理想弹道的运动是动态稳定的。如果 K_{10}^2 和 K_{20}^2 代表的相点位于分界线的右侧，则弹箭的运动就会逐渐离开原点，即弹箭相对于理想弹道的运动是动态不稳定的。

下面从实例说明马氏力矩的非线性对弹箭运动的稳定性的影响。

在高速行进的舰船上侧向发射某尾翼式低速旋转火箭弹时，曾出现过这样的奇怪现象，即左侧发射火箭飞行稳定，右侧发射火箭飞行不稳定，这种现象用弹箭的线性运动理论是无法解释的，因为弹箭的线性运动的动态稳定性与初始条件无关，而在舰船上左侧发射与右侧发射火箭弹，只是初始条件有差别，别无不同之处。如果用弹箭的线性运动理论判定此火箭弹的动态稳定性，应该左侧发射与右侧发射是一样的，不应该出现一侧发射稳定，另一侧发射不稳定的现象。而用弹箭的非线性运动理论就可以成功地加以解释。

由于舰船前进，当左侧发射时相当于有从右向左吹过来的横风，火箭弹在出炮口时，由于重力倾离作用，弹轴偏在速度线的下方，加上尾翼弹的弹轴有迎向横风转动的特性，结果形成火箭弹出炮口时有绕速度线逆时针方向转动的趋势，弹轴这种逆时针方向转动的初始条件主要成分是慢进动，故初始条件中 $K_{20} \gg K_{10}$；反之当向右侧发射时，初始条件中 $K_{10} \gg K_{20}$，此时振幅平面的相轨线分布如图 5-4-1 所示。另外由此火箭弹的参数算得 K_1^2 轴上奇点位于 $\delta_c = 5°$ 处，而发射时的初始扰动数值为 $\delta_0 = 10°$。在这种情况下，当左侧发射时，因初始条件 $K_{20} \approx 10°$，$K_{10} \approx 0°$，这样由（K_{10}^2, K_{20}^2）确定的相点位于分界线的左侧，故火箭弹的运动是稳定的。当右侧发射时，初始条件 $K_{10} \approx 10°$，$K_{20} \approx 0°$，相应的相点位于分界线的右侧，故火箭弹的运动是不稳定的。这就是所谓左侧发射稳定而右侧发射不稳定的问题。

5.5 旋转弹箭的极限圆运动

这一节讨论旋转弹箭在非线性静力矩和非线性马氏力矩作用下产生的极限圆运动，并导出产生极限圆运动的条件。

5.5.1 运动方程的近似求解

旋转弹箭在非线性静力矩和非线性马氏力矩作用下的角运动方程为

$$\Delta'' + (H - iP)\Delta' - (M + iPT)\Delta = 0 \tag{5-5-1}$$

式中 $H = k_{zz} + b_y - b_x - \dfrac{g\sin\theta}{v^2}$，$M = M_0 + M_2\delta^2$，$T = T_0 + T_2\delta^2$

应用改进的拟线性代入法，求得近似解析解，其频率为

$$\varphi_1' = \frac{P}{2} + \sqrt{-\hat{M}_0[1 + m_2(K_1^2 + 2K_2^2)]} \qquad (5-5-2)$$

$$\varphi_2' = \frac{P}{2} - \sqrt{-\hat{M}_0[1 + m_2(2K_1^2 + K_2^2)]} \qquad (5-5-3)$$

式中

$$\hat{M}_0 = M_0 - \frac{P^2}{4}, \; m_2 = \frac{M_2}{\hat{M}_0}$$

阻尼因子 λ_j 为

$$\lambda_j = a_{j1}\lambda_1^* + a_{j2}\lambda_2^* \quad (j=1,\ 2) \qquad (5-5-4)$$

式中

$$a_{11} = \frac{2}{d}[1 + m_2(K_1^2 + 2K_2^2)][2 + m_2(4K_1^2 + 3K_2^2)]$$

$$a_{12} = -\frac{4}{d}(m_2 K_2^2)[1 + m_2(2K_1^2 + K_2^2)]$$

$$a_{21} = -\frac{4}{d}(m_2 K_1^2)[1 + m_2(K_1^2 + 2K_2^2)]$$

$$a_{22} = \frac{2}{d}[1 + m_2(2K_1^2 + K_2^2)][2 + m_2(3K_1^2 + 4K_2^2)]$$

$$d = 4 + 14m_2(K_1^2 + K_2^2) + m_2^2(12K_1^4 + 21K_1^2 K_2^2 + 12K_2^4)$$

$$\lambda_1^* = \frac{-1}{2\pi(2\varphi_1' - P)} \int_0^{2\pi} \left[H\left(\varphi_1' + \varphi_2' \frac{K_2}{K_1} \cos \hat{\phi}\right) - \right.$$

$$PT\left(1 + \frac{K_2}{K_1} \cos \hat{\phi}\right) + M \frac{K_2}{K_1} \sin \hat{\phi} \Bigg] d\hat{\phi}$$

$$\lambda_2^* = \frac{-1}{2\pi(2\varphi_2' - P)} \int_0^{2\pi} \left[H\left(\varphi_2' + \varphi_1' \frac{K_1}{K_2} \cos \hat{\phi}\right) - \right.$$

$$PT\left(1 + \frac{K_1}{K_2} \cos \hat{\phi}\right) - M \frac{K_1}{K_2} \sin \hat{\phi} \Bigg] d\hat{\phi}$$

当弹箭的角运动接近于圆运动或做准圆运动时，攻角 Δ 的两个分运动幅值 K_1 和 K_2 有如下关系：

$$K_2 \ll K_1 \quad 或 \quad K_1 \ll K_2$$

不妨设 $K_2 \ll K_1$，对于 $K_1 \ll K_2$ 的情况可进行类似的分析。在 $K_2 \ll K_1$ 的情况下，弹箭的频率为

$$\varphi_1' = \frac{P}{2} + \sqrt{-\hat{M}_2(1 + m)} \qquad (5-5-5)$$

$$\varphi_2' = \frac{P}{2} - \sqrt{-\hat{M}_0(1 + 2m)} \qquad (5-5-6)$$

式中

$$m = m_2 K_1^2$$

此时阻尼因子 λ_j 表达式中的系数 a_{ij} 和 λ_j^* 的表达式为

$$a_{11} = \frac{2(1+m)}{2+3m}, \; a_{12} = 0$$

$$a_{21} = \frac{-2m(1+m)}{(2+3m)(1+2m)}, \quad a_{22} = 1$$

$$\lambda_1^* = \frac{-1}{4\pi\sqrt{-\hat{M}_0(1+m)}} \int_0^{2\pi} (H\varphi_1' - PT) \mathrm{d}\hat{\phi}$$

$$\lambda_2^* = \frac{1}{4\pi\sqrt{-\hat{M}_0(1+2m)}} \int_0^{2\pi} \left[H\left(\varphi_2' + \varphi_1'\frac{K_1}{K_2}\cos\hat{\phi}\right) - PT\left(1 + \frac{K_1}{K_2}\cos\hat{\phi}\right) - M\frac{K_1}{K_2}\sin\hat{\phi} \right] \mathrm{d}\hat{\phi}$$

阻尼因子 λ_1 和 λ_2 为

$$\lambda_1 = \frac{2+2m}{2+3m} \lambda_1^* \tag{5-5-7}$$

$$\lambda_2 = \frac{-2m(1+m)}{(2+3m)(1+2m)} \lambda_1^* + \lambda_2^* \tag{5-5-8}$$

把 $M = M_0 + M_2\delta^2$，$T = T_0 + T_2\delta^2$ 以及 δ^2 的表达式代入 λ_1^* 和 λ_2^* 的计算式中，积分后得

$$\lambda_1^* = -\frac{1}{4}\left\{ 2H_0 - |1+m|^{-\frac{1}{2}} \hat{P}(2T_0 - H_0 + 2T_2K_1^2) \right\}$$

$$\lambda_2^* = -\frac{1}{4}[2H_0 + |1+2m|^{-\frac{1}{2}} \hat{P}(2T_0 - H_0 + 4T_2K_1^2)]$$

式中

$$\hat{P} = P|M_0|^{-\frac{1}{2}}$$

这样得到阻尼因子 λ_1 和 λ_2 的表达式为

$$\lambda_1 = -\frac{1+m}{2(2+3m)}[2H_0 - |1+m|^{-\frac{1}{2}}\hat{P}(2T_0 - H_0 + 2T_2K_1^2)] \tag{5-5-9}$$

$$\lambda_2 = -\frac{2m(1+m)}{(2+3m)(1+2m)}\lambda_1^* + \lambda_2^* \tag{5-5-10}$$

至此，得到了旋转弹箭在非线性静力矩和非线性马氏力矩作用下做准圆运动时的近似解析解。

另外，从 λ_1^* 和 λ_2^* 的表达式看出，它们分别含有

$$[-\hat{M}_0(1+m)]^{-\frac{1}{2}} \quad \text{和} \quad [-\hat{M}_0(1+2m)]^{-\frac{1}{2}}$$

两项，无论 $\hat{M}_0 > 0$ 还是 $\hat{M}_0 < 0$，要使上面这两项有意义，对 m 必须有如下限制：

$$m \bar{\in} \left[-1, -\frac{1}{2}\right]$$

5.5.2 极限圆运动的稳定性

下面根据振幅平面方程，由奇点理论分析旋转弹箭从准圆运动实现极限圆运动的条件。振幅平面方程为

$$\frac{\mathrm{d}K_1^2}{\mathrm{d}s} = 2K_1^2 \lambda_1 \tag{5-5-11}$$

弹箭非线性运动理论

$$\frac{\mathrm{d}K_2^2}{\mathrm{d}s} = 2K_2^2\lambda_2 \qquad (5-5-12)$$

在 $K_2 \ll K_1$ 的情况下，能形成极限圆运动的条件首先是在 K_1^2 轴上有一个奇点，此奇点应是零阻尼曲线 $\lambda_1 = 0$ 与 K_1^2 轴的交点。因为当 $m \in [-1, -1/2]$ 时，有 $(1+m)/[2(2+3m)] \neq 0$，故从式（5-5-9）得出，K_1^2 轴上存在圆奇点的条件是 $\lambda_1^* = 0$，这样导出圆运动的幅值 K_c^2 为

$$K_c^2 = \frac{2H_0 - |1+m|^{-\frac{1}{2}}\hat{P}(2T_0 - H_0)}{2\hat{P}T_2|1+m|^{-\frac{1}{2}}} \qquad (5-5-13)$$

因此，奇点的位置为 $(K_c^2, 0)$。

在奇点附近，阻尼因子 λ_2 的表达式中，第一项与第二项相比，可略去第一项，即在奇点附近有

$$\lambda_2 = \lambda_2^* \qquad (5-5-14)$$

为了讨论的方便，作变换

$$x = K_1^2 - K_c^2, \quad y = K_2^2$$

这样就把奇点移到坐标原点上。在新的坐标系下，振幅平面方程变为

$$\frac{\mathrm{d}x}{\mathrm{d}s} = 2|1+m|^{-\frac{1}{2}}\hat{P}T_2\frac{1+m}{2+3m}x\left[x + \frac{2H_0 - |1+m|^{-\frac{1}{2}}\hat{P}(2T_0 - H_0)}{2T_2\hat{P}|1+m|^{-\frac{1}{2}}}\right] \qquad (5-5-15)$$

$$\frac{\mathrm{d}y}{\mathrm{d}s} = \left(-\frac{1}{2}\right)y\left\{2H_0 + |1+2m|^{-\frac{1}{2}}\hat{P}\left\{2T_0 - H_0 + \frac{2[2H_0 - |1+m|^{-\frac{1}{2}}\hat{P}(2T_0 - H_0)]}{\hat{P}|1+m|^{-\frac{1}{2}}}\right\} + 4T_2\hat{P}|1+2m|^{-\frac{1}{2}}x\right\}$$

$$(5-5-16)$$

可以证明，由振幅平面方程（5-5-15）和方程（5-5-16）决定的奇点只可能是结点或鞍点。

根据奇点类型的判别准则

$$a = \frac{1+m}{2+3m}[2H_0 - |1+m|^{-\frac{1}{2}}\hat{P}(2T_0 - H_0)], \ b = 0, \ c = 0$$

$$d = -\frac{1}{2}\left\{2H_0 + |1+m|^{-\frac{1}{2}}\hat{P}(2T_0 - H_0) + 2[2H_0 - \right.$$

$$\left. |1+m|^{-\frac{1}{2}}(2T_0 - H_0)]\left|\frac{1+m}{1+2m}\right|^{-\frac{1}{2}}\right\}$$

因为 $p^2 - 4q = (a-d)^2 + 4bc = (a-d)^2 > 0$，所以奇点只可能是结点或鞍点，由于鞍点总是不稳定的。下面导出该奇点为稳定结点所应满足的条件。

稳定的结点对应着弹箭角运动的稳定状态，弹箭的角运动是趋向这个稳定平衡位置的，即弹箭存在极限圆运动。因此，对于 $K_1^2 < K_c^2$ 的小圆运动，要使它趋向奇点对应的极限圆运

动，则幅值 K_1^2 必须增大；而对于 $K_1^2 > K_c^2$ 的大圆运动，要使它趋向奇点对应的极限圆运动，则幅值 K_1^2 必须减小。

对于新坐标系，$x<0$ 对应着小圆运动，$x>0$ 对应着大圆运动。在式（5-5-15）中，由坐标变换知

$$K_1 = x + K_c^2 = x + \frac{2H_0 - |1+m|^{-\frac{1}{2}}\hat{P}(2T_0 - H_0)}{2T_0\hat{P}|1+m|^{-\frac{1}{2}}} > 0$$

当 $m \in [1, -1/2]$ 时有 $(1+m)/(2+3m) > 0$，因此，要使小圆运动幅值增大，大圆运动幅值减小，必须要求

$$\hat{P}T_2 < 0 \qquad (5-5-17)$$

再由奇点的坐标值 $K_c^2 > 0$ 可得

$$2H_0 - |1+m|^{-\frac{1}{2}}\hat{P}(2T_0 - H_0) < 0 \qquad (5-5-18)$$

在奇点处有 $K_2^2 = 0$，所以对应于 K_2^2 只有大圆运动。由式（5-5-16）看出，在奇点附近，要保证对应于 K_2^2 的大圆运动幅值减小，只要下式成立即可：

$$2H_0 + |1+2m|^{-\frac{1}{2}}\hat{P}\left\{2T_0 - H_0 + \frac{2\left[2H_0 - |1+m|^{-\frac{1}{2}}\hat{P}(2T_0 - H_0)\right]}{\hat{P}|1+2m|^{-\frac{1}{2}}}\right\} > 0 \qquad (5-5-19)$$

由此式解出

$$\hat{P}(2T_0 - H_0) < 2(|1+2m|^{\frac{1}{2}} + 2|1+m|^{\frac{1}{2}})H_0 \qquad (5-5-20)$$

再由式（5-5-18）解出

$$\hat{P}(2T_0 - H_0) > 2|1+m|^{\frac{1}{2}}H_0 \qquad (5-5-21)$$

这样由式（5-5-20）和式（5-5-21）得到

$$2|1+m|^{\frac{1}{2}}H_0 < \hat{P}(2T_0 - H_0) < (|1+2m|^{\frac{1}{2}} + 2|1+m|^{\frac{1}{2}})H_0 \qquad (5-5-22)$$

由此式看出，若 $H_0 < 0$，此不等式不成立，所以对于稳定的结点必须有 $H_0 > 0$，这样式（5-5-22）化为

$$|1+m|^{\frac{1}{2}} < \frac{\hat{P}(2T_0 - H_0)}{2H_0} < |1+2m|^{\frac{1}{2}} + 2|1+m|^{\frac{1}{2}} \qquad (5-5-23)$$

综上分析，得出下面的结论：

旋转弹箭在非线性静力矩和非线性马氏力矩作用下，存在极限圆运动的条件为

$$\begin{cases} H_0 > 0, \ \hat{P}T_2 < 0, \ m \in \left[-1, -\frac{1}{2}\right] \\ |1+m|^{\frac{1}{2}} < \dfrac{\hat{P}(2T_0 - H_0)}{2H_0} < |1+2m|^{\frac{1}{2}} + 2|1+m|^{\frac{1}{2}} \end{cases}$$

其中特别要注意，对于旋转弹，具有正阻尼 $H_0 > 0$ 是产生极限圆运动的必要条件，这与

弹箭非线性运动理论

非旋转弹存在极限圆运动的必要条件是小攻角具有负阻尼 $H_0 < 0$ 正好相反。根据这组不等式，可画出旋转弹箭存在极限圆运动的稳定区域，如图 $5-5-1$ 所示。

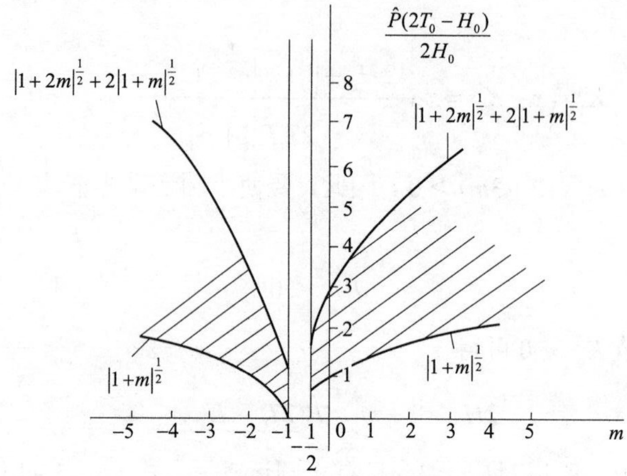

图 $5-5-1$　旋转弹箭存在极限圆运动的稳定区域

5.5.3　旋转弹箭极限圆运动计算

以下考虑完整的旋转弹角运动方程

$$\Delta'' + (H - iP)\Delta' - (M + iPT)\Delta = 0 \qquad (5-5-24)$$

式中

$$H = k_{zz} + by - bx - \frac{g\sin\theta}{V^2}, M = \frac{\rho Sl}{2}m_z'k_z,$$

$$T_0 = \frac{\rho Sld}{2}m_{y0}', T_2 = \frac{\rho Sld}{2}m_{y2}'$$

旋转弹极限圆运动气动参数组合例题见表 $5-5-1$。具体图形见图 $5-5-2$~图 $5-5-15$。

表 $5-5-1$　旋转弹极限圆运动气动参数组合例题

	P	T_0	T_2	H_0	M_0	说明	
a	3.5	2	−0.01	1.5	1	分 6 种情况	
b	3.5	2	−1	1.5	1		
c	3.5	−0.5	0.01	1.5	1		
d	3.5	−2	0.01	1.5	1		
e	0.5	2	−0.01	0.5	−0.2	分 3 种情况	
f	1	0.1	0.01	0.5	0.25		

主要结论：正阻尼 $H_0 > 0$ 才能产生极限圆运动；负阻尼 $H_0 < 0$ 攻角发散。

旋转弹不能形成极限平面运动。马氏力矩项要满足一定条件才能形成极限圆运动。

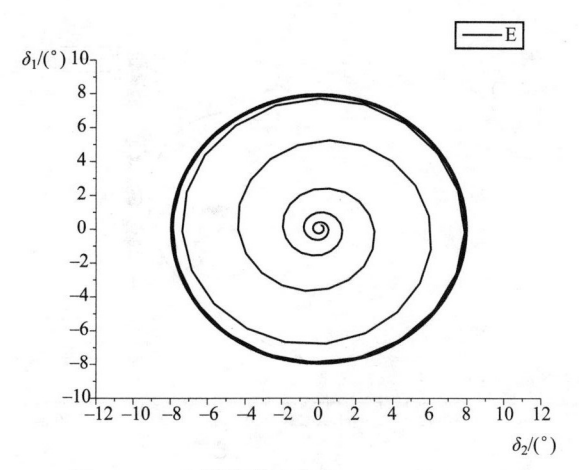

图 5-5-2 旋转弹 表 5-5-1（a1）
正阻尼 $H_0 > 0$，形成极限圆运动

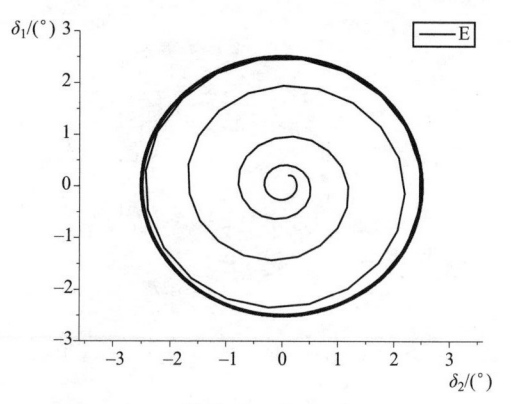

图 5-5-3 旋转弹 表 5-5-1（b）
正阻尼 $H_0 > 0$，形成极限圆运动

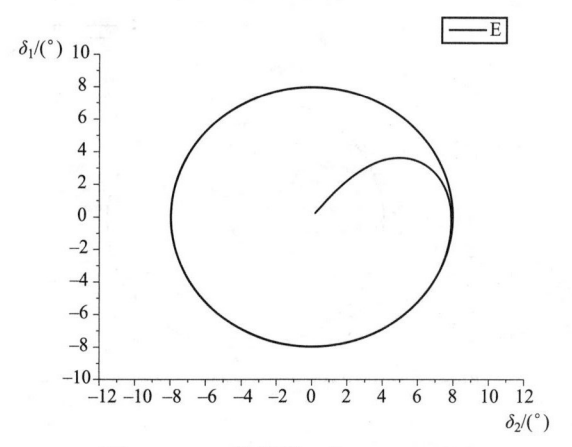

图 5-5-4 旋转弹 表 5-5-1（c）
正阻尼 $H_0 > 0$，形成极限圆运动（c）

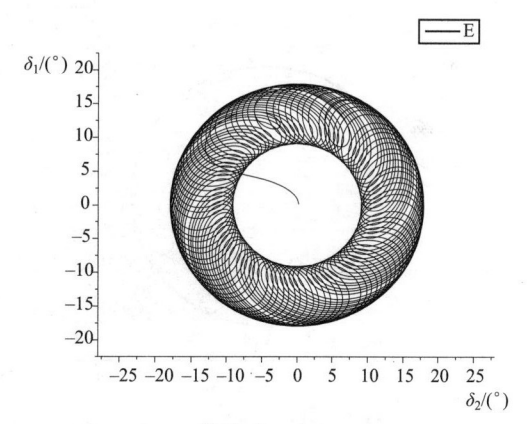

图 5-5-5 旋转弹 表 5-5-1（d）
正阻尼 $H_0 > 0$，形成极限圆运动

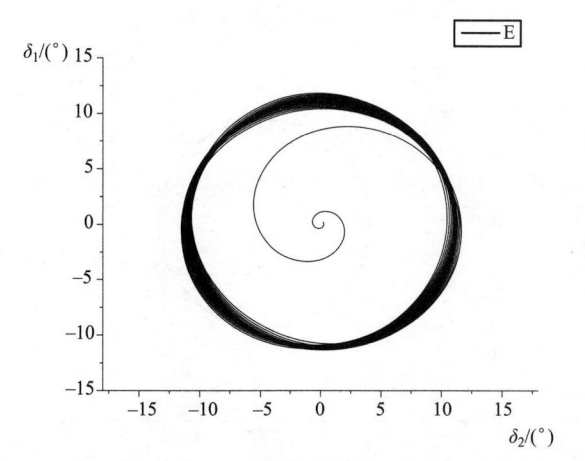

图 5-5-6 旋转弹 表 5-5-1（e1）
正阻尼 $H_0 > 0$，形成极限圆运动

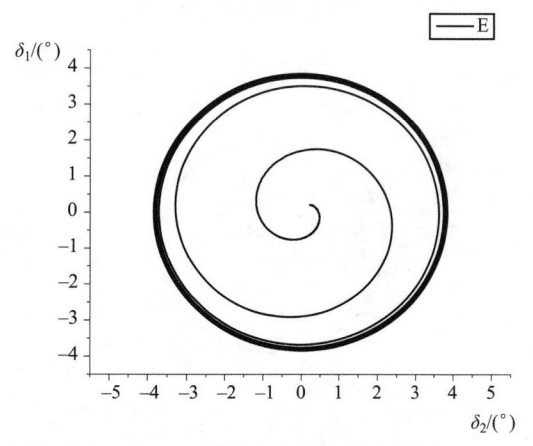

图 5-5-7 旋转弹 表 5-5-1（f）
正阻尼 $H_0 > 0$，形成极限圆运动

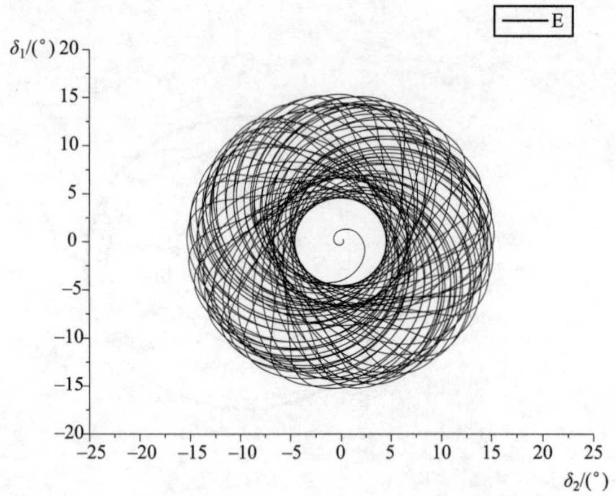

弹箭非线性运动理论

图 5-5-8　旋转弹　表 5-5-1（e2）的 P 改为 $P=1.0$
形成极限椭圆运动，不是极限圆运动

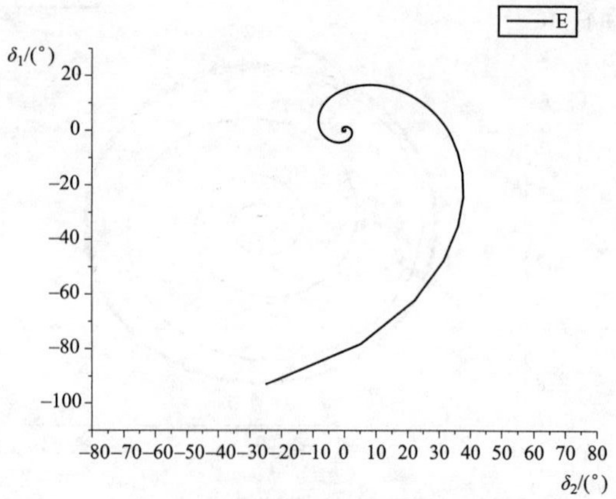

图 5-5-9　旋转弹　表 5-5-1（e3）
仅 T_2 改成 $T_2=0.01$，运动发散

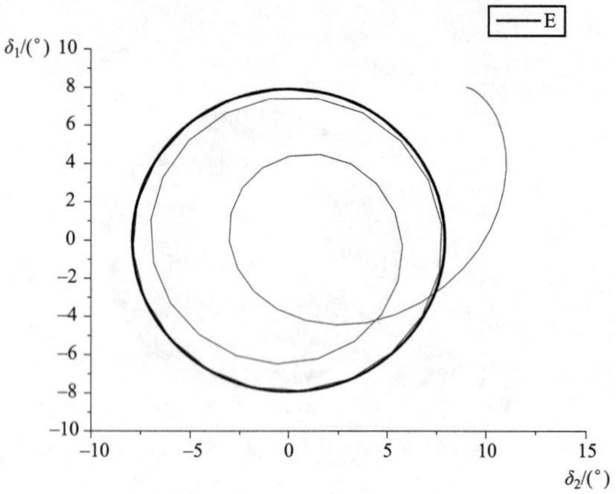

图 5-5-10　旋转弹　表 5-5-1（a）
改初始扰动（A），攻角大于极限圆半径
形成极限圆运动（a-A）

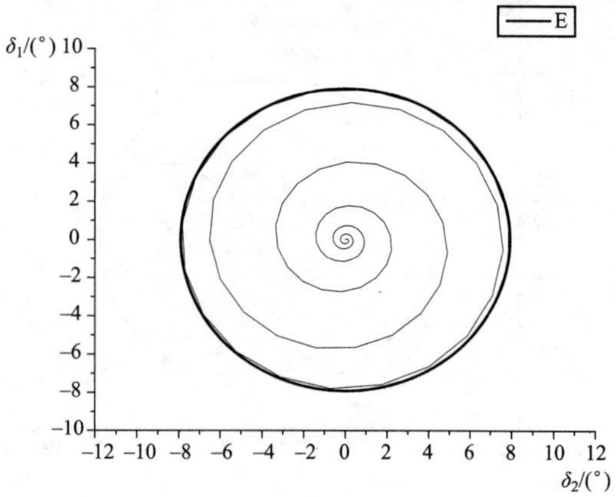

图 5-5-11　旋转弹　表 5-5-1（a）
改初始扰动 B，初始攻角为 0
形成极限圆运动（a-B）

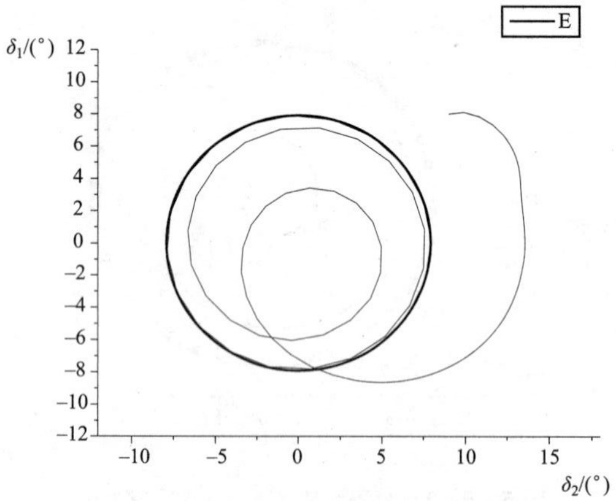

图 5-5-12　旋转弹　表 5-5-1（a）
改初始扰动 C，形成极限圆运动（a-C）
初始攻角和初始攻角速度都较大

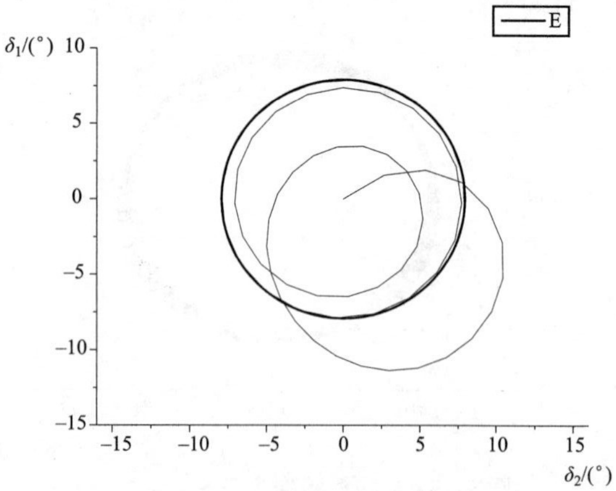

图 5-5-13　旋转弹　表 5-5-1（a）
改初始扰动 D，形成极限圆运动（a-D）
初始攻角为 0，但初始攻角速度很大

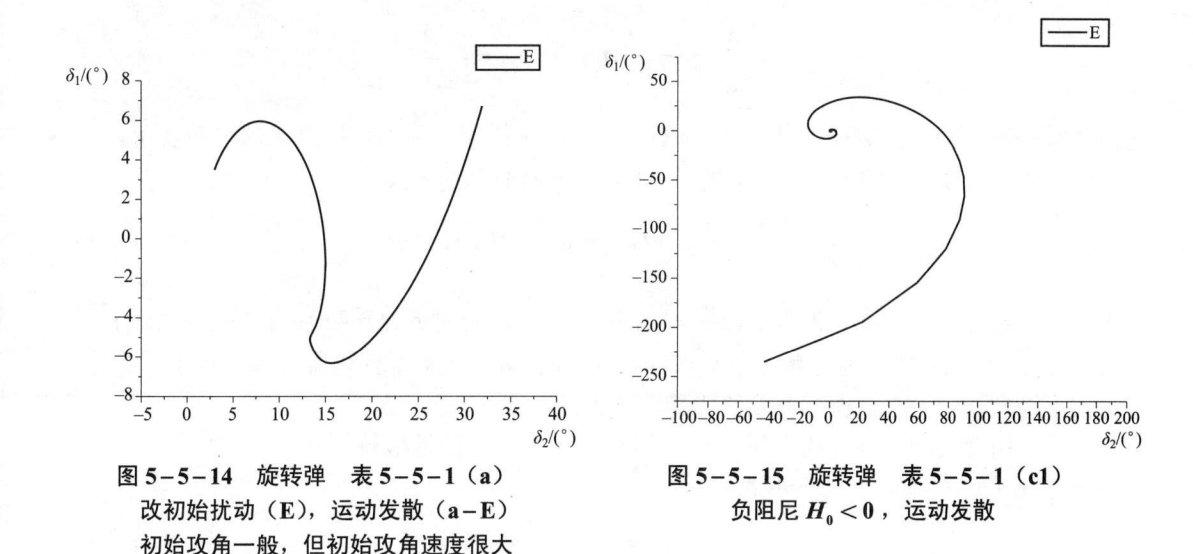

图 5-5-14　旋转弹　表 5-5-1（a）
改初始扰动（E），运动发散（a-E）
初始攻角一般，但初始攻角速度很大

图 5-5-15　旋转弹　表 5-5-1（c1）
负阻尼 $H_0<0$，运动发散

5.6　旋转弹箭的非线性强迫运动

旋转弹箭在周期干扰因素（如火箭弹主动段的推力偏心、动不平衡、静不平衡、气动偏心、弹箭外形不对称而产生的周期干扰力矩等）作用下的强迫运动，对于常系数线性非齐次角运动方程，它只存在谐波运动，其频率等于周期干扰因素的频率，当该频率等于弹箭角运动频率时就发生了共振，使谐波运动的幅值急剧变大。在周期干扰因素作用下，弹箭的非线性强迫运动除了存在谐波运动之外，是否还存在其他形式的运动？共振现象又是如何呢？

讨论弹箭的强迫运动，主要是为了分析弹箭的共振现象。对于旋转稳定的弹箭，由于转速很高，一般不会发生共振。因此，本节所讨论的旋转弹箭的非线性强迫运动是针对尾翼式旋转弹箭而言的。对于这种静稳定弹箭，其线性静力矩系数导数 $m'_z<0$，非线性静力矩系数中的 $m_{z0}<0$，对应弹箭角运动方程中的 $M_0<0$。

5.6.1　在非线性静力矩作用下旋转弹箭强迫运动的近似解析解

非线性静力矩取作三次方的形式

$$M_z=\frac{\mathrm{i}}{2}\rho V^2 Sl(m_{z0}+m_{z2}\delta^2)\Delta \quad (5-6-1)$$

赤道阻尼力矩和马氏力矩均为攻角的线性函数。在周期干扰因素作用下的旋转弹箭的角运动方程为

$$\Delta''+(H-\mathrm{i}P)\Delta'-(M+\mathrm{i}PT)\Delta=B\mathrm{e}^{\mathrm{i}\gamma} \quad (5-6-2)$$

式中，$M=M_0+M_2\delta^2$，$M_j=k_{zj}\dfrac{\rho Sl}{2A}m_{zj}$ $(j=0,2)$，其余符号同前；B 为常数，表示周期干扰因素的幅值，对于不同性质的干扰因素它有不同的形式（见 2.10 节）。

将因变量 Δ 和自变量 s 作如下变换：

$$\zeta = \frac{\Delta}{\delta_{T0}}, \quad \tau = (-M_0)^{\frac{1}{2}} s, \quad \delta_{T0} = -\frac{B}{M_0}$$

δ_{T0} 是线性静力矩为零 $(M_2 = 0)$ 和转速为零 $(\dot{\gamma} = 0)$ 时干扰因素强迫作用产生的平衡攻角。

在上面的变换下，方程（5-6-2）可化简成下面简单的形式：

$$\ddot{\zeta} + (\hat{H} - i\hat{P})\dot{\zeta} + (1 + m_a |\zeta|^2 - i\hat{P}\hat{T})\zeta = e^{i\gamma} \tag{5-6-3}$$

式中，"·" 为对 τ 的导数（在本节范围内出现的 "·" 都是对 τ 的导数）；$\hat{(\ )} = (\ )(-M_0)^{-\frac{1}{2}}$；$m_a = M_2 \delta_{T0}^2 / M_0$，$m_a$ 表示当攻角等于平衡攻角 δ_{T0} 时，静力矩的非线性部分与线性部分之比，它的大小综合表示了干扰作用以及静力矩非线性的强弱。

下面应用改进的拟线性代入法，求出方程（5-6-3）的近似解析解。

设方程（5-6-3）有如下形式的解：

$$\zeta = K_1 e^{i\varphi_1} + K_2 e^{i\varphi_2} + K_3 e^{i\varphi_3} \tag{5-6-4}$$

式中，$\lambda_j = \dot{K}_j / K_j$，$K_j = K_{j0} e^{\lambda_j \tau}$，$\varphi_j = \dot{\varphi}_j \tau + \varphi_{j0}$，$\varphi_3 = \gamma + \varphi_{30}$ $(j = 1, 2)$。

在对式（5-6-4）求导的过程中，由于 $\lambda_j (j = 1, 2)$ 和 K_3 缓慢变化，故可略去它们的导数项，这样可得

$$\dot{\zeta} = (\lambda_1 + i\dot{\varphi}_1)K_1 e^{i\varphi_1} + (\lambda_2 + i\dot{\varphi}_2)K_2 e^{i\varphi_2} + iK_3 \dot{\gamma} e^{i\varphi_3} \tag{5-6-5}$$

$$\ddot{\zeta} = \left[-(\dot{\varphi}_1)^2 + i(\ddot{\varphi}_1 + 2\lambda_1 \dot{\varphi}_1) \right] K_1 e^{i\varphi_1} + \left[-(\dot{\varphi}_2)^2 + i(\ddot{\varphi}_2 + 2\lambda_2 \dot{\varphi}_2) \right] \cdot$$
$$K_2 e^{i\varphi_2} - (\dot{\gamma})^2 K_3 e^{i\varphi_3} \tag{5-6-6}$$

将式（5-6-4）~式（5-6-6）代入方程（5-6-3），两边除以 $K_1 e^{i\varphi_1}$，则得

$$(\dot{\varphi}_1)^2 - \hat{P}\dot{\varphi}_1 - 1 - i\left[\lambda_1(2\dot{\varphi}_1 - \hat{P}) + \dot{\varphi}_1 \hat{H} + \ddot{\varphi}_1 - \hat{P}\hat{T} \right] - m_a |\zeta|^2 \zeta K_1^{-1} e^{-i\varphi_1}$$

$$= -\left\{ (\dot{\varphi}_2)^2 - \hat{P}\dot{\varphi}_2 - 1 - i\left[\lambda_2(2\dot{\varphi}_2 - \hat{P}) + \dot{\varphi}_2 \hat{H} + \ddot{\varphi}_2 - \hat{P}\hat{T} \right] \right\} K_2 K_1^{-1} e^{-i\varphi} - \tag{5-6-7}$$

$$\left\{ \left[(\dot{\gamma})^2 - \hat{P}\dot{\gamma} - 1 - i(\dot{\gamma}\hat{H} - \hat{P}\hat{T}) \right] K_3 + e^{-i\varphi_{30}} \right\} K_1^{-1} e^{-i\varphi_r}$$

式中，$\varphi = \hat{\varphi} = \varphi_1 - \varphi_2$，$\varphi_r = \varphi_1 - \varphi_3$。

根据式（5-6-4）可求出 $|\zeta|^2$ 的表达式

$$|\zeta|^2 = \zeta\bar{\zeta} = (K_1 e^{i\varphi_1} + K_2 e^{i\varphi_2} + K_3 e^{i\varphi_3})(K_1 e^{-i\varphi_1} + K_2 e^{-i\varphi_2} + K_3 e^{-i\varphi_3})$$
$$= K_1^2 + K_2^2 + K_3^3 + 2K_1 K_2 \cos\varphi + 2K_1 K_3 \cos\varphi_r + 2K_2 K_3 \cos(\varphi - \varphi_r) \tag{5-6-8}$$

根据式（5-6-4）又可求出

$$K_1^{-1}\zeta e^{-i\varphi_1} = K_1^{-1}(K_1 e^{i\varphi_1} + K_2 e^{i\varphi_2} + K_3 e^{i\varphi_3})e^{-i\varphi_1}$$
$$= 1 + K_2 K_1^{-1} e^{-i\varphi} + K_3 K_1^{-1} e^{-i\varphi_r} \tag{5-6-9}$$

把式（5-6-8）与式（5-6-9）相乘得

$$\begin{aligned}
|\zeta|^2 \zeta K_1^{-1} \mathrm{e}^{-\mathrm{i}\varphi_1} =& K_1^2 + K_2^2 + K_3^2 + K_1 K_2 \mathrm{e}^{\mathrm{i}\varphi} + K_1 K_2 \mathrm{e}^{-\mathrm{i}\varphi} + K_1 K_3 \mathrm{e}^{\mathrm{i}\varphi_\mathrm{r}} + K_1 K_3 \mathrm{e}^{-\mathrm{i}\varphi_\mathrm{r}} + \\
& K_2 K_3 \mathrm{e}^{\mathrm{i}(\varphi-\varphi_\mathrm{r})} + K_2 K_3 \mathrm{e}^{-\mathrm{i}(\varphi-\varphi_\mathrm{r})} + K_1 K_2 \mathrm{e}^{-\mathrm{i}\varphi} + K_2^3 K_1^{-1} \mathrm{e}^{-\mathrm{i}\varphi} + \\
& K_3^2 K_1^{-1} \mathrm{e}^{-\mathrm{i}\varphi} + K_2^2 + K_2^2 \mathrm{e}^{-2\mathrm{i}\varphi} + K_2 K_3 \mathrm{e}^{-\mathrm{i}(\varphi_\mathrm{r}-\varphi)} + K_3 K_2 \mathrm{e}^{-\mathrm{i}(\varphi+\varphi_\mathrm{r})} + \\
& K_2^2 K_3 K_1^{-1} \mathrm{e}^{-\mathrm{i}\varphi_\mathrm{r}} + K_2^2 K_3 K_1^{-1} \mathrm{e}^{-\mathrm{i}(2\varphi-\varphi_\mathrm{r})} + K_1 K_3 \mathrm{e}^{-\mathrm{i}\varphi_\mathrm{r}} + \\
& K_2 K_3 K_1^{-1} \mathrm{e}^{-\mathrm{i}\varphi_\mathrm{r}} + K_3^3 K_1^{-1} \mathrm{e}^{-\mathrm{i}\varphi_\mathrm{r}} + K_2 K_3 \mathrm{e}^{\mathrm{i}(\varphi-\varphi_\mathrm{r})} + K_2 K_3 \mathrm{e}^{-\mathrm{i}(\varphi+\varphi_\mathrm{r})} + \\
& K_3^2 + K_3^2 \mathrm{e}^{-2\mathrm{i}\varphi_\mathrm{r}} + K_2 K_3^2 K_1^{-1} \mathrm{e}^{\mathrm{i}(\varphi-2\varphi_\mathrm{r})} + K_2 K_3^2 K_1^{-1} \mathrm{e}^{-\mathrm{i}\varphi} \quad (5-6-10) \\
=& K_1^2 + 2K_2^2 + 2K_3^2 + K_1 K_2 \mathrm{e}^{\mathrm{i}\varphi} + \\
& (2K_1 K_2 + K_2^3 K_1^{-1} + K_3^2 K_2 K_1^{-1} + K_2 K_3^2 K_1^{-1}) \mathrm{e}^{-\mathrm{i}\varphi} + K_1 K_3 \mathrm{e}^{\mathrm{i}\varphi_\mathrm{r}} + \\
& (2K_1 K_3 + K_2^2 K_3 K_1^{-1} + K_2^2 K_3 K_1^{-1} + K_3^3 K_1^{-1}) \mathrm{e}^{-\mathrm{i}\varphi_\mathrm{r}} + 2K_2 K_3 \mathrm{e}^{\mathrm{i}(\varphi-\varphi_\mathrm{r})} + \\
& 2K_2 K_3 \mathrm{e}^{-\mathrm{i}(\varphi-\varphi_\mathrm{r})} + K_2^2 \mathrm{e}^{-2\mathrm{i}\varphi} + K_2 K_3 \mathrm{e}^{-\mathrm{i}(\varphi+\varphi_\mathrm{r})} + \\
& K_2^2 K_3 K_1^{-1} \mathrm{e}^{\mathrm{i}(\varphi_\mathrm{r}-2\varphi)} + K_3^2 \mathrm{e}^{-2\mathrm{i}\varphi_\mathrm{r}} + K_2 K_3^2 K_1^{-1} \mathrm{e}^{\mathrm{i}(\varphi-2\varphi_\mathrm{r})}
\end{aligned}$$

从上式看出，在式（5-6-7）中的 $m_\mathrm{a} |\zeta|^2 \zeta K_1^{-1} \mathrm{e}^{-\mathrm{i}\varphi_1}$ 项里包含 8 种频率：

$$\dot{\varphi}, \ \dot{\varphi}_\mathrm{r}, \ 2\dot{\varphi}, \ 2\dot{\varphi}_\mathrm{r}, \ \dot{\varphi}_\mathrm{r} - 2\dot{\varphi}, \ \dot{\varphi} - 2\dot{\varphi}_\mathrm{r}, \ \dot{\varphi} - \dot{\varphi}_\mathrm{r}, \ \dot{\varphi} + \dot{\varphi}_\mathrm{r}$$

因此对方程（5-6-7）的平均不能像对齐次方程那样在 φ 的一个周期上进行平均，而应该在这 8 个频率中不等于零的那些频率所对应周期的合成周期 T 上进行平均，该合成周期 T 即这些不等于零的频率之周期的最小公倍数。对于不同的情况，合成周期 T 的值是不同的。

在对方程（5-6-7）的平均过程中，如果上面 8 个频率中的哪个频率变为零，则该项为常数，平均值仍为该常数。而包含其他频率的项平均后变为零。因此，在计算平均值时只需要保留那些频率可以变为零的项，下面就来分析在什么样的转速下那些频率能变为零。

对于线性角运动，弹箭的频率为

$$\dot{\varphi}_1 = \frac{1}{2}(\hat{P} + \sqrt{\hat{P}^2 + 4}) \quad (5-6-11)$$

$$\dot{\varphi}_2 = \frac{1}{2}(\hat{P} - \sqrt{\hat{P}^2 + 4}) \quad (5-6-12)$$

当转速为零时，$\dot{\varphi}_1 = -\dot{\varphi}_2 = 1$，故

$$\dot{\varphi} = \dot{\varphi}_1 - \dot{\varphi}_2 = 2\dot{\varphi}_1 = 2 \quad (5-6-13)$$

当转速不为零时，$\dfrac{\dot{\varphi}}{\dot{\varphi}_1} = \dfrac{\sqrt{\hat{P}^2 + 4}}{\dfrac{1}{2}(\hat{P} + \sqrt{\hat{P}^2 + 4})}$ （5-6-14）

因此，从上式看出，随着转速 $\hat{P}$ 的增加，$\dot{\varphi}/\dot{\varphi}_1$ 趋向于 1，所以 $\dot{\varphi}$ 在数值上缓慢地减小到 $\dot{\varphi}_1$。

对于 $\dot{\varphi}_\mathrm{r} = \dot{\varphi}_1 - \dot{\gamma}$，当转速 $\dot{\gamma}$ 为零时，$\dot{\varphi}_\mathrm{r} = \dot{\varphi}_1$，随着转速的增加，$\dot{\varphi}_\mathrm{r}$ 在数值上缓慢地减小，在共振点 $\dot{\gamma} = \dot{\varphi}_1$ 上，$\dot{\varphi}_\mathrm{r} = 0$。当转速继续增加超过共振转速后，$\dot{\varphi}_\mathrm{r}$ 改变符号而与 $\dot{\varphi}_1$ 符号相反，其绝对值增大到非常大的数值。转速的这些变化如图 5-6-1 所示。

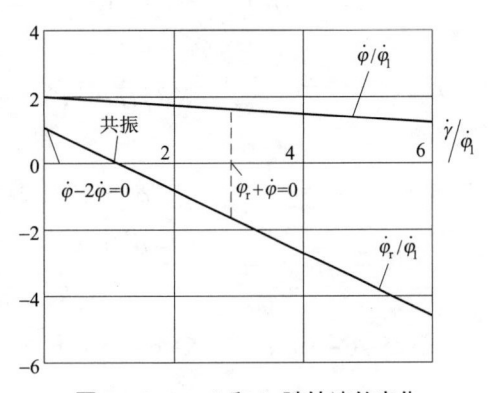

图 5-6-1 $\dot{\varphi}$ 和 $\dot{\varphi}_\mathrm{r}$ 随转速的变化

弹箭非线性运动理论

从图 5-6-1 看出，对于非共振转速，上面 8 个频率中的 $\dot{\varphi}, \dot{\varphi}_r, 2\dot{\varphi}, 2\dot{\varphi}_r, \dot{\varphi}_r - 2\dot{\varphi}, \dot{\varphi} - \dot{\varphi}_r$ 均不为零，而 $\dot{\varphi} - 2\dot{\varphi}_r$ 和 $\dot{\varphi} + \dot{\varphi}_r$ 在一定的转速下可以变为零。当转速为零时，$\dot{\varphi}_1 + \dot{\varphi}_2 = 0$，因此有

$$\dot{\varphi} - 2\dot{\varphi}_r = \dot{\varphi}_1 - \dot{\varphi}_2 - 2\dot{\varphi}_1$$

$$= -(\dot{\varphi}_1 + \dot{\varphi}_2) = 0$$

当转速不为零时，对于尾翼式旋转弹箭，$\dot{\varphi}_1 \approx -\dot{\varphi}_2$，因此当转速 $\dot{\gamma} = 3\dot{\varphi}_1$ 时有

$$\dot{\varphi} + \dot{\varphi}_r = \dot{\varphi}_1 - \dot{\varphi}_2 + \dot{\varphi}_1 - \dot{\gamma} = 3\dot{\varphi}_1 - \dot{\gamma} = 0$$

若转速出现这种情况，就称发生次谐波共振，此时的转速称为三倍共振转速。

在共振转速时，上面 8 个频率中的 $\dot{\varphi}_r, 2\dot{\varphi}_r$ 为零，其余的 6 个频率均不为零。

除了上面的零转速、共振转速和三倍共振转速以外，对于其他的转速，上面的 8 个频率均不为零，这种转速称为一般转速。

下面分别求出在这四种转速情况下方程（5-6-3）的近似解析解。

1. 接近零转速的情况

在这种情况下，$\dot{\varphi} - 2\dot{\varphi}_r = 0$，在平均方程（5-6-7）的过程中，应保留含有该频率的项。为此，令

$$\varphi^* = \varphi - 2\varphi_r = \text{const}$$

在周期 T 上对方程（5-6-7）平均得

$$(\dot{\varphi}_1)^2 - \hat{P}\dot{\varphi}_1 - 1 - \mathrm{i}[\lambda_1(2\dot{\varphi}_1 - \hat{P})] + \dot{\varphi}_1\hat{H} + \ddot{\varphi}_1 - \hat{P}\hat{T} -$$
$$m_a[K_1^2 + 2K_2^2 + 2K_3^2 + K_2K_3^2K_1^{-1}(\cos\varphi^* + \mathrm{i}\sin\varphi^*)] = 0 \tag{5-6-15}$$

把上式的实部和虚部分开得

$$(\dot{\varphi}_1)^2 - \hat{P}\dot{\varphi}_1 - 1 - m_a(K_1^2 + 2K_2^2 + 2K_3^2 + K_2K_3^2K_1^{-1}\cos\varphi^*) = 0 \tag{5-6-16}$$

$$\lambda_1(2\dot{\varphi}_1 - \hat{P}) + \dot{\varphi}_1\hat{H} + \ddot{\varphi}_1 - \hat{P}\hat{T} + m_aK_2K_3^2K_1^{-1}\sin\varphi^* = 0 \tag{5-6-17}$$

将式（5-6-4）～式（5-6-6）代入方程（5-6-3），两边除以 $K_2\mathrm{e}^{\mathrm{i}\varphi_2}$，类似地可得

$$(\dot{\varphi}_2)^2 - \hat{P}\dot{\varphi}_2 - 1 - m_a(K_2^2 + 2K_1^2 + 2K_3^2 + K_1K_3^2K_2^{-1}\cos\varphi^*) = 0 \tag{5-6-18}$$

$$\lambda_2(2\dot{\varphi}_2 - \hat{P}) + \dot{\varphi}_2\hat{H} + \ddot{\varphi}_2 - \hat{P}\hat{T} + m_aK_1K_3^2K_2^{-1}\sin\varphi^* = 0 \tag{5-6-19}$$

将式（5-6-4）～式（5-6-6）代入方程（5-6-3），两边除以 $K_3\mathrm{e}^{\mathrm{i}\varphi_3}$，类似地可得

$$K_3[(\dot{\gamma})^2 - \hat{P}\dot{\gamma} - 1] - m_a[K_3(K_3^2 + 2K_1^2 + 2K_2^2) + 2K_1K_2K_3\cos\varphi^*] +$$
$$\cos\varphi_{30} = 0 \tag{5-6-20}$$

$$K_3(\dot{\gamma}\hat{H} - \hat{P}\hat{T}) - m_a(2K_1K_2K_3\sin\varphi^*) + \sin\varphi_{30} = 0 \tag{5-6-21}$$

令

$$\delta_{01}^2 = K_1^2 + 2K_2^2 + 2K_3^2 + K_2K_3^2K_1^{-1}\cos\varphi^* \tag{5-6-22}$$

$$\delta_{02}^2 = K_2^2 + 2K_1^2 + 2K_3^2 + K_1K_3^2K_2^{-1}\cos\varphi^* \tag{5-6-23}$$

$$\delta_{03}^2 = K_3^2 + 2K_1^2 + 2K_2^2 + 2K_1K_2\cos\varphi^* \tag{5-6-24}$$

则式（5-6-16）、式（5-6-18）和式（5-6-20）变为

$$(\dot{\varphi}_1)^2 - \hat{P}\dot{\varphi}_1 - 1 - m_a\delta_{01}^2 = 0 \tag{5-6-25}$$

234

$$(\dot{\varphi}_2)^2 - \hat{P}\dot{\varphi}_2 - 1 - m_a\delta_{02}^2 = 0 \tag{5-6-26}$$

$$(\dot{\gamma})^2 - \hat{P}\dot{\gamma} - 1 - m_a\delta_{03}^2 = -K_3^{-1}\cos\varphi_{30} \tag{5-6-27}$$

由式（5-6-25）和式（5-6-26）解出频率为

$$\dot{\varphi}_1 = \frac{1}{2}\left[\hat{P} + \sqrt{\hat{P}^2 + 4(1+m_a\delta_{01}^2)}\right] \tag{5-6-28}$$

$$\dot{\varphi}_2 = \frac{1}{2}\left[\hat{P} - \sqrt{\hat{P}^2 + 4(1+m_a\delta_{02}^2)}\right] \tag{5-6-29}$$

由式（5-6-17）和式（5-6-19）解出阻尼因子为

$$\lambda_1 = \frac{\hat{P}\hat{T} - \dot{\varphi}_1\hat{H} - \ddot{\varphi}_1 - m_a K_2 K_3^2 K_1^{-1}\sin\varphi^*}{2\dot{\varphi}_1 - \hat{P}} \tag{5-6-30}$$

$$\lambda_2 = \frac{\hat{P}\hat{T} - \dot{\varphi}_2\hat{H} - \ddot{\varphi}_2 - m_a K_1 K_3^2 K_2^{-1}\sin\varphi^*}{2\dot{\varphi}_2 - \hat{P}} \tag{5-6-31}$$

这样，表达式（5-6-21）、式（5-6-27）~式（5-6-31）构成了在接近零转速时方程（5-6-3）的近似解析解。

2. 接近三倍共振转速的情况

在这种情况下，$\dot{\varphi} + \dot{\varphi}_r = 0$，因此，在平均方程（5-6-7）的过程中，应保留含该频率的项，为此令

$$\varphi^{**} = \varphi + \varphi_r = \text{const}$$

求解方法与接近零转速的情况类似，可得接近三倍共振转速的近似解析解为

$$\dot{\varphi}_1 = \frac{1}{2}\left[\hat{P} + \sqrt{\hat{P}^2 + 4(1+m_a\delta_{31}^2)}\right] \tag{5-6-32}$$

$$\dot{\varphi}_2 = \frac{1}{2}\left[\hat{P} - \sqrt{\hat{P}^2 + 4(1+m_a\delta_{32}^2)}\right] \tag{5-6-33}$$

$$\lambda_1 = \frac{\hat{P}\hat{T} - \dot{\varphi}_1\hat{H} - \ddot{\varphi}_1 + 2m_a K_2 K_3 \sin\varphi^{**}}{2\dot{\varphi}_1 - \hat{P}} \tag{5-6-34}$$

$$\lambda_2 = \frac{\hat{P}\hat{T} - \dot{\varphi}_2\hat{H} - \ddot{\varphi}_2 - m_a K_1^2 K_3 K_2^{-1}\sin\varphi^{**}}{2\dot{\varphi}_2 - \hat{P}} \tag{5-6-35}$$

$$(\dot{\gamma})^2 - \hat{P}\dot{\gamma} - 1 - m_a\delta_{33}^2 = -K_3^{-1}\cos\varphi_{30} \tag{5-6-36}$$

$$K_3(\dot{\gamma}\hat{H} - \hat{P}\hat{T}) + m_a K_1^2 K_2 \sin\varphi^{**} = -\sin\varphi_{30} \tag{5-6-37}$$

式中

$$\delta_{31}^2 = K_1^2 + 2K_2^2 + 2K_3^2 + 2K_2 K_3 \cos\varphi^{**} \tag{5-6-38}$$

$$\delta_{32}^2 = K_2^2 + 2K_1^2 + 2K_3^2 + K_1^2 K_3 K_2^{-1}\cos\varphi^{**} \tag{5-6-39}$$

$$\delta_{33}^2 = K_3^2 + 2K_1^2 + 2K_2^2 + K_1^2 K_2 K_3^{-1}\cos\varphi^{**} \tag{5-6-40}$$

3. 接近共振转速的情况

在这种情况下，$\dot{\varphi}_r = 0$，因此，在平均方程（5-6-7）的过程中，应保留含该频率的项。与上面的求解方法类似，将式（5-6-4）~式（5-6-6）代入方程（5-6-3），两边除以 $e^{i\varphi_{30}}$，

然后在周期 T 上平均得

$$
\begin{aligned}
&\left\{(\dot{\varphi}_1)^2 - \hat{P}\dot{\varphi}_1 - 1 - \mathrm{i}[\lambda_1(2\dot{\varphi}_1 - \hat{P}) + \dot{\varphi}_1\hat{H} + \ddot{\varphi}_1 - \hat{P}\hat{T}]\right\}K_1\mathrm{e}^{\mathrm{i}\varphi_r} + \\
&\left[(\dot{\gamma})^2 - \hat{P}\dot{\gamma} - 1 - \mathrm{i}(\dot{\gamma}\hat{H} - \hat{P}\hat{T})\right]K_3 + \\
&\mathrm{e}^{-\mathrm{i}\varphi_{30}} - m_\mathrm{a}[(K_1^2 + 2K_2^2 + 2K_3^2 + K_1K_3\mathrm{e}^{\mathrm{i}\varphi_r})K_1\mathrm{e}^{\mathrm{i}\varphi_r} + \\
&(K_3^2 + 2K_1^2 + 2K_2^2 + K_1K_3\mathrm{e}^{-\mathrm{i}\varphi_r})K_3] = 0
\end{aligned}
\tag{5-6-41}
$$

在线性（$m_\mathrm{a}=0$）情况下，K_3 为常数，K_1 是按指数规律衰减的，并且含 K_1 的项随 φ_r 变化而迅速变化。因此，要使上式成立，只有令 K_1 的系数为零，含 K_3 和 $\mathrm{e}^{-\mathrm{i}\varphi_{30}}$ 的常数项之和为零。这样就可得到关于 $\dot{\varphi}_1, \lambda_1, K_3$ 和 φ_{30} 的表达式。

但在非线性（$m_\mathrm{a} \neq 0$）情况下，因为在 $m_\mathrm{a}K_1K_3$ 中既含有 K_1 又含有 K_3，那么究竟将此项合并到含 K_1 因子的项中去呢，还是合并到含 K_3 因子的项中去呢？这就不确定了。如果按照式（5-6-41）的形式将 K_1K_3 项进行分组，再令 K_1 项的系数为零，其余项之和为零，可得到下面两组方程：

$$
\begin{aligned}
&(\dot{\varphi}_1)^2 - \hat{P}\dot{\varphi}_1 - 1 - \mathrm{i}[\lambda_1(2\dot{\varphi}_1 - \hat{P}) + \dot{\varphi}_1\hat{H} + \ddot{\varphi}_1 - \hat{P}\hat{T}] - \\
&m_\mathrm{a}\delta_{11}^2 - \mathrm{i}m_\mathrm{a}K_1K_3\sin\varphi_r = 0
\end{aligned}
\tag{5-6-42}
$$

$$
[(\dot{\gamma})^2 - \hat{P}\dot{\gamma} - 1 - \mathrm{i}(\dot{\gamma}\hat{H} - \hat{P}\hat{T}) - m_\mathrm{a}\delta_{13}^2 + \mathrm{i}m_\mathrm{a}K_1K_3\sin\varphi_r]K_3 + \mathrm{e}^{-\mathrm{i}\varphi_{30}} = 0
\tag{5-6-43}
$$

将式（5-6-42）和式（5-6-43）的实部和虚部分开得

$$
(\dot{\varphi}_1)^2 - \hat{P}\dot{\varphi}_1 - 1 - m_\mathrm{a}\delta_{11}^2 = 0
\tag{5-6-44}
$$

$$
\lambda_1(2\dot{\varphi}_1 - \hat{P}) + \dot{\varphi}_1\hat{H} + \ddot{\varphi}_1 - \hat{P}\hat{T} + m_\mathrm{a}K_1K_3\sin\varphi_r = 0
\tag{5-6-45}
$$

$$
(\dot{\gamma})^2 - \hat{P}\dot{\gamma} - 1 - m_\mathrm{a}\delta_{13}^2 = -K_3^{-1}\cos\varphi_{30}
\tag{5-6-46}
$$

$$
\dot{\gamma}\hat{H} - \hat{P}\hat{T} - m_\mathrm{a}K_1K_3\sin\varphi_r = -K_3^{-1}\sin\varphi_{30}
\tag{5-6-47}
$$

式中

$$
\delta_{11}^2 = K_1^2 + 2K_2^2 + 2K_3^2 + K_1K_3\cos\varphi_r
\tag{5-6-48}
$$

$$
\delta_{13}^2 = K_3^2 + 2K_1^2 + 2K_2^2 + K_1K_3\cos\varphi_r
\tag{5-6-49}
$$

在这里应指出，式（5-6-44）～式（5-6-49）是在特殊的数学条件下导出来的，使用时需要小心。

将式（5-6-4）～式（5-6-6）代入方程（5-6-3），两边除以 $K_2\mathrm{e}^{\mathrm{i}\varphi_2}$，再在周期 T 上平均可得

$$
(\dot{\varphi}_2)^2 - \hat{P}\dot{\varphi}_2 - 1 - \mathrm{i}[\lambda_2(2\dot{\varphi}_2 - \hat{P}) + \dot{\varphi}_2\hat{H} + \ddot{\varphi}_2 - \hat{P}\hat{T}] - m_\mathrm{a}\delta_{12}^2 = 0
\tag{5-6-50}
$$

把式（5-6-50）的实部和虚部分开得

$$
(\dot{\varphi}_2)^2 - \hat{P}\dot{\varphi}_2 - 1 - m_\mathrm{a}\delta_{12}^2 = 0
\tag{5-6-51}
$$

$$
\lambda_2(2\dot{\varphi}_2 - \hat{P}) + \dot{\varphi}_2\hat{H} + \ddot{\varphi}_2 - \hat{P}\hat{T} = 0
\tag{5-6-52}
$$

式中

$$
\delta_{12}^2 = K_2^2 + 2K_1^2 + 2K_3^2 + 4K_1K_3\cos\varphi_r
\tag{5-6-53}
$$

由式（5-6-44）和式（5-6-51）解得频率为

$$\dot{\varphi}_1 = \frac{1}{2}\left[\hat{P} + \sqrt{\hat{P}^2 + 4(1 + m_a\delta_{11}^2)}\right] \quad (5-6-54)$$

$$\dot{\varphi}_2 = \frac{1}{2}\left[\hat{P} - \sqrt{\hat{P}^2 + 4(1 + m_a\delta_{12}^2)}\right] \quad (5-6-55)$$

由式（5-6-45）和式（5-6-52）解得阻尼因子为

$$\lambda_1 = \frac{\hat{P}\hat{T} - \dot{\varphi}_1\hat{H} - \ddot{\varphi}_1 - m_a K_1 K_3 \sin\varphi_r}{2\dot{\varphi}_1 - \hat{P}} \quad (5-6-56)$$

$$\lambda_2 = \frac{\hat{P}\hat{T} - \dot{\varphi}_2\hat{H} - \ddot{\varphi}_2}{2\dot{\varphi}_2 - \hat{P}} \quad (5-6-57)$$

式（5-6-46）和式（5-6-47）、式（5-6-54）～式（5-6-57）为接近共振转速时，方程（5-6-3）的近似解析解。

4. 一般转速的情况

除了零转速、共振转速和三倍共振转速外的转速称为一般转速。在这种情况下，8 种频率均不为零，因此，在平均过程中，包含这些频率的项均为零。应用与上面类似的方法，可得近似解析解为

$$\dot{\varphi}_1 = \frac{1}{2}\left[\hat{P} + \sqrt{\hat{P}^2 + 4(1 + m_a\delta_{41}^2)}\right] \quad (5-6-58)$$

$$\dot{\varphi}_2 = \frac{1}{2}\left[\hat{P} - \sqrt{\hat{P}^2 + 4(1 + m_a\delta_{42}^2)}\right] \quad (5-6-59)$$

$$\lambda_1 = \frac{\hat{P}\hat{T} - \dot{\varphi}_1\hat{H} - \ddot{\varphi}_1}{2\dot{\varphi}_1 - \hat{P}} \quad (5-6-60)$$

$$\lambda_2 = \frac{\hat{P}\hat{T} - \dot{\varphi}_2\hat{H} - \ddot{\varphi}_2}{2\dot{\varphi}_2 - \hat{P}} \quad (5-6-61)$$

$$(\dot{\gamma})^2 - \hat{P}\dot{\gamma} - 1 - m_a\delta_{43}^2 = -K_3^{-1}\cos\varphi_{30} \quad (5-6-62)$$

$$\dot{\gamma}\hat{H} - \hat{P}\hat{T} = -K_3^{-1}\sin\varphi_{30} \quad (5-6-63)$$

式中

$$\delta_{41}^2 = K_1^2 + 2K_2^2 + 2K_3^2 \quad (5-6-64)$$

$$\delta_{42}^2 = K_2^2 + 2K_1^2 + 2K_3^2 \quad (5-6-65)$$

$$\delta_{43}^2 = K_3^2 + 2K_1^2 + 2K_2^2 \quad (5-6-66)$$

至此，求出了尾翼式旋转弹箭在 4 种转速情况下角运动方程（5-6-3）的近似解析解。

5.6.2 在非线性静力矩作用下的谐波运动

对于在周期干扰因素作用下动态稳定的弹箭，其自由运动随着弹道弧长的增加而逐渐被衰减掉，最后剩下的只是谐波运动。

在分析谐波运动时，没有考虑马氏力矩和升力，因此 $\hat{T}=0$。至于考虑马氏力矩和升力的情况，可仿此进行分析。

弹箭非线性运动理论

关于谐波运动的求解，可以把式（5-6-4）的第三项直接代入方程（5-6-3），由于 K_3 随自变量 τ 缓慢变化，可略去含有该导数的项，这样得到谐波解为

$$K_3 \mathrm{e}^{\mathrm{i}\varphi_{30}} = \left[1 - \left(1 - \frac{C}{A}\right)\dot{\gamma}^2 + m_a K_3^2 + \mathrm{i}\dot{\gamma}\hat{H}\right]^{-1} \qquad (5-6-67)$$

由上式可求得谐波运动的幅值 K_3 为

$$K_3 = \left\{\left[1 - \left(1 - \frac{C}{A}\right)\dot{\gamma}^2 + m_a K_3^2\right]^2 + (\dot{\gamma}\hat{H})^2\right\}^{-\frac{1}{2}} \qquad (5-6-68)$$

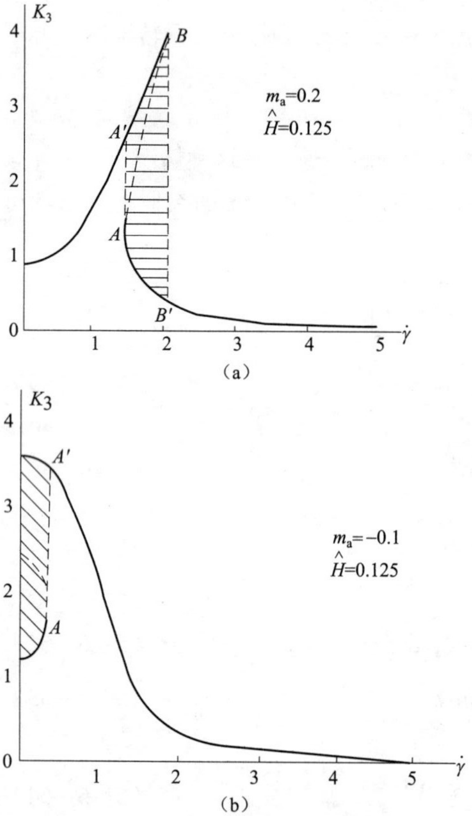

根据式（5-6-68）可画出谐波运动的幅值随转速的变化曲线，即响应曲线，如图5-6-2所示。

从图5-6-2看出，在非线性静力矩作用下的谐波运动响应曲线与第1章讲过的达芬（Duffing）方程的响应曲线类似。当 $m_a > 0$ 时，即相当于硬弹簧的情况，其响应曲线如图5-6-2（a）所示。从该曲线看出，当转速从零逐渐增加时，谐波运动的幅值逐渐变大，当幅值达到 B 点时，发生跳跃现象，幅值降落下来，随之逐渐变小。当转速由大到小变化时，谐波运动的幅值由小逐渐变大，当到达 A 点时，幅值发生跳跃，上升到 A' 点，随之逐渐变小。图中阴影部分不为稳定区域。当 $m_a < 0$ 时，即相当于软弹簧的情况，其响应曲线如图5-6-2（b）所示。从该曲线看出，谐波运动的幅值 K_3 也存在跳跃现象，图中阴影部分也为不稳定区域。

由图5-6-2与第1章的图1-5-1的对比看出，线性谐波运动的响应曲线不存在跳跃现象。因此，线性谐波运动不存在不稳定问题。同时还看出，线性谐波运动与非线性谐波运动共振点的位置也是不相同的。

既然非线性谐波运动可能存在不稳定问题，所以有必要讨论非线性谐波运动在什么情况下是稳定的，在什么情况下是不稳定的，并导出非线性谐波运动的稳定性条件。

这里讨论非线性谐波运动的稳定性方法基本上与参考文献［5］讨论 Duffing 方程谐波解稳定性的方法类似。把方程（5-6-3）化成关于小扰动 η 的线性变分方程，然后讨论线性变分方程解的稳定性。

把有小扰动 η 的谐波运动表示为

$$\tilde{\zeta} = (K_3 + \eta)\mathrm{e}^{\mathrm{i}\varphi_3} \qquad (5-6-69)$$

式中，变分 η 为

图5-6-2　非线性谐波运动响应曲线

$$\eta = (\eta_{10} + i\eta_{20})e^{\lambda\tau} \qquad (5-6-70)$$

把式（5-6-69）代入方程（5-6-3），可得线性变分方程为

$$\ddot{\eta} + \left[\hat{H} + i\left(2 - \frac{C}{A}\right)\dot{\gamma}\right]\dot{\eta} + \\ \left[1 - \left(1 - \frac{C}{A}\right)\dot{\gamma}^2 + 2m_a K_3^2 + i\hat{H}\dot{\gamma}\right]\eta + m_a K_3^2 \bar{\eta} = 0 \qquad (5-6-71)$$

把式（5-6-70）代入上式，把实部和虚部分开得

$$\left\{\lambda^2 + \hat{H}\lambda + \left[1 - \left(1 - \frac{C}{A}\right)\dot{\gamma}^2 + 3m_a K_3^2\right]\right\}\eta_{10} - \\ \left[\left(2 - \frac{C}{A}\right)\dot{\gamma}\lambda + \hat{H}\dot{\gamma}\right]\eta_{20} = 0 \qquad (5-6-72)$$

$$\left[\left(2 - \frac{C}{A}\right)\dot{\gamma}\lambda + \hat{H}\dot{\gamma}\right]\eta_{10} + \left\{\lambda^2 + \hat{H}\lambda + \left[1 - \left(1 - \frac{C}{A}\right)\dot{\gamma}^2 + m_a K_3^2\right]\right\}\eta_{20} = 0 \qquad (5-6-73)$$

由于 η_{10} 和 η_{20} 的任意性，根据方程（5-6-72）和方程（5-6-73）可得关于 λ 的四阶方程

$$\lambda^4 + a\lambda^3 + b\lambda^2 + c\lambda + d = 0 \qquad (5-6-74)$$

其中

$$a = 2\hat{H} \qquad (5-6-75)$$

$$b = 2 - 2\left(1 - \frac{C}{A}\right)\dot{\gamma}^2 + \left(2 - \frac{C}{A}\right)^2\dot{\gamma}^2 + 4m_a K_3^2 + \hat{H}^2 \qquad (5-6-76)$$

$$c = 2\hat{H}\left[1 - \left(1 - \frac{C}{A}\right)\dot{\gamma}^2 + 2m_a K_3^2\right] + 2\left(2 - \frac{C}{A}\right)\dot{\gamma}^2 \hat{H} \qquad (5-6-77)$$

$$d = \left[1 - \left(1 - \frac{C}{A}\right)\dot{\gamma}^2 + 3m_a K_3^2\right] \cdot \left[1 - \left(1 - \frac{C}{A}\right)\dot{\gamma}^2 + m_a K_3^2\right] + (\dot{\gamma}\hat{H})^2 \qquad (5-6-78)$$

这样把判别线性变分方程（5-6-71）的零解稳定性问题转变成判别特征方程（5-6-74）的特征根的符号，如果所有的特征根均为负，即

$$\lambda_j < 0 \quad (j=1,2,3,4)$$

则方程（5-6-71）的零解是渐近稳定的，对应的非线性谐波运动为渐近稳定的。

根据霍尔威茨判别准则，特征方程（5-6-74）的特征根均为负的充要条件为

$$a > 0, \ ab - c > 0, \ (ab-c)c - a^2 d > 0, \ d > 0 \qquad (5-6-79)$$

下面考虑一种简单的情况，即小阻尼 $\hat{H}$ 和转动惯量之比 C/A 与 1 相比可略而不计，这样特征方程的系数 a 和 c 均为零，b 和 d 变为

$$b = 2(1 + \dot{\gamma}^2) + 4m_a K_3^2 \qquad (5-6-80)$$

$$d = (1 - \dot{\gamma}^2 + 3m_a K_3^2)(1 - \dot{\gamma}^2 + m_a K_3^2) \qquad (5-6-81)$$

在这种情况下，特征方程变为

$$\lambda^4 + b\lambda^2 + d = 0 \qquad (5-6-82)$$

弹箭非线性运动理论

其解为

$$\lambda^2 = -\frac{b}{2} \pm \sqrt{\left(\frac{b}{2}\right)^2 - d} \qquad (5-6-83)$$

当 $m_a > 0$ 时，从式（5-6-80）看出，$b > 0$；此时如果 $d < 0$，即

$$(1 - \dot{\gamma}^2 + 3m_a K_3^2)(1 - \dot{\gamma}^2 + m_a K_3^2) < 0 \qquad (5-6-84)$$

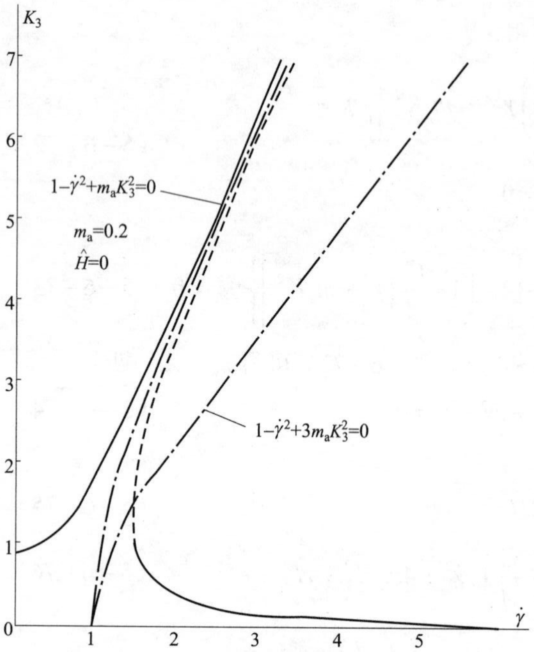

图 5-6-3　非线性谐波运动的稳定区域

则特征方程（5-6-82）有一个正根。因此，在这种条件下，非线性谐波运动是不稳定的，不稳定区域可这样确定：在 $K_3 - \dot{\gamma}$ 平面上，画出曲线

$$1 - \dot{\gamma}^2 + m_a K_3^2 = 0 \qquad (5-6-85)$$

在该曲线的左边有 $1 - \dot{\gamma}^2 + m_a K_3^2 > 0$；在右边有 $1 - \dot{\gamma}^2 + m_a K_3^2 < 0$。再在 $K_3 - \dot{\gamma}$ 平面上，画出曲线

$$1 - \dot{\gamma}^2 + 3m_a K_3^2 = 0 \qquad (5-6-86)$$

在该曲线的左边有 $1 - \dot{\gamma}^2 + 3m_a K_3^2 > 0$；在右边有 $1 - \dot{\gamma}^2 + 3m_a K_3^2 < 0$。因此，在这两条曲线之间有

$$d = (1 - \dot{\gamma}^2 + 3m_a K_3^2)(1 - \dot{\gamma}^2 + m_a K_3^2) < 0$$

故这两条曲线之间为不稳定区域，如图 5-6-3 所示。

当 $m_a < 0$ 时，b 的符号可正可负，因此分析起来比较麻烦，这里就不讨论了。

5.6.3　在非线性静力矩作用下的稳态非谐波运动

在非线性静力矩作用下，尾翼式旋转弹箭的强迫运动，不仅存在谐波运动，而且还存在非谐波运动，即次谐波运动，其频率 $\dot{\gamma} = 3\dot{\varphi}_1$，即为三倍共振转速的情况。

对于稳态运动，$\ddot{\varphi}_j = 0 (j = 1, 2)$，从式（5-6-4）看出，对于稳态非谐波运动，有三种可能的情况，即

（1）$K_1 = 0, \lambda_2 = 0$；

（2）$K_2 = 0, \lambda_1 = 0$；

（3）$\lambda_1 = 0, \lambda_2 = 0$。

从三倍共振转速时的近似解析解式（5-6-34）和式（5-6-35）看出，（1）和（2）两种情况是不可能发生的，只有（3）可能发生。

为了使讨论简单，这里不考虑马氏力矩和升力，因此 $\hat{T} = 0$。考虑马氏力矩和升力的情况，可仿此方法进行分析，这里就不再讨论了。

因为对于中等大小的转速和通常的转动惯量之比（$C / A \approx 0.1$），$\dot{\varphi}_1 \approx -\dot{\varphi}_2$ 具有较好的近似关系，所以在三倍共振转速时近似有

240

$$\dot{\varphi}^{**} \approx \dot{\varphi} + \dot{\varphi}_r = 2\dot{\varphi}_1 - \dot{\varphi}_2 - \dot{\gamma} = 0 \tag{5-6-87}$$

由 $\lambda_1 = 0$，从式（5-6-34）解得

$$\sin\varphi^{**} = \frac{\dot{\varphi}_1 \hat{H}}{2m_a K_2 K_3} \tag{5-6-88}$$

令

$$b = -\dot{\varphi}_2 / \dot{\varphi}_1 \tag{5-6-89}$$

由 $\lambda_2 = 0$，从式（5-6-35）解得

$$K_1^2 = 2bK_2^2 \tag{5-6-90}$$

这样可以由式（5-6-32）、式（5-6-33）、式（5-6-36）、式（5-6-37）、式（5-6-87）、式（5-6-88）和式（5-6-90）这 7 个方程确定 7 个未知量 K_1, K_2, K_3, $\dot{\varphi}_1$, $\dot{\varphi}_2$, φ_{30}, φ^{**}，这样就可以得到稳态非谐波运动。

下面再考虑一种更简单的情形，即忽略阻尼（$\hat{H}=0$）和转动惯量之比（$C/A=0$）。在这种情况下，式（5-6-32）、式（5-6-35）～式（5-6-37）、式（5-6-88）变为

$$\dot{\varphi}_1 = \{1 + m_a[2(b+1)K_2^2 + 2K_3^2 + 2K_2K_3\cos\varphi^{**}]\}^{\frac{1}{2}} \tag{5-6-91}$$

$$\dot{\varphi}_2 = -\{1 + m_a[(4b+1)K_2^2 + 2K_3^2 + 2bK_2K_3\cos\varphi^{**}]\}^{\frac{1}{2}} \tag{5-6-92}$$

$$K_3\{1 - \dot{\gamma}^2 + m_a[2(2b+1)K_2^2 + K_3^2 + 2bK_2^3 K_3^{-1}\cos\varphi^{**}]\} = \cos\varphi_{30} \tag{5-6-93}$$

$$\sin\varphi_{30} = 0 \tag{5-6-94}$$

$$\sin\varphi^{**} = 0 \tag{5-6-95}$$

从式（5-6-94）和式（5-6-95）看出，$\varphi_{30}=0$ 或 π；$\varphi^{**}=0$ 或 π。这样就有四种可能的情况：

（1）$\varphi_{30}=0$, $\varphi^{**}=0$；
（2）$\varphi_{30}=0$, $\varphi^{**}=\pi$；
（3）$\varphi_{30}=\pi$, $\varphi^{**}=0$；
（4）$\varphi_{30}=\pi$, $\varphi^{**}=\pi$。

当 φ_{30} 和 φ^{**} 的值确定之后，把式（5-6-91）和式（5-6-92）代入式（5-6-87），可得关于 K_2, K_3 和 $\dot{\gamma}$ 的函数，令其为

$$F(K_2, K_3, \dot{\gamma}) = 0 \tag{5-6-96}$$

再由式（5-6-93）解出 K_2 或 K_3，代入式（5-6-96）得

$$f_1(K_2, \dot{\gamma}) = 0 \tag{5-6-97}$$

或者

$$f_2(K_3, \dot{\gamma}) = 0 \tag{5-6-98}$$

根据式（5-6-97），可画出 K_2 随 $\dot{\gamma}$ 的变化曲线，如图 5-6-4 所示。
根据式（5-6-98），可画出 K_3 随 $\dot{\gamma}$ 的变化曲线，如图 5-6-5 所示。
从图 5-6-4 看出，K_2 随 $\dot{\gamma}$ 的变化有两组值，实线表示一组，虚线表示另一组。还看出

当 $m_a < 0$ 时，$\dot{\gamma} < 3$ 存在次谐波运动；当 $m_a > 0$ 时，$\dot{\gamma} > 3$ 存在次谐波运动。

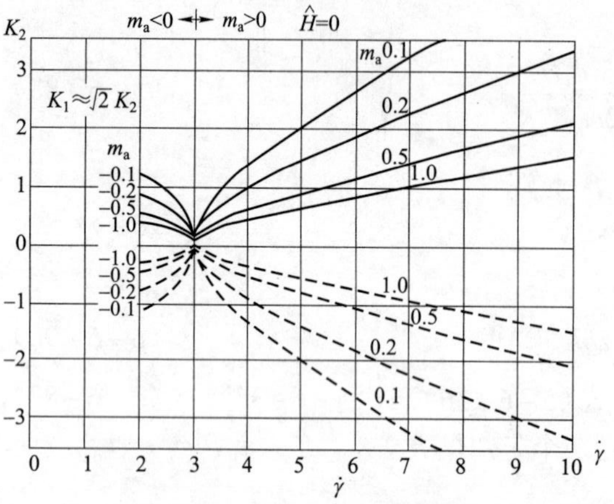

图 5-6-4 K_2 随 $\dot{\gamma}$ 的变化曲线

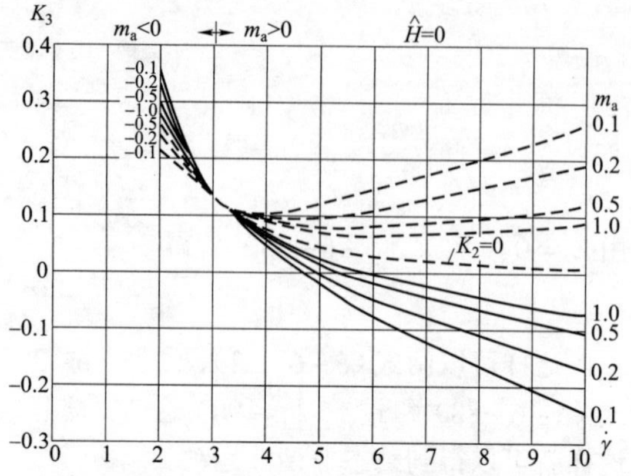

图 5-6-5 K_3 随 $\dot{\gamma}$ 的变化曲线

从图 5-6-5 看出，K_3 随 $\dot{\gamma}$ 的变化也有两组值，实线表示一组，虚线表示另一组。实线表示的一组值，表示次谐波运动通过 $K_3 = 0$ 的线，不同的次谐波运动其零点的位置也是不相同的。设零点的位置为 A，在该点位相发生改变，当 $\dot{\gamma} < A$ 时，其位相为 $\varphi^{**} = \pi,\ \varphi_{30} = \pi$；当 $\dot{\gamma} > A$ 时，其位相为 $\varphi^{**} = 0,\ \varphi_{30} = 0$。虚线表示的一组次谐波运动不过零点，其位相为 $\varphi^{**} = 0,\ \varphi_{30} = \pi$。

下面再推导关于次谐波运动的近似关系式。从图 5-6-5 看出，在一般有意义的范围内，发生次谐波运动时，$K_3 < 0.15$，而 $K_2 \approx 10 K_3$，此时可在式（5-6-91）和式（5-6-92）中略去 K_3，并把 b 用 1 近似表示，这样得

$$\dot{\varphi}_1 = (1 + 4 m_a K_2^2)^{\frac{1}{2}} \tag{5-6-99}$$

$$\dot{\varphi}_2 = -(1 + 5 m_a K_2^2)^{\frac{1}{2}} \tag{5-6-100}$$

把上面两式代入式（5-6-87）得

$$\dot{\gamma} = 2(1 + 4 m_a K_2^2)^{\frac{1}{2}} + (1 + 5 m_a K_2^2)^{\frac{1}{2}} \tag{5-6-101}$$

把上式平方两次得

$$121 m_a^2 K_2^4 + 6(11 - 7\dot{\gamma}^2) m_a K_2^2 + (\dot{\gamma}^2 - 9)(\dot{\gamma}^2 - 1) = 0 \tag{5-6-102}$$

由此式解出 K_2^2 为

$$m_a K_2^2 = \frac{-3(11 - 7\dot{\gamma}^2) \pm \sqrt{9(11 - 7\dot{\gamma}^2)^2 - 121(\dot{\gamma}^2 - 9)(\dot{\gamma}^2 - 1)}}{121} \tag{5-6-103}$$

从式（5-6-101）看出，当 $K_2 = 0$ 时，$\dot{\gamma} = 3$。所以在式（5-6-103）中应只保留根号前带负号的根，这样就有

$$m_a K_2^2 = \frac{-3(11 - 7\dot{\gamma}^2) - \sqrt{9(11 - 7\dot{\gamma}^2)^2 - 121(\dot{\gamma}^2 - 9)(\dot{\gamma}^2 - 1)}}{121} \tag{5-6-104}$$

把上面的根号展开成幂级数，只保留前两项，这样近似得

242

$$m_a K_2^2 = \frac{(\dot{\gamma}^2 - 9)(\dot{\gamma}^2 - 1)}{6(7\dot{\gamma}^2 - 11)} \qquad (5-6-105)$$

令

$$c = \frac{(\dot{\gamma} + 3)(\dot{\gamma}^2 - 1)}{6(7\dot{\gamma}^2 - 11)} \qquad (5-6-106)$$

则式（5-6-105）可写成

$$m_a K_2^2 = c(\dot{\gamma} - 3) \qquad (5-6-107)$$

在 $\dot{\gamma} = 3$ 附近，$c \approx 2/13$，这样式（5-6-107）变为

$$m_a K_2^2 = \frac{2(\dot{\gamma} - 3)}{13} \qquad (5-6-108)$$

这就是关于次谐波运动幅值 K_2 的近似关系式。

把式（5-6-108）代入式（5-6-99）和式（5-6-100），可得关于次谐波运动的频率近似关系式为

$$\dot{\varphi}_1 = \left[1 + \frac{8(\dot{\gamma} - 3)}{13}\right]^{\frac{1}{2}} \qquad (5-6-109)$$

$$\dot{\varphi}_2 = -\left[1 + \frac{10(\dot{\gamma} - 3)}{13}\right]^{\frac{1}{2}} \qquad (5-6-110)$$

把上面两式展成幂级数，只保留前两项，可近似得

$$\dot{\varphi}_1 = 1 + \frac{4(\dot{\gamma} - 3)}{13} \qquad (5-6-111)$$

$$\dot{\varphi}_2 = -\left[1 + \frac{5(\dot{\gamma} - 3)}{13}\right] \qquad (5-6-112)$$

如果方程（5-6-2）像达芬方程那样存在准确的次谐波解，则应有 $\dot{\varphi}_1 = -\dot{\varphi}_2 = \dot{\gamma}/3$，也即

$$\dot{\varphi}_1 = -\dot{\varphi}_2 = 1 + \frac{4(\dot{\gamma} - 3)}{12} = 1 + \frac{\dot{\gamma} - 3}{3} = \frac{\dot{\gamma}}{3} \qquad (5-6-113)$$

但实际上，方程（5-6-3）与达芬方程并不完全相同，所以式（5-6-111）和式（5-6-112）与式（5-6-113）略有差别，故称弹箭的这种强迫运动为广义次谐波响应。

广义次谐波对弹箭运动的影响可以用下例说明。在图 5-6-4 中 $m_a = 0.2$ 的曲线上可以看到，$\dot{\gamma} = 9$ 处的次谐波响应幅值为 $K_2 = 3$，$K_1 \doteq \sqrt{2} K_2 \doteq 4.24$，再从图 5-6-5 中 $\dot{\gamma} = 9$ 处可查出 $K_3 = 0.14$，故次谐波的最大幅值可达 $K_1 + K_2 + K_3 \doteq 7.38$。而在图 5-6-5 中所示的纯谐波响应（$K_1 = K_2 = 0$）曲线上 $\dot{\gamma} = 9$ 处可查得 $K_3 = 0.012$。可见，这时一旦出现次谐波响应，则响应幅值可达纯谐波响应幅值的 600 倍以上，这显然是十分严重的后果。

但从上面分析可知，产生次谐波响应是有严格条件的，即要求小阻尼，$\dot{\gamma} \geq 3$ 时要求 $m_a > 0$，此外还要求初始条件接近于次谐波响应。因此，一般不容易产生次谐波响应。加大弹箭的阻尼，调整气动设计使 $m_a < 0$，改变发射条件，都可以避免次谐波响应的发生。

弹箭非线性运动理论

5.7 在非线性赤道阻尼力矩作用下弹箭的强迫极限运动

在第 2 章建立弹箭运动方程时，已经介绍了非线性赤道阻尼力矩。一般情况下，由于攻角平面内和垂直于攻角平面的平面内的气流分布特性不同，弹轴即使在这两个平面内以相同的角速度摆动，其作用在弹箭上的阻尼也是不相同的。若把弹箭的复攻角 ξ 表示成极坐标的形式

$$\xi = \delta e^{iv} \tag{5-7-1}$$

则弹箭的非线性赤道阻尼力矩系数 m_{zz} 可近似表示为

$$m_{zz} = \left\{ m_{zz0}(\delta' + iv'\delta) + m_{zz2}\delta^2 \left[(1+a)\delta' + iv'\delta \right] \right\} e^{iv} \tag{5-7-2}$$

通常 a 不是常数，而是 (δ^2) 的函数，为了使分析简单，这里假设 a 为常数。

本节讨论在这样的非线性赤道阻尼力矩作用下，尾翼式低速旋转弹箭的强迫极限运动，所谓低速旋转，就是不会因为忽略陀螺效应而产生较大的误差。

5.7.1 运动方程的变换及近似解

不考虑几何非线性，在周期干扰因素作用下弹箭的角运动方程为

$$\Delta'' + (H_0 + H_2\delta^2)\Delta' - (M - H_2 a\delta\delta')\Delta = Be^{i\gamma} \tag{5-7-3}$$

由第 4 章的讨论知，对应于方程（5–7–3）的齐次方程，圆奇点存在于 $\delta_c^2 = -H_0 / H_2$，H_0 与 H_2 符号相反。

对方程（5–7–3）的因变量 Δ 和自变量 s 作变换

$$\zeta = \Delta / \delta_c, \ \tau = \sqrt{-M}s \tag{5-7-4}$$

在上面的变换下，方程（5–7–3）变为

$$\ddot{\zeta} + h_0[(1-\hat{\delta}^2)\dot{\zeta} - a\hat{\delta}\dot{\hat{\delta}}\zeta] + \zeta = \frac{B}{\delta_c}e^{i\gamma} \tag{5-7-5}$$

式中，$\hat{\delta} = |\zeta|$；$h_0 = H_0 / \sqrt{-M}$；"·" 表示对自变量 τ 的导数。

设方程（5–7–5）有如下形式的解：

$$\zeta = K_1 e^{i\varphi_1} + K_2 e^{i\varphi_2} + K_3 e^{i(\gamma+\gamma_0)} \tag{5-7-6}$$

与 5.6 节的求解方法类似，应用拟线性法，可求得在一般转速情况下的阻尼因子 λ_1 和 λ_2 的表达式为

$$\lambda_1 = -\frac{h_0}{2}\left\{ 1 - K_1^2 - aK_2^2 - \left[2 + a + \dot{\gamma}(2-a) \right]\frac{K_3^2}{2} \right\} \tag{5-7-7}$$

$$\lambda_2 = -\frac{h_0}{2}\left\{ 1 - aK_1^2 - K_2^2 - \left[2 + a - \dot{\gamma}(2-a) \right]\frac{K_3^2}{2} \right\} \tag{5-7-8}$$

确定 K_3 和 γ_0 的表达式为

$$\left\{ 1 - \dot{\gamma}^2 + i\frac{h_0}{2}\left[\dot{\gamma}(2 - (2-a)(K_1^2 + K_2^2) - 2K_3^2) - (2-a)(K_1^2 - K_2^2) \right] \right\} K_3 e^{i\gamma_0} = \frac{B}{\delta_c} \tag{5-7-9}$$

244

从式（5-7-6）~式（5-7-9）看出，弹箭在非线性赤道阻尼力矩作用下的强迫运动可能存在三种类型的极限运动，即

（1）一圆运动（$K_1 = K_2 = 0$）；
（2）二圆运动（$K_1 = \lambda_2 = 0$ 或 $K_2 = \lambda_1 = 0$）；
（3）三圆运动（$\lambda_1 = \lambda_2 = 0$）。

下面应用线性变分的方法分析这三种极限运动的稳定性，用 $\bar{K}_1$、$\bar{K}_2$、$\bar{K}_3$ 和 $\bar{\gamma}_0$ 表示极限运动的值，极限运动邻近的运动表示为

$$\zeta = (\bar{K}_1 + \eta_1)\mathrm{e}^{i\varphi_1} + (\bar{K}_2 + \eta_2)\mathrm{e}^{i\varphi_2} + (\bar{K}_3 + \eta_3)\mathrm{e}^{i(\gamma + \bar{\gamma}_0 + \eta_4)} \quad (5-7-10)$$

式中，$|\eta_j| \ll 1$，$j = 1,2,3,4$。把式（5-7-10）代入方程（5-7-5），应用平均法可得关于 η_j 的线性变分方程，如果线性变分方程是渐近稳定的，则对应的极限运动是稳定的。因此，这样把判别极限运动的稳定性转换成判别线性变分方程解的渐近稳定性。下面分别讨论这三种极限运动。

5.7.2 一圆运动

$\bar{K}_1 = \bar{K}_2 = 0$ 所表示的运动称为一圆运动，在这种情况下，式（5-7-7）~式（5-7-9）变为

$$\bar{\lambda}_1 = -\frac{h_0}{2}\left\{1 - \frac{1}{2}[2 + a + \dot{\gamma}(2-a)]\bar{K}_3^2\right\} \quad (5-7-11)$$

$$\bar{\lambda}_2 = -\frac{h_0}{2}\left\{1 - \frac{1}{2}[2 + a - \dot{\gamma}(2-a)]\bar{K}_3^2\right\} \quad (5-7-12)$$

$$[1 - \dot{\gamma}^2 + ih_0\dot{\gamma}(1 - \bar{K}_3^2)]\bar{K}_3 \mathrm{e}^{i\bar{\gamma}_0} = \frac{B}{\delta_c} \quad (5-7-13)$$

把式（5-7-13）的实部和虚部分开得

$$\bar{K}_3(1 - \dot{\gamma}^2)\cos\bar{\gamma}_0 + \bar{K}_3 h_0\dot{\gamma}(1 - \bar{K}_3^2)\sin\bar{\gamma}_0 = \frac{B}{\delta_c} \quad (5-7-14)$$

$$\bar{K}_3(1 - \dot{\gamma}^2)\sin\bar{\gamma}_0 + \bar{K}_3 h_0\dot{\gamma}(1 - \bar{K}_3^2)\cos\bar{\gamma}_0 = 0 \quad (5-7-15)$$

将式（5-7-14）和式（5-7-15）分别平方后相加得

$$\bar{K}_3^2[(1 - \dot{\gamma}^2)^2 + (h_0\dot{\gamma})^2(1 - \bar{K}_3^2)^2] = \left(\frac{B}{\delta_c}\right)^2 \quad (5-7-16)$$

根据式（5-7-16）可作出 $\bar{K}_3$ 随 $\dot{\gamma}$ 变化的响应曲线。

对于一圆运动的邻近运动可表示为

$$\zeta = \eta_1 \mathrm{e}^{i\varphi_1} + \eta_2 \mathrm{e}^{i\varphi_2} + (\bar{K}_3 + \eta_3)\mathrm{e}^{i(\gamma + \bar{\gamma}_0 + \eta_4)} \quad (5-7-17)$$

由于一圆运动的 $\bar{K}_1 = \bar{K}_2 = 0$，所以关于 η_1 和 η_2 的线性变分方程容易得到

$$\dot{\eta}_1 = \bar{\lambda}_1 \eta_1 \quad (5-7-18)$$

$$\dot{\eta}_2 = \bar{\lambda}_2 \eta_2 \quad (5-7-19)$$

关于 η_3 和 η_4 的线性变分方程，要把式（5-7-17）求导两次，然后将 ζ、$\dot{\zeta}$ 和 $\ddot{\zeta}$ 的表达式代

入方程（5-7-5），再应用平均法就可得到。因为求的是线性变分方程，所以要把 η_j, $\dot{\eta}_j$ 和 $\ddot{\eta}_j$ 高于一次的项以及它们的乘积项略去，故 $\mathrm{e}^{\mathrm{i}\eta_4}$ 可近似表示为

$$\mathrm{e}^{\mathrm{i}\eta_4} \approx 1 + \mathrm{i}\eta_4 \tag{5-7-20}$$

这样式（5-7-17）可写成 $\quad \zeta = \overline{\zeta} + \eta_1 \mathrm{e}^{\mathrm{i}\varphi_1} + \eta_2 \mathrm{e}^{\mathrm{i}\varphi_2} + (\eta_3 + \mathrm{i}\overline{K}_3\eta_4)\mathrm{e}^{\mathrm{i}(\gamma + \overline{\gamma}_0)} \tag{5-7-21}$

式中，$\overline{\zeta}$ 表示一圆运动的值，它等于

$$\overline{\zeta} = \overline{K}_3 \mathrm{e}^{\mathrm{i}(\gamma + \overline{\gamma}_0)} \tag{5-7-22}$$

把式（5-7-21）求导一次、二次得

$$\dot{\zeta} = \dot{\overline{\zeta}} + (\overline{\lambda}_1 + i)\eta_1 \mathrm{e}^{\mathrm{i}\varphi_1} + (\overline{\lambda}_2 - i)\eta_2 \mathrm{e}^{\mathrm{i}\varphi_2} + \\ [(\dot{\eta}_3 + \mathrm{i}\overline{K}_3\dot{\eta}_4) + \mathrm{i}(\eta_3 + \mathrm{i}\overline{K}_3\eta_4)\dot{\gamma}]\mathrm{e}^{\mathrm{i}(\gamma + \overline{\gamma}_0)} \tag{5-7-23}$$

$$\ddot{\zeta} = \ddot{\overline{\zeta}} + (\overline{\lambda}_1 + i)^2 \eta_1 \mathrm{e}^{\mathrm{i}\varphi_1} + (\lambda_2 - i)^2 \eta_2 \mathrm{e}^{\mathrm{i}\varphi_2} + \\ \left\{ [(\ddot{\eta}_3 + \mathrm{i}\overline{K}_3\ddot{\eta}_4) + \mathrm{i}\dot{\gamma}(\dot{\eta}_3 + \mathrm{i}\overline{K}_3\dot{\eta}_4)] + [(\dot{\eta}_3 + \mathrm{i}\overline{K}_3\dot{\eta}_4) + \\ \mathrm{i}\dot{\gamma}(\eta_3 + \mathrm{i}\overline{K}_3\eta_4)]\dot{\gamma} \right\} \mathrm{e}^{\mathrm{i}(\gamma + \overline{\gamma}_0)} \tag{5-7-24}$$

把式（5-7-21）、式（5-7-23）、式（5-7-24）代入方程（5-7-5），应用平均法，并注意到

$$\ddot{\overline{\zeta}} + h_0[(1 - \hat{\delta}^2)\dot{\overline{\zeta}} - a\hat{\delta}\dot{\hat{\delta}}\overline{\zeta}] + \overline{\zeta} = \left(\frac{B}{\delta_{\mathrm{c}}} \right) \mathrm{e}^{\mathrm{i}\gamma}$$

则得线性变分方程为

$$\ddot{\eta}_3 + h_0[1 - (1 + a)\overline{K}_3^2]\dot{\eta}_3 + (1 - \dot{\gamma}^2)\eta_3 - 2\dot{\gamma}\overline{K}_3\dot{\eta}_4 - h_0\dot{\gamma}(1 - \overline{K}_3^2)\overline{K}_3\eta_4 = 0 \tag{5-7-25}$$

$$2\dot{\gamma}\dot{\eta}_3 + h_0(1 - 3\overline{K}_3^2)\dot{\gamma}\eta_3 + \overline{K}_3\ddot{\eta}_4 + \overline{K}_3 h_0(1 - \overline{K}_3^2)\dot{\eta}_4 + \overline{K}_3(1 - \dot{\gamma}^2)\eta_4 = 0 \tag{5-7-26}$$

为了判别线性变分方程解的渐近稳定性，需要把上面的线性变分方程写成标准的形式，为此令

$$x_1 = \eta_3, \ x_2 = \dot{\eta}_3, \ x_3 = \eta_4, \ x_4 = \dot{\eta}_4$$

则方程（5-7-25）和方程（5-7-26）变为

$$\begin{cases} \dot{x}_1 = x_2 & (5-7-27) \\ \dot{x}_2 = -(1 - \dot{\gamma}^2)x_1 - h_0\left[1 - (1 + a)\overline{K}_3^2\right]x_2 + h_0\dot{\gamma}(1 - \overline{K}_3^2)\overline{K}_3 x_3 + \\ \qquad 2\dot{\gamma}\overline{K}_3 x_4 & (5-7-28) \\ \dot{x}_3 = x_4 & (5-7-29) \\ \dot{x}_4 = -h_0\overline{K}_3^{-1}(1 - 3\overline{K}_3^2)\dot{\gamma}x_1 - 2\overline{K}_3^{-1}\dot{\gamma}x_2 - (1 - \dot{\gamma}^2)x_3 - \\ \qquad h_0(1 - \overline{K}_3^2)x_4 & (5-7-30) \end{cases}$$

上面方程组的特征方程为

$$\begin{vmatrix} -\lambda & 1 & 0 & 0 \\ -(1 - \dot{\gamma}^2) & -h_0[1 - (1 + a)\overline{K}_3^2] - \lambda & h_0\dot{\gamma}(1 - \overline{K}_3^2)\overline{K}_3 & 2\dot{\gamma}\overline{K}_3 \\ 0 & 0 & -\lambda & 1 \\ -h_0 K_3^{-1}(1 - 3\overline{K}_3^2)\dot{\gamma} & -2\overline{K}_3^{-1}\dot{\gamma} & -(1 - \dot{\gamma}^2) & -h_0(1 - \overline{K}_3^2) - \lambda \end{vmatrix} = 0 \tag{5-7-31}$$

展开上式得

$$\lambda^4 + h_0[2-(2+a)\bar{K}_3^2]\lambda^3 + \{2(1+\dot{\gamma}^2) + h_0^2(1-\bar{K}_3^2)[1-(1+a)\bar{K}_3^2]\}\lambda^2 +$$
$$\{h_0(1-\dot{\gamma}^2)[2-(2+a)\bar{K}_3^2] + 4\dot{\gamma}^2(1-2\bar{K}_3^2)\}\lambda + \quad (5-7-32)$$
$$[(1-\dot{\gamma}^2)^2 + h_0^2\dot{\gamma}^2(1-\bar{K}_3^2)(1-3\bar{K}_3^2)] = 0$$

根据霍尔威茨判别准则，线性变分方程（5-7-25）和方程（5-7-26）渐近稳定的充要条件为

$$\begin{cases} a_1 > 0 \\ a_1 a_2 - a_3 > 0 \\ (a_1 a_2 - a_3)a_3 - a_1^2 a_4 > 0 \\ a_4 > 0 \end{cases} \quad (5-7-33)$$

式中
$$a_1 = h_0[2-(2+a)\bar{K}_3^2]$$
$$a_2 = 2(1+\dot{\gamma}^2) + h_0^2(1-\bar{K}_3^2)[1-(1+a)\bar{K}_3^2]$$
$$a_3 = h_0(1-\dot{\gamma}^2)[2-(2+a)\bar{K}_3^2] + 4\dot{\gamma}^2(1-2\bar{K}_3^2)$$
$$a_4 = (1-\dot{\gamma}^2)^2 + h_0^2\dot{\gamma}^2(1-\bar{K}_3^2)(1-3\bar{K}_3^2)$$

再加上线性变分方程（5-7-18）和方程（5-7-19）的渐近稳定条件

$$\bar{\lambda}_j < 0 \quad (j=1,2) \quad (5-7-34)$$

这样式（5-7-33）和式（5-7-34）即一圆运动渐近稳定的充要条件。

5.7.3 二圆运动

$\bar{K}_1 = 0$，$\bar{\lambda}_2 = 0$ 或者 $\bar{K}_2 = 0$，$\bar{\lambda}_1 = 0$ 所表示的运动称为二圆运动，不妨假设 $\bar{K}_1 = 0$，$\bar{\lambda}_2 = 0$。在这种情况下，方程（5-7-8）和方程（5-7-9）变为

$$\bar{K}_2^2 = 1 - \frac{\bar{K}_3^2}{2}[2+a-\dot{\gamma}(2-a)] \quad (5-7-35)$$

$$\left\{1-\dot{\gamma}^2 + i\frac{h_0}{2}\left[\dot{\gamma}(2-(2+a)\bar{K}_2^2 - 2\bar{K}_3^2) + (2-a)\bar{K}_2^2\right]\right\}\bar{K}_3 e^{i\bar{\gamma}_0} = \frac{B}{\delta_c} \quad (5-7-36)$$

阻尼因子 $\bar{\lambda}_1$ 为
$$\bar{\lambda}_1 = -\frac{h_0}{2}\left\{1 - a\bar{K}_2^2 - [2+a+\dot{\gamma}(2-a)]\frac{\bar{K}_3^2}{2}\right\}$$

把式（5-7-36）的实部和虚部分开得

$$\bar{K}_3(1-\dot{\gamma}^2)\cos\bar{\gamma}_0 - \bar{K}_3\frac{h_0}{2}\left[\dot{\gamma}(2-(2+a)\bar{K}_2^2 - 2\bar{K}_3^2) + (2-a)\bar{K}_2^2\right]\sin\bar{\gamma}_0 = \frac{B}{\delta_c} \quad (5-7-37)$$

$$\bar{K}_3(1-\dot{\gamma}^2)\sin\bar{\gamma}_0 + \bar{K}_3\frac{h_0}{2}[\dot{\gamma}(2-(2+a)\bar{K}_2^2 - 2\bar{K}_3^2) + (2-a)\bar{K}_2^2]\cos\bar{\gamma}_0 = 0 \quad (5-7-38)$$

将式（5-7-37）和式（5-7-32）分别平方并相加

$$\bar{K}_3^2\left\{(1-\dot{\gamma}^2)^2 + \frac{h_0^2}{16}[2(2-a-a\dot{\gamma}) - \bar{K}_3^2(1+\dot{\gamma}^2)(4-a^2) - 2\dot{\gamma}(2+a^2)]^2\right\} = \left(\frac{B}{\delta_c}\right)^2 \quad (5-7-39)$$

应用与一圆运动类似的方法，可得二圆运动的线性变分方程为

$$\dot{\eta}_1 = \bar{\lambda}_1 \eta_1 \quad (5-7-40)$$

$$\ddot{\eta}_2 - h_0\bar{K}_2^2\eta_2 + b_1\eta_3 + b_2\dot{\eta}_4 = 0 \qquad (5-7-41)$$

$$b_3\dot{\eta}_2 + \ddot{\eta}_3 + b_4\dot{\eta}_3 + (1-\dot{\gamma}^2)\eta_3 - 2\dot{\gamma}\bar{K}_3\dot{\eta}_4 + b_5\eta_4 = 0 \qquad (5-7-42)$$

$$b_6\eta_2 + 2\dot{\gamma}\dot{\eta}_3 + b_7\eta_3 + \bar{K}_3\ddot{\eta}_4 + b_8\dot{\eta}_4 + b_9\eta_4 = 0 \qquad (5-7-43)$$

式中

$$b_1 = -h_0\bar{K}_2\bar{K}_3 + \frac{2+a-(2-a)\dot{\gamma}}{2} \quad b_2 = h_0\bar{K}_2\bar{K}_3^2\frac{2-a}{4}$$

$$b_3 = -h_0\bar{K}_2\bar{K}_3\frac{2+3a}{2} \quad b_4 = h_0\frac{2-(2+a)\bar{K}_2^2-2(1+a)\bar{K}_3^2}{2}$$

$$b_5 = -\frac{h_0\bar{K}_3\left\{\dot{\gamma}[2-(2+a)\bar{K}_2^2-2\bar{K}_3^2]+(2-a)\bar{K}_2^2\right\}}{2}$$

$$b_6 = -h_0\bar{K}_2\bar{K}_3[(2+a)\dot{\gamma}-2+a] \quad b_7 = h_0\frac{\dot{\gamma}[2-(2+a)\bar{K}_2^2-6\bar{K}_3^2]+(2-a)\bar{K}_2^2}{2}$$

$$b_8 = h_0\bar{K}_3\frac{2-(2+a)\bar{K}_2^2-2\bar{K}_3^2}{2} \quad b_9 = (1-\dot{\gamma}^2)\bar{K}_3$$

把方程（5-7-41）～方程（5-7-43）变为标准形式，令 $x_1 = \eta_2$, $x_2 = \dot{\eta}_2$, $x_3 = \eta_3$, $x_4 = \dot{\eta}_3$, $x_5 = \eta_4$, $x_6 = \dot{\eta}_4$，这样方程（5-7-41）～方程（5-7-43）变为下面的一阶方程组：

$$\begin{cases} \dot{x}_1 = x_2 \\ \dot{x}_2 = h_0\bar{K}_2^2 x_1 - b_1 x_3 - b_2 x_6 \\ \dot{x}_3 = x_4 \\ \dot{x}_4 = -b_3 x_2 - (1-\dot{\gamma}^2)x_3 - b_4 x_4 - b_5 x_5 + 2\dot{\gamma}\bar{K}_3 x_6 \\ \dot{x}_5 = x_6 \\ \dot{x}_6 = -\bar{K}_3^{-1}b_6 x_1 - \bar{K}_3^{-1}b_7 x_3 - 2\bar{K}_3^{-1}x_4 - \bar{K}_3^{-1}b_9 x_5 - \bar{K}_3^{-1}b_8 x_6 \end{cases} \qquad (5-7-44)$$

方程组（5-7-44）的特征方程为

$$\begin{vmatrix} -\lambda & 1 & 0 & 0 & 0 & 0 \\ h_0\bar{K}_2^2 & -\lambda & -b_1 & 0 & 0 & -b_2 \\ 0 & 0 & -\lambda & 1 & 0 & 0 \\ 0 & -b_3 & -(1-\dot{\gamma}^2) & -b_4-\lambda & -b_5 & 2\dot{\gamma}\bar{K}_3 \\ 0 & 0 & 0 & 0 & -\lambda & 1 \\ -\bar{K}_3^{-1}b_6 & 0 & -\bar{K}_3^{-1}b_7 & -2\bar{K}_3^{-1} & -\bar{K}_3^{-1}b_9 & -\bar{K}_3^{-1}b_8-\lambda \end{vmatrix} = 0 \qquad (5-7-45)$$

展开上式得

$$\lambda^6 + a_1\lambda^5 + a_2\lambda^4 + a_3\lambda^3 + a_4\lambda^2 + a_5\lambda + a_6 = 0 \qquad (5-7-46)$$

式中

$$a_1 = \bar{K}_3^{-1}b_8 + b_4$$

$$a_2 = \bar{K}_3^{-1}b_4b_8 - 4\dot{\gamma} + \bar{K}_3^{-1}b_9 + (1-\dot{\gamma}^2) - h_0\bar{K}_2^2$$

$$a_3 = -2b_2b_3\bar{K}_3^{-1} + \bar{K}_3^{-1}b_4b_9 + 2\bar{K}_3^{-1}b_5 + (1-\dot{\gamma}^2)\bar{K}_3^{-1}b_8 + 2\dot{\gamma}b_7 -$$
$$b_1b_3 - h_0\bar{K}_2^2\bar{K}_3^{-1}b_8 - h_0\bar{K}_2^2b_4 - \bar{K}_3^{-1}b_2b_6$$

$$a_4 = -\overline{K}_3^{-1}b_1b_3b_8 - \overline{K}_3^{-1}b_2b_3b_7 + (1-\dot{\gamma}^2)\overline{K}_3^{-1}b_9 - \overline{K}_3^{-1}b_5b_7 - h_0\overline{K}_2^2\overline{K}_3^{-1}b_4b_8 -$$
$$4h_0\overline{K}_2^2\dot{\gamma} - \overline{K}_3^{-1}b_2b_4b_6 - h_0\overline{K}_2^2\overline{K}_3^{-1}b_9 - h_0\overline{K}_2^2(1-\dot{\gamma}^2)$$
$$a_5 = -b_1b_3b_9\overline{K}_3^{-1} - h_0\overline{K}_2^2\overline{K}_3^{-1}b_4b_9 + 2h_0\overline{K}_2^2\overline{K}_3^{-1}b_5 - (1-\dot{\gamma}^2)h_0\overline{K}_2^2\overline{K}_3^{-1}b_8 -$$
$$2h_0\overline{K}_2^2\dot{\gamma}b_7 - 2b_1b_6\dot{\gamma} - (1-\dot{\gamma}^2)\overline{K}_3^{-1}b_2b_6$$
$$a_6 = -h_0\overline{K}_2^2(1-\dot{\gamma}^2)\overline{K}_3^{-1}b_9 + h_0\overline{K}_2^2\overline{K}_3^{-1}b_5b_7 - \overline{K}_3^{-1}b_1b_5b_6$$

根据霍尔威茨判别准则，可得二圆运动渐近稳定的充要条件为

$$\begin{cases} \overline{\lambda}_1 < 0 \\ \Delta_1 = a_1 > 0 \\ \Delta_2 = \begin{vmatrix} a_1 & 1 \\ a_3 & a_2 \end{vmatrix} > 0 \\ \Delta_3 = \begin{vmatrix} a_1 & 1 & 0 \\ a_3 & a_2 & a_1 \\ a_5 & a_4 & a_3 \end{vmatrix} > 0 \\ \Delta_4 = \begin{vmatrix} a_1 & 1 & 0 & 0 \\ a_3 & a_2 & a_1 & 1 \\ a_5 & a_4 & a_3 & a_2 \\ 0 & a_6 & a_5 & a_4 \end{vmatrix} > 0 \\ \Delta_5 = \begin{vmatrix} a_1 & 1 & 0 & 0 & 0 \\ a_3 & a_2 & a_1 & 1 & 0 \\ a_5 & a_4 & a_3 & a_2 & a_1 \\ 0 & a_6 & a_5 & a_4 & a_3 \\ 0 & 0 & 0 & a_6 & a_5 \end{vmatrix} > 0 \end{cases} \quad (5-7-47)$$

5.7.4 三圆运动

对于三圆运动，$\overline{\lambda}_1 = \overline{\lambda}_2 = 0$，这样式（5-7-7）和式（5-7-8）变为

$$1 - \overline{K}_1^2 - a\overline{K}_2^2 - [2 + a + \dot{\gamma}(2-a)]\frac{\overline{K}_3^2}{2} = 0 \quad (5-7-48)$$

$$1 - a\overline{K}_1^2 - \overline{K}_2^2 - [2 + a - \dot{\gamma}(2-a)]\frac{\overline{K}_3^2}{2} = 0 \quad (5-7-49)$$

由上面两式解出 $\overline{K}_1^2$ 和 $\overline{K}_2^2$ 为

$$\overline{K}_1^2 = \frac{1}{a+1} - \left[\frac{a+2}{a+1} + \frac{\dot{\gamma}(a-2)}{a-1}\right]\frac{\overline{K}_3^2}{2} \quad (5-7-50)$$

$$\overline{K}_2^2 = \frac{1}{a+1} - \left[\frac{a+2}{a+1} - \frac{\dot{\gamma}(a-2)}{a-1}\right]\frac{\overline{K}_3^2}{2} \quad (5-7-51)$$

把式（5-7-50）和式（5-7-51）代入式（5-7-9）可得

$$\left\{(1-\dot{\gamma}^2)^2+(h_0\dot{\gamma})^2\left[1-a+(2a^2-3)\bar{K}_3^2\right]^2(a^2-1)^{-2}\right\}\bar{K}_3^2=\left(\frac{B}{\delta_c}\right)^2 \quad (5-7-52)$$

应用与一圆运动类似的方法可得线性变分方程为

$$\ddot{\eta}_1-h_0\bar{K}_1^2\eta_1-ah_0\bar{K}_1\bar{K}_2\eta_2+c_1\eta_3+c_2\dot{\eta}_4=0 \quad (5-7-53)$$

$$\ddot{\eta}_2-ah_0\bar{K}_1\bar{K}_2\eta_1-h_0\bar{K}_2^2\eta_2+c_3\eta_4+c_4\dot{\eta}_4=0 \quad (5-7-54)$$

$$\ddot{\eta}_3+c_5\bar{K}_1\dot{\eta}_1+c_5\bar{K}_2\dot{\eta}_2+c_6\dot{\eta}_3+(1-\dot{\gamma}^2)\eta_3-2\dot{\gamma}\bar{K}_3\dot{\eta}_4+c_7\eta_4=0 \quad (5-7-55)$$

$$\bar{K}_3\ddot{\eta}_4+c_8\eta_1+c_9\eta^2+2\dot{\gamma}\dot{\eta}_3+c_{10}\eta_3+c_{11}\dot{\eta}_4+c_{12}\eta_4=0 \quad (5-7-56)$$

式中　　$c_1=-h_0\bar{K}_1\bar{K}_3\dfrac{2+a-(2-a)\dot{\gamma}}{2}$　　$c_2=-h_0\bar{K}_1\bar{K}_3^2\dfrac{2-a}{4}$

$\qquad\quad c_3=-h_0\bar{K}_2\bar{K}_3\dfrac{2+a-(2-a)\dot{\gamma}}{2}$　　$c_4=h_0\bar{K}_2\bar{K}_3^2\dfrac{2-a}{4}$

$\qquad\quad c_5=-h_0\bar{K}_3\dfrac{2+3a}{2}$　　$c_6=-h_0\dfrac{2-(2-a^2)\bar{K}_3^2}{2a+2}$

$\qquad\quad c_7=h_0\bar{K}_3\dot{\gamma}\dfrac{a-1-(2a^2-3)\bar{K}_3^2}{a^2-1}$

$\qquad\quad c_8=-h_0\bar{K}_1\bar{K}_3[(2+a)\dot{\gamma}+2-a]$

$\qquad\quad c_9=-h_0\bar{K}_2\bar{K}_3[(2+a)\dot{\gamma}-2+a]$

$\qquad\quad c_{10}=-h_0\dot{\gamma}\dfrac{a-1+\bar{K}_3^2}{a^2-1}$

$\qquad\quad c_{11}=-h_0\bar{K}_3\dfrac{2-(2+2a+a^2)\bar{K}_3^2}{2a+2}$

$\qquad\quad c_{12}=(1-\dot{\gamma}^2)\bar{K}_3$

把方程（5-7-53）～方程（5-7-56）化成一阶方程组，应用霍尔威茨判别准则，同样可以得到三圆运动渐近稳定的充要条件，这里就不讨论了。

5.8　弹箭非线性运动的动态稳定性判据

在已知弹箭非线性气动力的情况下应用本节的判据可判断弹箭运动的稳定性、运动的类型以及确定对初始扰动的限制。

略去几何非线性后，在三次方升力、静力矩、马氏力矩以及二次方阻尼力矩作用下弹箭的角运动方程为

$$\Delta''+(H_0+H_2\delta^2-\mathrm{i}P)\Delta'-[M_0+M_2\delta^2+\mathrm{i}P(T_0+T_2\delta^2)]\Delta=0$$

式中，H_0，H_2，M_0，M_2，T_0，T_2，P 的表达式见第2章式（2-5-11）～式（2-5-14）。

如果 $H_2=M_2=T_2=0$，则方程（5-8-1）变为线性运动方程，线性运动的动态稳定性判据式（2-8-12）～式（2-8-14）可写成下面二式：

快进动稳定条件　　　　　　　　$0<s_d/\sqrt{\sigma}<1$ 　　　　　　　　　（5-8-1）

慢进动稳定条件 $\qquad -1 < s_d/\sqrt{\sigma} < 0 \qquad$ (5-8-2)

式中 $\qquad \sqrt{\sigma} = \sqrt{1 - \dfrac{1}{s_g}}, \quad s_g = \dfrac{P^2}{4M_0} \qquad$ (5-8-3)

$$s_d = \dfrac{2T_0}{H_0} - 1 \qquad (5-8-4)$$

值得指出的是，上面动稳定条件的前提是 $H_0 > 0$，不过一般弹箭都具有小攻角为正阻尼的特性，因而不把 $H_0 > 0$ 作为条件。除了一些特殊外形弹箭在特殊飞行条件下 $H_0 < 0$ 外，对于一般的弹箭不作声明就认为 $H_0 > 0$，本节研究的弹箭都满足 $H_0 > 0$ 的条件。

下面用平均法求方程（5-8-1）的拟线性解。先将方程（5-8-1）写成如下形式：

$$\Delta'' - iP\Delta' - M_0\Delta = -(H_0 + H_2\delta^2)\Delta' + [M_2\delta^2 + iP(T_0 + T_2\delta^2)]\Delta \qquad (5-8-5)$$

如果略去方程右边的次要力矩项，则得到仅有线性静力矩作用的方程

$$\Delta'' - iP\Delta' - M_0\Delta = 0 \qquad (5-8-6)$$

其解为

$$\Delta = K_1 e^{i\varphi_1} + K_2 e^{i\varphi_2} \qquad (5-8-7)$$

$$\varphi_j = \varphi_j's + \varphi_{j0}$$

$$\varphi_j' = \dfrac{1}{2}\left[P \pm \sqrt{P^2 - 4M_0} \right] \qquad (5-8-8)$$

$$\varphi_j'' = 0 \qquad (5-8-9)$$

式中，K_j 为常数，$j = 1, 2$。

设考虑方程（5-8-5）右边各非线性力矩和次要力矩项时方程的解仍为二圆运动形式

$$\Delta = K_1 e^{i(\varphi_1 + \psi_1)} + K_2 e^{i(\varphi_2 + \psi_2)} \qquad (5-8-10)$$

这里 K_1, K_2 是可变的，ψ_1, ψ_2 是由非线性等力矩项产生的。将 Δ 求导一次并令其导数中

$$(K_1' + iK_1\psi_1')e^{i(\varphi_1 + \psi_1)} + (K_2' + iK_2\psi_2')e^{i(\varphi_2 + \psi_2)} = 0 \qquad (5-8-11)$$

得

$$\Delta' = K_1(i\varphi_1')e^{i(\varphi_1 + \psi_1)} + K_2(i\varphi_2')e^{i(\varphi_2 + \psi_2)} \qquad (5-8-12)$$

将 $\Delta, \Delta', \Delta''$ 代入方程（5-8-1）中，并利用 $(i\varphi_1'), (i\varphi_2')$ 是方程（5-8-5）之根的特点

$$(i\varphi_1')^2 - iP(i\varphi_1') - M_0 = 0, \quad (i\varphi_2')^2 - iP(i\varphi_2') - M_0 = 0$$

再将所得方程两边同除以 $K_1 e^{i(\varphi_1 + \psi_1)}$，并利用关系式（5-8-11）以及 δ^2 的表达式，得

$$\begin{aligned} & i(\varphi_1' - \varphi_2')(\lambda_1 + i\psi_1') + [H_0 + H_2(K_1^2 + K_2^2 + 2K_1K_2\cos\hat{\phi})](i\varphi_1') - \\ & \{M_2(K_1^2 + K_2^2 + 2K_1K_2\cos\hat{\phi}) + iP[T_0 + T_2(K_1^2 + K_2^2 + 2K_1K_2\cos\hat{\phi})]\} \\ & = \{-(i\varphi_2')[H_0 + H_2(K_1^2 + K_2^2 + 2K_1K_2\cos\hat{\phi})] + M_2(K_1^2 + K_2^2 + 2K_1K_2\cos\hat{\phi}) + \\ & iP[T_0 + T_2(K_1^2 + K_2^2 + 2K_1K_2\cos\hat{\phi})]\}\dfrac{K_2}{K_1}e^{-i\hat{\phi}} \end{aligned} \qquad (5-8-13)$$

式中
$$\hat{\phi} = (\varphi_1 + \psi_1) - (\varphi_2 + \psi_2) \tag{5-8-14}$$

将式（5-8-13）在 $\hat{\phi}$ 变化一周（2π）内平均，并代入

$$\varphi_1' - \varphi_2' = \sqrt{P^2 - 4M} = P\sqrt{\sigma} \tag{5-8-15}$$

然后将平均后的结果按实部和虚部分开，得

$$\psi_1' = -\frac{M_2(K_1^2 + 2K_2^2)}{P\sqrt{\sigma}} \tag{5-8-16}$$

$$\lambda_1 = \frac{K_1'}{K_1} = \frac{1}{P\sqrt{\sigma}}\{-[H_0 + H_2(K_1^2 + K_2^2)]\varphi_1' - H_2 K_2^2 \varphi_2' + P[T_0 + T_2(K_1^2 + 2K_2^2)]\}$$
$$= -\frac{H_0}{2}\left(1 - \frac{s_d}{\sqrt{\sigma}}\right) - \frac{H_2}{2\sqrt{\sigma}}[(1 + \sqrt{\sigma})K_1^2 + 2K_2^2] + \frac{T_2}{\sqrt{\sigma}}(K_1^2 + 2K_2^2) \tag{5-8-17}$$

如将方程（5-8-13）两边同乘 $(K_1/K_2)\mathrm{e}^{\mathrm{i}\hat{\phi}}$，并利用式（5-8-11）将关于 K_1, λ_1 的式子变为关于 K_2, λ_2 的式子，然后再将所得方程在 $\hat{\phi}$ 的一周内平均，得到

$$\psi_2' = \frac{M_2}{P\sqrt{\sigma}}(2K_1^2 + K_2^2) \tag{5-8-18}$$

$$\lambda_2 = \frac{K_1'}{K_2} = -\frac{H_0}{2}\left(1 + \frac{s_d}{\sqrt{\sigma}}\right) + \frac{H_2}{2\sqrt{\sigma}}[K_2^2(1 - \sqrt{\sigma}) + 2K_1^2] - \frac{T_2}{\sqrt{\sigma}}(2K_1^2 + K_2^2) \tag{5-8-19}$$

由式（5-8-17）和式（5-8-19）积分可得到 K_1, K_2，并将它们与 ψ_1', ψ_2' 的式子代入式（5-8-10）中就得到了非线性运动方程的拟线性解。但为了研究弹箭运动稳定性，只需研究振幅 K_1, K_2 的变化情况。为此先引入非线性动稳定因子的概念，令

$$s_{d2} = \frac{2T_2}{H_2} - 1 \tag{5-8-20}$$

由此得 $T_2 = (s_{d2} + 1)H_2/2$，将 T_2 代入 λ_1 和 λ_2 的表达式中，得

$$\lambda_1 = -\frac{H_0}{2}\left(1 - \frac{s_d}{\sqrt{\sigma}}\right) + \frac{H_2}{2}\frac{s_d}{\sqrt{\sigma}}\left[2K_2^2 + \left(1 - \frac{\sqrt{\sigma}}{s_{d2}}\right)K_1^2\right] \tag{5-8-21}$$

$$\lambda_2 = -\frac{H_0}{2}\left(1 + \frac{s_d}{\sqrt{\sigma}}\right) - \frac{H_2}{2}\frac{s_{d2}}{\sqrt{\sigma}}\left[2K_1^2 + \left(1 + \frac{\sqrt{\sigma}}{s_{d2}}\right)K_2^2\right] \tag{5-8-22}$$

式中
$$\bar{s}_{d2} = \frac{s_{d2}}{\sqrt{\sigma}}, \quad \bar{s}_d = \frac{s_d}{\sqrt{\sigma}} \tag{5-8-23}$$

$$\lambda_{10} = -\frac{H_0}{2}\left(1 - \frac{s_d}{\sqrt{\sigma}}\right), \quad \lambda_{20} = -\frac{H_0}{2}\left(1 + \frac{s_d}{\sqrt{\sigma}}\right) \tag{5-8-24}$$

则得

$$\lambda_1 = \lambda_{10} + \frac{H_2}{2}\bar{s}_{d2}\left[2K_2^2 + \left(1 - \frac{1}{s_{d2}}\right)K_1^2\right] \tag{5-8-25}$$

$$\lambda_2 = \lambda_{20} - \frac{H_2}{2}\bar{s}_{d2}\left[2K_1^2 + \left(1 + \frac{1}{s_{d2}}\right)K_2^2\right] \tag{5-8-26}$$

这就是快、慢圆运动的阻尼指数表达式。再引入快、慢圆运动的频率：

$$\omega_1 = \varphi_1' + \psi_1' = \varphi_1' - \frac{M_2}{P\sqrt{\sigma}}(K_1^2 + 2K_2^2) \tag{5-8-27}$$

$$\omega_2 = \varphi_2' + \psi_2' = \varphi_2' + \frac{M_2}{P\sqrt{\sigma}}(2K_1^2 + K_2^2) \tag{5-8-28}$$

式中，φ_1', φ_2' 按式（5-8-8）计算。

下面利用振幅平面分析弹箭运动稳定性，振幅方程为

$$\frac{dK_1^2}{ds} = 2K_1^2 \lambda_1 = f_1(K_1^2, K_2^2) \tag{5-8-29}$$

$$\frac{dK_2^2}{ds} = 2K_2^2 \lambda_2 = f_2(K_1^2, K_2^2) \tag{5-8-30}$$

振幅平面上最主要的特性是奇点的位置和类型，现在有如下 4 个奇点：

R_1：（0，0），即原点；

R_2：$\left(0, \dfrac{2\lambda_{20}}{H_2(1+\bar{s}_{d2})}\right)$，即零阻尼曲线 $\lambda_2 = 0$ 与 K_2^2 轴的交点；

R_3：$\left(\dfrac{2\lambda_{10}}{H_2(1-\bar{s}_{d2})}, 0\right)$，即零阻尼曲线 $\lambda_1 = 0$ 与 K_1^2 轴的交点；

R_4：$\left(\dfrac{\lambda_{10} + (2\lambda_{20} + \lambda_{10})\bar{s}_{d2}}{H_2(1+3\bar{s}_{d2}^2)/2}, \dfrac{\lambda_{20} - (2\lambda_{10} + \lambda_{20})\bar{s}_{d2}}{H_2(1+2\bar{s}_{d2}^2)/2}\right)$，即两条零阻尼曲线 $\lambda_1 = 0, \lambda_2 = 0$ 的交点。

为了判断某一奇点的类型和稳定性，可将振幅方程（5-8-29）和方程（5-8-30）右边在奇点 R 处展成泰勒级数，得

$$\frac{dK_1^2}{ds} = f_{1R} + \left(\frac{\partial f}{\partial K_1^2}\right)_R (K_1^2 - K_{1R}^2) + \left(\frac{\partial f_1}{\partial K_2^2}\right)_R (K_2^2 - K_{2R}^2) + \cdots \tag{5-8-31}$$

$$\frac{dK_2^2}{ds} = f_{2R} + \left(\frac{\partial f_2}{\partial K_1^2}\right)_R (K_1^2 - K_{1R}^2) + \left(\frac{\partial f_2}{\partial K_2^2}\right)_R (K_2^2 - K_{2R}^2) + \cdots \tag{5-8-32}$$

式中，下标 R 表示取奇点 (K_{1R}^2, K_{2R}^2) 处的值，在奇点处 $f_{1R} = 0, f_{2R} = 0$。如令

$$x = K_1^2 - K_{1R}^2, \quad y = K_2^2 - K_{2R}^2 \tag{5-8-33}$$

则上面两个方程变为

$$\frac{dx}{ds} = ax + by, \quad a = \left(\frac{\partial f_1}{\partial K_1^2}\right)_R, \quad b = \left(\frac{\partial f_1}{\partial K_2^2}\right)_R \tag{5-8-34}$$

$$\frac{dy}{ds} = cx + dy, \quad c = \left(\frac{\partial f_2}{\partial K_1^2}\right)_R, \quad d = \left(\frac{\partial f_2}{\partial K_2^2}\right)_R \tag{5-8-35}$$

因为方程（5-8-34）和方程（5-8-35）右边的高次项不影响奇点的判别，故可略去方程（5-8-31）和方程（5-8-32）右边泰勒级数中的高次项。方程（5-8-34）和方程（5-8-35）的奇点已在新坐标系的原点上（$x = 0, y = 0$），故可应用第 1 章中讲述的奇点判别法。

弹箭非线性运动理论

将式（5-8-25）和式（5-8-26）的 λ_1,λ_2 表达式代入振幅方程（5-8-29）和方程（5-8-30）中，可得到各偏导数的具体形式：

$$\frac{\partial f_1}{\partial K_1^2}=2\lambda_{10}+2H_2(\overline{s}_{d2}-1)K_1^2+2H_2\overline{s}_{d2}K_2^2 \qquad (5-8-36)$$

$$\frac{\partial f_1}{\partial K_2^2}=2H_2\overline{s}_{d2}K_1^2 \qquad (5-8-37)$$

$$\frac{\partial f_2}{\partial K_1^2}=-2H_2\overline{s}_{d2}K_2^2 \qquad (5-8-38)$$

$$\frac{\partial f_2}{\partial K_2^2}=2\lambda_{20}-2H_2\overline{s}_{d2}K_1^2-2H_2(\overline{s}_{d2}+1)K_2^2 \qquad (5-8-39)$$

于是得奇点判别式中的 p 和 q

$$p=a+d=\left[2(\lambda_{10}+\lambda_{20})-2H_2(K_1^2+K_2^2)\right]_R \\ =-\left[2H_0+2H_2(K_1^2+K_2^2)_R\right] \qquad (5-8-40)$$

$$q=ad-bc=\left(\frac{\partial f_1}{\partial K_1^2}\frac{\partial f_2}{\partial K_2^2}-\frac{\partial f_1}{\partial K_2^2}\frac{\partial f_2}{\partial K_1^2}\right)_R \qquad (5-8-41)$$

稳定奇点的要求归纳起来是要求 $p<0,q>0$ 以及奇点的坐标值应大于或等于零。对于不同的奇点可算得不同的 a、b、c、d 值，利用它们就可判断奇点的类型和性质，并得出稳定条件。

1. 对于奇点 $R_1(K_1^2=0,\ K_2^2=0)$

显然

$$p=-2H_0<0$$

$$q=2\lambda_{10}\cdot 2\lambda_{20}=H_0^2(1-\overline{s}_d^2)$$

故 R_1 为稳定奇点的条件是

$$-1<\frac{s_d}{\sqrt{\sigma}}<1 \qquad (5-8-42)$$

这与线性运动稳定条件式（5-8-2）和式（5-8-2′）是相同的，满足此式时原点为稳定的结点。但在非线性情况下，振幅平面上可能有多个奇点，式（5-8-42）只是原点这个奇点附近局部范围内的稳定条件，因此即使满足了这个条件还不能肯定弹箭运动是稳定的。弹箭运动究竟稳定与否，与其他奇点的性质以及初始条件 K_{10}，K_{20} 处在振幅平面上分界线的哪一侧有关。

在以 $\overline{s}_d$ 和 $\overline{s}_{d2}$ 为直角坐标的平面上，直线 $\overline{s}_d=1$ 和 $\overline{s}_d=-1$ 两条线间的区域即 R_1 奇点的稳定域。

2. 对于奇点 $R_2\left(0,\ \dfrac{2\lambda_{20}}{H_2(1+\overline{s}_{d2})}\right)$

$$p=-\left[2H_0+2H_2\frac{2\lambda_{20}}{H_2(1+\overline{s}_{d2})}\right]=-\frac{2H_0(\overline{s}_{d2}-\overline{s}_d)}{1+\overline{s}_{d2}} \qquad (5-8-43)$$

$$a=2\lambda_{10}+\overline{s}_{d2}\frac{2\lambda_{20}}{(1+\overline{s}_{d2})} \qquad (5-8-44)$$

$$b=0 \qquad (5-8-45)$$

$$c = -\frac{4\lambda_{20}\bar{s}_{d2}}{1+\bar{s}_{d2}} \quad (5-8-46)$$

$$d = -2\lambda_{20} \quad (5-8-47)$$

故

$$q = ad - bc = -4\lambda_{20}\left(\lambda_{10} + \frac{2\lambda_{20}\bar{s}_{d2}}{1+\bar{s}_{d2}}\right) \quad (5-8-48)$$

下面来寻求 R_2 为稳定奇点的条件。

因为奇点坐标必须大于零，故由 $K_{2R}^2 > 0$ 得出如下四种组合：

$$H_2 > 0 \begin{cases} \lambda_{20} > 0; & 1+\bar{s}_{d2} > 0 \text{ (或 } \bar{s}_{d2} > -1\text{)} \quad ① \\ \lambda_{20} < 0; & 1+\bar{s}_{d2} < 0 \text{ (或 } \bar{s}_{d2} < -1\text{)} \quad ② \end{cases}$$

$$H_2 < 0 \begin{cases} \lambda_{20} > 0; & 1+\bar{s}_{d2} < 0 \text{ (或 } \bar{s}_{d2} < -1\text{)} \quad ③ \\ \lambda_{20} < 0; & 1+\bar{s}_{d2} > 0 \text{ (或 } \bar{s}_{d2} > -1\text{)} \quad ④ \end{cases}$$

对于情况①，由 $\lambda_{20} > 0$，根据式（5-8-24）得条件 $1+\bar{s}_d < 0$（或 $\bar{s}_d < -1$），满足 $\bar{s}_{d2} > -1$ 和 $\bar{s}_d < -1$ 后必然有 $\bar{s}_{d2} - \bar{s}_d > 0$，所以也满足 $P < 0$。再由 $q > 0$ 的要求得条件

$$\lambda_{10} < \frac{-2\lambda_{10}\bar{s}_{d2}}{1+\bar{s}_{d2}} \quad (5-8-49)$$

将式（5-8-24）的 $\lambda_{10}, \lambda_{20}$ 代入式（5-8-49），并将式（5-8-49）两边同除 $(-H_0/2)$，同乘 $(1+\bar{s}_{d2})$，得到

$$(1-\bar{s}_d)(1+\bar{s}_{d2}) > -2(1+\bar{s}_d)\bar{s}_{d2}$$

或者

$$\bar{s}_d - 1 < (3+\bar{s}_d)\bar{s}_{d2} \quad (5-8-50)$$

如果 $3+\bar{s}_d > 0$，则由式（5-8-50）得

$$\bar{s}_{d2} > \frac{-1+\bar{s}_d}{3+\bar{s}_d} \quad (-3 < s_d < -1) \quad (5-8-51)$$

如果 $3+\bar{s}_d < 0$，则由式（5-8-50）得

$$\bar{s}_{d2} < \frac{-1+\bar{s}_d}{3+s_d} \quad (s_d < -3) \quad (5-8-52)$$

由于情况①中还要求 $\bar{s}_{d2} > -1$，那么这会不会与条件式（5-8-51）和式（5-8-52）相矛盾呢？为此在 $(\bar{s}_d, \bar{s}_{d2})$ 坐标平面内作出上二不等式右边的函数的曲线，如图 5-8-1（a）所示。由图可见，当 $-1 < \bar{s}_d < -3$ 时有 $(-1+\bar{s}_d)/(3+\bar{s}_d) < -1$，故在此范围内只要满足 $\bar{s}_{2d} > -1$ 必然满足式（5-8-51）。又当 $\bar{s}_d < -3$ 时 $(-1+\bar{s}_d)/(3+\bar{s}_d) > 1$，故式（5-8-52）与 $\bar{s}_{d2} > -1$ 是两个不矛盾的条件，必须同时满足。这样就得到情况①相应的 R_2 奇点的稳定条件

$$H_2 > 0, \ -3 < \bar{s}_d < -1, \ \bar{s}_{d2} > -1 \quad (5-8-53)$$

$$H_2 > 0, \ \bar{s}_d < -3, \ -1 < \bar{s}_{d2} < \frac{-1+\bar{s}_d}{3+\bar{s}_d} \quad (5-8-54)$$

对于情况②，由 $\lambda_{20} < 0$ 得条件 $1+\bar{s}_d > 0$（或 $\bar{s}_d > -1$），在此情况中还有 $1+\bar{s}_{d2} < 0$（或 $s_{d2} < -1$），当此二条件同时满足时必有 $s_{d2} - \bar{s}_d < 0$，由式（5-8-43）知此时仍满足 $p < 0$。

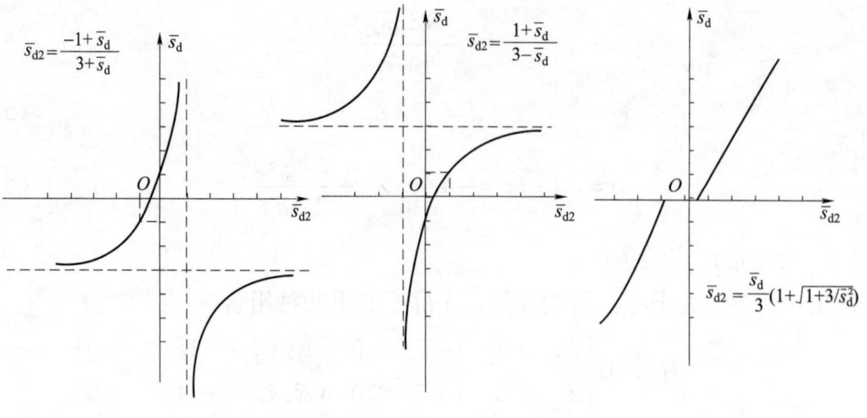

弹箭非线性运动理论

$$\bar{s}_{d2}=\frac{-1+\bar{s}_d}{3+\bar{s}_d}$$

$$\bar{s}_{d2}=\frac{1+\bar{s}_d}{3-\bar{s}_d}$$

$$\bar{s}_{d2}=\frac{\bar{s}_d}{3}(1+\sqrt{1+3/\bar{s}_d^2})$$

（a）　　　　　　　　　（b）　　　　　　　　　（c）

图 5-8-1　$\bar{s}_d-\bar{s}_{d2}$ 曲线图

再由 $q>0$ 得

$$\lambda_{10}>\frac{-2\lambda_{20}s_{d2}}{1+s_{d2}} \tag{5-8-55}$$

代入 $\lambda_{10},\lambda_{20}$，将上式两边同除 $-H_0/2$，并同乘 $1+s_{d2}$，注意到 $1+s_{d2}<0$，故仍得到下式

$$\bar{s}_d-1<(3+\bar{s}_d)\bar{s}_{d2}$$

因现在 $1+\bar{s}_d>0$，故必有 $3+\bar{s}_d>0$，于是上式改为

$$\bar{s}_{d2}>\frac{-1+\bar{s}_d}{3+\bar{s}_d}$$

但由图 5-8-1（a）可见，在 $\bar{s}_d>-1$ 时上式右边函数值大于 -1，而情况②中又要求 $\bar{s}_{d2}<-1$，这两个条件是矛盾的，故情况②不能产生稳定奇点。

这样就得出 $H_2>0$ 时 R_2 奇点的稳定条件为式（5-8-53）和式（5-8-54）。在以 $\bar{s}_d$ 和 $\bar{s}_{d2}$ 为直角坐标的平面上 [图 5-8-2（a）]，$H_2>0$ 时 R_2 为稳定奇点的稳定域为图中右下角画有左斜线的区域。

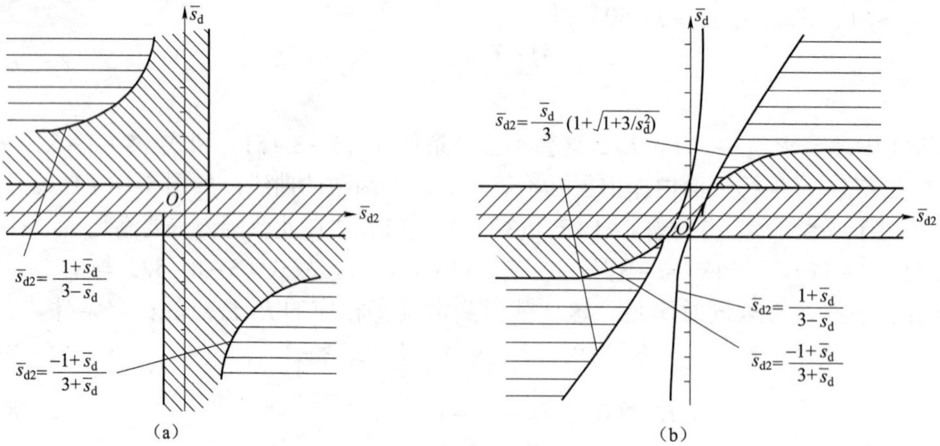

$$\bar{s}_{d2}=\frac{\bar{s}_d}{3}(1+\sqrt{1+3/s_d^2})$$

$$\bar{s}_{d2}=\frac{1+\bar{s}_d}{3-\bar{s}_d}$$

$$\bar{s}_{d2}=\frac{-1+\bar{s}_d}{3+\bar{s}_d}$$

$$\bar{s}_{d2}=\frac{1+\bar{s}_d}{3-\bar{s}_d}$$

$$\bar{s}_{d2}=\frac{-1+\bar{s}_d}{3+\bar{s}_d}$$

（a）　　　　　　　　　　　　　　（b）

///// R_1 稳定域　　\\\\\ $R_2(R_3)$ 稳定域　　≡ R_4 稳定域

图 5-8-2　各奇点的稳定域

（a）$H_2\geqslant0$ 时；（b）$H_2<0$ 时

256

对于情况③，由 $\lambda_{20}>0$ 得出 $s_d<-1$，由 $q>0$ 仍得出式（5-8-49），但因情况③中 $1+\bar{s}_{d2}<0$，故在式（5-8-49）两边同乘 $(1+\bar{s}_{d2})$，同除 $(-H_0/2)$ 后得出与式（5-8-50）相反的不等式

$$\bar{s}_d-1>(3+\bar{s}_d)\bar{s}_{d2} \tag{5-8-56}$$

如果 $3+\bar{s}_d>0$（或 $s_d>-3$），则此不等式改为

$$\bar{s}_{d2}<\frac{-1+\bar{s}_d}{3+\bar{s}_d} \tag{5-8-57}$$

由图 5-8-1（a）可见，当 $-3<s_d<-1$ 时上式右边函数的值小于 -1，因此它可与情况③的条件 $\bar{s}_{d2}<-1$ 合并，得到如下条件：

$$H_2<0,\ -3<s_d<-1,\ s_{d2}<\frac{-1+\bar{s}_d}{3+\bar{s}_d} \tag{5-8-58}$$

最后还要考虑 $p<0$ 的条件。因情况③中 $1+\bar{s}_{d2}<0$，故由式（5-8-43）得出条件 $\bar{s}_{d2}<\bar{s}_d$。那么不等式组（5-8-58）是否满足此条件呢？为此计算如下的差值：

$$\bar{s}_d-\left(\frac{-1+\bar{s}_d}{3+\bar{s}_d}\right)=\frac{\bar{s}_d^2+2\bar{s}_d+1}{3+\bar{s}_d}=\frac{(\bar{s}_d+1)^2}{3+\bar{s}_d} \tag{5-8-59}$$

由此式可见　　　　当 $3+\bar{s}_d>0$（或 $\bar{s}_d>-3$）时， $\bar{s}_d>\dfrac{-1+\bar{s}_d}{3+\bar{s}_d}$

当 $3+\bar{s}_d<0$（或 $\bar{s}_d<-3$）时， $\bar{s}_d<\dfrac{-1+\bar{s}_d}{3+\bar{s}_d}$

因为式（5-8-58）中 $\bar{s}_d>-3$，故得 $\bar{s}_{d2}<\bar{s}_d$，因而 $p<0$ 成立。因此情况③中 R_2 为稳定奇点的条件是式（5-8-58）。

对于情况④，由 $\lambda_{20}<0$ 得 $1+\bar{s}_d>0$（或 $\bar{s}_d>-1$），又因为此情况中 $1+\bar{s}_{d2}>0$（或 $\bar{s}_{d2}>-1$），故由 $p<0$ 条件得出要求 $\bar{s}_{d2}>\bar{s}_d$。再由 $q>0$ 的条件仍得出式（5-8-55），将式（5-8-55）同除 $(-H_0/2)$，同乘 $(1+\bar{s}_{d2})$ 后得不等式

$$\bar{s}_d-1>(3+\bar{s}_d)\bar{s}_{d2} \tag{5-8-60}$$

因为现在 $1+\bar{s}_d>0$，必有 $3+\bar{s}_d>0$，故上式可变为

$$\bar{s}_{d2}<\frac{-1+\bar{s}_d}{3+\bar{s}_d}$$

但由式（5-8-59）知上式右边在 $\bar{s}_d+3>0$ 时小于 $\bar{s}_d$，由此得出 $\bar{s}_{d2}<\bar{s}_d$，但 $p<0$ 又要求 $\bar{s}_{d2}>\bar{s}_d$，此二条件互相矛盾，故此情况下 R_2 不可能形成稳定奇点。

在 $H_2<0$ 情况下，由式（5-8-58）决定的 R_2 奇点的稳定域为图 5-8-2（b）左下角中画有左斜线的区域。

3. 对于奇点 $R_3\left(\dfrac{2\lambda_{10}}{H_2(1-\bar{s}_{d2})},0\right)$

其稳定性讨论与 R_2 的步骤相同，简述如下。
先算出下列二式：

弹箭非线性运动理论

$$p = -2H_0 \frac{\overline{s}_d - \overline{s}_{d2}}{1 - \overline{s}_{d2}} \qquad (5-8-61)$$

$$q = -4\lambda_{10}\left(\lambda_{20} - \frac{2\lambda_{10}\overline{s}_{d2}}{1 - \overline{s}_{d2}}\right) \qquad (5-8-62)$$

由奇点坐标$(K_2^2)_R > 0$的条件得出如下四种组合：

$$H_2 > 0 \begin{cases} \lambda_{10} > 0,\ 1 - \overline{s}_{d2} > 0 \quad (\text{或}\ \overline{s}_{d2} < 1) & \textcircled{1} \\ \lambda_{10} < 0,\ 1 - \overline{s}_{d2} < 0 \quad (\text{或}\ \overline{s}_{d2} > 1) & \textcircled{2} \end{cases}$$

$$H_2 < 0 \begin{cases} \lambda_{10} > 0,\ 1 - \overline{s}_{d2} > 0 \quad (\text{或}\ \overline{s}_{d2} < 1) & \textcircled{3} \\ \lambda_{10} < 0,\ 1 - \overline{s}_{d2} < 0 \quad (\text{或}\ \overline{s}_{d2} > 1) & \textcircled{4} \end{cases}$$

对于情况①，由$\lambda_{10} > 0$得$1 - \overline{s}_d < 0$（或$\overline{s}_d > 1$），而$\overline{s}_{d2} < 1$，由此二条件知必有$\overline{s}_d > \overline{s}_{d2}$和$p < 0$。再由$q > 0$得出

$$\lambda_{20} < \frac{2\lambda_{10}\overline{s}_{d2}}{1 - \overline{s}_{d2}}$$

或

$$1 + \overline{s}_d > (3 - \overline{s}_d)\overline{s}_{d2} \qquad (5-8-63)$$

如果$3 - \overline{s}_d > 0$（则$1 < \overline{s}_d < 3$），得

$$\overline{s}_{d2} < \frac{1 + \overline{s}_d}{3 - \overline{s}_d} \qquad (5-8-64)$$

如果$3 - \overline{s}_d < 0$（则$\overline{s}_d > 3$），得

$$\overline{s}_{d2} > \frac{1 + \overline{s}_d}{3 - \overline{s}_d} \qquad (5-8-65)$$

因现在还要求$\overline{s}_{d2} < 1$，会不会与式（5-8-64）和式（5-8-65）产生矛盾呢？为此作出右边的函数曲线，如图5-8-2（b）所示，由该曲线可见

当$1 < \overline{s}_d < 3$时

$$\frac{1 + \overline{s}_d}{3 - \overline{s}_d} > 1 \qquad (5-8-66)$$

当$\overline{s}_d > 3$时

$$\frac{1 + \overline{s}_d}{3 - \overline{s}_d} < -1 \qquad (5-8-67)$$

故当$1 < \overline{s}_d < 3$时只要满足了$\overline{s}_{d2} < 1$也必然满足式（5-8-64），而当$\overline{s}_d > 3$时$\overline{s}_{d2} < 1$和条件（5-8-65）可以相容，必须同时成立，于是得此情况下R_3为稳定结点的两组条件：

$$H_2 > 0,\ 1 < \overline{s}_d < 3,\ \overline{s}_{d2} < 1 \qquad (5-8-68)$$

$$H_2 > 0,\ \overline{s}_d > 3,\ 1 > \overline{s}_{d2} > \frac{1 + \overline{s}_d}{3 - \overline{s}_d} \qquad (5-8-69)$$

对于情况②，则很容易证明，在满足$p < 0$的条件下满足不了$q > 0$，故此时R_3不能成为稳定奇点。

258

合并以上两种情况，得出在 $H_2>0$ 的情况下 R_3 为稳定奇点的条件为式（5-8-68）和式（5-8-69），由此二式决定的 R_3 奇点稳定域为图 5-8-2（a）中左上角画有左斜线的区域。

对于情况③，由 $1-\bar{s}_{d2}<0$ 得出 $\bar{s}_{d2}>1$；由 $\lambda_{10}>0$ 的要求得出 $1-\bar{s}_d<0$（或 $\bar{s}_d>1$），由 $p<0$ 的条件为 $\bar{s}_{d2}>\bar{s}_d$，而由 $q>0$ 的条件得出

$$1+\bar{s}_d < (3-\bar{s}_d)\bar{s}_{d2} \tag{5-8-70}$$

如果 $3-\bar{s}_d>0$（这时 $1<\bar{s}_d<3$），则有

$$\bar{s}_{d2} > \frac{1+\bar{s}_d}{3-\bar{s}_d} \tag{5-8-71}$$

上式右边在 $1<\bar{s}_d<3$ 内大于 1 [式（5-8-66）]，故只要满足此式便能满足 $\bar{s}_{d2}>1$ 的要求。但满足此式后是否能满足 $\bar{s}_{d2}>\bar{s}_d$ 的要求呢？为此计算上式与 $\bar{s}_d$ 的差值

$$\bar{s}_d - \frac{1+\bar{s}_d}{3-\bar{s}_d} = -\frac{(\bar{s}_d-1)^2}{(3-\bar{s}_d)} \tag{5-8-72}$$

可是在 $3-\bar{s}_d>0$（或 $\bar{s}_d<3$）时，$\qquad \bar{s}_d < \dfrac{1+\bar{s}_d}{3-\bar{s}_d}$

在 $3-\bar{s}_d<0$（或 $\bar{s}_d>3$）时，$\qquad s_d > \dfrac{1+\bar{s}_d}{3-\bar{s}_d}$

故在 $1<\bar{s}_d<3$ 范围内由式（5-8-71）得出 $\bar{s}_{d2}>s_d$，$p<0$。所以此时 R_3 的稳定条件为

$$H_2<0,\ 1<\bar{s}_d<3,\ \bar{s}_{d2} > \frac{1+\bar{s}_d}{3+\bar{s}_d} \tag{5-8-73}$$

如果 $3-\bar{s}_d<0$（或 $\bar{s}_d>3$），则式（5-8-70）变为

$$\bar{s}_{d2} < \frac{1+\bar{s}_d}{3-\bar{s}_d} \tag{5-8-74}$$

由图 5-8-2(b)可见，在 $\bar{s}_d>3$ 范围内上式右边小于 -1，这与 $\bar{s}_{d2}>1$ 的要求相矛盾，故 $\bar{s}_d>3$ 时 R_3 不可能成为稳定奇点。

对于情况④也可证明 R_3 不可能成为稳定奇点。

合并上两种情况得出，在 $H_2<0$ 的情况下 R_3 为稳定奇点的条件是式（5-8-73），由该式确定的 R_3 奇点稳定域为图 5-8-2（b）中右上角画有左斜线的区域。

4. 对奇点 $R_4\left(\dfrac{\lambda_{10}+(2\lambda_{20}+\lambda_{10})\bar{s}_{d2}}{H_2(1+3\bar{s}_{d2})/2},\ \dfrac{\lambda_{20}-(2\lambda_{10}+\lambda_{20})\bar{s}_d}{H_2(1+3\bar{s}_{d2}^2)/2}\right)$

依据与上相同的步骤首先算出

$$p = \frac{-2H_0(3\bar{s}_{d2}^2 - 2\bar{s}_d\bar{s}_{d2} - 1)}{1+3\bar{s}_{d2}^2} \tag{5-8-75}$$

$$q = \frac{H_0^2(\bar{s}_d^2-9)}{1+3\bar{s}_d^2}\left(\bar{s}_{d2}+\frac{1-\bar{s}_d}{3+\bar{s}_d}\right)\left(\bar{s}_{d2}-\frac{1+\bar{s}_d}{3-\bar{s}_d}\right)(3\bar{s}_{d2}^2+1) \tag{5-8-76}$$

由 $p < 0$，$q > 0$ 及奇点坐标 $(K_1^2)_R > 0,(K_2^2)_R > 0$ 的条件可得出 R_4 为稳定奇点的 6 种情况：

$$H_2 > 0, \ \bar{s}_d < -3, \ \bar{s}_{d2} > \frac{-1+\bar{s}_d}{3+\bar{s}_d} \tag{5-8-77}$$

$$H_2 > 0, \ \bar{s}_d > 3, \ \bar{s}_{d2} < \frac{1+\bar{s}_d}{3-\bar{s}_d} \tag{5-8-78}$$

$$H_2 < 0, \ -3 < \bar{s}_d < -1$$
$$\frac{\bar{s}_d}{3}\left(1+\sqrt{1+\frac{3}{\bar{s}_d^2}}\right) > \bar{s}_{d2} > \frac{-1+\bar{s}_d}{3+\bar{s}_d} \tag{5-8-79}$$

$$H_2 < 0, \ \bar{s}_d < -3, \ \bar{s}_{d2} < \frac{\bar{s}_d}{3}\left(1+\sqrt{1+\frac{3}{\bar{s}_d^2}}\right) \tag{5-8-80}$$

$$H_2 < 0, \ 1 < \bar{s}_d < 3$$
$$\frac{\bar{s}_d}{3}\left(1+\sqrt{1+\frac{3}{\bar{s}_d^2}}\right) < \bar{s}_{d2} < \frac{1+\bar{s}_d}{3-\bar{s}_d} \tag{5-8-81}$$

$$H_2 < 0, \ \bar{s}_d > 3, \ \bar{s}_{d2} > \frac{\bar{s}_d}{3}\left(1+\sqrt{1+\frac{3}{\bar{s}_d^2}}\right) \tag{5-8-82}$$

式中，前二式决定的 $H_2 > 0$ 时 R_4 的稳定域为图 5-8-2（a）中画有水平横线的区域；后四式决定的 $H_2 < 0$ 时 R_4 的稳定域为图 5-8-2（b）中画有水平横线的区域。其中 $H_2 < 0$ 时各条件中皆含有函数式 $\frac{\bar{s}_d}{3}\left(1+\sqrt{1+\frac{3}{\bar{s}_{d2}^2}}\right)$，为了画出稳定域必须先作出下面的曲线：

$$\bar{s}_{d2} = \frac{\bar{s}_d}{3}\left(1+\sqrt{1+\frac{2}{\bar{s}_d^2}}\right) \tag{5-8-83}$$

此曲线的图形如图 5-8-1（c）所示。

在图 5-8-2 中画有斜线和水平线的区域内任一点上都对应有一个奇点是稳定的，如果不区分究竟是哪个奇点稳定，则根据此二圆可把奇点稳定条件统一表示如下：

$$-\infty < \frac{s_{d2}}{\sqrt{\sigma}} < \infty, \ -1 < \frac{s_d}{\sqrt{\sigma}} < 1 \tag{5-8-84}$$

当 $\frac{s_d}{\sqrt{\sigma}} < -1$ 时（即线性慢进动不稳时）

$$H_2 > 0, \ \frac{s_{d2}}{\sqrt{\sigma}} > -1 \tag{5-8-85}$$

$$H_2 < 0, \ \frac{s_{d2}}{\sqrt{\sigma}} < \frac{s_d}{3\sqrt{\sigma}}\left[1+\sqrt{1+3\Big/\left(\frac{s_d}{\sqrt{\sigma}}\right)^2}\right] \tag{5-8-86}$$

当 $\frac{s_d}{\sqrt{\sigma}} > 1$ 时（即线性快进动不稳时）

$$H_2 > 0, \ \frac{s_{d2}}{\sqrt{\sigma}} < 1 \tag{5-8-87}$$

$$H_2 < 0, \quad \frac{s_{d2}}{\sqrt{\sigma}} > \frac{s_d}{3\sqrt{\sigma}} \left[1 + \sqrt{1 + 3 \Big/ \left(\frac{s_d}{\sqrt{\sigma}}\right)^2} \right] \qquad (5-8-88)$$

当弹箭的气动参数和结构参数满足了以上奇点稳定条件后，弹箭的非线性运动是否就一定稳定呢？否！不要忘了非线性运动的一个重要特性是运动稳定性与初始条件有关。因此要判断此时弹箭运动是否稳定，还得分析振幅平面上奇点、相轨线和分界线的全局分布以及初始扰动 K_{10}，K_{20} 对应的相点在分界线的哪一侧。

当满足条件式（5-8-84）～式（5-8-88）时，由振幅方程（5-8-29）和方程（5-8-30）决定的相轨线的全局分布有如图 5-8-3 所示的三种基本类型。

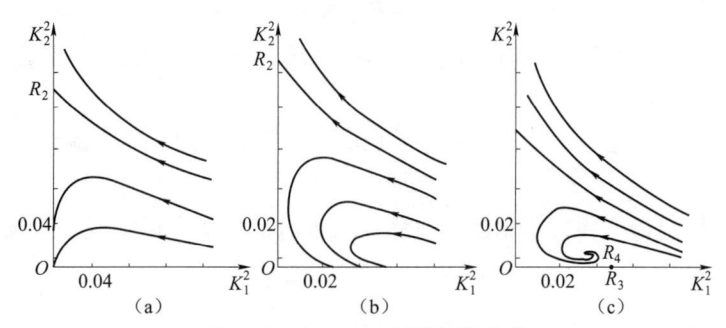

图 5-8-3 $s_d > 0$ 时的振幅曲线

(a) R_1 为稳定奇点时；(b) R_2 或 R_3 为稳定奇点时；(c) R_4 为稳定奇点时

[当 $s_d < 0$ 时，其振幅曲线与 $s_d > 0$（绝对值相等）的振幅曲线关于第一象限分角线 $K_1^2 = K_2^2$ 对称]

由图 5-8-3 可见，在过鞍点的分界线两侧的相轨线的性态是不相同的，靠原点一侧（内侧）相轨线趋近于稳定的奇点，外侧的相轨线趋向无穷，只有在弹箭的初始条件（K_{10}，K_{20}）位于分界线内侧时运动才能稳定，反之则不能稳定。所以弹箭非线性运动稳定性除了要满足奇点稳定性条件式（5-8-80）～式（5-8-84）之外，还要满足初始条件稳定性的要求。由于振幅方程（5-8-29）和方程（5-8-30）过鞍点的分界线不能解析求得，所以下面根据振幅曲线的分布特性，近似地将振幅平面上连接两坐标轴上的圆奇点（R_2，R_3）的直线之内侧作为初始条件稳定域。因为振幅平面上点的坐标满足 $K_1^2 > 0, K_2^2 > 0$，故相轨线不可能穿越两坐标轴，因此坐标轴上的圆奇点只可能是结点或鞍点，不可能是焦点或中心。当此二轴上一个奇点为鞍点时，过此奇点的相轨线即分界线。

记 R_2 奇点的纵坐标为 R_{22}，记 R_3 奇点横坐标为 R_{31}，则有

$$R_{22} = \frac{2\lambda_{20}}{H_2(1+\overline{s}_{d2})} \qquad (5-8-89)$$

$$R_{31} = \frac{2\lambda_{10}}{H_2(1-\overline{s}_{d2})} \qquad (5-8-90)$$

如果振幅平面上既存在 R_2 奇点也存在 R_3 奇点，则必有 $R_{22} > 0$，$R_{31} > 0$。由图 5-8-3（b），(c) 可见，连接奇点 R_2，R_3 的直线大致位于分界线内侧，故可将此直线内侧作为初始条件稳定域，即初始条件 K_{10}，K_{20} 应满足如下不等式：

$$K_{10}^2 + \frac{R_{31}}{R_{22}} K_{20}^2 < R_{31} \qquad (5-8-91)$$

$$K_{20}^2 + \frac{R_{22}}{R_{31}}K_{10}^2 < R_{22} \qquad (5-8-92)$$

如果仅有一个奇点 R_2 而无奇点 R_3，则必有 $R_{22} > 0$，$R_{31} < 0$，这种情况下 R_2 为鞍点[图5-8-3 (a)]。如果以坐标轴为直角边，以 R_{22} 为边长作等腰直角三角形，可见此等腰直角三角形的斜边大致在分界线内侧，故可将此斜边内侧定为初始条件稳定域。此域可表示为

$$K_{10}^2 + K_{20}^2 < R_{22} \qquad (5-8-93)$$

反之，当仅有 R_3 奇点而无 R_2 奇点时，则 $R_{31} > 0$，$R_{22} < 0$，此时可以 R_{31} 为边长作等腰直角三角形，用其斜边内侧作初始条件稳定域，此域可表示为

$$K_{10}^2 + K_{20}^2 < R_{31} \qquad (5-8-94)$$

关于振幅平面上相轨线的详细分析可以证明，R_2 和 R_3 奇点至少出现一个，因此 R_{22}，R_{31} 同时为负的情况是不会出现的。

当 R_1 为稳定奇点并且初始条件在稳定域内时，弹箭的攻角最后衰减到零，运动是渐近稳定的。

当 R_2 或 R_3 为稳定奇点并且初始条件在稳定域内时，弹箭最后实现极限圆运动

$$\Delta = \sqrt{R_{22}}\,\mathrm{e}^{\mathrm{i}\omega_2 s} \quad \text{或} \quad \Delta = \sqrt{R_{31}}\,\mathrm{e}^{\mathrm{i}\omega_1 s}$$

式中，ω_1 和 ω_2 按式（5-8-27）和式（5-8-28）计算。

当 R_4 为稳定奇点并且初始条件在稳定域内时，弹箭最后实现二圆运动，其复攻角曲线是外摆线或内摆线。

$$\Delta = \sqrt{\frac{\lambda_{10} + (2\lambda_{20} + \lambda_{10})\overline{s}_{d2}}{\dfrac{H_2(1+3\overline{s}_{d2}^2)}{2}}}\,\mathrm{e}^{\mathrm{i}\varphi_1 s} + \sqrt{\frac{\lambda_{20} - (2\lambda_{10} + \lambda_{20})\overline{s}_{d2}}{\dfrac{H_2(1+3\overline{s}_{d}^2)}{2}}}\,\mathrm{e}^{\mathrm{i}\varphi_2 s}$$

总结本节所述，判断弹箭非线性运动是否稳定的步骤如下：

（1）由气动系数和结构参数计算组合参数：$H_0, H_2, T_0, T_2, M_0, M_2, P$。

（2）计算陀螺稳定因子 s_g、线性动稳定因子 s_d、非线性动稳定因子 s_{d2} 以及 $\sqrt{\sigma}$，

$$s_g = \frac{P^2}{4M}, \quad s_d = \left(\frac{2T_0}{H_0}\right) - 1, \quad s_{d2} = \left(\frac{2T_2}{H_2}\right) - 1, \quad \sqrt{\sigma} = \sqrt{1 - \frac{1}{s_g}}, \quad \overline{s}_d = \frac{s_d}{\sqrt{\sigma}}, \quad \overline{s}_{d2} = \frac{s_{d2}}{\sqrt{\sigma}}.$$

（3）由 $\overline{s}_d$ 和 $\overline{s}_{d2}$ 以及 H_2 的代数符号在图5-8-2（a）或图5-8-2（b）上找到对应点的位置，看对应点是否在奇点稳定域内并进一步确定是哪个奇点稳定，也可利用式（5-8-84）～式（5-8-88）判断 $\overline{s}_d$，$\overline{s}_{d2}$ 是否满足其中之一。

（4）在有稳定奇点的前提下进行下面的工作：

① 由气动参数和结构参数计算

$$\lambda_{10} = -\frac{H_0}{2}(1 - \overline{s}_d), \quad \lambda_{20} = -\frac{H_0}{2}(1 + \overline{s}_d)$$

$$R_{22} = \frac{2\lambda_{20}}{H_2(1 + s_{d2})}, \quad R_{31} = \frac{2\lambda_{10}}{H_2(1 + s_{d2})}$$

② 如果 $R_{22} > 0$，$R_{31} > 0$，则判断初始扰动 K_{10}^2，K_{20}^2 是否满足下式：

$$K_{10}^2 + \frac{R_{31}}{R_{22}} K_{20}^2 < R_{31}$$

如果 $R_{22}<0$，则在上式中取 $R_{22}=R_{31}$；如果 $R_{31}<0$，则在上式中取 $R_{31}=R_{22}$。

只有在 K_{10}^2, K_{20}^2 满足了上式的条件下弹箭的运动才是稳定的。而 K_{10}^2 和 K_{20}^2 可由初始扰动 Δ_0 和 Δ_0' 利用式（2-7-8）和式（2-7-9）来换算。

最后的这个式子还可用于已知弹箭的参数确定对初始扰动的限制。

第6章
弹箭非线性运动分析的摄动法

前两章主要用拟线性法分析了弹箭的非线性角运动。拟线性法的基本思想是假设在非线性情况下，弹箭角运动方程的解可写成线性运动外摆线解或二圆运动解的形式，只不过其中外摆线的频率和阻尼指数都是可变的。然后利用平均法将角运动方程在 $\hat{\varphi} = \varphi_1 - \varphi_2$ 的一个周期内平均，求得阻尼指数 λ_j 与模态振幅 K_1 和 K_2 间的关系，再利用振幅平面和奇点理论求得弹箭做极限运动或稳定运动的条件。

二圆运动解是三角函数的线性组合，但当静力矩非线性较强时，角运动只能用椭圆函数表示（见 4.2 节和 5.1 节、5.2 节），所以在强非线性静力矩情况下，拟线性法的二圆运动形式解就成了拟线性法的根本缺点。

本章将以 5.2 节中求得的，在仅有三次方静力矩作用下以椭圆函数表示的精确解为基础，将其他非线性力矩的影响作为椭圆函数基础解的小扰动，并引入广义振幅和广义振幅平面，利用奇点理论分析扰动运动的稳定性。这就是外弹道学领域内非线性理论中的摄动法。

将摄动法和拟线性法得到的结果与角运动方程数值积分的结果相比较，结果表明摄动法的结果更接近数值积分的结果，因此常可用摄动法的结果作为较精确的结果去检查拟线性法的精度。

6.1 摄动法基本方程

6.1.1 摄动法的基本思想

在非线性气动力作用下，弹箭的完整角运动方程为

$$\xi'' + \left(H - \frac{\eta'}{\eta} - \mathrm{i}P\right)\xi' - (M + \mathrm{i}PT)\xi = 0 \qquad (6-1-1)$$

式中，P，H，M，T 的表达式见式（2−5−11）～式（2−5−14）。

方程（6−1−1）中决定运动的最主要项是与静力矩有关的 $M\xi$ 项。M 可一般地表示为

$$M = M_0 + \bar{M}(\delta^2) + M^*[(\delta^2)'] \qquad (6-1-2)$$

式中，M_0 为 M 中的线性部分，$\bar{M}(\delta^2)$ 为 M 中与 δ^2 有关的非线性部分，$M_0 + \bar{M}(\delta^2)$ 构成了 M 中的保守部分，它是由非线性静力矩产生的；$M^*[(\delta^2)']$ 为 M 中的非保守部分，具有阻尼作用，是由非线性赤道阻尼力矩产生的。解这种非线性微分方程时，总是将最主要的保守力

矩项移至方程的左边,并将其他次要力矩项移至方程的右边。首先略去方程右边的次要力矩项,解出在主要保守力矩作用下的基础运动,然后再研究其他次要力矩项对这个基础运动的干扰和影响。于是,针对静力矩非线性部分的强弱可分成两种情况处理。

当 $\bar{M}(\delta^2)=0$ 或 $|\bar{M}| \ll |M_0|$ 时,方程(6-1-1)可写成如下形式:

$$\xi'' - \mathrm{i}P\xi' - M_0\xi = -\left(H - \frac{\eta'}{\eta}\right)\xi' + \{\bar{M}(\delta^2) + M^*[(\delta^2)'] + \mathrm{i}PT\}\xi \quad (6-1-3)$$

当 $\bar{M}(\delta^2)$ 较大时,即对于强非线性静力矩,方程(6-1-1)应写成如下形式:

$$\xi'' - \mathrm{i}P\xi' - [M_0 + \bar{M}(\delta^2)]\xi = -\left(H - \frac{\eta'}{\eta}\right)\xi' + \{M^*[(\delta^2)'] + \mathrm{i}PT\}\xi \quad (6-1-4)$$

其中几何非线性项 η'/η 本来属于保守项,数值不大,如将其留在方程左边会使基础运动求解复杂化,故为简单计,将它移到方程的右边,与耗散性各项归为一组。

方程(6-1-3)左边的基础运动是线性的,如先略去方程右边次要力矩项,则基础运动就是线性理论中的二圆运动。在进一步研究各非线性项时,则可用拟线性法和振幅平面来进行分析。

对于强非线性静力矩,$\bar{M}(\delta^2)$ 的数值较大,这时方程(6-1-4)左边的基础运动本身就是非线性的,它的解不能写成二圆运动形式。例如,对于三次方静力矩 $\bar{M}(\delta^2) = M_2\delta^2$,已在5.2 节里求得了以椭圆正弦函数表示的精确解,这时再进一步考虑方程(6-1-4)右边次要力矩的影响时,还勉强用二圆运动解的形式来描述非线性运动就不大合适了。这时应该用对应方程(6-1-4)的齐次非线性方程作为基础运动,进一步研究其他力矩对这种基础运动的干扰和影响,这就是天文学中的摄动法在外弹道学中的应用。由于三次方静力矩作用下的弹箭角运动方程具有精确解,所以外弹道学中的摄动法是以此精确解作为基础运动的。

6.1.2 方程的变换和处理

与 5.2 节中的方法相同,利用坐标变换 $\boldsymbol{\xi} = \tilde{\boldsymbol{\xi}} \mathrm{e}^{-\mathrm{i}\frac{P}{2}s}$ 可将方程(6-1-4)转换到以 $P/2$ 为角速度旋转的坐标系里去,得

$$\tilde{\xi}'' - (\hat{M}_0 + M_2\delta^2)\tilde{\xi} = -\left(H - \frac{\eta'}{\eta}\right)\tilde{\xi}' + \left\{M^*[(\delta^2)'] + \mathrm{i}P\left(T - \frac{H}{2} + \frac{\eta'}{2\eta}\right)\right\}\tilde{\xi}' \quad (6-1-5)$$

式中,$\hat{M}_0 = M_0 - P^2/4$。

方程(6-1-5)的共轭方程为

$$\bar{\tilde{\xi}}'' - (\hat{M}_0 + M_0\delta^2)\bar{\tilde{\xi}} = -\left(H - \frac{\eta'}{\eta}\right)\bar{\tilde{\xi}}' + \left\{M^*[(\delta^2)'] - \mathrm{i}P\left(T - \frac{H}{2} + \frac{\eta'}{2\eta}\right)\right\}\bar{\tilde{\xi}}' \quad (6-1-6)$$

将方程(6-1-5)乘以 $\bar{\tilde{\xi}}'$,方程(6-1-6)乘以 $\tilde{\xi}'$,相加得

$$\begin{aligned}\frac{\mathrm{d}C_1}{\mathrm{d}s} = &-\left(H - \frac{\eta'}{\eta}\right)(2\tilde{\xi}'\bar{\tilde{\xi}}') + M^*[(\delta^2)'](\tilde{\xi}\bar{\tilde{\xi}}' + \bar{\tilde{\xi}}\tilde{\xi}') + \\ &\mathrm{i}P\left(T - \frac{H}{2} + \frac{\eta'}{2\eta}\right)(\tilde{\xi}\bar{\tilde{\xi}}' - \bar{\tilde{\xi}}\tilde{\xi}')\end{aligned} \quad (6-1-7)$$

式中
$$C_1 = \tilde{\xi}'\bar{\tilde{\xi}}' - \left(\hat{M}_0\delta^2 + \frac{M_2}{2}\delta^4\right) \tag{6-1-8}$$

将方程（6-1-5）乘以 $\tilde{\xi}$，方程（6-1-6）乘以 $\bar{\tilde{\xi}}$，相减后得

$$-\mathrm{i}\frac{\mathrm{d}C_2}{\mathrm{d}s} = -\left(H - \frac{\eta'}{\eta}\right)(\bar{\tilde{\xi}}'\tilde{\xi} - \bar{\tilde{\xi}}\tilde{\xi}') - \mathrm{i}P\left(T - \frac{H}{2} + \frac{\eta'}{2\eta}\right)2(\bar{\tilde{\xi}}\tilde{\xi}) \tag{6-1-9}$$

$$C_2 = \mathrm{i}(\bar{\tilde{\xi}}'\tilde{\xi} - \bar{\tilde{\xi}}\tilde{\xi}') \tag{6-1-10}$$

利用 C_1 和 C_2 的定义以及关系式 $\delta^2 = \tilde{\xi}\bar{\tilde{\xi}}$，$(\delta^2)' = \bar{\tilde{\xi}}'\tilde{\xi} + \bar{\tilde{\xi}}\tilde{\xi}'$ 可将方程（6-1-7）和方程（6-1-9）改写成如下形式：

$$\frac{\mathrm{d}C_1}{\mathrm{d}s} = -\left(H - \frac{\eta'}{\eta}\right)(2C_1 + 2\hat{M}_0\delta^2 + M_2\delta^4) + M^*[(\delta^2)'](\delta^2)' +$$
$$P\left(T - \frac{H}{2} + \frac{\eta'}{2\eta}\right)C_2 = \bar{f}_1(C_1, C_2, \delta^2) \tag{6-1-11}$$

$$\frac{\mathrm{d}C_2}{\mathrm{d}s} = -\left(H - \frac{\eta'}{\eta}\right)C_2 + P\left(T - \frac{H}{2} + \frac{\eta'}{2\eta}\right)2\delta^2$$
$$= \bar{f}_2(C_1, C_2, \delta^2) \tag{6-1-12}$$

C_1 和 C_2 的表达式与式（5-2-10）、式（5-2-12）相同，只是这里考虑了几何非线性，采用了复数 $\tilde{\xi}$ 代替了那里的 Δ，$\tilde{\xi}$ 在旋转坐标系里的极坐标形式为

$$\tilde{\xi} = |\tilde{\xi}|\mathrm{e}^{\mathrm{i}\tilde{v}} = \delta\mathrm{e}^{\mathrm{i}\tilde{v}} \tag{6-1-13}$$

这里的 $\delta = \sin\alpha$ 代表总攻角的正弦，而不是攻角本身。因此 C_1 仍代表弹箭的 2 倍能量，C_2 仍代表 2 倍动量矩沿速度线的分量，它们的极坐标形式与式（5-2-26），式（5-2-27）相同，即：

$$C_1 = (\delta')^2 + (\delta\tilde{v}')^2 - \left(\hat{M}_0\delta^2 + \frac{M_2}{2}\delta^4\right) \tag{6-1-14}$$

$$C_2 = 2\delta^2\tilde{v}' \tag{6-1-15}$$

于是容易看出，式（6-1-14）、式（6-1-15）分别是描述弹箭能量 C_1 和动量矩分量 C_2 变化的方程，而能量 C_1 和动量矩 C_2 的变化显然是由马氏力矩、阻尼力矩等因素造成的。如果略去这些力矩以及几何非线性项，则得到与 5.2 节中相同的能量守恒方程和动量矩守恒方程：

$$C_1 = \text{const}, \ C_2 = \text{const}$$

在 5.2 节中已由此二方程解出了方程（6-1-5）的基础运动解：

$$\delta^2 = \delta_\mathrm{m}^2 - (\delta_\mathrm{m}^2 - \delta_\mathrm{n}^2)^2\mathrm{sn}^2(\omega s, k) \quad \text{（a 型力矩）} \tag{6-1-16}$$

$$\delta^2 = \delta_\mathrm{n}^2 + (\delta_\mathrm{m}^2 - \delta_\mathrm{n}^2)\mathrm{sn}^2(\tilde{\omega}s, \tilde{k}) \quad \text{（b 型力矩）} \tag{6-1-17}$$

$$\omega^2 > 0 \quad \tilde{\omega}^2 > 0 \tag{6-1-18}$$

$$\delta^2 = \delta_\mathrm{m}^2 - (\delta_\mathrm{m}^2 - \delta_\mathrm{n}^2)\mathrm{sn}^2(\omega s, k) \quad \text{（c 型力矩）} \tag{6-1-19}$$

$$\hat{M}_0 + \frac{M_0}{2}(\delta_m^2 + \delta_n^2) \leq 0 \tag{6-1-20}$$

式中

$$\omega^2 = -\hat{M}_0 - \frac{M_2}{2}(2\delta_m^2 + \delta_n^2) \quad (a,c\text{ 型力矩}) \tag{6-1-21}$$

$$\tilde{\omega}^2 = -\hat{M}_0 - \frac{M_2}{2}(\delta_m^2 + 2\delta_n^2) \quad (b\text{ 型力矩}) \tag{6-1-22}$$

$$k^2 = -\frac{M_2(\delta_m^2 - \delta_n^2)}{2\omega^2} \quad (a,c\text{ 型力矩}) \tag{6-1-23}$$

$$\tilde{k}^2 = \frac{M_2(\delta_m^2 - \delta_n^2)}{2\tilde{\omega}^2} \quad (b\text{ 型力矩}) \tag{6-1-24}$$

以及 C_1, C_2 与 δ_m，δ_n 的关系：

$$C_1 = -\hat{M}_0(\delta_m^2 + \delta_n^2) - \frac{M_2}{2}(\delta_m^4 + \delta_m^2\delta_n^2 + \delta_n^4) \tag{6-1-25}$$

$$C_2 = -4\hat{M}_0\delta_m^2\delta_n^2 - 2M_2\delta_m^2\delta_n^2(\delta_m^2 + \delta_n^2) \tag{6-1-26}$$

6.1.3 广义振幅和广义振幅平面

由式（6-1-11）～式（6-1-15）可见，对于不考虑次要力矩的基础运动，只要给定了初始条件，则能量 C_1、动量矩 C_2 就确定了，并且在运动中保持不变。由式（6-1-16）～式（6-1-26）还可知，这时运动的振幅 δ_m，δ_n 以及运动的稳定性也都确定不变。但在考虑阻尼力矩、马氏力矩时，C_1, C_2 将不断变化，相应地 δ_m，δ_n 也不断变化，运动稳定条件也不断变化。只要确定了 δ_m 和 δ_n 的变化规律，也就确定了弹箭的运动规律。但由于 δ_m 和 δ_n 中一个是极大值，一个是极小值，所处地位不同，故以它们分析运动有些不便。为此，可仿照线性理论中 δ_m，δ_n 与模态振幅 K_1，K_2 的关系：

$$\delta_m^2 = (K_1 + K_2)^2; \quad \delta_n^2 = (K_1 - K_2)^2 \tag{6-1-27}$$

引入两个变量 x_1, x_2，令

$$\delta_m^2 = (\sqrt{x_1} + \sqrt{x_2})^2; \quad \delta_n^2 = (\sqrt{x_1} - \sqrt{x_2})^2 \tag{6-1-28}$$

则 x_1 和 x_2 所处地位是对称的。x_1 和 x_2 就称为角运动的广义振幅，但一定要注意它们不是二圆运动的模。为了防止混淆，这里才用 x_1 和 x_2 表示。以 x_1 和 x_2 为坐标的直角坐标系称为广义振幅平面。弹轴运动中 δ_m 和 δ_n 不断变化，反映为 x_1 和 x_2 不断变化，而 x_1 和 x_2 的变化将引起相点 (x_1, x_2) 在广义振幅平面上运动，这样就将研究弹箭的角运动及其稳定性变为研究相点 (x_1, x_2) 在广义振幅平面上的运动。

利用关系式（6-1-28），可将基础运动式（6-1-16）～式（6-1-26）以 x_1 和 x_2 表示如下：

$$\delta^2 = x_1 + x_2 + 2\sqrt{x_1 x_2}[1 - 2\text{sn}^2(\omega s, k)] \quad (a\text{ 型}) \tag{6-1-29}$$

$$\delta^2 = x_1 + x_2 - 2\sqrt{x_1 x_2}[1 - 2\text{sn}^2(\tilde{\omega} s, \tilde{k})] \quad (b\text{ 型}) \tag{6-1-30}$$

$$\omega^2 > 0 \tag{6-1-31}$$

$$\delta^2 = x_1 + x_2 + 2\sqrt{x_1 x_2}[1 - 2\text{sn}^2(\omega s, k)] \quad (c\text{ 型}) \tag{6-1-32}$$

弹箭非线性运动理论

$$\hat{M}_0 + M_0(x_1 + x_2) \leqslant 0 \qquad (6-1-33)$$

式中
$$\omega^2 = -\hat{M}_0 - \frac{M_2}{2}(3x_1 + 2\sqrt{x_1 x_2} + 3x_2) \quad (\text{a，c 型}) \qquad (6-1-34)$$

$$\tilde{\omega}^2 = -\hat{M}_0 - \frac{M_2}{2}(3x_1 - 2\sqrt{x_1 x_2} + 3x_2) \quad (\text{b 型}) \qquad (6-1-35)$$

$$k^2 = -\frac{2M_2\sqrt{x_1 x_2}}{\omega^2} \quad (\text{a, c 型}) \qquad (6-1-36)$$

$$\tilde{k}^2 = \frac{2M_2\sqrt{x_1 x_2}}{\tilde{\omega}^2} \qquad (6-1-37)$$

$$C_1 = -\left[2\hat{M}_0(x_1 + x_2) + \frac{M_2}{2}(3x_1^2 + 10x_1 x_2 + 3x_2^2)\right] \qquad (6-1-38)$$

$$C_2 = 2(x_1 - x_2)\sqrt{-\hat{M}_0 - M_2(x_1 + x_2)} \qquad (6-1-39)$$

再一次指出，对于基础运动，C_1，C_2，δ_m，δ_n，x_1，x_2 都是常数，而在考虑其他力矩的干扰时，C_1，C_2，δ_m，δ_n，x_1，x_2 都成为变量，使相点（x_1，x_2）在广义振幅平面上运动。

6.1.4　圆运动和平面运动

在广义振幅平面上（图 6-1-1），坐标轴 $x_1(x_2)$ 上的点显然有 $x_2 = 0(x_1 = 0)$，因此从式（6-1-28）可见，$\delta_\mathrm{m}^2 = \delta_\mathrm{n}^2 = x_1$（或 x_2），这是攻角大小不变的运动，统称为圆运动。在分角线 L_1 上的点有 $x_1 = x_2 = x_\mathrm{p}$，故有 $\delta_\mathrm{m}^2 = 4x_\mathrm{p}$，$\delta_\mathrm{n}^2 = 0$，这表示弹轴常常穿过速度线，这种运动称为广义平面运动。这是因为此时从式（6-1-39）知有 $C_2 = 0$，它表示在以 $P/2$ 角速度旋转的坐标系内的观察者看来，弹箭动量矩在速度线上的投影为零。因此，动量矩矢应始终垂直于速度线，那么弹轴将不能绕速度线进动，只能在过速度线的一个平面内摆动。由于该平面实际上随动坐标系以 $P/2$ 角速度旋转，故弹轴实际上并不在固定平面内摆动，所以将这种运动称为广义平面运动。对于非旋转弹 $P = 0$，这时弹箭将做真平面运动。

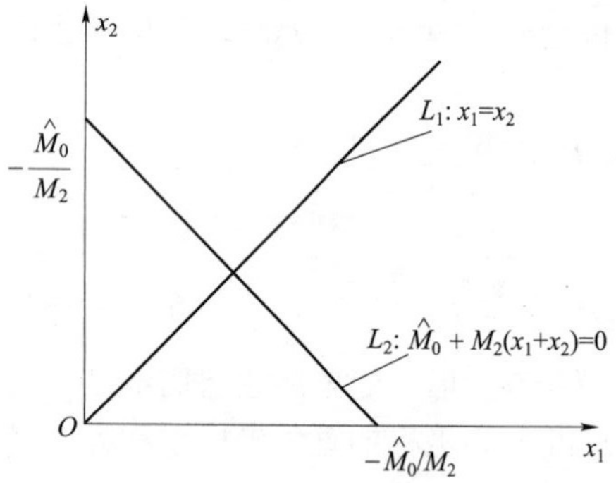

图 6-1-1　广义振幅平面

根据这种分析可知，还有另一种广义平面运动，即在由方程

$$\hat{M}_0 + M_2(x_1 + x_2) = 0 \qquad (6-1-40)$$

确定的直线 L_2 上的点也有 $C_2 = 0$，弹轴将只能在通过速度线并以 $P/2$ 角速度转动的平面内摆动。但这种广义平面运动中的 $x_1 \neq x_2$，故 $\delta_\mathrm{n} \neq 0$，弹轴将在动平面内绕平衡角 δ_b 在 δ_m 和 δ_n 之间摆动，这种运动称为绕平衡角的平面运动。平衡角可从式（6-1-40）求出为

$$\delta_\mathrm{b} = \sqrt{\frac{-\hat{M}_0}{M_2}} = \sqrt{x_1 + x_2} = \sqrt{\frac{\delta_\mathrm{m}^2 + \delta_\mathrm{n}^2}{2}} \qquad (6-1-41)$$

式（6-1-41）表明，只有 $\hat{M}_0$ 与 M_2 异号时才能产生平衡角，而从稳定条件式（6-1-31）和式（6-1-33）知，只有 c 型力矩才有可能使式（6-1-40）成为等式，故绕平衡角运动只有 c 型力矩才会产生。这也是容易想象的，因为这种力矩在小攻角时有使攻角增大的趋势，而在大攻角时又有使攻角减小的趋势，故能形成绕某一平衡角的摆动。

广义振幅平面上其他一些位置上的点代表一些复杂的空间运动，由于 x_1 和 x_2 地位的对称性，只需研究广义振幅平面上由对角线（$x_1=x_2$ 直线）和 x_1 轴所夹的半个象限上的运动即可，另半个象限上的运动特性可由对称性得出。

6.1.5 摄动法基本方程

现在回过头来研究方程（6-1-11）和方程（6-1-12）右边马氏力矩、阻尼力矩等项的影响。这时 $C_1' \neq 0$，$C_2' \neq 0$，角运动总能量和动量矩分量将不断变化，于是 δ_m，δ_n，x_1，x_2 也将不断变化。但是，尽管攻角 δ 变化很迅速，而 C_1，C_2，x_1，x_2 的变化却很缓慢。因此，可认为 C_1，C_2 与 x_1，x_2 的关系仍为式（6-1-38）和式（6-1-39）的形式，认为 δ 与 x_1，x_2 的关系仍具有式（6-1-16）～式（6-1-26）的形式。显然，此时 x_1，x_2 都是 s 的函数而不是常数，于是由式（6-1-38）和式（6-1-39）求导得

$$C_1' = -\left[2\hat{M}_0 + \frac{M_2}{2}(6x_1+10x_2)\right]x_1' - \left[2\hat{M}_0 + \frac{M_2}{2}(6x_2+10x_1)\right]x_2' \quad (6-1-42)$$

$$C_2' = \left[2\sqrt{M_T} + \frac{M_2(x_1-x_2)}{\sqrt{M_T}}\right]x_1' + \left[-2\sqrt{M_T} - \frac{M_2(x_1-x_2)}{\sqrt{M_T}}\right]x_2' \quad (6-1-43)$$

式中

$$\sqrt{M_T} = \sqrt{-\hat{M}_0 - M_2(x_1+x_2)} \quad (6-1-44)$$

由此二式即可解出

$$x_1' = \frac{[2\hat{M}_0 + M_2(x_1+3x_2)]C_1' + [2\hat{M}_0 + M_2(5x_1+3x_2)]\sqrt{M_T}C_2'}{-2D\hat{M}_0^2} \quad (6-1-45)$$

$$x_2' = \frac{[2\hat{M}_0 + M_2(3x_1+x_2)]C_1' - [2\hat{M}_0 + M_2(3x_1+5x_2)]\sqrt{M_T}C_2'}{-2D\hat{M}_0^2} \quad (6-1-46)$$

式中

$$D = \frac{\{[2\hat{M}_0+3M_2(x_1+x_2)]^2 - 4M_2^2 x_1 x_2\}}{\hat{M}_0^2} = \frac{4\omega^2 \tilde{\omega}^2}{\hat{M}_0^2} \quad (6-1-47)$$

当弹箭在三次方静力矩作用下做稳定周期运动时必有 $D>0$。这是因为，对于 a 型力矩（$\hat{M}_0<0, M_2<0$）必有 $\omega^2>0$，并且

$$\tilde{\omega}^2 = -\hat{M}_0 - \frac{M_2}{2}[2x_1+2x_2+(\sqrt{x_1}-\sqrt{x_2})^2] > 0 \quad (6-1-48)$$

故 $D>0$；对于 b 型力矩（$\hat{M}_0<0, M_2>0$），当满足稳定条件 $\omega^2>0$ 时，必有 $\tilde{\omega}^2>0$，也有 $D>0$；对于 c 型力矩（$\hat{M}_0>0, M_2<0$），当满足稳定条件式（6-1-33）时，也必有 $\omega^2>0$，从而由式（6-1-48）知必有 $\tilde{\omega}^2>0$，故 $D>0$。

式（6-1-45）和式（6-1-46）即摄动法基本方程，或广义振幅方程。对于考虑不同力矩的具体问题，只要把式中的 C_1' 和 C_2' 计算出来，并以 x_1，x_2 表示，就能得到广义振幅方程的具体形式，然后就可用定性理论或电子计算机分析广义振幅平面上积分曲线的分布、奇点

的位置和类型等，并进一步探讨弹箭运动的形式和稳定条件。

对于本节所讲的一般情况，C_1' 和 C_2' 由式（6-1-11）和式（6-1-12）给出，但此方程右边所含的 δ^2 按照式（6-1-29）～式（6-1-37）是 x_1，x_2 和 s 的函数。由于出现了自变量 s，就不便用广义振幅方程进行分析，不过考虑到 C_1 和 C_2 的变化比 δ 的变化缓慢得多，因此 C_1' 和 C_2' 可用 δ 变化的一个周期内的平均值给出，即令

$$C_j' = [\bar{f}_j(C_1, C_2, \delta^2)]_a = \frac{1}{P^*} \int_0^{P^*} f_j(x_1, x_2, \delta^2) \mathrm{d}(\omega s) \qquad (6-1-49)$$

式中，$\bar{f}_j$ 代表式（6-1-11）和式（6-1-12）右端的函数，P^* 为 δ^2 的周期，$\bar{f}_1$ 和 $\bar{f}_2$ 中含有如下的几何非线性项：

$$\frac{\eta'}{\eta} g_1(x_1, x_2, \delta^2) ; \quad g_1(x_1, x_2, \delta^2) = 2C_1 + 2M_0 \delta^2 + M_2 \delta^4 + \frac{P}{2} C_2$$

$$\frac{\eta'}{\eta} g_2(x_1, x_2, \delta^2) ; \quad g_2(x_1, x_2, \delta^2) = C_2 + P\delta^2$$

由于 $\eta = \sqrt{1-\delta^2}$，故得
$$\frac{\eta'}{\eta} = \frac{-(\delta^2)'}{2(1-\delta^2)} \qquad (6-1-50)$$

于是几何非线性项的平均值为

$$\frac{1}{P^*} \int_0^{P^*} \frac{-g_j \omega}{2(1-\delta^2)} \mathrm{d}(\delta^2) = G_j [x_1, x_2, \delta^2(\omega s)] \Big|_0^{P^*} \qquad (6-1-51)$$

式中，$G_j[x_1, x_2, \delta^2(\omega s)]$ 为积分后的结果，由于 P^* 是 $\delta^2(\omega s)$ 的周期，故有 $\delta^2(P^*) = \delta^2(0)$，于是式（6-1-51）为

$$G_j[x_1, x_2, \delta^2(P^*)] - G_j[x_1, x_2, \delta^2(0)] = 0 \qquad (6-1-52)$$

因此，几何项的平均值为零。这使式（6-1-11）和式（6-1-12）简化成如下形式：

$$C_1' = \left[-H(2C_1 + 2\hat{M}_0 \delta^2 + M_2 \delta^4) + M^*[(\delta^2)'](\delta^2)' + P\left(T - \frac{H}{2}\right)C_2 \right]_a \qquad (6-1-53)$$

$$C_2' = \left[-HC_2 + 2P\left(T - \frac{H}{2}\right)\delta^2 \right]_a \qquad (6-1-54)$$

如果只考虑三次方升力和马氏力、二次方阻尼力矩和阻力，则

$$H = H_0 + H\delta^2 ; \quad T = T_0 + T_2 \delta^2 ; \quad M^* = M_2^*(\delta^2)' \qquad (6-1-55)$$

其中 H_j，T_j，M_2^* 的表达式可在第 2 章中找到，这时在 C_1' 的表达式将出现 $M_2^*[(\delta^2)']^2$ 项，而其中的因子 $[(\delta^2)']^2$ 可用式（5-2-28）计算：

$$[(\delta^2)']^2 = -C_2' + 4C_1 \delta^2 + 4\hat{M}_0 \delta^4 + 2M_2 \delta^6 \qquad (6-1-56)$$

将它代入 C_1' 的表达式中，得到 C_1' 和 C_2' 的平均值的形式如下：

$$C_1' = -H_0(2C_1 + 2\hat{M}_0 \delta_2^2 + M_2 \delta_a^4) - (H_2 - 2M_2^*)(2C_1 \delta_a^2 + 2\hat{M}_0 \delta_a^4 + M_2 \delta_a^6) +$$
$$\frac{P}{2}[2T_0 - H_0 + (2T_2 - H_0)\delta_a^2]C_2 - M_2^* C_2^2 \qquad (6-1-57)$$

$$C_2' = -(H_0 + H_2\delta_a^2)C_2 + P[(2T_0 - H_0)\delta_a^2 + (2T_2 - H_2)\delta_a^4] \quad (6-1-58)$$

由于 C_1' 和 C_2' 中含有 δ_a^{2n}，而 δ^{2n} 中又含有椭圆正弦，可以预料用摄动法分析问题时将会遇到十分复杂的代数运算。不过，在有了式(6-1-45)、式(6-1-46)和式(6-1-57)、式(6-1-58)后，剩下的主要工作就只是代数运算了。如果用电子计算机对某一组气动参数和结构参数进行计算，则可得到广义振幅平面上积分曲线的分布，从而可直观看出奇点的分布和类型及稳定运动对应的初始扰动边界等。但为了寻找各种运动稳定的条件与气动参数、结构参数间的一般关系，寻找近似分析解是很有必要的。

因为对于前述两种特殊运动——圆运动和平面运动，基础解［式（6-1-29）～式（6-1-39）］都可得到简化，这使 δ_a^{2n} 和 C_j' 的计算也得到简化。故下面拟在广义振幅平面的 x_1 轴、L_1 和 L_2 线附近研究弹箭做准圆运动和准平面运动，并且最后实现极限圆运动和极限平面运动的条件。而只要把 x_1 轴、L_1 和 L_2 线附近的积分曲线的特性搞清楚了，就有助于大致了解广义振幅平面上其他部位积分曲线的分布。

下面针对不同的非线性力和力矩，研究实现这两种特殊运动的条件，并与上两章拟线性法对同一问题的结论进行比较。值得指出的是，在非线性气动力作用下，某些弹箭的运动可以趋于极限圆运动和极限平面运动并非是纯理论分析，而是以试验结果为依据，在靶道试验中这两种极限运动都已被观测到。

6.2 准圆运动的广义振幅方程计算[①]

对于圆运动 $\delta_m = \delta_n = \delta_c$，必有 $x_1 = 0$（或 $x_2 = 0$）。而 x_1 轴（或 x_2 轴）附近，则有 $x_2 \approx 0$（或 $x_1 \approx 0$），故有 $\delta_m \approx \delta_n$，这表示准圆运动。研究准圆运动的目的，就是要了解 x_1 轴（或 x_2 轴）附近广义振幅方程的积分曲线的分布，以及奇点出现在 x_1 轴（或 x_2 轴）上并为稳定结点，弹箭最终能实现极限圆运动的条件。这种极限圆运动已在弹箭的飞行试验中多次被观测到，故研究形成这种运动的条件和影响因素是有意义的。由于 x_1 模和 x_2 模地位的对称性，使得可以只针对 x_1 模研究这个问题，而对于 x_2 的同一问题可由对称性关系得出结论。

对于准圆运动，设 $x_2 \approx 0$，使许多计算大为简化。例如 C_2 和 C_1 的表达式简化如下：

$$C_2 = 2(x_1 - x_2)\sqrt{-\hat{M}_0 - M_2(x_1 + x_2)} \approx 2\sqrt{M_T}(x_1 - x_2)\left[1 + \frac{mx_2}{2(1+m)x_1}\right] \quad (6-2-1)$$

式中
$$\sqrt{M_T} = \sqrt{-\hat{M}_0 - M_2 x_1}, \quad m = M_2 x_1 / \hat{M}_0 \quad (6-2-2)$$

由于 $x_2 \approx 0$，故在以下的计算中都略去 x_2 的高次幂项，只保留 x_2 的一次幂项，得

$$C_2 = 2\sqrt{M_T}\left(x_1 - x_2 \frac{2+m}{2+2m}\right) \quad (6-2-3)$$

$$C_1 = \frac{-\hat{M}_0}{2}[(4+3m)x_1 + (4+10m)x_2] \quad (6-2-4)$$

上面各式中的 m 具有十分重要的意义，它代表折算静力矩中非线性部分与线性部分之比，其大小反映了静力矩非线性的强弱。对于圆运动 $x_1 = \delta_c^2$，则

[①] 本节的推导较烦琐，读者可在大致了解推导步骤和结论后转入下节，以后再详细阅读本节。

$$m = \frac{M_2 x_1}{\hat{M}_0} = \frac{M_2 \delta_c^2}{\hat{M}_0} \qquad (6-2-5)$$

与三种不同类型的三次方静力矩相对应的圆运动，可按它们的 m 值分类。考虑到运动稳定条件式（6-1-31）和式（6-1-33）的限制，分类情况如下：

（1）$0 < m < \infty$：a 型力矩（$\hat{M}_0 < 0, M_2 < 0$），可有任何振幅的圆运动；

（2）$m = 0$：线性静力矩（$M_2 = 0$），这时只可能有保守圆运动，其幅值随初始条件增大而增大；

（3）$-\dfrac{2}{3} < m < 0$：b 型力矩（$\hat{M}_0 < 0, M_2 > 0$），攻角幅度只能在使静力矩非线性部分小于线性部分 2/3 的范围内；

（4）$-\infty < m < -1$：c 型力矩（$\hat{M}_0 > 0, M_2 < 0$），攻角幅度只能在使静力矩非线性部分的绝对值大于线性部分的范围内；

（5）$-1 < m < -\dfrac{2}{3}$：不可能产生稳定的圆运动。

从理论上讲，当弹箭做精确的圆运动时，$\delta_m = \delta_n$，这时由式（6-1-23）和式（6-1-24）知 $k = \tilde{k} = 0$，而椭圆积分的条件是 $1 > k > 0$，故当 $k = 0$ 时形成不了真椭圆积分，于是限制条件［式（6-1-18）和式（6-1-20）］也不起作用。因此，在 $m \in (-1, -2/3)$ 时也可以存在精确的圆运动，但不可能存在准圆运动（$\delta_m \approx \delta_n, k \neq 0, \tilde{k} \neq 0$）。不过这种精确的圆运动一旦受到轻微的扰动而出现 $\delta_m \neq \delta_n$ 时，那么就立即出现 $k \neq 0$，限制条件［式（6-1-18）和式（6-1-20）］立即生效，但此时因 $m \in (-1, -2/3)$ 又满足不了此二条件，于是产生运动不稳。因此，从这种意义上讲，不满足式（6-1-18）和式（6-1-20）的精确圆运动是一种极不稳定的圆运动，称为孤立圆运动，它们一旦受到轻微扰动便迅速失去圆运动的特征，所以实际上是不存在的，也观测不到。

为了得到具体的广义振幅方程，需要计算 C_1', C_2' 的平均值，而计算它们的关键是要算出 $(\delta^2)^n$ 的平均值。对于准圆运动（$x_2 \approx 0$），这些计算可得到简化。

1. $(\delta^{2n})_a$ 的计算

以 a，c 型力矩为例：

$$\delta_a^{2n} = \frac{1}{K(k)} \int_0^{K(k)} \left\{ x_1 + x_2 + 2\sqrt{x_1 x_2} [1 - 2\mathrm{sn}^2(u, k)] \right\}^n \mathrm{d}u \qquad (6-2-6)$$

$$
\begin{aligned}
k^2 &= \frac{4 M_2 \sqrt{x_1 x_2}}{2\hat{M}_0 + M_2(3x_1 + 2\sqrt{x_1 x_2} + 3x_2)} \\
&\approx \frac{4 M_2 \sqrt{x_1 x_2}}{2\hat{M}_0 + 3 M_2 x_1} = \frac{4\sqrt{x_1 x_2} M_2}{2 + 3m}
\end{aligned}
\qquad (6-2-7)
$$

这里将积分平均的周期取为 $K(k)$，$K(k)$ 是第一类完全椭圆积分，它是 $\mathrm{sn}\, u$ 的 1/4 周期，也是 $\mathrm{sn}^2 u$ 的半周期。从 $\mathrm{sn}\, u$ 与 $\sin u$ 的变化相似可知，$\mathrm{sn}^2 u$ 在半周期内的平均值等于其全周期内的平均值。对于准圆运动，k 值是很小的，这时 $\mathrm{sn}\, u$ 接近于 $\sin u$，其近似关系如下：

$$\mathrm{sn}\, u \approx \sin u - \frac{k^2 \cos u (2u - \sin 2u)}{8} \qquad (6-2-8)$$

$$K \approx \frac{\pi}{2}\left(1+\frac{k^2}{4}\right) \qquad (6-2-9)$$

在极限情况下 $k=0$，$\operatorname{sn} u = \sin u$，$K = \pi/2$，由（6-2-8）式得

$$1 - 2\operatorname{sn}^2 u = \cos 2u + \frac{k^2}{4}(2u - \sin 2u)\sin 2u \qquad (6-2-10)$$

$$\begin{aligned}
\delta^{2n} &= \left\{ x_1 + x_2 + 2\sqrt{x_1 x_2}\left[\cos 2u + \frac{k^2}{4}(2u-\sin 2u)\sin 2u\right]\right\}^n \\
&\approx x_1^n + n x_1^{n-1}\left[2\sqrt{x_1 x_2}\cos 2u + x_2 + \frac{k^2 \sqrt{x_1 x_2}}{2}(2u-\sin 2u)\sin 2u\right] + \\
&\quad \frac{n(n-1)}{2}x_1^{n-2}(2\sqrt{x_1 x_2}\cos 2u)^2 + \cdots \qquad (6-2-11)\\
&\approx x_1^n + n x_1^{n-1}\left\{2\sqrt{x_1 x_2}\cos 2u + x_2[1+2(n-1)\cos^2 2u] + \right.\\
&\quad \left. \frac{k^2\sqrt{x_1 x_2}}{2}(2u-\sin 2u)\sin 2u \right\}
\end{aligned}$$

又由式（6-2-9）得 $\quad 2K = \pi + \dfrac{\pi k^2}{4}, \ 4K = 2\pi + \dfrac{\pi k^2}{2}$

故 $\quad \sin 2K \approx -\dfrac{\pi k^2}{4}, \ \sin 4k \approx \dfrac{\pi k^2}{2}, \ \cos 2K \approx -1$

$$\int_0^K \cos 2u\,\mathrm{d}u = \frac{1}{2}\sin 2K \approx \frac{1}{2}\left(-\frac{\pi k^2}{4}\right) \approx -\frac{k^2}{4}\left(K-\frac{\pi}{8}k^2\right) \approx -\frac{k^2}{4}K$$

$$\int_0^K \cos^2 2u\,\mathrm{d}u = \frac{1}{2}\int_0^K (1+\cos 4u)\,\mathrm{d}u = \frac{K}{2} + \frac{\pi k^2}{16}$$

$$\int_0^K 2u\sin 2u\,\mathrm{d}u = \int_0^K -u\,\mathrm{d}\cos 2u = -u\cos 2u\Big|_0^K + \int_0^K \cos 2u\,\mathrm{d}u$$

$$= K - \frac{\pi k^2}{8}$$

$$\int_0^K \sin^2 2u\,\mathrm{d}u = \frac{1}{2}\int_0^K(1-\cos 4u)\,\mathrm{d}u = \frac{K}{2} - \frac{1}{8}\sin 4K = \frac{K}{2} - \frac{\pi k^2}{16}$$

用这些关系式对式（6-2-11）进行平均，并注意 k^2 中含有 $\sqrt{x_1 x_2}$ 和略去 x_2 的高次幂项，得

$$\begin{aligned}
\delta_{\mathrm{a}}^{2n} &= \frac{1}{K}\left[x_1^{n-1}K + 2n x_1^{n-1}\sqrt{x_1 x_2}\left(-\frac{k^2}{4}K\right) + n x_1^{n-1}x_2 \cdot 2(n-1)\frac{K}{2} + \right.\\
&\quad \left. \frac{k^2}{2}\sqrt{x_1 x_2} + n x_1^{n-1}\left(K-\frac{K}{2}\right)\right] \qquad (6-2-12)\\
&= x_1^n + n^2 x_1^{n-1} x_2 - n x_1^{n-1}\frac{k^2}{4}-\sqrt{x_1 x_2}
\end{aligned}$$

弹箭非线性运动理论

代入 k^2 的近似关系式之后，得

$$\delta_a^{2n} = x_1^n + n x_1^{n-1} x_2 \left(n - \frac{m}{2+3m} \right) \qquad (6-2-13)$$

对于 b 型力矩，只是所有表达式中的 $\sqrt{x_1 x_2}$ 项前为负号，重复上述步骤后可发现结果仍为式（6-2-13）。由于指数展开式中 n 可为任何实数，故式（6-2-13）对 n 为任何实数都是正确的。

2. C_1' 和 C_2' 的计算

有了 δ_a^{2n} 的近似式就容易由式（6-1-57）和式（6-1-58）计算 C_1' 和 C_2' 的平均值，式（6-1-57）和式（6-1-58）中的 C_1 和 C_2 则由式（6-2-3）和式（6-2-4）给出，其中 δ_a^{2n} 对于准圆运动来说是

$$\delta_a^2 = x_1 + x_2 \frac{2+2m}{2+3m}, \quad \delta_a^4 = x_1^2 + 2 x_1 x_2 \frac{4+5m}{2+3m}$$

$$\delta_a^6 = x_1^3 + 3 x_1^2 x_2 \frac{6+8m}{2+3m} \qquad (6-2-14)$$

式（6-1-57）可分四大项计算如下：

$$\{C_1'\}_1 = -H_0 \left\{ -\hat{M}_0 [x_1(4+3m) + x_2(4+10m)] + 2\hat{M}_0 \left(x_1 + x_2 \frac{2+2m}{2+3m} \right) + \right.$$

$$\left. M_2 x_1 \left(x_1 + 2 x_1 \frac{4+5m}{2+3m} \right) \right\} \qquad (6-2-15)$$

$$= -\hat{M}_0 \left\{ [-H_0(4+3m) + H_0(2+m)] x_1 + \right.$$

$$\left. \left[-H_0(4+10m) + 2H_0 \frac{2+2m}{2+3m} + 2H_0 m \frac{4+5m}{2+3m} \right] x_2 \right\}$$

$$\{C_1'\}_2 = -(H_2 - 2M_2^*) \left\{ -\hat{M}_0 \left[x_1^2(4+3m) + x_1 x_2 \frac{16+46m+36m^2}{2+3m} \right] + \right.$$

$$\left. 2\hat{M}_0 \left(x_1^2 + x_1 x_2 \frac{8+10m}{2+3m} \right) + M_2 \left(x_1^3 + x_1^2 x_2 \frac{18+24m}{2+3m} \right) \right\} \qquad (6-2-16)$$

$$= -(H_2 - 2M_2^*) \left\{ -\hat{M}_0(4+3m-2-m) x_1^2 - \right.$$

$$\left. \hat{M}_0 \left[4+10m + (4+3m)\frac{2+2m}{2+3m} - 4\frac{4+5m}{2+3m} - 3m\frac{6+8m}{2+3m} \right] x_1 x_2 \right\}$$

$$\{C_1'\}_3 = P(-\hat{M}_0) \frac{\sqrt{M_{T1}}}{(-\hat{M}_0)} \left(x_1 - x_2 \frac{2+m}{2+2m} \right) [2T_0 - H_0 + (2T_2 - H_2)] \cdot \left(x_1 + x_2 \frac{2+2m}{2+3m} \right)$$

$$= (-\hat{M}_0)\tilde{P} \left[(2T_0 - H_0)x_1 + (2T_2 - H_2)x_1^2 - (2T_0 - H_0)\frac{2+m}{2+2m} x_2 + \right.$$

$$(2T_2 - H_2)\frac{m^2}{(2+3m)(2+2m)}x_1x_2\bigg] \qquad (6-2-17)$$

式中
$$\tilde{P} = P\frac{\sqrt{M_{T1}}}{-\hat{M}_0} = P\frac{\sqrt{-\hat{M}_0 - M_2x_1}}{-\hat{M}_0} \qquad (6-2-18)$$

对于 a，b 型力矩，$\tilde{P}$ 与 P 同号；对于 c 型力矩，$\tilde{P}$ 与 P 异号。

$$\{C_1'\}_4 = -M_2^*\left[2\sqrt{M_{T1}}\left(x_1 - x_2\frac{2+m}{2+2m}\right)\right]^2$$
$$= -M_2^* \cdot 4(-\hat{M}_0 - M_2x_1)\left(x_1^2 - 2x_1x_2\frac{2+m}{2+2m}\right) \qquad (6-2-19)$$
$$= -\hat{M}_0[-4M_2^*(1+m)x_1^2 + 4M^*(2+m)x_1x_2]$$

将这四部分相加即得

$$C_1' = -\hat{M}_0\Big\{[-H_0(2+2m) + \tilde{P}(2T_0 - H_0)]x_1 + [\tilde{P}(2T_2 - H_2) - H_2(2+2m)]x_1^2 +$$
$$\left[-H_2\frac{4+20m+20m^2}{2+3m} - \tilde{P}(2T_0 - H_0)\frac{2+m}{2+2m}\right]x_2 + \qquad (6-2-20)$$
$$\left[-H_24m + \tilde{P}(2T_2 - H_2)\frac{m^2}{(2+3m)(2+2m)} + 4M^*(2+3m)\right]x_1x_2\Big\}$$

C_2' 可分两大项计算：

$$\{C_2'\}_1 = -\left[H_0 + H_2\left(x_1 + x_2\frac{2+2m}{2+3m}\right)\right] \cdot 2\sqrt{M_{T1}}\left(x_1 - x_2\frac{2+m}{2+2m}\right)$$
$$= -2H_0\sqrt{M_{T1}}x_1 - 2\sqrt{M_{T1}}H_2x_1^2 + 2\sqrt{M_{T1}}H_0\frac{2+m}{2+2m}x_2 + \qquad (6-2-21)$$
$$2\sqrt{M_{T1}}H_2\left(\frac{2+m}{2+2m} - \frac{2+2m}{2+3m}\right)x_1x_2$$

$$\{C_2'\}_2 = P(2T_0 - H_0)\left(x_1 + x_2\frac{2+2m}{2+3m}\right) + P(2T_2 - H_2)x_1\left(x_1 + 2x_2\frac{4+5m}{2+3m}\right)$$
$$= P(2T_0 - H_0)x_1 + P(2T_2 - H_2)x_1^2 + P(2T_0 - H_0)\frac{2+2m}{2+3m}x_2 + \qquad (6-2-22)$$
$$P(2T_2 - H_2)\frac{4+5m}{2+3m}x_1x_2$$

将此二部分相加即得

$$C_2' = [-2H_0\sqrt{M_{T1}} + P(2T_0 - H_0)]x_1 + [-2H_2\sqrt{M_{T1}} + P(2T_2 - H_2)]x_1^2 +$$
$$\left[2\sqrt{M_{T1}}H_0\frac{2+m}{2+2m} + P(2T_0 - H_0)\frac{2+2m}{2+3m}\right]x_2 + \qquad (6-2-23)$$
$$\left[2P(2T_2 - H_2)\frac{4+5m}{2+3m} - 2H_2\sqrt{M_{T1}}\frac{m^2}{(2+2m)(2+3m)}\right]x_1x_2$$

3. 计算广义振幅方程

广义振幅方程为式（6-1-45）和式（6-1-46），现计算式（6-1-45）右端分子两项：

$$[2\hat{M}_0 + M_2(x_1 + 3x_2)]C_1' = 2\hat{M}_0\left(1 + \frac{m}{2} + \frac{3m}{2}\frac{x_2}{x_1}\right)C_1'$$

$$= (-2\hat{M}_0^2)\left\{x_1\left[-H_0(1+m)(2+m) + \tilde{P}(2T_0 - H_0)\frac{2+m}{2}\right] + \right.$$

$$x_1^2\left[-H_2(1+m)(2+m) + \tilde{P}(2T_2 - H_2)\frac{2+m}{2}\right] +$$

$$x_2\left[-H_0\left(\frac{(2+10m+10m^2)(2+m)}{2+3m}\right) + 3m(1+m) - \right. \quad (6-2-24)$$

$$\left.\tilde{P}(2T_0 - H_0)\left(\frac{(2+m)^2}{2(2+2m)}\frac{3m}{2}\right)\right] +$$

$$x_1 x_2\left[-H_2\left(2m(2+m) + (2+2m)\frac{3m}{2}\right) + \tilde{P}(2T_2 - H_2)\cdot\right.$$

$$\left.\left.\left(\frac{m^2(2+m)}{2(2+3m)(2+2m)} + \frac{3m}{2}\right) + 4M_2^*(2+3m)\frac{2+3m}{2}\right]\right\}$$

$$[2\hat{M}_0 + M_2(5x_1 + 3x_2)]\sqrt{-\hat{M}_0 - M_2(x_1 + x_2)}C_2'$$

$$= 2\hat{M}_0\left(1 + \frac{5m}{2} + \frac{3m}{2}\frac{x_2}{x_1}\right)\sqrt{-\hat{M}_0 - M_2 x_1}\left(1 + \frac{m}{2(1+m)}\frac{x_2}{x_1}\right)C_2'$$

$$= 2\hat{M}_0\sqrt{M_{T1}}\left[\frac{2+5m}{2} + \frac{8m+11m^2}{4(1+m)}\frac{x_2}{x_1}\right]C_2'$$

$$= (-2\hat{M}_0^2)\left(x_1\left[-H_0(1+m)(2+5m) + \tilde{P}(2T_0 - H_0)\frac{2+5m}{2}\right] + \right.$$

$$x_1^2\left[-H_2(1+m)(2+5m) + \tilde{P}(2T_2 - H_2)\frac{2+5m}{2}\right] + \quad (6-2-25)$$

$$x_2\left\{H_0\left[(2+m)\frac{2+5m}{2} - \frac{8m+11m^2}{2}\right] + \right.$$

$$\left.\tilde{P}(2T_0 - H_0)\left[\frac{(1+m)(2+5m)}{(2+3m)} + \frac{8m+11m^2}{4+4m}\right]\right\} +$$

$$x_1 x_2\left\{-H_2\left(\frac{m^2}{2+3m}\frac{2+5m}{2} + \frac{8m+11m^2}{2}\right) + \tilde{P}(2T_2 - H_2)\cdot\right.$$

$$\left.\left.\left[\frac{(4+5m)(2+5m)}{2+3m} + \frac{8m+11m^2}{4+4m}\right]\right\}\right)$$

上两式相加得方程（6-1-45）右边分子：

$$(-2\hat{M}_0^2)\Big(x_1\{-(2+3m)[(2+3m)H_0 - \tilde{P}(2T_0 - H_0)]\} +$$

$$x_1^2\{-(2+3m)[(2+2m)H_2 - \tilde{P}(2T_2 - H_2)]\} +$$

$$x_2\left[-H_0\frac{(6+7m)(3+4m)}{2+3m} + \tilde{P}(2T_0 - H_0)\frac{34m^2+55m+22}{(2+3m)(2+2m)}\right]m +$$

$$x_1x_2\left\{-H_2\frac{34m^2+55m+22}{2+3m} + \tilde{P}(2T_2 - H_2)\cdot\right.$$

$$\left.\left[4 + \frac{(50+125m+76m^2)m}{2(2+3m)(1+m)}\right] + 2M_2^*(2+3m)(2+2m)\right\}\Big) \qquad (6-2-26)$$

方程（6-1-46）右边分子两项为

$$[2\hat{M}_0 + M_0(3x_1 + x_2)]C_1' = 2\hat{M}_0\left[\frac{2+3m}{2} + \frac{m}{2}\left(\frac{x_2}{x_1}\right)\right]C_1'$$

$$= (-2\hat{M}_0)\Big(x_1\left[-H_0(2+3m)(1+m) + \tilde{P}(2T_2 - H_2)\frac{2+3m}{2}\right] +$$

$$x_1^2\left[-H_2(2+3m)(1+m) + \tilde{P}(2T_2 - H_2)\frac{2+3m}{2}\right] +$$

$$x_2\Big\{-H_0[(2+10m+10m^2) + (1+m)m] -$$

$$\tilde{P}(2T_0 - H_0)\left[\frac{(2+m)(2+3m)}{2(2+2m)} - \frac{m}{2}\right]\Big\} +$$

$$x_1x_2\Big\{-H_2[2m(2+3m) + (1+m)m] +$$

$$\tilde{P}(2T_2 - H_2)\left[\frac{m^2}{2(2+2m)} + \frac{m}{2}\right] + 2M_2^*(2+3m)^2\Big\}\Big) \qquad (6-2-27)$$

$$[2\hat{M}_0 + M_0(3x_1 + 5x_2)]\sqrt{-\hat{M}_0 - M_2(x_1 + x_2)}\,C_2'$$

$$= 2\hat{M}_0\left(1 + \frac{3m}{2} + \frac{5m}{2}\frac{x_2}{x_1}\right)\sqrt{-\hat{M}_0 - M_2 x_1}\left[1 + \frac{m}{2(1+m)}\frac{x_2}{x_1}\right]C_2'$$

$$= 2\hat{M}_0\sqrt{M_{T1}}\left[\frac{2+3m}{2} + \frac{12m+13m^2}{4(1+m)}\left(\frac{x_2}{x_1}\right)\right]C_2'$$

$$= (-2\hat{M}_0^2)\Big(x_1\left[-H_0(2+3m)(1+m) + \tilde{P}(2T_0 - H_0)\frac{2+3m}{2}\right] +$$

$$x_1^2\left[-H_2(2+3m)(1+m) + \tilde{P}(2T_2 - H_2)\frac{2+3m}{2}\right] +$$

$$x_2\Big\{H_0\left[(2+2m)\frac{2+3m}{2} - \frac{12m+13m^2}{2}\right] +$$

$$\tilde{P}(2T_0 - H_0)\left[\frac{2+2m}{2+3m}\left(\frac{2+3m}{2}\right)+\frac{12m+13m^2}{4(1+m)}\right]\right\}+$$

$$x_1 x_2\left\{-H_2\left[\frac{m^2(2+3m)}{2(2+3m)}+(2+2m)\frac{12m+13m^2}{2(2+2m)}\right]+ \qquad (6-2-28)\right.$$

$$\left.\tilde{P}(2T_2 - H_2)\left[\frac{4+5m}{2+3m}(2+3m)+\frac{12m+13m^2}{4(1+m)}\right]\right\}$$

上两式相加即得方程（6-1-46）右边分子：

$$(-2\hat{M}_0^2)\left\{x_2\left[-H_0(4+9m+6m^2)-\tilde{P}(2T_0-H_0)\frac{4+9m}{2}\right]+ \right.$$
$$\left. x_1 x_2\left[H_2 m-\tilde{P}(2T_2-H_2)\frac{15m+8}{2}+2M^*(2+3m)^2\right]\right\} \qquad (6-2-29)$$

对于准圆运动，广义振幅方程右边的分母可简化，由式（6-1-47）得

$$D=\frac{4\omega\tilde{\omega}^2}{\hat{M}_0^2}\approx(2+3m)^2>0 \qquad (6-2-30)$$

6.3 弹箭的极限圆运动

6.3.1 旋转弹在马氏力矩作用下的极限圆运动

旋转弹的马氏力矩通常具有较强的非线性，当仅考虑三次方马氏力矩时，上节的广义振幅方程应根据

$$T=T_0+T_2\delta^2,\ H_2=0,\ M_2^*=0$$

进行简化，从而得到三次方马氏力矩作用下准圆运动的广义振幅方程：

$$D\frac{x_1'}{x_1}=-(2+3m)\{[(2+2m)H_0-\tilde{P}(2T_0-H_0)]-2\tilde{P}T_2 x_1\}+x_2\left(e+\frac{f}{x_1}\right) \qquad (6-3-1)$$

$$D\frac{x_2'}{x_2'}=-\left[(4+9m+6m^2)H_0+\frac{\tilde{P}}{2}(4+9m)(2T_0-H_0)\right]-(8+15m)\tilde{P}T_2 x_1 \qquad (6-3-2)$$

式中

$$e=2PT_2\left[4+\frac{50+125m+76m^2}{2(2+3m)(1+m)}m\right] \qquad (6-3-3)$$

$$f=-H_0\frac{(6+7m)(3+4m)}{2+3m}+\tilde{P}(2T_0-H_0)\frac{34m^2+55m+22}{(2+3m)(2+2m)} \qquad (6-3-4)$$

方程（6-3-1）和方程（6-3-2）可一般地写成如下形式：

$$D\frac{x_1'}{x_1}=a+bx_1+x_2\left(e+\frac{f}{x_1}\right) \qquad (6-3-5)$$

$$D\frac{x_2'}{x_2}=c+dx_1 \qquad (6-3-6)$$

因为研究的是 x_1 轴近旁的准圆运动,因此奇点出现在 x_1 轴上的条件是 $x_2=0$, $\lambda_1 = x_1'/x_1 = 0$。由方程(6-3-5)可见,因为 x_1 必有正,故 $\lambda_1 = 0$ 的条件为 a 与 b 必须异号,这时奇点位置为

$$x_1 = \delta_c^2 = -a/b \tag{6-3-7}$$

由于按定义广义振幅只能为正($x_1>0$, $x_2>0$),故积分曲线只能在第一象限内,这样 x_1 轴上的奇点只能是结点或鞍点。如果该奇点为稳定的结点,那么弹箭就能从准圆运动逼近于极限圆运动,此极限圆运动的振幅由式(6-3-7)确定。

如果该奇点是个鞍点,当鞍点左侧(靠原点的一侧)的积分曲线走向原点方向($x_1 \to 0$)时,则该奇点称为稳定的鞍点,反之称为不稳定的鞍点。因此,稳定的鞍点将成为有界运动的外边界点。当弹箭角运动相点位于稳定鞍点左侧时,弹箭的角运动有减小的趋势,不致发散;当弹箭角运动相点位于鞍点右侧时,则无论鞍点是否稳定,角运动都是不稳定的。

利用一般的奇点判别法可以确定此圆奇点的类型。为此作坐标变换 $x_1 = \bar{x}_1 + \delta_c^2$,将坐标原点移到奇点上得新的广义振幅方程:

$$D\frac{\mathrm{d}\bar{x}_1}{\mathrm{d}s} = -a\bar{x}_1 + \left(f - \frac{a}{b}e\right)x_2 + R(\bar{x}_1, x_2) \tag{6-3-8}$$

$$D\frac{\mathrm{d}x_2}{\mathrm{d}s} = \left(c - \frac{a}{b}d\right)x_2 + Q(\bar{x}_1, x_2) \tag{6-3-9}$$

式中

$$R(\bar{x}_1, x_2) = e\bar{x}_1 x_2 + b\bar{x}_1^2 \tag{6-3-10}$$

$$Q(\bar{x}_1, x_2) = d\bar{x}_1 x_2 \tag{6-3-11}$$

在奇点近旁 $\bar{x}_1, x_2$ 都是一阶小量,故 $R(\bar{x}_1, x_2)$ 和 $Q(\bar{x}_1, x_2)$ 都是二阶小量,它们不影响奇点的类型和性质(中心奇点除外)。利用第1章中的奇点判别法得

$$q = -a\left(c - \frac{a}{b}d\right), \quad p = -a + \left(c\frac{a}{b}d\right) \tag{6-3-12}$$

对于稳定的结点,$q>0$,$p<0$,故要求

$$a>0, \quad c - \frac{a}{b}d < 0 \tag{6-3-13}$$

对于稳定的鞍点,$q>0$,$p>0$,故要求

$$a<0, \quad c - \frac{a}{b}d < 0 \tag{6-3-14}$$

这是因为对于稳定的鞍点应要求鞍点左侧积分曲线的走向离开鞍点,即当 $x_1 < \delta_c^2$ 或 $\bar{x}_1 < 0$ 时,$\bar{x}_1$ 应向负方向增大绝对值,故从方程(6-3-8)可见这要求 $a<0$。此外,由条件式(6-3-13)和式(6-3-14)可见,形如式(6-3-8)和式(6-3-9)的方程,在 x_1 轴上的奇点存在性和类型的判别与系数 e, f 无关,故仅在判断奇点的存在性和类型时,e, f 可从广义振幅方程中略去。但它们对于确定关于 x_1 模的零阻尼曲线[$\lambda_1 = x_1'/x_1 = a + bx_1 + x_2(e + f/x_1) = 0$] 在 x_1 轴附近的形状和此曲线在 x_1 轴上出发时的初始斜率是有用的。

弹箭非线性运动理论

应用判据式（6-3-13）和式（6-3-14）可写出三次方马氏力矩作用下产生极限圆运动的条件为

$$a = -(2+3m)[(2+2m)H_0 - \tilde{P}(2T_0 - H_0)] > 0 \qquad (6-3-15)$$

$$b = 2(2+3m)\tilde{P}T_2 < 0 \qquad (6-3-16)$$

$$c - \frac{a}{b}d = -(2+3m)[(6+7m)H_0 - \tilde{P}(2T_0 - H_0)] < 0 \qquad (6-3-17)$$

圆振幅为

$$\delta_c^2 = -\frac{a}{b} = \frac{(2+2m)H_0 - \tilde{P}(2T_0 - H_0)}{2\tilde{P}T_2} \qquad (6-3-18)$$

在 $m > -2/3$ 范围内 $2+3m > 0$，$1+m > 0$，则由式（6-3-16）知，应有 $\tilde{P}T_2 < 0$。

如果 $H_0 > 0$，则由式（6-3-15）和式（6-3-17）得

$$2+2m < \frac{\tilde{P}(2T_0 - H_0)}{H_0} \qquad (6-3-19)$$

$$\tilde{P}\left(\frac{2T_0 - H_0}{H_0}\right) < 6 + 7m \qquad (6-3-20)$$

合并此二式，并引用线性动态稳定因子

$$s_d = \frac{2T_0 - H_0}{H_0} \qquad (6-3-21)$$

得

$$2+2m < \tilde{P}s_d < 6+7m \quad (H_0 > 0, \ PT_2 < 0) \qquad (6-3-22)$$

如果 $H_0 < 0$，则式（6-3-19）和式（6-3-20）的不等号都要反过来，但在 $m > -2/3$ 时此二式不相容，故 $H_0 < 0$ 时不能产生极限圆运动。

在 $m < -1$ 时，$2+3m < 0, 1+m < 0$，故由式（6-3-16）知，应有 $\tilde{P}T_2 > 0$。

如果 $H_0 > 0$，则有式（6-3-19）和式（6-3-20）的不等号也都反过来，不过在 $m < -1$ 时此二式相容，故合并为

$$2+3m > \tilde{P}s_d > 6+7m \quad (H_0 > 0, \ \tilde{P}T_2 > 0) \qquad (6-3-23)$$

如果 $H_0 < 0$，则式（6-3-19）和式（6-3-20）的不等号方向不变，但在 $m < -1$ 时此二式不相容，故同样得 $H_0 < 0$，不可能产生极限圆运动。

至于稳定的鞍点，因为要求 $a < 0$，故在 $m < -2/3$ 时：

如果 $H_0 > 0$，则仅式（6-3-19）的不等号反过来，并与式（6-3-20）合并为

$$\tilde{P}s_d < 2+2m \quad (H_0 > 0, \tilde{P}T_2 < 0) \qquad (6-3-24)$$

如果 $H_0 < 0$，则仅式（6-3-20）的等号反过来，结果合成为

$$\tilde{P}s_d < 6+7m \quad (H_0 < 0, \tilde{P}T_2 < 0) \qquad (6-3-25)$$

同理可得 $m < -1$ 时稳定鞍点的条件为

$$\tilde{P}s_d > 2+2m \quad (H_0 > 0, \tilde{P}T_2 > 0) \qquad (6-3-26)$$

$$\tilde{P}s_d < 6+7m \quad (H_0 < 0, \tilde{P}T_2 > 0) \qquad (6-3-27)$$

以上这些关系式都归纳在图 6-3-1 中。将这些关系式的不等号反过来，则这些奇点（将图中各不等号反过来，则奇点的稳定性也反过来）就变成同类型的不稳定奇点。

对于另一个模 x_2 重复上面的推导可以发现，只要将各不等式中的 $\tilde{P}$ 变成 $(-\tilde{P})$，就能判断 x_2 模圆奇点的类型和性质。

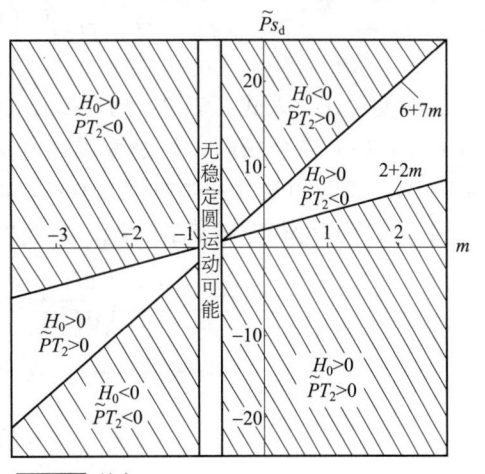

6.3.2 非旋转弹在非线性阻尼力矩作用下的极限圆运动

旋转弹能生极限圆运动是不难想象的，而非旋转弹也能产生极限圆运动却不太好理解。在第 4 章里曾讲过，如果认为弹轴在攻角面内的摆动与垂直于攻角面内的摆动具有相同的阻尼特性，那么赤道阻尼力矩将只与攻角 δ^2 有关，而与 $(\delta^2)'$ 无关，则非旋转弹将只能产生极限平面运动而不能产生极限圆运动。然而实际上观测到了非旋转弹的极限圆运动，故必是对某些气动力和力矩考虑得不周全。但是，在更细微地注意到弹轴在攻角面内和垂直于攻角面的摆动具有不同的赤道阻尼力矩特性时（因为横流的方向只与攻角面平行），赤道阻尼力矩将与 $(\delta^2)'$ 有关，从而出现了 $M_2^*(\delta^2)'$ 项，这就成功地解释了尾翼弹可产生极限圆运动的现象。这一发展过程类似于尾翼弹转速增高时的动不动稳定现象，导致了对尾翼弹马氏力矩进行深入研究的发展过程。

本节再用摄动法对这一问题作些分析，以表明摄动法解决问题的能力；此外还将两种方法对此问题的结果进行比较，并讨论两种结果的差异。

在式（6-2-26）和式（6-2-29）中，令 $\tilde{P}=0$，即可组成非旋转弹的广义振幅方程。略去 x_1 模方程中与奇点判别无关，含 x_2 的项后，得广义振幅方程为

$$D\frac{x_1'}{x_1} \approx -(2+3m)(2+2m)(H_0+H_2 x_1) \quad (6-3-28)$$

$$D\frac{x_2'}{x_2} = -(4+9m+6m^2)H_0+[mH_2+2(2+3m)^2 M_2^*]x_1 \quad (6-3-29)$$

为与拟线性法对此问题的结果进行比较，利用 $D \approx (2+3m)^2$ 将此二方程改写为如下形式，并将其中的 m 也加上表示圆运动的下标 c，得

$$\frac{x_1'}{x_1}=-\frac{2(1+m_c)}{2+3m_c}(H_0+H_2 x_1) \quad (6-3-30)$$

$$\frac{x_2'}{x_2}=\frac{-1}{(2+3m_c)^2}\{(4+9m_c+6m_c^2)H_0-[m_c H_2+2(2+3m_c)^2 M_2^*]x_1\} \quad (6-3-31)$$

如将 4.5 节中 H 的表达式与这里的 H 表达式相比较，可得到两个表达式中各符号的关系，即由

$$H=H_c+\left(\frac{dH}{d\delta^2}\right)_c(\delta^2-\delta_c^2)=H_0+H_2\delta^2, \quad M^*=M_2^*(\delta^2)' \quad (6-3-32)$$

弹箭非线性运动理论

得
$$H_0 = H_c - H_2 \delta_c^2, \quad \left(\frac{\mathrm{d}H_2}{\mathrm{d}\delta^2}\right)_c = H_2, \quad \frac{\mathrm{d}M^*}{\mathrm{d}(\delta^2)'} = M_2^* \qquad (6-3-33)$$

将此二组关系式代入式（6-3-30）和式（6-3-31）中，就可以看出方程（6-3-30）与方程（4-5-39）完全相同，只是变量记号从模态振幅 K_1 变成了广义振幅 x_1 而已。但方程（6-3-31）却与拟线性振幅方程（4-5-40）大不相同。因此，这两种方法导出的结论不相同。对于圆奇点为稳定结点的情况，拟线性法得到的结果为

$$\left(\frac{\mathrm{d}H}{\mathrm{d}\delta^2}\right)_c = H_2 > 0, \quad H_0 < 0 \qquad (6-3-34)$$

$$\delta_c^2 = -H_0 / H_2 \qquad (6-3-35)$$

$$m_c \in \left(-1, -\frac{1}{2}\right) \qquad (6-3-36)$$

$$\frac{M_2^*}{H_2} < -\left(1 + \sqrt{\frac{1+2m_c}{1+m_c}}\right)^{-1} \qquad (6-3-37)$$

而由广义振幅方程（6-3-30）和方程（6-3-31）得出圆奇点为稳定结点的条件为

$$a = -\frac{2(1+m_c)}{2+3m_c} H_0 > 0 \qquad (6-3-38)$$

$$b = -\frac{2(1+m_c)}{2+3m_c} H_2 < 0 \qquad (6-3-39)$$

$$\delta_c^2 = -\frac{a}{b} = -\frac{H_0}{H_2} \qquad (6-3-40)$$

$$c - \frac{a}{b} d = -\frac{4+9m_c+6m_c^2}{(2+3m_c)^2} H_0 - \frac{H_0}{H_2}\left[\frac{m_c H_2 + 2(2+3m_c)^2 M_2^*}{(2+3m_c)^2}\right] < 0 \qquad (6-3-41)$$

因为在 $m > -2/3$ 或 $m < -1$ 范围中，$(1+m_c)$ 和 $(2+3m_c)$ 同号，故由式（6-3-28）～式（6-3-29）得出 $H_0 < 0, H_2 > 0$。这样，摄动法得到的前两个条件与拟线性法完全相同，区别在于后两个条件。将式（6-3-41）加以整理，得

$$\frac{M_2^*}{H_2} < \frac{-(1+m_c)}{2+3m_c} \qquad (6-3-42)$$

条件式（6-5-37）与式（6-5-42）除在线性静力矩（$m_c = 0$）情况下一致外，在其他 m_c 值上是不相同的。特别在 $m_c \to \pm\infty$ 时，式（6-3-37）右边的渐近值为 $-(1+\sqrt{2})^{-1}$，而式（6-3-42）右边的渐近值为 $-1/3$，二者相差 35%。此外，在式（6-3-37）中为使根号内为正数，要求 $m < -1$ 或 $m > -1/2$，因而 b 型力矩可实现极限圆运动的范围是 $(-1/2, 0)$。而式（6-3-42）给出的范围是 $(-2/3, 0)$，这比拟线性法给出的范围要宽一些。两种理论所得到的结果及其差别都在图 4-5-1 中做了比较，并画出了由式（6-3-37）和式（6-3-42）决定的边界曲线。

这里也可看出，如果 $M_2^* = 0$，则式（6-3-42）不可能成立，也就不可能产生极限圆运动。因此，两种方法都确认，必须要有非线性阻尼力矩项 $M^*(\delta^2)'$ 才可能形成极限圆运动，

并且 M_2^* 还必须为负值。其次两种方法都确认，非旋转弹要产生极限圆运动，必须 $H_0<0$，$H_2>0$，即小攻角时为负阻尼使攻角增大，而大攻角时又为正阻尼使攻角减小。这种要求与上节旋转弹由非线性马氏力矩产生极限圆运动的条件是相反的。

当满足条件 $H_0<0$，$H_2>0$ 以及式（6-3-42）时，利用数值积分法直接积分弹箭角运动微分方程，结果发现弹箭的运动迅速地逼近于极限圆运动，如图 4-6-9～图 4-6-12 所示。

许多气动外形的非旋转弹在小攻角时具有正阻尼，即 $H_0>0$，按照上面的理论就不可能实现极限圆运动，但在实验中也观察到，这种具有普通阻尼特性的非旋转弹也能产生极限圆运动，下面讲述这个问题。

6.3.3 非旋转弹由于侧向力矩产生的极限圆运动

侧向力矩也称偏航力矩，是由于气流关于攻角平面不对称产生的，它引起弹轴垂直于攻角平面的摆动。对于旋转弹来说，马氏力矩就具有这种作用，故常将许多其他原因形成的偏航力矩也合并到马氏力矩中去一起研究。

一般认为对称的非旋转弹不会产生偏航力矩，但仔细考察起来，即使严格对称的非旋转弹，当其弹轴做空间摆动时也会产生垂直于攻角面的附加速度，并引起弹表面上气流的非对称分离流动，从而使气流压力分布关于攻角平面不对称，这也会形成偏航力矩。不过非旋转弹因无自转，故弹轴绕速度线左转或右转的可能性是相同的。故对于对称的非旋转弹，这种偏航力矩并不倾向于使弹轴绕速度线左转还是右转，只有加强垂直于攻角面的摆动或阻止这种摆动的区别。如果加强这种摆动（无论向哪一方），则称为正的偏航力矩；如果阻止这种摆动，则称为负的偏航力矩。这种偏航力矩对于尾翼弹形成接近于圆形或椭圆形的运动十分重要。此偏航力矩也取决于弹箭的几何外形、攻角和马赫数，可一般地写为

$$M_y^- = \frac{\rho V^2 S}{2} l m_y^- \quad (6-3-43)$$

式中，m_y^- 为非旋转弹的偏航力矩系数，它与马赫数以及攻角有关，可一般地记为 $m_y^-(\delta, Ma)$。在线性情况下，此偏航力矩的大小和方向可合并，用复数表示如下：

$$M_y = A k_y^- \Delta \quad (6-3-44)$$

$$k_y = \frac{\rho S l}{2A} m_y'^-, \quad m_y^- = m_y'^- \cdot \delta \quad (6-3-45)$$

k_y^- 的正负是这样确定的，如果 M_y^- 加强弹轴绕速度线转动则为正，反之则为负。为了反映这种取值方式，引入一个量 k_{y0}^-，令 $|k_{y0}^-|=|k_y^-|$。就 $k_{y0}^->0$ 而言，它表示偏航力矩加强弹轴绕速度线右转，以增大沿速度线正方向的动量矩分量，或者说它阻止弹轴绕速度线左转。$k_{y0}^-<0$ 时情况正好相反。由于按动量矩表达式（6-1-39），当 $x_1-x_2>0$ 时，$C_2>0$，弹轴绕速度线右转。如果偏航力矩加强这种转动，则应有 $k_y^->0$，而此时 k_{y0}^- 也为正，故二者符号一致，k_y^- 可记为 $k_y^-=+k_{y0}^-$；如果偏航力矩阻止弹轴绕速度线右转，则应有 $k_y^-<0$，而此时也有 $k_{y0}^-<0$，故 k_y^- 仍可写为 $k_y^-=+k_{y0}^-$。反之，当 $x_1-x_2<0$ 时，$C_2<0$，弹轴绕速度线左转，如果偏航力矩加强这种转动，则应有 $k_y^->0$，但此时却有 $k_{y0}^-<0$，故可记 $k_y^-=-k_{y0}^-$；如果偏航力矩阻止这种转动，则 $k_y^-<0$，但此时却有 $k_{y0}^->0$，故仍可记 $k_y^-=-k_{y0}^-$。将以上两种情况合并起来，可记 k_y^- 为

$$k_y^- = k_{y0}^- \operatorname{sign}(x_1 - x_2) \qquad (6-3-46)$$

其中函数 $\operatorname{sign}(x_1 - x_2)$ 为取 $(x_1 - x_2)$ 的代数符号。

由于这种力矩具有与马氏力矩相同的作用，使弹轴垂直于攻角面摆动，故在运动方程中，只需将旋转弹的马氏力矩与升力耦合项 $\mathrm{i}PT\Delta$ 改为 $\mathrm{i}k_y^-\Delta$，并令其他含转速 P 的项为零即可。于是得到运动方程为

$$\Delta'' - (H_0 + H_2\delta^2)\Delta' - (M_0 + M_2\delta^2 + \mathrm{i}k_y^-)\Delta = 0 \qquad (6-3-47)$$

此方程中略去了非线性阻尼项 M_2^*，只保留了偏航力矩项 k_y^-，适用于非线性阻尼项 M_2^* 较小而偏航力矩项较大的情况。按上面 k_y^- 取值的规定，在用摄动法处理方程时，必须在动量矩分量 C_2 表达式中将 x_1 写在 x_2 前面，即一定要是式（6-1-39）的形式。

现在利用广义振幅方程来研究偏航力矩作用下的准圆运动。重复一遍广义振幅方程的计算可以发现，只要将式（6-2-26）和式（6-2-29）中的 $-2\tilde{P}T_0$ 改为 $-2k_y^-$，并令其他与 P 有关的项为零，即可得到相应的准圆运动的广义振幅方程（略去与奇点判别无关的项）：

$$D\frac{x_1'}{x_1} = -2(2+3m)[(1+m)(H_0 + H_2 x_1) - k_{y0}^-] \qquad (6-3-48)$$

$$D\frac{x_2'}{x_2} = -(4+9m+6m^2)H_0 + mH_2 x_1 - (4+9m)k_{y0}^- \qquad (6-3-49)$$

上两个方程已针对 x_1 模的准圆运动情况 $x_1 - x_2 > 0$，将 k_y^- 写成 k_{y0}^-。利用 3.1 节中奇点判别法，得弹箭实现极限圆运动的条件为

$$a = -2(2+3m)[(1+m)H_0 - k_{y0}^-] > 0 \qquad (6-3-50)$$

$$b = -2(2+3m)(1+m)H_2 < 0 \qquad (6-3-51)$$

$$c - \frac{a}{b}d = -[(4+9m+6m^2)H_0 + (4+9m)k_{y0}^-] -$$
$$\frac{(1+m)H_0 - k_{y0}^-}{H_2(1+m)}H_2 m < 0 \qquad (6-3-52)$$

由式（6-3-51）知，因 $m \in (-1, -2/3)$ 时，$(2+3m)$ 与 $(1+m)$ 同号，故必要求

$$H_2 > 0 \qquad (6-3-53)$$

圆振幅为

$$\delta_c^2 = -\frac{a}{b} = -\frac{H_0}{H_2} + \left(\frac{1}{1+m}\right)\frac{k_{y0}}{H_2} \qquad (6-3-54)$$

形成此极限圆运动的条件可从式（6-3-50）和式（6-3-51）得出

$$(2+3m)[(1+m)H_0 - k_{y0}^-] < 0 \qquad (6-3-55)$$

$$2(2+3m)(2+2m)H_0 + \frac{(2+3m)^2}{1+m}k_{y0}^- > 0 \qquad (6-3-56)$$

当 $m > -2/3$ 时，$2+3m > 0$，$1+m > 0$，式（6-3-55）和式（6-3-56）两不等式可简化合并为

$$H_0 > 0, \quad \frac{k_{y0}^-}{H_0} > 1+m$$
$$\left.\frac{k_{y0}^-}{H_0} > \frac{2(1+m)^2}{2+3m}\right\} \quad \frac{k_{y0}^-}{H_0} > 1+m \quad (k_{y0}^- > 0)$$

$H_0 < 0$ 时，上两式不等号反过来得

$$\frac{k_{y0}^-}{H_0} < -\frac{2(1+m)^2}{2+3m} \quad (k_{y0}^- > 0)$$

当 $m < -1$ 时，$2+3m < 0$，$1+m < 0$，则

$$H_0 > 0, \quad \frac{k_{y0}}{H_0} < 1+m$$
$$\left.\frac{k_{y0}}{H_0} < -\frac{2(1+m)^2}{2+3m}\right\} \quad \frac{k_{y0}^-}{H_0} < 1+m \quad (k_{y0}^- < 0)$$

$H_0 > 0$ 时，上两式不等号反过来得

$$\frac{k_{y0}^-}{H_0} > -\frac{2(1+m)^2}{2+3m} \quad (k_{y0}^- < 0)$$

以上这些关系式都归纳在图 6-3-2 中。由图可见，不仅在 $H_0 < 0$ 的情况下可以产生极限圆运动，在 $H_0 > 0$ 时也可以产生极限圆运动。特别是静力矩为线性的情况下（$m=0$），即使有 $H_0 > 0$，$H_2 > 0$ 这样的强阻尼作用，但只要偏航力矩足够大，也可以产生极限圆运动。这就解释了实验上观测到的小攻角具有正阻尼（$H_0 > 0$）的非旋转弹也能产生极限圆运动的原因。

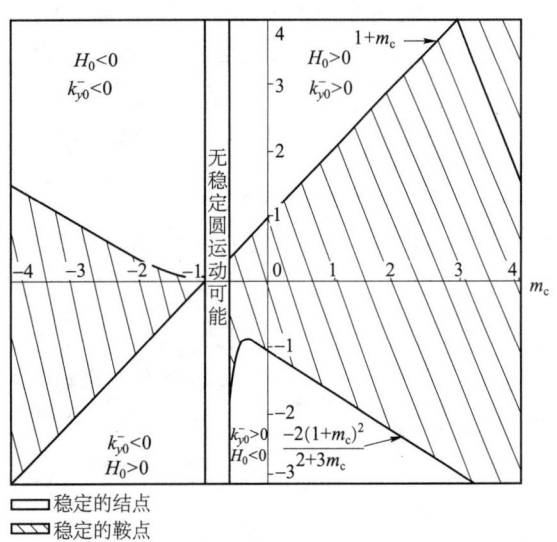

图 6-3-2 非旋转弹由偏航力矩产生的圆奇点

6.4 平面奇点的分类

在 6.1 节中已根据动量矩方程（6-1-39）解释了可存在两种形式的平面运动。在广义振幅平面里，直线 $L_1(x_1 = x_2)$ 上的点对应着对称的广义平面运动（$\delta_n = 0$）；而在直线 $L_2[\hat{M}_0 + M_2(x_1 + x_2) = 0]$ 上的点对应着绕平衡角的平面运动（图 6-1-1），平衡角为 $\delta_b = \sqrt{-\hat{M}_0/M_2}$。对于这两种平面运动，动量矩沿速度方向的投影始终等于零（$C_2 = C_2' = 0$）。对于旋转弹，广义平面运动只是在以 $P/2$ 角速度旋转的坐标系里的观察者看来才是平面运动，而在绝对坐标系里，弹轴则是做空间运动。只有非旋转弹才能实现真平面运动。下面只研究非旋转弹的平面极限运动，这时能量方程（6-1-57）和动量矩方程（6-1-58）简化为如下形式：

$$C_1' = -H_0(2C_1 + 2M_0\delta_a^2 + M_2\delta_a^4) - (H_2 - 2M_2^*)$$
$$(2C_1\delta_a^2 + 2M_0\delta_a^4 + M_2\delta_a^6) - M_2^*C_2^2 \tag{6-4-1}$$

$$C_2' = -(H_0 + H_2\delta_a^2)C_2 \tag{6-4-2}$$

由式（6-4-2）知，如果 $C_2 = 0$，则 $C_2' = 0$，于是 $C_2 \equiv 0$。即非旋转弹的弹轴一旦从空间运动变为平面运动，则将保持为平面运动，而不会再变为空间运动。弹箭要形成平面极限运动，则奇点必在 $C_2 = 0$ 的 L_1 和 L_2 直线上。此外，由广义振幅方程（6-1-45）和方程（6-1-46）知，奇点还必须满足一般的存在条件，即奇点处 $x_1' = 0$，$x_2' = 0$。因此只有同时满足这三个条件才能形成平面奇点。由于 $C_2' = 0$，则 $x_1' = 0$，$x_2' = 0$ 可简化为

$$[2M_0 + M_2(x_1 + 3x_2)]C_1' = 0, \quad [2M_0 + M_2(3x_1 + x_2)]C_1' = 0 \tag{6-4-3}$$

当 $C_1' = 0$，时此二式同时成立，故奇点必在 $C_1' = 0$ 和 $C_2 = 0$ 两条曲线的交点上。即在 L_1 和 L_2 线上满足 $C_1' = 0$ 的点即平面奇点。

平面奇点只可能是结点或鞍点，而不可能是焦点或中心。这是由于方程（6-4-2）决定了一旦相点移到 $C_2 = 0$ 的线上，则 $C_2' = 0$，$C_2 \equiv 0$，相点将停在 $C_2 = 0$ 的线上，保持为平面运动。故积分曲线不可能穿过 L_1 和 L_2 线，即奇点不可能是焦点或中心。

除了由 $C_1' = 0$，$C_2 = 0$ 的交点确定的平面奇点外，满足式（6-4-3）的另一种情况是

$$2M_0 + M_2(x_1 + 3x_3) = 0 \tag{6-4-4}$$
$$2M_0 + M_2(3x_1 + x_2) = 0 \tag{6-4-4'}$$

但由此二式解得 $x_1 = x_2 = x_p$，说明此点在 L_1 线上，并且这时上两式又变为

$$M_0 + 2M_2x_p = 0 \tag{6-4-5}$$

说明该奇点也在 L_2 线上。因此，对于 b，c 型力矩来说，L_1 与 L_2 线的交点永为奇点；但 a 型力矩满足不了式（6-4-5），故不会有此奇点。并且对于 b 型力矩来说，由运动稳定条件 $\omega^2 > 0$ 知，要求下式成立：

$$M_0 + \frac{M_2}{2}(3x_1 + 2\sqrt{x_1x_2} + 3x_2) = M_0 + 2M_2x_p + 2M_2x_p < 0 \tag{6-4-6}$$

如果式（6-4-5）成立，则此条件变为 $2M_2x_p < 0$，而 b 型力矩的 $M_2 > 0$，此式显然不成立，故 b 型力矩不可能在此奇点上形成稳定运动，所以这个奇点必是鞍点。在下一节里还要证明，对于 c 型力矩($M_0 > 0, M_2 < 0$)，该奇点也是个鞍点。故在 L_1 和 L_2 线交点上的奇点不可能形成稳定运动。

根据广义振幅的定义

$$\delta_m^2 = (\sqrt{x_1} + \sqrt{x_2})^2, \quad \delta_n^2 = (\sqrt{x_1} - \sqrt{x_2})^2 \tag{6-4-7}$$

知，对称平面运动($x_1 = x_2$)必有 $\delta_n = 0$，而绕平衡角平面运动，由于有条件

$$M_0 + M_2(x_1 + x_2) = 0 \tag{6-4-8}$$

的限制，只有 c 型力矩才可以产生。其平衡角在静力矩等于零的位置，即 $\delta_b = \sqrt{-M_0/M_2}$。如果取模 $x_1 > x_2$，则式（6-4-7）可写成

$$[\sqrt{x_1}] + \sqrt{x_2} = \delta_m, \quad [\sqrt{x_1}] - \sqrt{x_2} = \delta_n \tag{6-4-9}$$

由此可求得绕平衡角运动的振幅 A 和振动中心 δ_0：

$$A = \frac{1}{2}(\delta_m - \delta_n) = \sqrt{x_2} = \sqrt{-\frac{M_0}{M_2} - x_1} \qquad (6-4-10)$$

$$\delta_0 = \frac{1}{2}(\delta_m + \delta_n) = \sqrt{x_1} \qquad (6-4-11)$$

可见弹轴摆动中心在 $\sqrt{x_1}$ 处,而振幅为 $\sqrt{x_2}$,它们取决于弹箭角运动相点在 L_2 线上的位置。并且可见摆动中心处攻角 δ_0 并不等于平衡角 δ_b,这是由于静力矩的非线性使关于平衡角两侧的静力矩曲线不对称之故。

为了分析奇点出现在 L_1 和 L_2 线上的条件和判别奇点的类型,下面研究这两条直线附近的准平面运动。设奇点在 x_{10}, x_{20} 处,则准平面运动的广义振幅可利用下式围绕奇点展开:

$$x_1 = x_{10}(1+\varepsilon), \ x_2 = x_{20}(1+\eta) \qquad (6-4-12)$$

式中,$x_{10} \cdot x_{20} \neq 0$; ε, η 为一阶小量,并且

对于对称平面运动 $\qquad\qquad x_{10} = x_{20} \qquad (6-4-13)$

对于绕平衡角的平面运动 $\qquad x_{10} + x_{20} = -M_0/M_2 \qquad (6-4-14)$

由式(6-4-7)得,无论哪种运动(包括圆运动),δ^2 的变化范围都是

$$\delta_p^2 = \delta_m^2 - \delta_n^2 = 4\sqrt{x_1 x_2} \qquad (6-4-15)$$

仿照圆运动情况引入一个参数: $\qquad m_p = \frac{M_2 \delta_p^2}{M_0} \qquad (6-4-16)$

在研究弹箭的极限平面运动中,m_p 是一个十分重要的参数。就对称平面运动来说,因 $\delta_n = 0$,故 $\delta_p^2 = \delta_m^2$,δ_p^2 就是平方攻角的极大值,而 m_p 就是最大攻角处静力矩非线性部分与线性部分之比。利用 δ_p^2 和 m_p 的定义,可将式(6-4-13)和式(6-4-14)中的 x_{10}, x_{20} 以 δ_p^2 和 m_p 表示。

对于对称平面运动

$$x_{10} = x_{20} = x_p = \delta_p^2/4 \qquad (6-4-17)$$

对于绕平衡角的平面运动,可由方程(6-4-14)和方程(6-4-15)联立解出:

$$x_{10} = -\frac{\delta_p^2}{4m_p}\left(2 \pm \sqrt{4-m_p^2}\right) \qquad (6-4-18)$$

$$x_{20} = -\frac{\delta_p^2}{4m_p}\left(2 \mp \sqrt{4-m_p^2}\right) \qquad (6-4-19)$$

上两式括号内,当 $x_{10} > x_{20}$ 时取上面的代数符号,当 $x_{10} < x_{20}$ 时取下面的代数符号。

对于前述的三种类型的三次方静力矩,在它们形成周期运动的限制条件式(6-1-31)和式(6-1-33)中代入平面运动的 x_{10}, x_{20} 值,并利用式(6-4-18)和式(6-4-19)可将它们与所形成的平面运动的各种组合以 m_p 的范围来分类。

a 型力矩:$0 < m_p < \infty$,对称平面运动;

b 型力矩:$-1 < m_p < 0$,对称平面运动;

c 型力矩:$-2 < m_p < 0$,绕平衡角平面运动;

$-\infty < m_p < -2$，对称平面运动。

以 c 型力矩为例 $(M_0 > 0, M_2 < 0)$，按 m_p 的定义式（6-4-16）必有 $m_p < 0$。就绕平衡角的平面运动来说，x_{10}，x_{20} 应使式（6-1-33）取等号，而式（6-4-18）和式（6-4-19）就是从与此等价的式（6-4-14）解出的，故只要式（6-4-18）和式（6-4-19）能给出实数 x_{10}，x_{20}，就必满足式（6-1-33），但这要求 $4 - m_p^2 > 0$ 或 $|m_p| < 2$。因此得到 c 型力矩绕平衡角平面运动的范围是 $-2 < m_p < 0$。c 型力矩如满足式（6-1-33）取不等号的条件就可以产生对称平面运动。将式（6-4-17）代入式（6-1-33）中，即得到对 m_p 的限制条件为 $-\infty < m_p < -2$。

从上列 m_p 的范围可见，对称平面运动所对应的 m_p 区域是互不重叠的，并且在 $(-2, -1)$ 区域内不可能产生对称平面运动。

6.5 对称极限平面运动

本节研究对称平面奇点（即 L_1 线与 $C_1' = 0$ 交点处奇点）$x_{10} = x_{20} = \delta_p^2 / 4$ 附近的准平面运动，以求出奇点出现在 L_1 线上的条件并判断奇点的类型。对于这种准对称平面运动，将式（6-4-12）和式（6-4-17）代入 C_1 和 C_2 的表达式（6-1-38）和式（6-1-39）中，并略去 ε 和 η 的高次幂项，得

$$C_1 = -\frac{1}{2} M_0 \delta_p^2 [(2 + m_p) + (1 + m_p)(\varepsilon + \eta)] \tag{6-5-1}$$

$$C_2 = \frac{1}{2} \delta_p^2 \sqrt{-M_0 - \frac{M_2}{2} \delta_p^2} (\varepsilon - \eta) \tag{6-5-2}$$

为了得到广义振幅方程，需先求出 C_1' 和 C_2'，而这里的关键是要针对平面运动将 C_1' 和 C_2' 中的 δ_a^{2n} 计算出来。故整个计算分成如下几大步骤进行。

1. δ_a^{2n} 的计算

对于准对称平面运动，应先用式（6-4-12）和式（6-4-17）将攻角表达式（6-1-29）～式（6-1-37）以 ε, η 和 δ_p^2 表示。略去 ε 和 η 的高次幂项后，得

$$\delta^2 = \delta_p^2 \left(1 + \frac{\varepsilon + \eta}{2}\right) [1 - \mathrm{sn}^2(u, k)]; \ u = \omega s (\text{a型}, 0 < m_p) \tag{6-5-3}$$

$$\delta^2 = \delta_p^2 \left(1 + \frac{\varepsilon + \eta}{2}\right) \mathrm{sn}^2(u, k); \ u = \tilde{\omega} s (\text{b型}, -1 < m_p < 0) \tag{6-5-4}$$

$$\delta^2 = \delta_p^2 \left(1 + \frac{\varepsilon + \eta}{2}\right) [1 - \mathrm{sn}^2(u, k)]; \ u = \omega s (\text{c型}, m_p < -2) \tag{6-5-5}$$

式中

$$\omega^2 = -M_0 \left[1 + m_p \left(1 + \frac{\varepsilon + \eta}{2}\right)\right] \tag{6-5-6}$$

$$\tilde{\omega}^2 = -M_0 \left[1 + \frac{m_p}{2} \left(1 + \frac{\varepsilon + \eta}{2}\right)\right] \tag{6-5-7}$$

$$k^2 = k_p^2[1+k_1^2(\varepsilon+\eta)] \qquad (6-5-8)$$

$$\left.\begin{aligned}k_p &= \frac{m_p}{2(1+m_p)} \\ k_1^2 &= \frac{1}{2(1+m_p)} = k_p^2 m_p^{-1}\end{aligned}\right\} \text{a, c型} \begin{pmatrix} m_p < -2 \\ m_p > 0 \end{pmatrix} \qquad \begin{aligned}(6-5-9)\\(6-5-10)\end{aligned}$$

$$\left.\begin{aligned}k_p^2 &= \frac{-m_p}{2+m_p} \\ k_1^2 &= -k_p^2 m_p^{-1} = \frac{1}{2+m_p}\end{aligned}\right\} \text{b型} \quad (-1<m<0) \qquad \begin{aligned}(6-5-11)\\(6-5-12)\end{aligned}$$

为了计算 δ_a^{2n}，主要要算出 $\mathrm{sn}^{2n}(u,k)$ 的平均值，这可用下面的递推公式计算：

$$a_{2n} = \frac{1}{K}\int_0^K \mathrm{sn}^{2n}(u,k)\mathrm{d}u \qquad (6-5-13)$$

$$a_0 = 1 \qquad (6-5-14)$$

$$a_2 = k^{-2}\left(1-\frac{E}{K}\right) \qquad (6-5-15)$$

$$a_{2n} = \frac{(2n-2)(1+k^2)a_{2n-2}-(2n-3)a_{2n-4}}{(2n-1)k^2} \qquad (6-5-16)$$

式中，$n=2, 3, 4, 5\cdots$；$K=K(k), E=E(k)$，分别是第一和第二类完全椭圆积分。由式（6-5-16）可算出：

$$a_4 = \frac{2+k^2-\dfrac{2(1+k^2)E}{K}}{3k^4} \qquad (6-5-17)$$

$$a_6 = \frac{(8+3k^2+4k^4)-\dfrac{(8+7k^2-8k^4)E}{K}}{15k^6} \qquad (6-5-18)$$

现在的目的是要将 δ_a^{2n} 展成以 $\varepsilon+\eta$ 表示的形式，所以要先将 a_{2n} 展开。以 a_2 为例，它可用泰勒级数在平面奇点附近展开：

$$a_2 = k_p^{-2}\left(1-\frac{E_p}{K_p}\right) + \left(\frac{\mathrm{d}a_2}{\mathrm{d}k^2}\right)_{k=k_p}(k^2-k_p^2) \qquad (6-5-19)$$

其中 $k^2-k_p^2$ 可用式（6-5-8）算出。为了计算式（6-5-19）中的导数，需要用到椭圆函数的导数公式：

$$\frac{\mathrm{d}K}{\mathrm{d}k^2} = \frac{E-(1-k^2)K}{2k^2(1-k^2)} \qquad (6-5-20)$$

$$\frac{\mathrm{d}E}{\mathrm{d}k^2} = \frac{E-K}{2k^2} \qquad (6-5-21)$$

弹箭非线性运动理论

先算出下面的导数（以下用"$'$"表示对 k^2 求导）：

$$\frac{d\left(\dfrac{E}{K}\right)}{dk^2} = \frac{E'K - K'E}{K^2} = -\frac{1}{2k^2} + \frac{2}{2k^2}\left(\frac{E}{K}\right) - \frac{1}{2k^2(1-k^2)}\left(\frac{E}{K}\right)^2$$

于是很容易得到 a_2 的导数以及一些系数：

$$\left(\frac{da_2}{dk^2}\right)_{k=k_p} = \left[-\frac{1}{(k^2)^2}\left(1 - \frac{E}{K}\right) - \frac{1}{k^2}\frac{d\left(\dfrac{E}{K}\right)}{dk^2}\right]_{k=k_p} \qquad (6-5-22)$$

$$= \frac{1}{2k_p^4}\left[\frac{1}{1-k_p^2}\left(\frac{E_p}{K_p}\right)^2 - 1\right]$$

$$a_{21} = k_p^2 k_1^2\left(\frac{da_2}{dk^2}\right)_{k=k_p} = \frac{1}{2}k_1^2 k_p^{-2}\left[\frac{1}{1-k_p^2}\left(\frac{E_p}{K_p}\right)^2 - 1\right] \qquad (6-5-23)$$

记
$$a_{2p} = k_p^{-2}\left(1 - \frac{E_p}{K_p}\right) \qquad (6-5-24)$$

式中
$$E_p = E(k_p^2), \ K_p = K(k_p^2) \qquad (6-5-25)$$

最后得
$$a_2 = a_{2p} + a_{21}(\varepsilon + \eta) \qquad (6-5-26)$$

用类似的方法可将 a_{2n} 展成如下形式：

$$a_{2n} = a_{(2n)p} + a_{(2n)1}(\varepsilon + \eta) \qquad (6-5-27)$$

式中的 $a_{(2n)p}$ 和 $a_{(2n)1}$ 列在本节末尾的表 6-5-1 中。有了这些系数就可以计算 δ_a^{2n} 的平均值。例如：

$$\begin{aligned}
\delta_a^2 &= \frac{1}{K}\int_0^K \delta_p^2\left(1 + \frac{\varepsilon + \eta}{2}\right)(1 - sn^2(u,k))du \\
&= \delta_p^2\left(1 + \frac{\varepsilon + \eta}{2}\right)(1 - a_2) \\
&= \delta_p^2\left[(1 - a_{2p}) + \frac{(1 - a_{2p} - 2a_{21})}{2}(\varepsilon + \eta)\right] \\
&= (A_2 + B_2)(\varepsilon + \eta)\varepsilon_p^2
\end{aligned} \qquad (6-5-28)$$

式中
$$A_2 = 1 - a_{2p} \qquad (6-5-29)$$

$$B_2 = \frac{1}{2}A_2 - a_{21} \quad (m_p > 0) \qquad (6-5-30)$$

对于其他类型的力矩以及其他的 n 值，也可用类似的代数运算来求 δ_a^{2n}。对于正整数 n，δ_a^{2n} 总可以写成如下形式：

$$\delta_a^{2n} = [A_{2n} + B_{2n}(\varepsilon + \eta)]\delta_p^{2n} \qquad (6-5-31)$$

$n = 1, 2, 3, 4$ 时的 A_{2n}, B_{2n} 已列在本节末表 6-5-1 中。

2. 计算 C_1' 和 C_2'

C_1' 的表达式为式（6-4-1），其中的 C_1, C_2 按式（6-5-1）和式（6-5-2）计算，C_1' 可分三大项计算如下：

$$-H_0(2C_1 + 2M_0\delta_a^2 + M_2\delta_a^4)$$
$$= \frac{M_0\delta_p^2}{2}\{2H_0[(2+m_p-2A_2-m_pA_4) + 2H_0(1+m_p-2B_2-m_pB_4)(\varepsilon-\eta)]\} - \qquad (6-5-32)$$

$$-(H_2 - 2M_2^*)(2C_1\delta_a^2 + 2M_0\delta_a^4 + M_2\delta_a^6)$$
$$= \frac{M_0}{2}\delta_p^4(H_2-2M_2^*)\{2(2+m_p)A_2 - 2A_4 - m_pA_6 + \qquad (6-5-33)$$
$$2[(1+m_p)A_2 + (2+m_p)B_2 - 2B_4 - m_pB_6](\varepsilon+\eta)\} - $$

$$-M_2^*C_2^2$$
$$= M_2^*\left[\frac{1}{2}\delta_p^2\sqrt{-M_0 - \frac{M_2}{2}\delta_p^2}(\varepsilon-\eta)\right]^2 \qquad (6-5-34)$$
$$= 0$$

C_2' 的表达式为式（6-4-2），计算如下：

$$C_2' = -(H_0 + H_2\delta_a^2)C_2$$
$$= \frac{\delta_p^2}{2}\sqrt{-M_0 - \frac{M_2}{2}\delta_p^2}(-H_0 - H_2A_2\delta_p^2)(\varepsilon-\eta) \qquad (6-5-35)$$

将式（6-5-32）～式（6-5-34）相加，最后得 C_1', C_2' 的形式如下：

$$C_1' = \frac{1}{2}M_0\delta_p^2[b_0 + b_1(\varepsilon+\eta)] \qquad (6-5-36)$$

$$C_2' = -\frac{1}{2}\delta_p^2\sqrt{-M_0 - \frac{1}{2}M_2\delta_p^2}\,b_2(\varepsilon-\eta) \qquad (6-5-37)$$

式中

$$b_0 = 2\{H_0(2+m_p-2A_2-m_pA_4) + (H_0-2M_2^*)\delta_p^2[(2+m_p)A_2 - 2A_4 - m_pA_6]\} \qquad (6-5-38)$$

$$b_1 = 2\{H_0(1+m_p-2B_2-m_pB_4) + (H_2-2M_2^*)\delta_p^2[(1+m_p)A_2 + (2+m_p)B_2 - 2B_4 - m_pB_6]\} \qquad (6-5-39)$$

$$b_2 = H_0 + H_2A_2\delta_p^2 \qquad (6-5-40)$$

3. 计算广义振幅方程

广义振幅方程为方程（6-1-45）和方程（6-1-46）。先计算方程（6-1-45）右边分子的两项：

弹箭非线性运动理论

$$[2M_0 + M_2(x_1 + 3x_2)]C_2'$$

$$= \frac{M_0}{2}\delta_p^2\left[(2 + m_p)b_0 + \frac{m_p}{4}b_0(\varepsilon + 3\eta) + b_1(2 + m_p)(\varepsilon + \eta)\right] \quad (6-5-41)$$

$$[2M_0 + M_2(5x_1 + 3x_2)]\sqrt{-M_0 - M_2(x_1 + x_2)}C_2'$$

$$= \left[2M_0 + M_2\frac{\delta_p^2}{4}(8 + 5\varepsilon + 3\eta)\right]\sqrt{-M_0 - \frac{M_2}{2}\delta_p^2\left[1 + \frac{m_p}{4(2 + m_p)}(\varepsilon + \eta)\right]}C_2'$$

$$= \frac{M_0^2}{2}\delta_p^2\left(1 + \frac{m_p}{2}\right)(2 + 2m_p)(\varepsilon - \eta)b_2 \quad (6-5-42)$$

方程（6-1-46）右边分子两项为

$$[2M_0 + M_2(3x_1 + x_2)]C_1'$$

$$= \frac{M_0^2}{2}\delta_p^2\left[(2 + m_p)(b_0 + b_1(\varepsilon + \eta)) + \frac{m_p}{4}b_0(3\varepsilon + \eta)\right] \quad (6-5-43)$$

$$[2M_0 + M_2(3x_1 + 5x_2)]\sqrt{-M_0 - M_2(x_1 + x_2)}C_2'$$

$$= \frac{M_0^2}{2}\delta_p^2\left(1 + \frac{m_p}{2}\right)(2 + 2m_p)b_2(\varepsilon - \eta) \quad (6-5-44)$$

将式（6-5-41）和式（6-5-42）相加，式（6-5-43）和式（6-5-44）相减即得广义振幅方程右边的分子：

$$\frac{M_0}{2}\delta_p^2\left\{(2 + m_p)[b_0 + b_1(\varepsilon + \eta) + (1 + m_p)b_2(\varepsilon - \eta)] + \frac{m_p}{4}b_0(\varepsilon + 3\eta)\right\} \quad (6-5-45)$$

$$\frac{M_0}{2}\delta_p^2\left\{(2 + m_p)[b_0 + b_1(\varepsilon + \eta) - (1 + m_p)b_2(\varepsilon - \eta)] + \frac{m_p}{4}b_0(3\varepsilon + \eta)\right\} \quad (6-5-46)$$

广义振幅方程右边分母中的 D 可利用式（6-5-6）和式（6-5-7）计算如下：

$$D = \frac{4\omega^2\tilde{\omega}^2}{M_0^2} = 2(2 + m_p)(1 + m_p) + (3 + 2m_p)m_p(\varepsilon + \eta) \quad (6-5-47)$$

4. 对称极限平面运动分析

将式（6-5-45）、式（6-5-46）和式（6-5-47）代入广义振幅方程（6-1-45）和方程（6-1-46）中，并注意到

$$\frac{\mathrm{d}x_1}{\mathrm{d}s} = x_p\frac{\mathrm{d}\varepsilon}{\mathrm{d}s} = \frac{\delta_p^2}{4}\varepsilon', \quad \frac{\mathrm{d}x_2}{\mathrm{d}s} = x_p\frac{\mathrm{d}\eta}{\mathrm{d}s} = \frac{\delta_p^2}{4}\eta' \quad (6-5-48)$$

得

$$D\frac{\mathrm{d}\varepsilon}{\mathrm{d}s} = -(2 + m_p)[b_0 + b_1(\varepsilon + \eta) + (1 + m_p)b_2(\varepsilon - \eta)] - \frac{1}{4}m_pb_0(\varepsilon + 3\eta) \quad (6-5-49)$$

$$D\frac{\mathrm{d}\eta}{\mathrm{d}s} = -(2 + m_p)[b_0 + b_1(\varepsilon + \eta) - (1 + m_p)b_2(\varepsilon - \eta)] - \frac{1}{4}m_pb_0(3\varepsilon + \eta) \quad (6-5-50)$$

按照方程（6-5-49）和方程（6-5-50），当 $m_p = -2$ 或 $b_0 = 0$ 时，在 $\varepsilon = \eta = 0$ 处将出现奇点。对于第一种情况，振幅方程简化为

$$\frac{\mathrm{d}\eta}{\mathrm{d}\varepsilon}=\frac{3\varepsilon+\eta}{\varepsilon+3\eta} \tag{6-5-51}$$

显然，$q=ad-bc=1-9=-8<0$，故此奇点为鞍点，不能形成极限平面运动。值得指出的是，$m_p=-2$ 即 $M_0+M_2\delta_p^2/2=M_0+2M_2x_p=0$，这表示该奇点也在 L_2 线上。实际上它就是上节所说的 L_1，L_2 线交点处的奇点，这里证明了它只可能是鞍点。

至于第二种情况($b_0=0$)，就有比较大的研究价值，此时广义振幅方程简化为

$$\frac{\mathrm{d}\eta}{\mathrm{d}\varepsilon}=\frac{b_1(\varepsilon+\eta)-(1+m_p)b_2(\varepsilon-\eta)}{b_1(\varepsilon+\eta)+(1+m_p)b_2(\varepsilon-\eta)} \tag{6-5-52}$$

在对方程（6-5-52）进行研究以前，先研究一下 $b_0=0$ 的含义。从方程（6-5-36）可见，当 $b_0=0$ 时，在 $\varepsilon=\eta=0$ 处 $C_1'=0$，这正是上节所说的在 $C_2=0$ 的线上由 $C_1'=0$ 确定的点即奇点。由 $b_0=0$，根据式（6-5-38）就可确定奇点的位置。

$$\delta_p^2=\frac{-4H_0\varDelta_p}{H_2-2M_2^*} \tag{6-5-53}$$

式中

$$\varDelta_p=\varDelta_p(m_p)=\frac{2+m_p-2A_2-m_pA_4}{4[(2+m_p)A_2-2A_4-m_pA_6]},\ m_p\in(-2,-1) \tag{6-5-54}$$

$\varDelta_p$ 是 m_p 的函数。图 6-5-1 在变量 m_p 区间$(-2,-1)$之外画出了$\varDelta_p$ 随 m_p 变化的曲线，可见$\varDelta_p$ 总是正值。故由式（6-5-53）得到奇点存在的必要条件为

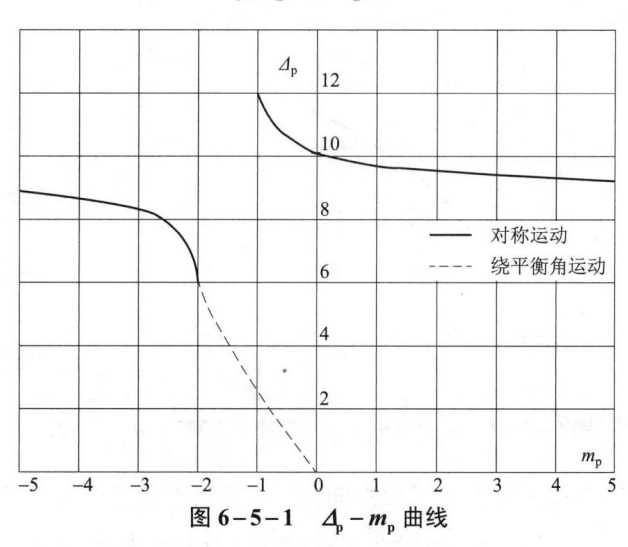

$$H_0(H_2-2M_2^*)<0 \tag{6-5-55}$$

图 6-5-1　$\varDelta_p - m_p$ 曲线

为使计算平面奇异运动的振幅 δ_p^2 的工作简便，可将式（6-5-53）两边同乘 M_2/M_0，改写成如下形式：

$$m_p\varDelta_p^{-1}(m_p)=-\frac{H_0}{(H_2-2M_2^*)}\frac{M_2}{M_0} \tag{6-5-56}$$

在图 6-5-2 中绘出了方程（6-5-56）左边随 m_p 变化的曲线。利用式（6-5-56），根据给定的气动力系数组合量 H_0，H_2，M_0，M_2，M_2^*，算出右边的数值后，由图 6-5-2 可查取相

应的 m_p 值，再由 $\delta_p^2 = m_p \cdot M_0 / M_2$ 即可求得平面奇异运动的振幅。

值得注意的是，图 6-5-2 中曲线在 $m_p=-2.164$ 处有一个极大值，它使得在，$-2.535 < m_p < -2$ 范围内由一个 $m_p \Delta_p^{-1}(m_p)$ 值可以确定两个 m_p 值。但在 $(-2.535, -2)$ 之外，由一个 $m_p \Delta_p^{-1}(m_p)$ 值只能确定一个 m_p 值。在区间 $(-2, -1)$ 内的 m_p 不能表示对称平面运动。图 6-5-3 表示在 $(-2.535, -2)$ 区间内 $m_p \Delta_p^{-1}(m_p)$ 与 m_p 的关系。

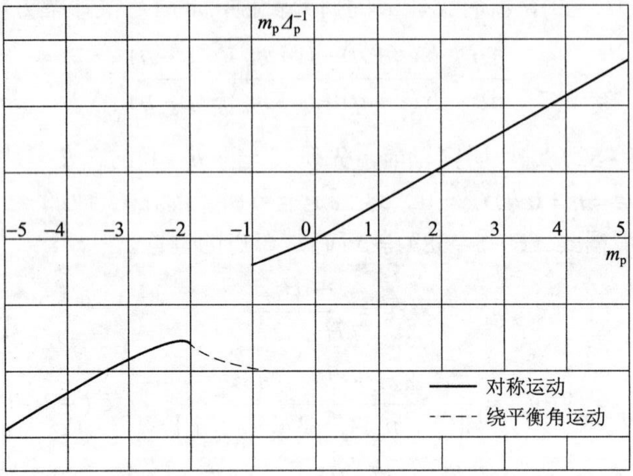

图 6-5-2　$m_p \Delta_p^{-1}(m_p) - m_p$ 曲线

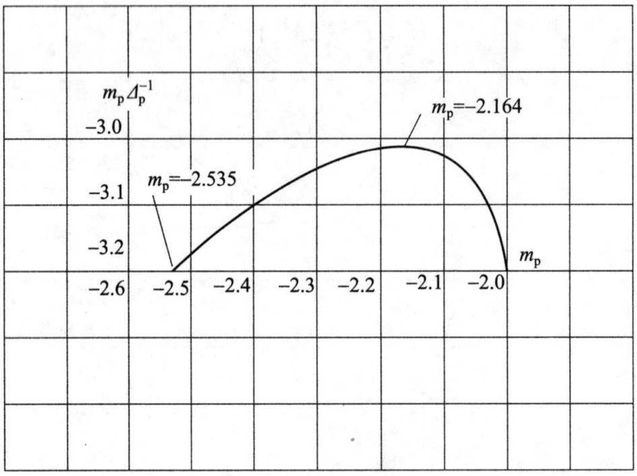

图 6-5-3　$m_p \Delta_p^{-1}(m_p) - m_p$ 曲线 $(-2.535 < m_p < -2)$

现在再回到方程（6-5-52）研究奇点的类型。先将方程改成如下形式：

$$\frac{\mathrm{d}\eta}{\mathrm{d}\varepsilon} = \frac{[b_1 + (1+m_p)b_2]\eta + [b_1 - (1+m_p)b_2]\varepsilon}{[b_1 - (1+m_p)b_2]\eta + [b_1 + (1+m_p)b_2]\varepsilon} \qquad (6-5-57)$$

上节已讲过平面奇点只可能是结点或鞍点，由判别式得

$$(a-d)^2 + 4bc = 4[b_1 - (1+m_p)b_2]^2 > 0 \qquad (6-5-58)$$

$$q = ad - bc = 2(1+m_p)b_1 b_2 \qquad (6-5-59)$$

显然当　　　　　　　　　　$2(1+m_p)b_1 b_2 > 0$ 时为结点　　　　　　　　$(6-5-60)$

$$2(1+m_p)b_1b_2 < 0 \text{ 时为鞍点} \tag{6-5-61}$$

利用式（6-5-53）得到奇点处 b_1 的表达式：

$$b_1 = 2H_0\{1 + m_p - 2B_2 - m_pB_4 - 4\Delta_p[(1+m_p)A_2 + (2+m_p)B_2 - 2B_4 - m_pB_6]\} \tag{6-5-62}$$

此式给出了 b_1/H_0 与 m_p 的函数关系，在图 6-5-4 中绘出了这种关系的曲线。由图 6-5-4 可见，当 $m_p > -2.164$ 时，$b_1/H_0 < 0$；当 $m_p < -2.164$ 时，$b_1/H_0 > 0$。因为 $m_p = -2.164$ 将区间 $(-2.535, -2)$ 内成对出现的奇点分开，所以可以看出，同一弹箭（H_0 相同），对于这种成对出现的奇点 b_1 的代数符号是相反的。

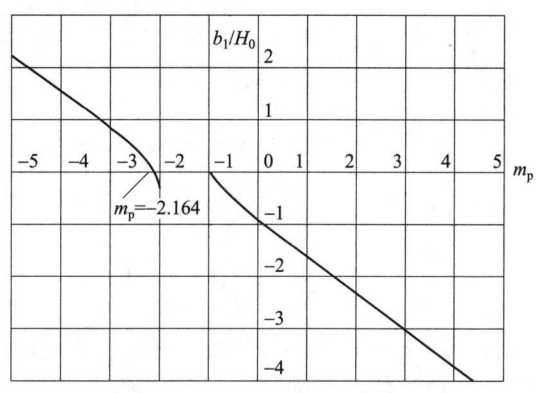

图 6-5-4 $b_0/H_0 - m_p$ 曲线

在前面定义过，如果鞍点与原点之间的积分曲线的走向是离开鞍点，则称为稳定的鞍点，而具有这种性质的结点是不稳定的结点。为了判断奇点的类型和稳定性，在 L_1 线上平面奇点 $(x_{10} = x_{20} = x_p)$ 附近取一点考察它的运动方向。由于此点也在 L_1 线上，故有 $\varepsilon = \eta$，对应的运动为邻近平面运动。这时方程（6-5-49）和方程（6-5-50）简化如下：

$$\varepsilon'D = \eta'D = -2(2+m_p)b_1\varepsilon = -2(2+m_p)b_1\eta \tag{6-5-63}$$

可见运动方向由 b_1 确定：

$$(2+m_p)b_1 > 0 \text{ 时为稳定的结点或不稳定的鞍点} \tag{6-5-64}$$

$$(2+m_p)b_1 < 0 \text{ 时为不稳定的结点或稳定的鞍点} \tag{6-5-65}$$

先研究 $m_p\Delta_p^{-1}(m_p)$ 与 m_p 单值对应的区间，即 $m_p < -2.164$ 和 $m_p > -1$ 的情况。

如果 $m_p < -2.164$，则 $2 + m_p < 0$，$1 + m_p < 0$，稳定结点的条件简化为 $b_1 < 0$。但从图 6-5-4 知，在此范围内 $b_0/H_0 > 0$，因此必要求 $H_0 < 0$。再从式（6-5-50）知，对于稳定结点必要求 $b_2 > 0$。

如果 $m_p > -1$，则 $2 + m_p > 0$，$1 + m_p > 0$。由式（6-5-64）知，稳定结点的条件为 $b_1 > 0$，但在此范围内图 6-5-4 指出 $b_1/H_0 < 0$，故必要求 $H_0 < 0$，再由式（6-5-60）得出 $b_2 > 0$。

将以上两种情况合并可知，当 $m_p \in (-2.164, -1)$ 时稳定结点的条件为

$$H_0 < 0 \tag{6-5-66}$$

$$b_2 > 0 \qquad (6-5-67)$$

再由式（6-5-55）知，必有

$$H_2 - 2M_2^* > 0 \qquad (6-5-68)$$

利用式（6-5-53）替换 b_2 表达式（6-5-40）中的 δ_p^2，可将条件 $b_2 > 0$ 写成下式：

$$4H_2 A_2 \Delta_p > H_2 - 2M_2^* \qquad (6-5-69)$$

当 $H_2 > 0$ 时，此式又可写成

$$\frac{M_2^*}{H_2} > \frac{1 - 4A_2 \Delta_p}{2} \qquad (6-5-70)$$

在 4.6 节图 4-6-2 中画出了 $(1 - 4A_2 \Delta_p)/2$ 随 m_p 变化的曲线，从曲线知该值始终为负。故式（6-5-69）和式（6-5-68）在 $H_2 > 0$ 时可合成如下形式：

$$\frac{1 - 4A_2 \Delta_p}{2} < \frac{M_2^*}{H_2} < \frac{1}{2} \quad (H_2 > 0, \ H_0 < 0) \qquad (6-5-71)$$

当 $H_2 < 0$ 时，则式（6-5-68）和式（6-5-70）变为

$$\frac{M_2^*}{H_2} > \frac{1}{2}; \ \frac{M_2^*}{H_2} < \frac{1}{2}(1 - 4A_2 \Delta_p)$$

此二式是不相容的，因此 $H_0 < 0$，$H_2 < 0$ 时不可能形成极限平面运动。

4.5 节中曾对本节的问题用拟线性法做过分析，得出弹箭做极限平面运动时，气动阻尼非线性部分应满足的条件为式（4-5-65），即

$$-\frac{4 + 2m_p}{8 + 5m_p} < \frac{M_2^*}{H_2} < \frac{1}{2} \quad (H_0 < 0, \ H_2 > 0) \qquad (6-5-72)$$

可见这两种方法得到的 M_2^*/H_2 的下边界是不同的，在图 4-6-2 中同时绘出了这两种方法所得到的下边界曲线以利于比较。

最后再分析 $-2.164 < m_p < -2$ 的情况，这属于 c 型力矩做对称平面运动的范围。因这时仍有 $1 + m_p < 0$，$2 + m_p \leq 0$，故稳定结点的条件式（6-5-64）仍简化为 $b_1 < 0$。但由图 6-5-4 知，在此范围内 $b_1/H_0 < 0$，故必要求

$$H_0 > 0 \qquad (6-5-73)$$

于是由条件式（6-5-55）得出

$$H_2 - 2M_2^* < 0 \qquad (6-5-74)$$

但由式（6-5-60）得出的稳定结点条件仍为 $b_2 > 0$，故当以式（6-5-53）的 δ_p^2 代入 b_2 中后仍得

$$4H_2 A_2 \Delta_p > H_2 - 2M_2^* \qquad (6-5-75)$$

如果 $H_2 > 0$，则式（6-5-75）和式（6-5-74）可合成条件：

$$\frac{M_2^*}{H_2} > \frac{1}{2} \quad (H_0 > 0, \ H_2 > 0) \qquad (6-5-76)$$

如果 $H_2 < 0$，则式（6-5-75）和（6-5-74）可合成条件：

$$\frac{M_2^*}{H_2} < \frac{1}{2}(1-4A_2\Delta_p) \qquad (6-5-77)$$

在 $-2.164 < m_p < -2$ 内，可形成稳定的鞍点。先由条件式（6-5-65）得出 $b_1 > 0$，同理推出

$$H_0 < 0 \qquad (6-5-78)$$

$$H_2 - 2M_2^* > 0 \qquad (6-5-79)$$

再由鞍点条件式（6-5-61）得出 $b_2 > 0$，或改写成

$$4H_2A_2\Delta_p > H_2 - 2M_2^* \qquad (6-5-80)$$

当 $H_2 > 0$ 时，式（6-5-79）和式（6-5-80）合成为稳定鞍点的条件为

$$\frac{1}{2} > \frac{M_2^*}{H_2} > \frac{1-4A_2\Delta_p}{2} \quad (H_0 < 0, H_2 > 0)$$

$$(6-5-81)$$

当 $H_2 < 0$ 时，式（6-5-79）和式（6-7-80）不相容，故不能形成稳定的鞍点，但可以类似地推得 $H_2 < 0$ 可以产生不稳定的结点。

所有这些条件都归纳在图 4-5-1 中。特别要指出的是，如将 H_0，H_2 和 M_2^* 的代数符号反过来，则图中奇点的稳定性也反过来。

在满足上述稳定结点的条件下，用数值积分法直接积分弹箭的俯仰和偏航方程，结果发现弹轴的摆动迅速地趋于一个平面内摆动。图 6-5-5 所示为具有 c 型力矩的弹箭 ($m_p < -1$) 逼近对称平面运动的情况，它证明了摄动法的结果是正确的。

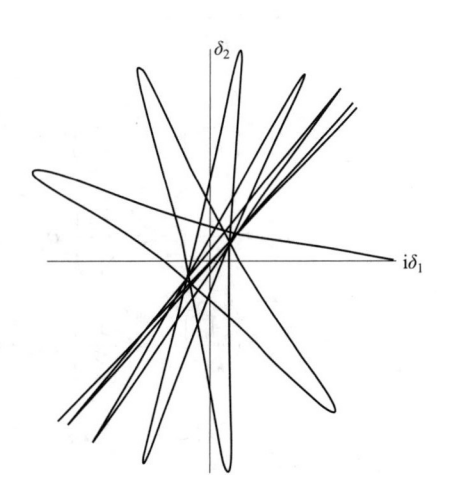

图 6-5-5 对称极限平面运动
c 型力矩 ($m_p < -1$)

表 6-5-1 δ_a^{2n} 计算相关系数

n	A_{2n}	B_{2n}
\multicolumn{3}{c	}{$m_p < -2, m_p > 0$}
1	$1-a_{2p}$	$(1/2)A_2 - a_{21}$
2	$1-2a_{2p}+a_{4p}$	$A_4 - 2a_{21} + a_{41}$
3	$1-3a_{2p}+3a_{4p}-a_{6p}$	$(2/3)A_6 - 3a_{21} + 3a_{41} - a_{61}$
4	$1-4a_{2p}+6a_{4p}-4a_{6p}+a_{8p}$	$2A_8 - 4a_{21} + 6a_{41} - 4a_{61} + a_{81}$
\multicolumn{3}{c	}{$-1 < m_p < 0$}
1	a_{2p}	$(1/2)A_2 + a_{21}$

续表

n	A_{2n}	B_{2n}
2	$a_{4\text{p}}$	$A_4 + a_{41}$
3	$a_{6\text{p}}$	$(3/2)A_6 + a_{61}$
4	$a_{8\text{p}}$	$2A_8 + a_{81}$
	$a_{(2n)\text{p}}$ 和 $a_{(2n)1}$ 在后面给出	

绕平衡角平面运动

$$A_2 = \frac{1}{k_\text{p}^2} - a_2$$

$$A_4 = \left(\frac{1}{k_\text{p}^2}\right)^2 - 2\left(\frac{1}{k_\text{p}^2}\right)a_{2\text{p}} + a_{4\text{p}}$$

$$A_6 = \left(\frac{1}{k_\text{p}^2}\right)^3 - 3\left(\frac{1}{k_\text{p}^2}\right)^2 a_{2\text{p}} + 3\left(\frac{1}{k_\text{p}^2}\right)a_{4\text{p}} - a_{6\text{p}}$$

$$A_8 = \left(\frac{1}{k_\text{p}^2}\right)^4 - 4\left(\frac{1}{k_\text{p}^2}\right)^3 a_{2\text{p}} + 6\left(\frac{1}{k_\text{p}^2}\right)^2 a_{4\text{p}} - 4\left(\frac{1}{k_\text{p}^2}\right)a_{6\text{p}} + a_{8\text{p}}$$

$$B_{21} = \frac{1}{4}(1 - 2a_{2\text{p}} - 4a_{21})$$

$$B_{41} = \frac{1}{2}\left[\left(\frac{1}{k_\text{p}^2} - a_{2\text{p}}\right) - 2\left(\frac{1}{k_\text{p}^2}a_{2\text{p}} - a_{4\text{p}}\right) - 4\left(\frac{1}{k_\text{p}^2}a_{21} - \frac{a_{41}}{2}\right)\right]$$

$$B_{61} = \frac{3}{4}\left\{\left[\left(\frac{1}{k_\text{p}^2}\right)^2 - 2\left(\frac{1}{k_\text{p}^2}\right)a_{2\text{p}} + a_{4\text{p}}\right] - \left[\left(\frac{1}{k_\text{p}^2}\right)^2 a_{2\text{p}} - 2\left(\frac{1}{k_\text{p}^2}\right)a_{4\text{p}} + a_{6\text{p}}\right] - \right.$$

$$\left. 4\left[\left(\frac{1}{k_\text{p}^2}\right)^2 a_{21} - 2\left(\frac{1}{k_\text{p}^2}\right)\left(\frac{a_{41}}{2}\right) + \left(\frac{a_{61}}{3}\right)\right]\right\}$$

$$B_{81} = \left\{\left[\left(\frac{1}{k_\text{p}^2}\right)^3 - 3\left(\frac{1}{k_\text{p}^2}\right)^2 a_{2\text{p}} + 3\left(\frac{1}{k_\text{p}^2}\right)a_{4\text{p}} - a_{6\text{p}}\right] - \right.$$

$$2\left[\left(\frac{1}{k_\text{p}^2}\right)^3 a_{2\text{p}} - 3\left(\frac{1}{k_\text{p}^2}\right)^2 a_{4\text{p}} + 3\left(\frac{1}{k_\text{p}^2}\right)a_{6\text{p}} - a_{8\text{p}}\right] - $$

$$\left. 4\left[\left(\frac{1}{k_\text{p}^2}\right)^3 a_{21} - 3\left(\frac{1}{k_\text{p}^2}\right)^2\left(\frac{a_{41}}{2}\right) + 3\left(\frac{1}{k_\text{p}^2}\right)\left(\frac{a_{61}}{3}\right) - \frac{a_{81}}{4}\right]\right\}$$

$$B_{22} = 1 - 6m_p a_{21}$$

$$B_{42} = 2\left[\left(\frac{1}{k_p^2} - a_{2p}\right) - 6m_p\left(\frac{1}{k_p^2}a_{21} - \frac{a_{41}}{2}\right)\right]$$

$$B_{62} = 3\left\{\left[\left(\frac{1}{k_p^2}\right)^2 - 2\left(\frac{1}{k_p^2}\right)a_{2p} + a_{4p}\right] - 6m_p\left[\left(\frac{1}{k_p^2}\right)^2 a_{21} - 2\left(\frac{1}{k_p^2}\right)\left(\frac{a_{41}}{2}\right) + \frac{a_{61}}{3}\right]\right\}$$

$$B_{82} = 4\left\{\left[\left(\frac{1}{k_p^2}\right)^3 - 3\left(\frac{1}{k_p^2}\right)^2 a_{2p} + 3\left(\frac{1}{k_p^2}\right)a_{4p} - a_{6p}\right] - 6m_p\left[\left(\frac{1}{k_p^2}\right)^3 a_{21} - 3\left(\frac{1}{k_p^2}\right)^2\left(\frac{a_{41}}{2}\right) + 3\left(\frac{1}{k_p^2}\right)\left(\frac{a_{61}}{3}\right) - \frac{a_{81}}{4}\right]\right\}$$

式中的 $a(2n)_p$ 和 $a(2n)_1$ 由下列公式给出。

$a(2n)_p$ 和 $a(2n)_1$ 的值（$n = 1, 2, 3, 4$）：

$$a_{2p} = k_p^{-2}\left(1 - \frac{E_p}{K_p}\right)$$

$$a_{4p} = \left(\frac{1}{3}\right)k_p^{-2}[2(1+k_p^2)a_{2p} - 1]$$

$$a_{6p} = \left(\frac{1}{5}\right)k_p^{-2}[4(1+k_p^2)a_{4p} - 3a_{2p}]$$

$$a_{8p} = \left(\frac{1}{7}\right)k_p^{-2}[6(1+k_p^2)a_{6p} - 5a_{4p}]$$

$$a_{21} = \left(\frac{1}{2}\right)k_1^2 k_p^{-2}\left[1 - 2\left(\frac{E_p}{K_p}\right) + (1-k_p^2)^{-1}\left(\frac{E_p}{K_p}\right)^2\right] - k_1^2 a_{2p}$$

$$a_{41} = \left(\frac{2}{3}\right)k_p^{-2}[k_1^2 k_p^2 a_{2p} + (1+k^2)a_{21}] - k_1^2 a_{4p}$$

$$a_{61} = \left(\frac{1}{5}\right)k_p^{-2}[4k_1^2 k_p^2 a_{4p} + 4(1+k_p^2)a_{41} - 3a_{21}] - k_1^2 a_{6p}$$

$$a_{81} = \left(\frac{1}{7}\right)k_p^{-2}[6k_1^2 k_p^2 a_{6p} + 6(1+k_p^2)a_{61} - 5a_{41}] - k_1^2 a_{8p}$$

式中 $E_p = E(k_p)$, $K_p = K(k_p)$

对称平面运动：$k_p^2 = \dfrac{m_p}{2(1+m_p)}$；$k_1^2 = m_p^{-1}k_p^2$；$m_p < -2, m_p > 0$

$$k_p^2 = \frac{-m_p}{2 + m_p}; \quad k_1^2 = -m_p^{-1} k_p^2; \quad -1 < m_p < 0$$

绕平衡角平面运动： $k_p^2 = \dfrac{-2m_p}{2 - m_p}; \quad k_1^2 = -(2m_p)^{-1} k_p^2; \quad -2 < m_p < 0$

6.6 绕平衡角的极限平面运动 $(-2 < m_p < 0)$

对于 c 型静力矩 $(M_0 > 0, M_2 < 0)$ ，当 $\delta = \sqrt{-M_0 / M_2} = \delta_b$ 时力矩变为零，当 $\delta \neq \delta_p$ 时力矩系数可写成如下形式：

$$M_0 + M_2 \delta^2 = M_0 + M_2 \delta_b^2 + M_2 (\delta^2 - \delta_b^2) = M_2 (\delta^2 - \delta_b^2) \qquad (6-6-1)$$

因为 $M_2 < 0$ ，故当 $\delta > \delta_b$ 时力矩系数为负，静力矩为稳定力矩，它将使攻角向 δ_b 方向减小；当 $\delta^2 < \delta_b^2$ 时，力矩系数为正，静力矩将使 δ 向 δ_b 方向增大，因而相对于平衡位置 δ_b 而言弹箭是静稳定的。弹轴的摆动中心并不是 δ_b ，而是 $\sqrt{x_1}$ ，振幅是 $\sqrt{x_2}$ ，这已在 6.4 节中讲过。

在研究绕平衡角极限平面运动的一般条件之前，先研究一下奇点出现在 L_2 线与 x_1 轴交点上 $(x_2 = 0, x_1 = -M_0 / M_2)$ 的特殊情况，这个奇点对应的运动既属于绕平衡角运动，也属于 $\delta_m = \delta_n$ 的运动，因此它是绕平衡角的零振幅运动，攻角振幅 $\delta_p^2 = 4\sqrt{x_1 x_2} = 0$ ，但 $\delta_m^2 = \delta_n^2 = \delta_c^2 = x_1 = -M_0 / M_2$ 。实际上，这时弹轴将相对于速度线停在空间固定位置上。由于这种奇点也属于圆奇点，故可用前面对于准圆运动的振幅方程来分析这种奇点附近的运动。对于本节的非旋转弹情况，应采用方程（6-3-28）和方程（6-3-29），此外又按照现在准平面运动处理方式，将此二方程中的 x_1 ， x_2 代之以 $x_1 = x_0 + \varepsilon$ ， $x_2 = \eta$ ，并注意到

$$m_c = \frac{M_2}{M_0} x_1 = \frac{M_2}{M_0} (x_0 + \varepsilon) = \frac{M_2}{M_0} \left(-\frac{M_0}{M_2} + \varepsilon \right) = -1 + \frac{M_2}{M_0} \varepsilon \qquad (6-6-2)$$

将这些关系代入方程（6-3-28）和方程（6-3-29）中并略去 ε, η 的高次幂项，得

$$\varepsilon' D = -2(H_0 + H_2 x_0)\varepsilon + \cdots \qquad (6-6-3)$$

$$\eta' D = -[H_0 + (H_2 - 2M_2^*)x_0]\eta + \cdots \qquad (6-6-4)$$

方程（6-6-3）和方程（6-6-4）表明， $\varepsilon = \eta = 0$ 处总是奇点，即 L_2 线与 x_1 轴的交点总是奇点。并且当

$$H_0 + H_2 x_0 > 0 \qquad (6-6-5)$$

$$H_0 + (H_2 - 2M_2^*)x_0 > 0 \qquad (6-6-6)$$

时它是稳定的结点，而当

$$H_0 + H_2 x_0 > 0 \qquad (6-6-7)$$

$$H_0 + (H_2 - 2M_2^*)x_0 < 0 \qquad (6-6-8)$$

时它是不稳定的鞍点。当某一对不等式的不等号反过来时，相应的奇点稳定性也反过来。

实际上式（6-6-5）和式（6-6-6）是要求 ε 模和 η 模运动都具有正的总阻尼，这样，弹轴的摆动才会最后衰减到平衡位置上，显然，对于线性阻尼，当 $H_0 > 0$ 时该奇点为稳定结点，弹轴的摆动最后将停下来。这是绕平衡角平面运动的特殊情况。

在 L_2 线其他位置上的奇点，对应的运动振幅都不为零，可用摄动法的一般步骤来研究。仍令

$$x_1 = x_{10}(1+\varepsilon), \quad x_2 = x_{20}(1+\eta) \quad (6-6-9)$$

可得到如下一些关系式：

$$\left. \begin{aligned} & M_0 + M_2(x_{10}+x_{20}) = 0, \quad x_{10}+x_{20} = -\frac{\delta_p^2}{m_p}, \quad m_p = \frac{M_2 \delta_p^2}{M_0} \\ & x_{10} \cdot x_{20} = \frac{\delta_p^4}{16}, \quad \frac{x_{10}x_{20}}{x_{10}+x_{20}} = -\frac{m_p}{16}\delta_p^2, \quad \delta_p^2 = 4\sqrt{x_{10}x_{20}} \\ & \sqrt{-M_0 - M_2(x_1+x_2)} = \sqrt{-M_0 - M_2(x_{10}+x_{20}) - M_2(x_{10}\varepsilon + x_{20}\eta)} \\ & \qquad\qquad\qquad\qquad\quad = \sqrt{-M_2(x_{10}\varepsilon + x_{20}\eta)} \\ & \sqrt{x_1 x_2} = \sqrt{x_{10}x_{20}(1+\varepsilon)(1+\eta)} = \frac{1}{4}\delta_p^2\left(1+\frac{\varepsilon+\eta}{2}\right) \end{aligned} \right\} \quad (6-6-10)$$

以下仍分几大步骤进行计算和分析。

1. C_1 和 C_2 的计算

将式（6-6-9）代入 C_1，C_2 的表达式（6-1-38）和式（6-1-39）中得

$$C_1 = \frac{M_0 \delta_p^2}{8 m_p}[4 - m_p^2 - m_p^2(\varepsilon+\eta) + 8 m_p \delta_p^{-2}(x_{10}\varepsilon + x_{20}\eta)] \quad (6-6-11)$$

$$C_2 = \frac{-\delta_p^2}{m_p}\sqrt{-M_2(x_{10}\varepsilon + x_{20}\eta)}\sqrt{4 - m_p^2} \quad (6-6-12)$$

2. δ_a^{2n} 的计算

为了计算 C_1' 和 C_2'，必须先算出 δ^{2n} 的平均值。对于绕平衡角的平面运动，只有 c 型力矩可以产生，其攻角表达式为式（6-1-32），将式（6-6-9）代入其中并略去 ε, η 的高次幂项，得

$$\delta^2 = \delta_p^2\left[\left(\frac{1}{k_p^2} - \mathrm{sn}^2 u\right) + \frac{\varepsilon+\eta}{4}(1 - 2\mathrm{sn}^2 u) + \delta_p^{-2}(x_{10}\varepsilon + x_{20}\eta)\right] \quad (6-6-13)$$

式中 $u = \omega s$

$$\omega = -M_0\left\{1 + \frac{m_p}{2\delta_p^2}\left[3\frac{-\delta_p^2}{m_p} + 3(x_{10}\varepsilon + x_{20}\eta) + \frac{\delta_p^2}{2}\left(1 + \frac{\varepsilon+\eta}{2}\right)\right]\right\}$$

$$= -M_0\left[-\frac{1}{4k_1^2} + \frac{3}{2}m_p \delta_p^{-2}(x_{10}\varepsilon + x_{20}\eta) + \frac{m_p}{8}(\varepsilon+\eta)\right] - \quad (6-6-14)$$

$$\frac{M_2}{2}\delta_p^2\left(1 + \frac{\varepsilon+\eta}{2}\right)$$

$$k^2 = \frac{-\frac{M_2}{2}\delta_p^2\left(1+\frac{\varepsilon+\eta}{2}\right)}{-\frac{1}{4k_1^2}\left[1 - \frac{3}{2}m_p \cdot 4k_1^2 \delta_p^{-2}(x_{10}\varepsilon+x_{20}\eta) + \frac{m_p}{8}(-4k_1^2)(\varepsilon+\eta)\right]} \quad (6-6-15)$$

$$= k_p^2[1 + k_1^2(\varepsilon+\eta) + k_2^2 \delta_p^{-2}(x_{10}\varepsilon + x_{20}\eta)]$$

式中
$$k_p^2 = \frac{-2m_p}{2-m_p}, \quad k_1^2 = \frac{-k_p^2}{2m_p} = \frac{1}{2-m_p}, \quad k_2^2 = 6m_p k_1^2 = -3k_p^{-2} \qquad (6-6-16)$$

上面各式中 $-1 < m_p < 0$。

为了计算 δ_a^{2n}，先要计算 $\mathrm{sn}^{2n}(u)$ 的平均值 a_{2n}。a_{2n} 仍用递推公式（6-5-13）～式（6-5-16）计算，结果仍为式（6-5-14）～式（6-5-18）。下一步仍是要将 a_{2n} 展成 ε, η 的幂级数，仍用式（6-5-19）展开，不过现在的 k^2 和 k_p^2 要采用式（6-6-15）和式（6-6-16），其余推导在形式上与以前相同，故可引用式（6-5-22），得到

$$
\begin{aligned}
a_2 &= \frac{1}{k_p^2}\left(1 - \frac{E_p}{K_p}\right) + \frac{1}{2k_p^4}\left[\frac{1}{1-k_p^2}\left(\frac{E_p}{K_p}\right)^2 - 1\right](k - k_p^2) \\
&= a_{2p} + \frac{k_1^2}{2k_p^2}\left[\frac{1}{1-k_p^2}\left(\frac{E_p}{K_p}\right)^2 - 1\right](\varepsilon + \eta) + \\
&\quad\ 6m_p \frac{k_1^2}{2k_p^2}\left[\frac{1}{1-k_p^2}\left(\frac{E_p}{K_p}\right)^2 - 1\right](x_{10}\varepsilon + x_{20}\eta) \\
&= a_{2p} + a_{21}(\varepsilon + \eta) + a_{22}\delta_p^{-2}(x_{10}\varepsilon + x_{20}\eta)
\end{aligned}
\qquad (6-6-17)
$$

式中
$$a_{2p} = \frac{1}{k_p^2}\left(1 - \frac{E_p}{K_p}\right) \qquad (6-6-18)$$

$$a_{21} = \frac{1}{2}k_1^2 k_p^{-2}\left[\frac{1}{1-k_p^2}\left(\frac{E_p}{K_p}\right)^2 - 1\right] \qquad (6-6-19)$$

$$a_{22} = 6m_p a_{21} \qquad (6-6-20)$$

由此可见，a_2 展开式中的 a_{2p}，a_{21} 在形式上与对称平面运动的结果相同，只是其中的 k_p^2, k_1^2, k_2^2 要采用式（6-6-16），并且这里多了 a_{22} 一项。类似地，a_{2n} 可展为

$$a_{2n} = a_{(2n)p} + a_{(2n)1}(\varepsilon + \eta) + a_{(2n)2}\delta_p^{-2}(x_{10}\varepsilon + x_{20}\eta) \qquad (6-6-21)$$

式中的 $a_{(2n)p}$ 和 $a_{(2n)1}$ 列在 6.5 节末，而 $a_{(2n)2} = 6m_p a_{(2n)1}$。

有了这些结果就可以反回来计算 δ^{2n} 的平均值了。

$$
\begin{aligned}
\delta_a^{2n} &= \frac{1}{K}\int_0^K \delta^{2n}\mathrm{d}u \\
&= \delta_p^2\left\{\frac{1}{k_p^2} - [a_{2p} + a_{21}(\varepsilon + \eta) + a_{22}\delta_p^{-2}(x_{10}\varepsilon + x_{20}\eta)] + \right. \\
&\quad\ \left. \frac{\varepsilon + \eta}{4}(1 - 2a_{2p}) + \delta_p^{-2}(x_{10}\varepsilon + x_{20}\eta)\right\} \\
&= \delta_p^2\left[\left(\frac{1}{k_p^2} - a_{2p}\right) + \frac{\varepsilon + \eta}{4}(1 - 2a_{2p} - 4a_{21}) + \delta_p^{-2}(1 - a_{22})(x_{10}\varepsilon + x_{20}\eta)\right]
\end{aligned}
$$

$$= \delta_p^2[A_2 + B_{21}(\varepsilon+\eta) + B_{22}\delta_p^{-2}(x_{10}\varepsilon + x_{20}\eta)] \quad (6-6-22)$$

式中

$$A_2 = \frac{1}{k_p^2} - a_{2p} \quad (6-6-23)$$

$$B_{21} = \frac{1}{4}(1 - 2a_{2p} - 4a_{21}) \quad (6-6-24)$$

$$B_{22} = 1 - a_{22} \quad (6-6-25)$$

类似地，对其他的 n 值也可算出

$$\delta_a^{2n} = \delta_p^{2n}[A_{2n} + B_{(2n)1}(\varepsilon+\eta) + B_{(2n)2}\delta_p^{-2}(x_{10}\varepsilon + x_{20}\eta)] \quad (6-6-26)$$

$n=1$，2，3，4 时的 $A_{2n}, B_{(2n)1}, B_{(2n)2}$ 列在上节中。

3. C_1' 和 C_2' 的计算

C_1' 的表达式为式（6-4-1），可分三大项计算：

$$-H_0(2C_1 + 2M_0\delta_a^2 + M_2\delta_a^4)$$

$$= \frac{M_0\delta_p^2}{4m_p}\{-H_0[(4-m_p^2) + 8m_p A_2 + 4m_p^2 A_4] + H_0(m_p^2 - 8m_p B_{21} - 4m_p^2 B_{41})(\varepsilon+\eta) -$$

$$H_0\delta_p^{-2}(8m_p + 8m_p B_{22} + 4m_p^{-2} B_{42})(x_{10}\varepsilon + x_{20}\eta)\} -$$

$$(H_2 - 2M_2^*)(2C_1\delta_a^2 + 2M_0\delta_a^4 + M_2\delta_a^6)$$

$$(6-6-27)$$

$$-(H_2 - 2M_2^*)(2C_1\delta_a^2 + 2M_0\delta_a^4 + M_2\delta_a^6)$$

$$= -(H_2 - 2M_2^*)\frac{M_0\delta_p^2}{4m_p}\{\delta_p^2[(4-m_p^2)A_2 + 8m_p A_4 + 4m_p^2 A_6] +$$

$$\delta_p^2[-m_p^2 A_2 + (4-m_p^2)B_{21} + 8m_p B_{41} + 4m_p^2 B_{61}](\varepsilon+\eta) +$$

$$[8m_p A_2 + (4-m_p^2)B_{22} + 8m_p B_{41} + 4m_p^2 B_{62}](x_{10}\varepsilon - x_{20}\eta)\} \quad (6-6-28)$$

$$-M_2^* C_2^2 = M_0 \frac{M_2^*\delta_p^2}{m_p}(4-m_p^2)(x_{10}\varepsilon + x_{20}\eta) \quad (6-6-29)$$

C_2' 的计算公式为式（6-4-2），计算如下：

$$C_2' = -(H_0 + H_2\delta_a^2)C_2$$

$$= -(H_0 + H_2 A_2\delta_p^2)\left(-\frac{\delta_p^2}{m_p}\right)\sqrt{-M_0(x_{10}\varepsilon + x_{20}\eta)}\sqrt{4-m_p^2} \quad (6-6-30)$$

将式（6-6-27）～式（6-6-29）三项相加，最后得到 C_1', C_2' 如下：

$$C_1' = \frac{M_0\delta_p^2}{4m_p}[b_0 + b_{11}(\varepsilon+\eta) + b_{12}\delta_p^{-2}(x_{10}\varepsilon + x_{20}\eta)] \quad (6-6-31)$$

$$C_2' = \frac{\delta_p^2}{m_p}b_2\sqrt{-M_2(x_{10}\varepsilon + x_{20}\eta)}\sqrt{4-m_p^2} \quad (6-6-32)$$

式中

$$b_0 = -\{H_0[(4-m_p^2)+8m_pA_2+4m_p^2A_4]+$$

$$(H_2-2M_2^*)\delta_p^2[(4-m_p^2)A_2+8m_pA_4+4m_p^2A_6] \tag{6-6-33}$$

$$b_{11} = H_0(m_p^2-8m_pB_{21}-4m_p^2B_{41})+$$

$$(H_2-2M_2^*)\delta_p^2[m_p^2A_2-(4-m_p^2)B_{21}-8m_pB_{41}-4m_p^2B_{61}] \tag{6-6-34}$$

$$b_{12} = -4H_0(2m_p+2m_pB_{22}+m_p^2B_{42})-$$

$$(H_2-2M_2^*)\delta_p^2[8m_pA_2+(4-m_p^2)B_{22}+8m_pB_{42}+4m_p^2B_{62}]+$$

$$4M_2^*\delta_p^2(4-m_p^2) \tag{6-6-35}$$

$$b_2 = H_0 + H_2A_2\delta_p^2 \tag{6-6-36}$$

4. 广义振幅方程计算

广义振幅方程（6-1-45）右边分子两项计算如下，对于非旋转弹：

$$[2M_0+M_2(x_1+3x_2)]C_1'$$

$$=\frac{2M_0^2}{4m_p}\delta_p^2\left\{\left[1+\frac{M_2}{2M_0}(x_{10}+3x_{20})\right]b_0+\frac{M_2}{2M_0}(x_{10}\varepsilon+3x_{20}\eta)b_0+\right. \tag{6-6-37}$$

$$\left.\left[1+\frac{M_2}{2M_0}(x_{10}+3x_{20})\right][b_{11}(\varepsilon+\eta)+b_{12}\delta_p^{-2}(x_{10}\varepsilon+x_{20}\eta)]\right\}$$

$$[2M_0+M_2(5x_1+3x_2)]\sqrt{-M_0-M_2(x_1+x_2)}C_2'$$

$$=(-2M_0^2)\frac{m_p\delta_p^{-2}}{2}b_2(3x_{10}+x_{20})(x_{10}\varepsilon+x_{20}\eta)\sqrt{4-m_p^2} \tag{6-6-38}$$

广义振幅方程（6-1-46）右边分子两项计算如下：

$$[2M_0+M_2(3x_1+x_2)]C_1'$$

$$=\frac{2M_0^2\delta_p^2}{4m_p}\left\{\left[1+\frac{M_2}{2M_0}(3x_{10}+x_{20})\right]b_0+\frac{M_2}{2M_0}b_0(3x_{10}\varepsilon+x_{20}\eta)+\right. \tag{6-6-39}$$

$$\left.\left[1+\frac{M_2}{2M_0}(3x_{10}+x_{20})\right][b_{11}(\varepsilon+\eta)+b_{12}\delta_p^{-2}(x_{10}\varepsilon+x_{20}\eta)]\right\}$$

$$[2M_0+M_2(3x_1+5x_2)]\sqrt{-M_0-M_2(x_1+x_2)}C_2'$$

$$=(-2M_0^2)\frac{m_p}{2}\delta_p^{-2}b_2(x_{10}+3x_{20})(x_{10}\varepsilon+x_{20}\eta)\sqrt{4-m_p^2} \tag{6-6-40}$$

5. 绕平衡角平面极限运动分析

如将式（6-6-38）～式（6-6-41）代入广义振幅方程（6-1-45）和方程（6-1-46）可见，由于方程右边含有因子 b_0 的项与 ε,η 无关，故如要使零点（$\varepsilon=\eta=0$）成为奇点，只有令

$$b_0 = 0 \tag{6-6-41}$$

而 $b_0=0$ 仍是在 $\varepsilon=\eta=0$ 处 $C_1'=0$ 的条件。由此得到绕平衡角平面运动的振幅为

$$\delta_{\mathrm{p}}^2 = \frac{-4H_0 \Delta_{\mathrm{p}}}{H_2 - 2M_2^*} \qquad (6-6-42)$$

式中

$$\Delta_{\mathrm{p}} = \frac{4 - m_{\mathrm{p}}^2 + 8m_{\mathrm{p}}A_2 + 4m_{\mathrm{p}}^2 A_4}{4[(4 - m_{\mathrm{p}}^2)A_2 + 8m_{\mathrm{p}}A_4 + 4m_{\mathrm{p}}^2 A_6]} \qquad (6-6-43)$$

在上节图 6-5-1 中也绘出了绕平衡角平面运动中 $\Delta_{\mathrm{p}}(m_{\mathrm{p}})$ 与 m_{p} 的关系曲线，如图中 $-2 < m_{\mathrm{p}} < 0$ 内的虚线所示，仍有 $\Delta_{\mathrm{p}}(m_{\mathrm{p}}) > 0$。同样，为了使 δ_{p}^2 计算简便，也得出了下面关系式：

$$m_{\mathrm{p}} \Delta_{\mathrm{p}}^{-1} = \frac{-4H_0}{H_2 - 2M_2^*} \frac{M_0}{M_2} \qquad (6-6-44)$$

并将上式左边随 m_{p} 变化的关系绘成了曲线，如图 6-5-2 中 $-2 < m_{\mathrm{p}} < 0$ 内虚线所示。此图表明，如果对于某个 $m_{\mathrm{p}} \Delta_{\mathrm{p}}^{-1}$ 值存在一个平衡角奇点，那必然还存在一个对称平面奇点。

当 $b_0 = 0$ 时，振幅方程简化为如下形式：

$$D\varepsilon' = -\frac{\delta_{\mathrm{p}}^2}{4m_{\mathrm{p}}} \Bigg(\bigg[1 + \frac{M_2}{2M_0}(x_{10} + 3x_{20}) \bigg] b_{11}(\varepsilon + \eta) + \\ \bigg\{ \bigg[1 + \frac{M_2}{2M_0}(x_{10} + 3x_{20}) \bigg] b_{12} \delta_{\mathrm{p}}^{-2} - \\ 2m_{\mathrm{p}}^2 \delta_{\mathrm{p}}^{-2} b_2 (3x_{10} + x_{20}) \sqrt{4 - m_{\mathrm{p}}^2} \bigg\} (x_{10}\varepsilon + x_{20}\eta) \Bigg) \qquad (6-6-45)$$

$$D\eta' = -\frac{\delta_{\mathrm{p}}^2}{4m_{\mathrm{p}}} \Bigg(\bigg[1 + \frac{M_2}{2M_0}(3x_{10} + x_{20}) \bigg] b_{11}(\varepsilon + \eta) + \\ \bigg\{ \bigg[1 + \frac{M_2}{2M_0}(3x_{10} + x_{20}) \bigg] b_{12} \delta_{\mathrm{p}}^{-2} + \\ 2m_{\mathrm{p}}^2 \delta_{\mathrm{p}}^{-2} b_2 (x_{10} + 3x_{20}) \sqrt{4 - m_{\mathrm{p}}^2} \bigg\} (x_{10}\varepsilon + x_{20}\eta) \Bigg) \qquad (6-6-46)$$

利用式（6-6-10）中的关系式，方程（6-6-45）和方程（6-6-46）进一步简化为

$$D\varepsilon' = -\frac{\delta_{\mathrm{p}}^2}{16m_{\mathrm{p}}} \sqrt{4 - m_{\mathrm{p}}^2} [(b_{11} + Ax_{10})\varepsilon + (b_{11} + Ax_{20})\eta] \qquad (6-6-47)$$

$$D\eta' = -\frac{\delta_{\mathrm{p}}^2}{16m_{\mathrm{p}}} \sqrt{4 - m_{\mathrm{p}}^2} [(-b_{11} + Bx_{10})\varepsilon + (-b_{11} + Bx_{20})\eta] \qquad (6-6-48)$$

式中

$$A = [b_{12} - 4m_{\mathrm{p}} b_2 (-4 - \sqrt{4 - m_{\mathrm{p}}^2}) \delta_{\mathrm{p}}^4] \delta_{\mathrm{p}}^{-2} \qquad (6-6-49)$$

$$B = [-b_{12} + 4m_{\mathrm{p}} b_2 (-4 + \sqrt{4 - m_{\mathrm{p}}^2}) \delta_{\mathrm{p}}^4] \delta_{\mathrm{p}}^{-2} \qquad (6-6-50)$$

因为平面奇点只可能是结点或鞍点，故由结点条件 $q > 0$ 得

$$(b_{11} + Ax_{10})(-b_{11} + Bx_{20}) - (b_{11} + Ax_{20})(-b_{11} + Bx_{10}) > 0$$

或即
$$b_{11}(A+B)(x_{10}-x_{20})<0 \qquad (6-6-51)$$

因为现在讨论的是 $x_{10}>x_{20}$ 情况，即讨论 L_1 线与 x_1 轴之间的平面奇点，故 $x_{10}-x_{20}>0$。将 $A-B$ 算出后代入式（6-6-51）即得

$$8m_{\rm p}\sqrt{4-m_{\rm p}^2}\,\delta_{\rm p}^2 b_{11} b_2<0 \qquad (6-6-52)$$

因现在 $-2<m_{\rm p}<0$，故式（6-6-52）得出平面奇点为结点的条件为

$$b_{11} b_2>0 \qquad (6-6-53)$$

在奇点处，利用 $\delta_{\rm p}^2$ 的表达式（6-6-43）可将 b_{11} 写成如下形式：

$$b_{11}=H_0\{m_{\rm p}^2-8m_{\rm p}B_{21}-4m_{\rm p}^2 B_{41}-$$
$$4\Delta_{\rm p}[m_{\rm p}^2 A_2-(4-m_{\rm p}^2)B_{21}-8m_{\rm p}B_{21}-8m_{\rm p}B_{41}-4m_{\rm p}^2 B_{61}]\} \qquad (6-6-54)$$

直接的计算表明，当 $-2<m_{\rm p}<0$ 时，上式右边大括号内的数值为正，故 $b_{11}/H_0>0$，因而 b_{11} 与 H_0 同号。对于稳定的结点应具有正阻尼，即 $H_0>0$，故由式（6-6-53）和式（6-6-54）得

$$b_2>0 \qquad (6-6-55)$$

$$H_2-2M_2^*<0 \qquad (6-6-56)$$

则 $b_2>0$ 可改为

$$H_2-2M_2^*<4H_2 A_2\Delta_{\rm p} \qquad (6-6-57)$$

当 $H_2>0$ 时，式（6-6-57）可写为

$$\frac{M_2^*}{H_2}>\frac{1-4A_2\Delta_{\rm p}}{2} \qquad (6-6-58)$$

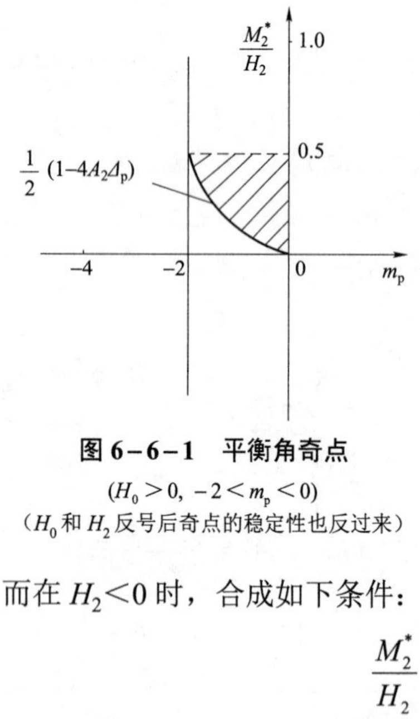

图 6-6-1 平衡角奇点

($H_0>0$, $-2<m_{\rm p}<0$)

（H_0 和 H_2 反号后奇点的稳定性也反过来）

在图 6-6-1 中作出了 $(1-4A_2\Delta_{\rm p})/2$ 随 $m_{\rm p}$ 变化的曲线（$-2<m_{\rm p}<0$），可见该值总是小于 1/2。在 $m_{\rm p}=0$ 处 $k_{\rm p}^2=0$，$\Delta_{\rm p}=1/(4A_2)$，该值为零；在 $m_{\rm p}=-2$ 处 $k_{\rm p}^2=1$，$a_{2\rm p}=1$，$A_2=0$，该值为 1/2。因此，当 $H_2>0$ 时，可将式（6-6-56）和式（6-6-58）合成如下条件：

$$\frac{M_2^*}{H_2}>\frac{1}{2} \quad (H_0>0, H_2>0) \qquad (6-6-59)$$

而在 $H_2<0$ 时，合成如下条件：

$$\frac{M_2^*}{H_2}<\frac{1-4A_2\Delta_{\rm p}}{2} \quad (H_0>0,\ H_2<0) \qquad (6-6-60)$$

平衡角奇点的存在条件及类型都归纳在图 6-6-1 中。

6.7 一般极限运动

前面已研究了广义振幅平面上 x_1 轴和 x_2 轴，L_1 线和 L_2 线上奇点的含义，以此为基础，下面还想研究奇点出现在广义振幅平面其他位置的一般情况，如这种一般位置上的奇点是稳定的结点，则弹箭将最终可实现一般的空间极限运动。

现仍以非旋转弹的运动为例，前面已得出非旋转弹在非线性阻尼下各种奇点产生的条件并将这些条件分别归纳在图 4-4-1 和图 4-5-1 中。为了研究当非线性阻尼参数 M_2^*，H_2 变化时，奇点在广义振幅平面其他位置上出现的可能性以及奇点的类型，需将这两个图中关于 M_2^*/H_2 的各种边界线合并到一个图中。为此首先要使这两个图的自变量统一，例如将 m_p 折合成 m_c。这可利用 m_c 和 m_p 的定义，以及平面奇点和圆奇点对应的 δ_c^2 和 δ_p^2 表达式(6-3-35)和式(6-5-53)进行换算。

对于圆奇点：
$$m_c = \frac{M_2}{M_0}\delta_c^2 = -\frac{M_2}{M_0}\left(\frac{H_0}{H_2}\right) \qquad (6-7-1)$$

对于平面奇点：
$$m_p = \frac{M_2}{M_0}\delta_p^2 = \frac{-4M_2 H_0 \Delta_p}{M_0(H_2 - 2M_2^*)} \qquad (6-7-2)$$

所以
$$\frac{m_c}{m_p} = \left(1 - \frac{2M_2^*}{H_2}\right)\frac{1}{4\Delta_p} \qquad (6-7-3)$$

式中，Δ_p 对于对称平面运动用式(6-5-54)，对于绕平衡角平面运动用式(6-6-43)($-2 < m_p < 0$)。这样，平面奇点分类图 4-5-1 就可用 m_c 为自变量重新绘制，然后叠加到圆奇点分类图 4-4-1 上去，如图 6-7-1 所示。

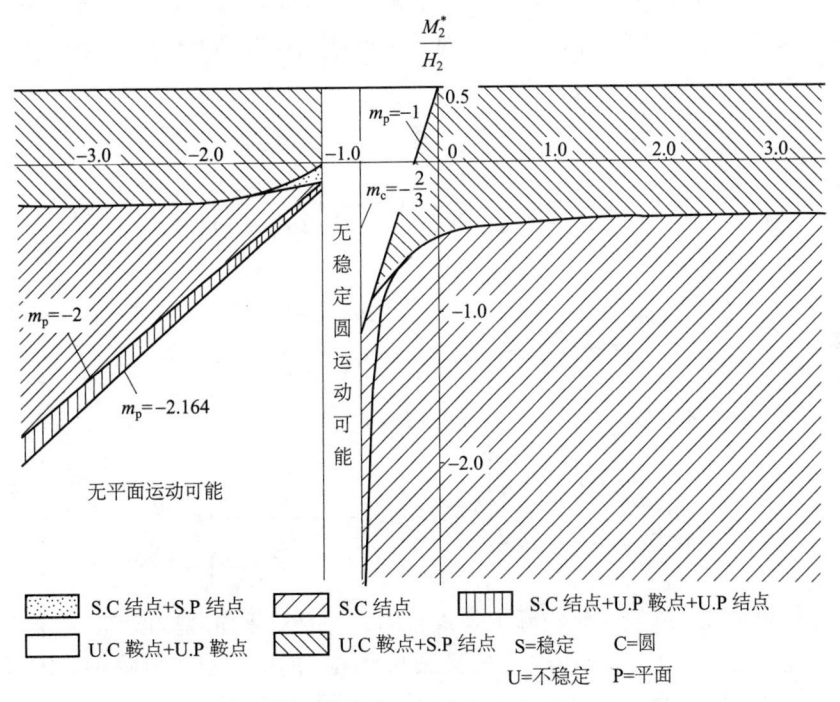

图 6-7-1 平面奇点和圆奇点（$H_0 < 0$，$H_2 > 0$）

（改变 H_0，H_2 的代数符号，奇点的稳定性也反过来）

由式(6-7-3)可见，给定 m_p 后，$\Delta_p(m)_p$ 随之确定，于是 m_c 将与 M_2^*/H_2 成直线关系。这样，平面奇点分类图上的纵垂线 $m_p = 0$，$m_p = -1$，$m_p = -2$，$m_p = -2.164$ 将在图 6-7-1 上成为四条直线：

$$m_p = 0：变成 m_c = 0, \qquad\qquad l_1 \qquad (6-7-4)$$

弹箭非线性运动理论

$$m_{\mathrm{p}} = -1：变成 m_{\mathrm{c}} = \left(1 - \frac{2M_2^*}{H_2}\right)\frac{-1}{4\varDelta_{\mathrm{p}}(-1)}；\qquad\qquad l_2 \qquad(6-7-5)$$

$$m_{\mathrm{p}} = -2：变成 m_{\mathrm{c}} = \left(1 - \frac{2M_2^*}{H_2}\right)\frac{-2}{4\varDelta_{\mathrm{p}}(-2)}，\qquad\qquad l_3 \qquad(6-7-6)$$

$$m_{\mathrm{p}} = -2.164：变成 m_{\mathrm{c}} = \left(1 - \frac{2M_2^*}{H_2}\right)\frac{-2.164}{4\varDelta_{\mathrm{p}}(-2.164)}，\qquad l_4 \qquad(6-7-7)$$

这些直线都通过 $(m_{\mathrm{c}} = 0, M_2^*/H_2 = 1/2)$ 点。在图 6-5-1 中，已知 $\varDelta_{\mathrm{p}}(m_{\mathrm{p}}) > 0$，故这几条直线的斜率都为正，并由图 6-5-2 知

$$\left|m_{\mathrm{p}}\varDelta_{\mathrm{p}}^{-1}(-1)\right| < \left|m_{\mathrm{p}}\varDelta_{\mathrm{p}}^{-1}(-2.164)\right| < \left|m_{\mathrm{p}}\varDelta_{\mathrm{p}}^{-1}(-2)\right|$$

故四条直线的斜率从小到大依次为 l_3，l_4，l_2，l_1。因在 $-2 < m_{\mathrm{p}} < -1$ 内不能产生对称平面运动，故在 l_2，l_3 线间也不存在平面极限运动。而在 $-2.164 < m_{\mathrm{p}} < -2$ 内可产生平面奇点和圆奇点，故根据 H_0，H_2 代数符号的组合不同，可产生极限圆运动或极限平面运动。

图 4-5-1 中平面结点下边界线 $(1 - 4A_2\varDelta_{\mathrm{p}})/2 < M_2^*/H_2$ 与图 4-4-1 中圆结点的上边界线 $-(1 + m_{\mathrm{c}})/(2 + 3m_{\mathrm{c}}) > M_2^*/H_2$ 在 m_{p}，m_{c} 趋于无穷大时都以 $-1/3$ 为渐近值。对于圆结点的情况，令 $m_{\mathrm{c}} \to \infty$ 很容易得出这个渐近值，对于平面结点情况则要作些演算。

$$\lim_{|m_{\mathrm{p}}| \to \infty}\frac{1 - 4A_2\varDelta_{\mathrm{p}}}{2}$$
$$= \frac{1}{2} - \frac{1}{2}A_2\left(\frac{1 - A_4}{A_2 - A_6}\right) = \frac{1}{2}\left[1 - (1 - a_{2\mathrm{p}})\frac{2a_{2\mathrm{p}} - a_{4\mathrm{p}}}{2a_{2\mathrm{p}} - 3a_{4\mathrm{p}} + a_{6\mathrm{p}}}\right] \qquad(6-7-8)$$

因为在 $|m_{\mathrm{p}}| \to \infty$ 时：

$$k_{\mathrm{p}}^2 = \frac{1}{2}，\quad a_{4\mathrm{p}} = 2a_{2\mathrm{p}} - \frac{2}{3}，\quad a_{6\mathrm{p}} = \frac{2}{5}(9a_{2\mathrm{p}} - 4)$$

将它们代入式（6-7-8）中即得

$$\lim_{|m_{\mathrm{p}}| \to \infty}\frac{1 - 4A_2\varDelta_{\mathrm{p}}}{2} = \frac{1}{2}\left[1 - (1 - a_{2\mathrm{p}})\frac{\dfrac{2}{3}}{\dfrac{2(-a_{2\mathrm{p}} + 1)}{5}}\right] = -\frac{1}{3} \qquad(6-7-9)$$

因此两个图的边界线在 $|m_{\mathrm{c}}|$ 较大时实际上是重合的，并且对于 a 型力矩来说 $(m_{\mathrm{p}} > 0)$ 两个边界是完全重合的。所以，对于 a 型力矩，广义振幅平面上的圆奇点可以随 M_2^*/H_2 的增大在越过图 6-7-1 上的分界线后，直接跳到 L_1 线上成为平面奇点。

但是对于 b，c 型力矩，两种奇点的边界线在 $|m_{\mathrm{c}}|$ 较小时不重合，结果形成一个过渡区。例如对于 b 型力矩 $(-2/3 < m_{\mathrm{c}} < 0)$，在这个过渡区中同时存在圆鞍点和平面鞍点，故对于此过渡区中的每个 m_{c} 值，当 M_2^*/H_2 的值从负无穷大向上增大时，在振幅平面上将首先出现 x_1 轴上的圆结点和 L_1 线上的平面鞍点；当 M_2^*/H_2 继续增大通过过渡区时，x_1 轴上的结点消失，变为圆鞍点，平面奇点仍保持为鞍点；当 M_2^*/H_2 继续增大越过过渡区后，x_1 轴上的圆鞍点不变，而 L_1 线上的平面奇点变成了结点。由于随着 M_2^*/H_2 增大这种变化是连续的，那

308

么结点从 x_1 轴消失后，又出现在 L_1 线上，这说明结点随 M_2^*/H_2 增大连续移动而穿过了 L_1 线和 x_1 轴间的半个广义振幅平面。因此可以推断，对于 b 型力矩在这个区域内的 M_2^*/H_2 值，结点将出现在 x_1 轴和 L_1 线之间。曾经对 b 型力矩在这个过渡区中的一点 ($m_c=-0.55$, $M_2^*/H_2=-1$) 用数值积分法计算了广义振幅平面，如图 6-7-2 所示。结果完全证实了上面的推想。在这个广义振幅平面上，$x_1=x_2$ 线与 x_1 轴、x_2 轴之间有两个对称的结点，结点的位置由 M_2^*/H_2，m_c 值确定。当 M_2^*/H_2 在圆结点和平面结点的两个边界线之间移动时，这两个对称的结点也在振幅平面的 L_1 线和两个坐标轴之间移动。

这种结点对应着 $x_1 \neq x_2$，$x_1 \cdot x_2 \neq 0$ 的运动，既非平面运动也非圆运动，而是呈"卵形"或"椭圆"形的运动。如果用过渡区中的 M_2^*/H_2 和 m_c 值去直接积分弹箭的俯仰偏航运动方程，结果发现运动迅速地趋于具有不变攻角极大值 δ_m 和极小值 δ_n 的极限运动，如图 6-7-3 所示。而由此 δ_m 和 δ_n 确定的广义振幅 $x_1=(\delta_m+\delta_n)^2/2$，$x_2=(\delta_m-\delta_n)^2/2$ 就是广义振幅平面上结点的位置坐标。由于在实验中观察到的极限圆运动都不是完全精确的，所以这种"卵形"极限运动更能代表一般情况下的极限运动。应指出，这种极限"椭圆"形运动与尾翼弹的保守"椭圆"运动本质上是不同的两种运动。

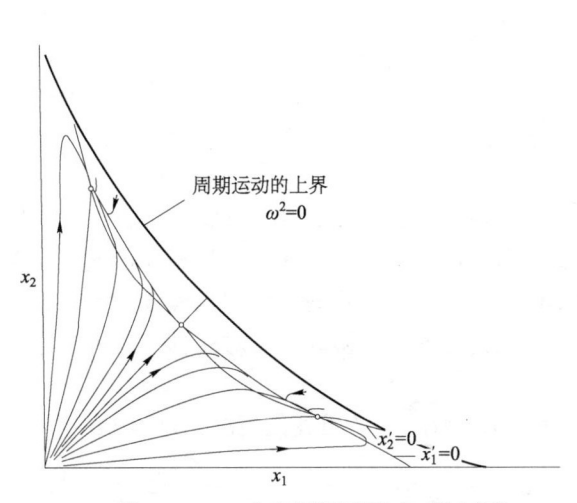

图 6-7-2 广义振幅平面（b 型力矩）   图 6-7-3 "椭圆"形极限运动（b 型力矩）
($m_c=-0.55$, $M_2^*/H_2=-1$)

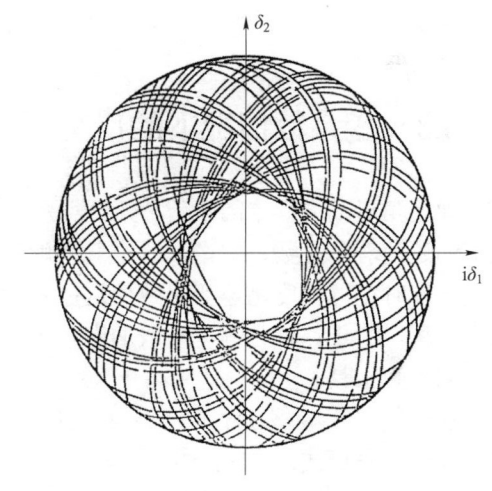

对于 c 型力矩 ($m_c<-1$)，在图 6-7-1 中 $m_c=-1$ 附近圆结点和平面结点的边界也不重合，也形成了一个过渡区，此区域内的点对应着圆结点和平面结点。按图 6-7-1 的条件 $H_0<0, H_2>0$，这两个结点都是稳定的。这时对于同一个 M_2/H_2 值在广义振幅平面上将有两个稳定结点，平面结点在 L_1 线上，圆结点在 x_1 轴和 x_2 轴上，因此可以推想在 L_1 线和 x_1 轴、x_2 轴之间必定还存在鞍点。曾经对这个区域中的一点 ($m_c=-1.1, M_2^*/H_2=-1/9$) 用数值积分法直接计算过广义振幅方程，结果得积分曲线如图 6-7-4 所示，它证实了广义振幅平面上在 $x_1(x_2)$ 与 L_1 线上的确各有一个稳定的结点，而在这几条线之间的区域上的确还有一对对称分布的鞍点。弹箭究竟实现何种极限运动，取决于初始条件使相点靠近哪个结点。如果弹箭开始接近于平面运动就能实现极限平面运动，如果弹箭开始接近于圆运动就能实现极限圆运动。图 6-5-5 即对应于图 6-7-4 振幅平面的极限平面运动。当 M_2^*/H_2 在图 6-7-1 的两

弹箭非线性运动理论

个结点边界线之间移动时，广义振幅平面上的这一对鞍点也在上述两个结点之间移动。

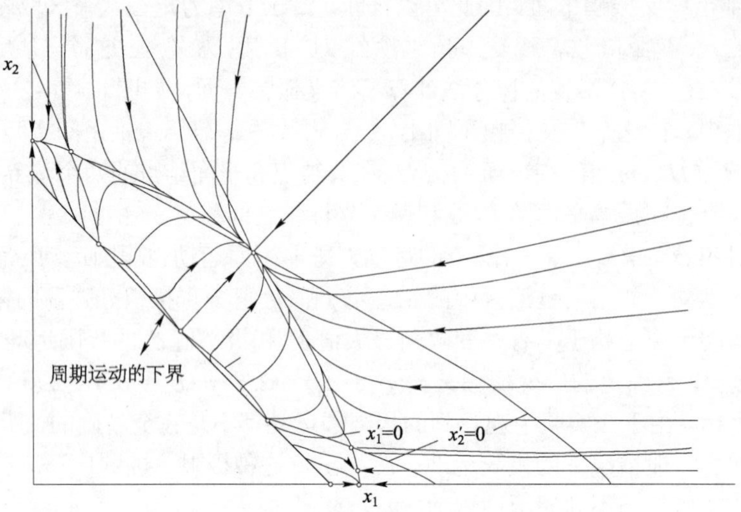

图 6-7-4　广义振幅平面（c 型力矩）

$(m_c = -1.1,\ M_2^* / H_2 = -1/9)$

6.8　变系数情况下的广义振幅方程

弹箭角运动方程中的系数 $H,\ T,\ M,\ P$ 除了与攻角有关而形成非线性特性外，在许多情况下的还随着马赫数、雷诺数、空气密度的变化而变化，特别是高射、投弹和弹道式导弹再入大气层时空气密度迅速变化致使这些系数变化很大，这就使弹箭角运动方程成为变系数非线性方程。对于这种方程，一般的数学工具是无能为力的，而摄动法是对这种方程进行定性分析的有力工具。

现在仍研究本章方程（6-1-1），但考虑系数 $H,\ M,\ P,\ T$ 可变的情况。方程（6-1-1）仍应写成如下形式：

$$\xi'' - iP\xi' - (M_0 + M_2\delta^2)\xi = -\left(H - \frac{\eta'}{\eta}\right)\xi' + (M^*[(\delta^2)'] + iPT)\xi \qquad (6-8-1)$$

仍作坐标变换 $\xi = \tilde{\xi}\mathrm{e}^{\mathrm{i}\frac{P}{2}s}$ 将方程转换到以 $P/2$ 角速度转动的坐标系里去，得

$$\tilde{\xi}'' - (\hat{M}_0 + M_2\delta^2)\tilde{\xi} = -\left(H - \frac{\eta'}{\eta}\right)\tilde{\xi}' + \left\{M^*[(\delta^2)'] + iP\left(T - \frac{H}{2} + \frac{\eta'}{2\eta}\right)\right\}\tilde{\xi} \qquad (6-8-2)$$

式中

$$\hat{M}_0 = M_0 - \frac{P^2}{4}$$

方程（6-8-2）的共轭方程为

$$\bar{\tilde{\xi}}'' - (\hat{M}_0 + M_2\delta^2)\bar{\tilde{\xi}} = -\left(H - \frac{\eta'}{\eta}\right)\bar{\tilde{\xi}}' + \left\{M^*[(\delta^2)'] - iP\left(T - \frac{H}{2} + \frac{\eta'}{2\eta}\right)\right\}\bar{\tilde{\xi}} \qquad (6-8-3)$$

310

将方程（6-8-2）乘以 $\bar{\tilde{\xi}}$，再将方程（6-8-3）乘以 $\tilde{\xi}$，相减后得

$$C_2' = -\left(H - \frac{\eta'}{\eta}\right)C_2 + P\left(T - \frac{H}{2} + \frac{\eta'}{2\eta}\right)2\delta^2 \tag{6-8-4}$$

$$C_2 = \mathrm{i}(\bar{\tilde{\xi}}'\tilde{\xi} - \bar{\tilde{\xi}}\tilde{\xi}') \tag{6-8-5}$$

C_2 仍为角运动动量矩在速度线上的两倍投影。因 C_2 中不含运动参数，只含运动变量，故在求导时不涉及参数可变问题。所以方程（6-8-4）与常系数情况下的方程（6-1-12）完全相同。

将方程（6-8-2）乘以 $\bar{\tilde{\xi}}'$，方程（6-8-3）乘以 $\tilde{\xi}$，相加得

$$\begin{aligned}
&\tilde{\xi}''\bar{\tilde{\xi}} + \tilde{\xi}\bar{\tilde{\xi}}' + (\hat{M}_0 + M_2\delta^2)(\delta^2)' \\
&= -\left(H - \frac{\eta'}{\eta}\right)(2\tilde{\xi}'\bar{\tilde{\xi}}') + \left\{M^*[(\delta^2)'](\delta^2)' + \right. \\
&\quad \left. \mathrm{i}P\left(T - \frac{H}{2} + \frac{\eta'}{2\eta}\right)(\tilde{\xi}\bar{\tilde{\xi}}' - \bar{\tilde{\xi}}\tilde{\xi}')\right\}
\end{aligned} \tag{6-8-6}$$

如果仍令角运动两倍能量为

$$C_1 = \tilde{\xi}'\bar{\tilde{\xi}}' - \left(\hat{M}_0\delta_2 + \frac{M_2}{2}\delta^4\right) = \tilde{\xi}'\bar{\tilde{\xi}}' - \hat{M}_0\left(\delta^2 + \frac{m_2}{2}\delta^4\right) \tag{6-8-7}$$

式中

$$m_2 = M_2 / \hat{M}_0 \tag{6-8-8}$$

则在考虑系数可变时得到 C_1' 的形式为

$$\begin{aligned}
C_1' &= \tilde{\xi}''\bar{\tilde{\xi}}' + \tilde{\xi}'\bar{\tilde{\xi}}'' - (\hat{M}_0 + M_2\delta^2)(\delta^2)' + \\
&\quad \frac{\hat{M}_0'}{\hat{M}_0}\left[-\hat{M}_0\left(\delta^2 + \frac{m_2}{2}\delta^4\right)\right] - \hat{M}_0\frac{m_2'}{2}\delta^4
\end{aligned} \tag{6-8-9}$$

由此可见，这时方程（6-8-6）左边不等于 C_1'，但利用式（6-8-9）可将方程（6-8-6）写成如下形式：

$$\begin{aligned}
C_1' &= -\left(H - \frac{\eta'}{\eta}\right)(2C_1 + 2\hat{M}_0\delta^2 + M_2\delta^4) + \\
&\quad M^*[(\delta^2)'](\delta^2)' + P\left(T - \frac{H}{2} + \frac{\eta'}{2\eta}\right)C_2 + \\
&\quad \frac{\hat{M}_0'}{\hat{M}_0}\left[-\hat{M}_0\left(\delta^2 + \frac{m_2}{2}\delta^4\right)\right] - \hat{M}_0 m_2'\left(\frac{\delta^4}{2}\right)
\end{aligned} \tag{6-8-10}$$

上式后两项就是变系数对动能的影响。

由于 C_1，C_2 的定义与常系数情况下的定义完全相同，因此由 $C_1' = 0, C_2' = 0$ 解出的基础运动保守解也完全相同，即式（6-1-16）～式（6-1-26）。这样在引入广义振幅 x_1，x_2 后，基础解以 x_1，x_2 表达的形式仍为式（6-1-29）～（6-1-39）式。其中：

$$\begin{aligned}
C_1 &= -\left[2\hat{M}_0(x_1 + x_2) + \frac{M_2}{2}(3x_1^2 + 10x_1x_2 + 3x_2^2)\right] \\
&= -\hat{M}_0\left[2(x_1 + x_2) + \frac{m_2}{2}(3x_1^2 + 10x_1x_2 + 3x_2^2)\right]
\end{aligned} \tag{6-8-11}$$

弹箭非线性运动理论

$$C_2 = 2(x_1 - x_2)\sqrt{-\hat{M}_0 - M_0(x_1 + x_2)}$$
$$= 2(x_1 - x_2)\sqrt{-\hat{M}_0[1 + m_2(x_1 + x_2)]} \tag{6-8-12}$$

但是在对 C_1 和 C_2 求导以建立 C_1', C_2' 与 x_1', x_2' 的关系时又遇到系数 $\hat{M}_0$，m_2 可变的问题，于是得

$$C_1' = -\left[2\hat{M}_0(x_1' + x_2') + \frac{M_2}{2}(6x_1 x_1' + 10x_1' x_2 + 10x_1 x_2' + 6x_2 x_2')\right] +$$
$$\frac{\hat{M}_0'}{\hat{M}_0}C_1 - \hat{M}_0\left\{\frac{m_2'}{m_2}\left[\frac{m_2}{2}(3x_1^2 + 10x_1 x_2 + 3x_2^2) + 2(x_1 + x_2) - 2(x_1 + x_2)\right]\right\} \tag{6-8-13}$$

因此，现在 C_1' 将比常系数情况下多出三项：

$$\frac{\hat{M}_0'}{\hat{M}_0}C_1 - \hat{M}_0\frac{m_2'}{m_2}C_1 + 2\hat{M}_0\frac{m_2'}{m_2}(x_1 + x_2) \tag{6-8-14}$$

此外

$$C_2' = 2(x_1' - x_2')\sqrt{-\hat{M}_0 - M_2(x_1 + x_2)} + 2(x_1 - x_2)\frac{1}{2}\frac{-M_2(x_1' + x_2')}{\sqrt{-\hat{M}_0 - M_2(x_1 + x_2)}} +$$
$$2(x_1 - x_2)\frac{1}{2}\frac{\{-\hat{M}_0[1 + m_2(x_1 + x_2)]\}}{\sqrt{-\hat{M}_0 - M_2(x_1 + x_2)}} \tag{6-8-15}$$

故 C_2' 也比常系数情况下多出两项：

$$\frac{x_1 - x_2}{\sqrt{-\hat{M}_0 - M_2(x_1 + x_2)}}\left(\frac{\hat{M}_0'}{\hat{M}_0}\{-\hat{M}_0[1 + m_2(x_1 + x_2)]\} -\right.$$
$$\left.\hat{M}_0\left\{\frac{m_2'}{m_2}[m_2(x_1 + x_2)] + 1 - 1\right\}'\right) \tag{6-8-16}$$
$$= \frac{1}{2}\left(\frac{\hat{M}_0'}{\hat{M}_0} + \frac{m_2'}{m_2}\right)C_2 + \frac{m_2'}{m_2}\frac{\hat{M}_0(x_1 - x_2)}{\sqrt{-\hat{M}_0[1 + m_2(x_1 + x_2)]}}$$

如果令

$$(C_1')^* = C_1' - \left(\frac{\hat{M}_0'}{\hat{M}_0} + \frac{m_2'}{m_2}\right)C_1 - 2\hat{M}_0\left(\frac{m_2'}{m_2}\right)(x_1 + x_2) \tag{6-8-17}$$

$$(C_2')^* = C_2' - \frac{1}{2}\left(\frac{\hat{M}_0'}{\hat{M}_0} + \frac{m_2'}{m_2}\right)C_2 - \frac{m_2'}{m_2}\frac{\hat{M}_0(x_1 - x_2)}{\sqrt{-\hat{M}_0[1 + m_2(x_1 + x_2)]}} \tag{6-8-18}$$

则方程（6-8-13）和方程（6-8-15）变成如下形式：

$$(C_1')^* = -\left[2\hat{M}_0(x_1' + x_2') + \frac{M_2}{2}(6x_1 x_1' + 10x_1' x_2 + 10x_1 x_2' + 6x_2 x_2')\right] \tag{6-8-19}$$

$$(C_2')^* = 2(x_1' - x_2')\sqrt{-\hat{M}_0 - M_2(x_1 + x_2)} + (x_1 - x_2)\frac{-M_2(x_1' + x_2')}{\sqrt{-\hat{M}_0 - M_2(x_1 + x_2)}} \tag{6-8-20}$$

此二式右边与常系数情况下的 C_1', C_2' 完全相同（见式（6-1-42）、式（6-1-43）），于是在联立求解后将得到形式上完全相同的广义振幅方程：

$$x_1' = \frac{[2+m_2(x_1+3x_2)](C_1')^*}{-2D\hat{M}_0} +$$
$$\frac{[2+m_2(5x_1+3x_2)]\sqrt{-\hat{M}_0[1+m_2(x_1+x_2)]}(C_1')^*}{-2D\hat{M}_0} \quad (6-8-21)$$

$$x_2' = \frac{[2+m_2(3x_1+x_2)](C_1')^*}{-2D\hat{M}_0} +$$
$$\frac{[2+m_2(3x_1+5x_2)]\sqrt{-\hat{M}_0[1+m_2(x_1+x_2)]}(C_2')^*}{-2D\hat{M}_0} \quad (6-8-22)$$

式中

$$D = 4\hat{M}_0^{-2}\omega^2\tilde{\omega}^2$$
$$= [2+m_2(3x_1+2\sqrt{x_1x_2}+3x_2)][2+m_2(3x_1-2\sqrt{x_1x_2}+3x_2)] \quad (6-8-23)$$

将 C_1' 和 C_2' 的表达式（6-8-10）、式（6-8-4）代入式（6-8-17）和式（6-8-18）中，并从式（6-1-52）注意到几何非线项的平均值为零，得

$$(C_1')^* = -2\left(H + \frac{\hat{M}_0'}{2\hat{M}_0} + \frac{m_2'}{2m_2}\right)\left[C_1 + \hat{M}_0\left(\delta^2 + \frac{m_2}{2}\delta^4\right)\right] +$$
$$M^*[(\delta^2)'](\delta^2)' + \hat{M}_0\left(\frac{m_2'}{m_2}\right)[\delta^2 - 2(x_1+x_2)] + \quad (6-8-24)$$
$$P\left(T - \frac{H}{2}\right)C_2$$

$$(C_2') = -\left(H + \frac{\hat{M}_0'}{2\hat{M}_0} + \frac{m_2'}{2m_2}\right)C_2 + 2P\left(T - \frac{H}{2}\right)\delta^2 -$$
$$\left(\frac{m_2'}{m_2}\right)\frac{\hat{M}_0(x_1-x_2)}{\sqrt{-\hat{M}_0[1+m_2(x_1+x_2)]}} \quad (6-8-25)$$

式（6-8-21）～式（6-8-25）就构成了变系数情况下的广义振幅方程。但由于 $(C_1')^*$ 和 $(C_2')^*$ 中含有 δ^{2n}，它们也是 s 的函数，故也需在攻角变化一周内平均。由此方程可对已知的空气动力组合参数 H，T，M 及其变化梯度 $\hat{M}_0'/\hat{M}_0$，m_2'/m_2 用电子计算机计算广义振幅平面上积分曲线的分布，从而确定奇点的位置和类型及有界运动的边界线等，进一步分析弹箭运动的稳定条件和极限运动的形式等。

如果只考虑弹箭在指数大气中上升或下降，由于空气密度变化对空气动力的影响，则 $\hat{M}_0$ 和 m' 可计算如下：

$$\frac{\hat{M}_0'}{\hat{M}_2} = -\frac{M_0'}{M_0 - \frac{P^2}{4}} = \frac{M_0'}{M_0}\frac{1}{1-s_g} \quad (6-8-26)$$

$$= \frac{\rho'}{\rho} \frac{1}{1-s_g} = \frac{-\beta \sin \theta}{1-s_g} = \frac{\bar{\beta}}{1-s_g}$$

$$\frac{m_2'}{m_2} = \frac{\hat{M}_0}{\hat{M}_2} \left(\frac{M_2' \hat{M}_0 - \hat{M}_0' M_2}{\hat{M}_0^2} \right) = \frac{M_2'}{M_2} - \frac{\hat{M}_0'}{\hat{M}_0}$$

$$= \bar{\beta} - \frac{\bar{\beta}}{1-s_g} = \frac{-s_g}{1-s_g} \bar{\beta}$$

$$(6-8-27)$$

并且

$$\frac{\hat{M}_0'}{\hat{M}_0} + \frac{m_2'}{m_2} = \bar{\beta} \qquad (6-8-28)$$

当弹箭上升时，$\bar{\beta} < 0$；下降时，$\bar{\beta} > 0$。仅考虑密度变化的影响时，方程（6−8−24）和方程（6−8−25）将被适当简化。

更特殊的是，对于非旋转弹在指数大气中上升或下降的情况，这时因 $s_g = 0$，则得

$$m_2' = 0, \quad \frac{M_0'}{M_0} = \bar{\beta} \qquad (6-8-29)$$

于是方程（6−8−24）和方程（6−8−25）与常密度情况下的广义振幅方程相比，只是在计算 $(C_1')^*$ 和 $(C_2')^*$ 时，在阻尼系数 H 中加了一个密度梯度因子 $\bar{\beta}/2$，这样在研究非旋转弹在指数大气中飞行时就完全可以借用常密度情况下的研究结果，只需将各种表达式中的 H_0 改为

$$H_0 + \bar{\beta}/2 \qquad (6-8-30)$$

即可（因为 H_2 是 δ^2 项的系数，它与 $\bar{\beta}/2$ 不属于同类项，故 $\bar{\beta}/2$ 不能加到 H_2 上去）。

为了说明摄动法处理变系数问题时的能力，下面举一个最简单的例子，并与拟线性法处理同一问题的结果进行比较。

所说明的例子是具有三次方静力矩和线性阻尼的非旋转弹，在指数大气中做对称平面运动的情况，研究一下空气密度变化对攻角振幅 δ_m 的影响。弹箭的运动方程为

$$\Delta'' + H_0 \Delta' + (M_0 + M_2 \delta^2) \Delta = 0 \qquad (6-8-31)$$

首先用拟线性法解此问题，仍设方程的解具有二圆运动形式：

$$\Delta = K_1 \mathrm{e}^{i\phi_1} + K_2 \mathrm{e}^{i\phi_2} \qquad (6-8-32)$$

这里 K_j 和 ϕ_j' 都是 s 的函数，求出 Δ' 和 Δ''，并与 Δ 一起代入方程（6−8−31）中去，将得到的各项按 K_1 模圆运动、K_2 模圆运动分组，然后略去各组实部中比 $(\phi_j')^2$ 小得多的小阻尼项 $\lambda_j, \lambda_j^2, \lambda_j' H_0$ 等，最后将方程在 $\hat{\phi} = \phi_1 - \phi_2$ 变化一周内平均，即得到拟线性频率方程和阻尼方程（参见式（4−5−9）～式（4−5−10））：

$$\phi_1' = \sqrt{-M_0 [1 + m_2 (K_1^2 + 2K_2^2)]} \qquad (6-8-33)$$

$$\phi_2' = \sqrt{-M_0 [1 + m_2 (2K_1^2 + K_2^2)]} \qquad (6-8-34)$$

$$\frac{K_1'}{K_2} = \lambda_1 = -\frac{H_0}{2} - \frac{\phi_1''}{2\phi_1'} \qquad (6-8-35)$$

$$\frac{K_2'}{K_2} = \lambda_2 = -\frac{H_0}{2} - \frac{\phi_2''}{2\phi_1'} \qquad (6-8-36)$$

与以前不同的是，现在计算 ϕ_1'' 和 ϕ_2'' 时必须考虑 M_0 和 M_2 随空气密度变化而变化，利用式（6-8-29）得

$$\phi_1'' = \frac{1}{2\phi_1'}\{-M_0\overline{\beta}[1+m_2(K_1^2+2K_2^2)] - M_0 m_2(2K_1 K_1' + 4K_2 K_2')\} \quad (6-8-37)$$

$$\lambda_1 = -\frac{H}{2} - \left\{\frac{-M_0\overline{\beta}[1+m_2(K_1^2+2K_2^2)] - M_0 m_2(2K_1 K_1' + 4K_2 K_2')}{4\{-M_0[1+m_2(K_1^2+2K_2^2)]\}}\right\}$$

$$= \left(-\frac{H}{2} - \frac{\overline{\beta}}{4}\right) - \frac{m_2 K_1^2}{2[1+m_2(K_1^2+2K_2^2)]}\lambda_1 - \frac{2m_2 K_2^2}{2[1+m_2(K_1^2+2K_2^2)]}\lambda_2 \quad (6-8-38)$$

此方程与方程（4-5-13）的区别只是以 $(-H/2-\overline{\beta}/4)$ 代替了其中的 λ_1^*。由方程（6-8-36）也可得到与方程（4-5-14）类似的方程，只需将其中的 λ_2^* 代之以 $(-H/2-\overline{\beta}/4)$ 即可。由此可知，将方程（6-8-35）、方程（6-8-36）对 λ_1 和 λ_2 联立求解后，拟线性阻尼方程仍具有方程（4-5-15）的形式，即

$$\lambda_j = a_{j1}\left(-\frac{H}{2}-\frac{\overline{\beta}}{4}\right) + a_{j2}\left(-\frac{H}{2}-\frac{\overline{\beta}}{4}\right) \quad (6-8-39)$$

其中系数 a_{j1}, a_{i2} 仍为式（4-5-15）中所列。当弹箭做对称平面运动时：

$$K_1 = K_2 = K_p = \frac{1}{2}\delta_m^2 \quad (6-8-40)$$

$$m_p = \frac{M_2}{M_0}\delta_p^2 = \frac{4M_2}{M_0}K_p^2 \quad (6-8-41)$$

故可算出

$$a_{11} = \frac{2(4+3m_p)(8+7m_p)}{(8+9m_p)(8+5m_p)} \quad (6-8-42)$$

$$a_{12} = \frac{-4m_p(4+3m_p)}{(8+9m_p)(8+5m_p)} \quad (6-8-43)$$

并且 $a_{21}=a_{12}$, $a_{22}=a_{11}$。因此 λ_1 和 λ_2 两方程可紧缩为一个方程：

$$\lambda_1 = \lambda_2 = \frac{K_p'}{K_p} = \frac{\delta_m'}{\delta_m} = (a_{11}+a_{12})\left(-\frac{H_0}{2}-\frac{\overline{\beta}}{4}\right)$$

$$= \frac{2(4+3m_p)}{8+9m_p}\left(-\frac{H_0}{2}-\frac{\overline{\beta}}{4}\right) \quad (6-8-44)$$

由式（6-8-44）即可看出密度梯度 $\overline{\beta}$ 对角运动阻尼和稳定性的影响。

对于线性静力矩 $m_p=0$，式（6-8-44）就退化为线性理论中的式（3-3-28）在 $P=s_g=0$ 的情况，并可以得出简短的结论：在指数大气中上升（$\overline{\beta}<0$）的非旋转弹，由于密度梯度的影响使阻尼减小，稳定性变坏；反之，下降时稳定性变好。但在考虑非线性静力矩时，这一结论只对 a，c 型力矩及 b 型力矩当 $-8/9<m_p<0$ 时成立。对于 b 型力矩在 $-1<m_p<-8/9$ 时，由于 $4+3m_p>0$，$8+9m_p<0$，将得出恰好相反的结论。

弹箭非线性运动理论

式（6-8-44）在 $m_p = -8/9$ 处有一个极点，根据上面的分析可知，在指数大气中上升的非旋转弹，攻角将最多只能增长到 $\delta_m = [(-8/9)(M_0/M_2)]^{\frac{1}{2}}$。但 b 型力矩在常密度和无阻尼情况下的精确解却表明 $-1 < m_p < 0$ 内都能实现对称平面运动，也即 δ_m 最大可以到 $(-M_0/M_2)^{\frac{1}{2}}$，故拟线性方法的结论令人怀疑。

为此再用摄动法解同一问题以资比较。因为弹箭做对称平面运动，故 $x_1 = x_2 = x_p = \delta_m^2/4$，$C_2' = 0$，于是广义振幅方程（6-8-21）和方程（6-8-22）紧缩成一个方程：

$$\left(\frac{\delta_m^2}{4}\right)' = \frac{2+m_p}{-2(2+2m_p)(2+m_p)M_0}(C_1')^* \tag{6-8-45}$$

而

$$(C_1')^* = \left\{-2\left(H_0 + \frac{\overline{\beta}}{2}\right)\left[C_1 + M_0\left(\delta^2 + \frac{m_2}{2}\delta^4\right)\right]\right\}_a \tag{6-8-46}$$

此平均值的计算与 6.5 节中式（6-5-32）相同，只需将式（6-5-32）中的 H_0 改为 $(H_0 + \overline{\beta}/2)$ 即可，并且还要注意到，现在研究的是弹箭已做对称平面运动，而不是准对称平面运动，故要令（6-5-32）中的 $\varepsilon = \eta = 0$，于是得到

$$(C_1')^* = \frac{M_0\delta_m^2}{2}\left[2\left(H_0 + \frac{\overline{\beta}}{2}\right)(2 + m_p - 2A_2 - m_pA_4)\right] \tag{6-8-47}$$

将式（6-8-47）代入式（6-8-45）中，并注意到 $(\delta_m^2)' = 2\delta_m(\delta_m')$，得

$$\left(\frac{\delta_m'}{\delta_m}\right) = \frac{-(2 + m_p - 2A_2 - m_pA_4)}{1 + m_p}\left(\frac{H_0}{2} + \frac{\overline{\beta}}{4}\right) \tag{6-8-48}$$

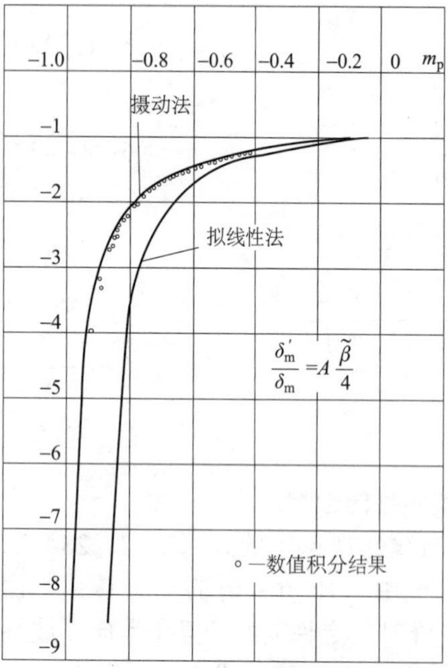

图 6-8-1　摄动法、拟线性法与数值积分结果的比较

此式表明，对于 b 型力矩 δ_m 的极值在 $m_p = -1$ 处，也即 $\delta_m = (-M_0/M_2)^{\frac{1}{2}}$ 处，这就比拟线性法得出的极值 $\delta_m = [(-8/9)(M_0/M_2)]^{\frac{1}{2}}$ 要合理得多。

方程（6-8-31）在 $H_0 = 0$ 和常密度情况下就变为 5.2 节中的方程（5-2-1），它具有精确解，见式（6-1-16）～式（6-1-26）。而在式（6-8-48）和式（6-8-44）中令 $H_0 = 0$，则表示在变密度情况下，用摄动法和拟线性法求得的变空气密度对精确解振幅 δ_m 的影响。由式（6-8-48）和式（6-8-44）可见，这两种方法得出的结果相差较大，两式 $\overline{\beta}/4$ 前的系数（都记为 A）随 m_p 变化的曲线如图 6-8-1 所示。为了比较它们的准确性，曾用数值积分在 $H_0 = 0$，以及非旋转弹在指数大气中做对称平面运动的情况做过计算。由方程（6-8-31）得到 δ_m 的变化情况，并计算出 δ_m 的对数导数 (δ_m'/δ_m)，再由对数导数除以 $\overline{\beta}/4$ 而得到比例系数 A。数值积分得到

316

的 A 值也标在图 6-8-1 中，结果发现摄动法的结果与准确数值积分十分吻合，而拟线性法的结果则与准确数值积分相差较远。

在 5.3 节中曾讨论过无阻尼 ($H_0=0$) 时方程 (6-8-31) 的精确频率与拟线性频率的比较，那时曾指出二者十分吻合。这表示拟线性法能较好地求得非线性运动的频率，但不能同样好地求得阻尼；而且情况越复杂，考虑的因素越多时拟线性法的误差将有所增大，相比之下摄动方法更精确一些。

第 7 章
非线性气动系数的获取

7.1 概述

前面讲述了弹箭非线性运动理论，无论是为了验证这些理论还是应用这些理论，都必须有准确的非线性气动力系数，都必须研究非线性气动力的获取方法。

目前确定作用在飞行物体上气动力的方法大致分为三种。一种是理论计算，此法又分为两支：一支是数值计算法，即利用准确的空气动力学偏微分方程，以飞行体外形为边界条件，在一定马赫数、雷诺数下用高速电子计算机求方程的数值解，得到飞行体表面上的压力分布，进而积分求得各个气动力和力矩系数；另一支是工程估算法，它利用近似理论解，并加进准确数值解、风洞试验和经验数据得到的一些图表、曲线和近似公式等，用半经验半理论的方法计算飞行体上的空气动力和力矩系数。第二种方法是风洞试验法，以不同马赫数和雷诺数的气流流过安装在风洞试验段内的飞行体或其模型，并利用各种测力天平测出作用在物体上的气动力，再由计算机计算出气动力和力矩系数。第三种是射击试验法，即在靶道内或在野外，将飞行体或其模型从发射装置（如火炮、火箭炮或轻气炮）中射出，并利用各种仪器测量和记录自由飞行物体的质心位置坐标、姿态角、滚转角等，再用飞行体的运动方程去拟合试验结果，以求得包含在运动方程中的气动力和力矩系数，也即反问什么样的气动力才能形成所测得的运动，这种方法称为气动力辨识。

这三种方法各有优缺点。理论计算能较好地了解物体周围的流场和压力分布情况，便于分析各种气动力产生的机理，对于预先了解所设计外形的气动力特性较方便，并易于将多种外形设计方案进行比较，节省人力、物力、财力。但在考虑飞行体角运动而产生的非定常流时，理论计算较困难，因此不可能很好地反映飞行体动态过程中的气动力情况。风洞试验法也能较好地了解物体周围的流场情况，便于分析各种气动力产生的物理本质，可以实测出飞行体上的气动力和力矩系数，故还可用于校核理论计算的准确性，并可以为进一步发展空气动力学理论提供一些流动的物理模型。但这种试验往往比较昂贵、费时，吹风试验中也很难模拟飞行体的各种运动，使动态情况下的气动力测定较困难，并且由于模型支撑杆的干扰和洞壁反射，使测得的气动力（虽经修正）带有误差。

从飞行体或其模型的自由飞行试验中提取空气动力系数的方法，虽然不能了解物体周围的流场和压力分布情况，也不能深入涉及各气动力产生的物理本质，但由于物体是自由飞行，所以没有风洞试验所特有的支撑干扰、洞壁反射，并且能将物体运动状态下的各种气动力反映出来，因此由此法得到的气动力系数往往能较好地符合物体的运动，在测气动力的同时，此法还能检验飞行体的动态稳定性，附带还能测出初始扰动，故此法已广泛地用于火箭、炮弹、洲际导弹，甚至战斗机模型的气动力辨识。但这种方法在很大程度上依赖于描述自由飞行物体运动方程的准确性，以及试验数据采集的精度。

从自由飞行试验数据求取弹箭空气动力系数的方法，是从射击试验求弹箭初速和迎面阻力系数等简单问题逐渐发展起来的。过去测阻力系数和初速的试验是比较简单的，通常是在水平射击中利用各种区截装置（如螺感线圈）测得相距一段距离 L 上两点的速度 V_1 和 V_2，再利用动能定理，根据两点动能之差得 L 距离上的平均阻力 R_x 和阻力系数 c_x。此外还可由 V_1 和 V_2 反求炮口速度 V_0。以后进一步发展到利用纸靶记录弹箭在飞行中穿过纸靶留下的弹孔，整理出弹箭运动的攻角曲线和进动角曲线，以及质心坐标变化情况。利用攻角曲线的振幅、周期、衰减率测定初始扰动 δ_0、静力矩系数 m_z'、赤道抑制力矩系数 m_{zz}' 等，利用螺线弹道路的半径求升力系数 c_y' 和马氏力系数 c_z' 等。为了避免纸靶对弹箭运动的干扰以及便于控制试验条件，国外发展了靶道测试技术，沿靶道布置若干对闪光摄影机，每站两台摄影机，摄影方向互相垂直，利用同步闪光装置，在弹箭飞过摄影站的瞬间，将弹箭飞行姿态记录在两张互相垂直的底片上，再通过底片的判读换算整理出弹箭的复攻角、滚转角和质心位置坐标变化曲线。最后再利用弹箭运动方程拟合这些试验数据，以求得包含在运动方程内的各个气动系数。目前，我国也有两条室内靶道——南京理工大学国防重点实验室靶道和兵器工业轻武器研究所靶道，并且已采用了高速录像、高速照相等现代技术。

由此可见，从自由飞行试验求气动力系数的工作分为两大步骤，一是数据的采集，二是数据的处理。数据的采集涉及试验原理、仪器设备、判读转换方法等大量问题，这将在新出版的《实验外弹道学》中讲述。而数据处理将涉及数据处理的数学方法和计算机程序的编制。本书只讲从自由飞行试验中提取气动力系数的数学方法。

从自由飞行试验数据反求气动力系数的数据处理中，最简单的方法是利用试验数据的局部信息，反求某一部分空气动力系数，例如根据攻角曲线的周期反求静力矩系数，由螺线弹道半径反求升力系数 c_y' 和马氏力系数 c_z' 等。这种数据处理方法的优点是可以分别设计试验方法，以突出某一气动参数的测量，而缺点是没有充分利用试验可以获得的全部信息。最后，这种方法依赖于弹箭运动方程的解析解，而只有线性运动方程具有解析解，故此法不能用于非线性气动系数的测量。

为了充分利用试验得到的信息，系统而全面地考虑各气动力对运动量的影响，以求得更精确的气动系数，目前已出现了许多数据处理方法，如最大似然法、参数微分法（C-K 法）、卡尔曼滤波法等，而其中绝大多数是以最小二乘回归方法为基础的。因为这个问题从本质上讲是一参数优化问题，而优化的目标函数常取为理论计算数据与实测数据之差相拟合的残差平方和，优化的过程就是要找到一组气动力参数使残差平方和极小。基于最小二乘法的数据处理方法又分为两种。

第一种方法仍要利用弹箭运动方程的解析解，将解中的气动系数、初始条件作为未知参数，用最小二乘法迭代拟合试验数据，由最优拟合来确定气动系数的数值。这种方法已能从一次测量数据中求出作用在弹箭上多种气动系数和初始条件，但其缺点在于它也要利用运动方程的解析解，故只能用于拟合气动性能线性特性较好的弹箭气动力。在考虑气动力非线性时，弹箭角运动方程求不出解析解，使这种方法遇到极大的障碍。美国陆军弹道研究所的墨菲（Muphy）曾用拟线性法求得了近似描述非线性运动的二圆运动的频率和阻尼指数表达式，并据此借用线性运动方程数据处理方法求得了非线性气动系数。这种方法是巧妙的，也是切实可行的，并且已使用了若干年。但这种拟线性方法的最大缺点是要做多次不同攻角水平的试验才能求得非线性气动系数，因而是昂贵费时的，其结果的精度也受到方程简化以及拟线性方法的原理误差的限制。

第二种方法是不需要求得弹箭角运动方程的解析解，而直接利用微分方程本身给定不同的气动系数进行计算去拟合试验结果。即通过不断修改气动系数以获得理论计算的运动参数与试验结果的最优拟合，求得弹箭的气动系数。这种方法的优点是回避了数学上求解非线性变系数微分方程的困难，它不要求人们掌握非线性变系数微分方程求解知识，也不需要对方程作什么简化，因此，可以详细地考虑各种非线性气动力的影响。

1969 年纽约第七届航空科学会议上，美国宇航局 Ames 研究中心的 Chapman－Kirk 发表的论文《从自由飞行数据中提取空气动力系数的新方法》中介绍了"参数微分法"，并列举了算例（见参考文献和 7.3 节）。此文立即受到空气动力学者和弹道学者的重视，并很快得到广泛的应用。几十年来这一方法的应用已变得越来越完善，产生了许多成型配套的软件。实际上，早在 1966 年 Goodman 就曾在《应用数学季刊》上发表过与此方法类似的文章，但遗憾的是他将这种文章发表在数学杂志上未引起空气动力学者和弹道学者的注意。Chapman－Kirk 独立研究的这一方法就属于上述第二种方法，其优点是不需要对运动方程的解有什么知识，也不需要对运动方程作什么简化，不依赖人为的判断，拟合得到的参数是唯一的、最优的，并且对未知参数的初始估值要求不高，迭代计算的收敛率较高，收敛速度也快，因此曾一度被认为是最好的数据处理方法。

但是参数微分法也是基于利用最小二乘原理的方法，故当测试数据较少时误差较大，此外对于微弱可测参数，它有时使正规方程系数矩阵变成准奇异矩阵，即 $|A| \approx 0$，这时拟合误差将会很大。

近年来，由于飞机、导弹和宇航领域内最优控制理论的发展，一种用于动力系统状态和参数最优估计的一般方法——卡尔曼滤波法已逐渐发展起来。美国空军军械研究所将此法改进后应用到自由飞行数据处理中，并与参数微分法进行了对比。结果发现，在观测数据较少且对数值较小的参数进行估值的情况下，卡尔曼滤波法都能比参数微分法给出更好的结果。只有在测试站多于 50 个点的情况下，参数微分法才略比卡尔曼滤波法性能好一点。因此，在自由飞行数据处理中，改进卡尔曼滤波法将与参数微分法并行使用，并有取代参数微分法的趋势。

本书只打算简略介绍从自由飞行数据提取空气动力系数的一般原理和数学方法，以讲述业已成熟并广为使用的参数微分法为主，也介绍一下拟合线性运动的微分修正法。至于数据采集和程序设计中的大量问题，将在其他课程里讲述。

7.2　线性气动系数的测量（微分修正法）

微分修正法是基于最小二乘法的数据拟合方法，它需借助于运动方程的解析解，因此特别适用于用常系数线性微分（可以求得解析解）方程描述的物理系统的参数拟合问题。本节准备将此法用于拟合弹箭攻角测试数据，以反求弹箭的线性气动力和力矩系数，至于用拟合弹箭质心速度的测试数据以求取线性阻力系数的问题，也可用此法解决。为了拟合出气动力和力矩系数需做弹箭自由飞行试验，以测得弹箭的攻角和质心坐标。

测定攻角的试验最好是在靶道里进行，这样可以基本上做到对弹箭运动没有干扰，但靶道建设和试验都是昂贵的，目前通常用来测定攻角的方法多是纸靶法，简述如下：

在接近水平射击的正前方，等间隔或不等间隔地放上一些纸靶，纸靶不能太厚，要柔脆适中，纸靶面垂直于射向，也垂直于地面，射击线大致通过靶面中心。第一靶距炮口的距离要求并不严格，只要能避开炮口冲击波的影响，并留出弹托分离的足够空间即可，同时还要根据地形照顾纸靶的方便。为了全面测量气动系数，每个章动周期内应放 16 个靶左右，并且最好能测到 2~3 个章动周期（或波长）内攻角的变化。弹箭速度方向基本上垂直于靶面，射击前用重锤吊线在纸靶上画出铅垂线，并用光学仪器标出炮膛轴线与靶面的交点作为坐标原点，如图 7-2-1 所示。

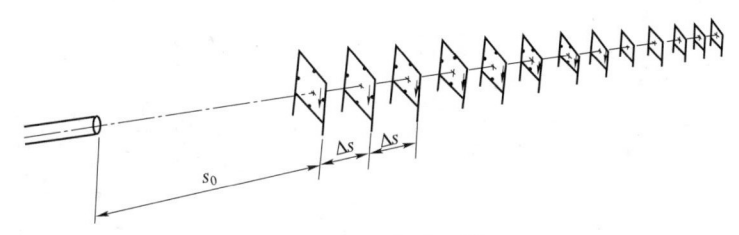

图 7-2-1　纸靶布置情况

射击后弹箭将在纸靶上留下弹孔（图 7-2-2 和图 7-2-3）。对于旋转弹，可由弹孔长径 l 的大小，并根据外形尺寸计算出攻角 δ，也可用弹孔长径直接从预先作好的弹孔长径与攻角的关系曲线（即 l-δ 曲线）查取攻角的大小（图 7-2-4）。对于尾翼弹，则可根据弹箭头部穿孔中心与尾翼穿孔中心间的长度确定攻角的大小（图 7-2-4）。此外，由弹孔长径方向或头部穿孔中心与尾翼穿孔中心的连线方向确定攻角平面的方位，于是可测得进动角 v 的大小。

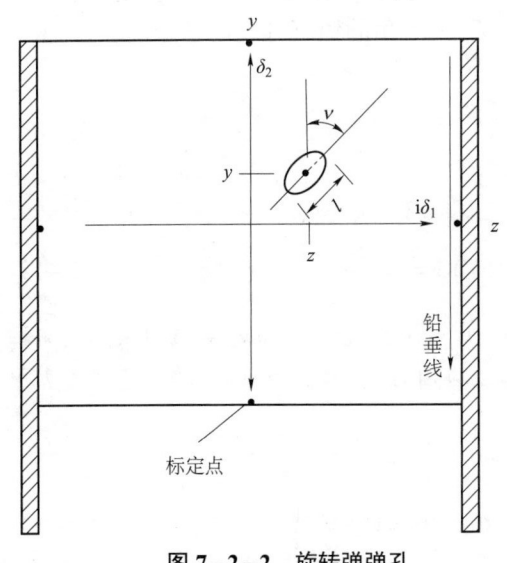

图 7-2-2　旋转弹弹孔 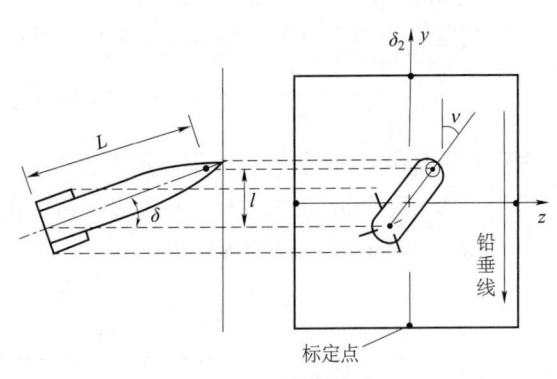　　　　**图 7-2-3　尾翼弹弹孔**

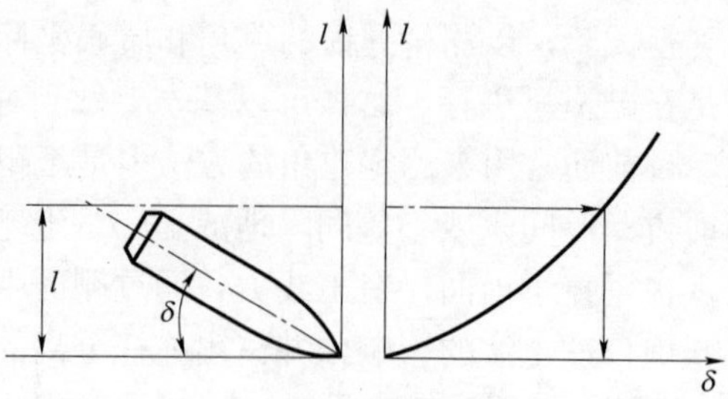

弹箭非线性运动理论

图 7-2-4　弹孔长径 l 与攻角 δ 的关系

由各纸靶测量的结果可得到 δ-s 曲线以及复攻角 Δ-s 曲线，如图 7-2-5 所示。

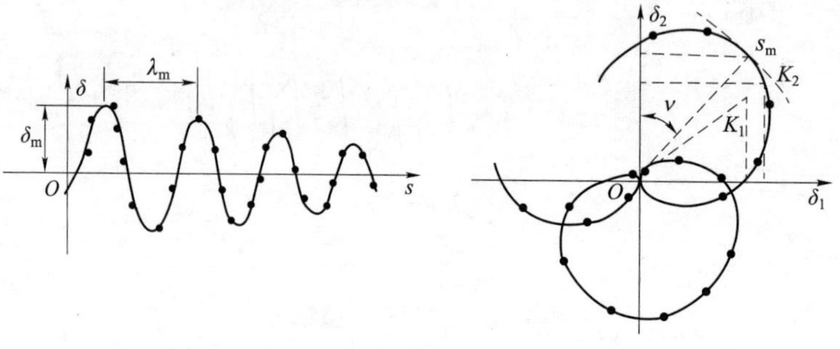

（a）　　　　　　　　　　　　　　　（b）

图 7-2-5　攻角幅值和复攻角曲线

7.2.1　微分修正方法

设弹箭做水平飞行试验，已用纸靶法或闪光照相法测得其通过各个测试点（纸靶或闪光摄影站）的两个攻角分量 δ_{1c}，δ_{2c}，质心坐标（x, y, z），速度 V 以及滚转角 γ、时间 t 等。其中 x 是沿射向各测试站的坐标，水平射击时 $x \approx s$，x 可预先精确测定。y，z 为在垂直射向的平面上（如纸靶面上）弹箭质心的两个横向坐标。δ_{1c} 为攻角的铅直分量，δ_{2c} 为攻角的水平分量，可由测得的攻角模 δ 和进动角 v 换算得出

$$\delta_{1c} = \delta \cos v, \quad \delta_{2c} = \delta \sin v$$

现需由这些测试数据反求弹箭的各气动力和力矩系数。

在线性气动力作用下，弹箭接近水平飞行时，攻角方程为

$$\Delta'' + (H - \mathrm{i}P)\Delta' - (M + \mathrm{i}PT)\Delta = -\mathrm{i}\frac{Pg}{V^2} \tag{7-2-1}$$

此方程右边是由第 2 章中线性角运动方程令 $\theta \approx 0, \dot{\theta} \approx \mathrm{const}, \ddot{\theta} \approx 0$ 和 $k_{zz} \approx 0$ 得来的。方程的解为齐次方程的通解与重力非齐次解的和，也即复攻角 Δ 为初始扰动产生的攻角与动力平衡角之和，可写成如下解析解形式：

$$\Delta = K_1 \mathrm{e}^{\mathrm{i}\varphi_1} + K_2 \mathrm{e}^{\mathrm{i}\varphi_2} + \Delta_\mathrm{p} \tag{7-2-2}$$

式中　　　　　　　　$K_j = K_{j0}\mathrm{e}^{\lambda_j s}; \quad \Phi_j = \Phi'_j s + \Phi_{j0} \quad (j = 1, \ 2)$

其中阻尼指数 λ_j 和圆运动频率 Φ'_j 由方程（7-2-1）的特征根确定，即

$$l_j = \lambda_j + \mathrm{i}\Phi'_j = \frac{1}{2}\left[-(H-\mathrm{i}P) \pm \sqrt{(H-\mathrm{i}P)^2 + 4(M+\mathrm{i}PT)}\right] \qquad (7-2-3)$$

当已知各气动系数时，上式中的 H，P，T，M 均为已知，于是很容易算得 λ_j 和 Φ'_j，于是弹箭在一定初始条件下的运动便是确定的，故可算得任一距离上的复攻角 Δ 或其分量

$$\begin{aligned}\delta_2 &= K_1 \cos\Phi_1 + K_2 \cos\Phi_2 + \delta_{1p} \\ &= \delta_2(K_{10}, K_{20}, \lambda_1, \lambda_2, \Phi_{10}, \Phi_{20}, \Phi'_1, \Phi'_2, \delta_{1p})\end{aligned} \qquad (7-2-4)$$

$$\begin{aligned}\delta_1 &= K_1 \sin\Phi_1 + K_2 \sin\Phi_2 + \delta_{2p} \\ &= \delta_1(K_{10}, K_{20}, \lambda_1, \lambda_2, \Phi_{10}, \Phi_{20}, \Phi'_1, \Phi'_2, \delta_{2p})\end{aligned} \qquad (7-2-5)$$

但在从自由飞行数据求取气动系数的工作中，δ_1 和 δ_2 是实际测得的，并且通过数据处理可以算出相应的运动参数 $K_{10}, K_{20}, \lambda_1, \lambda_2, \cdots, \delta_{1p}, \delta_{2p}$，而气动参数是未知的。为了从运动参数反求出气动参数，需将 H，P，T，M 反过来表示为运动参数的函数。利用韦达定理写出特征根与方程（7-2-1）系数间的关系式，就可解出这种函数关系，即式（2-7-57）~式（2-7-58）。

从自由飞行数据拟合出 $\lambda_1, \lambda_2, \Phi'_1, \Phi'_2$ 后，就可用式（2-7-57）~式（2-7-58）求得 H，P，T，M，再根据 H，P，T，M 的表达式进一步算出各气动系数。因此，下面的主要工作就是如何根据测得的攻角 δ_{1e}, δ_{2e} 拟合出 $\lambda_1, \lambda_2, \Phi'_1, \Phi'_2$。

设有 N 个测试点，任一测试点上测得的攻角记为 δ_{1e}, δ_{2e}，而由运动方程的理论解，按式（7-2-4）和式（7-2-5）算出的攻角记为 δ_1, δ_2。先做如下的残差平方和作为最优拟合目标函数：

$$\varepsilon = \sum_{i=1}^{N} W_i[(\Delta\delta_1)^2 + (\Delta\delta_2)^2]_i = \varepsilon(\mu_1, \mu_2, \cdots, \mu_{10}) \qquad (7-2-6)$$

式中

$$\Delta\delta_1 = \delta_{1e} - \delta_1 = \delta_{1e} - \delta_1(\mu_1, \mu_2, \cdots, \mu_{10}) \qquad (7-2-7)$$

$$\Delta\delta_2 = \delta_{2e} - \delta_2 = \delta_{2e} - \delta_2(\mu_1, \mu_2, \cdots, \mu_{10}) \qquad (7-2-8)$$

W_i 为第 i 个测试点数据的加权因子，一般情况下取 $W_i = 1$。而 $\mu_1, \mu_2, \cdots, \mu_{10}$ 表示待求的参数和初始条件，这里取：

$$\mu_1 = K_{10}, \ \mu_2 = K_{20}, \ \mu_3 = \Phi_{10}, \ \mu_4 = \Phi_{20}, \ \mu_5 = \lambda_1,$$
$$\mu_6 = \Phi'_1, \ \mu_7 = \Delta\lambda, \ \mu_8 = P, \ \mu_9 = \delta_{1p}, \ \mu_{10} = \delta_{2p}$$

其中

$$\Delta\lambda = \lambda_1 - \lambda_2, \ P = \Phi'_1 + \Phi'_2 \qquad (7-2-9)$$

之所以取 $\Delta\lambda$ 和 P 作为拟合参量，是因为考虑到对于尾翼非旋转弹 $P=0$，并且因 $\lambda_1 = \lambda_2$，使 $\Delta\lambda = 0$。这样，在拟合非旋转尾翼弹试验数据时，可直接令 $P=0$，$\Delta\lambda = 0$，于是可减少两个未知数。并且根据式（7-2-9）求出的 λ_2 和 Φ'_2 能准确地反映出非旋转尾翼弹角运动的特性，即 $\lambda_2 = \lambda_1, \Phi'_2 = -\Phi'_1$。此外，对于旋转弹，如果能较好地预先确定陀螺转速 P，则在拟合中可把 P 作为已知量，这也可以减少一个待定参数。

现在的任务是要选出一组待定参数 μ_j，使求得的 δ_1, δ_2 的理论值与实测的 δ_{1e}, δ_{2e} 最为接近，按最小二乘原理也即使式（7-2-6）表示的残差平方和最小。这就要求以下各偏导数等于零：

$$\frac{\partial \varepsilon}{\partial \mu_j} = 0 \quad j = 1,\ 2,\ \cdots, N_3 \tag{7-2-10}$$

这里 N_3 为需拟合的待定参数（包括初始条件）的个数，如果这 N_3 个方程都是 μ_j 的线性函数，那就组成了一个线性代数方程组，可以很容易地解出一组待定的参数 μ_j。然而由于现在梯度分量 $\partial \varepsilon / \partial \mu_j$ 是未知函数 μ_j 的非线性函数，要想通过方程组（7-2-10）一下子解出这 N_3 个未知数是不可能的，为此必须采用微分修正迭代的最小二乘法。此方法的要点是选一组未知参数的初始值 $K_{10}^{(0)}, K_{20}^{(0)}, \cdots, \lambda_1^{(0)}, \cdots,$ 按式（7-2-4）～式（7-2-5）算出各测量点处攻角的理论值 $\delta_1^{(0)}, \delta_2^{(0)}$，并算出残差平方和 ε。如果 ε 较大，则可认为是由这一组初始值与待定参数的真值相差过大造成的，于是可设法修正这一组待定参数的数值，修正的方法是在老数值上加上一个修正量 $\Delta \mu_j$，从而得到新的参数估值：$\mu_j^{(1)} = \mu_j^{(0)} + \Delta \mu_j$。如果以新参量 $\mu_j^{(1)}$ 计算得到的 δ_1, δ_2 使残差平方和 ε 变小了，则表示修正的过程收敛，于是继续修改 μ_j，重复计算，一直到 ε 不再减小或达到规定的精度为止。

修正量 $\Delta \mu_j$ 是根据最小二乘原理确定的，其方法是将 δ_1 和 δ_2 的理论计算式（7-2-4）和式（7-2-5）在 $\mu_1^{(0)}, \mu_2^{(0)}, \cdots, \mu_{N_3}^{(0)}$ 附近展成泰勒级数并略去 2 阶以上的小量，得

$$\delta_1 = \delta_1^{(0)} + \sum_{i=1}^{N_3} \frac{\partial \delta_1}{\partial \mu_j} \Delta \mu_j \tag{7-2-11}$$

$$\delta_2 = \delta_2^{(0)} + \sum_{j=1}^{N_3} \frac{\partial \delta_2}{\partial \mu_j} \delta \mu_j \quad (j = 1,\ 2,\ \cdots, N_3) \tag{7-2-12}$$

将它们代入 ε 的表达式中得

$$\varepsilon = \sum_{i=1}^{N} \left\{ \left[(\delta_{1e} - \delta_1^{(0)}) - \sum_{j=1}^{N_3} \frac{\partial \delta_1}{\partial \mu_j} \Delta \mu_j \right]^2 + \left[(\delta_{2e} - \delta_2^{(0)}) - \sum_{j=1}^{N_3} \frac{\partial \delta_2}{\partial \mu_j} \Delta \mu_j \right]^2 \right\} W_i \tag{7-2-13}$$

于是指标函数 ε 就变成 $\Delta \mu_j$ 的函数了。现在的问题就变为要找到一组微分修正量 $\Delta \mu_j$ 使 ε 取极小值，这就要求以下各偏导数等于零：

$$\frac{\partial \varepsilon}{\partial (\Delta \mu_k)} = -2 \sum_{i=1}^{N} \left[\left(R_1 - \sum_{j=1}^{N_3} \frac{\partial \delta_1}{\partial \mu_j} \Delta \mu_j \right) \frac{\partial \delta_1}{\partial \mu_k} + \left(R_2 - \sum_{j=1}^{N_3} \frac{\partial \delta_2}{\partial \mu_j} \Delta \mu_j \right) \frac{\partial \delta_2}{\partial \mu_k} \right] W_i \tag{7-2-14}$$

式中

$$R_1 = \delta_{1e} - \delta_1^{(0)}; \ R_2 = \delta_{2e} - \delta_2^{(0)} \tag{7-2-15}$$

由此得到 N_3 个关于微分修量 $\Delta \mu_j$ 的线性代数方程组，此方程组可写成矩阵形式的正规方程：

$$\boldsymbol{A} \cdot \Delta \boldsymbol{\mu} = \boldsymbol{B} \tag{7-2-16}$$

式中，$\boldsymbol{A}$ 和 $\boldsymbol{B}$ 的元素分别为

$$a_{jk} = \sum_{i=1}^{N} \left(\frac{\partial \delta_1}{\partial \mu_j} \frac{\partial \delta_1}{\partial \mu_k} + \frac{\partial \delta_2}{\partial \mu_j} \frac{\partial \delta_2}{\partial \mu_k} \right) W_i \tag{7-2-17}$$

$$b_k = \sum_{i=1}^{N} \left(R_1 \frac{\partial \delta_1}{\partial \mu_k} + R_2 \frac{\partial \delta_2}{\partial \mu_k} \right) W_i \tag{7-2-18}$$

$$j = 1, 2, \cdots, N_3; \quad k = 1, 2, \cdots, N_3$$

各偏导数列写如下：

$$\frac{\partial \delta_1}{\partial \mu_1} = \frac{\partial \delta_1}{\partial K_{10}} = e^{\lambda_1 s} \sin \Phi_1, \quad \frac{\partial \delta_2}{\partial \mu_1} = \frac{\partial \delta_2}{\partial K_{10}} = e^{\lambda_1 s} \cos \Phi_1$$

$$\frac{\partial \delta_1}{\partial \mu_2} = \frac{\partial \delta_1}{\partial K_{20}} = e^{\lambda_2 s} \sin \Phi_2, \quad \frac{\partial \delta_2}{\partial \mu_2} = \frac{\partial \delta_2}{\partial K_{20}} = e^{\lambda_2 s} \cos \Phi_2$$

$$\frac{\partial \delta_1}{\partial \mu_3} = \frac{\partial \delta_1}{\partial \Phi_{10}} = K_1 \cos \Phi_1, \quad \frac{\partial \delta_2}{\partial \mu_3} = \frac{\partial \delta_2}{\partial \Phi_{10}} = -K_1 \sin \Phi_1$$

$$\frac{\partial \delta_1}{\partial \mu_4} = \frac{\partial \delta_1}{\partial \Phi_{20}} = K_2 \cos \Phi_2, \quad \frac{\partial \delta_2}{\partial \mu_4} = \frac{\partial \delta_2}{\partial \Phi_{20}} = -K_2 \sin \Phi_2$$

$$\frac{\partial \delta_1}{\partial \mu_5} = \frac{\partial \delta_1}{\partial \lambda_1} = sK_1 \sin \Phi_1, \quad \frac{\partial \delta_2}{\partial \mu_5} = \frac{\partial \delta_2}{\partial \lambda_1} = sK_1 \cos \Phi_1$$

$$\frac{\partial \delta_1}{\partial \mu_6} = \frac{\partial \delta_1}{\partial \Phi_1'} = sK_1 \cos \Phi_1, \quad \frac{\partial \delta_2}{\partial \mu_6} = \frac{\partial \delta_2}{\partial \Phi_1'} = -sK_1 \sin \Phi_1$$

$$\frac{\partial \delta_1}{\partial \mu_7} = \frac{\partial \delta_1}{\partial \Delta \lambda} = -sK_2 \cos \Phi_2, \quad \frac{\partial \delta_2}{\partial \mu_7} = \frac{\partial \delta}{\partial \Delta \lambda} = -sK_2 \sin \Phi_2$$

$$\frac{\partial \delta_1}{\partial \mu_8} = \frac{\partial \delta_1}{\partial P} = sK_2 \cos \Phi_2, \quad \frac{\partial \delta_2}{\partial \mu_8} = \frac{\partial \delta_2}{\partial p} = -sK_2 \sin \Phi_2$$

$$\frac{\partial \delta_1}{\partial \mu_9} = \frac{\partial \delta_1}{\partial \delta_{1p}} = 1, \quad \frac{\partial \delta_2}{\partial \mu_9} = \frac{\partial \delta_2}{\partial \delta_{1p}} = 0$$

$$\frac{\partial \delta_1}{\partial \mu_{10}} = \frac{\partial \delta_1}{\partial \delta_{2p}} = 0, \quad \frac{\partial \delta_2}{\partial \mu_{10}} = \frac{\partial \delta_2}{\partial \delta_{2p}} = 1$$

根据每一测试点上的距离 $s(s=x)$，由参数估值 $\mu_j^{(0)}$ 算出相应的 $K_1, K_2, \Phi_1, \Phi_2, \delta_1, \delta_2$ 以及各偏导数值，于是由式（7-2-17）和式（7-2-18）可算出 a_{jk} 和 b_k，再解代数方程组（7-2-16）即得到各微分修正量：

$$\Delta \boldsymbol{\mu} = \boldsymbol{A}^{-1} \boldsymbol{B}$$

$$\boldsymbol{A}^{-1} = \frac{1}{|\boldsymbol{A}|} \begin{pmatrix} A_{11} & A_{12} & \cdots & A_{1N_3} \\ A_{21} & A_{22} & \cdots & A_{2N_3} \\ \vdots & \vdots & & \vdots \\ A_{N_31} & A_{N_32} & \cdots & A_{N_3N_3} \end{pmatrix} \quad （7-2-19）$$

式中，$|\boldsymbol{A}|$ 为矩阵 $\boldsymbol{A}$ 的行列式，A_{jk} 为矩阵 $\boldsymbol{A}$ 中元素 a_{jk} 的代数余子式。这些计算都可由电子计算机完成。将得到的微分修正量 $\Delta \mu_j$ 加上参量的初始估值就得到新的参数估值：

$$\mu_j^{(1)} = \mu_j^{(0)} + \Delta \mu_j \quad （7-2-20）$$

如果对于新参数 $\mu_j^{(1)}$ 的 ε 值已是极小或已满足要求，则迭代过程结果，$\mu_j^{(1)}$ 即待定参数的值。如果 ε 的值还较大，那么就再把 $\mu_j^{(1)}$ 当作 $\mu_j^{(0)}$ 重复上面的计算过程，直到符合要求为止。

每次拟合的或然误差为

$$PE = 0.674\,5\sqrt{\dfrac{\varepsilon}{2N-N_3}} \qquad (7-2-21)$$

而待定参数 μ_j 的或然误差为拟合的或然误差乘以正规方程逆矩阵中相应于 μ_j 的对角线元素的方根，即

$$(PE)_{\mu_j} = PE\sqrt{\dfrac{A_{ij}}{|A|}} \qquad (7-2-22)$$

由式（7-2-21）可见，测试点越多（即 N 越大）则或然误差越小；待拟合的参量越多（即 N_3 越大）则或然误差越大。由式（7-2-22）可见，未知参数的拟合误差除了也有刚才的特点外，还与正规方程系数行列式的值有关。当测试点太少时，系数矩阵 $|A|$ 容易成为准奇异矩阵，也即 $|A| \approx 0$，这时参量拟合的或然误差就会非常大，因此用此法时测试点不能太少。

7.2.2　参数初始估值的选取

为了使迭代过程加快并收敛，参量的初始估值应尽量接近它的真值。下面提供一些参数初始估值选取的方法供参考。

1. P，Φ_1' 初始估值的选取

对于线膛火炮，通常其初速和膛线缠度 η 容易测得，试验弹箭的转动惯量 A 和 C 也容易测得，于是可得到炮口附近的转速 $\dot{\gamma}$ 和陀螺转速 P：

$$\dot{\gamma}_0 = \dfrac{2\pi V_0}{\eta d};\quad P = \dfrac{C}{A}\dfrac{\dot{\gamma}}{V} = \dfrac{C}{A}\gamma'$$

对于斜置尾翼弹，可在一片尾翼上做记号（如装上小的销钉），根据该翼片在各纸靶上穿孔的方位可测出滚转角速度 $\gamma' = \Delta\gamma/\Delta s$，从而算出 P。现在已采用在弹上安装微小型地磁传感器来测转速。

此外，根据测试数据大致描出 $\delta - s$ 曲线，由攻角曲线概略得到波长 $\lambda_{\rm m}$，而波长与攻角变化频率 $\omega_{\rm c}$，以及 $\omega_{\rm c}$ 与快慢圆运动频率有如下关系：

$$\omega_{\rm c} = \dfrac{1}{2}(\Phi_1' - \Phi_2') = \dfrac{1}{2}\sqrt{P^2 - 4M} = \dfrac{2\pi}{\lambda_{\rm m}}$$

因此，有了波长 $\lambda_{\rm m}$ 的近似值就可求得 Φ_1' 的近似值：

$$\Phi_1' = \dfrac{1}{2}(P + \sqrt{P^2 - 4M}) = \dfrac{P}{2} + \dfrac{2\pi}{\lambda_{\rm m}} \qquad (7-2-23)$$

2. 阻尼因子 λ_1，$\Delta\lambda$ 初始估值的选取

因为阻尼指数通常很小，故其初始值可取作零，即 $\lambda^{(0)} = 0, \Delta\lambda^{(0)} = 0$。

3. δ_{1p}，δ_{2p} 初始估值的选取

因为炮口附近弹箭速度较大，弹道较平直，故动力平衡角 δ_{1p} 和 δ_{2p} 实际上很小，其初始估值也可取作零。

4. $K_{10}, K_{20}, \Phi_{10}, \Phi_{20}$ 的选取

因为某一点处的 $K_{10}, K_{20}, \Phi_{10}, \Phi_{20}$ 与该处的攻角 Δ_0 和 Δ_0' 有如下关系（见 2.7 节）：

$$K_{10}{\rm e}^{{\rm i}\phi_{10}} = \dfrac{\Delta_0' - (\lambda_2 + {\rm i}\Phi_2')\Delta_0}{\lambda_1 - \lambda_2 + {\rm i}(\Phi_1' - \Phi_2')} \qquad (7-2-24)$$

$$K_{20}\mathrm{e}^{\mathrm{i}\Phi_{20}} = \frac{\Delta'_0 - (\lambda_1 + \mathrm{i}\Phi'_1)\Delta_0}{\lambda_2 - \lambda_1 + \mathrm{i}(\Phi'_2 - \Phi'_1)} \qquad (7-2-25)$$

现在已取 $\lambda_1 = \lambda_2 = 0, \Phi'_2 = P - \Phi'_1$。因此，只要有了 $s = s_0$ 处的 Δ_0, Δ'_0，则 $K_{10}, K_{20}, \Phi_{10}, \Phi_{20}$ 就可算出。Δ_0 和 Δ'_0 可以这样求得：由测试数据大致描绘出复攻角 $\Delta \sim s$ 变化曲线（图 7-2-5），由图上即可获得所选取的坐标原点 $s = s_0$ 处（不一定要选在炮口上）Δ_0 的两个分量（δ_{20}, δ_{10}），为了得到 Δ'_0，在 $s = s_0$ 近旁 s_1 处取一点，量出相应攻角分量 δ_{21}, δ_{11}，则得到

$$\Delta'_0 = \frac{\delta_{21} - \delta_{20}}{s_1 - s_0} + \mathrm{i}\frac{\delta_{11} - \delta_{10}}{s_1 - s_0} \qquad (7-2-26)$$

以上这些工作实际上也可由计算机完成，不一定要作图。

7.2.3 动态稳定性计算

经过以上步骤就求得了所有的待定参数，即求得了 $K_{10}, K_{20}, \Phi_{10}, \Phi_{20}, \lambda_1, \phi'_1, \Delta\lambda, P, \delta_{1\mathrm{p}}, \delta_{2\mathrm{p}}$，于是也就得到了 $\Phi'_2 = P - \Phi'_1, \lambda_2 = \lambda_1 - \Delta\lambda$。再由式 (2-7-57)～式 (2-7-58) 就算得 P, H, M, T。

射击试验的重要目的之一是检验弹箭的动态稳定性，有了 P, H, M, T 数值之后，动态稳定性的检验是很简单的。首先算出陀螺稳定因子和动态稳定因子：

$$s_\mathrm{g} = \frac{P^2}{4M}, \quad s_\mathrm{d} = \frac{2T}{H} - 1$$

然后利用动态稳定性判据进行判断即可：

$$\frac{1}{s_\mathrm{g}} < 1 - s_\mathrm{d}^2$$

7.2.4 气动系数的计算

为了计算气动系数，要用到 H, M, T 的表达式，由它们解出：

$$m'_{zz} = \frac{2A}{\rho S l}(H - b_y + b_x) \qquad (7-2-27)$$

$$m'_z = \frac{2A}{\rho S l}M \qquad (7-2-28)$$

$$m''_y = \frac{2C}{\rho S l}\left(\frac{\rho S}{2m}c'_y - T\right) \qquad (7-2-29)$$

由此可见，为了从 H 中得到赤道阻尼力矩系数 m'_{zz}，必须同时测得升力系数导数 c'_y 和阻力系数 c_x；为了从 T 中解出马氏力矩系数导数 m''_y，也必须同时测得升力系数导数 c'_y。阻力系数 c_x 可由各测试点的距离 s 和时间 t 数据，用弹箭质心速度大小的变化方程拟合求得，或从专门的测速雷达测试数据求得。至于升力系数导数 c'_y，则要从质心横向运动方程拟合求得。

在水平飞行情况下计及重力、升力和马氏力的质心横向运动方程为（参考图 7-2-6）

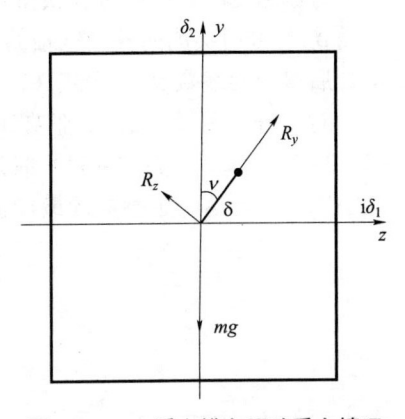

图 7-2-6 质心横向运动受力情况

$$m\frac{\mathrm{d}^2 y}{\mathrm{d}t^2} = R_y \cos\nu + R_z \sin\nu - mg$$

$$m\frac{\mathrm{d}^2 z}{\mathrm{d}t^2} = R_y \sin\nu - R_z \cos\nu$$

其中升力 $R_y = mb_y\delta$ 在攻角面内与复攻角 $\varDelta$ 方向一致，马氏力 $R_z = mb_z\gamma'\delta$ 与攻角面垂直，在 $(-\mathrm{i}\varDelta)$ 方向上。这样就得到横向坐标变化方程：

$$y'' = b_y\delta_2 + \gamma' b_z\delta_1 - \frac{g}{V^2} \qquad\qquad (7-2-30)$$

$$z'' = b_y\delta_1 - \gamma' b_z\delta_2 \qquad\qquad (7-2-31)$$

现在就可通过这两个方程，根据实测的质心横向坐标 y_e，z_e 拟合出方程中的未知系数 b_y 和 b_z。为此先作如下的残差平方和作为最优拟合的目标函数：

$$\varepsilon = \sum_{i=1}^{N} W_i [(y_e - y)^2 + (z_e - z)^2] \qquad\qquad (7-2-32)$$

其中 y 和 z 可由式（7-2-30）～式（7-2-31）积分两次得到：

$$y = B_0 + B_1 s + b_y I_2 + \gamma_0' b_z I_1' - I_g \qquad\qquad (7-2-33)$$

$$z = D_0 + D_1 s + b_y I_1 - \gamma_0' b_z I_2' \qquad\qquad (7-2-34)$$

式中，B_0，B_1，D_0，D_1 为积分常数，其他符号为

$$I_1 = \int_{s_0}^{s}\int_{s_0}^{s_1} \delta_1 \,\mathrm{d}s_1\mathrm{d}s_2, \quad I_1' = \frac{1}{\gamma_0'}\int_{s_0}^{s}\int_{s_0}^{s_1} \gamma'\delta_1 \,\mathrm{d}s_1\mathrm{d}s_2$$

$$I_2 = \int_{s_0}^{s}\int_{s_0}^{s_1} \delta_2 \,\mathrm{d}s_1\mathrm{d}s_2, \quad I_2' = \frac{1}{\gamma_0'}\int_{s_0}^{s}\int_{s_0}^{s_1} \gamma'\delta_2 \,\mathrm{d}s_1\mathrm{d}s_2$$

$$I_g = \int_{0}^{s}\int_{0}^{s_1} \frac{g}{V^2} \,\mathrm{d}s_1\mathrm{d}s_2$$

它们都是 s 的函数。当转速与速度之比 $\gamma' = \dot{\gamma}/V$ 不变时就有 $I_1 = I_1', I_2 = I_2'$。在飞行试验中最好同时测速测时，这样可以获得弹箭通过各测试点时的速度，I_g 即可算出。I_1, I_1', I_2, I_2' 式中的攻角 δ_1, δ_2 可用实测的各测试站的攻角 δ_{1e}, δ_{2e} 代入。如果试验数据很不光滑，也可用攻角数据拟合后得到的参数 μ_j，用式（7-2-4）和式（7-2-5）计算。

对于每一测试站的 s 都要计算上述的积分，但这些积分值不难由计算机完成。于是式（7-2-33）和式（7-2-34）成为关于待定参数 B_0，B_1，D_0，D_1，b_y，b_z 的线性函数。按照最小二乘法，这一组参数的最佳值应使 ε 最小。因此，它们应满足如下方程组：

$$\frac{\partial\varepsilon}{\partial b_y} = 0, \quad \frac{\partial\varepsilon}{\partial b_z} = 0, \quad \frac{\partial\varepsilon}{\partial B_0} = 0$$

$$\frac{\partial\varepsilon}{\partial B_1} = 0, \quad \frac{\partial\varepsilon}{\partial D_0} = 0, \quad \frac{\partial\varepsilon}{\partial D_1} = 0$$

因为现在这些方程都是关于 $b_y, b_z, B_0, B_1, D_0, D_1$ 的线性代数方程，故很容易求出这些待定参数。

根据拟合得到的 b_y, b_z 即可得到升力导数和马氏力矩系数导数：

$$c'_y = \frac{2m}{\rho S} b_y, \quad c''_z = \frac{2m}{\rho S d} b_z$$

7.3 非线性气动系数的测量（Chapman-Kirk 方法或参数微分法）

上节的微分修正法仍是建立在线性微分方程解析解的基础上的方法，由于有了解析解，偏导数 $\partial \delta_1 / \partial \mu_j, \partial \delta_2 / \partial \mu_j$ 很容易得到表达式，这给计算这些偏导数的值带来很大的方便。

当考虑气动力非线性以及它们随马赫数、空气密度和转速变化时，弹箭角运动方程是变系数非线性方程，不可能求得解析解，因而也求不出这些偏导数的表达式，这就是通常的微分修正法的困难之所在。为了确定这些偏导数的值，曾有许多人想过许多办法，最初试图在某一时刻给待定参量 μ_j 一个扰动量 $\delta \mu_j$，然后数值积分角运动的两个分量得到各距离上的 δ_1, δ_2，再与 μ_j 未扰动时的数值积分算出的结果 δ_1, δ_2 相减求得差值，再除以 $\delta \mu_j$ 就得到偏导数的值。这似乎是求得这些偏导数值的直接方法，但由于下面的原因这个方法是很不成功的，即如果扰动量 $\delta \mu_j$ 选得太小，则在积分起始的一段上两数值解之差太小，使求得的偏导数值不够准确；另一方面如果扰动量选得足够大，虽使积分开始段能给出较准确的偏导数值，但又会使积分的末段两数值解之差过大，以至于这种差值根本不能代表偏微分。使用固定的 $(\delta \mu_j)$ 以形成各试验点上偏导数 $\partial \delta_1 / \partial \mu_j, \partial \delta_2 / \partial \mu_j$，再用上节的方法拟合时，大约有一半的次数是发散的，得不出结果；而且即使收敛，也由于扰动量 $\delta \mu_j$ 大小不同，拟合的结果也不同，因此这种方法是失败的。

Chapman-Kirk 研究的参数微分法解决了这个问题，弹道学界称为 C-K 法。此法能给出各因变量关于待定参量的偏导数在各测试点上的数值解，并且这些偏导数沿全弹道基本上是一致准确的。此法不需要求微分方程的解析解，甚至根本不需要对微分方程解的性质有什么知识，因此可以详细地考虑各种因素对弹箭运动的影响而不必作任何简化假设。并且此方法也可用于非微分方程，因此是一种从试验数据拟合方程中获取未知量的极好方法。下面针对微分方程组拟合试验数据求取方程中待定参数的问题叙述此法。

7.3.1 参数微分法（C-K 法）

设有含 N_2 个一阶微分方程的方程组和初始条件组：

$$\frac{\mathrm{d} y_m}{\mathrm{d} x} = f_m(x, y_1, y_2, \cdots, y_{N_2}, \mu_1, \mu_2, \cdots, \mu_{N_3}) \quad (7-3-1)$$

$$y_m|_{x=x_0} = y_{m0}, \quad m = 1, 2, \cdots, N_2 \quad (7-3-2)$$

式中，x 为自变量，$y_1, y_2, \cdots, y_{N_2}$ 为独立变量；N_2 为独立变量以及相应初始条件的个数；$\mu_1, \mu_2, \cdots, \mu_{N_3}$ 为待定参数，共 N_3 个；$y_{10}, y_{20}, \cdots, y_{N_2 0}$ 为初始条件。

现已测得独立变量中 N_1 个变量（$N_1 < N_2$）在 $i = 1, 2, \cdots, N$ 个观测点上的数值 y_{mei}，问题是欲利用方程组（7-3-1）拟合实验结果，以求得包含在该方程中的 N_3 个待定参数 $\mu_1, \mu_2, \cdots, \mu_{N_3}$ 以及 N_2 个初始条件 $y_{10}, y_{20}, \cdots, y_{N_2 0}$。作下列残差平方和作为目标函数：

弹箭非线性运动理论

$$\varepsilon = \sum_{i=1}^{N}\sum_{m=1}^{N_1} W_i [y_{mei} - y_m(x_i)]^2 \qquad (7-3-3)$$

再记
$$\mu_{N_3+1} = y_{10},\ \mu_{N_3+2} = y_{20},\cdots,\ \mu_{N_{23}} = y_{N_2 0} \qquad (7-3-4)$$

式中
$$N_{23} = N_3 + N_2 \qquad (7-3-5)$$

可知
$$1 \leqslant N_1 \leqslant N_2 \leqslant N_{23} < N \qquad (7-3-6)$$

最后的这个不等式表示测试点的总个数至少要大于待定参数（包括初始条件）的总个数。

最小二乘拟合法的原理，就是要选取一组待定参数 $\mu_1,\mu_2,\cdots,\mu_{N_{23}}$，使残差平方和最小。这就需使如下 N_{23} 个偏导数等于零：

$$\frac{\partial \varepsilon}{\partial \mu_k} = -2\sum_{i=1}^{N}\sum_{m=1}^{N_1} W_i [y_{mei} - y_m(x_i)]\left(\frac{\partial y_m}{\partial \mu_k}\right) = 0 \qquad (7-3-7)$$

方程组（7-3-7）关于待定参数 μ_j 一般也不是线性的，为便于使用最小二乘法，可将 $y_m(x_i)$ 在给定的一组参数 $\mu_j^{(0)}$ 附近展成泰勒级数，并只取到一次项，得

$$y_m = y_m^{(0)} + \sum_{j=1}^{N_{23}} \frac{\partial y_m}{\partial \mu_j} \Delta \mu_j \qquad (7-3-8)$$

将式（7-3-8）代入式（7-3-3）中，ε 变成 $\Delta \mu_j$ 的函数，然后将 ε 对各 $\Delta \mu_j$ 求偏导数并令导数为零，则得到如下的正规方程：

$$\underset{(N_{23}\times N_{23})}{\boldsymbol{A}} \cdot \underset{(N_{23}\times 1)}{\Delta \boldsymbol{\mu}} = \underset{(N_{23}\times 1)}{\boldsymbol{B}} \qquad (7-3-9)$$

其中 A 的元素
$$a_{1k} = \sum_{i=1}^{N}\sum_{m=1}^{N_1} p_{ml} \cdot p_{mk} \qquad (7-3-10)$$

B 的元素
$$b_k = \sum_{i=1}^{N}\sum_{m=1}^{N_1} [y_{mei} - y_m^{(0)}(x_i)] p_{mk} \qquad (7-3-11)$$

$$\Delta \boldsymbol{\mu} = (\Delta\mu_1, \Delta\mu_2, \cdots, \Delta\mu_{N_{23}})^{\mathrm{T}} \qquad (7-3-12)$$

$$p_{mj} = \frac{\partial y_m}{\partial \mu_j} \qquad (7-3-13)$$

如果微分方程组（7-3-1）具有解析解（如像上节线性角运动方程那样），则可求出各偏导数 p_{mj} 的表达式，从而可计算各距离点上的偏导数值 $p_{mj}(s)$，下面就可利用微分修正最小二乘法求 $\Delta\mu_j$。但对于一般的非线性微分方程（7-3-1）是求不出解析解的，因而也就得不到各 p_{mj} 的表达式，这就是困难之所在。

参数微分法就是利用原方程组（7-3-1）本身，将各独立变量 y_m 对待定参数 μ_j 求导，以形成关于偏导数 p_{mj} 的方程，这种方程称为方程（7-3-1）的共轭方程。解共轭方程组就能求得所需的 p_{mj} 的值。

现在记

$$p'_{mj} = \frac{\partial p_{mj}}{\partial x} = \frac{\partial y'_m}{\partial \mu_j} \qquad (7-3-14)$$

上式中交换了求导次序，对于一般的连续函数，这种运算是成立的。将方程组（7-3-1）对

μ_j 求导可得到如下的共轭方程组：

$$p'_{mj} = \frac{\partial f_m}{\partial \mu_j} \qquad (7-3-15)$$
$$= G_{mj}(x, y_1, y_2, \cdots, y_{N_2}, \mu_1, \mu_2, \cdots, \mu_{N_3}, p_1, \cdots, p_{N_2 N_{23}})$$

式中，$m = 1, 2, \cdots, N_2$；$j = 1, 2, \cdots, N_{23}$。

此方程组的初始条件为

$$\frac{\partial y_m}{\partial \mu_j} = p_{mj}(x_0) = \begin{cases} 1 & \text{（当 } j - m = N_3 \text{ 时）} \\ 0 & \text{（其他情况）} \end{cases} \qquad (7-3-16)$$

也即

$$\frac{\partial y_m}{\partial \mu_r} = \begin{cases} 1 & \text{（当 } r = m \text{ 时）} \\ 0 & \text{（其他情况）} \end{cases} \qquad (7-3-17)$$

式中，$r = 1, 2, \cdots, N_2$；$m = 1, 2, \cdots, N_2$。

这是因为当 $j = N_3 + m$ 时第 j 个参数 μ_j 恰为独立变量 y_m 的初始条件 y_{m0}，自然就有 $(\partial y_m / \partial y_m)_{x0} = 1$。又因为每一个初始条件 y_{r0} 与待定参数 $\mu_1, \mu_2, \cdots, \mu_{N_3}$ 以及其他的初始条件无关，故当 $j \neq m + N_3$ 时 $p_{mj} = 0$。

方程组（7-3-16）的各右端函数除了与变量 $p_1, p_2, \cdots, p_{N_2 N_{23}}$ 以及 $\mu_1, \mu_2, \cdots, \mu_{N_{23}}$ 有关外，还与 $y_1, y_2, \cdots, y_{N_2}$ 有关，因此，它必须与原方程（7-3-1）同时计算，由方程（7-3-1）算得各测试点距离上的 $y_m(x_i)$ 后，再代入方程（7-3-15）中求解 p_{mj}。将求得的 p_{mj} 代入方程（7-3-10）和方程（7-3-11）中就可求得 a_{lk}，b_k，然后由方程组（7-3-9）解出微分修正量 $\Delta \mu$。

$$\Delta \mu = A^{-1} B \qquad (7-3-18)$$

$$A^{-1} = \frac{1}{|A|} \begin{pmatrix} A_{11} & A_{12} & \cdots & A_{1N_{23}} \\ A_{21} & \cdots & \cdots & \cdots \\ \vdots & \vdots & & \vdots \\ A_{N_{23}1} & \cdots & \cdots & A_{N_{23}N_{23}} \end{pmatrix}$$

式中，$|A|$ 为矩阵 A 的行列式，A_{lk} 为元素 a_{lk} 对应的代数余子式。

迭代开始时要对参数给定一组初始值 $\mu_j^{(0)}(j = 1, 2, \cdots, N_{23})$，在求得 $\Delta \mu_j$ 后即可求得参数 μ_j 新的估值：

$$\mu_j^{(1)} = \mu_j^{(0)} + \Delta \mu_j \qquad (7-3-19)$$

然后，再用 $\mu_j^{(1)}$ 计算 $y_m(x_i)$ 和 ε，如果 ε 已满足精度要求，则迭代计算到此为止，最后得到的这一组参数 $\mu_j^{(1)}$ 即所求。如 ε 尚不满足精度要求，那就把 $\mu_j^{(1)}$ 当作 $\mu_j^{(0)}$，再继续迭代，不断地修改 μ_j，直到 ε 满足要求为止。

每次拟合的或然误差为

$$PE = 0.6745 \sqrt{\frac{\varepsilon}{N \cdot N_1 - N_{23}}} \qquad (7-3-20)$$

而求得的 μ_j 的或然误差为

弹箭非线性运动理论

$$(PE)_{\mu_j} = PE\sqrt{\frac{A_{jj}}{|A|}} \qquad (7-3-21)$$

现以尾翼弹平面摆动数据拟合为例说明 C-K 方法的应用。具有非线性阻尼力矩和非线性静力矩的非旋转弹的平面摆动方程为

$$\delta'' + (H_0 + H_2\delta^2)\delta' + (M_0 + M_2\delta^2)\delta = 0 \qquad (7-3-22)$$

当初始条件为 $s=0$ 时：$\qquad\qquad \delta = \delta_0, \ \delta' = \delta_0'$

如通过射击试验已测得 N 个点（如 N 个纸靶）上攻角的试验值 δ_{ei}，现在要从这些试验数据拟合出弹箭的组合气动系数 H_0, H_2, M_0, M_2，并进一步求得赤道阻尼力矩系数导数 m_{zz}'、静力矩系数导数 m_z' 以及初始条件 δ_0, δ_0'。为了简化叙述，这里暂不将方程（7-3-22）变成一阶方程组，而直接用方程（7-3-22）讲述方法的应用。首先令

$$\mu_1 = H_0, \ \mu_2 = H_2, \ \mu_3 = M_0, \ \mu_4 = M_2, \ \mu_5 = \delta_0, \ \mu_6 = \delta_0'$$

给定 μ_j 一组初始值 $\mu_j^{(0)}(j=1, 2, \cdots, 6)$，也即给一组弹箭气动系数和初始条件的估值，则可将方程（7-3-22）积分，得到各测试点 (s_i) 处 δ 的理论值 δ_i。作残差平方和：

$$\varepsilon = \sum_{i=1}^{N}[\delta_e(s_i) - \delta(s_i)]^2 \qquad (7-3-23)$$

如果 ε 值较小，已符合精度要求，那说明此组估值 $\mu_j^{(0)}$ 为真值，这一组参数为弹箭的组合气动参数和初始条件。如果此 ε 数值较大，则认为是由此组参数估值与真值相差过大造成的，应修改这一组参数。修改的方法是在老参数 $\mu_j^{(0)}$ 上加上一个修正量 $\Delta\mu_j$，得到新的一组参数估值 $\mu_j^{(1)} = \mu_j^{(0)} + \Delta\mu_j$，$\Delta\mu_j$ 选取的原则是使 ε 取得极小。为此需将 $\delta(s_i)$ 在 $\mu_j^{(0)}$ 附近展成泰勒级数：

$$\delta(s_i) = \delta^{(0)}(s_i) + \sum_{i=1}^{6}\frac{\partial\delta}{\partial\mu_j}\Delta\mu_j \qquad (7-3-24)$$

将 $\delta(s_i)$ 代入式（7-3-23）中，并按最小二乘法令

$$\frac{\partial\varepsilon}{\partial\Delta\mu_k} = -2\sum_{i=1}^{N}\left(R - \sum_{j=1}^{6}\frac{\partial\delta}{\partial\mu_j}\Delta\mu_j\right)\frac{\partial\delta}{\partial\mu_k} = 0 \quad (k=1, 2, \cdots, 6) \qquad (7-3-25)$$

式中

$$R = \delta_e(s_i) - \delta^{(0)}(s_i) \qquad (7-3-26)$$

再令

$$p_j = \frac{\partial\delta}{\partial\mu_j} \qquad (7-3-27)$$

则得到关于 $\Delta\mu_j$ 的 6 个线性方程：

$$a_{1k}\Delta\mu_1 + a_{2k}\Delta\mu_2 + \cdots + a_{6k}\Delta\mu_6 = b_k \qquad (7-3-28)$$

式中

$$a_{jk} = \sum_{i=1}^{N}p_jp_k, \ b_k = \sum_{i=1}^{N}Rp_k \quad (k=1, 2, \cdots 6) \qquad (7-3-29)$$

如果能得到各测试点处 $p_j(j=1,\cdots,6)$ 的数值，就可算出 a_{jk}, b_k，从而由方程组（7-3-28）解出 $\Delta\mu_j$。对于弹箭的线性运动，因为可以求得 δ 的解析表达式，所以可得到 $p_k = \partial\delta/\partial\mu_k$ 的解析表达式，从而计算出各测试点 (s_i) 处的 p 值。但对于弹箭的非线性运动，由于不可能求得

332

δ 的准确解析表表达式，所以也就得不到这些偏导数 p_j。这就要用参数微分法来解决这个问题。为此将方程（7-3-29）分别对 $\mu_1,\mu_2,\cdots,\mu_6$ 求导，并注意到

$$\frac{\partial \delta}{\partial \mu_j}=p_j,\ \frac{\partial \delta'}{\partial \mu_j}=\left(\frac{\partial \delta}{\partial \mu_j}\right)'=p_j',\ \frac{\partial \delta''}{\partial \mu_j}=\left(\frac{\partial \delta}{\partial \mu_j}\right)''=p_j'' \quad (7-3-30)$$

则得到如下方程组：

$$\left.\begin{array}{l}p_1''+(\mu_1+\mu_2\delta^2)p_1'+(2\mu_2\delta\delta'+\mu_3+3\mu_4\delta^2)p_1=-\delta' \\ p_2''+(\mu_1+\mu_2\delta^2)p_2'+(2\mu_2\delta\delta'+\mu_3+3\mu_4\delta^2)p_2=-\delta^2\delta' \\ p_3''+(\mu_1+\mu_2\delta^2)p_3'+(2\mu_2\delta\delta'+\mu_3+3\mu_4\delta^2)p_3=-\delta \\ p_4''+(\mu_1+\mu_2\delta^2)p_4'+(2\mu_2\delta\delta'+\mu_3+3\mu_4\delta^2)p_4=-\delta^3 \\ p_5''+(\mu_1+\mu_2\delta^2)p_5'+(2\mu_2\delta\delta'+\mu_3+3\mu_4\delta^2)p_5=0 \\ p_6''+(\mu_1+\mu_2\delta^2)p_6'+(2\mu_2\delta\delta'+\mu_3+3\mu_4\delta^2)p_6=0\end{array}\right\} \quad (7-3-31)$$

这一组方程称为原方程组（7-3-22）的共轭方程组，其初始条件为 $s=0$ 处：

$$p_1=p_2=p_3=p_4=p_6=0 \quad (7-3-32)$$

$$p_1'=p_2'=p_3'=p_4'=p_5'=0 \quad (7-3-33)$$

$$p_5=\left(\frac{\partial \delta}{\partial \delta_0}\right)_0=1,\ p_6'=\left(\frac{\partial \delta'}{\partial \delta_0'}\right)=1 \quad (7-3-34)$$

由此方程组积分就得到各测试点(s_i)处 p_i 的数值。积分时各方程中的 μ_j 用老的参数估值 $\mu_j^{(0)}$，而 δ 用方程组（7-3-22）的积分结果代入。因此方程组（7-2-30）必须与方程组（7-3-22）同时求解。

根据算得的各测试点处的 p_j 值，即可算出 a_{jk}，b_k，从而解方程组（7-3-28）求得 $\Delta\mu_j$ 并得到新的一组参估数值 $\Delta\mu_j^{(1)}=\mu_j^{(0)}+\Delta\mu_j$。然后，以 $\Delta\mu_j^{(1)}$ 重复上述计算，一直进行到 ε 不再减小或已达到精度要求时为止。

由上述步骤知，应用参数微分法时的主要工作是建立共轭方程组和求解共轭方程组。原方程组的变量越多，待定参数越多，则共轭方程组中方程的个数将急剧膨胀。例如，对于有 N_2 个变量和 N_2 个初始条件、N_3 个待定参数的一阶方程组，共轭方程将有 $N_2\times(N_2+N_3)$ 个。如果将弹箭角运动方程的虚、实部分开变成四个一阶方程，未知气动组合参数有 H_0，H_2，M_0，M_2，T_0，T_2 等 6 个，则共轭方程将有 $4\times(4+6)=40$ 个，因此参数微分法的计算量是十分大的。不过有了高速电子计算机后，这也不是什么难以克服的困难。

总之，C-K 方法具有以下优点：

（1）可用于微分方程也可用于代数方程的参数拟合；

（2）不需要求方程的解，甚至也不需要对方程的解有什么知识和了解，因此对拟合非线性微分方程中的参数特别有用；

（3）拟合过程完全按严格的数学步骤进行，不需要人为判断，因此所得到的结果将是唯一的、最优的，并且易于由电子计算机实现数据处理自动化；

（4）拟合过程收敛快，收敛率高，并且对于参数的初始估值要求不高。

故这一方法目前已得到广泛应用。

7.3.2　C-K 法的改进

上述方法的缺点是每次都要求解一个矩阵，导致计算量大并且容易产生误差，当对数据较小的参数进行估值时，正规方程的系数矩阵容易成为奇异矩阵，使迭代无法进行。为了克服这些缺点，许多学者又借鉴了最优化数值计算中的一些算法，对它进行了改进。其基本技巧是把一个正定矩阵加到 A 上去，以改变原矩阵的特征值结构，使其变成条件较好的对称正定阵，从而改变 C-K 法的迭代性态与收敛性，即

令
$$\Delta\mu = (A + \nu^2 I)^{-1} B \qquad (7-3-35)$$

式中，I 为单位矩阵；ν 为阻尼因子。当 $\nu = 0$，A 非奇异时，即退化为一般的 C-K 法。当 $|\nu|$ 充分大时，逆矩阵 $(A + \nu^2 I)^{-1}$ 主要取决于 $\nu^2 I$，这时即有

$$\Delta\mu \approx B/\nu^2 \qquad (7-3-36)$$

当 $\nu \to \infty$ 时，$\Delta\mu \to 0$，故 ν 起着使步长减小的作用，即起着阻尼作用。但 ν 过大，$\Delta\mu$ 过小，会使收敛速度减慢。此因子的每一种选择都对应一种算法，这里只介绍一种简单的算法，这就是边迭代边调整阻尼因子的方法。

取初始阻尼因子 $\nu_0 = 0.1$，如果经前后两次迭代后 $\varepsilon^{j+1} < \varepsilon^j$，则减小阻尼，取 $\nu_{j+1} = 0.5\nu_j$，否则取 $\nu_{j+1} = 1.5\nu_j$，直到满足精度要求。这与优化算法中的步长加速法有些类似。

7.4　非线性气动力数据的靶道测试与工程计算

对于弹箭非线性运动理论的研究，很关键的一点是要有弹箭非线性气动力数据，这些数据可通过气动力计算、风洞吹风试验、靶道或靶场自由飞试验数据辨识获得。前两节主要讲了通过自由飞试验数据的采集及辨识气动力的方法，本节主要讲一下弹箭气动力靶道测试和工程计算的例子，列出所得到的非线性气动数据供参考。

7.4.1　美国 105 mm HE M1 弹气动力系数

本节提供美国弹道研究所（BRL）105 mm 榴弹（图 7-4-1）的气动力数据包

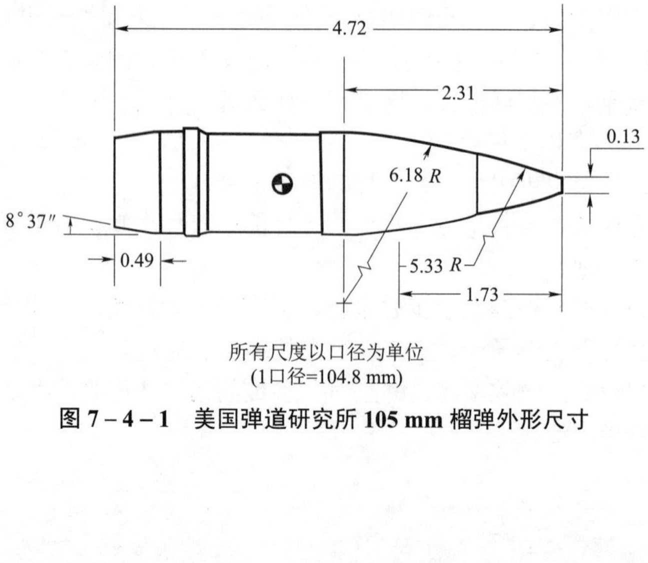

所有尺度以口径为单位
（1口径=104.8 mm）

图 7-4-1　美国弹道研究所 105 mm 榴弹外形尺寸

括零升阻力系数 C_{D_0}、诱导（二次）阻力系数 $C_{D_{\delta^2}}$、滚转阻尼力矩系数导数 C_{lp}、线性升力系数导数 $C_{L\alpha_0}$、三次升力系数导数 $C_{L\alpha_2}$、线性静力矩系数导数 $C_{M\alpha_0}$、三次静力矩系数导数 $C_{M\alpha_2}$、俯仰阻尼力矩系数导数 $(C_{Mq}+C_{M\dot{\alpha}})$、马氏力系数导数 $C_{Np\alpha}$ 以及马氏力矩系数导数 $C_{Mp\alpha}$。

气动力系数的获得方法：由靶道飞行试验取得弹丸飞行运动参数（包括位置坐标、飞行时间、攻角、滚转角等），综合利用非线性微分修正最小二乘法（nonlinear differential-correction least-squares method）、拟线性分析法（quasi-linear analysis method）以及变重心位置法（two-center-of-gravity technique）对弹丸速度方程、攻角二圆运动方程以及质心摆动（swerve motion）方程等数学模型的线化解析解进行拟合，从而得到以上气动力数据。

美国弹道研究所靶道测试精度：位置坐标测试误差为 ±0.254 mm，飞行时间测试误差为 ±0.5 μs，攻角测试误差为 ±0.1°，滚转角测试误差为 ±0.1°。

气动力数据拟合精度：阻力系数 C_D 拟合误差为 1%，俯仰力矩系数导数 $C_{M\alpha}$ 拟合误差为 2%，升力系数导数 $C_{L\alpha}$ 拟合误差为 5%，马氏力矩系数导数 $C_{Mp\alpha}$ 拟合误差为 15%，俯仰阻尼力矩系数导数 $(C_{Mq}+C_{M\dot{\alpha}})$ 拟合误差为 15%，滚转阻尼力矩系数导数 C_{lp} 拟合误差为 5%。

以下表格 7-4-1 和表 7-4-2 中所列为具体的气动力数据。

表 7-4-1　105 mm M1 弹气动力系数（一）

Ma	C_{D_0}	Ma	$C_{D_{\delta^2}}$	Ma	C_{lp}	Ma	$C_{L\alpha_0}$	Ma	$C_{L\alpha_2}$
0	0.124	0	3.2	0	−0.017 8	0	1.63	0	0.1
0.875	0.124	0.88	3.2	0.43	−0.014 9	0.40	1.63	0.200	0.1
0.925	0.150	0.97	6.3	0.70	−0.013 5	0.70	1.41	0.600	3.5
0.965	0.200	0.99	4.0	0.91	−0.012 6	0.89	1.22	0.800	6.6
0.990	0.350	1.15	5.0	1.40	−0.011 0	0.99	1.73	0.985	9.2
1.025	0.375	1.25	5.4	1.75	−0.010 1	1.09	1.57	1.090	8.8
1.085	0.415	1.30	5.5	2.10	−0.009 4	1.50	1.97	1.300	12.0
1.190	0.415	2.50	5.5	2.50	−0.008 7	2.00	2.25	1.500	13.7
1.350	0.385					2.50	2.50	2.000	16.0
1.800	0.335							2.500	17.0
2.000	0.318								
2.500	0.276								

表 7-4-2　105 mm M1 弹气动力系数（二）

Ma	$C_{M\alpha_0}$	Ma	$C_{M\alpha_2}$	Ma	$(C_{Mq}+C_{M\dot{\alpha}})$	Ma	$\alpha_t^2/(°)^2$	$C_{Np\alpha}$	Ma	$\alpha_t^2/(°)^2$	$C_{Mp\alpha}$
0	3.55	0	−2.9	0	−3.15	0	0	−0.34	0	0	0.10
0.46	3.55	0.4	−2.9	0.79	−3.15	0	632	−0.91	0.0	403.6	0.173

续表

Ma	$C_{M\alpha_0}$	Ma	$C_{M\alpha_2}$	Ma	$(C_{Mq}+C_{M\dot\alpha})$	Ma	$\alpha_t^2/(°)^2$	$C_{Np\alpha}$	Ma	$\alpha_t^2/(°)^2$	$C_{Mp\alpha}$
0.61	3.76	0.45	−3.1	1.15	−9.1	0	908	−1.42	0	630.2	0.345
0.78	3.92	0.65	−4.4	1.55	−9.5	0	1 316	−2.63	0	1 316	2.35
0.87	3.96	0.78	−3.45			0.22	0.0	−0.34	0.22	0	0.10
0.925	4.85	0.885	−1.78			0.22	632	−0.91	0.22	403.6	0.173
0.97	4.0	0.98	−3.0			0.22	908	−1.42	0.22	630.2	0.345
1.09	3.83	1.075	−2.1			0.22	1 316	−2.63	0.22	1 316	2.35
1.5	3.75	1.25	−3.325			0.31	0.0	−0.125	0.31	0	0.10
2.5	3.75	1.5	−4.45			0.31	21.4	−0.465	0.31	410.8	0.133
		2.0	−4.6			0.31	364.5	−0.503	0.31	637.7	0.471
		2.5	−4.6			0.31	638	−1.015	0.31	915.9	1.276
						0.31	1 316	−2.92	0.31	1 316	2.35
						0.48	0.0	−0.34	0.48	0	−0.46
						0.48	348.5	−0.591	0.48	27.5	0.08
						0.48	1 316	−2.45	0.48	375.2	0.022
						0.999	0.0	−0.34	0.48	1 316	0.94
						0.999	348.5	−0.591	0.81	0	−0.46
						0.999	1 316	−2.45	0.81	27.5	0.08
						1.001	0	−0.36	0.81	375.2	0.022
						1.001	706	−1.68	0.81	1 316	0.94
						1.55	0	−0.36	0.87	0	0.417 5
						1.55	706	−1.68	0.87	315.3	0.053
									0.87	743.9	0.285
									0.92	0	0.417 5
									0.92	315.3	0.053
									0.92	743.9	0.285
									0.96	0	0.374 7
									0.96	322.2	0.05
									0.96	1 316	0.665
									0.995	0	0.374 7
									0.995	322.2	0.05
									0.995	1 316	0.665

续表

Ma	$C_{M\alpha_0}$	Ma	$C_{M\alpha_2}$	Ma	$(C_{Mq}+C_{M\dot\alpha})$	Ma	$\alpha_t^2/(°)^2$	$C_{Np\alpha}$	Ma	$\alpha_t^2/(°)^2$	$C_{Mp\alpha}$
									1.02	0	0.20
									1.02	375.2	0.301
									1.1	0	0.20
									1.1	375.2	0.301
									1.21	0	0.193
									1.21	403.6	0.50
									1.21	705.7	0.445
									1.28	0	0.193
									1.28	403.6	0.50
									1.28	705.7	0.445
									1.46	0	0.215
									1.46	410.8	0.495
									1.55	0	0.215
									1.55	410.8	0.495

- **表中气动力符号说明**

Ma 为马赫数，C_{D_0} 为零攻角阻力系数，$C_{D_{\delta^2}}$ 为诱导阻力系数（二次项），C_{lp} 为滚转阻尼力矩系数，$C_{L\alpha_0}$ 为升力系数导数（一次项），$C_{L\alpha_2}$ 为升力系数导数（三次项），$C_{M\alpha_0}$ 为俯仰力矩系数导数（一次项），$C_{M\alpha_2}$ 为俯仰力矩系数导数（三次项），$(C_{Mq}+C_{M\dot\alpha})$ 为总的俯仰阻尼力矩系数导数，α_t 为总攻角，$C_{Np\alpha}$ 为马氏力系数导数(是关于攻角 α_t 和量纲为 1 的转速 pD/V 的二阶导数，其中 p 为弹丸转速，D 为弹径，V 为弹丸速度)，$C_{Mp\alpha}$ 为马氏力矩系数导数（是关于攻角 α 和量纲为 1 的转速 pD/V 的二阶导数），故要对总攻角平方 α_t^2 插值，所以对于每一个马赫数列出了 4 个或 2 个攻角平方值。

- **注意点**

（1）对于小攻角情况，$\alpha_t \approx \sqrt{\alpha^2+\beta^2}$ 为总攻角，α,β 分别为攻角和侧滑角。

（2）阻力系数、升力系数和俯仰力矩系数随总攻角的变化关系由以下公式描述：

$$\begin{cases} C_D = C_{D_0} + C_{D_{\delta^2}}\sin^2\alpha_t \\ C_{L\alpha} = C_{L\alpha_0} + C_{L\alpha_2}\sin^2\alpha_t \\ C_{M\alpha} = C_{M\alpha_0} + C_{M\alpha_2}\sin^2\alpha_t \end{cases}$$

（3）对于 105 mm M1 弹丸，滚转阻尼力矩系数 C_{lp} 和俯仰阻尼力矩系数 $(C_{Mq}+C_{M\dot\alpha})$ 不随着总攻角的变化而变化，仅是马赫数的函数。

7.4.2 美国 120 mm 迫击炮弹气动力系数

本节提供美国弹道研究所（BRL）120 mm 迫弹（图 7-4-2）的气动力数据，包括零升

阻力系数 C_{D_0}、二次阻力系数 $C_{D_{\delta^2}}$、线性升力系数导数 $C_{L\alpha_0}$、三次升力系数导数 $C_{L\alpha_2}$、线性静力矩系数导数 $C_{M\alpha_0}$、三次静力矩系数导数 $C_{M\alpha_2}$、线性俯仰阻尼力矩系数导数 $(C_{Mq}+C_{M\dot\alpha})_0$、三次俯仰阻尼力矩系数导数 $(C_{Mq}+C_{M\dot\alpha})_2$。表 7-4-3 和表 7-4-4 所列为具体迫弹气动力系数。

3.54

5.90

所有尺度以口径为单位
(1口径=119.56 mm)

图 7-4-2 美国弹道研究所 120 mm 迫弹外形尺寸

表 7-4-3   120 mm 迫弹气动力系数（一）

Ma	C_{D_0}	Ma	$C_{D_{\delta^2}}$	Ma	$C_{L\alpha_0}$	Ma	$C_{L\alpha_2}$
0	0.119	0	2.32	0	1.75	0	14.8
0.70	0.119	0.40	2.44	0.60	1.95	0.50	14.8
0.85	0.120	0.60	2.66	0.80	2.02	0.60	4.5
0.87	0.122	0.70	2.87	0.90	2.06	0.63	1.4
0.90	0.126	0.75	3.01	0.95	2.08	0.70	0.4
0.93	0.148	0.85	3.55			0.80	8.8
0.95	0.182	0.90	4.03			0.90	28.3
		0.95	5.20			0.95	40.0

表 7-4-4   120 mm 迫弹气动力系数（二）

Ma	$C_{M\alpha_0}$	Ma	$C_{M\alpha_2}$	Ma	$(C_{Mq}+C_{M\dot\alpha})_0$	Ma	$(C_{Mq}+C_{M\dot\alpha})_2$
0	-0.02	0	-15.1	0	-22.0	0	48.0
0.40	-1.02	0.45	-15.1	0.80	-21.1	0.50	-46.0
0.60	-1.62	0.60	-12.7	0.85	-21.9	0.60	-86.0
0.80	-2.41	0.70	-8.5	0.90	-24.2	0.70	-144.0
0.90	-2.72	0.75	-4.5	0.92	-26.8	0.80	-259.0
0.92	-2.75	0.80	1.5	0.95	-31.5	0.85	-357.0
0.95	-2.71	0.85	13.9			0.90	-468.0
		0.90	30.2			0.95	-745.0
		0.95	59.9				

注意： $(C_{Mq}+C_{M\dot\alpha})=(C_{Mq}+C_{M\dot\alpha})_0+(C_{Mq}+C_{M\dot\alpha})_2\sin^2\alpha_t$

对于非滚转的 120 mm 迫弹,所有气动力系数都随总攻角变化。

以上 105 mm 和 120 mm 弹丸的数据全部来自以下文献:

McCoy R L. *Modern Exterior Ballistics: The Launch and Flight Dynamics of Symmetric Projectiles*, Schiffer Publishing Ltd., Atglen, PA, 1999.

7.4.3 非线性气动力计算数据

采用美国海军水面武器研究中心研究员 F. G. Moore 提出的方法(F. G. Moore. Approximate Methods for Weapon Aerodynamics [M]. US: American Institute of Aeronautics and Astronautics, Inc., 2002.),对某 122 mm 地炮榴弹和某 155 mm 地炮榴弹的非线性气动力系数进行了计算。下面介绍具体算法并给出计算结果。

注意:仅考虑诱导阻力系数 $C_{D_{\delta^2}}$、三次方升力系数 $C_{L\alpha_2}$、非线性法向力的压心位置 $(x_{cp})_{NL}$ 以及三次方俯仰力矩系数 $C_{M\alpha_2}$ 的工程计算,而对于俯仰阻尼力矩、滚转阻尼力矩、马氏力矩等系数的非线性项暂不考虑。

7.4.3.1 诱导阻力系数和三次项升力系数的计算方法

已知阻力系数 C_D、升力系数 C_L 与轴向力系数 C_A、法向力系数 C_N、攻角 α 的关系可表示如下:

$$\begin{cases} C_D = C_A \cos\alpha + C_N \sin\alpha \\ C_L = C_N \cos\alpha - C_A \sin\alpha \end{cases} \quad (7-4-1)$$

阻力系数 C_D 可表示为

$$C_D = C_{D_0} + C_{D_{\delta^2}}\alpha^2 \quad (7-4-2)$$

式中,$C_{D_0}, C_{D_{\delta^2}}$ 分别为零升阻力系数和诱导阻力系数。

升力系数 C_L 可表示为

$$C_L = C_{L\alpha_0}\alpha + C_{L\alpha_2}\alpha^3 \quad (7-4-3)$$

式中,$C_{L\alpha_0}, C_{L\alpha_2}$ 分别为一次项升力系数和三次项升力系数。

轴向力系数 C_A 可表示为

$$C_A = C_{AL} + C_{ANL} \quad (7-4-4)$$

式中,C_{AL}, C_{ANL} 分别为线性部分和非线性部分。

同理,法向力系数 C_N 可表示为

$$C_N = C_{NL} + C_{NNL} \quad (7-4-5)$$

式中,C_{NL}, C_{NNL} 分别为线性部分和非线性部分。

将式(7-4-2)~式(7-4-5)代入式(7-4-1),可得

$$\begin{cases} C_{D_0} + C_{D_{\delta^2}}\alpha^2 = (C_{AL} + C_{ANL})\cos\alpha + (C_{NL} + C_{NNL})\sin\alpha \\ C_{L\alpha_0}\alpha + C_{L\alpha_2}\alpha^3 = (C_{NL} + C_{NNL})\cos\alpha - (C_{AL} + C_{ANL})\sin\alpha \end{cases} \quad (7-4-6)$$

将上式中等号左右两边按照线性和非线性项进行归类,可得

$$\begin{cases} C_{D_0} = C_{AL}\cos\alpha + C_{NL}\sin\alpha \\ C_{D_{\delta^2}}\alpha^2 = C_{ANL}\cos\alpha + C_{NNL}\sin\alpha \\ C_{L\alpha_0}\alpha = C_{NL}\cos\alpha - C_{AL}\sin\alpha \\ C_{L\alpha_2}\alpha^3 = C_{NNL}\cos\alpha - C_{ANL}\sin\alpha \end{cases} \quad (7-4-7)$$

因此,诱导阻力系数 $C_{D_{\delta^2}}$ 和三次项升力系数 $C_{L\alpha_2}$ 可由下式计算:

$$
\begin{cases}
C_{D_{\delta^2}} = \dfrac{C_{ANL}\cos\alpha + C_{NNL}\sin\alpha}{\alpha^2} \\[4mm]
C_{L\alpha_2} = \dfrac{C_{NNL}\cos\alpha - C_{ANL}\sin\alpha}{\alpha^3}
\end{cases}
\tag{7-4-8}
$$

当计算出了非线性轴向力系数 C_{ANL} 和非线性法向力系数 C_{NNL} 后，可根据上式计算出诱导阻力系数 $C_{D_{\delta^2}}$ 和三次项升力系数 $C_{L\alpha_2}$。下面将给出非线性轴向力系数 C_{ANL} 和非线性法向力系数 C_{NNL} 的工程计算方法。

7.4.3.2　非线性轴向力系数的计算方法

弹丸的轴向力系数可表示为

$$
C_A = C_{A0} + C_{ANL} = C_{A0} + f(M_\infty,\alpha)
\tag{7-4-9}
$$

式中，C_{A0} 可采用线性理论计算，$f(M_\infty,\alpha)$ 为轴向力系数的非线性部分。

轴向力的非线性部分可计算如下：

$$
C_{ANL} = f(M_\infty,\alpha) = A\alpha + B\alpha^2 + C\alpha^3 + D\alpha^4
\tag{7-4-10}
$$

式中，A,B,C,D 为拟合系数，采用由试验数据得出的经验公式计算。

7.4.3.3　非线性法向力系数的计算方法

弹丸的法向力系数可以表示为

$$
C_N = C_{NL} + C_{NNL}
\tag{7-4-11}
$$

式中，C_{NL} 为线性法向力系数，可采用线性理论进行计算；C_{NNL} 非线性法向力系数，可采用由试验数据得出的经验公式计算。

7.4.3.4　非线性法向力压心位置的计算方法

大攻角条件下旋成体弹丸的压心应根据下式计算：

$$
x_{cp} = \frac{C_{NL}(x_{cp})_L + C_{NNL}(x_{cp})_{NL}}{C_{NL} + C_{NNL}}
\tag{7-4-12}
$$

式中，C_{NL} 为法向力系数的线性部分；C_{NNL} 为法向力系数的非线性部分；$(x_{cp})_L$ 为线性法向力的压心位置；$(x_{cp})_{NL}$ 为非线性法向力的压心位置。

在大攻角条件下，法向力线性部分的压心仍为常数（小攻角条件下的计算值），而非线性法向力的压心位置则相对小攻角条件下的计算值要产生移动（shift），该移动量的大小 L_{shift} 是攻角 α 和马赫数 Ma 的函数。

7.4.3.5　三次项俯仰力矩系数导数的计算方法

俯仰力矩系数 C_M 可表示为

$$
\begin{aligned}
C_M &= C_{ML} + C_{MNL} = -\left(\frac{x_{cp}-x_{cg}}{L}\right)\cdot C_N \\[3mm]
&= -\left[\frac{C_{NL}(x_{cp})_L + C_{NNL}(x_{cp})_{NL}}{(C_{NL}+C_{NNL})L} - \frac{x_{cg}}{L}\right](C_{NL}+C_{NNL}) \\[3mm]
&= -\left\{\left[\frac{(x_{cp})_L - x_{cg}}{L}\times C_{NL}\right] + \left[\frac{(x_{cp})_{NL}-x_{cg}}{L}\times C_{NNL}\right]\right\}
\end{aligned}
\tag{7-4-13}
$$

式中，x_{cg} 为弹丸的质心位置；C_{ML}，C_{MNL} 分别为俯仰力矩系数的线性和非线性部分。

由式（7-4-13）可见，俯仰力矩系数也被分为线性和非线性两部分，即

$$\begin{cases} C_{ML} = -\left[\dfrac{(x_{cp})_L - x_{cg}}{L}\right] C_{NL} \\ C_{MNL} = -\left[\dfrac{(x_{cp})_{NL} - x_{cg}}{L}\right] C_{NNL} \end{cases} \quad (7-4-14)$$

而俯仰力矩系数又可以表达成一次项系数导数和三次项系数导数的形式，即

$$C_M = C_{M\alpha_0}\alpha + C_{M\alpha_2}\alpha^3 \quad (7-4-15)$$

则有

$$C_{M\alpha_0}\alpha + C_{M\alpha_2}\alpha^3 = \left[\dfrac{x_{cg} - (x_{cp})_L}{L}\right]C_{NL} + \left[\dfrac{x_{cg} - (x_{cp})_{NL}}{L}\right]C_{NNL} \quad (7-4-16)$$

则俯仰力矩系数的三次项系数导数可由下式计算：

$$C_{M\alpha_2} = -\dfrac{\left[(x_{cp})_{NL} - x_{cg}\right] C_{NNL}}{\alpha^3 L} \quad (7-4-17)$$

因此，要想计算出三次项系数导数 $C_{M\alpha_2}$，只要在大攻角 α 下计算出法向力的非线性部分 C_{NNL} 和非线性法向力的压心 $(x_{cp})_{NL}$ 即可。

7.4.4 算例数据

利用以上计算方法，对某 122 mm 和某 155 mm 地炮榴弹进行了气动力系数估算，结果如表 7-4-5～表 7-4-8 所示。

表 7-4-5 某 122 mm 地炮榴弹气动力系数估算值（一）

Ma	c_{x0}	$c_{x\delta^2}$	c'_y	c_{y2}	m'_z
0.500	0.143 3	2.594 9	1.939 4	4.584 8	0.839 6
0.875	0.152 4	2.621 1	2.136 5	9.915 6	0.848 8
0.925	0.211 1	2.702 8	2.135 2	10.034 7	0.861 8
0.965	0.233 1	2.885 5	2.150 0	10.280 6	0.870 9
0.990	0.245 1	3.002 0	2.157 4	10.442 3	0.872 6
1.025	0.305 9	3.163 5	2.078 1	10.684 6	0.850 8
1.085	0.317 5	3.445 6	2.114 7	11.132 9	0.847 1
1.190	0.347 8	3.932 6	2.187 6	12.087 2	0.846 7
1.350	0.314 8	4.282 4	2.281 0	12.939 1	0.841 6
1.500	0.297 0	4.531 4	2.362 7	13.244 2	0.837 9
1.650	0.282 6	4.571 9	2.424 9	13.289 7	0.833 8
1.800	0.271 4	4.573 2	2.460 8	13.205 6	0.831 4
1.950	0.259 1	4.640 0	2.521 0	13.338 3	0.829 5

续表

Ma	c_{x0}	$c_{x\delta^2}$	c_y'	c_{y2}	m_z'
2.000	0.255 3	4.664 1	2.537 1	13.388 5	0.829 6
2.200	0.241 6	4.755 6	2.581 6	13.635 8	0.826 9
2.350	0.232 8	4.839 4	2.595 9	13.871 5	0.824 9
2.500	0.224 3	4.909 7	2.615 5	14.062 4	0.822 5
2.650	0.216 4	4.973 8	2.622 3	14.232 4	0.820 4
2.800	0.209 0	5.040 9	2.613 1	14.412 6	0.816 2
3.000	0.200 0	5.131 5	2.602 5	14.656 5	0.812

表 7 – 4 – 6　某 122 mm 地炮榴弹气动力系数估算值（二）

Ma	m_{z2}	m_{zz}'	$m_{xz}' \times 10^3$	c_z''	m_y''
0.500	0.304 56	1.363 1	1.840 0	− 0.048 1	0.005 9
0.875	0.716 50	1.485 7	1.900 0	− 0.055 1	0.006 1
0.925	0.727 24	1.516 2	1.270 0	− 0.068 7	0.018 2
0.965	0.749 50	1.526 9	1.260 0	− 0.076 4	0.024 2
0.990	0.761 61	1.521 6	1.250 0	− 0.067 3	0.014 2
1.025	0.761 13	1.416 4	1.240 0	− 0.063 8	0.010 2
1.085	0.788 17	1.381 2	1.220 0	− 0.063 9	0.010 0
1.190	0.836 80	1.359 1	1.180 0	− 0.064 1	0.009 7
1.350	0.828 24	1.252 1	0.820 0	− 0.064 5	0.009 3
1.500	0.822 83	1.210 0	0.790 0	− 0.064 9	0.008 8
1.650	0.796 57	1.183 7	0.760 0	− 0.064 1	0.010 1
1.800	0.759 26	1.170 0	0.730 0	− 0.063 3	0.011 4
1.950	0.754 00	1.194 4	0.700 0	− 0.062 5	0.012 7
2.000	0.750 67	1.194 0	0.690 0	− 0.062 2	0.013 2
2.200	0.741 80	1.185 4	0.660 0	− 0.059 9	0.012 6
2.350	0.741 26	1.167 4	0.630 0	− 0.058 2	0.012 3
2.500	0.738 76	1.159 7	0.610 0	− 0.056 5	0.011 9
2.650	0.736 76	1.150 6	0.590 0	− 0.054 8	0.011 5
2.800	0.736 93	1.138 8	0.570 0	− 0.053 1	0.011 1
3.000	0.741 96	1.134 2	0.540 0	− 0.050 8	0.010 6

表 7-4-7 某 155 mm 地炮榴弹气动力系数估算值（一）

Ma	c_{x0}	$c_{x\delta^2}$	c_y'	c_{y2}	m_z'
0.500	0.156 1	2.811 4	1.532 0	4.924 4	0.784 4
0.875	0.164 1	2.839 8	1.709 3	10.639 0	0.795 1
0.925	0.216 2	2.924 6	1.703 6	10.768 4	0.807 4
0.965	0.237 1	3.114 5	1.715 1	11.038 2	0.815 3
0.990	0.248 6	3.235 8	1.721 1	11.215 4	0.816 7
1.025	0.319 3	3.404 0	1.656 7	11.480 3	0.798 3
1.085	0.329 6	3.698 4	1.679 8	11.969 2	0.794 8
1.190	0.359 5	4.209 5	1.737 7	13.003 3	0.792 2
1.350	0.315 7	4.578 4	1.821 3	13.918 4	0.783 1
1.500	0.294 8	4.835 5	1.876 6	14.250 1	0.778 4
1.650	0.279 6	4.875 9	1.935 7	14.295 3	0.774 3
1.800	0.266 0	4.874 3	1.970 2	14.201 6	0.769 3
1.950	0.252 5	4.943 0	2.011 9	14.340 6	0.766 4
2.000	0.248 3	4.967 8	2.025 4	14.393 3	0.765 5
2.200	0.233 2	5.063 2	2.078 0	14.653 2	0.763 9
2.350	0.223 5	5.150 9	2.096 5	14.901 8	0.761 4
2.500	0.214 2	5.224 2	2.112 2	15.102 5	0.757 9
2.650	0.205 5	5.290 8	2.127 8	15.281 0	0.756 2
2.800	0.197 4	5.360 7	2.135 0	15.470 4	0.753 0
3.000	0.187 5	5.455 1	2.129 0	15.726 7	0.748 5

表 7-4-8 某 155 mm 地炮榴弹气动力系数估算值（二）

Ma	m_{z2}	m_{zz}'	$m_{xz}' \times 10^3$	c_z''	m_y''
0.500	0.283 41	1.262 1	1.900 0	−0.044 6	0.006 7
0.875	0.670 95	1.392 5	2.000 0	−0.056 0	0.008 0
0.925	0.680 41	1.411 7	1.300 0	−0.068 7	0.019 4
0.965	0.701 10	1.420 4	1.300 0	−0.075 6	0.025 1
0.990	0.712 34	1.415 0	1.300 0	−0.066 9	0.015 5
1.025	0.711 84	1.321 3	1.300 0	−0.063 6	0.011 7
1.085	0.737 19	1.284 0	1.300 0	−0.064 1	0.011 7
1.190	0.782 31	1.263 7	1.200 0	−0.065 0	0.011 7
1.350	0.781 22	1.191 6	0.900 0	−0.066 3	0.011 6

续表

Ma	m_{z2}	m'_{zz}	$m'_{xz} \times 10^3$	c''_z	m''_y
1.500	0.763 40	1.110 4	0.900 0	−0.067 6	0.011 6
1.650	0.734 05	1.079 6	0.800 0	−0.066 9	0.012 9
1.800	0.693 14	1.056 4	0.800 0	−0.066 2	0.014 3
1.950	0.682 79	1.063 4	0.800 0	−0.065 5	0.015 6
2.000	0.678 62	1.061 4	0.800 0	−0.065 3	0.016 1
2.200	0.666 91	1.055 3	0.700 0	−0.063 0	0.015 5
2.350	0.665 98	1.043 5	0.700 0	−0.061 2	0.015 0
2.500	0.660 31	1.029 9	0.700 0	−0.059 5	0.014 6
2.650	0.655 91	1.021 5	0.600 0	−0.057 8	0.014 1
2.800	0.653 33	1.012 3	0.600 0	−0.056 0	0.013 7
3.000	0.652 22	0.997 9	0.600 0	−0.053 7	0.013 1

7.4.5　大长径比弹箭非线性气动数据实例

7.4.5.1　美国 NASA 兰利实验室的 127 mm 大长径比鸭式布局导弹

该鸭式布局导弹的气动外形如图 7-4-3 所示，舵面和尾翼的具体尺寸如图 7-4-4 所示。弹径 127 mm，全弹长径比为 22.6，图中尺寸单位均为英寸（inch）。

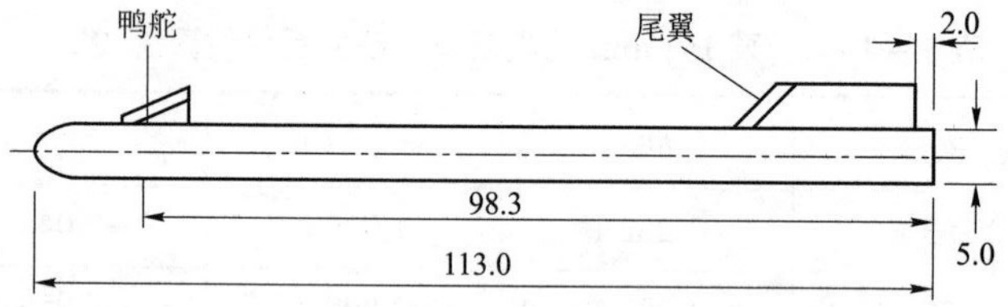

图 7-4-3　美国 127 mm 鸭式布局导弹的气动外形

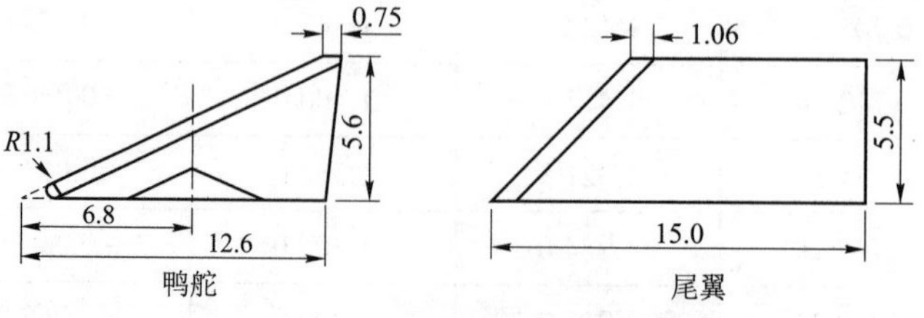

图 7-4-4　美国 127 mm 鸭式布局导弹的舵面和尾翼尺寸

在三种舵偏角（−20º，0º，+20º）及马赫数 0.2 的状态下，利用风洞获得了 0º~50º 攻角下

的轴向力系数 C_A、法向力系数 C_N 以及俯仰力矩系数 C_M。具体结果如图 7-4-5～图 7-4-13 所示。

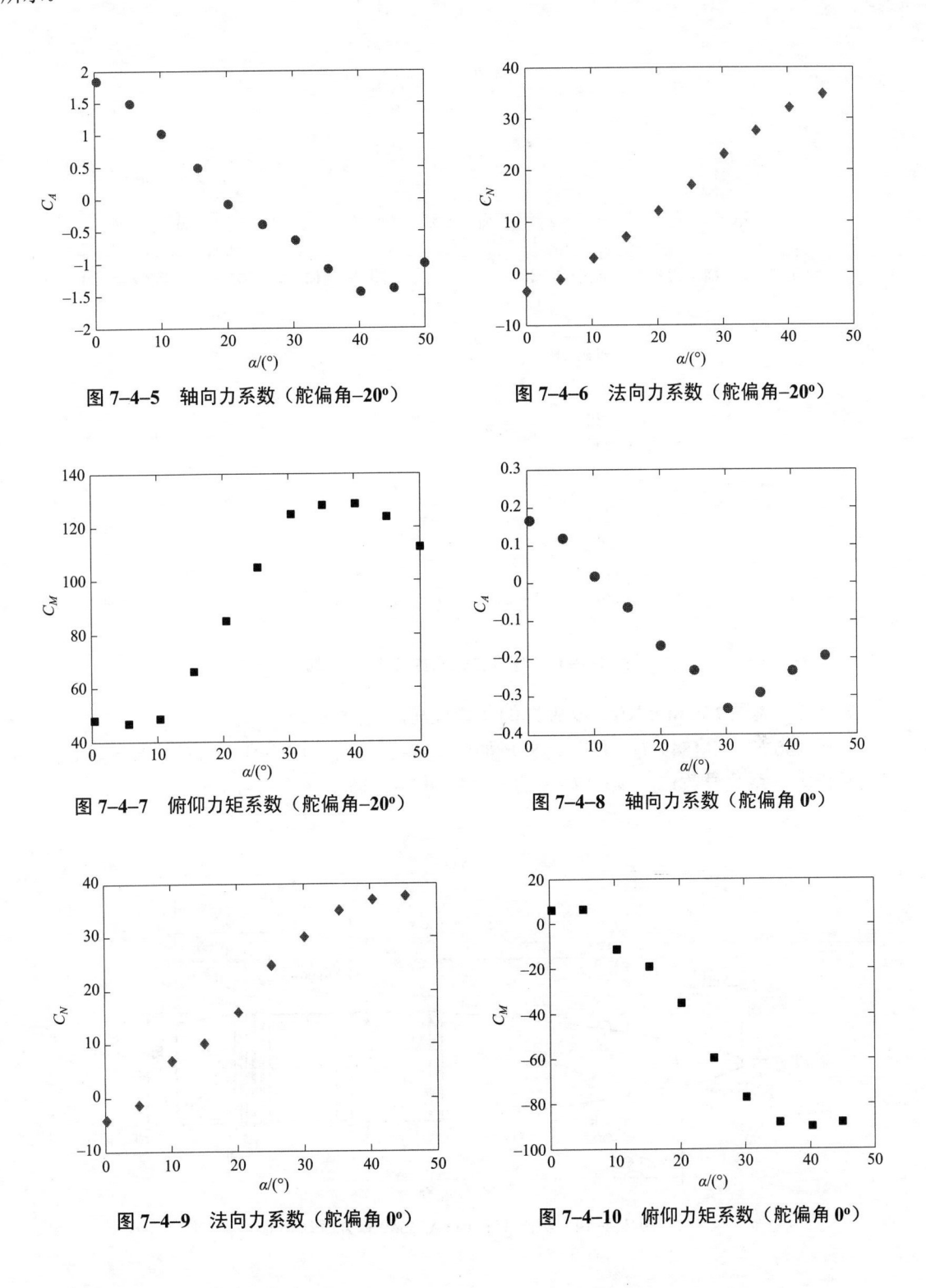

图 7-4-5 轴向力系数（舵偏角-20º）

图 7-4-6 法向力系数（舵偏角-20º）

图 7-4-7 俯仰力矩系数（舵偏角-20º）

图 7-4-8 轴向力系数（舵偏角 0º）

图 7-4-9 法向力系数（舵偏角 0º）

图 7-4-10 俯仰力矩系数（舵偏角 0º）

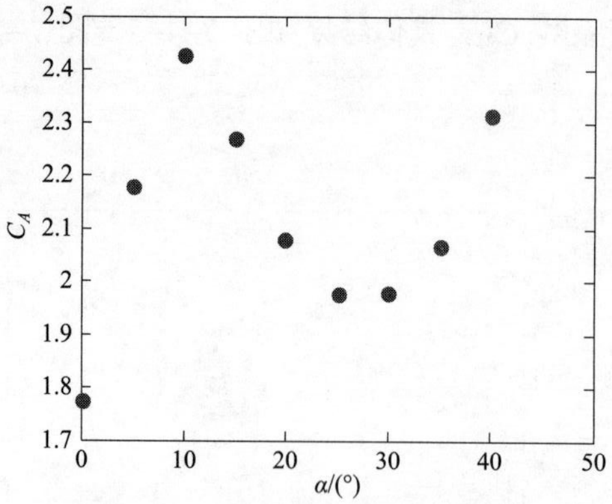

图 7-4-11 轴向力系数（舵偏角+20º）

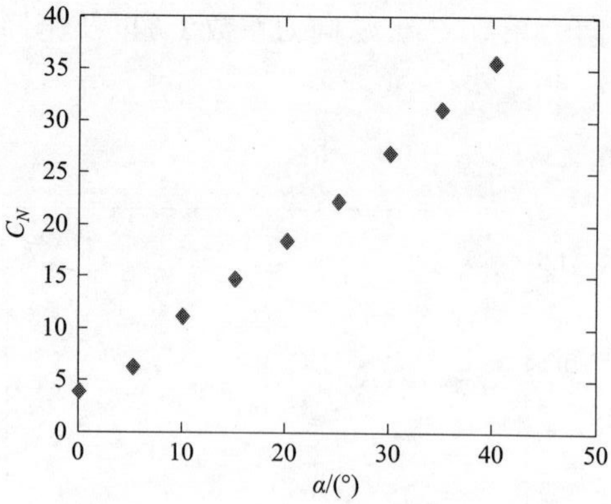

图 7-4-12 法向力系数（舵偏角+20º）

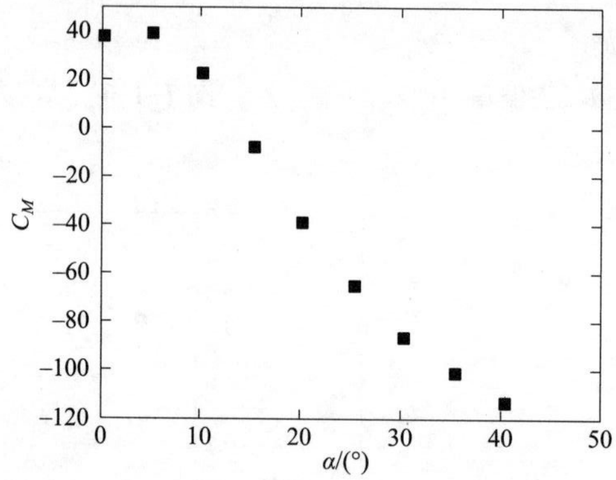

图 7-4-13 俯仰力矩系数（舵偏角+20º）

7.4.5.2 美国 155 mm XM549 弹丸的非线性马氏力矩系数导数

美国 155 mm XM549 弹丸的气动外形如图 7-4-14 所示。线性马氏力矩系数导数 $C_{Mp\alpha_0}$ 和三次马氏力矩系数导数 $C_{Mp\alpha_2}$ 随马赫数的变化如图 7-4-15 和图 7-4-16 所示。

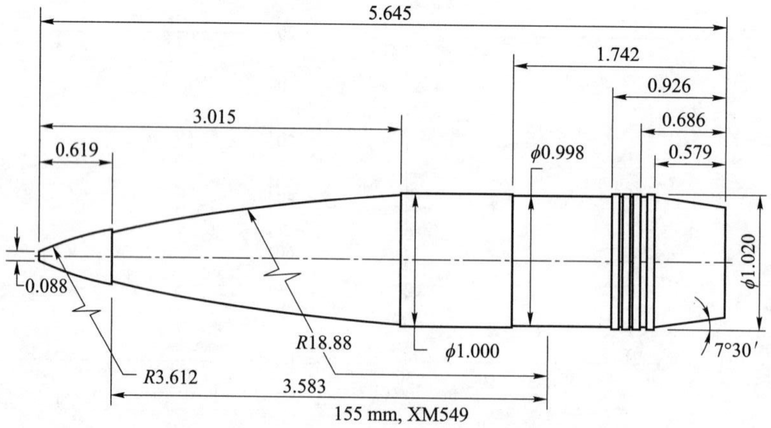

图 7-4-14 美国 155 mm XM549 弹丸气动外形

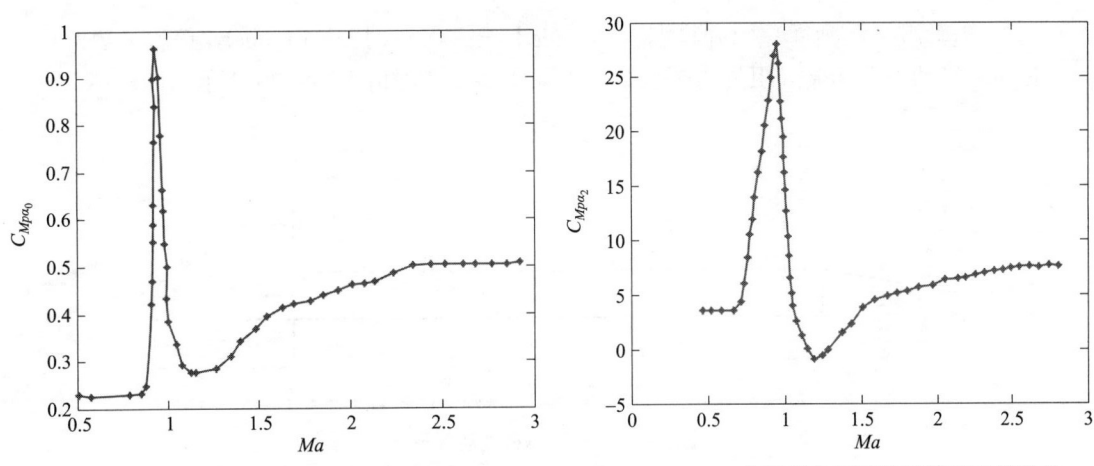

图 7-4-15 线性马氏力矩系数导数随马赫数的变化曲线

图 7-4-16 三次马氏力矩系数导数随马赫数的变化曲线

7.4.5.3 三种尾翼弹箭的俯仰阻力系数导数 ($C_{Mq}+C_{M\dot{\alpha}}$)（攻角范围 0°～25°）

（1）美国陆军-海军尾翼弹模型（Army-Navy Finner model，简称 ANF）。

ANF 气动外形及俯仰阻尼力矩系数分别如图 7-4-17 和图 7-4-18 所示。

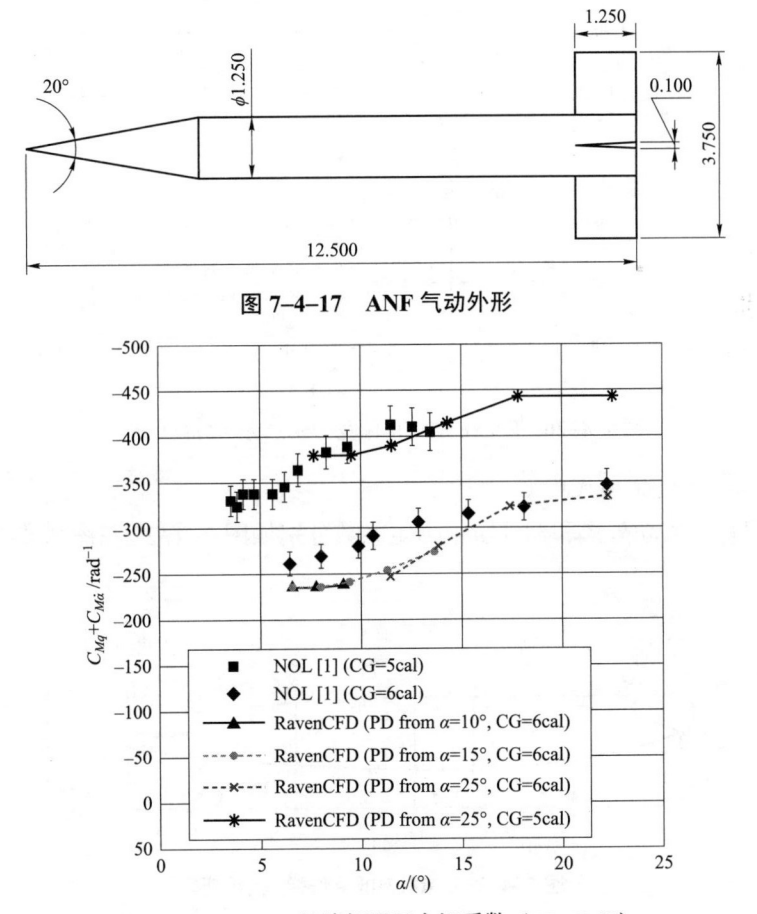

图 7-4-17 ANF 气动外形

图 7-4-18 ANF 的俯仰阻尼力矩系数（Ma=2.48）

弹箭非线性运动理论

（2）增程型陆军–海军尾翼弹模型（Extended Army-Navy Finner model，简称 EANF）。

EANF 气动外形和俯仰阻尼力矩系数分别如图 7–4–19 和图 7–4–20 所示。

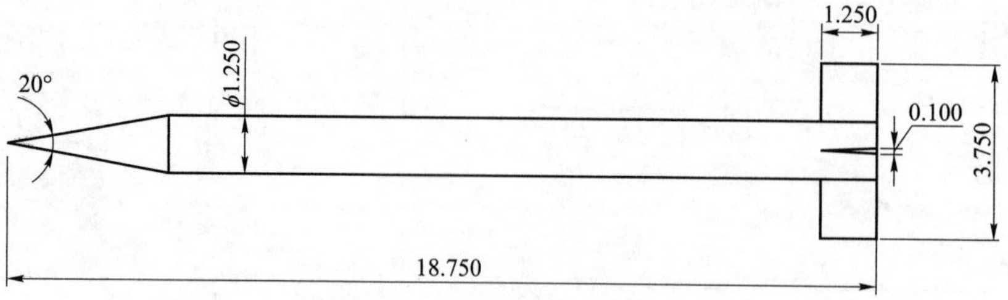

图 7–4–19　EANF 气动外形

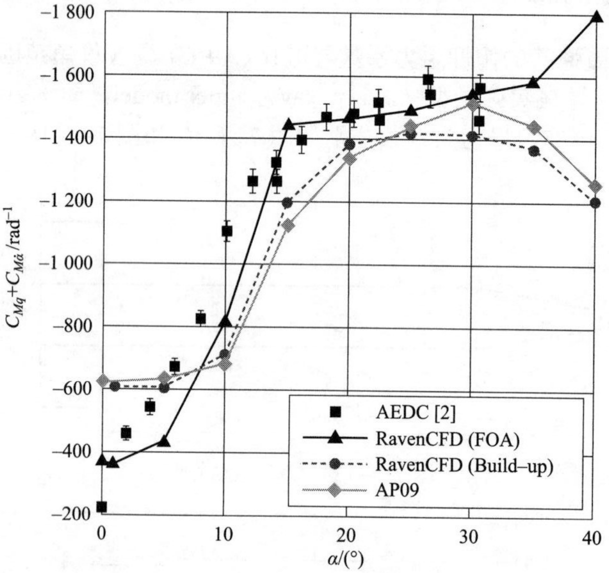

图 7–4–20　EANF 的俯仰阻尼力矩系数（Ma=1.96）

（3）美国 M823 低阻炸弹模型。

M823 低阻炸弹气动外形和俯仰阻尼力矩系数分别如图 7–4–21 和图 7–4–22 所示。

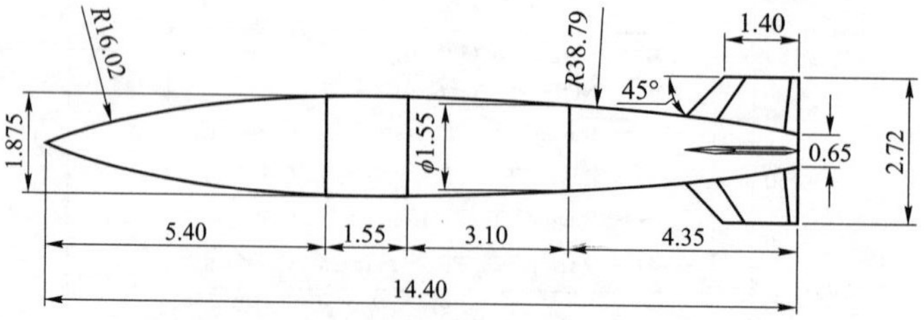

图 7–4–21　M823 低阻炸弹气动外形

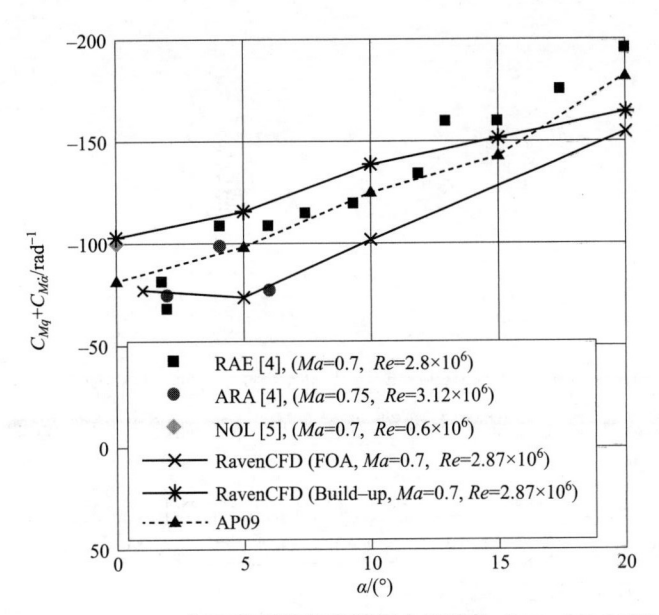

图 7-4-22　M823 低阻炸弹的俯仰阻尼力矩系数（Ma=0.7, 0.75）

参 考 文 献

[1] 韩子鹏，等. 弹箭外弹道学 [M]. 北京：北京理工大学出版社，2014.

[2] 韩子鹏. 在弹道直线段上仅考虑非线性静力矩时弹丸的非线性运动 [J]. 兵工学报，1984.1.

[3] 韩子鹏. 尾翼弹平面非线性运动的极限环 [J]. 兵工学报，1985.1.

[4] [美] C. H. 墨菲. 对称发射体的自由飞行运动 [M]. 韩子鹏，译. 北京：国防工业出版社，1984.

[5] 李奉昌，韩子鹏. 弹丸的非线性运动理论 [M]. 北京：机械委兵工教材编审室，1988.

[6] 浦发. 外弹道学 [M]. 南京：中国人民解放军炮兵工程学院，1960.

[7] 刘延柱，陈立群. 非线性振动 [M]. 北京：高等教育出版社，2001.

[8] 董亮，王宗虎，赵子华，等. 弹箭飞行稳定性理论及其应用 [M]. 北京：兵器工业出版社，1990.

[9] Murphy C H. The effect of strongly nonlinear static moment on the combined pitching and yawing motion of a symmetric missile. BRL repot 1114.

[10] Murphy C H. Prediction of the motion of missiles acted on by nonlinear forces and moments. Jounal of the aeronautical sciences vol.24.

[11] Murphy C H, Hodes B A. Planar limit of no spinning symmetric missiles acted on by cubic aerodynamic moment. BRL report 1358.

[12] Nicolaides J D. Two non-linear problems in the flight dynamics of modern ballistic missiles. Department of the Navy , Washington .D.C 1962 6 IAS report No. 59 – 17.

[13] Murphy C H. Limit cycles for no spinning statically stable symmetric missiles. BRL repot 1071.

[14] Murphy C H. Limit motions of a slightly asymmetric re-entry vehicle acted on by cubic damping moments. BRL report 1755.

[15] Murphy C H. Generelized subharmonic response of a missile with slight configurational asymmetries. BRL report 1591.

[16] Murphy C H. Angular motion of a Re-entering symmetric missile. AIAA Journal, 1965.7.

[17] Murphy C H. Effect of varying air density on the nonlinear pitching and yawing motion of a symmetric missile. BRL report 1162 – 1962.

[18] Nicolaides J D, Ingram C W. An investigating of the nonlinear flight dynamic of ordannance weapons. AIAA [R]. AIAA – 69 – 135.

[19] Clare T A. On resonance instability for finned configurations having non – linear

aerodynamic properties. NWL Technical report TR－2473, 1970, 10.

[20] Murray Tobak, Gary T Chapman, Lewis B Schiff. Mathematical modeling of then aerodynamic characterics in flight dynamics. NASA [J]. 1984, TM－855880.

[21] 杨绍卿. 火箭弹散布和稳定性理论 [M]. 北京：国防工业出版社，1979.

[22] 徐明友. 火箭外弹道学 [M]. 北京：国防工业出版社，1989.

[23] 秦元勋. 微分方程所定义的积分曲线 [M]. 北京：科学出版社，1959.

[24] Murphy C H. Symmetric Missile Dynamic Instabilities-a Review. ADA 085022.

[25] Chapman G T, Kirk D B. A new method for extracting aerodynamic coefficients from free-flight data. AIAA Jounal, 1970 (4): 753－758.

[26] Robert H Whyte. Chapman-Kirk reduction of free－flight range data to obtain nonlinear aerodynamic coefficients. AD－762148, 1973.

[27] Kain J E. An evaluation of aeroballistic range projectile parameter identification procedures. The analytic sciences corporation trading. Massachusetts 01867, 1979.

[28] 雷娟棉，吴甲生. 尾翼稳定大长径比无控旋转火箭的锥形运动与抑制 [J]. 空气动力学学报，2005，12.

[29] [美] 斯托克 J J. 力学及电学系统中的非线性振动 [M]. 谢寿鑫，钱曙复，译. 上海：上海科学出版社，1963.

[30] [苏] 马尔金. 运动稳定性理论 [M]. 谢伯民，等，译. 北京：科学出版社，1958.

[31] [美] 汤姆逊 W T. 振动理论及其应用 [M]. 胡宗武，王焕勇，等，译. 北京：煤炭工业出版社，1980.

[32] 汪家訸. 分析动力学 [M]. 北京：高等教育出版社，1958.

[33] [苏] 包戈留包夫. 非线性振动理论中的渐近方法 [M]. 金福临，等，译. 上海：上海科学技术出版社，1963.

[34] [苏] 尼古拉依. 回转仪的理论 [M]. 徐云成，王连起，译. 哈尔滨：中国人民解放军军事工程学院，1957.

[35] [苏] 巴巴科夫. 振动理论 [M]. 蔡承文，译. 北京：人民教育出版社，1963.

[36] [苏] 安德罗诺夫. 振动理论 [M]. 高为炳，等，译. 北京：科学出版社，1973.

[37] [苏] 拉甫伦捷夫 M A，沙巴特 B A. 复变函数论方法 [M]. 施祥林，夏定中，译. 北京：高等教育出版社，1957.